工业和信息化部"十四五"规划教材
"十二五"普通高等教育本科国家级规划教材
集成电路科学与工程系列教材

半导体物理学

（第8版）

刘恩科　朱秉升　罗晋生　等编著

电子工业出版社
Publishing House of Electronics Industry
北京·BEIJING

内 容 简 介

本书较全面地论述了半导体物理的基础知识。全书共 13 章,主要内容为:半导体的晶格结构和电子状态;杂质和缺陷能级;载流子的统计分布;载流子的散射及电导问题;非平衡载流子的产生、复合及其运动规律;pn 结;金属和半导体的接触;半导体表面与 MIS 结构;半导体异质结构;半导体的光、热、磁、压阻等物理现象和非晶态半导体。本书提供配套的教学大纲、电子课件 PPT 等教学资源。

本书可作为高等学校集成电路科学与工程等相关专业半导体物理等相关课程的教材,也可供相关专业的科技人员参考。

未经许可,不得以任何方式复制或抄袭本书之部分或全部内容。
版权所有,侵权必究。

图书在版编目(CIP)数据

半导体物理学 / 刘恩科等编著. —8 版. —北京:电子工业出版社,2023.5
ISBN 978-7-121-45414-1

Ⅰ. ①半… Ⅱ. ①刘… Ⅲ. ①半导体物理学－高等学校－教材 Ⅳ. ①O47

中国国家版本馆 CIP 数据核字(2023)第 065066 号

责任编辑:王晓庆
印　　刷:三河市鑫金马印装有限公司
装　　订:三河市鑫金马印装有限公司
出版发行:电子工业出版社
　　　　　北京市海淀区万寿路 173 信箱　邮编:100036
开　　本:787×1092　1/16　印张:25　字数:730 千字
版　　次:1979 年 12 月第 1 版
　　　　　2023 年 5 月第 8 版
印　　次:2024 年 6 月第 3 次印刷
定　　价:59.80 元

凡所购买电子工业出版社图书有缺损问题,请向购买书店调换。若书店售缺,请与本社发行部联系。联系及邮购电话:(010)88254888,(010)88258888。
质量投诉请发邮件至 zlts@phei.com.cn,盗版侵权举报请发邮件至 dbqq@phei.com.cn。
本书咨询联系方式:(010)88254113,wangxq@phei.com.cn。

第 8 版前言

本教材第 1 版于 1979 年 12 月出版,后被推荐列入原电子工业部教材办公室组织的 1982—1985 年、1986—1990 年、1991—1995 年年度的高等学校工科电子类专业教材编审出版规划,并由《电子材料与固体器件》教材编审委员会"半导体物理与器件"编审组负责编审、推荐出版。此后,再次被推荐为国家级重点教材,并列入原电子工业部的 1996—2000 年全国电子信息类专业教材编审出版规划,由微电子技术专业教学指导委员会负责编审、推荐出版。

按照各次教材规划的要求,本教材第 2 版于 1984 年 5 月出版,并于 1987 年 12 月获原电子工业部 1977—1985 年年度工科电子类专业优秀教材特等奖,1988 年 1 月获全国高等学校优秀教材奖。第 3 版于 1989 年 5 月出版,并于 1992 年 1 月获第二届机械电子工业部电子类专业优秀教材特等奖,1992 年 11 月获第二届普通高等学校优秀教材全国特等奖。2006 年纳入普通高等教育"十一五"国家级规划教材,修订出版。2012 年入围"十二五"普通高等教育本科国家级规划教材,2014 年被教育部评选为"普通高等教育精品教材"。2021 年 8 月立项工业和信息化部"十四五"规划教材,2023 年 2 月获陕西省 2022 年高等教育优秀教材奖一等奖。现为了适应教学方法、教学手段的改革,特出版第 8 版。

集成电路是引领全球新一轮科技和产业变革的战略性关键技术。本教材编写始终坚持党和国家对教育的基本要求,把立德树人根本任务落到实处,既传播知识、传播思想、传播真理,又塑造生命、塑造新人,用心打造"培根铸魂、启智增慧"的中国特色高质量教材。

本教材共 13 章,主要内容为:半导体的晶格结构和电子状态;杂质和缺陷能级;载流子的统计分布;载流子的散射及电导问题;非平衡载流子的产生、复合及其运动规律;pn 结;金属和半导体的接触;半导体表面及 MIS 结构;半导体异质结构;半导体的光、热、磁、压阻等物理现象和非晶态半导体。各章后都附有习题和参考资料供教师、学生选用。

在使用本教材时,主要以前 9 章为主,第 10～13 章可视各校情况选用。教学中第 1 章的 1.1～1.4 节视学生是否学习过固体物理学中的能带论酌情处理,第 6 章 pn 结着重于物理过程的分析,辅以必要的数学推导,至于与生产实际联系密切的内容是属于晶体管原理课程所解决的问题。同时,为了便于教学,依据近年来教学知识体系及教学学时数的调整,以及众多学校使用本教材后反馈的信息,本次改版对全书的知识体系进行了分层。除主修内容外,将各校视需要而选修的内容、研究生阶段参考的理论证明,以及加深、拓展的内容分别以"*"和"★"标出,供各校教学参考。

"半导体物理学"作为集成电路科学与工程等相关专业的骨干课程之一,理论性和系统性均较强。为了帮助读者掌握并深刻理解课程中涉及的概念、理论和方法,以及提高解决实际问题的能力,本书提供配套的教学大纲、电子课件 PPT 等教学资源,需要的读者可登录华信教育资源网(www.hxedu.com.cn)注册后免费索取。另外,书中相关章节处附了二维码,读者可扫描后观看知识点视频,以帮助掌握、巩固相关理论知识。在此诚挚感谢复旦大学蒋玉龙教授,以及西安交通大学耿莉教授、李高明副教授在教学资源开发过程中的帮助与付出。

本教材由刘恩科、朱秉升、罗晋生等编著,其中西安交通大学刘恩科担任主编。刘恩科编写第1章的1.1~1.8节,第4章、第11章、第12章及第10章的激子吸收部分;朱秉升编写第2章、第3章、第6章及第1章的1.9节和1.10节、5.4节中的俄歇复合,以及第9章的9.1节、9.6节,第10章的10.7节;罗晋生编写第8章、第13章、第4章4.2节中的合金散射,第5章的5.9节,第9章的9.2~9.5节;屠善洁编写第10章的10.1~10.6节;亢润民编写第5章的5.1~5.8节和第7章;附录由刘恩科、亢润民整理。耿莉、李高明也参加了本书的编写工作。

在各次修订时,"半导体物理与器件"编审组全体委员及电子科学与技术专业教学指导委员会全体委员,以及使用本教材的各院校教师,都对本教材提出了许多宝贵意见。本次出版过程中,部分院校的授课教师及电子工业出版社的王晓庆责任编辑提供了很宝贵的意见,在此表示诚挚的感谢!

由于编者水平有限,书中难免还存在一些缺点和错误,殷切希望广大读者批评指正。

编著者
2023年5月
于西安交通大学

目 录

第1章 半导体中的电子状态 ... 1
1.1 半导体的晶格结构和结合性质 ... 1
- 1.1.1 金刚石型结构和共价键 ... 1
- 1.1.2 闪锌矿型结构和混合键 ... 2
- 1.1.3 纤锌矿型结构 ... 3

1.2 半导体中的电子状态和能带 ... 4
- 1.2.1 原子的能级和晶体的能带 ... 4
- 1.2.2 半导体中电子的状态和能带 ... 6
- 1.2.3 导体、半导体、绝缘体的能带 ... 10

1.3 半导体中电子的运动——有效质量 ... 11
- 1.3.1 半导体中 $E(k)$ 与 k 的关系[3] ... 11
- 1.3.2 半导体中电子的平均速度 ... 12
- 1.3.3 半导体中电子的加速度 ... 12
- 1.3.4 有效质量的意义 ... 13

1.4 本征半导体的导电机构——空穴[3] ... 14

1.5 回旋共振[4] ... 16
- 1.5.1 k 空间等能面 ... 16
- 1.5.2 回旋共振描述 ... 18

1.6 硅和锗的能带结构 ... 19
- 1.6.1 硅和锗的导带结构 ... 19
- 1.6.2 硅和锗的价带结构 ... 22

1.7 Ⅲ-Ⅴ族化合物半导体的能带结构[7] ... 24
- 1.7.1 锑化铟的能带结构 ... 24
- 1.7.2 砷化镓的能带结构[8] ... 25
- 1.7.3 磷化镓和磷化铟的能带结构 ... 25
- 1.7.4 混合晶体的能带结构 ... 25

*1.8 Ⅱ-Ⅵ族化合物半导体的能带结构 ... 26
- *1.8.1 二元化合物的能带结构 ... 26
- *1.8.2 混合晶体的能带结构 ... 27

*1.9 $Si_{1-x}Ge_x$ 合金的能带 ... 27

*1.10 宽禁带半导体材料 ... 29
- *1.10.1 GaN、AlN 的晶格结构和能带[18] ... 30
- *1.10.2 SiC 的晶格结构和能带 ... 32

习题 ... 35

参考资料 ... 35

第2章 半导体中杂质和缺陷能级 ... 37
2.1 硅、锗晶体中的杂质能级 ... 37

2.1.1 替位式杂质和间隙式杂质 ······ 37
2.1.2 施主杂质、施主能级 ······ 38
2.1.3 受主杂质、受主能级 ······ 39
2.1.4 浅能级杂质电离能的简单计算[2,3] ······ 41
2.1.5 杂质的补偿作用 ······ 41
2.1.6 深能级杂质 ······ 42
2.2 Ⅲ-Ⅴ族化合物中的杂质能级 ······ 45
★2.3 氮化镓、氮化铝、碳化硅中的杂质能级 ······ 50
2.4 缺陷、位错能级 ······ 52
2.4.1 点缺陷 ······ 52
2.4.2 位错 ······ 53
习题 ······ 54
参考资料 ······ 55

第3章 半导体中载流子的统计分布 ······ 56
3.1 状态密度[1,2] ······ 56
3.1.1 k 空间中量子态的分布 ······ 56
3.1.2 状态密度 ······ 57
3.2 费米能级和载流子的统计分布 ······ 59
3.2.1 费米分布函数 ······ 59
3.2.2 玻耳兹曼分布函数 ······ 60
3.2.3 导带中的电子浓度和价带中的空穴浓度 ······ 61
3.2.4 载流子浓度乘积 $n_0 p_0$ ······ 64
3.3 本征半导体的载流子浓度 ······ 64
3.4 杂质半导体的载流子浓度 ······ 67
3.4.1 杂质能级上的电子和空穴 ······ 67
3.4.2 n 型半导体的载流子浓度 ······ 68
3.5 一般情况下的载流子统计分布 ······ 76
3.6 简并半导体[2,5] ······ 81
3.6.1 简并半导体的载流子浓度 ······ 81
3.6.2 简并化条件 ······ 82
3.6.3 低温载流子冻析效应 ······ 83
3.6.4 禁带变窄效应 ······ 85
*3.7 电子占据杂质能级的概率[2,6,7] ······ 86
*3.7.1 电子占据杂质能级概率的讨论 ······ 86
*3.7.2 求解统计分布函数 ······ 88
习题 ······ 89
参考资料 ······ 90

第4章 半导体的导电性 ······ 92
4.1 载流子的漂移运动和迁移率 ······ 92
4.1.1 欧姆定律 ······ 92
4.1.2 漂移速度和迁移率 ······ 93
4.1.3 半导体的电导率和迁移率 ······ 93

目　录

4.2　载流子的散射 ··· 94
　　4.2.1　载流子散射的概念 ··· 94
　　4.2.2　半导体的主要散射机构[1] ··· 95
4.3　迁移率与杂质浓度和温度的关系 ·· 102
　　4.3.1　平均自由时间和散射概率的关系 ··· 102
　　4.3.2　电导率、迁移率与平均自由时间的关系 ··································· 102
　　4.3.3　迁移率与杂质和温度的关系 ·· 104
4.4　电阻率及其与杂质浓度和温度的关系 ··· 108
　　4.4.1　电阻率和杂质浓度的关系 ··· 108
　　4.4.2　电阻率随温度的变化 ·· 110
*4.5　玻耳兹曼方程[11]、电导率的统计理论 ··· 110
　　*4.5.1　玻耳兹曼方程 ·· 111
　　*4.5.2　弛豫时间近似 ·· 112
　　*4.5.3　弱电场近似下玻耳兹曼方程的解 ··· 113
　　*4.5.4　球形等能面半导体的电导率 ·· 114
4.6　强电场下的效应[12]、热载流子 ·· 115
　　4.6.1　欧姆定律的偏离 ·· 115
　　*4.6.2　平均漂移速度与电场强度的关系 ··· 116
*4.7　多能谷散射、耿氏效应 ··· 120
　　*4.7.1　多能谷散射、体内负微分电导 ··· 120
　　*4.7.2　高场畴区及耿氏振荡 ·· 122
习题 ·· 123
参考资料 ··· 125

第5章　非平衡载流子 ··· 126
5.1　非平衡载流子的注入与复合 ··· 126
5.2　非平衡载流子的寿命 ·· 127
5.3　准费米能级 ··· 129
5.4　复合理论 ·· 130
　　5.4.1　直接复合 ··· 131
　　5.4.2　间接复合 ··· 132
　　5.4.3　表面复合 ··· 137
　　5.4.4　俄歇复合 ··· 139
5.5　陷阱效应 ·· 141
5.6　载流子的扩散运动 ··· 143
5.7　载流子的漂移扩散、爱因斯坦关系式 ··· 147
5.8　连续性方程 ··· 149
5.9　硅的少数载流子寿命与扩散长度 ·· 153
习题 ·· 154
参考资料 ··· 155

第6章　pn结 ··· 156
6.1　pn结及其能带图 ·· 156
　　6.1.1　pn结的形成和杂质分布[1-3] ··· 156

   6.1.2 空间电荷区 ··· 157
   6.1.3 pn 结能带图 ·· 158
   6.1.4 pn 结接触电势差 ··· 159
   6.1.5 pn 结的载流子分布 ·· 160
  6.2 pn 结电流—电压特性 ··· 161
   6.2.1 非平衡状态下的 pn 结 ··· 161
   6.2.2 理想 pn 结模型及其电流—电压方程[4] ···························· 164
   6.2.3 影响 pn 结电流—电压特性偏离理想方程的各种因素[1,2,5] ··· 167
  6.3 pn 结电容[1,2,6] ··· 171
   6.3.1 pn 结电容的来源 ··· 171
   6.3.2 突变结的势垒电容 ·· 173
   6.3.3 线性缓变结的势垒电容 ··· 177
   6.3.4 扩散电容 ··· 180
  6.4 pn 结击穿[1,2,8,9] ··· 181
   6.4.1 雪崩击穿 ··· 181
   6.4.2 隧道击穿(齐纳击穿)[10] ··· 181
   6.4.3 热电击穿 ··· 183
  6.5 pn 结隧道效应[1,10] ·· 183
 习题 ·· 186
 参考资料 ·· 186
第 7 章 金属和半导体的接触 ··· 187
  7.1 金属半导体接触及其能级图 ·· 187
   7.1.1 金属和半导体的功函数 ··· 187
   7.1.2 接触电势差 ··· 188
   7.1.3 表面态对接触势垒的影响 ··· 190
  7.2 金属半导体接触整流理论 ·· 192
   7.2.1 扩散理论 ··· 193
   7.2.2 热电子发射理论 ··· 195
   7.2.3 镜像力和隧道效应的影响 ··· 197
   7.2.4 肖特基势垒二极管 ·· 199
  7.3 少数载流子的注入和欧姆接触 ··· 200
   7.3.1 少数载流子的注入 ·· 200
   7.3.2 欧姆接触 ··· 201
 习题 ·· 203
 参考资料 ·· 203
第 8 章 半导体表面与 MIS 结构 ··· 204
  8.1 表面态 ··· 204
  8.2 表面电场效应[5,6] ··· 207
   8.2.1 空间电荷层及表面势 ·· 207
   8.2.2 表面空间电荷层的电场、电势和电容 ······················· 209
  8.3 MIS 结构的 C-V 特性 ·· 216
   8.3.1 理想 MIS 结构的 C-V 特性[5,7] ······································ 216

8.3.2　金属与半导体功函数差对 MIS 结构 C-V 特性的影响[5] ……………………… 220
　　　8.3.3　绝缘层中电荷对 MIS 结构 C-V 特性的影响[7] …………………………… 221
　8.4　硅—二氧化硅系统的性质[7] ……………………………………………………… 223
　　　8.4.1　二氧化硅层中的可动离子[8] ……………………………………………… 223
　　　8.4.2　二氧化硅层中的固定表面电荷[7] ………………………………………… 225
　　　8.4.3　在硅—二氧化硅界面处的快界面态[5] …………………………………… 226
　　　8.4.4　二氧化硅层中的电离陷阱电荷[7] ………………………………………… 228
　8.5　表面电导及迁移率 ……………………………………………………………… 228
　　　8.5.1　表面电导[1] ……………………………………………………………… 228
　　　8.5.2　表面载流子的有效迁移率 …………………………………………………… 229
　*8.6　表面电场对 pn 结特性的影响[7] ………………………………………………… 230
　　　*8.6.1　表面电场作用下 pn 结的能带图 ………………………………………… 230
　　　*8.6.2　表面电场作用下 pn 结的反向电流 ……………………………………… 232
　　　*8.6.3　表面电场对 pn 结击穿特性的影响 ……………………………………… 234
　　　*8.6.4　表面纯化 ………………………………………………………………… 235
　习题 …………………………………………………………………………………… 235
　参考资料 ………………………………………………………………………………… 236

第 9 章　半导体异质结构 ……………………………………………………………… 237
　9.1　半导体异质结及其能带图[7-9] …………………………………………………… 237
　　　9.1.1　半导体异质结的能带图 ……………………………………………………… 237
　　　*9.1.2　突变反型异质结的接触电势差及势垒区宽度 …………………………… 243
　　　*9.1.3　突变反型异质结的势垒电容[4-8] ………………………………………… 245
　　　*9.1.4　突变同型异质结的若干公式 ……………………………………………… 246
　9.2　半导体异质 pn 结的电流—电压特性及注入特性 ……………………………… 246
　　　9.2.1　异质 pn 结的电流—电压特性[7,17] ……………………………………… 247
　　　9.2.2　异质 pn 结的注入特性[17] ……………………………………………… 250
　9.3　半导体异质结量子阱结构及其电子能态与特性 ………………………………… 252
　　　9.3.1　半导体调制掺杂异质结构界面量子阱 ……………………………………… 252
　　　9.3.2　双异质结间的单量子阱结构 ……………………………………………… 254
　　　9.3.3　双势垒单量子阱结构及共振隧穿效应[23] ……………………………… 258
　*9.4　半导体应变异质结构 …………………………………………………………… 259
　　　*9.4.1　应变异质结 ……………………………………………………………… 260
　　　*9.4.2　应变异质结构中应变层材料能带的改性 ………………………………… 261
　*9.5　GaN 基半导体异质结构 ………………………………………………………… 262
　　　*9.5.1　GaN、AlGaN 和 InGaN 的极化效应 …………………………………… 262
　　　*9.5.2　$Al_xGa_{1-x}N/GaN$ 异质结构中二维电子气的形成 …………………… 264
　　　*9.5.3　$In_xGa_{1-x}N/GaN$ 异质结构 ………………………………………… 266
　9.6　半导体超晶格 …………………………………………………………………… 267
　习题 …………………………………………………………………………………… 270
　参考资料 ………………………………………………………………………………… 271

第 10 章　半导体的光学性质和光电与发光现象 …………………………………… 273
　*10.1　半导体的光学常数 …………………………………………………………… 273

- *10.1.1 折射率和吸收系数 ····· 273
- *10.1.2 反射系数和透射系数 ····· 275
- *10.2 半导体的光吸收[1,2] ····· 276
  - *10.2.1 本征吸收 ····· 276
  - *10.2.2 直接跃迁和间接跃迁 ····· 277
  - *10.2.3 其他吸收过程 ····· 280
- *10.3 半导体的光电导[6,7] ····· 283
  - *10.3.1 附加电导率 ····· 284
  - *10.3.2 定态光电导及其弛豫过程 ····· 284
  - *10.3.3 光电导灵敏度及光电导增益 ····· 286
  - *10.3.4 复合和陷阱效应对光电导的影响 ····· 287
  - *10.3.5 本征光电导的光谱分布 ····· 288
  - *10.3.6 杂质光电导 ····· 290
- *10.4 半导体的光生伏特效应[8] ····· 290
  - *10.4.1 pn 结的光生伏特效应 ····· 290
  - *10.4.2 光电池的电流电压特性 ····· 291
- *10.5 半导体发光[9,10] ····· 292
  - *10.5.1 辐射跃迁 ····· 292
  - *10.5.2 发光效率 ····· 295
  - *10.5.3 电致发光激发机构 ····· 296
- *10.6 半导体激光[11-14] ····· 297
  - *10.6.1 自发辐射和受激辐射 ····· 297
  - *10.6.2 分布反转 ····· 298
  - *10.6.3 pn 结激光器原理 ····· 299
  - *10.6.4 激光材料 ····· 302
- *10.7 半导体异质结在光电子器件中的应用 ····· 302
  - *10.7.1 单异质结激光器 ····· 302
  - *10.7.2 双异质结激光器 ····· 303
  - *10.7.3 大光学腔激光器 ····· 304
- 习题 ····· 304
- 参考资料 ····· 305

第 11 章 半导体的热电性质 ····· 307

- *11.1 热电效应的一般描述 ····· 307
  - *11.1.1 塞贝克效应 ····· 307
  - *11.1.2 珀耳帖效应 ····· 307
  - *11.1.3 汤姆逊效应 ····· 308
  - *11.1.4 塞贝克系数、珀耳帖系数和汤姆逊系数间的关系 ····· 308
- *11.2 半导体的温差电动势率 ····· 310
  - *11.2.1 一种载流子的热力学温度电动势率 ····· 310
  - *11.2.2 两种载流子的温差电动势率 ····· 312
  - *11.2.3 两种材料的温差电动势率 ····· 313
- *11.3 半导体的珀耳帖效应 ····· 314

* 11.4 半导体的汤姆逊效应 ……………………………………………………………………… 315
* 11.5 半导体的热导率 …………………………………………………………………………… 316
　　* 11.5.1 载流子对热导率的贡献 …………………………………………………………… 317
　　* 11.5.2 声子对热导率的贡献[1] …………………………………………………………… 318
* 11.6 半导体热电效应的应用 …………………………………………………………………… 319
习题 ……………………………………………………………………………………………… 320
参考资料 ………………………………………………………………………………………… 320

第12章 半导体磁和压阻效应 ……………………………………………………………… 321
12.1 霍耳效应 …………………………………………………………………………………… 321
　　12.1.1 一种载流子的霍耳效应 …………………………………………………………… 321
　　* 12.1.2 载流子在电磁场中的运动 ………………………………………………………… 323
　　12.1.3 两种载流子的霍耳效应 …………………………………………………………… 325
　　12.1.4 霍耳效应的应用 …………………………………………………………………… 327
* 12.2 磁阻效应 …………………………………………………………………………………… 328
　　* 12.2.1 物理磁阻效应 ……………………………………………………………………… 328
　　* 12.2.2 几何磁阻效应 ……………………………………………………………………… 330
　　* 12.2.3 磁阻效应的应用[8,9,10] …………………………………………………………… 331
★ 12.3 磁光效应 …………………………………………………………………………………… 332
　　★ 12.3.1 朗道(Landau)能级[11] …………………………………………………………… 332
　　★ 12.3.2 带间磁光吸收 ……………………………………………………………………… 334
★ 12.4 量子化霍耳效应 …………………………………………………………………………… 335
* 12.5 热磁效应 …………………………………………………………………………………… 337
　　* 12.5.1 爱廷豪森效应 ……………………………………………………………………… 337
　　* 12.5.2 能斯脱效应 ………………………………………………………………………… 338
　　* 12.5.3 里吉—勒迪克效应 ………………………………………………………………… 338
* 12.6 光磁电效应 ………………………………………………………………………………… 339
　　* 12.6.1 光扩散电势差 ……………………………………………………………………… 339
　　* 12.6.2 光磁电效应[15] …………………………………………………………………… 340
* 12.7 压阻效应 …………………………………………………………………………………… 342
　　* 12.7.1 压阻系数 …………………………………………………………………………… 343
　　* 12.7.2 液体静压强作用下的效应 ………………………………………………………… 345
　　* 12.7.3 单轴拉伸或压缩下的效应 ………………………………………………………… 346
　　* 12.7.4 压阻效应的应用 …………………………………………………………………… 348
习题 ……………………………………………………………………………………………… 349
参考资料 ………………………………………………………………………………………… 350

第13章 非晶态半导体 ……………………………………………………………………… 352
* 13.1 非晶态半导体的结构 ……………………………………………………………………… 352
* 13.2 非晶态半导体中的电子态[3] ……………………………………………………………… 355
　　* 13.2.1 无序体系中电子态的定域化 ……………………………………………………… 355
　　* 13.2.2 迁移率边 …………………………………………………………………………… 356
　　* 13.2.3 非晶态半导体的能带模型 ………………………………………………………… 357
　　* 13.2.4 非晶态半导体的化学键结构 ……………………………………………………… 358

*13.3　非晶态半导体中的缺陷、隙态与掺杂效应 ··· 359
　　*13.3.1　四面体结构非晶态半导体中的缺陷和隙态 ··· 360
　　*13.3.2　硫系非晶态半导体中的缺陷与缺陷定域态 ··· 361
　　*13.3.3　Ⅳ族元素非晶态半导体的掺杂效应 ··· 364
*13.4　非晶态半导体中的电学性质 ··· 365
　　*13.4.1　非晶态半导体的导电机理 ··· 365
　　*13.4.2　非晶态半导体的漂移迁移率 ··· 368
　　*13.4.3　非晶态半导体的弥散输运过程 ··· 369
*13.5　非晶态半导体中的光学性质 ··· 371
　　*13.5.1　非晶态半导体的光吸收 ··· 371
　　*13.5.2　非晶态半导体的光电导 ··· 373
*13.6　a-Si：H 的 pn 结与金—半接触特性 ··· 375
参考资料 ··· 376
附录 A　常用物理常数和能量表达变换表 ··· 377
附录 B　半导体材料物理性质表 ··· 378
附录 C　主要参数符号表 ··· 384
参考文献 ··· 388

第1章 半导体中的电子状态

半导体具有许多独特的物理性质,这与半导体中电子的状态及其运动特点有密切关系。为了研究和利用半导体的这些物理性质,本章将简要介绍半导体单晶材料中的电子状态及其运动规律。

半导体单晶材料和其他固态晶体一样,是由大量原子周期性重复排列而成的,而每个原子又包含原子核和许多电子。如果能够写出半导体中所有相互作用着的原子核和电子系统的薛定谔方程,并求出其解,便可以了解半导体的许多物理性质。但是,这是一个非常复杂的多体问题,不可能求出其严格解,只能用近似的处理方法——单电子近似来研究固态晶体中电子的能量状态。所谓单电子近似,即假设每个电子在周期性排列且固定不动的原子核势场及其他电子的平均势场中运动。该势场是具有与晶格同周期的周期性势场。用单电子近似来研究晶体中电子状态的理论称为能带论。有关能带论的内容在固体物理学课程中已有比较完整的介绍,这里仅简要回顾,并介绍几种重要半导体材料的能带结构。

1.1 半导体的晶格结构和结合性质

1.1.1 金刚石型结构和共价键

重要的半导体材料硅、锗等在化学元素周期表中都属于Ⅳ族元素,原子的最外层都具有4个价电子。大量的硅、锗原子组合成晶体靠的是共价键结合,它们的晶格结构与碳原子组成的一种金刚石晶格都属于金刚石型结构。这种结构的特点是:每个原子周围都有4个最近邻的原子,组成一个如图1-1(a)所示的正四面体结构。这4个原子分别处在正四面体的顶角上,任一顶角上的原子和中心原子各贡献一个价电子为该两个原子所共有,共有的电子在两个原子之间形成较大的电子云密度,通过它们对原子实的引力把两个原子结合在一起,这就是共价键。这样,每个原子和周围4个原子组成4个共价键。上述正四面体的4个顶角原子又可以各通过4个共价键组成4个正四面体。如此推广,将许多正四面体累积起来就得到如图1-1(b)所示的金刚石型结构(为看起来方便,有些原子周围只画出两个或三个共价键),它的配位数是4。

在正四面体结构的共价晶体中,4个共价键并不是以孤立原子的电子波函数为基础形成的,而是以 s 态和 p 态波函数的线性组合为基础,构成了所谓的"杂化轨道",即以一个 s 态和三个 p 态组成的 sp^3 杂化轨道为基础形成的,它们之间具有相同的夹角109°28′。

金刚石型结构的结晶学原胞如图1-1(c)所示,它是立方对称的晶胞。这种晶胞可以视为两个面心立方晶胞沿立方体的空间对角线互相位移了四分之一的空间对角线长度套构而成。原子在晶胞中排列的情况是:8个原子位于立方体的8个顶角上,6个原子位于6个面中心上,晶胞内部有4个原子。立方体顶角和面心上的原子与这4个原子周围情况不同,所以它是由相同原子构成的复式晶格。它的固体物理学原胞和面心立方晶格的固体物理学原胞相同,差别只在于前者每个原胞中包含两个原子,后者只包含一个原子。

图 1-1 硅、锗的金刚石结构

沿立方晶胞的$[\bar{1}\bar{1}\bar{1}]$方向看,它的结构和图 1-1(b)完全相同。金刚石型结构(１１１)面的密堆积和面心立方结构的密堆积类似,面心立方晶格的正四面体中心没有原子,而金刚石型结构的正四面体中心有一个原子。将图 1-1(b)和图 1-1(d)对照起来看,便知金刚石型结构的(１１１)面是以双原子层的形式按 ABCABCA…的顺序堆积起来的。图 1-1(e)为金刚石型晶胞在{１００}面上的投影,图中"0"和"1/2"表示面心立方晶格上的原子,"1/4"和"3/4"表示沿晶体对角线位移 1/4 的另一个面心立方晶格上的原子,"·"表示共价键上的电子。

实验测得硅和锗的晶格常数 a 分别为 0.543102nm 和 0.565791nm,从而求得硅每立方厘米体积内有 5.00×10^{22} 个原子,锗有 4.42×10^{22} 个原子,对于两原子间的最短距离,硅为 0.235nm,锗为 0.245nm,因而它们的共价半径分别为 0.117nm 和 0.122nm。

1.1.2 闪锌矿型结构和混合键

由化学元素周期表中的Ⅲ族元素铝、镓、铟和Ⅴ族元素磷、砷、锑合成的Ⅲ-Ⅴ族化合物都是半导体材料,它们绝大多数具有闪锌矿型结构,与金刚石型结构类似,不同的是前者由两类不同的原子组成。图 1-2(a)表示闪锌矿型结构的晶胞,它是由两类原子各自组成的面心立方晶格,沿空间对角线彼此位移四分之一空间对角线长度套构而成的。每个原子被 4 个异族原子包围,例如,如果顶角上和面心上的原子是Ⅲ族原子,则晶胞内部 4 个原子就是Ⅴ族原子,反之亦然。顶角上 8 个原子和面心上 6 个原子可以认为共有 4 个原子属于某个晶胞,因而每一晶胞中有 4 个Ⅲ族原子和 4 个Ⅴ族原子,共有 8 个原子。它们也是依靠共价键结合的,但有一定的离子键成分。

(a) 晶胞　　　　　　　(b) (111)面的堆积 [在(110)面上的投影]

图 1-2　闪锌矿型结构

与Ⅳ族元素半导体的情况类似,在这类共价性的化合物半导体中,共价键也是以 sp^3 杂化轨道为基础的。但是,与Ⅳ族元素半导体相比有一点重要区别,就是在共价化合物半导体中,结合的性质具有不同程度的离子性,常称这类半导体为极性半导体。例如,重要的Ⅲ-Ⅴ族化合物半导体材料砷化镓,相邻砷化镓所共有的价电子实际上并不对等地分配在砷和镓的附近。由于砷具有较强的电负性,成键的电子更集中地分布在砷原子附近,因此在共价化合物中,电负性强的原子平均来说带有负电,电负性弱的原子平均来说带有正电,正、负电荷之间的库仑作用对结合能有一定的贡献。在共价结合占优势的情况下,这种化合物倾向于构成闪锌矿型结构。

在垂直于[1 1 1]方向看闪锌矿型结构的Ⅲ-Ⅴ族化合物时,可以看到它是由一系列Ⅲ族原子层和Ⅴ族原子层构成的双原子层堆积起来的,如图1-2(b)所示。显然,每个原子层都是一个(1 1 1)面,由于Ⅲ-Ⅴ族化合物有离子性,因此这种双原子层是一种电偶极层。通常规定由一个Ⅲ族原子到一个相邻的Ⅴ族原子的方向为[1 1 1]方向,而一个Ⅴ族原子到一个相邻的Ⅲ族原子的方向为[$\bar{1}\bar{1}\bar{1}$]方向,如图1-2(b)所示,并且规定Ⅲ族原子层为(1 1 1)面,Ⅴ族原子层为($\bar{1}\bar{1}\bar{1}$)面。因而,Ⅲ-Ⅴ族化合物的(1 1 1)面和($\bar{1}\bar{1}\bar{1}$)面的物理化学性质有所不同。

闪锌矿型结构的Ⅲ-Ⅴ族化合物和金刚石型结构一样,都是由两个面心立方晶格套构而成的,称这种晶格为双原子复式格子。如果选取只反映晶格周期性的原胞,则每个原胞中只包含两个原子,一个是Ⅲ族原子,另一个是Ⅴ族原子。

由化学元素周期表中的Ⅱ族元素锌、镉、汞和Ⅵ族元素硫、硒、碲合成的Ⅱ-Ⅵ族化合物,除硒化汞、碲化汞是半金属外,其他都是半导体材料,它们大部分都具有闪锌矿型结构,但是其中有些也可具有六角晶系纤锌矿型结构。

1.1.3　纤锌矿型结构

纤锌矿型结构和闪锌矿型结构相似,也是以正四面体结构为基础构成的,但是它具有六方对称性,而不是立方对称性,图1-3为纤锌矿型结构,它是由两类原子各自组成的六方排列的双原子层堆积而成的,但它只有两种类型的六方原子层,它的(0 0 1)面规则地按ABABA…的顺序堆积,从而构成纤锌矿型结构。硫化锌、硒化锌、硫化镉、硒化镉等都可以以闪锌矿型和纤锌矿型两种方式结晶。例如,实验测得纤锌矿型结构的硫化镉单晶,其晶格常数为 $a=0.4136\text{nm}, c=0.6714\text{nm}$。

与Ⅲ-Ⅴ族化合物类似,这种共价化合物晶体中,其结合的性质也具有离子性,但这两种元素的电负性差别较大,如果离子性结合占优势,则倾向于构成纤锌矿型结构。

纤锌矿型结构的Ⅱ-Ⅵ族化合物是由一系列Ⅱ族原子层和Ⅵ族原子层构成的双原子层沿[001]方向堆积起来的,每个原子层都是一个(001)面,由于它具有离子性,通常也规定由一个Ⅱ族原子到一个相邻的Ⅵ族原子的方向为[001]方向,反之,为[00$\bar{1}$]方向,Ⅱ族原子层为(001)面,Ⅵ族原子层为(00$\bar{1}$)面,这两种面的物理化学性质也有所不同。

还有一些重要的半导体材料不是以四面体结构结晶的,如Ⅳ-Ⅵ族化合物硫化铅、硒化铅、碲化铅,它们都是以氯化钠型结构结晶的,如图1-4所示,这里不再赘述。

 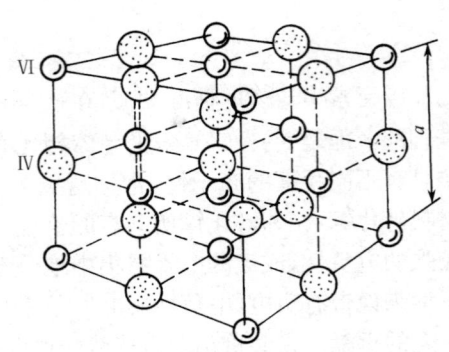

图1-3 纤锌矿型结构　　　　　　　　图1-4 氯化钠型结构

1.2 半导体中的电子状态和能带

1.2.1 原子的能级和晶体的能带

制造半导体器件所用的材料大多是单晶体。单晶体是由靠得很紧密的原子周期性重复排列而成的,相邻原子间距只有零点几纳米。因此,半导体中的电子状态肯定和原子中的不同,特别是外层电子会有显著的变化。但是,晶体是由分立的原子凝聚而成的,两者的电子状态又必定存在着某种联系。下面以原子结合成晶体的过程定性地说明半导体中的电子状态。

原子中的电子在原子核的势场和其他电子的作用下,分列在不同的能级上,形成所谓的电子壳层,不同支壳层的电子分别用$1s;2s,2p;3s,3p,3d;4s$等符号表示,每一支壳层对应于确定的能量。当原子相互接近形成晶体时,不同原子的内外各电子壳层之间就有了一定程度的交叠,相邻原子最外壳层交叠最多,内壳层交叠较少。原子组成晶体后,由于电子壳层交叠,电子不再完全局限在某一个原子上,可以由一个原子转移到相邻的原子上去,因而,电子将可以在整个晶体中运动,这种运动称为电子的共有化运动。但必须注意,因为各原子中相似壳层上的电子才有相同的能量,电子只能在相似壳层间转移。因此,共有化运动的产生是因为不同原子的相似壳层间的交叠,如$2p$支壳层的交叠,$3s$支壳层的交叠,如图1-5所示。也可以说,结合成晶体后,每个原子能引起"与之相应"的共有化运动,例如,$3s$能级引起"$3s$"的共有化运动,$2p$能级引起"$2p$"的共有化运动,等等。由于内外壳层的交叠程度很不相同,因此只有最外层电子的共有化运动才显著。

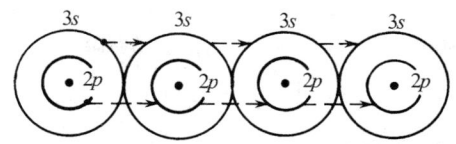

图 1-5 电子共有化运动示意图

晶体中电子做共有化运动时的能量是怎样的呢？先以两个原子为例来说明。当两个原子相距很远时，如同两个孤立的原子，原子的能级如图 1-6(a) 所示，每个能级都有两个态与之相应，是二度简并的（暂不计原子本身的简并）。当两个原子互相靠近时，每个原子中的电子除受到本身原子的势场作用外，还要受到另一个原子势场的作用，其结果是每个二度简并的能级都分裂为两个彼此相距很近的能级；两个原子靠得越近，分裂得越厉害。图 1-6(b) 示意性地画出了 8 个原子互相靠近时能级分裂的情况。可以看到，每个能级都分裂为 8 个相距很近的能级。

图 1-6 能级分裂示意图

当两个原子互相靠近时，原来在某一能级上的电子就分别处在分裂的两个能级上，这时电子不再属于某一个原子，而为两个原子所共有。分裂的能级数需计入原子本身的简并度，例如，$2s$ 能级分裂为两个能级；$2p$ 能级本身是三度简并的，分裂为 6 个能级。

现在考虑由 N 个原子组成的晶体。晶体每立方厘米体积内有 $10^{22} \sim 10^{23}$ 个原子，所以 N 是个很大的数值。假设 N 个原子相距很远，尚未结合成晶体，则每个原子的能级都和孤立原子的一样，它们都是 N 度简并的（暂不计原子本身的简并）。在 N 个原子互相靠近结合成晶体后，每个电子都要受到周围原子势场的作用，其结果是每个 N 度简并的能级都分裂成 N 个彼此相距很近的能级，这 N 个能级组成一个能带，这时电子不再属于某一个原子而是在晶体中做共有化运动。分裂的每个能带都称为允带，允带之间因没有能级故称为禁带。图 1-7 示意性地画出了原子能级分裂成能带的情况。

内壳层的电子原来处于低能级，共有化运动很弱，其能级分裂得很小，能带很窄，外壳层电子原来处于高能级，特别是价电子，共有化运动很显著，如同自由运动的电子，常称为"准自由电子"，其能级分裂得很厉害，能带很宽。图 1-7 也示意性地画出了内、外层电子的这种差别。

每个能带包含的能级数（或者说共有化状态数）与孤立原子能级的简并度有关。例如，s 能级没有简并（不计自旋），N 个原子结合成晶体后，s 能级便分裂为 N 个十分靠近的能级，形成一个能带，这个能带中共有 N 个共有化状态。p 能级是三度简并的，便分裂成 $3N$ 个十分靠近的能级，形成的能带中共有 $3N$ 个共有化状态。对于实际的晶体，由于 N 是一个十分大的数值，能级又靠得很近，因此每个能带中的能级基本上可视为连续的，有时称它为"准连续的"。

但是必须指出,许多实际晶体的能带与孤立原子能级间的对应关系并不都像上述的那样简单,因为一个能带不一定同孤立原子的某个能级相当,即不一定能区分 s 能级和 p 能级所过渡的能带。例如,金刚石和半导体硅、锗,它们的原子都有 4 个价电子、两个 s 电子、两个 p 电子,组成晶体后,由于轨道杂化,其价电子形成的能带如图 1-8 所示,上、下有两个能带,中间隔以禁带。两个能带并不分别与 s 能级和 p 能级相对应,而是上、下两个能带中都分别包含 2N 个状态,根据泡里不相容原理,各可容纳 4N 个电子。N 个原子结合成的晶体共有 4N 个电子,根据电子先填充低能级这一原理,下面一个能带填满了电子,它们对应于共价键中的电子,这个带通常称为满带或价带;上面一个能带是空的,没有电子,通常称为导带;中间隔以禁带。

图 1-7 原子能级分裂为能带的情况示意图

图 1-8 金刚石型结构价电子能带示意图

1.2.2 半导体中电子的状态和能带

晶体中的电子与孤立原子中的电子不同,也与自由运动的电子不同。孤立原子中的电子在该原子的核和其他电子的势场中运动,自由电子在一恒定为零的势场中运动,而晶体中的电子在严格周期性重复排列的原子间运动。单电子近似认为,晶体中的某一个电子在周期性排列且固定不动的原子核的势场,以及其他大量电子的平均势场中运动,这个势场也是周期性变化的,而且它的周期与晶格周期相同。

研究发现,电子在周期性势场中运动的基本特点和自由电子的运动特点十分相似。下面先简单介绍自由电子的运动。

微观粒子具有波粒二象性,表征波动性的量与表征粒子性的量之间有一定的联系。一个质量为 m_0、以速度 v 自由运动的电子,其动量 p 与能量 E 分别为[1]

$$\boldsymbol{p} = m_0 \boldsymbol{v} \tag{1-1}$$

$$E = \frac{1}{2} \frac{p^2}{m_0} \tag{1-2}$$

式中,$p^2 = |\boldsymbol{p}|^2$。德布罗意(de Broglie)指出,这一自由粒子可以用频率为 ν、角频率为 $\omega = 2\pi\nu$、波长为 λ 的平面波表示为

$$\Phi(\boldsymbol{r}, t) = A \mathrm{e}^{\mathrm{i}(\boldsymbol{k} \cdot \boldsymbol{r} - \omega t)} \tag{1-3}$$

式中,A 为常数;$\boldsymbol{r}$ 是空间某点的矢径;k 是平面波的波数,等于波长 λ 倒数的 2π 倍。为能同时描述平面波的传播方向,通常规定 k 为矢量,称为波数矢量,简称波矢,记为 $\boldsymbol{k}$,其大小为

$$k = |\boldsymbol{k}| = \frac{2\pi}{\lambda} \tag{1-4}$$

方向与波面法线平行,为波的传播方向。

自由电子能量和动量与平面波角频率和波矢之间的关系分别为

$$E = h\nu = \hbar\omega \tag{1-5}$$

$$p = \hbar k \tag{1-6}$$

式中,$\hbar = h/2\pi$,h 为普朗克(Planck)常数。

为简单计,考虑一维情况,即选择 Ox 轴方向与波的传播方向一致,则式(1-3)为

$$\Phi(x,t) = A e^{ikx} e^{-i\omega t} = \Psi(x) e^{-i\omega t} \tag{1-7}$$

式中

$$\Psi(x) = A e^{ikx} \tag{1-8}$$

也称其为自由电子的波函数,它代表一个沿 x 方向传播的平面波,且遵守定态薛定谔(Schrödinger)方程

$$-\frac{\hbar^2}{2m_0} \frac{d^2 \Psi(x)}{dx^2} = E \Psi(x) \tag{1-9}$$

式中,E 为电子的能量。

将式(1-6)分别代入式(1-1)和式(1-2),得

$$v = \frac{\hbar k}{m_0} \tag{1-10}$$

$$E = \frac{\hbar^2 k^2}{2m_0} \tag{1-11}$$

可以看到,对于波矢为 **k** 的运动状态,自由电子的能量 E、动量 **p**、速度 **v** 均有确定的数值。因此,波矢 **k** 可用来描述自由电子的运动状态,不同的 k 值标志着自由电子的不同状态。图 1-9 是一维情况下自由电子的 E 与 k 的关系曲线,呈抛物线形状。由于波矢 **k** 的值连续变化,因此自由电子的能量是连续能谱,从零到无限大的所有能量值都是允许的。

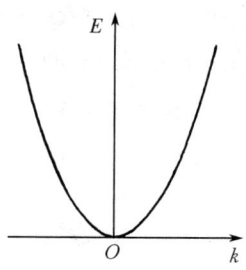

图 1-9 自由电子的 E 与 k 的关系曲线

1. 晶体中薛定谔方程及其解的形式[2]

单电子近似认为晶体中某个电子是在与晶格同周期的周期性势场中运动的,例如,对于一维晶格,晶格中位置为 x 处的电势为

$$V(x) = V(x + sa) \tag{1-12}$$

式中,s 为整数,a 为晶格常数。晶体中电子所遵守的薛定谔方程为

$$-\frac{\hbar^2}{2m_0} \frac{d^2 \Psi(x)}{dx^2} + V(x) \Psi(x) = E \Psi(x) \tag{1-13}$$

式中,$V(x)$ 满足式(1-12)。式(1-13)是晶体中电子运动的基本方程,如能解出这个方程,便能得出电子的波函数及能量。但是找出实际晶体的 $V(x)$ 很困难,因而只能采用一些近似方法来求解。

布洛赫曾经证明,满足式(1-13)的波函数一定具有如下形式

$$\Psi_k(x) = u_k(x) e^{ikx} \tag{1-14}$$

式中,k 为波数,$u_k(x)$ 是一个与晶格同周期的周期性函数,即

$$u_k(x) = u_k(x + na) \tag{1-15}$$

式中,n 为整数。式(1-13)具有式(1-14)形式的解,这一结论称为布洛赫定理。具有式(1-14)形式的波函数称为布洛赫波函数。

首先,从式(1-14)与式(1-8)的比较可知,晶体中的电子在周期性势场中运动的波函数与自由电子的波函数形式相似,代表一个波长为 $2\pi/k$ 而在 **k** 方向上传播的平面波,不过这个波

的振幅 $u_k(x)$ 随 x 周期性变化,其变化周期与晶格周期相同。所以常说晶体中的电子是以一个被调幅的平面波在晶体中传播的。显然,若令式(1-14)中的 $u_k(x)$ 为常数,则在周期性势场中运动的电子的波函数就完全变为自由电子的波函数了。其次,根据波函数的意义,在空间某一点找到电子的概率与波函数在该点的强度(即 $|\Psi|^2 = \Psi\Psi^*$)成比例。对于自由电子,$|\Psi\Psi^*| = A^2$,即在空间各点波函数的强度相等,故在空间各点找到电子的概率也相同,这反映了电子在空间中的自由运动。而对于晶体中的电子,$|\Psi_k\Psi_k^*| = |u_k(x)u_k^*(x)|$,但 $u_k(x)$ 是与晶格同周期的函数,在晶体中波函数的强度也随晶格周期性变化,所以在晶体中各点找到该电子的概率也具有周期性变化的性质。这反映了电子不再完全局限在某一个原子上,而是可以从晶胞中某一点自由地运动到其他晶胞内的对应点,因而电子可以在整个晶体中运动,这种运动称为电子在晶体内的共有化运动。组成晶体的原子的外层电子共有化运动较强,其行为与自由电子相似,常称为准自由电子。而内层电子的共有化运动较弱,其行为与孤立原子中的电子相似。最后,布洛赫波函数中的波矢 k 与自由电子波函数中的一样,它描述晶体中电子的共有化运动状态,不同的 k 标志着不同的共有化运动状态。

2. 布里渊区[2]与能带

晶体中电子处在不同的 k 状态,具有不同的能量 $E(k)$,求解式(1-13)可得出如图 1-10(a)所示的 $E(k)$ 和 k 的关系曲线。图中横坐标表示波数 k,虚线表示自由电子的 $E(k)$ 和 k 的抛物线关系,实线表示周期性势场中电子的 $E(k)$ 和 k 的关系曲线。可以看到,当

$$k = \frac{n\pi}{a} \quad (n = 0, \pm 1, \pm 2, \cdots) \tag{1-16}$$

时,能量出现不连续,形成一系列允带和禁带。

(a) $E(k)$ 和 k 的关系　　　　(b) 能带图　　　　(c) 简约的布里渊区

图 1-10　$E(k)$ 和 k 的关系

允带出现在以下几个区(称为布里渊区)中:

第一布里渊区　　$-\dfrac{\pi}{a} < k < \dfrac{\pi}{a}$

第二布里渊区 $\quad -\dfrac{2\pi}{a}<k<-\dfrac{\pi}{a}, \quad \dfrac{\pi}{a}<k<\dfrac{2\pi}{a}$

第三布里渊区 $\quad -\dfrac{3\pi}{a}<k<-\dfrac{2\pi}{a}, \quad \dfrac{2\pi}{a}<k<\dfrac{3\pi}{a}$

禁带出现在 $k=n\pi/a$ 处,即出现在布里渊区边界上。

每个布里渊区都对应于一个能带,得到如图 1-10(b)所示的能带图。

从图 1-10(a)还可以看到 $E(k)$ 也是 k 的周期性函数,周期为 $2\pi/a$,即

$$E(k)=E\left(k+n\dfrac{2\pi}{a}\right) \tag{1-17}$$

k 和 $k+n\dfrac{2\pi}{a}$ 表示相同的状态,所以可以只取 $-\dfrac{\pi}{a}<k<\dfrac{\pi}{a}$ 中的 k 值来描述电子的能量状态,而将其他区域移动 $n\dfrac{2\pi}{a}$ 合并到第一区。在考虑能带结构时,只需考虑 $-\dfrac{\pi}{a}<k<\dfrac{\pi}{a}$ 的区域就够了,就是说只需考虑第一布里渊区,得到如图 1-10(c)所示的曲线。在这个区域内,E 为 k 的多值函数。因此,在说明 $E(k)$ 和 k 的关系时,必须用 $E_n(k)$ 标明是第 n 个能带,常称这一区域为简约的布里渊区,称这一区域内的波矢为简约波矢。

对于有限的晶体,尚需考虑一定的边界条件。根据周期性边界条件,可以得出波矢 k 只能取分立的数值。对边长为 L 的立方晶体,波矢 k 的三个分量 k_x, k_y, k_z 分别为

$$\left.\begin{array}{l} k_x=\dfrac{2\pi n_x}{L} \quad (n_x=0, \pm 1, \pm 2, \cdots) \\ k_y=\dfrac{2\pi n_y}{L} \quad (n_y=0, \pm 1, \pm 2, \cdots) \\ k_z=\dfrac{2\pi n_z}{L} \quad (n_z=0, \pm 1, \pm 2, \cdots) \end{array}\right\} \tag{1-18}$$

因此,波矢 k 具有量子数的作用,它可以用来描述晶体中电子共有化运动的量子状态。

由式(1-18)可以证明每个布里渊区中都有 N 个 k 状态。与每个 k 值都相应有一个能量状态(能级),因为 k 值是分立的,所以布里渊区中的能级是准连续的,每个能带中有 N 个能级,N 为晶体的固体物理学原胞数。因为每个能级都可以容纳自旋相反的两个电子,所以每个能带都可以容纳 $2N$ 个电子。

可以用下述的方法做出三维晶格的布里渊区。首先做出晶体的倒格子,任选一倒格点为原点,由原点到最近及次近的倒格点引倒格矢,然后作倒格矢的垂直平分面,这些面就是布里渊区的边界,在这些边界上能量发生不连续,这些面所围成的最小多面体就是第一布里渊区。

例如,可以证明面心立方晶体的倒格子是体心立方的。如选体心作为原点,则由体心向顶角 8 个倒格点引倒格矢,再作倒格矢的垂直平分面,构成一个八面体。再由体心向周围 6 个次近的倒格点引倒格矢,作它们的垂直平方面,将该八面体截去 6 个角,构成一个十四面体。原来的 8 个面呈六边形,截去角又形成 6 个正方形的面,这个十四面体就是面心立方晶体的第一布里渊区,如图 1-11 所示。面心立方晶体的第二布里渊区的形状更复杂,不详细讨论了。

硅、锗等半导体都属于金刚石型结构,它们的固体物理学原胞和面心立方晶体的固体物理学原胞相同,两者有相同的基矢,所以它们有相同的倒格子和布里渊区。它们的第一布里渊区都如图 1-11 所示。Ⅲ-Ⅴ族化合物大多属于闪锌矿型结构,它们的布里渊区也和上述的相同。

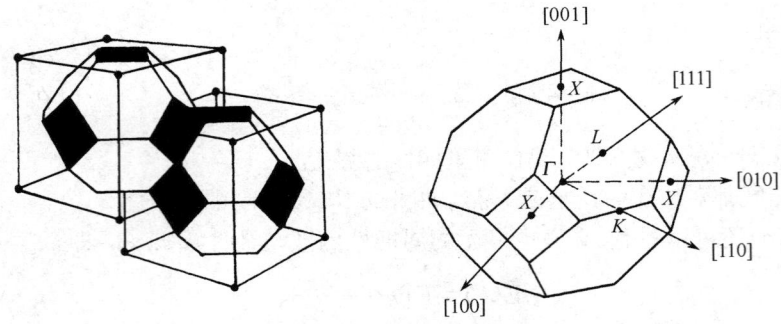

图 1-11 面心立方晶格和金刚石型结构的第一布里渊区

$\Gamma: \frac{2\pi}{a}(0,0,0)$,布里渊区中心;

$L: \frac{2\pi}{a}\left(\frac{1}{2}, \frac{1}{2}, \frac{1}{2}\right)$,布里渊区边沿与⟨111⟩轴的交点;

$X: \frac{2\pi}{a}(0,0,1)$,布里渊区边沿与⟨100⟩轴的交点;

$K: \frac{2\pi}{a}\left(\frac{3}{4}, \frac{3}{4}, 0\right)$,布里渊区边沿与⟨110⟩轴的交点

1.2.3 导体、半导体、绝缘体的能带

固体按其导电性分为导体、半导体、绝缘体的机理,可根据电子填充能带的情况来说明。

固体能够导电,是固体中的电子在外电场作用下做定向运动的结果。由于电场力对电子具有加速作用,使电子的运动速度和能量都发生了变化,换言之,即电子与外电场间发生能量交换。从能带论来看,电子的能量变化,就是电子从一个能级跃迁到另一个能级。对于满带,其中的能级已为电子所占满,在外电场的作用下,满带中的电子并不形成电流,对导电没有贡献,通常原子中的内层电子占据满带中的能级,因而内层电子对导电没有贡献。对于被电子部分占满的能带,在外电场的作用下,电子可从外电场中吸收能量跃迁到未被电子占据的能级,形成电流并起导电作用,常称这种能带为导带。金属中,由于组成金属的原子中的价电子占据的能带是部分占满的,如图 1-12(c)所示,所以金属是良好的导体。

图 1-12 绝缘体、半导体和导体的能带示意图

绝缘体和半导体的能带类似,如图 1-12(a)、(b)所示,即下面是已被价电子占满的满带(其下面还有被内层电子占满的若干满带未画出),也称价带,中间为禁带,上面为导带。因此,在外电场的作用下并不导电,但是,这只是热力学温度为零时的情况。当外界条件发生变化,如温度升高或有光照时,满带中有少量电子可能被激发到上面的导带中去,使能带底部附近有了少量电子,因而在外电场的作用下,这些电子将参与导电;同时,满带中由于少了一些电子,

在满带顶部附近出现了一些空的量子状态,满带变成了部分占满的能带,在外电场的作用下,仍留在满带中的电子也能够起导电作用,满带电子的这种导电作用等效于把这些空的量子状态看作带正电荷的准粒子的导电作用,常称这些空的量子状态为空穴。所以在半导体中,导带的电子和价带的空穴均参与导电,这是与导体的最大差别。绝缘体的禁带宽度很大,激发电子需要很大的能量,在通常温度下能激发到导带的电子很少,所以导电性很差。半导体的禁带宽度比较小,数量级在 1eV 左右,在通常温度下已有不少电子被激发到导带,所以具有一定的导电能力,这是绝缘体和半导体的主要区别。室温下,金刚石的禁带宽度为 6~7eV,它是绝缘体;硅为 1.12eV,锗为 0.67eV,砷化镓为 1.43eV,所以它们都是半导体。

图 1-13 是在一定温度下半导体的能带图(本征激发情况),图中"·"表示价带内的电子,与图 1-1(e)所示的共价键上的电子相对应,它们在热力学温度 $T=0$K 时填满价带中的所有能级。E_v 称为价带顶,它是价带电子的最高能量。在一定温度下,共价键上的电子依靠热激发有可能获得能量脱离共价键,在晶体中自由运动,成为准自由电子。获得能量而脱离共价键的电子就是能带图中导带上的电子;脱离共价键所需的最低能量就是禁带宽度 E_g;E_c 称为导带底,它是导带电子的最低能量。价带

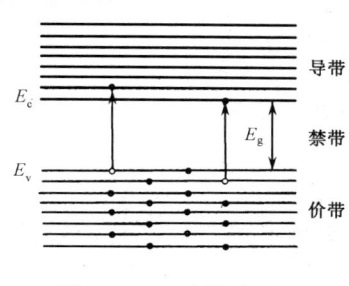

图 1-13 一定温度下半导体的能带图

上的电子被激发成为准自由电子,即价带电子激发成为导带电子的过程称为本征激发。

1.3 半导体中电子的运动——有效质量

1.3.1 半导体中 $E(k)$ 与 k 的关系[3]

晶体中电子的能量形成能带,一维情形中 $E(k)$ 与 k 的关系如图 1-10 所示,但它只给出定性关系,必须找出 $E(k)$ 函数才能得出定量关系。尽管采用了单电子近似,但在求 $E(k)$ 时仍是十分烦琐的,它是能带理论所要专门解决的问题。

但是,对于半导体来说,起作用的常常是接近于能带底部或能带顶部的电子,因此,只要掌握其能带底部或顶部附近(能带极值附近)的 $E(k)$ 与 k 的关系就足够了。

用泰勒级数展开可以近似求出能带极值附近的 $E(k)$ 与 k 的关系。仍以一维情况为例,设能带底位于波数 $k=0$,能带底部附近的 k 值必然很小。将 $E(k)$ 在 $k=0$ 附近按泰勒级数展开,取至 k^2 项,得到

$$E(k)=E(0)+\left(\frac{\mathrm{d}E}{\mathrm{d}k}\right)_{k=0}k+\frac{1}{2}\left(\frac{\mathrm{d}^2E}{\mathrm{d}k^2}\right)_{k=0}k^2+\cdots \tag{1-19}$$

因为 $k=0$ 时能量极小,所以 $(\mathrm{d}E/\mathrm{d}k)_{k=0}=0$,因而

$$E(k)-E(0)=\frac{1}{2}\left(\frac{\mathrm{d}^2E}{\mathrm{d}k^2}\right)_{k=0}k^2 \tag{1-20}$$

$E(0)$ 为导带底能量。对给定的半导体,$(\mathrm{d}^2E/\mathrm{d}k^2)_{k=0}$ 应该是一个定值,令

$$\frac{1}{\hbar^2}\left(\frac{\mathrm{d}^2E}{\mathrm{d}k^2}\right)_{k=0}=\frac{1}{m_n^*} \tag{1-21}$$

将式(1-21)代入式(1-20),得到能带底部附近的 $E(k)$ 为

$$E(k)-E(0)=\frac{\hbar^2 k^2}{2m_n^*} \qquad (1-22)$$

式(1-22)与式(1-11)有类似之处，不同的是式(1-11)中的 m_0 是电子的惯性质量，而式(1-22)中出现的是 m_n^*，常称 m_n^* 为能带底电子的有效质量。因为 $E(k)>E(0)$，所以能带底电子的有效质量是正值。

同样，设能带顶也位于 $k=0$ 处，则在能带顶部附近也可以得到

$$E(k)-E(0)=\frac{1}{2}\left(\frac{\mathrm{d}^2 E}{\mathrm{d} k^2}\right)_{k=0} k^2 \qquad (1-23)$$

因为能带顶部附近 $E(k)<E(0)$，所以 $(\mathrm{d}^2 E/\mathrm{d} k^2)_{k=0}<0$。若也令

$$\frac{1}{\hbar^2}\left(\frac{\mathrm{d}^2 E}{\mathrm{d} k^2}\right)_{k=0}=\frac{1}{m_n^*}$$

则能带顶部附近的 $E(k)$ 为

$$E(k)-E(0)=\frac{\hbar^2 k^2}{2m_n^*} \qquad (1-24)$$

m_n^* 称为能带顶电子的有效质量，它是负值。

由式(1-22)和式(1-24)看到，引入有效质量后，如果能定出其大小，则能带极值附近的 $E(k)$ 与 k 的关系便确定了。

1.3.2　半导体中电子的平均速度

自由电子速度由式(1-10)决定，根据式(1-11)可以求得 $\mathrm{d} E/\mathrm{d} k=\hbar^2 k/m_0$，代入式(1-10)，可得到自由电子速度 $v=(1/\hbar)\mathrm{d} E/\mathrm{d} k$。

半导体中的电子在周期性势场中运动，电子的平均速度与能量之间有什么样的关系呢？通过量子力学的严格计算，可以证明它们之间也存在着与自由电子类似的关系。由于运算复杂，因此不予证明[2]，仅进行简单的说明。

根据量子力学概念，电子的运动可以被视为波包的运动，波包的群速就是电子运动的平均速度。设波包由许多角频率 ω 相差不多的波组成，则波包中心的运动速度（即群速）为

$$v=\frac{\mathrm{d}\omega}{\mathrm{d} k} \qquad (1-25)$$

式中，k 为对应的波矢的值。由波粒二象性，角频率为 ω 的波，其粒子的能量为 $\hbar\omega$，代入上式，得到半导体中电子的速度与能量的关系为

$$v=\frac{1}{\hbar}\frac{\mathrm{d} E}{\mathrm{d} k} \qquad (1-26)$$

将式(1-22)代入式(1-26)，得到能带极值附近电子的速度为

$$v=\frac{\hbar k}{m_n^*} \qquad (1-27)$$

式(1-27)与式(1-10)类似，均以电子的有效质量 m_n^* 代换电子的惯性质量 m_0。必须注意，能带底 $m_n^*>0$，在能带底部附近当 k 为正值时，v 也为正值；能带顶 $m_n^*<0$，在能带顶部附近当 k 为正值时，v 是负值。

1.3.3　半导体中电子的加速度

实际中，许多半导体器件都在一定的外加电压下工作，半导体内部会产生外加电场，这时

电子除受到周期性势场的作用外,还要受到外加电场的作用。在这种情况下,半导体中电子运动的规律又是怎样的呢?下面讨论这个问题。

当有强度为 $\mathscr{E}$ 的外电场时,电子受到 $f=-q\mathscr{E}$ 的力,dt 时间内电子有一段位移 ds,外力对电子做的功等于能量的变化,即

$$dE = f ds = f v dt \tag{1-28}$$

将式(1-26)代入式(1-28),得

$$dE = \frac{f}{\hbar}\frac{dE}{dk}dt \tag{1-29}$$

而

$$dE = \frac{dE}{dk}dk \tag{1-30}$$

代入式(1-29),得

$$f = \hbar\frac{dk}{dt} \tag{1-31}$$

式(1-31)说明,在外力 f 的作用下,电子的波矢 k 的值不断改变,其变化率与外力成正比。

因为电子的速度与 k 有关,既然 k 状态不断变化,电子的速度就必然不断变化,其加速度为

$$a = \frac{dv}{dt} = \frac{1}{\hbar}\frac{d}{dt}\left(\frac{dE}{dk}\right) = \frac{1}{\hbar}\frac{d^2E}{dk^2}\frac{dk}{dt} = \frac{f}{\hbar^2}\frac{d^2E}{dk^2} \tag{1-32}$$

其中利用了式(1-26)和式(1-31)。若令

$$\frac{1}{m_n^*} = \frac{1}{\hbar^2}\frac{d^2E}{dk^2} \quad 即 \quad m_n^* = \frac{\hbar^2}{\frac{d^2E}{dk^2}} \tag{1-33}$$

则式(1-32)为

$$a = \frac{f}{m_n^*} \tag{1-34}$$

m_n^* 就是电子的有效质量。由式(1-34)可看到,引入电子的有效质量 m_n^* 后,半导体中电子所受的外力与加速度的关系和牛顿第二运动定律类似,即以有效质量 m_n^* 代换电子的惯性质量 m_0。

1.3.4 有效质量的意义

由式(1-34)看到,半导体中的电子在外力的作用下,描述电子运动规律的方程中出现的是有效质量 m_n^*,而不是电子的惯性质量 m_0。这是因为式(1-34)中的外力 f 并不是电子受力的总和,半导体中的电子即使在没有外加电场的作用时,也要受到半导体内部原子及其他电子的势场作用。当电子在外力作用下运动时,它一方面受到外力 f 的作用,另一方面还和半导体内部的原子、电子相互作用着,电子的加速度应该是半导体内部势场和外电场作用的综合效果。但是,要找出内部势场的具体形式并且求得加速度会遇到一定的困难,引入有效质量可使问题变得简单,直接把外力 f 和电子的加速度联系起来,而内部势场的作用则由有效质量加以概括。因此,引入有效质量的意义在于它概括了半导体内部势场的作用,使得在解决半导体中电子在外力作用下的运动规律时,可以不涉及半导体内部势场的作用。特别是 m_n^* 可以直接由实验测定,因而可以很方便地找到电子的运动规律。

图 1-14 示意性地画出了能量、速度和有效质量随 k 的变化曲线。可以看到,在能带底部附近,$d^2E/dk^2>0$,电子的有效质量是正值;在能带顶部附近,$d^2E/dk^2<0$,电子的有效质量是负值,这是因为 m_n^* 概括了半导体内部的势场作用。

由式(1-33)还可以看到,有效质量与能量函数与 k 的二次微商成反比,对宽窄不同的各个能带,$E(k)$ 随 k 的变化情况不同,能带越窄,二次微商越小,有效质量越大。内层电子的能带窄,有效质量大;外层电子的能带宽,有效质量小。因而,外层电子在外力的作用下可以获得较大的加速度。

最后需说明,由式(1-27)知,$\hbar k = m_n^* v$,它并不代表半导体中电子的动量,但是在外力的作用下,由于它的变化规律[见式(1-31)]和自由电子的动量变化规律相似,因此有时称 $\hbar k$ 为半导体中电子的准动量。

图 1-14 能量、速度和有效质量随 k 的变化曲线

1.4 本征半导体的导电机构——空穴[3]

根据以上的讨论,电子可以在晶体中做共有化运动,但是,这些电子能否导电,还必须考虑电子填充能带的情况,不能只看单个电子的运动。研究发现,如果一个能带中的所有状态都被电子占满,那么,即使有外加电场,晶体中也没有电流,即满带电子不导电。只有虽包含电子但并未填满的能带才有一定的导电性,即不满的能带中的电子才可以导电。

在热力学温度为零时,纯净半导体的价带被价电子填满,导带是空的。在一定温度下,价带顶部附近有少量电子被激发到导带底部附近,在外电场的作用下,导带中的电子便参与导电。因为这些电子在导带底部附近,所以它们的有效质量是正的。同时,价带缺少了一些电子后也呈不满的状态,因而价带电子也表现出具有导电的特性,它们的导电作用常用空穴导电来描述。

在价带顶部附近一些电子被激发到导带后,价带中就留下了一些空状态。图 1-15 为硅共价键平面示意图。假定价带中激发一个电子到导带,价带顶出现了一个空状态,这相当于共价键上缺少一个电子而出现一个空位置,在晶格间隙出现一个导电电子。首先,可以认为这个空状态带有正电荷。这是因为半导体由大量带正电的原子核和带负电的电子组成,这些正、负电荷数量相等,整个半导体是电中性的,而且价键完整的原子附近也呈电中性。但是,空状态所在处由于失去了一个价键上的电子,因而破坏了局部电中性,出现了一个未被抵消的正电荷,这个正电荷为空状态所具有,它带的电荷是 $+q$,如图 1-15 所示。

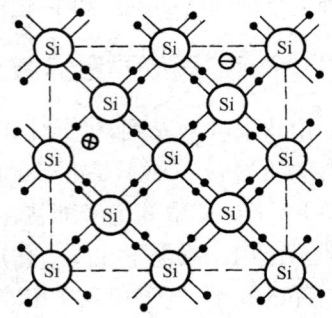

图 1-15 硅共价键平面示意图

再从图 1-16 所示的布里渊区的 E 与 k 的关系来看,设空状态出现在能带顶部 A 点。由于 k 状态在布里渊区内均匀分布,这时除 A 点外,所有 k 状态均被电子占据。图 1-16 示意性

地画出了这一情况下布里渊区中的电子分布,图中以"·"代表电子,它们均匀分布在布里渊区(除 A 点外)。

当有如图 1-16 所示的外电场 $\mathscr{E}$ 作用时,所有电子均受到力 $f=-q\mathscr{E}$ 的作用,由式(1-31)知 $f=-q\mathscr{E}=\hbar\,dk/dt$,可以看到,电子的 k 状态不断随时间变化,变化率为 $-q\mathscr{E}/\hbar$。就是说,在电场 $\mathscr{E}$ 的作用下,所有代表点都以相同的速率向左(反电场方向)运动,B 电子移动到 C 的位置,C 电子移动到 D 的位置,$Z\rightarrow Y,Y\rightarrow X$。$X$ 电子位于布里渊区的边界,X 点的状态和 A 点的状态完全相同,就是说,电子从左端离开布里渊区,同时从右端填补进来,所以 X 电子移动到 A 的位置,电子的分布情况如图 1-16(b)所示。经过一段时间,形成如图1-16(c)所示的情况,和图 1-16(a)相比,B 电子位于最初 D 的位置……相应地,Z 电子位于最初 X 的位置,Y 到了 A,X 到了 B。特别值得注意,在这个过程中,空状态 A 也是从位置 A 移动到最初 B 位置再到 C 位置,和电子 k 状态的变化相同。

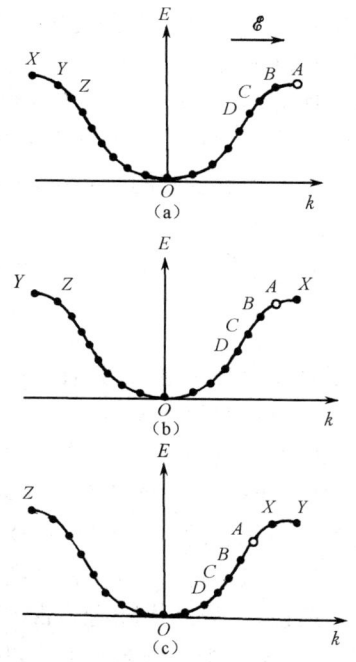

图 1-16 k 空间空穴运动示意图

因为价带有一个空状态,所以在这一过程中就有电流,设电流密度为 J,则

$$J=价带(k\text{ 状态空出})电子总电流$$

可以用下述方法计算 J 的值。设想以一个电子填充到空的 K 状态,这个电子的电流等于电子电荷 $-q$ 乘以 k 状态电子的速度 $v(k)$,即

$$k\text{ 状态电子的电流}=(-q)v(k)$$

填入这个电子后,价带又被填满,总电流应为零,即

$$J+(-q)v(k)=0$$

因而得到

$$J=(+q)v(k) \tag{1-35}$$

这就是说,当价带 k 状态空出时,价带电子的总电流就如同一个带正电荷的粒子以 k 状态电子速度 $v(k)$ 运动时所产生的电流。因此,通常把价带中空着的状态看成带正电的粒子,称为空穴。引入这样一个假想的粒子——空穴后,便可以很简便地描述价带(未填满)的电流。

空穴不仅带有正电荷 $+q$,而且具有正的有效质量。

如图 1-16 所示,在外电场 $\mathscr{E}$ 的作用下,所有电子的 k 状态都按 $dk/dt=-q\mathscr{E}/\hbar$ 变化,就是说,在 k 空间,所有电子均以相同的速率 $-q\mathscr{E}/\hbar$ 向左运动。可以看到,在所有电子向左运动的同时,空穴也以相同的速率沿同一方向运动,即空穴 k 状态的变化规律和电子的相同,也为 $dk/dt=-q\mathscr{E}/\hbar$。

空穴自 $A\rightarrow B\rightarrow C$,运动速度不断改变,因空穴位于价带顶部附近,当 k 状态自 $A\rightarrow B\rightarrow C$ 变化时,$E(k)$ 曲线的斜率不断增大,因而空穴速率不断增大(参见图 1-14),空穴加速度是正值。

但是,式(1-34)表明,价带顶部附近电子的加速度为

$$a=\frac{dv(k)}{dt}=\frac{f}{m_n^*}=-\frac{q\mathscr{E}}{m_n^*} \tag{1-36}$$

式中，m_n^* 为价带顶部附近电子的有效质量。从式(1-36)看，如果以 k 状态电子的速度来表示空穴运动速度，因为空穴带正电，在电场中受力应当是 $+q\mathcal{E}$，所以加速度 a 似乎是负值，这样描述上述假想的以 $v(k)$ 运动的、带正电粒子的加速度就有困难。但是，这个困难很容易克服，因为价带中的空状态一般都出现在价带顶部附近，而价带顶部附近电子的有效质量是负值，如果引入 m_p^* 表示空穴的有效质量，且令

$$m_p^* = -m_n^* \tag{1-37}$$

代入式(1-36)，得到空穴运动的加速度为

$$a = \frac{\mathrm{d}v(k)}{\mathrm{d}t} = \frac{q\mathcal{E}}{m_p^*} \tag{1-38}$$

这正是一个带正电荷、具有正有效质量的粒子在外电场作用下的加速度，它的确是正值，因而空穴具有正有效质量。

以上讨论表明，当价带中缺少一些电子而空出一些 k 状态时，可以认为这些 k 状态为空穴所占据。空穴可以被看作一个具有正电荷 q 和正有效质量 m_p^* 的粒子。在 k 状态的空穴速度就等于该状态的电子速度 $v(k)$。引入空穴概念后，就可以把价带中大量电子对电流的贡献用少量的空穴表达出来，实践证明，这样做不仅方便，而且具有实际的意义。

所以，半导体中除有导带上电子的导电作用外，价带中还有空穴的导电作用。对本征半导体而言，导带中出现多少电子，价带中相应地就出现多少空穴，导带上的电子参与导电，价带上的空穴也参与导电，这就是本征半导体的导电机理。这一点是半导体与导体的最大差异，导体中只有电子一种荷载电流的粒子(称为载流子)，而半导体中有电子和空穴两种载流子，正是这两种载流子的作用使半导体表现出许多奇异的特性，可用来制造形形色色的器件。

1.5 回旋共振[4]

以上讨论了半导体能带结构的一些共同的基本特点。不同的半导体材料，其能带结构不同，而且往往是各向异性的，即沿不同的波矢 k 方向，$E(k)$ 与 k 的关系不同。由于问题复杂，虽然理论上发展了多种计算的方法，但还不能完全确定电子的全部能态，尚需借助实验的帮助，采用理论和实验相结合的方法来确定半导体中电子的能态。本节和1.6节将简单介绍最初测出载流子有效质量并据此推出半导体能带结构的回旋共振实验及硅、锗的能带结构，1.7节和1.8节将简单介绍Ⅲ-Ⅴ族和Ⅱ-Ⅵ族化合物半导体的能带结构。因为对大多数半导体，起作用的往往是导带底部附近的电子和价带顶部附近的空穴，所以着重介绍导带底和价带顶部附近的能带结构。

1.5.1 k 空间等能面

要了解能带结构，就要求出 $E(k)$ 与 k 的函数关系。1.3节指出，若设一维情况下能带极值在波数 $k=0$ 处，则导带底部附近

$$E(k) - E(0) = \frac{\hbar^2 k^2}{2m_n^*} \tag{1-39}$$

价带顶部附近

$$E(k) - E(0) = -\frac{\hbar^2 k^2}{2m_p^*} \tag{1-40}$$

$E(0)$ 分别为导带底能量和价带顶能量。图 1-17 画出了极值附近 $E(k)$ 与 k 的关系曲线,如果知道 m_n^* 和 m_p^*,则极值附近的能带结构便掌握了。

对实际的三维晶体,以 k_x, k_y, k_z 为坐标轴构成 k 空间,k 空间任一矢量代表波矢 k,如图 1-18 所示,其中

$$k^2 = k_x^2 + k_y^2 + k_z^2 \tag{1-41}$$

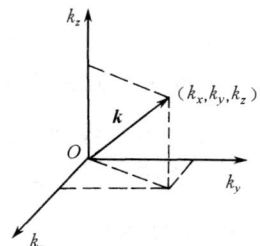

图 1-17 极值附近 $E(k)$ 与 k 的关系示意图   图 1-18 k 空间

设导带底位于波矢 $k=0$,其能值为 $E(0)$,导带底部附近

$$E(k) - E(0) = \frac{\hbar^2}{2m_n^*}(k_x^2 + k_y^2 + k_z^2) \tag{1-42}$$

当 $E(k)$ 为某一定值时,对应于许多组不同的 (k_x, k_y, k_z),将这些组不同的 (k_x, k_y, k_z) 连接起来构成一个封闭面,在这个面上的能值均等值,这个面称为等能量面,简称等能面。容易看出,式(1-42)表示的等能面是一系列半径为 $\sqrt{(2m_n^*/\hbar^2)[E(k)-E(0)]}$ 的球面,图 1-19 表示的是等能面在 $k_y O k_z$ 平面上的截面图,它是一系列环绕坐标原点的圆。

但是晶体具有各向异性的性质,$E(k)$ 与 k 的关系沿不同的波矢 k 方向不一定相同,反映出沿不同的 k 方向,电子的有效质量不一定相同,而且能带极值不一定位于波矢 $k=0$ 处。设导带底位于 k_0,能量为 $E(k_0)$,在晶体中选择适当的坐标轴 k_x, k_y, k_z,并令 m_x^*, m_y^*, m_z^* 分别表示沿 k_x, k_y, k_z 三个轴方向的导带底电子的有效质量,用泰勒级数在极值 k_0 附近展开,略去高次项,得

$$E(k) = E(k_0) + \frac{\hbar^2}{2}\left[\frac{(k_x - k_{0x})^2}{m_x^*} + \frac{(k_y - k_{0y})^2}{m_y^*} + \frac{(k_z - k_{0z})^2}{m_z^*}\right] \tag{1-43}$$

式中

$$\left.\begin{aligned}\frac{1}{m_x^*} &= \frac{1}{\hbar^2}\left(\frac{\partial^2 E}{\partial k_x^2}\right)_{k_0} \\ \frac{1}{m_y^*} &= \frac{1}{\hbar^2}\left(\frac{\partial^2 E}{\partial k_y^2}\right)_{k_0} \\ \frac{1}{m_z^*} &= \frac{1}{\hbar^2}\left(\frac{\partial^2 E}{\partial k_z^2}\right)_{k_0}\end{aligned}\right\} \tag{1-44}$$

也可将式(1-43)写成如下形式

$$\frac{(k_x - k_{0x})^2}{\dfrac{2m_x^*(E-E_c)}{\hbar^2}} + \frac{(k_y - k_{0y})^2}{\dfrac{2m_y^*(E-E_c)}{\hbar^2}} + \frac{(k_z - k_{0z})^2}{\dfrac{2m_z^*(E-E_c)}{\hbar^2}} = 1 \tag{1-45}$$

式中,E_c 表示 $E(k_0)$。式(1-45)是一个椭球方程,各项的分母等于椭球各半轴长的平方,这种情况下的等能面是环绕 k_0 的一系列椭球面。图 1-20 为等能面在 $k_y O k_z$ 平面上的截面图,它

是一系列椭圆。

图 1-19 k 空间球形等能面平面示意图

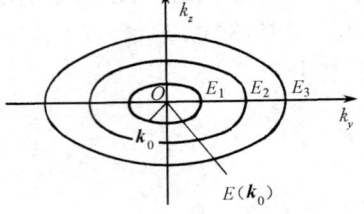
图 1-20 k 空间椭球等能面平面示意图

但是要具体了解这些球面或椭球面的方程，最终得出能带结构，还必须知道有效质量的值。测量有效质量的方法有很多，但第一次直接测出有效质量的是回旋共振的实验。

1.5.2 回旋共振描述

将一块半导体样品置于均匀恒定的磁场中，设磁感应强度为 $\boldsymbol{B}$，如半导体中电子初速度为 v，v 与 $\boldsymbol{B}$ 间的夹角为 θ，则电子受到的磁场力 $\boldsymbol{f}$ 为

$$\boldsymbol{f} = -q\boldsymbol{v} \times \boldsymbol{B} \tag{1-46}$$

力的大小为

$$f = qvB\sin\theta = qv_\perp B \tag{1-47}$$

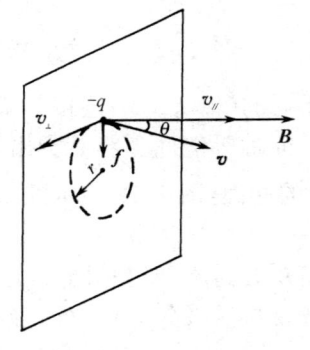

图 1-21 电子在恒定磁场中的运动

式中，$v_\perp = v\sin\theta$，为 v 在垂直于 $\boldsymbol{B}$ 的平面内的投影（见图 1-21），力的方向垂直于 v 与 $\boldsymbol{B}$ 所组成的平面。因此，电子沿磁场方向以速度 $v_{/\!/} = v\cos\theta$ 做匀速运动，在垂直于 $\boldsymbol{B}$ 的平面内做匀速圆周运动，运动轨迹是一螺旋线。设圆周的半径为 r，回旋频率为 ω_c，则 $v_\perp = r\omega_c$，向心加速度 $a = v_\perp^2/r$，根据式(1-34)，如果等能面为球面，则可以得到 ω_c 为

$$\omega_c = \frac{qB}{m_n^*} \tag{1-48}$$

再以电磁波通过半导体样品，当交变电磁场的角频率 ω 等于回旋频率 ω_c 时，就可以发生共振吸收。测出共振吸收时电磁波的角频率 ω 和磁感应强度 B，便可以由式(1-48)算出有效质量 m_n^*。

如果等能面不是球面，而是如式(1-45)所示的椭球面，则有效质量是各向异性的，沿 k_x，k_y，k_z 轴方向分别为 m_x^*，m_y^*，m_z^*。设 $\boldsymbol{B}$ 沿 k_x，k_y，k_z 轴的方向余弦分别为 α，β，γ，则电子所受的力为

$$\left.\begin{aligned} f_x &= -qB(v_y\gamma - v_z\beta) \\ f_y &= -qB(v_z\alpha - v_x\gamma) \\ f_z &= -qB(v_x\beta - v_y\alpha) \end{aligned}\right\} \tag{1-49}$$

电子的运动方程为

$$\left.\begin{aligned} m_x^* \frac{dv_x}{dt} + qB(v_y\gamma - v_z\beta) &= 0 \\ m_y^* \frac{dv_y}{dt} + qB(v_z\alpha - v_x\gamma) &= 0 \\ m_z^* \frac{dv_z}{dt} + qB(v_x\beta - v_y\alpha) &= 0 \end{aligned}\right\} \tag{1-50}$$

电子应做周期性运动,取试解

$$\left.\begin{array}{l}v_x=v'_x\mathrm{e}^{\mathrm{i}\omega_c t}\\v_y=v'_y\mathrm{e}^{\mathrm{i}\omega_c t}\\v_z=v'_z\mathrm{e}^{\mathrm{i}\omega_c t}\end{array}\right\} \quad (1\text{-}51)$$

代入式(1-50),得

$$\left.\begin{array}{l}\mathrm{i}\omega_c v'_x+\dfrac{qB}{m_x^*}\gamma v'_y-\dfrac{qB}{m_x^*}\beta v'_z=0\\-\dfrac{qB}{m_y^*}\gamma v'_x+\mathrm{i}\omega_c v'_y+\dfrac{qB}{m_y^*}\alpha v'_z=0\\\dfrac{qB}{m_z^*}\beta v'_x-\dfrac{qB}{m_z^*}\alpha v'_y+\mathrm{i}\omega_c v'_z=0\end{array}\right\} \quad (1\text{-}52)$$

要使 v'_x,v'_y,v'_z 有异于零的解,系数行列式应为零,即

$$\begin{vmatrix}\mathrm{i}\omega_c & \dfrac{qB}{m_x^*}\gamma & -\dfrac{qB}{m_x^*}\beta \\ -\dfrac{qB}{m_y^*}\gamma & \mathrm{i}\omega_c & \dfrac{qB}{m_y^*}\alpha \\ \dfrac{qB}{m_z^*}\beta & -\dfrac{qB}{m_z^*}\alpha & \mathrm{i}\omega_c\end{vmatrix}=0 \quad (1\text{-}53)$$

由此可解得电子的回旋频率 ω_c 为

$$\omega_c=\dfrac{qB}{m_n^*} \quad (1\text{-}54)$$

式中,m_n^* 为

$$\dfrac{1}{m_n^*}=\sqrt{\dfrac{m_x^*\alpha^2+m_y^*\beta^2+m_z^*\gamma^2}{m_x^* m_y^* m_z^*}} \quad (1\text{-}55)$$

当交变电磁场的频率 ω 与 ω_c 相同时,就得到共振吸收。

为能观测出明显的共振吸收峰,要求样品纯度较高,而且实验一般在低温下进行,交变电磁场的频率在微波甚至在红外线的范围。实验中常固定交变电磁场的频率,改变磁感应强度以观测吸收现象,磁感应强度约为零点几特斯拉(T)①。

1.6 硅和锗的能带结构

1.6.1 硅和锗的导带结构

如果等能面是球面,由式(1-48)看到,改变磁场方向时只能观察到一个吸收峰。但是 n 型②硅、锗的实验结果指出,当磁感应强度相对于晶轴有不同取向时,可以得到为数不等的吸收峰。例如,对硅来说:

(1) 若 **B** 沿[１１１]晶轴方向,则只能观察到一个吸收峰;
(2) 若 **B** 沿[１１０]晶轴方向,则可以观察到两个吸收峰;
(3) 若 **B** 沿[１００]晶轴方向,则也能观察到两个吸收峰;

---

① 1T(特斯拉)=1Wb/m²(韦伯/平方米)=10⁴Gs(高斯)。
② 见第 2 章。

(4) 若 **B** 对晶轴任意取向，则可以观察到三个吸收峰。

显然，这些结果不能从等能面是各向同性的假设得到解释。如果认为硅导带底部附近等能面是沿[１００]方向的旋转椭球面，椭球长轴与该方向重合，就可以很好地解释上面的实验结果。这种模型的导带最小值不在 k 空间原点，而在[１００]方向上。根据硅晶体立方对称性的要求，也必有同样的能量在[$\bar{1}$００]、[０１０]、[０$\bar{1}$０]、[００１]、[００$\bar{1}$]的方向上，如图 1-22 所示，共有 6 个旋转椭球面，电子主要分布在这些极值附近。

设 k_0^s 表示第 s 个极值所对应的波矢，$s=1,2,3,4,5,6$，极值处的能值为 E_c，k_0^s 沿⟨１００⟩方向，共有 6 个。根据式(1-43)，极值附近的能量 $E^s(\boldsymbol{k})$ 为

$$E^s(\boldsymbol{k})=E_c+\frac{\hbar^2}{2}\left[\frac{(k_x-k_{0x}^s)^2}{m_x^*}+\frac{(k_y-k_{0y}^s)^2}{m_y^*}+\frac{(k_z-k_{0z}^s)^2}{m_z^*}\right] \tag{1-56}$$

式(1-56)表示 6 个椭球等能面的方程。

如选取 E_c 为能量零点，以 k_0^s 为坐标原点，取 k_1、k_2、k_3 为三个直角坐标轴，分别与椭球主轴重合，并使 k_3 轴沿椭球长轴方向(即 k_3 沿⟨100⟩方向)，则等能面分别为绕 k_3 轴旋转的旋转椭球面。

以沿[００１]方向的旋转椭球面为例。设 k_3 轴沿[００１]方向，即沿 k_z 方向，则 k_1、k_2 轴位于(００１)面内，并互相垂直(参见图 1-23)，这时，沿 k_1、k_2 轴的有效质量相同。

现令 $m_x^*=m_y^*=m_t$，$m_z^*=m_l$，m_t 和 m_l 分别称为横向有效质量和纵向有效质量，则等能面方程为

$$E(\boldsymbol{k})=\frac{\hbar^2}{2}\left[\frac{k_1^2+k_2^2}{m_t}+\frac{k_3^2}{m_l}\right] \tag{1-57}$$

对其他 5 个椭球面可以写出类似的方程。

如果 k_1、k_2 轴选取得恰当，计算可简化。选取 k_1 使磁感应强度 **B** 位于 k_1 轴和 k_3 轴所组成的平面内，且同 k_3 轴交 θ 角(参见图 1-23)，则在这个坐标系里，**B** 的方向余弦 α、β、γ 分别为

$$\alpha=\sin\theta,\quad \beta=0,\quad \gamma=\cos\theta$$

图 1-22　硅导带等能面示意图

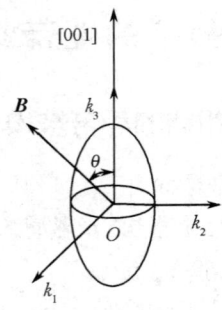

图 1-23　**B** 相对于 k 空间坐标轴的取向

代入式(1-55)，得

$$m_n^*=m_t\sqrt{\frac{m_l}{m_t\sin^2\theta+m_l\cos^2\theta}} \tag{1-58}$$

根据上面的讨论，可得如下结果：

(1) 磁感应强度沿[１１１]方向，则与上述的 6 个⟨１００⟩方向的夹角均给出 $\cos^2\theta = 1/3$，因而 $\sin^2\theta = 2/3$，于是

$$m_n^* = m_t \sqrt{\frac{3m_l}{2m_t + m_l}} \tag{1-59}$$

由 $\omega = \omega_c = qB/m_n^*$ 可知，因为 m_n^* 只有一个值，当改变 B 时，只能观察到一个吸收峰。

(2) 磁感应强度沿[１１０]方向，这时磁感应强度与[１００]、[$\bar{1}$００]、[０１０]、[０$\bar{1}$０]的夹角给出 $\cos^2\theta = 1/2$，与[００１]、[００$\bar{1}$]的夹角给出 $\cos^2\theta = 0$。对应的 m_n^* 值分别为

$$m_n^* = m_t \sqrt{\frac{2m_l}{m_t + m_l}} \tag{1-60}$$

$$m_n^* = \sqrt{m_l m_t} \tag{1-61}$$

即能测得两个不同的 m_n^* 的值，因而可以观察到两个吸收峰。

(3) 磁感应强度沿[１００]方向，这时磁感应强度与[１００]、[$\bar{1}$００]的夹角给出 $\cos^2\theta = 1$，与[０１０]、[０$\bar{1}$０]、[００１]、[００$\bar{1}$]的夹角给出 $\cos^2\theta = 0$。对应的 m_n^* 值分别为

$$m_n^* = m_t \tag{1-62}$$

$$m_n^* = \sqrt{m_l m_t} \tag{1-63}$$

因而也可以观察到两个吸收峰。

(4) 磁感应强度沿任意方向时，与⟨１００⟩夹角可以给出三种不同的 $\cos^2\theta$ 的值，因而可以有三种不同的 m_n^*，可以观察到三个吸收峰。

这样，很好地解释了表 1-1 所示的实验结果。

表 1-1　4K 时 n 型硅对 23GHz 微波吸收的实验结果

磁感应强度方向	[１００]	[１１１]	[１１０]
m_n^*/m_0	0.43±0.02 0.19±0.01	0.27±0.02	0.43±0.02 0.24±0.01

根据实验数据得出硅的 $m_l = (0.98 \pm 0.04)m_0$，$m_t = (0.19 \pm 0.01)m_0$，m_0 为电子的惯性质量。以后进一步低温回旋共振实验得出硅的 $m_l = (0.9163 \pm 0.0004)m_0$，$m_t = (0.1905 \pm 0.0001)m_0$[5]。

仅根据回旋共振的实验还不能决定导带极值（椭球中心）的确定位置。通过施主①电子自旋共振实验得出，硅的导带极值位于⟨１００⟩方向的布里渊区中心到布里渊区边界的 0.85 倍处[6]。

n 型锗的实验结果指出，锗的导带极小值位于⟨１１１⟩方向的简约布里渊区的边界上，共有 8 个。极值附近等能面为沿⟨１１１⟩方向旋转的 8 个旋转椭球面，每个椭球面都有半个在布里渊区内，因此，在简约布里渊区内共有 4 个椭球。实验测得锗的 $m_l = (1.64 \pm 0.03)m_0$，$m_t = (0.0819 \pm 0.0003)m_0$。图 1-24 给出硅和锗的布里渊区中 k 空间导带等能面示意图。

---

① 见第 2 章。

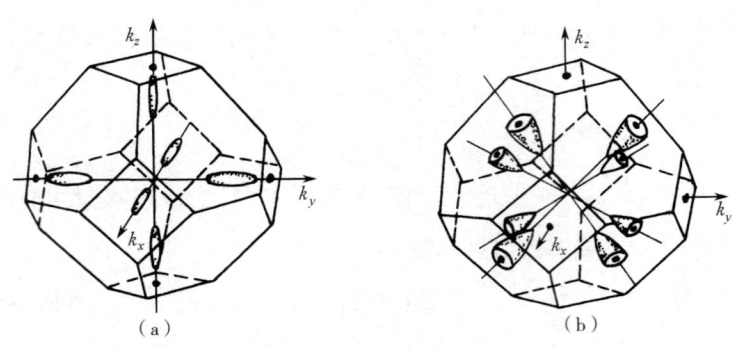

图 1-24 硅和锗导带等能面示意图

1.6.2 硅和锗的价带结构

硅和锗的价带结构也是一方面通过理论计算求出 $E(\boldsymbol{k})$ 与 $\boldsymbol{k}$ 的关系,另一方面由回旋共振实验定出其系数,从而算出空穴有效质量的。因计算复杂,限于篇幅不做详细讨论,仅对价带结构做简要介绍。

通过理论计算及 p 型[①]样品的实验结果指出,硅和锗的价带结构也是复杂的。价带顶位于波矢 $\boldsymbol{k}=\boldsymbol{0}$,即在布里渊区的中心,能带是简并的。如不考虑自旋,硅和锗的价带都是三度简并的。计入自旋,则成为六度简并的。计算指出,如果考虑自旋—轨道耦合,可以取消部分简并,得到一组四度简并的状态和另一组二度简并的状态,分为两支。四度简并的能量表示式为

$$E(\boldsymbol{k})=-\frac{\hbar^2}{2m_0}\{Ak^2\pm[B^2k^4+C^2(k_x^2k_y^2+k_y^2k_z^2+k_z^2k_x^2)]^{1/2}\} \tag{1-64}$$

二度简并的能量表示式为

$$E(\boldsymbol{k})=-\Delta-\frac{\hbar^2}{2m_0}Ak^2 \tag{1-65}$$

式中,Δ 是自旋—轨道耦合的分裂能量,常数 A、B、C 由计算不能准确求出,需借助回旋共振实验定出。

由式(1-64)看到,对于同一个波矢 $\boldsymbol{k}$,$E(\boldsymbol{k})$ 可以有两个值,在 $\boldsymbol{k}=\boldsymbol{0}$ 处,能量相重合,这对应于极大值相重合的两个能带,表明硅、锗有两种有效质量不同的空穴。根式前取负号,得到有效质量较大的空穴,称为重空穴,有效质量用 $(m_p)_h$ 表示;反之,如取正号,则得到有效质量较小的空穴,称为轻空穴,有效质量用 $(m_p)_l$ 表示。式(1-64)所代表的等能面具有扭曲的形状,称为扭曲面。图 1-25 示意性地画出重空穴和轻空穴 $\boldsymbol{k}$ 空间等能面的形状。

式(1-65)表示的第三个能带,自旋—轨道耦合作用使能量降低了 Δ,与以上两个能带分开,等能面接近于球面。对于硅,Δ 约为 0.04eV,锗的 Δ 约为 0.29eV,它给出第三种空穴有效质量 $(m_p)_3$。由于这个能带离开价带顶,因此一般只对前述两个能带感兴趣。

表 1-2 给出了各种空穴的有效质量。

由表 1-2 可看到,锗的轻空穴和重空穴的有效质量有较大的差异。由图 1-25 看到,重空穴比轻空穴有更强的各向异性。

---

① 见第 2 章。

(a) 重空穴能值较高的情况　　　　(b) 重空穴能值较低的情况

(c) (110) 平面等能面截面图　　　　(d) 轻空穴等能面

图 1-25　重空穴和轻空穴 k 空间等能面示意图

表 1-2　空穴的有效质量

材　料	$\dfrac{(m_p)_h}{m_0}$	$\dfrac{(m_p)_l}{m_0}$	$\dfrac{(m_p)_3}{m_0}$
硅	0.53	0.16	0.245
锗	0.28	0.044	0.077

理论上还对硅、锗的能带结构进行了各种计算，求出了布里渊区中某些具有较高对称性的点的解，但由于数学上过于繁杂，其他点的解需借助实验，才能对硅、锗的能带有较详细的了解。图 1-26 所示为将理论和实验相结合而得出的硅、锗沿[１１１]和[１００]方向上的能带结构图(图中没画出价带的第三个能带)。

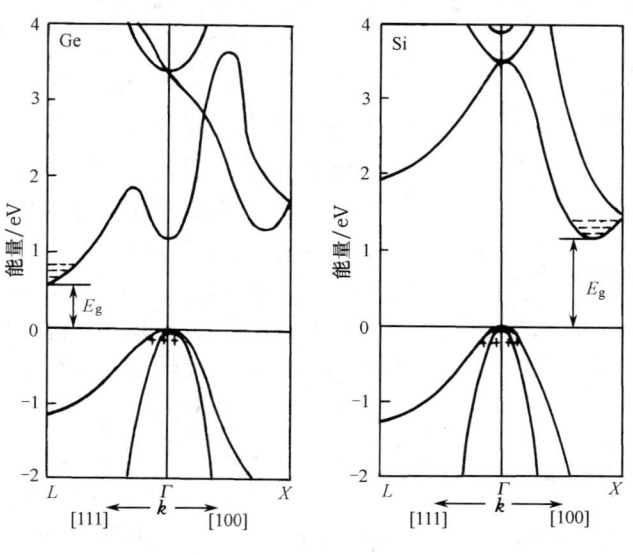

图 1-26　硅和锗的能带结构图

最后指出，硅、锗的禁带宽度是随温度变化的。在 $T=0\mathrm{K}$ 时，硅、锗的禁带宽度 E_g 分别趋近于 1.170eV 和 0.7437eV。随着温度的升高，E_g 按如下规律减小

$$E_\mathrm{g}(T)=E_\mathrm{g}(0)-\frac{\alpha T^2}{T+\beta} \tag{1-66}$$

式中，$E_\mathrm{g}(T)$ 和 $E_\mathrm{g}(0)$ 分别表示温度为 T 和 0K 时的禁带宽度。温度系数 α 和 β 分别如下。

硅： $\alpha=4.73\times10^{-4}$ eV/K， $\beta=636\mathrm{K}$
锗： $\alpha=4.774\times10^{-4}$ eV/K， $\beta=235\mathrm{K}$

1.7 Ⅲ-Ⅴ族化合物半导体的能带结构[7]

Ⅲ-Ⅴ族化合物半导体与硅、锗具有同一类型的能带结构。本节不去仔细探讨如何从理论和实验的结合上得出Ⅲ-Ⅴ族化合物的能带结构，也不去对各种Ⅲ-Ⅴ族化合物材料加以研究，仅就一些研究和应用得较多的锑化铟、砷化镓及其混合晶体的能带结构做简要的介绍。

首先，说明Ⅲ-Ⅴ族化合物半导体能带结构的一些共同特征。因为闪锌矿型结构和金刚石型结构类似，所以第一布里渊区也是截角八面体的形式，如图 1-11 所示。这些化合物基本上都具有相似的价带结构，同硅、锗一样，其价带在布里渊区中心是简并的，具有一个重空穴带和一个轻空穴带，还有一个由自旋—轨道耦合而分裂出来的第三个能带。但是，价带的极大值并不恰好在布里渊区的中心，而是稍许有所偏离。各种化合物的导带结构有所不同，它们在[100]、[111]方向和布里渊区中心都有导带极小值，但是最低的极小值在布里渊区中所处的位置不完全相同，在平均原子序数高的化合物中，最低的极小值是在布里渊区的中心；而在平均原子序数较低的化合物中，最低的极小值是在[100]或[111]方向。各种化合物的导带电子的有效质量不同，平均原子序数高的化合物中，有效质量较小，然而，各种化合物的重空穴的有效质量相差很少。原子序数较高的化合物，禁带宽度较窄，在禁带宽度最窄的Ⅲ-Ⅴ族化合物中，价带和导带的相互作用使得导带底不呈抛物线形状。

1.7.1 锑化铟的能带结构

锑化铟的导带极小值位于 $k=0$ 处，极小值附近的等能面是球形的。但是，极小值处 $E(k)$ 曲线的曲率很大，因而导带底电子的有效质量很小，室温下 $m_\mathrm{n}^*=0.0118m_0$。随着能量的增大，曲率迅速下降，因而能带是非抛物线形状的。

锑化铟的价带包含三个能带，一个重空穴带 V_1、一个轻空穴带 V_2 和由自旋—轨道耦合所分裂出来的第三个能带 V_3。20K 时重空穴有效质量沿[111]、[110]、[100]方向分别为 $0.44m_0$、$0.42m_0$ 和 $0.32m_0$，轻空穴有效质量为 $0.0160m_0$。重空穴带的极大值偏离布里渊区中心，约为布里渊区中心至布里渊区边界距离的 0.3%，其能值比 $k=0$ 处的能量高 $10^{-4}\mathrm{eV}$，由于这两个值很小，因此可以认为价带极大值位于 $k=0$。价带的自旋—轨道裂距约为 0.9eV。室温下禁带宽度为 0.18eV，0K 时为 0.235eV。可以看出，锑化铟的能带结构和最简单的能带模型很相似，能带极值都位于布里渊区中心。

图 1-27 锑化铟能带结构图

图 1-27 示意性地画出锑化铟沿[１１１]方向的能带结构图（图中纵坐标不按比例）。

1.7.2 砷化镓的能带结构[8]

砷化镓导带极小值位于布里渊区中心 $k=0$ 的 Γ 处，等能面是球面，导带底电子的有效质量为 $0.063m_0$。在[１１１]和[１００]方向布里渊区边界 L 和 X 处还各有一个极小值，电子的有效质量分别为 $0.55m_0$ 和 $0.85m_0$。室温下，Γ、L、X 三个极小值与价带顶部的能量差分别为 1.424eV、1.708eV 和 1.900eV。L 极小值的能量比布里渊区中心的极小值约高 0.29eV。

砷化镓价带也具有一个重空穴带 V_1、一个轻空穴带 V_2 和由于自旋—轨道耦合分裂出来的第三个能带 V_3，重空穴带极大值也稍许偏离布里渊区中心。重空穴有效质量为 $0.50m_0$，轻空穴有效质量为 $0.076m_0$，第三个能带的裂距为 0.34eV。室温下禁带宽度为 1.424eV，禁带宽度随温度也是按式(1-66)的规律变化的，砷化镓的 $E_g(0)$ 为 1.519eV，α 为 5.405×10^{-4} eV/K，β 为 204K。图 1-28 示意性地画出砷化镓沿[１１１]和[１００]方向的能带结构图。

图 1-28 砷化镓的能带结构图

1.7.3 磷化镓和磷化铟的能带结构

磷化镓和磷化铟也都是具有闪锌矿型结构的Ⅲ-Ⅴ族化合物半导体，它们的价带极大值也位于 $k=0$ 处。磷化镓导带极小值不在布里渊区中心，而在[１００]方向，电子有效质量为 $m_l=0.91m_0$，$m_t=0.25m_0$，重空穴和轻空穴有效质量分别为 $0.67m_0$ 和 $0.17m_0$，室温下禁带宽度为 2.272eV。磷化铟导带极小值位于 $k=0$ 处，电子有效质量为 $0.073m_0$，重空穴和轻空穴有效质量分别为 $0.45m_0$ 和 $0.12m_0$，室温下禁带宽度为 1.34eV。

1.7.4 混合晶体的能带结构

Ⅲ-Ⅴ族化合物之间也都能形成连续固熔体，构成混合晶体，它们的能带结构随合金成分的变化而连续变化，这一重要的性质在半导体技术上已获得广泛的应用。例如，砷化镓和磷化镓合成后可以制成磷砷化镓混合晶体，形成三元化合物半导体，其化学分子式可写成 GaAs$_{1-x}$P$_x$（0≤x≤1），x 称为混晶比。GaAs$_{1-x}$P$_x$ 的能带结构随组分 x 的不同而不同，实验发现，当 0≤x≤0.53 时，其能带结构与砷化镓类似，当 0.53<x≤1 时，其能带结构与磷化镓类似，禁带宽度随组分的变化如图1-29所示。

除三元化合物外，近年来，人们更进一步制成由Ⅲ-Ⅴ族化合物构成的四元化合物混合晶

图 1-29 GaAs$_{1-x}$P$_x$ 的 E_g 与组分的关系

体。例如,在磷化铟衬底上可制备出 $Ga_{1-x}In_xP_{1-y}As_y$ 四元化合物,在 GaAs 衬底上可制备出 $Al_{1-x}Ga_xAs_{1-y}Sb_y$ 四元化合物。图 1-30 和图 1-31 分别为 $Ga_{1-x}In_xP_{1-y}As_y$ 和 $Al_{1-x}Ga_xAs_{1-y}Sb_y$ 的禁带宽度与晶格常数随组分 x、y 的变化关系[9]。图中实线为等禁带宽度线,虚线为等晶格常数线,图中阴影部分表示在该组分内材料属于间接带隙半导体[①]。

人们已利用混合晶体的禁带宽度随组分变化的特性制备出发光或激光器件。例如,$GaAs_{1-x}P_x$ 发光二极管,当 $x=0.38\sim0.40$ 时,室温下禁带宽度在 $1.84\sim1.94eV$ 范围内,其能带结构类似于砷化镓;当导带电子与价带空穴复合时,可以发出波长为 $640\sim680nm$ 的红外线。调节 $Ga_{1-x}In_xP_{1-y}As_y$ 的 x、y 组分,以研制 $1.3\sim1.6\mu m$ 红外线的所谓长波长激光器是当前很活跃的研究内容。

图 1-30 $Ga_{1-x}In_xP_{1-y}As_y$ 的禁带宽度与晶格常数随 x、y 的变化(实线为等禁带宽度线,虚线为等晶格常数线)

图 1-31 $Al_{1-x}Ga_xAs_{1-y}Sb_y$ 的禁带宽度与晶格常数随 x、y 的变化(实线为等禁带宽度线,虚线为等晶格常数线)

*1.8 Ⅱ-Ⅵ族化合物半导体的能带结构

本节简单介绍某些Ⅱ-Ⅵ族化合物半导体的能带结构。

*1.8.1 二元化合物的能带结构

具有闪锌矿型结构的硫化锌、硒化锌、碲化锌的导带极小值和价带极大值均位于 $k=0$ 处,价带也包含重空穴带、轻空穴带和自旋—轨道耦合分裂出来的第三个能带。禁带宽度较宽,分别为 $3.68eV$、$2.70eV$ 和 $2.28eV$。电子有效质量分别为 $0.34m_0$、$0.17m_0$ 和 $0.13m_0$。

图 1-32(a)、(b)分别为碲化镉和碲化汞的能带结构图[10]。图中可以看到导带极小值 Γ_6 和价带极大值 Γ_8 及分裂出的第三个能带极大值 Γ_7 均位于 $k=0$ 处,但是,碲化镉的导带极小值 Γ_6 位于价带极大值 Γ_8 之上,室温下禁带宽度为 $1.49eV$;而碲化汞的导带极小值与价带极大值基本重叠,甚至导带极小值 Γ_6 位于价带极大值 Γ_8 之下,禁带宽度极小且为负值,室温时约为 $-0.14eV$,常

---

① 参阅 10.2 节。

称碲化汞为半金属或零带隙材料。碲化镉的电子有效质量和空穴有效质量分别为 $0.07m_0$、$0.72m_0$（重空穴）和 $0.12m_0$（轻空穴）；碲化汞的电子有效质量和空穴有效质量分别为 $0.03m_0$ 和 $0.42m_0$。

(a) 碲化镉的能带结构图

(b) 碲化汞的能带结构图

图 1-32 碲化镉和碲化汞的能带结构图

*1.8.2 混合晶体的能带结构

半导体和半金属之间也能形成混合晶体，例如，碲化镉和碲化汞可以制成碲化镉汞混合晶体，形成三元化合物，其化学分子式可写为 $Hg_{1-x}Cd_xTe(0 \leqslant x \leqslant 1)$。这种混合晶体随 x 的改变，它的能带结构可以由半金属向半导体过渡[10]，当 $x=0.14$ 时，$Hg_{1-x}Cd_xTe$ 发生这种过渡，如图 1-33 所示。图 1-33(a) 为半金属 HgTe 或 $x<0.14$ 的 $Hg_{1-x}Cd_xTe$ 的能带示意图，导带极小值 Γ_6 位于价带极大值 Γ_8 之下，$E_g<0$；随 x 的逐渐增大，导带极小值 Γ_6 与价带极大值 Γ_8 逐渐接近直至 Γ_6 升高到价带顶 Γ_8 之上，图 1-33(b) 中 Γ_6 略高于 Γ_8，禁带宽度近于零或稍大于零；当 x 再增大时，禁带宽度随之增大，其能带与 CdTe 的类似，如图 1-33(c) 所示。$Hg_{1-x}Cd_xTe$ 的禁带宽度 E_g 随 x 的变化如图 1-34 所示。因此，在 $x>0.14$ 的范围内改变 x 可以得到不同 E_g 的窄禁带半导体材料，利用这一性质可制作远红外探测器。

(a) $x<0.14$　　(b) $x=0.14$　　(c) $x\approx 0.2$

图 1-33 $Hg_{1-x}Cd_xTe$ 能带随 x 变化示意图

图 1-34 $Hg_{1-x}Cd_xTe$ 的 E_g 随 x 的变化

*1.9 $Si_{1-x}Ge_x$ 合金的能带

Ⅳ族元素硅、锗的晶体都具有金刚石型结构，它们能以任意比例互相熔合，形成 $Si_{1-x}Ge_x$

合金材料。其晶格常数 $a(x)$ 遵守 Vegard 定律[11]，即
$$a(x)=a_{Si}+(a_{Ge}-a_{Si})x\approx a_{Si}+0.0227x \tag{1-67}$$
式中，x 为 $Si_{1-x}Ge_x$ 合金中组元 Ge 的组分(或称为混晶比)，$0 \leqslant x \leqslant 1$。在室温下，硅的晶格常数 $a_{Si}=0.543102$nm，而锗的晶格常数 $a_{Ge}=0.565791$nm。式(1-67)表明，$Si_{1-x}Ge_x$ 合金的晶格常数 $a(x)$ 与合金中组元 Ge 的组分 x 有关，随着 Ge 组分 x 的增大，$Si_{1-x}Ge_x$ 合金的晶格常数 $a(x)$ 增大。

在研制半导体器件时，经常需将一种半导体材料在另一种半导体材料(即衬底)上进行生长，由于二者的晶格常数不同，因此在两种材料间产生了晶格失配①。其晶格失配可以通过计算得到，例如硅与锗的晶格失配为 4.1%，同样可以算出 $Si_{1-x}Ge_x$ 与 Si 间的晶格失配为 $2(a_{Ge}-a_{Si})x/2a_{Si}+(a_{Ge}-a_{Si})x$，可以看出 $Si_{1-x}Ge_x$ 合金与 Si 之间的晶格失配和合金中锗组分 x 的多少有关。

图 1-35 为计算得出的 $x=0.5$ 的 $Si_{1-x}Ge_x$ 合金材料的能带结构图[12]。图中的实线为不受压力作用时的能带曲线，虚线为受到了压力 $P=5$GPa 作用时的能带曲线。

从能带结构图看出，一方面 $Si_{1-x}Ge_x$ 合金像硅和锗一样，呈现出间接带隙特点；另一方面 $Si_{1-x}Ge_x$ 又像锗那样，Γ_{1c} 比 Γ_{15c} 低，这些与实验结果都是一致的。当 x 从 0.0 改变到 1.0 时，$Si_{1-x}Ge_x$ 合金的能带结构显示出从硅到锗的渐变过程。$Si_{1-x}Ge_x$ 和硅的能带间的主要差别是 $Si_{1-x}Ge_x$ 合金在布里渊区的 X 点处能带分裂，在硅中 X 点是二度简并的，例如，硅的 X_{1v} 在 $Si_{1-x}Ge_x$ 合金中分裂为 X_{1v} 和 X_{3v}。

大量研究证明，用分子束外延法(MBE)在硅衬底上外延生长 $Si_{1-x}Ge_x$ 合金层薄膜，可以生长出与衬底硅晶格失配高达百分之几的 $Si_{1-x}Ge_x$ 外延层，当生长的外延层厚度在适当的范围内时，晶格的失配可以通过 $Si_{1-x}Ge_x$ 合金层的应变得到补偿或调节，仍可获得无界面失配位错的 $Si_{1-x}Ge_x$ 合金层。这种生长模式称为赝晶生长(赝形生长或共格生长)，所生长的 $Si_{1-x}Ge_x$ 合金层称为应变 $Si_{1-x}Ge_x$ 合金。这种应变 $Si_{1-x}Ge_x$ 合金是研制性能优良的半导体器件的重要材料，受到了人们的广泛重视和研究。

图 1-35 $Si_{1-x}Ge_x$ 合金的能带结构图

图 1-36 应变和无应变的 $Si_{1-x}Ge_x$ 的禁带宽度与锗组分 x 的关系[13]

---

① 参阅第 9 章 9.1 节。

图 1-36 中，曲线 1 是无应变的体材料 $Si_{1-x}Ge_x$ 合金的禁带宽度与锗组分的关系曲线。由曲线看到，当锗组分 $x \leqslant 0.85$ 时，$Si_{1-x}Ge_x$ 合金的禁带宽度变化比 0.2eV 还小，这时 $Si_{1-x}Ge_x$ 合金的能带结构基本上与硅晶体的能带结构类似，导带底仍在布里渊区的 X 点附近。当 $0.85 \leqslant x \leqslant 1$ 时，$Si_{1-x}Ge_x$ 合金的能带结构与锗晶体的能带结构类似。其原因是当锗含量很高时，[１１１]能谷为导带底，合金的能带类似于锗的能带，随着锗含量的减小，[１１１]导带极值和[１００]导带极值以不同的速率相对价带顶向上移动，[１１１]极值上升得较快，在 $x=0.85$ 时，两种能谷达到同一水平，在锗组分小于 0.85 后，[１００]能谷代替[１１１]能谷为导带底，能带成为类硅的了。

无应变的体材料 $Si_{1-x}Ge_x$ 合金在 4.2K 低温下，其禁带宽度 $E_g(x)$ 与锗组分 x 的关系为[14]

$$E_g(x) = 1.115 - 0.43x + 0.0206x^2 (\text{eV}) \quad 0 < x < 0.85 \quad (1-68)$$

$$E_g(x) = 2.01 - 1.27x (\text{eV}) \quad 0.85 < x < 1 \quad (1-69)$$

图 1-36 中，曲线 2、3 表示应变 $Si_{1-x}Ge_x$ 合金的禁带宽度与锗组分 x 的关系。曲线 2 表示轻空穴带的 $E_g(x)$，曲线 3 表示重空穴带的 $E_g(x)$。由这两条曲线可以看到，应变 $Si_{1-x}Ge_x$ 合金的禁带宽度随锗组分 x 的增大而变窄的趋势远远快于无应变的体材料 $Si_{1-x}Ge_x$ 合金。因此，可以利用不同大小的应变来调节应变 $Si_{1-x}Ge_x$ 合金的禁带宽度。

理论计算和实验测量均表明，硅（００１）衬底上赝晶生长的应变 $Si_{1-x}Ge_x$ 合金在所有锗组分范围内都具有类硅的能带结构，但是应力的存在使导带和价带能谷的简并度均降低，沿[００１]方向旋转的两个椭球向上平移，而沿[０１０]和[１００]方向旋转的四个椭球向下平移，将六度简并的导带能谷分裂为一个降低了能量的四度简并导带和一个二度简并导带。同时使价带顶简并的轻空穴、重空穴能带发生分裂，重空穴带相对轻空穴带上移。这时应变 $Si_{1-x}Ge_x$ 合金层的禁带宽度将由上移的重空穴价带顶和下移的四度简并导带底决定，因此，应变 $Si_{1-x}Ge_x$ 的禁带宽度远小于无应变的体材料 $Si_{1-x}Ge_x$ 合金，应变 $Si_{1-x}Ge_x$ 合金的禁带宽度与锗组分 x 的关系为[15]

$$E_g(x) = 1.12 - 0.96x + 0.43x^2 - 0.17x^3 \quad (1-70)$$

根据上述，应变 $Si_{1-x}Ge_x$ 合金的禁带宽度和应变大小及锗组分 x 都有关系，如果改变锗组分 x 及应变大小，就可以调整应变 $Si_{1-x}Ge_x$ 合金的禁带宽度，这在理论上及器件设计方面都具有重大意义。

$Si_{1-x}Ge_x$ 合金的电子有效质量如下[16]：

在锗组分 $x < 0.85$ 时，$Si_{1-x}Ge_x$ 合金为类硅材料，其等能面是椭球面，纵向有效质量 $m_l = 0.92m_0$，横向有效质量 $m_t = 0.19m_0$。在锗组分 $0.85 < x < 1$ 时，$Si_{1-x}Ge_x$ 合金为类锗材料，其等能面是椭球面，纵向有效质量 $m_l = 1.59m_0$，横向有效质量 $m_t = 0.08m_0$。

以上介绍了电子有效质量，对于 $Si_{1-x}Ge_x$ 合金的空穴有效质量问题，由于受到组分、晶向、应变、自旋—轨道耦合作用的影响，情况比较复杂，有兴趣的读者请参阅参考资料[16,17]。

*1.10 宽禁带半导体材料

一般把禁带宽度等于或大于 2.3eV 的半导体材料归类为宽禁带半导体材料，主要包括 SiC、金刚石、Ⅱ族氧化合物、Ⅱ族硫化合物、Ⅱ族硒化合物、Ⅲ族氮化合物及这些材料的合金。目前广泛研究、备受重视的是 SiC、GaN 及其Ⅲ族氮化合物，这类材料具有禁带宽度大、热导率高、介电常数低、电子漂移饱和速度高等特性,适用于制作高频、高功率、高温、抗辐射和高密度集成的电子器件,利用其宽禁带的特点,还可以制作蓝光、绿光、紫外线的发光器件和光探测器件。

下面重点对 GaN、AlN、SiC 的晶格结构及能带结构进行扼要的介绍。

★1.10.1 GaN、AlN 的晶格结构和能带[18]

Ⅲ族氮化合物主要包括 GaN、AlN、InN、AlGaN、GaInN、AlInN、AlGaInN 等,这些材料的禁带宽度覆盖了红、黄、绿、蓝和紫外光谱范围。通常条件下,它们呈现为稳定的纤锌矿(简记为 WZ)型结构,如图 1-3 所示。在高压力下,它们发生相变成为氯化钠型结构,如图 1-4 所示。而在异质外延生长在衬底上时,也会呈现出闪锌矿(简记为 ZB)型结构,如图 1-2 所示。这是一种亚稳状态,其实闪锌矿型结构和纤锌矿型结构都是以正四面体为基础构成的,两种结构的主要差别在于原子层的堆积次序不同及对称性的不同。纤锌矿型结构具有六方对称性,而闪锌矿型结构具有立方对称性,因而二者的电学性质也有显著的不同。

闪锌矿型晶体结构类似于金刚石型结构,其第一布里渊区的形状与金刚石型晶体的第一布里渊区相似,是一个十四面体,如图 1-11 所示。下面简要介绍纤锌矿型晶体的第一布里渊区,纤锌矿型晶体属六方晶系,在波矢空间中作出的纤锌矿型晶体的第一布里渊区形状是正六角柱体,如图 1-37 所示[19]。图中的符号表示某些高对称点及对称轴,在波矢量空间中,这些点的坐标如下。

图 1-37 纤锌矿型晶体的第一布里渊区

Γ:$\frac{\sqrt{2}\pi}{a}(0,0,0)$,是布里渊区的中心。

A:$\frac{\sqrt{2}\pi}{a}\left(0,0,\frac{\sqrt{3}}{4}\right)$,是[0001]轴与第一布里渊区边界的交点。

M:$\frac{\sqrt{2}\pi}{a}\left(\frac{1}{\sqrt{6}},\frac{1}{\sqrt{2}},0\right)$,是[10$\bar{1}$0]轴与第一布里渊区边界的交点。

K:$\frac{\sqrt{2}\pi}{a}\left(0,\sqrt{\frac{2}{3}},0\right)$,是[11$\bar{2}$0]轴与第一布里渊区边界的交点。

L:$\frac{\sqrt{2}\pi}{a}\left(\frac{1}{\sqrt{6}},\frac{1}{\sqrt{2}},\frac{\sqrt{3}}{4}\right)$,是[10$\bar{1}$1]轴与第一布里渊区边界的交点。

H:$\frac{\sqrt{2}\pi}{a}\left(0,\sqrt{\frac{2}{3}},\frac{\sqrt{3}}{4}\right)$,是[11$\bar{2}$3]轴与第一布里渊区边界的交点。

Δ：表示[0001]轴。Σ：表示[10$\bar{1}$0]轴。T：表示[11$\bar{2}$0]轴。
而 S、S′、T′、U、P、R 依次表示 A-H、L-H、M-K、M-L、K-H、A-L 轴。

针对纤锌矿型及闪锌矿型的 GaN、AlN 的能带结构已经进行了许多研究工作，详细的理论计算可参阅参考资料[20,21,22]。下面简要介绍纤锌矿型结构的 GaN、AlN 和闪锌矿型结构的 GaN 的能带情况，闪锌矿型结构的 AlN 的能带结构也有理论计算的成果，但是缺乏实验测试数据的比较，故暂不做介绍。

图 1-38(a)、(b)和(c)分别是纤锌矿型及闪锌矿型结构的 GaN、AlN 的能带结构图[18]。图中符号与 GaN、AlN 晶体的第一布里渊区中的符号意义相同。从图中可见，纤锌矿型结构的 GaN、AlN 都是直接带隙半导体材料，导带能量最小值与价带能量最大值均位于布里渊区的中心 $k=0$ 的 Γ 点。温度为 300K 时，GaN、AlN 的禁带宽度依次为 3.39eV、6.2eV。此外，在它们的导带中，还发现各有两个能量极小值。在 GaN 导带中的两个能量极小值分别位于 A

(a) 纤锌矿型 GaN

(b) 纤锌矿型 AlN

(c) 闪锌矿型 GaN

图 1-38 简化能带图

能谷及 M-L 能谷处。A 能谷在 k_z 方向,它比价带能量最大值高 4.7～5.5eV,而 M-L 能谷出现在 k_x 方向,是六度简并,它比价带最大值高 4.5～5.3eV。在 AlN 导带中,另外两个能量极小值分别位于 K 能谷及 M-L 能谷处,K 能谷在 k_y 方向,是二度简并的,它比价带能量最大值高约 7.2eV,而 M-L 能谷在 k_x 方向,是六度简并的,它比价带能量最大值高约 6.9eV。对于 GaN、AlN 的价带,都分裂为三个带,即重空穴带、轻空穴带、自旋—轨道耦合分裂带,在 GaN、AlN 中自旋—轨道耦合分裂能量(或称裂距)E_{so} 分别为 0.008eV、0.019eV。GaN(WZ)的价带还受晶体场作用而分裂,其分裂能量 E_{cr} 为 0.04eV。

闪锌矿型结构的 GaN 的能带结构如图 1-38(c)所示,导带能量最小值及价带能量最大值均位于布里渊区的中心 $k=0$ 的 Γ 点。可见它也是直接带隙半导体材料,禁带宽度 $E_g=$ 3.2eV(室温 300K 时),此外,导带在⟨111⟩方向出现一个极小值,即 L 能谷,它比价带能量最大值高 4.8～5.1eV,在⟨100⟩方向还出现一个极小值,即 X 能谷,它比价带能量最大值高约 4.6eV。价带也分裂为重空穴带、轻空穴带、自旋—轨道耦合分裂带(其裂距为 0.02eV)。

在纤锌矿型结构的 GaN、AlN 中,电子及空穴的有效质量如表 1-3 所示。

表 1-3 GaN(WZ)、AlN(WZ)的电子及空穴的有效质量

	GaN	AlN
电子有效质量	$0.20m_0$	$0.4m_0$
重空穴有效质量	$1.4m_0$	k_z 方向 $3.53m_0$ k_x 方向 $10.42m_0$
轻空穴有效质量	$0.3m_0$	k_z 方向 $3.53m_0$ k_x 方向 $0.24m_0$
自旋—轨道耦合分裂带空穴有效质量	$0.6m_0$	k_z 方向 $0.25m_0$ k_x 方向 $3.81m_0$

在闪锌矿型结构的 GaN 中,电子有效质量为 $0.13m_0$,重空穴有效质量为 $1.3m_0$,轻空穴有效质量为 $0.2m_0$,自旋—轨道耦合分裂带空穴有效质量为 $0.3m_0$。

*1.10.2 SiC 的晶格结构和能带

SiC 在不同的物理化学环境(指温度、压力、介质条件等)下,能够形成两种或两种以上的晶体,各自具有一定形态、一定构造及一定的物理性质,这种现象称为同质多象。这些成分相同,形态、构造和物理性质有差异的晶体称为同质多象变体(或同质多型体)。目前已经发现 SiC 的同质多象变体约有 200 多种,其中主要的有 3C、2H、4H、6H、8H、9R、10H、14H、15R、19R、20H、21H 及 24R 等。从结构角度看,变体间的区别在于立方结构的[1̄1̄1̄]方向或六方及菱形结构的[0001]方向上,由 Si—C 原子密排层的堆积形成的 SiC 晶体中,Si—C 原子密排层可以有各种堆积次序,因而构成了具有各种不同的 Si—C 原子密排层排列周期的 SiC 变体。结构上的差异使 SiC 变体的禁带宽度也不相同[23],例如,E_g(4H—SiC)=3.23eV,E_g(2H—SiC)=3.3eV,E_g(15R—SiC)=3.02eV,E_g(3C—SiC)=2.36eV,E_g(6H—SiC)=3.0eV 等,这些 SiC 多象变体的禁带宽度都大于 Si、GaAs 等材料的禁带宽度。

SiC 多象变体的符号由字母和数字组成,现在通用英文字母 C、H、R 分别代表 SiC 的立方、六方和菱形晶格结构,字母前面的数字代表堆积周期中 Si—C 原子密排层的数目,因此,多象变体就用 3C、4H、15R 等符号表示。3C 代表这种 SiC 变体是由周期为 3 层 Si—C 原子密排层堆

习 题

1. 设晶格常数为 a 的一维晶格，导带极小值附近能量 $E_c(k)$ 和价带极大值附近能量 $E_v(k)$ 分别为

$$E_c(k) = \frac{\hbar^2 k^2}{3m_0} + \frac{\hbar^2 (k-k_1)^2}{m_0}, \qquad E_v(k) = \frac{\hbar^2 k_1^2}{6m_0} - \frac{3\hbar^2 k^2}{m_0}$$

式中，m_0 为电子的惯性质量，$k_1 = \pi/a$，$a = 0.314\text{nm}$。试求：

① 禁带宽度；

② 导带底电子有效质量；

③ 价带顶电子有效质量；

④ 价带顶电子跃迁到导带底时准动量的变化。

2. 晶格常数为 0.25nm 的一维晶格，当外加 10^2V/m、10^7V/m 的电场时，试分别计算电子自能带底运动到能带顶所需的时间。

3. 如果 n 型半导体导带的极值在 [１１０] 轴上及相应的对称方向上，回旋共振的实验结果应如何？

4. n 型 Ge 导带极值在 [１１１] 轴上及相应的对称方向上，回旋共振的实验结果应如何？

参 考 资 料

[1] 周世勋. 量子力学. 上海：上海科学技术出版社，1961.

[2] 谢希德，方俊鑫. 固体物理学，上册. 上海：上海科学技术出版社，1961.

[3] 黄昆，谢希德. 半导体物理学. 北京：科学出版社，1958.

[4] 谢希德. 能带理论的进展. 物理学报，1958，14：164.

[5] Hensel J C, Hasegawa H, Nakayama M. Cyclotron Resonance in Uniaxially Stressed Silicon. II. Nature of the Covalent Bond. Phys. Rev. ，1965，138：A225.

[6] Feher G. Electron Spin Resonance Experiments on Donor in Si. I. Electronic Structure of Donors by Electron Nuclear Double Resonance. Phys. Rev. ，1959，114：1219.

[7] Madelung O. Physics of Ⅲ-Ⅴ Compounds. Translated by Meyerhofer. D. New York：John Wiley and Sons，1964.

[8] Aspnes D E. GaAs Lower Conduction Band Minima：Ordering and Properties. Phys. Rev. B. ，1976，14：5331.

[9] Glisson T H, et al. Energy Bandgap and Lattice Constant Contours of Ⅲ-Ⅴ Quaternary Alloys. J. Electronic Materials，1978，7：1.

[10] Zanio K. Semiconductors and Semimetals. New York：Academic Press，1978.

[11] Iyer S S, et al. Heterojunction Bipolar Transistor using Si-Ge Alloys. IEEE Trans. Elec. Dev. ，1989，ED-36(10)：2043-2064.

[12] Bouhafs B, Aourag H, Ferhat M, et al. Pressure Dependence of Electronic Properties in Zinc-Blende-Like SiGe Compound. J. Phys. Chem. Solids，1998，59：759.

[13] People R. Physics and applications of $Si_{1-x}Ge_x/Si$ strained-layer heterostructures. IEEE J. Quantum Electronics，1986，QE-22(9)：1696.

[14] 陈治明，王建农. 半导体的材料物理学基础. 北京：科学出版社，1999.

[15] Bean J C. Silicon-based semiconductor heterostructures：Column Ⅳ Bandgap Engineering. Proc. IEEE，1992，80：571.

[16] Rieger M M, Vogl P. Electronic-band parameters in strained $Si_{1-x}Ge_x$ alloys on $Si_{1-y}Ge_y$ substrate.

Phys. Rev. B. ,1993,48:14276-14287.
[17] Cheng J P, Kesan V P, et al. Cyclotron effective mass of holes in $Si_{1-x}Ge_x$/Si quantum wells: strain and nonparabolicity effects. Appl. Phys. Lett. ,1994,64:1681-1683.
[18] Levinshtein M E, Rumyantsev S L, Shur M S. Properties of advanced semiconductor materials GaN, AlN, InN, BN, SiC, SiGe. New York: John Wiley and Sons, 2001.
[19] Morkoc H. Nitride semiconductors and devices. Berlin: Springer, 1999, 48.
[20] Chen G D, Smith M, et al. Fundamental optical transitions in GaN. Appl. Phys. Lett. , 1996, 68: 2784-2786.
[21] Suzuki M, et al. First-principles calculations of effective mass parameters of AlN and GaN. Phys. Rev. B. ,1995,52:8132-8139.
[22] Rubio A, Corkill J L, et al. Quasiparticle band structure of AlN and GaN. Phys. Rev. B. ,1993,48: 11810-11816.
[23] Yoo W S, Matsunami H. Polytype-controlled single-crystal growth of silicon carbide Using 3C→6H solid-state phase transformation. J. Appl. Phys. ,1991,70:7124-7131.
[24] Lebedev A A. Deep level centers in silicon carbide: A Review. Semiconductors, 1999, 33: 107-130.
[25] Persson C, Lindefelt U. Relativistic band structure calculation of cubic and Hexagonal SiC polytypes. J. Appl. Phys. ,1997,82:5496-5508.

第 2 章 半导体中杂质和缺陷能级

在实际应用的半导体材料晶格中,总是存在着偏离理想情况的各种复杂现象。首先,原子并不是静止在具有严格周期性的晶格的格点位置上,而是在其平衡位置附近振动的;其次,半导体材料并不是纯净的,而是含有若干杂质的,即在半导体晶格中存在着与组成半导体材料的元素不同的其他化学元素的原子;再次,实际的半导体晶格结构并不是完整无缺的,而存在着各种形式的缺陷。这就是说,在半导体中的某些区域,晶格中原子的周期性排列被破坏,形成了各种缺陷。一般将缺陷分为三类:①点缺陷,如空位、间隙原子;②线缺陷,如位错;③面缺陷,如层错、多晶体中的晶粒间界等。

实践表明,极微量的杂质和缺陷能够对半导体材料的物理性质和化学性质产生决定性的影响,当然,也严重地影响着半导体器件的质量。例如,在硅晶体中,若以 10^5 个硅原子中掺入一个杂质原子的比例掺入硼原子,则纯硅晶体的电导率在室温下将增大为原来的 10^3 倍。又如目前用于生产一般硅平面器件的硅单晶,要求控制位错密度在 $10^3\,\mathrm{cm}^{-2}$ 以下,若位错密度过高,则不可能生产出性能良好的器件。

存在于半导体中的杂质和缺陷为什么会起着这么重要的作用呢?根据理论分析认为[1],杂质和缺陷的存在会使严格按周期性排列的原子所产生的周期性势场受到破坏,有可能在禁带中引入允许电子具有的能量状态(即能级)。正是由于杂质和缺陷能够在禁带中引入能级,才使它们对半导体的性质产生决定性的影响。

关于杂质和缺陷在半导体禁带中产生能级的问题,虽然已经进行了大量的实验研究和理论分析工作,使人们的认识日益完善,但是还没有达到能够用系统的理论进行与实验测量结果完全相一致的定量计算。因此,本章将不涉及杂质和缺陷的有关理论,而主要介绍目前在电子技术中占重要地位的硅(Si)、锗(Ge)、砷化镓(GaAs)、氮化镓(GaN)、氮化铝(AlN)、碳化硅(SiC)在禁带中引入杂质和缺陷能级的实验观测结果。至于杂质和缺陷对半导体性质的影响,将在以后各章讨论。

2.1 硅、锗晶体中的杂质能级

2.1.1 替位式杂质和间隙式杂质

半导体中的杂质,主要来源于制备半导体的原材料纯度不够,半导体单晶制备过程中及器件制造过程中的玷污,或为了控制半导体的性质而人为地掺入某种化学元素的原子。杂质进入半导体以后,它们分布在什么位置呢?下面以硅中的杂质为例来说明。

硅是化学元素周期表中的Ⅳ族元素,每个硅原子都具有 4 个价电子,硅原子间以共价键的方式结合成晶体。其晶体结构属于金刚石型,其晶胞为一立方体,如图 1-1 所示。在一个晶胞中包含 8 个硅原子,若近似地把原子看成半径为 r 的圆球,则可以计算出这 8 个原子占据晶胞空间的百分数。

位于立方体某顶角的圆球中心与距离此顶角为 1/4 体对角线长度处的圆球中心间的距离为两球的半径之和 $2r$。它应等于边长为 a 的立方体的体对角线长度 $\sqrt{3}a$ 的 1/4，因此，圆球的半径 $r=\sqrt{3}a/8$。8 个圆球的体积除以晶胞的体积为

$$\frac{8\times\frac{4}{3}\pi r^3}{a^3}=\frac{\sqrt{3}\pi}{16}\times 100\%\approx 34\%$$

这一结果说明，在金刚石型晶体中，一个晶胞内的 8 个原子只占晶胞体积的约 34%，还有 66% 是空隙。金刚石型晶体结构中的两种空隙如图 2-1 所示，这些空隙通常称为间隙位置。图 2-1(a) 为四面体间隙位置，它是由图中虚线连接的 4 个原子构成的正四面体中的空隙 T；图 2-1(b) 为六角形间隙位置，它是由图中虚线连接的 6 个原子所包围的空间 H。

(a) 四面体间隙位置　　　　　　(b) 六角形间隙位置

图 2-1　金刚石型晶体结构中的两种间隙位置

综上所述，杂质原子进入半导体硅以后，只可能以两种方式存在。一种方式是杂质原子位于晶格原子间的间隙位置，常称为间隙式杂质；另一种方式是杂质原子取代晶格原子而位于晶格点处，常称为替位式杂质。事实上，杂质进入其他半导体材料中，也是以这两种方式存在的。

图 2-2 表示硅晶体平面晶格中间隙式杂质和替位式杂质的示意图。图中 A 为间隙式杂质，B 为替位式杂质。间隙式杂质原子一般比较小，如离子锂（Li^+）的半径为 0.068nm，是很小的，所以离子锂在硅、锗、砷化镓中是间隙式杂质。

一般形成替位式杂质时，要求替位式杂质原子的大小与被取代的晶格原子的大小比较相近，还要求它们的价电子壳层结构比较相近。如硅、锗是 Ⅳ 族元素，与 Ⅲ、Ⅴ 族元素的情况比较相近，所以 Ⅲ、Ⅴ 族元素在硅、锗晶体中都是替位式杂质。

单位体积中的杂质原子数称为杂质浓度，通常用它表示半导体晶体中杂质的含量。

图 2-2　硅中的间隙式杂质和替位式杂质

2.1.2　施主杂质、施主能级

Ⅲ、Ⅴ 族元素在硅、锗晶体中是替位式杂质。下面先以硅中掺磷（P）为例，讨论 Ⅴ 族杂质的作用。如图 2-3 所示，一个磷原子占据了硅原子的位置。磷原子有 5 个价电子，其中 4 个价电子与周围的 4 个硅原子形成共价键，还剩余一个价电子。同时磷原子所在处也多余一个正电荷 $+q$（硅原子去掉价电子有正电荷 $4q$，磷原子去掉价电子有正电荷 $5q$），称这个正电荷为正电中心磷离子（P^+）。所以磷原子替代硅原子后，其效果是形成一个正电中心 P^+ 和一个多余

的价电子,这个多余的价电子就束缚在正电中心 P$^+$ 的周围。但是,这种束缚作用比共价键的束缚作用弱得多,只要很小的能量就可以使它挣脱束缚,成为导电电子并在晶格中自由运动,这时磷原子就成为少了一个价电子的磷离子(P$^+$),它是一个不能移动的正电中心。上述电子脱离杂质原子的束缚成为导电电子的过程称为杂质电离。使这个多余的价电子挣脱束缚成为导电电子所需要的能量称为杂质的电离能,用 ΔE_D 表示。实验测量表明,V族杂质元素在硅、锗中的电离能很小,在硅中为 0.04~0.05eV,在锗中约为 0.01eV,比硅、锗的禁带宽度 E_g 小得多,如表 2-1 所示。

表 2-1 硅、锗晶体中V族杂质的电离能(单位:eV)

晶　体	杂　　　质		
	P	As	Sb
Si	0.044	0.049	0.039
Ge	0.0126	0.0127	0.0096

图 2-3 硅中的施主杂质

V族杂质在硅、锗中电离时,能够释放电子而产生导电电子并形成正电中心,称它们为施主杂质或 n 型杂质。它释放电子的过程叫作施主电离。施主杂质未电离时是中性的,称为束缚态或中性态,电离后成为正电中心,称为离化态。

施主杂质的电离过程可以用能带图表示,如图 2-4 所示。电子得到能量 ΔE_D 后,就从施主的束缚态跃迁到导带成为导电电子,所以电子被施主杂质束缚时的能量比导带底 E_c 低 ΔE_D。将被施主杂质束缚的电子的能量状态称为施主能级,记为 E_D。因为 $\Delta E_D \ll E_g$,所以施主能级位于离导带底很近的禁带中。一般情况下,施主杂质是比较少的,杂质原子间的相互作用可以忽略。因此,某一种杂质的施主能级是一些具有相同能量的孤立能级,在能带图中,施主能级用离导带底 E_c 为 ΔE_D 处的短线段表示,每条短线段都对应一个施主杂质原子。在施主能级 E_D 上画一个小黑点,表示被施主杂质束缚的电子,这时施主杂质处于束缚态。图中的箭头表示被束缚的电子得到能量 ΔE_D 后,从施主能级跃迁到导带成为导电电子的电离过程。在导带中画的小黑点表示进入导带中的电子,施主能级处画的⊕号表示施主杂质电离以后带正电荷。

图 2-4 施主能级和施主电离

在纯净半导体中掺入施主杂质,杂质电离以后,导带中的导电电子增多,提高了半导体的导电能力。通常把主要依靠导带电子导电的半导体称为电子型或 n 型半导体。

2.1.3 受主杂质、受主能级

现在以硅晶体中掺入硼为例说明Ⅲ族杂质的作用。如图 2-5 所示,一个硼原子占据了硅原子的位置。硼原子有 3 个价电子,当它和周围的 4 个硅原子形成共价键时,还缺少一个电子,必须从别处的硅原子中夺取一个价电子,于是在硅晶体的共价键中产生了一个空穴。而硼原子接受一个电子后,成为带负电的硼离子(B$^-$),称为负电中心。带负电的硼离子和带正电的空穴间有静电引力作用,所以这个空穴受到硼离子的束缚,在硼离子附近运动。不过,硼离子对这个空穴的束缚是很弱的,只需要很小的能量就可以使空穴挣脱束缚,成为在晶体的共价键中自由运动的导电空穴,而硼原子成为多了一个价电子的硼离子(B^-),它是一个不能移动的负电中心。因为Ⅲ族杂质在硅、锗中能够接受电子而产生导电空穴,并形成负电中心,所以称它们为受主杂质或p型杂质。空穴挣脱受主杂质束缚的过程称为受主电离。受主杂质未电离时是中性的,称为束缚态或中性态。电离后成为负电中心,称为受主离化态。

使空穴挣脱受主杂质束缚成为导电空穴所需要的能量,称为受主杂质的电离能,用 ΔE_A 表示。实验测量表明,Ⅲ族杂质元素在硅、锗晶体中的电离能很小。在硅中为0.045～0.065eV[但铟(In)在硅中的电离能为0.16eV,是例外]。在锗中约为0.01eV,比硅、锗晶体的禁带宽度小得多。表2-2为Ⅲ族杂质在硅、锗中的电离能的测量值。

表2-2 硅、锗晶体中Ⅲ族杂质的电离能(单位:eV)

晶体	杂质			
	B	Al	Ga	In
Si	0.045	0.057	0.065	0.16
Ge	0.01	0.01	0.011	0.011

图2-5 硅中的受主杂质

受主杂质的电离过程也可以在能带图中表示出来,如图2-6所示。当空穴得到能量 ΔE_A 后,就从受主的束缚态跃迁到价带成为导电空穴,因为在能带图上表示空穴的能量越向下越高,所以空穴被受主杂质束缚时的能量比价带顶 E_v 低 ΔE_A。把被受主杂质所束缚的空穴的能量状态称为受主能级,记为 E_A。因为 $\Delta E_A \ll E_g$,所以受主能级位于离价带顶很近的禁带中。一般情况下,受主能级也是孤立能级,在能带图中,受主能级用离价带顶 E_v 为

图2-6 受主能级和受主电离

ΔE_A 处的短线段表示,每条短线段都对应一个受主杂质原子。在受主能级 E_A 上画一个小圆圈,表示被受主杂质束缚的空穴,这时受主杂质处于束缚态。图中的箭头表示受主杂质的电离过程,在价带中画的小圆圈表示进入价带的空穴,受主能级处画的⊖号表示受主杂质电离以后带负电荷。

当然,受主电离过程实际上是电子的运动,是价带中的电子得到能量 ΔE_A 后跃迁到受主能级上,再与束缚在受主能级上的空穴复合,并在价带中产生一个可以自由运动的导电空穴,同时形成一个不可移动的受主离子。

纯净半导体中掺入受主杂质后,受主杂质电离,使价带中的导电空穴增多,提高了半导体的导电能力,通常把主要依靠空穴导电的半导体称为空穴型或p型半导体。

综上所述,Ⅲ、Ⅴ族杂质在硅、锗晶体中分别是受主杂质和施主杂质,它们在禁带中引入能级;受主能级比价带顶高 ΔE_A,施主能级则比导带底低 ΔE_D。这些杂质可以处于两种状态,即未电离的中性态或束缚态及电离后的离化态。当它们处于离化态时,受主杂质向价带提供空穴而成为负电中心,施主杂质向导带提供电子而成为正电中心。实验证明,硅、锗中的Ⅲ、Ⅴ族杂质的电离能都很小,所以受主能级很接近价带顶,施主能级很接近导带底。通常将这些杂质

能级称为浅能级,将产生浅能级的杂质称为浅能级杂质。在室温下,晶格原子热振动的能量会传递给电子,可使硅、锗中的Ⅲ、Ⅴ族杂质几乎全部离化。

2.1.4 浅能级杂质电离能的简单计算[2,3]

上述类型的杂质的电离能很小,电子或空穴受到正电中心或负电中心的束缚很微弱,可以利用类氢模型来估算杂质的电离能。如前所述,当硅、锗中掺入Ⅴ族杂质(如磷原子)时,在施主杂质处于束缚态的情况下,这个磷原子将比周围的硅原子多一个电子电荷的正电中心和一个束缚着的价电子。这种情况好像在硅、锗晶体中附加了一个"氢原子",于是可以用氢原子模型估计 ΔE_D 的数值。氢原子中电子的能量 E_n 是

$$E_n = -\frac{m_0 q^4}{2(4\pi\varepsilon_0)^2 \hbar^2 n^2}$$

式中,$n=1,2,3,\cdots$,为主量子数。当 $n=1$ 时,得到基态能量 $E_1 = -\frac{m_0 q^4}{2(4\pi\varepsilon_0)^2 \hbar^2}$;当 $n=\infty$ 时,是氢原子的电离态,$E_\infty = 0$。所以,氢原子基态电子的电离能为

$$E_0 = E_\infty - E_1 = \frac{m_0 q^4}{2(4\pi\varepsilon_0\varepsilon_r)^2 \hbar^2} = 13.6 \text{eV} \tag{2-1}$$

这是一个比较大的数值。如果考虑晶体内存在的杂质原子,正、负电荷处于介电常数为 $\varepsilon = \varepsilon_0\varepsilon_r$ 的介质中,则电子受正电中心的引力将减弱为原来的 $1/\varepsilon_r$,束缚能量将减弱为原来的 $1/\varepsilon_r^2$。再考虑到电子不是在自由空间运动,而是在晶格周期性势场中运动的,所以电子的惯性质量 m_0 要用有效质量 m_n^* 代替。

经过这样的修正后,施主杂质的电离能可表示为

$$\Delta E_D = \frac{m_n^* q^4}{2(4\pi\varepsilon_0\varepsilon_r)^2 \hbar^2} = \frac{m_n^*}{m_0} \frac{E_0}{\varepsilon_r^2} \tag{2-2}$$

对受主杂质做类似的讨论,得到受主杂质的电离能为

$$\Delta E_A = \frac{m_p^* q^4}{2(4\pi\varepsilon_0\varepsilon_r)^2 \hbar^2} = \frac{m_p^*}{m_0} \frac{E_0}{\varepsilon_r^2} \tag{2-3}$$

锗、硅的相对介电常数 ε_r 分别为 16 和 12,因此,锗、硅的施主杂质电离能分别为 $0.05 m_n^*/m_0$ 和 $0.1 m_n^*/m_0$。m_n^*/m_0 一般小于1,所以,锗、硅中施主杂质的电离能肯定小于 0.05eV 和 0.1eV,对受主杂质也可得到类似的结论,这与实验测得浅能级杂质电离能很低的结果是符合的。为估算施主杂质电离能的大小,取 m_n^* 为电导有效质量①,其值为 $1/m_n^* = 1/3(1/m_l + 2/m_t)$。对锗来说,$m_l = 1.64 m_0$,$m_t = 0.0819 m_0$;对硅来说,$m_l = 0.92 m_0$,$m_t = 0.19 m_0$,分别算得:锗 $m_n^* = 0.12 m_0$,硅 $m_n^* = 0.26 m_0$。将 m_n^*、ε_r 代入式(2-2),算得锗中 $\Delta E_D = 0.0064$eV,硅中 $\Delta E_D = 0.025$eV,与实验测量值具有同一数量级。

上述计算中没有反映杂质原子的影响,所以类氢模型只是实际情况的一种近似。现有许多进一步的理论研究[4,5],使理论计算结果可以更符合实验测量值。

2.1.5 杂质的补偿作用

假如在半导体中同时存在着施主杂质和受主杂质,半导体究竟是 n 型还是 p 型呢?这要

---

① 参阅 4.3 节中的第二部分。

看哪一种杂质浓度大,因为施主杂质和受主杂质之间有互相抵消的作用,通常称为杂质的补偿作用。如图2-7所示,N_D表示施主杂质浓度,N_A表示受主杂质浓度,n表示导带中的电子浓度,p表示价带中的空穴浓度。下面讨论假设施主杂质和受主杂质全部电离时杂质的补偿作用。

1. 当 $N_D \gg N_A$ 时

因为受主能级低于施主能级,所以施主杂质的电子首先跃迁到N_A个受主能级上,还有N_D-N_A个电子在施主能级上,在杂质全部电离的条件下,它们跃迁到导带中成为导电电子,这时,电子浓度$n=N_D-N_A\approx N_D$,半导体是n型的,如图2-7(a)所示。

图 2-7 杂质的补偿作用

2. 当 $N_A \gg N_D$ 时

施主能级上的全部电子跃迁到受主能级后,受主能级上还有N_A-N_D个空穴,它们可以跃迁到价带成为导电空穴,所以空穴浓度$p=N_A-N_D\approx N_A$,半导体是p型的,如图2-7(b)所示。经过补偿之后,半导体中的净杂质浓度称为有效杂质浓度。当$N_D>N_A$时,N_D-N_A为有效施主浓度;当$N_A>N_D$时,N_A-N_D为有效受主浓度。

利用杂质补偿作用,就能根据需要用扩散或离子注入方法来改变半导体中某一区域的导电类型,以制成各种器件。但是,若控制不当,则会出现$N_D\approx N_A$的现象,这时,施主电子刚好够填充受主能级,虽然杂质很多,但不能向导带和价带提供电子与空穴,这种现象称为杂质的高度补偿。这种材料容易被误认为高纯半导体,实际上含杂质很多,性能很差,一般不能用来制造半导体器件。

2.1.6 深能级杂质

在半导体硅、锗中,除Ⅲ、Ⅴ族杂质能在禁带中产生浅能级外,如果将其他各族元素掺入硅、锗中,情况会怎样呢?大量的实验测量结果证明,它们也能在硅、锗的禁带中产生能级。在硅中的情况如图2-8所示,在锗中的情况如图2-9所示[6]。在这两幅图中,禁带中线以上的能级注明低于导带底的能量,在禁带中线以下的能级注明高于价带顶的能量,施主能级用实心短直线段表示,受主能级用空心短直线段表示。

从这两幅图中可以看到,非Ⅲ、Ⅴ族杂质在硅、锗中产生的能级有以下两个特点。

(1) 非Ⅲ、Ⅴ族杂质在硅、锗的禁带中产生的施主能级距离导带底较远,它们产生的受主能级距离价带顶也较远,通常称这种能级为深能级,相应的杂质称为深能级杂质。

(2) 这些深能级杂质能够产生多次电离,每次电离相应地有一个能级。因此,这些杂质在硅、锗的禁带中往往引入若干能级。而且,有的杂质既能引入施主能级,又能引入受主能级。例如,Ⅰ族元素铜、银、金在锗中均产生三个受主能级,其中金还产生一个施主能级。在硅中,

第 2 章 半导体中杂质和缺陷能级

图 2-8 硅晶体中的深能级

图 2-9 锗晶体中的深能级

铜产生三个受主能级,银产生一个受主能级和一个施主能级;金产生两个施主能级和一个受主能级。杂质锂在硅、锗中是间隙式杂质,它产生一个浅施主能级。钠(Na)在硅(Si)中产生一个施主能级,钾(K)在硅(Si)中产生两个施主能级,铯(Cs)在硅(Si)中产生一个施主能级及一个受主能级。

Ⅱ族元素铍、锌、汞在锗中各产生两个受主能级。在硅中,汞产生两个施主能级和两个受主能级,铍产生两个受主能级,锌产生4个受主能级。镉在锗中产生两个受主能级,在硅中产生4个受主能级。镁在硅中产生两个施主能级,锶(Sr)在硅中产生两个施主能级,钡在硅中产生一个施主能级及一个受主能级。

Ⅲ族元素硼、铝、镓、铟、铊在硅、锗中各产生一个受主能级,铝(Al)在硅中还产生一个施主能级。

Ⅳ族元素在硅中,碳产生一个施主能级,钛产生一个受主能级和两个施主能级,锡和铅均各产生一个施主能级及一个受主能级。

Ⅴ族元素磷、砷、锑在硅、锗中各产生一个浅施主能级。在硅中,铋产生一个施主能级,钽产生两个施主能级,钒产生两个施主能级和一个受主能级。

Ⅵ族元素在硅中,氧产生三个施主能级及两个受主能级,硫产生两个施主能级及一个受主能级,碲产生两个施主能级,铬产生三个施主能级,硒产生三个施主能级,钼产生三个施主能级,钨产生5个施主能级。在锗中,硫产生一个施主能级,硒、碲各产生两个施主能级,铬产生两个受主能级。

过渡族金属元素锰、铁、钴、镍在锗中各产生两个受主能级,钴还产生一个施主能级。在硅中,锰产生三个施主能级及两个受主能级,铁产生三个施主能级,镍产生两个受主能级,钴产生三个受主能级。铂系金属钯和铂在硅中各产生两个受主能级,铂还产生一个施主能级。

这些杂质为什么会产生多个能级呢?一般来讲,杂质能级与杂质原子的电子壳层结构、杂质原子的大小、杂质在半导体晶格中的位置等因素有关,目前还没有完善的理论加以说明,因此,下面仅做粗略的定性解释。

E_c ————————
E_{A3} — — — — — — — 0.04eV
E_{A2} — — — — — — — 0.20eV
E_i ————————
E_{A1} — — — — — — — 0.15eV
E_D — — — — — — — 0.04eV
E_v ————————

图 2-10 金在锗中的能级

这类杂质在硅、锗中的主要存在方式是替位式,因此分析它们的能级情况,可以从四面体共价键的结构出发,下面以金在锗中产生的能级为例来说明。金在锗中产生4个能级,如图2-10所示,E_D是施主能级,E_{A1}、E_{A2}、E_{A3}是三个受主能级,它们都是深能级。图中 E_i 是禁带中线位置,禁带中线以上的能级注明低于导带底的能量,禁带中线以下的能级注明高于价带顶的能量。

金是Ⅰ族元素,中性金原子(记为 Au⁰)只有一个价电子,它取代锗晶格中的一个锗原子而位于晶格点上。金比锗少三个价电子,中性金原子的这个价电子可以电离而跃迁到导带,这一施主能级为E_D,因此,电离能为(E_c-E_D)。因为金的这个价电子被共价键束缚,电离能很大,略小于锗的禁带宽度,所以这个施主能级靠近价带顶。电离以后,中性金原子 Au⁰ 就成为带一个电子电荷的正电中心 Au⁺。但是,另一方面,中性金原子还可以和周围的4个锗原子形成共价键,在形成共价键时,它可以从价带接受三个电子,形成 E_{A1}、E_{A2}、E_{A3} 三个受主能级。金原子 Au⁰ 接受第一个电子后变为 Au⁻,相应的受主能级为 E_{A1},其电离能为$(E_{A1}-E_v)$。接受第二个电子后,Au⁻ 变为 Au⁼,相应的受主能级为 E_{A2},其电离能为$(E_{A2}-E_v)$。接受第三个电子后，Au⁼变为Au≡，相应的受主能级为E_{A3}，其电离能为$(E_{A3}-E_v)$。上述的Au⁻、Au⁼、Au≡分别表示Au⁰成为带一个、两个、三个电子电荷的负电中心。由于电子间具有库仑排斥作用，金从价带接受第二个电子所需要的电离能比接受第一个电子时的大，接受第三个电子的电离能又比接受第二个电子时的大，所以，$E_{A3}>E_{A2}>E_{A1}$。E_{A1}离价带顶相对近一些，但是比Ⅲ族杂质引入的浅能级深得多，E_{A2}更深，E_{A3}就几乎靠近导带底了。于是金在锗中一共有Au⁺、Au⁰、Au⁻、Au⁼和Au≡这5种荷电状态，相应地存在E_D、E_{A1}、E_{A2}和E_{A3}这4个孤立能级，它们都是深能级。以上的分析方法也可以用来说明其他一些在硅、锗中形成深能级的杂质，基本上与实验情况相一致。

从图2-8和图2-9还可以看出，有许多化学元素在硅、锗中产生能级的情况还没有研究过。即使对于已经研究过的杂质，也还有许多能级存在疑问，需要进一步研究。还有一些杂质的能级没有完全测到，如硅中的金杂质，只测到一个施主能级和两个受主能级，这可能是因为这些受主态或施主态的电离能大于禁带宽度，相应的能级进入导带或价带，所以在禁带中就测不到它们了，现在常用深能级瞬态谱仪（DLTS）测量杂质的深能级。

深能级杂质一般情况下含量极少，而且能级较深，它们对半导体中的导电电子浓度、导电空穴浓度（统称为载流子浓度）和导电类型的影响没有浅能级杂质显著，但对于载流子的复合作用比浅能级杂质强，故这些杂质也称为复合中心。金是一种很典型的复合中心，在制造高速开关器件时，常有意地掺入金以提高器件的速度。

对于深能级杂质的行为，曾经用类氢模型计算杂质的电离能[7]。

2.2　Ⅲ-Ⅴ族化合物中的杂质能级

除硅、锗这样的元素半导体外，还有很多具有半导体性质的材料，其中Ⅲ-Ⅴ族化合物占有重要地位。其他如硫化物、硒化物、碲化物是很重要的光敏半导体材料；许多氧化物、硫化物是主要的热敏材料等，但是杂质在这些材料中引入能级的情况还不完全清楚。所以在这一节中，只介绍研究得较多的以GaAs为代表的Ⅲ-Ⅴ族化合物半导体中杂质能级的情况。

周期表中的ⅢA族元素（硼、铝、镓、铟、铊）和ⅤA族元素（氮、磷、砷、锑、铋）组成的二元化合物称为Ⅲ-Ⅴ族化合物，它们的成分化学比都是1∶1。由铝、镓、铟和磷、砷、锑形成的9种化合物（AlP、AlSb、AlAs、GaP、GaAs、GaSb、InP、InAs、InSb）都结晶成闪锌矿型结构，与硅、锗的金刚石型结构很相似，其晶胞参见图1-2。每个原子都有4个最近邻原子，当该原子处于正四面体中心时，正四面体的4个顶角为其最近邻的4个另一类原子所占有。所以闪锌矿型结构与金刚石型结构不同的地方是：金刚石型结构全由一种原子组成，而闪锌矿型结构中则由两种不同的原子交替占据晶格点的位置。

和硅、锗晶体一样，杂质进入Ⅲ-Ⅴ族化合物后，或者是处于晶格原子间隙中的间隙式杂质，或者成为取代晶格原子的替位式杂质，不过具体情况比硅、锗更复杂。例如，替位式杂质可能取代Ⅲ族原子，也可能取代Ⅴ族原子。间隙式杂质如果进入四面体间隙位置，则杂质原子周围可能是4个Ⅲ族原子或4个Ⅴ族原子等。图2-11是Ⅲ-Ⅴ族化合物砷化镓中替位式杂质和间隙式杂质的平面示意图。A、B分别是取代镓和砷的杂质，C为间隙杂质。

图2-11　砷化镓中的杂质

长期以来，因为对Ⅲ-Ⅴ族化合物进行提纯和制备单晶的技术比硅、锗等元素半导体困难得多，以及杂质和缺陷在Ⅲ-Ⅴ族化合物中的复杂性给研究工作造成很多困难。近几十年来，对于砷化镓、磷化镓及某些其他Ⅲ-Ⅴ族化合物的单晶制备技术有了很大的发展，使晶体的完整性、晶体的纯度得到了改善，给研究工作提供了有利的条件。下面主要介绍砷化镓和磷化镓中的杂质能级。图 2-12 是实验测得的砷化镓中的杂质能级[6]，图中禁带中线以上的能级注明低于导带底的能量，禁带中线以下的能级注明高于价带顶的能量，施主能级用实心短直线段表示，受主能级用空心短直线段表示。表 2-3 是磷化镓中杂质的能级的实验值[8]。

表 2-3　磷化镓中杂质的能级

类　型	元　素	能级/eV
施　主	S_P	$E_c-0.104$
	Se_P	$E_c-0.102$
	Te_P	$E_c-0.0895$
	Si_{Ga}	$E_c-0.082$
	Sn_{Ga}	$E_c-0.065$
	O_P	$E_c-0.896$
受　主	C_P	$E_v+0.041$
	Co	$E_v+0.41$
	Cd_{Ga}	$E_v+0.097$
	Zn_{Ga}	$E_v+0.064$
	Mg_{Ga}	$E_v+0.054$
	Be_{Ga}	$E_v+0.056$
	Si_P	$E_v+0.203$
	Ge_P	$E_v+0.30$
等电子陷阱	N	$E_c-0.008$
	Bi	$E_v+0.038$
	Zn—O	$E_c-0.30$
	Cd—O	$E_c-0.40$
	Mg—O	$E_c-0.15$

现在按元素周期表对各族元素分类讨论如下。

1. Ⅰ族元素

一般在砷化镓中引入受主能级，起受主作用，如银受主能级为 $E_v+0.11$eV，金受主能级为 $E_v+0.09$eV，锂受主能级为 $E_v+0.023$eV、$E_v+0.05$eV，铜产生 5 个受主能级 $E_v+0.023$eV、$E_v+0.14$eV、$E_v+0.19$eV、$E_v+0.24$eV、$E_v+0.44$eV。

2. Ⅱ族元素

铍、镁、锌、镉、汞为Ⅱ族元素，它们的价电子比Ⅲ族元素少一个，有获得一个电子完成共价键的倾向。它们通常取代Ⅲ族原子而处于晶格点上，表现为受主杂质。它们引入浅受主能级，例如，铍、镁、锌、镉在砷化镓中引入的浅受主能级分别为 $E_v+0.028$eV、E_v+

图 2-12 砷化镓中的杂质能级

0.028eV、E_v+0.031eV、E_v+0.035eV；在磷化镓中分别为 E_v+0.056eV、E_v+0.054eV、E_v+0.064eV、E_v+0.009eV。在磷化铟中，锌、镉起浅受主杂质作用。常用掺锌或镉以获得Ⅲ-Ⅴ族化合物的 p 型材料，在制造砷化镓二极管或三极管时也用镁作为掺杂材料。

3. Ⅲ、Ⅴ族元素

当Ⅲ族杂质（如硼、铝等）和Ⅴ族杂质（如磷、锑等）掺入不是由它们本身形成的Ⅲ-Ⅴ族化合物时，如掺入砷化镓中，则实验中测不到这些杂质的影响，即它们既不是施主杂质，又不是受主杂质，而是电中性的杂质，在禁带中不引入能级。这相当于Ⅲ族原子取代镓，Ⅴ族原子取代砷。

但是在某些化合物半导体中，例如，磷化镓中掺入Ⅴ族元素氮或铋，氮或铋将取代磷并在禁带中产生能级。这个能级称为等电子陷阱。这种效应称为等电子杂质效应。

所谓等电子杂质，是与基质晶体原子具有同数量价电子的杂质原子，它们替代了晶格点上的同族原子后，基本上仍是电中性的。但是由于原子序数不同，这些原子的共价半径和电负性有差别，因此它们能俘获某种载流子而成为带电中心，这个带电中心就称为等电子陷阱。是否元素周期表中的同族元素均能形成等电子陷阱呢？只有当掺入原子与基质晶体原子在电负性、共价半径方面具有较大差别时，才能形成等电子陷阱。一般来说，同族元素原子序数越小，电负性越大，共价半径越小。等电子杂质的电负性大于基质晶体原子的电负性时，取代后，它便能俘获电子成为负电中心。反之，它能俘获空穴成为正电中心。例如，氮的共价半径和电负性分别为 0.070nm 和 3.0，磷的共价半径和电负性分别为 0.110nm 和 2.1，氮取代磷后能俘获电子成为负电中心，这个俘获中心称为等电子陷阱，这个电子的电离能 ΔE_D=0.008eV。铋的共价半径和电负性分别为 0.146nm 和 1.9，铋取代磷后能俘获空穴，它的电离能是 ΔE_A=0.038eV。

等电子陷阱俘获载流子后成为带电中心，这一带电中心由于库仑作用又能俘获另一种相反符号的载流子，形成束缚激子。这种束缚激子在由间接带隙半导体材料制造的发光器件中起主要作用（详见第10章中的10.2节）。

除等电子杂质原子可以形成等电子陷阱外，等电子络合物也能形成等电子陷阱。如在磷化镓中，以锌原子代替镓原子位置，以氧原子代替磷原子位置，当这两个杂质原子处于相邻的晶格点时，形成一个电中性的 Zn—O 络合物。由于锌比镓的阳性强，氧比磷的阴性强，锌、氧结合要比锌、磷或镓、氧结合得更紧密。锌、镓的电负性均为 1.6，氧的电负性为 3.5，比磷的大，所以形成 Zn—O 之后仍能俘获电子。俘获电子后，Zn—O 带负电，电子的电离能为 0.30eV。

4. Ⅳ族元素

这类元素有碳、硅、锗、锡、铅，若取代Ⅲ族原子，则起施主杂质作用，若取代Ⅴ族原子，则起受主杂质作用。Ⅳ族元素还可以杂乱地分布在Ⅲ族原子和Ⅴ族原子的晶格点上，这时杂质的总效果是起施主作用还是受主作用，与掺杂浓度及掺杂时的外界条件有关。例如，实验测得硅在砷化镓中引入一浅施主能级 E_c-0.0058eV，硅应起施主作用。那么，在硅杂质电离后，每个硅原子向导带提供一个导电电子，导带中的电子浓度应随硅杂质浓度的增大而线性增大。但是实验表明[9]，在硅杂质浓度增大到一定程度之后，导带电子浓度趋向饱和，好像施主杂质的有效浓度降低了，如图 2-13 所示。这种现象的出现，是因为在硅杂质浓度较高时，硅原子不仅取代镓原子起着施主杂质的作用,而且硅也取代了一部分Ⅴ族砷原子而起着受主杂质的作用,因而对于取代Ⅲ族原子镓的硅施主杂质起到补偿作用,从而降低了有效施主杂质浓度,电子浓度趋于饱和。可见,在这个例子中,硅杂质的总效果是起施主作用,保持砷化镓为n型半导体。实验还表明,当砷化镓单晶体中的硅杂质浓度为10^{18}cm^{-3}时,取代镓原子的硅施主浓度与取代砷原子的硅受主浓度之比约为5.3∶1。硅在砷化镓中既能取代镓而表现为施主杂质,又能取代砷而表现为受主杂质,这种性质称为杂质的双性行为。锗、锡在砷化镓中及硅在磷化镓中都表现出双性行为。硅取代砷所产生的受主能级在$E_v+0.035\text{eV}$处[10]。硅在砷化镓中还产生两个能级,据实验测量[11],其中$E_v+0.10\text{eV}$处的能级可能是由(Si_{Ga}—Si_{As})或(Si_{Ga}—V_{Ga})络合物所产生的,能级$E_v+0.22\text{eV}$可能是与硅有关的砷—空位络合物产生的。

图2-13 砷化镓电子浓度和硅杂质浓度的关系

实验测得锗、锡在砷化镓中引入的能级如下:锗、锡取代镓产生浅施主能级均为$E_c-0.006\text{eV}$,锗取代砷产生受主能级$E_v+0.04\text{eV}$,另外锗的络合物产生一受主能级$E_v+0.07\text{eV}$,锡取代砷产生一受主能级$E_v+0.17\text{eV}$。

碳和铅在砷化镓中各引入一受主能级,分别为$E_v+0.026\text{eV}$和$E_v+0.12\text{eV}$。

硅在磷化镓中引入的能级如下:取代镓产生施主能级$E_c-0.082\text{eV}$,取代磷产生受主能级$E_v+0.203\text{eV}$。碳、锗在磷化镓中各引入一受主能级,分别为$E_v+0.041\text{eV}$、$E_v+0.30\text{eV}$,锡引入一施主能级$E_c-0.065\text{eV}$。

通常用符号Si_{Ga}、Ge_{Ga}、Sn_{Ga}表示硅、锗、锡取代镓原子,而用Si_{As}、Ge_{As}、Sn_{As}表示硅、锗、锡取代砷原子,V_{Ga}、V_{As}则分别表示镓空位和砷空位。

在一般情况下,硅、锗、锡在砷化镓中主要作为浅施主杂质,所以也常常掺入硅、锡杂质以制备n型砷化镓半导体。

5. Ⅵ族元素

Ⅵ族元素氧、硫、硒、碲与Ⅴ族元素的性质相近,常取代Ⅴ族原子。因为它们比Ⅴ族元素多一个价电子而且容易失去,所以表现为施主杂质,并引入施主能级。例如,硫、硒、碲在砷化镓中的能级分别为$E_c-0.006\text{eV}$、$E_c-0.006\text{eV}$、$E_c-0.03\text{eV}$;在磷化镓中分别为$E_c-0.104\text{eV}$、$E_c-0.102\text{eV}$、$E_c-0.0895\text{eV}$。常用掺碲或硒以获得n型材料。至于氧在砷化镓中,测得一个深施主能级为$E_c-0.4\text{eV}$,在1971年还曾测得两个深施主能级为$E_c-0.80\text{eV}$和$E_c-1.2\text{eV}$[12]。氧在磷化镓中测得一个深施主能级为$E_c-0.896\text{eV}$。在p型砷化镓中掺入氧,因杂质的补偿作用,可制得室温下电阻率高于$10^7\Omega\cdot\text{cm}$的半绝缘砷化镓晶体[13]。

6. 过渡族元素

在砷化镓中,过渡族元素铬、锰、钴、镍均产生一个受主能级,其位置为$E_c-0.63\text{eV}$、$E_v+0.095\text{eV}$、$E_v+0.16\text{eV}$、$E_v+0.21\text{eV}$。而铁产生的两个受主能级为$E_v+0.37\text{eV}$和$E_v+0.52\text{eV}$,在磷化镓中,铁、钴、镍均各产生两个受主能级,铁的能级是$E_v+0.82\text{eV}$、$E_c-0.26\text{eV}$,钴的能级是$E_v+0.41\text{eV}$和$E_c-0.33\text{eV}$,镍的能级是$E_v+0.51\text{eV}$和$E_c-0.82\text{eV}$。锰产生一个受主能

级 $E_v+0.4eV$，铬引入两个受主能级 $E_c-0.5eV$ 和 $E_c-1.2eV$，钒、钛均各产生一个受主能级和一个施主能级，钒的能级依次是 $E_c-0.58eV$ 和 $E_v+0.2eV$，钛的能级依次是 $E_c-0.5eV$ 和 $E_v+1.0eV$。和锗、硅一样，Ⅲ-Ⅴ族化合物中浅能级杂质的电离能也可以用类氢原子模型进行计算，例如，砷化镓的相对介电常数 $\varepsilon_r=10.9$，而 $m_n^*/m_0=0.068$，由式(2-2)算得浅施主杂质的电离能 $\Delta E_D=0.008eV$，与实验测量值基本符合。

★2.3 氮化镓、氮化铝、碳化硅中的杂质能级

本节介绍受到广泛重视的氮化镓、氮化铝、碳化硅材料中的杂质能级。

表 2-4 中综合了纤锌矿型结构的 GaN 中重要的杂质能级，表中镓位表示镓原子在 GaN 晶格中的位置，氮位表示氮原子在 GaN 晶格中的位置，表中的数据表示电离能，并以导带底能量为计算起点，因而施主电离能为 $(E_D-E_c)eV$，而受主电离能为 $(E_v-E_A)eV$。从表中可见，硅(Si)、氮空位(V_N)起着浅施主杂质的作用，产生施主能级，硅(Si)在镓(Ga)位时的电离能为 $0.012\sim0.02eV$，而氮空位(V_N)的电离能为 $0.03eV$ 及 $0.1eV$。而碳(C)、镁(Mg)原子起深施主杂质的作用，碳在镓位时的电离能为 $0.11\sim0.14eV$，镁在氮位时的电离能为 $0.26eV$ 及 $0.6eV$。镓空位(V_{Ga})，以及 Mg、Zn、Hg、Cd、Be、Li 分别在镓位时，都起着受主杂质作用，产生受主能级，但都位于较深位置，它们的电离能分别为 $0.14eV$、$0.14\sim0.21eV$、$0.21\sim0.34eV$、$0.41eV$、$0.55eV$、$0.7eV$、$0.75eV$。而硅、碳、镓原子在氮位时，起着深受主杂质作用，其电离能依次为 $0.19eV$、$0.89eV$、$0.59\sim1.09eV$。目前常用硅作为 GaN 的 n 型掺杂剂，用镁、锌作为 GaN 的 p 型掺杂剂。

表 2-4 纤锌矿型结构的 GaN 中重要的杂质能级[14]

杂质或缺陷	镓 位	氮 位	施主(D)或受主(A)
Si	$0.012\sim0.02eV$		D
V_N(氮空位)		$0.03eV$、$0.1eV$	D
C	$0.11\sim0.14eV$		D
Mg		$0.26eV$、$0.6eV$	D
V_{Ga}(镓空位)	$0.14eV$		A
Mg	$0.14\sim0.21eV$		A
Si		$0.19eV$	A
Zn	$0.21\sim0.34eV$		A
Hg	$0.41eV$		A
Cd	$0.55eV$		A
Be	$0.7eV$		A
Li	$0.75eV$		A
C		$0.89eV$	A
Ga		$0.59\sim1.09eV$	A

闪锌矿型 GaN 中的杂质能级还缺少实验数据，但有若干理论计算结果，有兴趣的读者请参阅参考资料[15]、[16]。

图 2-14 是纤锌矿型氮化铝(AlN)的禁带中杂质或缺陷能级示意图[17]。

图中能量以导带底为计算起点,施主的电离能为 (E_D-E_c)eV,受主的电离能为 (E_v-E_A)eV。d_1、d_2 和 d_3 表示氮空位(V_N)产生的施主能级,其相应的电离能:d_1 为 0.17eV,d_2 为 0.5eV,d_3 为 0.8~1.0eV,d_4 为碳在铝位(C_{Al})产生的施主能级,电离能为 0.2eV,d_5 为氮在铝位(N_{Al})产生的施主能级,电离能为 0.14~1.185eV,d_6 是铝在氮位(Al_N)产生的施主能级,电离能为 3.4~4.5eV。以上所述都是深施主能级。

图中 a_1 是铝空位(V_{Al})产生的受主能级,电离能为 0.5eV,a_2 是碳在氮位(C_N)产生的受主能级,电离能为 0.4eV,a_3 是锌在铝位(Zn_{Al})产生的受主能级,电离能为 0.2eV,a_4 是镁在铝位(Mg_{Al})产生的受主能级,电离能为 0.1eV。a_1、a_2、a_3、a_4 都是深受主能级。

图 2-14 纤锌矿型 AlN 的禁带中杂质或缺陷能级示意图

表 2-5 列出了在 3C—SiC、4H—SiC、6H—SiC 中的主要杂质能级[18],表中符号(D)表示该能级为施主能级,符号(A)表示该能级为受主能级。表中的杂质能级都是实验测量值,从表中可见,氮(N)原子在 3C—SiC、4H—SiC、6H—SiC 中起着施主杂质作用,产生的施主能级在 3C—SiC 中为 $[E_c-(0.06\sim0.1)]$eV;在 4H—SiC 中为 $E_c-0.052$eV、$E_c-0.09$eV;在 6H—SiC 中为 $E_c-0.081$eV、$E_c-0.138$eV、$E_c-0.142$eV。而铝(Al)、硼(B)、镓(Ga)、钪(Sc)等杂质原子在 SiC 中产生受主能级。在 3C—SiC 中,铝受主能级为 $E_v+0.26$eV,硼受主能级为 $E_v+0.735$eV,镓受主能级为 $E_v+0.343$eV。在 4H—SiC 中,铝受主能级为 $E_v+0.23$eV,硼受主能级为 $E_v+0.29$eV,镓受主能级为 $E_v+0.3$eV。在 6H—SiC 中,铝受主能级为 $E_v+0.23$eV、$[E_v+(0.1\sim0.27)]$eV,硼受主能级为 $E_v+0.35$eV,镓受主能级为 $E_v+0.29$eV,钪受主能级为 $[E_v+(0.52\sim0.55)]$eV。钛(Ti)、铬(Cr)、磷(P)在 SiC 中产生的施主能级如表 2-5 所示,实验发现,钒(V)、铍(Be)两种元素在 SiC 中是双性元素,既产生施主能级,也产生受主能级,如 6H—SiC 中,钒的施主能级为 $E_c-0.7$eV,其受主能级为 $E_v+1.6$eV。目前可用铝作为 SiC 的 p 型掺杂剂,其余的硼、镓、钪等未用作掺杂剂。

表 2-5 3C—SiC、4H—SiC、6H—SiC 中的主要杂质能级(能量单位:eV)

杂 质	6H—SiC	4H—SiC	3C—SiC
N	$E_c-0.081$(D)	$E_c-0.052$(D)	$E_c-(0.06\sim0.1)$(D)
	$E_c-0.138$(D)	$E_c-0.092$(D)	
	$E_c-0.142$(D)		
Al	$E_v+0.23$(A)	$E_v+0.23$(A)	$E_v+0.26$(A)
	$E_v+(0.1\sim0.27)$(A)		
B	$E_v+0.35$(A)	$E_v+0.29$(A)	$E_v+0.735$(A)
Ga	$E_v+0.29$(A)	$E_v+0.3$(A)	$E_v+0.343$(A)
Sc	$E_v+(0.52\sim0.55)$(A)		
Ti	$E_c-0.6$eV(A)	$E_c-0.12$(D)	
	(Ti—N 对)	$E_c-0.16$(D)	

(续表)

杂　　质	6H—SiC	4H—SiC	3C—SiC
Cr	$E_c-0.54$(D)	$E_c-0.15$(D)	
		$E_c-0.18$(D)	
		$E_c-0.74$(D)	
V	$E_c-0.7$(D)	$E_c-0.97$(D)	$E_c-0.66$(D)
	$E_v+1.6$(A)		
Be	$E_v+(0.32\sim0.42)$(A)		
P	$E_c-0.085$(D)		
	$E_c-0.135$(D)		

2.4　缺陷、位错能级

2.4.1　点缺陷

在一定温度下,晶格原子不仅在平衡位置附近做振动运动,而且有一部分原子会获得足够的能量,克服周围原子对它的束缚,挤入晶格原子间的间隙,形成间隙原子,原来的位置便成为空位。这时间隙原子和空位是成对出现的,称为弗仑克尔缺陷。当只在晶体内形成空位而无间隙原子时,称为肖特基缺陷。间隙原子和空位一方面不断地产生着,同时两者又不断地复合,最后确立一平衡浓度值。以上两种由温度决定的点缺陷又称为热缺陷,它们总是同时存在的。由于原子须具有较大的能量才能挤入间隙位置,以及它迁移时的激活能很小,因此晶体中的空位比间隙原子多得多,因而空位是常见的点缺陷。

在元素半导体硅、锗中的空位如图 2-15 所示。可以看出,空位最邻近有 4 个原子,每个原子都各有一个不成对的电子,成为不饱和的共价键,这些键倾向于接受电子,因此空位表现出受主作用。而每个间隙原子有 4 个可以失去的未形成共价键的电子,表现出施主作用(注意对于间隙式杂质也会起受主作用)。

在Ⅲ-Ⅴ族化合物中,除热振动因素形成空位和间隙原子外,成分偏离正常的化学比也会形成点缺陷。例如,在砷化镓中,热振动可以使镓原子离开晶格点形成镓空位和镓间隙原子;也可以使砷原子离开晶格点形成砷空位和砷间隙原子。另外砷化镓中镓偏多或砷偏多,也能形成砷空位或镓空位,如图 2-16 所示。这些缺陷是起施主作用还是受主作用,目前仍无法定论,需由实验决定。在参考资料[19]中,实验测得砷空位产生的受主能级为 $E_v+0.12$eV,镓空位的两个受主能级为 $E_v+0.01$eV 及 $E_v+0.18$eV,所以砷化镓中的砷空位和镓空位均起受主作用。

图 2-15　硅、锗中的空位　　　　图 2-16　砷化镓中点缺陷示意图

对于硫化物、硒化物、碲化物、氧化物等化合物半导体,其离子键很强,为离子晶体,用符号 M、X 表示,M 代表电负性小的原子,X 代表电负性大的原子。一般地,正离子空位 V_M 是受主,负离子空位 V_X 是施主;M 为间隙原子时为施主,X 为间隙原子时为受主,如图 2-17 所示。这些离子晶体在成分偏离正常的化学比时也产生点缺陷,例如,M 偏多则产生负离子空位 V_X,X 偏多则产生正离子空位 V_M。

在化合物半导体中,可以利用成分偏离正常的化学比的现象来控制材料的导电类型。例如,在硫分压大的气氛中处理硫化铅,则可伴随产生铅空位而获得 p 型硫化铅;若在铅分压大的气氛中处理,则可伴随产生硫空位而获得 n 型硫化铅。对于氧化物(如氧化锌),在真空中进行脱氧处理,可产生氧空位而获得 n 型材料。

在化合物半导体中,还存在着另一种点缺陷,称为替位原子。例如,二元化合物 AB 中,替位原子可以有两种,A 取代 B 的称为 A_B,B 取代 A 的称为 B_A,如图 2-18 所示。一般认为 A_B 是受主,B_A 是施主。因为 B 的价电子比 A 的多,B 取代 A 后,有把多余的价电子释放给导带的趋势;相反,A 取代 B 后则有接受电子的倾向。例如,在砷化镓中,砷取代镓原子为 As_{Ga},起施主作用,而镓取代砷原子为 Ga_{As},起受主作用。应当指出的是,这类缺陷(替位原子)在离子性强的化合物中存在的概率很小,库仑力的排斥作用使引入 A_B 或 B_A 所需的能量很大,所以在离子晶体中常可忽略它们的作用。这种点缺陷也称为反结构缺陷。

图 2-17 离子晶体中的点缺陷　　图 2-18 二元化合物中的替位原子

2.4.2　位错

位错是半导体中的一种缺陷,它对半导体材料和器件的性能会产生严重影响。但是,目前仅仅对具有金刚石型结构的硅、锗中的位错了解得稍多一些,对于其他半导体中的位错了解得很少,甚至还没有了解。

在硅、锗晶体中的位错情况也是很复杂的,其中最简单的位错实例如图 2-19(a)所示[20]。这是一个 60°棱位错,位错线在(１１１)面内的[１０１]方向,滑移方向是[１１０],位错线和滑移方向之间的夹角是 60°。图 2-19(b)为其中一个位错截面。在位错所在处,原子 E 只与周围三个原子形成共价键,还有一个不成对的电子成为不饱和的共价键,这时原子 E 是中性的。这一不饱和键俘获一个电子后,原子 E 多一个电子而成为负电中心,起受主作用,如图 2-19(c)所示。因此对整个位错来说,相当于一串受主。当原子 E 失去不成对的价电子后成为正电中心,起施主作用,如图 2-19(d)所示,于是位错相当于一串施主。实验证明[21],锗中位错具有受主作用及施主作用。

在棱位错周围,晶格会发生畸变。理论指出,有体积形变时,导带底 E_c 和价带顶 E_v 的改变可分别表示为

(a) 60°棱位错　　(b) 中性情况

(c) 受主情况　　(d) 施主情况　　(e) 棱位错能级及能带图

图 2-19　金刚石结构的位错

$$\Delta E_c = E_c - E_{c0} = \varepsilon_c \frac{\Delta V}{V_0} \tag{2-4}$$

$$\Delta E_v = E_v - E_{v0} = \varepsilon_v \frac{\Delta V}{V_0} \tag{2-5}$$

式中，ε_c、ε_v 分别为单位体积形变引起的 E_c 和 E_v 的变化，称为形变势常数，即

$$\varepsilon_c = \Delta E_c / (\Delta V / V_0), \varepsilon_v = \Delta E_v / (\Delta V / V_0)$$

式中，E_{c0}、E_{v0} 分别为完整半导体内导带底和价带顶的位置，ΔV 为晶体体积的改变量。于是，禁带宽度的变化为

$$\Delta E_g = (\varepsilon_c - \varepsilon_v) \frac{\Delta V}{V_0} \tag{2-6}$$

图 2-19(e)表示在棱位错周围一边是伸张一边是压缩时的能带图。在晶格伸张区禁带宽度减小，在压缩区禁带宽度增大。根据实验测得的硅中位错引入的能级 $[E_v + (0.06 \pm 0.03)]$eV 也表示在能带图中[22]。对于锗中的位错能级，实验测得在导带底下面 0.2~0.35eV 处[23]，它们都是深受主能级。当位错密度较高时，由于它和杂质间具有补偿作用，能使含有浅施主杂质的 n 型硅、锗中的载流子浓度降低，而对 p 型硅、锗却没有这种影响。

习　题

1. 实际半导体与理想半导体间的主要区别是什么？
2. 以 As 掺入 Ge 中为例，说明什么是施主杂质、施主杂质电离过程和 n 型半导体。
3. 以 Ga 掺入 Ge 中为例，说明什么是受主杂质、受主杂质电离过程和 p 型半导体。
4. 以 Si 在 GaAs 中的行为为例，说明Ⅳ族杂质在Ⅲ-Ⅴ族化合物中可能出现的双性行为。
5. 举例说明杂质补偿作用。
6. 说明类氢模型的优点和不足。
7. 锑化铟的禁带宽度 $E_g = 0.18$eV，相对介电常数 $\varepsilon_r = 17$，电子的有效质量 $m_n^* = 0.015 m_0$，m_0 为电子的惯性质量，求：①施主杂质的电离能；②施主的弱束缚电子的基态轨道半径。

8. 磷化镓的禁带宽度 $E_g = 2.26\text{eV}$，相对介电常数 $\varepsilon_r = 11.1$，空穴的有效质量 $m_p^* = 0.86 m_0$，m_0 为电子的惯性质量，求：①受主杂质的电离能；②受主所束缚的空穴的基态轨道半径。

参 考 资 料

[1] Вольнештейн Ф. ф. Электропроводность полупроводников, Глава 3, Москва, Гостехиздат, 1947.

[2] [美]史密斯. 半导体. 高鼎三, 译. 北京: 科学出版社, 1966, 59.

[3] 黄昆, 谢希德. 半导体物理学. 北京: 科学出版社, 1958, 22.

[4] Kohn W. Solid state Physics. New York: Acad. Press, 1957.

[5] Ning T H. Multivalley Effective-mass Approximation for Donor State in Silicon. I. Shallow-Level Croup-V Impurities. Phys. Rev., B4, 1971, 3468.

[6] 施敏. 半导体器件物理. 黄振岗, 译. 北京: 电子工业出版社, 1987, 12.

[7] Glodeanu A. Helium-Like Impurities in Semiconductors. Phys. Status Solidi, 1967, K43: 19.

[8] Milnes A G. Deep Impurities in Semiconductors. New York: John Wiley and Sons, 1973, 11.

[9] Modelung O. Physice of III-V Compounds. New York: John Wiley and Sons, 1964, 221.

[10] Kressel H, Nelson H, Hawrylo F Z. Comment on "Local-mode Absorption and Defects in Compensated Silicon-Doped Callium Arsenide". J. Appl. phys., 1969, 40: 3069.

[11] Spitzer W, G Allred W. Local-mode Absorption and Defects in Compensated Silicon-Doped Gallium Arsenide. J. Appl. Phys., 1968, 39: 4999.

[12] Vorobev Y V, Karkhnin Y I, Tretyak O V. Investigation of Transient Electronic Processes in High-Resistivity GaAs. Sov. Phys. Semicond., 1971, 5: 254.

[13] Blanc J, Weisberg L R. Energy-Level Model for High-Resistivity Gallium Assenide. Nature, 1961, 155: 192.

[14] Strite S, Morkoc H. GaN、AlN and InN. A Review. J. Vac. Sci. Technol., 1992, B10(4): 1237.

[15] Mattila T, et al. Large Atomic Displacements Associated With The Nitrogen Antisite in GaN. Phys. Rev., 1996, B54: 1474.

[16] Boguslawski P, Briggs E L. Native Defects in Gallium Nitride. Phys. Rev., 1995, B51, 23: 17255.

[17] Tansley T L, Egan R J. Point Defect Energies in The Nitrides of Aluminum, Gallium and Indium. Phys. Rev., 1992, B45, 19: 10942-10950.

[18] Lebedev A A. Deep level Centers in Silicon Carbide: A Review. Semiconductors., 1999, 33, 2: 107-130.

[19] Monoz E, Snyder W L, Moll J L. Effect Of Arsenic Pressure on Heat Treatment Of Liquid Epitaxial GaAs. Appl. Phys. Lett., 1970, 16: 262.

[20] Read W T. Theory of Dislocation in Semiconductors. Phil. Mag., 1954, 45: 775.

[21] Sohroter W. Die Elektrischen Eigenschaften Von Versetzungen in Germanium. Phy. Status Solidi., 1967, 21: 211.

[22] Yu K K, Jordan A G, Longin R L. Relation between Electrical Noise and Dislocations in Silicon. J. Appl. Phys., 1967, 38: 572.

[23] Van Weeren, Koopmans G, Block J. The Position of the Dislocation Acceptor Level in n-type Ge. Phys. Status Solidi., 1968, 27: 219.

第3章　半导体中载流子的统计分布

在一定温度下,如果没有其他外界作用,半导体中的导电电子和空穴是依靠电子的热激发作用而产生的,电子从不断热振动的晶格中获得一定的能量,就可能从低能量的量子态跃迁到高能量的量子态,例如,电子从价带跃迁到导带(这就是本征激发),形成导带电子和价带空穴。电子和空穴也可以通过杂质电离方式产生,当电子从施主能级跃迁到导带时产生导带电子,当电子从价带激发到受主能级时产生价带空穴等。与此同时,还存在着相反的过程,即电子也可以从高能量的量子态跃迁到低能量的量子态,并向晶格放出一定能量,从而使导带中的电子和价带中的空穴不断减少,这一过程称为载流子的复合。在一定温度下,这两个相反的过程之间将建立起动态平衡,称为热平衡状态。这时,半导体中的导电电子浓度和空穴浓度都保持一个稳定的数值,这种处于热平衡状态下的导电电子和空穴称为热平衡载流子。当温度改变时,破坏了原来的平衡状态,又重新建立起新的平衡状态,热平衡载流子浓度也将随之发生变化,达到另一稳定数值。

实践表明,半导体的导电性随温度而强烈地变化。实际上,这种变化主要是由半导体中载流子浓度随温度而变化所造成的。因此,要深入了解半导体的导电性及其他许多性质,必须探求半导体中载流子浓度随温度变化的规律,以及解决如何计算一定温度下半导体中热平衡载流子浓度的问题。这就是本章所要讨论的中心问题。

为了计算热平衡载流子浓度及求得它随温度变化的规律,我们需要两个方面的知识:第一,允许的量子态按能量的分布;第二,电子在允许的量子态中的分布。下面依次讨论这两个方面的问题,并进而计算在一些具体情况下的热平衡载流子浓度,从而了解它随温度变化的规律。

3.1　状态密度[1,2]

在半导体的导带和价带中,有很多能级存在。但相邻能级的间隔很小,约为 10^{-22} eV 数量级,可以近似认为能级是连续的,因而可将能带分为一个一个能量很小的间隔来处理。假定在能带中能量 $E \sim (E+dE)$ 之间无限小的能量间隔内有 dZ 个量子态,则状态密度 $g(E)$ 为

$$g(E) = \frac{dZ}{dE} \tag{3-1}$$

也就是说,状态密度 $g(E)$ 就是在能带中能量 E 附近每单位能量间隔内的量子态数。只要能求出 $g(E)$,允许的量子态按能量分布的情况就知道了。

可以通过下述步骤计算状态密度:首先算出单位 k 空间中的量子态数,即 k 空间中的量子状态密度;然后算出 k 空间中与能量 $E \sim (E+dE)$ 所对应的 k 空间体积,并和 k 空间中的量子状态密度相乘,从而求得在能量 $E \sim (E+dE)$ 之间的量子态数 dZ;最后,根据式(3-1)求得状态密度 $g(E)$。

3.1.1　k 空间中量子态的分布

从第1章的讨论中我们知道,半导体中电子的允许能量状态(即能级)用波矢 k 标志,但是

电子的波矢 k 不能取任意的数值,而是受到一定条件的限制。根据式(1-18),k 的允许值为

$$k_x = \frac{2\pi n_x}{L}(n_x = 0, \pm 1, \pm 2, \cdots)$$
$$k_y = \frac{2\pi n_y}{L}(n_y = 0, \pm 1, \pm 2, \cdots)$$
$$k_z = \frac{2\pi n_z}{L}(n_z = 0, \pm 1, \pm 2, \cdots)$$

式中,n_x, n_y, n_z 是整数;L 是半导体晶体的线度,$L^3 = V$,为晶体体积。

以波矢 k 的三个互相正交的分量 k_x, k_y, k_z 为坐标轴的直角坐标系所描述的空间为 k 空间。显然,在 k 空间

图 3-1 k 空间中的状态分布

中,由一组整数 (n_x, n_y, n_z) 所决定的一点对应于一定的波矢 k。因而,该点是电子的一个允许能量状态的代表点。不同的整数组 (n_x, n_y, n_z) 决定了不同的点,对应着不同的波矢 k,代表电子不同的允许能量状态,如图 3-1 所示。因此,电子有多少个允许的能量状态,在 k 空间中就有多少个代表点。

因为任一代表点的坐标沿三条坐标轴方向均为 $2\pi/L$ 的整数倍,所以代表点在 k 空间中是均匀分布的。每个代表点都和体积为 $8\pi^3/L^3 = 8\pi^3/V$ 的一个立方体相联系,这些立方体之间紧密相接、没有间隙、没有重叠地填满 k 空间。因此,在 k 空间中,体积为 $8\pi^3/V$ 的一个立方体中有一个代表点。换言之,k 空间中代表点的密度为 $V/(8\pi^3)$。也就是说,在 k 空间中,电子的允许能量状态密度是 $V/(8\pi^3)$。如果计入电子的自旋,那么,k 空间中每个代表点实际上代表自旋方向相反的两个量子态。所以,在 k 空间中,电子的允许量子态密度是 $2V/(8\pi^3)$。这时,每个量子态最多能容纳一个电子。

3.1.2 状态密度

下面计算半导体导带底部附近的状态密度。为简单起见,考虑能带极值在 $k = 0$、等能面为球面的情况。根据式(1-22),导带底部附近 $E(k)$ 与 k 的关系为

$$E(k) = E_c + \frac{\hbar^2 k^2}{2m_n^*} \tag{3-2}$$

式中,m_n^* 为导带底电子的有效质量。

在 k 空间中,以 $|k|$ 为半径作一球面,它就是能量为 $E(k)$ 的等能面;再以 $|k+dk|$ 为半径作一球面,它是能量为 $(E+dE)$ 的等能面。要计算能量在 $E \sim (E+dE)$ 之间的量子态数,只要计算这两个球壳之间的量子态数即可。因为这两个球壳之间的体积是 $4\pi k^2 dk$,而 k 空间中,量子态密度是 $2V/(8\pi^3)$,所以,在能量 $E \sim (E+dE)$ 之间的量子态数为

$$dZ = \frac{2V}{8\pi^3} \times 4\pi k^2 dk \tag{3-3}$$

由式(3-2)求得

$$k = \frac{(2m_n^*)^{1/2}(E - E_c)^{1/2}}{\hbar}$$

及

$$k dk = \frac{m_n^* dE}{\hbar^2}$$

代入式(3-3)得

$$dZ = \frac{V}{2\pi^2} \frac{(2m_n^*)^{3/2}}{\hbar^3} (E-E_c)^{1/2} dE \tag{3-4}$$

由式(3-1)求得导带底能量 E 附近单位能量间隔的量子态数,即导带底部附近状态密度 $g_c(E)$ 为

$$g_c(E) = \frac{dZ}{dE} = \frac{V}{2\pi^2} \frac{(2m_n^*)^{3/2}}{\hbar^3} (E-E_c)^{1/2} \tag{3-5}$$

式(3-5)表明,导带底部附近单位能量间隔内的量子态数目随着电子能量的增大按抛物线关系增大,即电子能量越高,状态密度越大。图 3-2 中的曲线 1 表示 $g_c(E)$ 与 E 的关系曲线。

图 3-2 状态密度与能量的关系

对于实际的半导体硅、锗来说,情况比上述的要复杂得多,在它们的导带底部附近,等能面是旋转椭球面,如果仍选极值能量为 E_c,则由式(1-57),$E(k)$ 与 k 的关系为

$$E(k) = E_c + \frac{\hbar^2}{2}\left[\frac{k_1^2 + k_2^2}{m_t} + \frac{k_3^2}{m_l}\right]$$

极值 E_c 不在 $k=0$ 处。由于晶体具有对称性,导带底也不仅是一个状态。设导带底的状态共有 s 个,利用上述方法,同样可以计算这 s 个对称状态的状态密度为

$$g_c(E) = \frac{V}{2\pi^2} \frac{(2m_n^*)^{3/2}}{\hbar^3} (E-E_c)^{1/2} \tag{3-6}$$

不过,其中 m_n^* 为

$$m_n^* = m_{dn} = s^{2/3}(m_l m_t^2)^{1/3} \tag{3-7}$$

式中,m_{dn} 称为导带底电子的状态密度有效质量。对硅,导带底共有 6 个对称状态,$s=6$,将 m_l、m_t 的值代入式(3-7),计算得 $m_{dn}=1.062m_0$。对锗,$s=4$,可以算得 $m_{dn}=0.56m_0$。

同理,对于价带顶部附近的情况进行类似的计算,得到以下结果。

当等能面为球面时,价带顶部附近 $E(k)$ 与 k 的关系为

$$E(k) = E_v - \frac{\hbar^2(k_x^2 + k_y^2 + k_z^2)}{2m_p^*}$$

式中,m_p^* 为价带顶空穴的有效质量。同法算得价带顶部附近的状态密度 $g_v(E)$ 为

$$g_v(E) = \frac{V}{2\pi^2} \frac{(2m_p^*)^{3/2}}{\hbar^3} (E_v - E)^{1/2} \tag{3-8}$$

图 3-2 中的曲线 2 表示了 $g_v(E)$ 与 E 的关系。

在实际的硅、锗中,价带中起作用的能带是极值相重合的两个能带,与这两个能带相对应有轻空穴有效质量 $(m_p)_l$ 和重空穴有效质量 $(m_p)_h$。因而,价带顶部附近的状态密度应为这两个能带的状态密度之和。相加之后,价带顶部附近的 $g_v(E)$ 仍可由式(3-8)表示,不过其中的有效质量 m_p^* 为

$$m_p^* = m_{dp} = [(m_p)_l^{3/2} + (m_p)_h^{3/2}]^{2/3} \tag{3-9}$$

式中,m_{dp} 称为价带顶空穴的状态密度有效质量。将 $(m_p)_l$、$(m_p)_h$ 代入式(3-9)算得:对硅,$m_{dp}=0.59m_0$;对锗,$m_{dp}=0.29m_0$。

3.2 费米能级和载流子的统计分布

3.2.1 费米分布函数

半导体中电子的数目是非常多的,例如,每立方厘米硅晶体中约有 5×10^{22} 个硅原子,仅价电子每立方厘米中就约有 $4\times5\times10^{22}$ 个。在一定温度下,半导体中的大量电子不停地做无规则热运动,电子可以通过晶格热振动获得能量,既可以从低能量的量子态跃迁到高能量的量子态,将多余的能量释放出来成为晶格热振动的能量;也可以从高能量的量子态跃迁到低能量的量子态释放多余的能量。因此,从一个电子来看,它所具有的能量时大时小,经常变化。但是,从大量电子的整体来看,在热平衡状态下,电子按能量大小具有一定的统计分布规律,即这时电子在不同能量的量子态上的统计分布概率是一定的。根据量子统计理论[3],服从泡利不相容原理的电子遵循费米统计律。对于能量为 E 的一个量子态,被一个电子占据的概率 $f(E)$ 为

$$f(E) = \frac{1}{1+\exp\left(\frac{E-E_F}{k_0 T}\right)} \tag{3-10}$$

$f(E)$ 称为电子的费米分布函数,它是描写热平衡状态下,电子在允许的量子态上如何分布的一个统计分布函数。式中,k_0 是玻耳兹曼常数,T 是热力学温度。

式(3-10)中的 E_F 称为费米能级或费米能量,它和温度、半导体材料的导电类型、杂质的含量以及能量零点的选取有关。E_F 是一个很重要的物理参数,只要知道了 E_F 的数值,在一定温度下,电子在各量子态上的统计分布就可以完全确定。它可以由半导体中能带内所有量子态中被电子占据的量子态数应等于电子总数 N 这一条件来决定,即

$$\sum_i f(E_i) = N \tag{3-11}$$

将半导体中大量电子的集体看成一个热力学系统,由统计理论证明[4],费米能级 E_F 是系统的化学势,即

$$E_F = \mu = \left(\frac{\partial F}{\partial N}\right)_T \tag{3-12}$$

式中,μ 代表系统的化学势,F 是系统的自由能。上式的意义是:在系统处于热平衡状态,也不对外界做功的情况下,系统中增加一个电子所引起系统自由能的变化,等于系统的化学势,也就是等于系统的费米能级。而处于热平衡状态的系统有统一的化学势,所以处于热平衡状态的电子系统有统一的费米能级。

下面讨论费米分布函数 $f(E)$ 的一些特性。

由式(3-10),当 $T=0\text{K}$ 时:

若 $E<E_F$,则 $f(E)=1$

若 $E>E_F$,则 $f(E)=0$

图 3-3 中的曲线 A 是 $T=0\text{K}$ 时 $f(E)$ 与 E 的关系曲线。可见在热力学零度时,能量比 E_F 小的量子态被电子占据的概率是 100%,因而这些量子态上都是有电子的;而能量比 E_F 大的量子态被电子占据的概率是零,因而这些量子态上都没有电子,是空的。故在热力学零度时,费米能级 E_F 可看成量子态是否被电子占据的一个界限。

当 $T>0$K 时：

若 $E<E_F$，则 $f(E)>1/2$
若 $E=E_F$，则 $f(E)=1/2$
若 $E>E_F$，则 $f(E)<1/2$

上述结果说明，当系统的温度高于热力学零度时，如果量子态的能量比费米能级低，则该量子态被电子占据的概率大于 50%；若量子态的能量比费米能级高，则该量子态被电子占据的概率小于 50%。因此，费米能级是量子态基本上被电子占据或基本上是空的一个标志。而当量子态的能量等于费米能级时，则该量子态被电子占据的概率是 50%。

作为一个例子，现在来看一下量子态的能量比费米能级高或低 $5k_0T$ 时的情况。

当 $E-E_F>5k_0T$ 时： $f(E)<0.007$
当 $E-E_F<-5k_0T$ 时： $f(E)>0.993$

图 3-3 费米分布函数与温度关系曲线（曲线 A、B、C、D 分别是 0K、300K、1000K、和 1500K 时的 $f(E)$ 曲线）

可见，当温度高于热力学零度时，能量比费米能级高 $5k_0T$ 的量子态被电子占据的概率只有 0.7%，概率很小，量子态几乎是空的；而能量比费米能级低 $5k_0T$ 的量子态被电子占据的概率是 99.3%，概率很大，量子态上几乎总有电子。

一般可以认为，在温度不很高时，能量大于费米能级的量子态基本上没有被电子占据，而能量小于费米能级的量子态基本上被电子所占据，而电子占据费米能级的概率在各种温度下总是 1/2，所以费米能级的位置比较直观地标志了电子占据量子态的情况，通常说费米能级标志了电子填充能级的水平。费米能级位置较高，说明有较多的能量较高的量子态上有电子。

图 3-3 中还给出了温度为 300K、1000K 和 1500K 时费米分布函数 $f(E)$ 与 E 的曲线。从图中看出，随着温度的升高，电子占据能量小于费米能级的量子态的概率减小，而占据能量大于费米能级的量子态的概率增大。

3.2.2 玻耳兹曼分布函数

在式(3-10)中，当 $E-E_F \gg k_0T$ 时，因为 $\exp\left(\dfrac{E-E_F}{k_0T}\right) \gg 1$，所以

$$1+\exp\left(\frac{E-E_F}{k_0T}\right) \approx \exp\left(\frac{E-E_F}{k_0T}\right)$$

这时，费米分布函数就转化为

$$f_B(E)=\exp\left(-\frac{E-E_F}{k_0T}\right)=\exp\left(\frac{E_F}{k_0T}\right)\exp\left(-\frac{E}{k_0T}\right)$$

令 $A=\exp\dfrac{E_F}{k_0T}$，则

$$f_B(E)=A\exp\left(-\frac{E}{k_0T}\right) \tag{3-13}$$

上式表明,在一定温度下,电子占据能量为 E 的量子态的概率由指数因子 $\exp\left(-\dfrac{E}{k_0 T}\right)$ 所决定,这就是熟知的玻耳兹曼统计分布函数。因此,$f_B(E)$ 称为电子的玻耳兹曼分布函数。由图 3-3 看到,除在 E_F 附近几个 $k_0 T$ 处的量子态外,在 $E-E_F \gg k_0 T$ 处,量子态被电子占据的概率很小,这正是玻耳兹曼分布函数适用的范围。这一点是容易理解的,因为费米统计律与玻耳兹曼统计律的主要差别在于:前者受到泡利不相容原理的限制。而在 $E-E_F \gg k_0 T$ 的条件下,泡利不相容原理失去作用,因而两种统计的结果变成一样了。

$f(E)$ 表示能量为 E 的量子态被电子占据的概率,因而 $1-f(E)$ 就是能量为 E 的量子态不被电子占据的概率,这也就是量子态被空穴占据的概率。故

$$1-f(E)=\dfrac{1}{1+\exp\left(\dfrac{E_F-E}{k_0 T}\right)}$$

当 $E_F-E \gg k_0 T$ 时,上式分母中的 1 可以略去,若设 $B=\exp\left(-\dfrac{E_F}{k_0 T}\right)$,则

$$1-f(E)=B\exp\left(\dfrac{E}{k_0 T}\right) \tag{3-14}$$

上式称为空穴的玻耳兹曼分布函数。它表明当 $E \ll E_F$ 时,空穴占据能量为 E 的量子态的概率很小,即这些量子态几乎都被电子所占据了。

在半导体中,最常遇到的情况是费米能级 E_F 位于禁带内,而且与导带底或价带顶的距离远大于 $k_0 T$,所以,对导带中的所有量子态来说,被电子占据的概率一般都满足 $f(E) \ll 1$,故半导体导带中的电子分布可以用电子的玻耳兹曼分布函数描写。由于随着能量 E 的增大,$f(E)$ 迅速减小,因此导带中绝大多数电子分布在导带底部附近。同理,对半导体价带中的所有量子态来说,被空穴占据的概率一般都满足 $1-f(E) \ll 1$,故价带中的空穴分布服从空穴的玻耳兹曼分布函数。由于随着能量 E 的增大,$1-f(E)$ 迅速增大,因此价带中绝大多数空穴分布在价带顶部附近。因而式(3-13)和式(3-14)是讨论半导体问题时常用的两个公式。通常把服从玻耳兹曼统计律的电子系统称为非简并性系统,而把服从费米统计律的电子系统称为简并性系统。

3.2.3 导带中的电子浓度和价带中的空穴浓度

现在讨论计算半导体中的载流子浓度问题。和计算状态密度时一样,认为能带中的能级是连续分布的,将能带分成一个个很小的能量间隔来处理。

将导带分为无限多的无限小的能量间隔,则在能量 $E \sim (E+dE)$ 之间有 $dZ=g_c(E)dE$ 个量子态,而电子占据能量为 E 的量子态的概率是 $f(E)$,则在 $E \sim (E+dE)$ 间有 $f(E)g_c(E)dE$ 个被电子占据的量子态,因为每个被占据的量子态上有一个电子,所以在 $E \sim (E+dE)$ 间有 $f(E)g_c(E)dE$ 个电子。然后把所有能量区间中的电子数相加,实际上是从导带底到导带顶对 $f(E)g_c(E)dE$ 进行积分,就得到了能带中的电子总数,再除以半导体的体积,就得到了导带中的电子浓度。图 3-4 中画出了能带、函数 $f(E)$、$g_c(E)$、$g_v(E)$、$1-f(E)$ 以及 $f(E)g_c(E)$ 和 $[1-f(E)]g_v(E)$ 等曲线。在图 3-4(e)中用阴影线标出的面积就是导带中能量 $E \sim (E+dE)$ 间的电子数,所以 $f(E)g_c(E)$ 曲线与能量轴之间的面积除以半导体的体积,就等于导带的电子浓度。

(a) 简单能带　　　(b) $f(E)$　　　(c) $g_c(E)$、$g_v(E)$　　　(d) $1-f(E)$　　　(e) $f(E)g_c(E)$、$[1-f(E)]g_v(E)$

图 3-4　热平衡状态时，半导体中的能带、态密度、费米分布、载流子浓度的示意图

从图 3-4(e)中可明显地看出，导带中的大多数电子是在导带底部附近，而价带中的大多数空穴则在价带顶部附近。在非简并情况下，导带中的电子浓度可计算如下。

在能量 $E\sim(E+\mathrm{d}E)$ 间的电子数 $\mathrm{d}N$ 为

$$\mathrm{d}N = f_B(E)g_c(E)\mathrm{d}E$$

把式(3-5)的 $g_c(E)$ 和式(3-13)的 $f_B(E)$ 代入上式，得

$$\mathrm{d}N = \frac{V}{2\pi^2}\frac{(2m_n^*)^{3/2}}{\hbar^3}\exp\left(-\frac{E-E_F}{k_0T}\right)(E-E_c)^{1/2}\mathrm{d}E$$

或改写成在能量 $E\sim(E+\mathrm{d}E)$ 间单位体积中的电子数为

$$\mathrm{d}n = \frac{\mathrm{d}N}{V} = \frac{1}{2\pi^2}\frac{(2m_n^*)^{3/2}}{\hbar^3}\exp\left(-\frac{E-E_F}{k_0T}\right)(E-E_c)^{1/2}\mathrm{d}E$$

对上式积分，可算得热平衡状态下非简并半导体的导带电子浓度 n_0 为

$$n_0 = \int_{E_c}^{E_c'}\frac{1}{2\pi^2}\frac{(2m_n^*)^{3/2}}{\hbar^3}\exp\left(-\frac{E-E_F}{k_0T}\right)(E-E_c)^{1/2}\mathrm{d}E \tag{3-15}$$

积分上限 E_c' 是导带顶能量。若引入变数 $x=(E-E_c)/(k_0T)$，则式(3-15)变为

$$n_0 = \frac{1}{2\pi^2}\frac{(2m_n^*)^{3/2}}{\hbar^3}(k_0T)^{3/2}\exp\left(-\frac{E_c-E_F}{k_0T}\right)\int_0^{x'}x^{1/2}\mathrm{e}^{-x}\mathrm{d}x \tag{3-16}$$

式中，$x'=(E_c'-E_c)/(k_0T)$。为求解上式，利用如下积分公式

$$\int_0^\infty x^{1/2}\mathrm{e}^{-x}\mathrm{d}x = \frac{\sqrt{\pi}}{2}$$

式(3-16)中的积分上限是 x' 而不是 ∞，因此，它的积分值应小于 $\sqrt{\pi}/2$。为了求出式(3-16)中的积分值，先分析 x' 取什么值以及被积函数随 x 的变化情况。一般，导带宽度典型的值是 $1\sim2\mathrm{eV}$，目前对一般半导体器件有兴趣的最高温度为 $500\mathrm{K}$，故 $k_0T\approx0.043\mathrm{eV}$，因此，$x'$ 至少是 $1/0.043\approx23$。又从表 3-1 及图 3-5 中看到，被积函数 $x^{1/2}\mathrm{e}^{-x}$ 随 x 的增大而迅速减小。所求积分是图 3-5 中曲线下面的面积，不论积分上限取 5、10、23 还是 ∞，所得面积都基本相等。因此式(3-16)中的积分上限改为 ∞ 并不影响所得结果。或者也可以这样来理解，因为导带中的电子绝大多数在导带底部附近，按照电子的玻耳兹曼分布函数，电子占据量子态的概率随量子态具有能量的升高而迅速减小，所以从导带顶 E_c' 到能量无限间的电子数极少，计入这部分电子并不影响所得结果。而这样做，在数学处理上却带来了很大的方便。于是，

式(3-16)可以改写为

$$n_0 = \frac{1}{2\pi^2} \frac{(2m_n^*)^{3/2}}{\hbar^3} (k_0 T)^{3/2} \exp\left(-\frac{E_c - E_F}{k_0 T}\right) \int_0^\infty x^{1/2} e^{-x} dx$$

表 3-1 $x^{1/2} e^{-x}$ 随 x 的变化

x	$x^{1/2}$	e^{-x}	$x^{1/2} e^{-x}$
0	0	1.0	0
0.25	0.5	0.78	0.39
0.50	0.7	0.61	0.43
1	1.0	0.37	0.37
2	1.4	0.14	0.20
3	1.7	0.05	0.085
4	2.0	0.018	0.036
5	2.2	0.007	0.015
23	4.8	10^{-10}	4.8×10^{-10}

图 3-5 $x^{1/2} e^{-x}$ 随 x 的变化

式中的积分值为 $\sqrt{\pi}/2$,计算得导带中的电子浓度为

$$n_0 = 2\left(\frac{m_n^* k_0 T}{2\pi \hbar^2}\right)^{3/2} \exp\left(-\frac{E_c - E_F}{k_0 T}\right) \tag{3-17}$$

令

$$N_c = 2\left(\frac{m_n^* k_0 T}{2\pi \hbar^2}\right)^{3/2} = 2\frac{(2\pi m_n^* k_0 T)^{3/2}}{h^3} \tag{3-18}$$

则得到

$$n_0 = N_c \exp\left(-\frac{E_c - E_F}{k_0 T}\right) \tag{3-19}$$

式中,N_c 称为导带的有效状态密度。显然,$N_c \propto T^{3/2}$,是温度的函数。而

$$f(E_c) = \exp\left(-\frac{E_c - E_F}{k_0 T}\right)$$

是电子占据能量为 E_c 的量子态的概率,因此式(3-19)可以理解为把导带中所有量子态都集中在导带底 E_c 处,而它的状态密度为 N_c,则导带中的电子浓度是 N_c 中有电子占据的量子态数。

同理,热平衡状态下,非简并半导体的价带中的空穴浓度 p_0 为

$$p_0 = \int_{E_v'}^{E_v} [1 - f(E)] \frac{g_v(E)}{V} dE \tag{3-20}$$

将式(3-8)、式(3-14)代入式(3-20),得

$$p_0 = \frac{1}{2\pi^2} \frac{(2m_p^*)^{3/2}}{\hbar^3} \int_{E_v'}^{E_v} \exp\left(\frac{E - E_F}{k_0 T}\right) (E_v - E)^{1/2} dE \tag{3-21}$$

令 $x = (E_v - E)/(k_0 T)$,则

$$(E_v - E)^{1/2} = (k_0 T)^{1/2} x^{1/2}$$
$$d(E_v - E) = k_0 T dx$$

与计算导带中电子浓度类似,可将积分下限 E_v'(价带底)改为 $-\infty$,计算可得

$$p_0 = 2\left(\frac{m_p^* k_0 T}{2\pi \hbar^2}\right)^{3/2} \exp\left(\frac{E_v - E_F}{k_0 T}\right) \tag{3-22}$$

令

$$N_v = 2\left(\frac{m_p^* k_0 T}{2\pi\hbar^2}\right)^{3/2} = 2\frac{(2\pi m_p^* k_0 T)^{3/2}}{h^3} \tag{3-23}$$

则得

$$p_0 = N_v \exp\left(\frac{E_v - E_F}{k_0 T}\right) \tag{3-24}$$

式中，N_v 称为价带的有效状态密度。显然，$N_v \propto T^{3/2}$，是温度的函数。而

$$f(E_v) = \exp\left(\frac{E_v - E_F}{k_0 T}\right)$$

是空穴占据能量为 E_v 的量子态的概率。因此式(3-24)可以理解为把价带中的所有量子态都集中在价带顶 E_v 处，而它的状态密度是 N_v，则价带中的空穴浓度是 N_v 中有空穴占据的量子态数。

从式(3-19)及式(3-24)看到，导带中的电子浓度 n_0 和价带中的空穴浓度 p_0 随着温度 T 与费米能级 E_F 的不同而变化，其中温度的影响，一方面来源于 N_c 及 N_v；另一方面，也是更主要的来源，是由于玻耳兹曼分布函数中的指数随温度迅速变化。另外，费米能级也与温度及半导体中所含杂质的情况密切相关。因此，在一定温度下，由于半导体中所含杂质的类型和数量不同，电子浓度 n_0 及空穴浓度 p_0 也将随之而变化。

3.2.4　载流子浓度乘积 $n_0 p_0$

将式(3-19)和式(3-24)相乘，得到载流子浓度乘积

$$n_0 p_0 = N_c N_v \exp\left(-\frac{E_c - E_v}{k_0 T}\right) = N_c N_v \exp\left(-\frac{E_g}{k_0 T}\right) \tag{3-25}$$

把 N_c 和 N_v 的表达式代入上式得

$$n_0 p_0 = 4\left(\frac{k_0}{2\pi\hbar^2}\right)^3 (m_n^* m_p^*)^{3/2} T^3 \exp\left(-\frac{E_g}{k_0 T}\right) \tag{3-26}$$

再把 $\hbar$ 和 k_0 的值代入并引入电子质量 m_0，则得

$$n_0 p_0 = 2.33 \times 10^{31} \left(\frac{m_n^* m_p^*}{m_0^2}\right)^{3/2} T^3 \exp\left(-\frac{E_g}{k_0 T}\right) \tag{3-27}$$

可见，电子和空穴的浓度乘积和费米能级无关。对一定的半导体材料，乘积 $n_0 p_0$ 只取决于温度 T，与所含杂质无关。而在一定温度下，对不同的半导体材料，因禁带宽度 E_g 不同，乘积 $n_0 p_0$ 也将不同。不论是本征半导体还是杂质半导体，只要是热平衡状态下的非简并半导体，这个关系式都普遍适用，在讨论许多实际问题时常常引用。

式(3-25)还说明，对一定的半导体材料，在一定的温度下，乘积 $n_0 p_0$ 是一定的。换言之，当半导体处于热平衡状态时，载流子浓度的乘积保持恒定，如果电子浓度增大，空穴浓度就要减小；反之亦然。式(3-19)和式(3-24)是热平衡载流子浓度的普遍表示式。只要确定了费米能级 E_F，在一定温度 T 时，半导体导带中的电子浓度、价带中的空穴浓度就可以计算出来。

3.3　本征半导体的载流子浓度

所谓本征半导体，就是一块没有杂质和缺陷的半导体，其能带如图 3-6(a)所示。在热力

学温度零度时，价带中的全部量子态都被电子占据，而导带中的量子态都是空的，也就是说，半导体中的共价键是饱和的、完整的。当半导体的温度 $T>0K$ 时，有电子从价带激发到导带去，同时价带中产生了空穴，这就是所谓的本征激发。由于电子和空穴成对产生，导带中的电子浓度 n_0 应等于价带中的空穴浓度 p_0，即

$$n_0 = p_0 \tag{3-28}$$

上式就是本征激发情况下的电中性条件。

(a) 简单能带　　(b) $g(E)$　　(c) $f(E)$　　(d) $dn_0/dE, dp_0/dE$

图 3-6　本征半导体[5]

将式(3-19)和式(3-24)代入式(3-28)，就能求得本征半导体的费米能级 E_F，并用符号 E_i 表示，即

$$N_c \exp\left(-\frac{E_c - E_F}{k_0 T}\right) = N_v \exp\left(-\frac{E_F - E_v}{k_0 T}\right)$$

取对数后，解得

$$E_i = E_F = \frac{E_c + E_v}{2} + \frac{k_0 T}{2} \ln \frac{N_v}{N_c} \tag{3-29}$$

将 N_c、N_v 的表达式代入上式得

$$E_i = E_F = \frac{E_c + E_v}{2} + \frac{3k_0 T}{4} \ln \frac{m_p^*}{m_n^*} \tag{3-30}$$

对于硅、锗，m_p^*/m_n^* 的值分别为 0.55 和 0.52，而砷化镓的 $m_p^*/m_n^* \approx 7.0$，因此这三种半导体材料的 $\ln(m_p^*/m_n^*)$ 约在 2 以下。于是 E_F 约在禁带中线附近 $1.5k_0 T$ 范围内。在室温(300K)下，$k_0 T \approx 0.026 eV$，而硅、锗、砷化镓的禁带宽度约为 1eV，因而式(3-30)中的第二项小得多，所以本征半导体的费米能级 E_i 基本在禁带中线处。但也有例外的情况，如锑化铟室温时的禁带宽度 $E_g \approx 0.17 eV$，而 m_p^*/m_n^* 之值约为 32，于是它的费米能级 E_i 已经远在禁带中线之上。

将式(3-29)代入式(3-19)和式(3-24)，得到本征载流子浓度 n_i 为

$$n_i = n_0 = p_0 = (N_c N_v)^{1/2} \exp\left(-\frac{E_g}{2k_0 T}\right) \tag{3-31}$$

式中，$E_g = E_c - E_v$ 为禁带宽度。从上式看出，一定的半导体材料，其本征载流子浓度 n_i 随温度的升高而迅速增大；不同的半导体材料，在同一温度 T 时，禁带宽度 E_g 越大，本征载流子浓度 n_i 就越小。图 3-6(b)、(c)、(d)分别为本征情况下的 $g(E)$、$f(E)$ 及 dn_0/dE 和 dp_0/dE。

将式(3-31)和式(3-25)比较得

$$n_0 p_0 = n_i^2 \tag{3-32}$$

这个公式只不过是式(3-25)的另一种表达式而已。它说明，在一定温度下，任何非简并半导体的

热平衡载流子浓度的乘积 $n_0 p_0$ 等于该温度时的本征载流子浓度 n_i 的平方,与所含的杂质无关。因此式(3-32)不仅适用于本征半导体材料,而且适用于非简并的杂质半导体材料。

将 N_c、N_v 的表达式代入式(3-31)得

$$n_i = \left[\frac{2(2\pi k_0 T)^{3/2}(m_p^* m_n^*)^{3/4}}{h^3}\right]\exp\left(-\frac{E_g}{2k_0 T}\right)$$

代入 h、k_0 的数值,并引入电子质量 m_0,则

$$n_i = 4.82 \times 10^{15} \times \left(\frac{m_p^* m_n^*}{m_0^2}\right)^{3/4} T^{3/2} \exp\left(-\frac{E_g}{2k_0 T}\right) \tag{3-33}$$

考虑到 E_g 与温度 T 的关系,设 E_g 随温度的变化为 $E_g = E_g(0) - \alpha T^2/(T+\beta)$,代入上式得

$$n_i = 4.82 \times 10^{15} \times \left(\frac{m_p^* m_n^*}{m_0^2}\right)^{3/4} T^{3/2} \exp\left(-\frac{E_g(0)}{2k_0 T}\right)\exp\left[\frac{\alpha T}{2k_0(T+\beta)}\right] \tag{3-34}$$

式中,$E_g(0)$ 为外推至 $T=0K$ 时的禁带宽度。根据式(3-34),给出 $\ln n_i$-$1/T$ 关系曲线,基本上是一直线。

可以由实验测定高温下的霍耳系数[①]和电导率,从而得到很宽的温度范围内的本征载流子浓度与温度的关系,作出 $\ln n_i T^{-3/2}$-$1/T$ 关系直线,从直线的斜率可求得 $T=0K$ 时的禁带宽度 $E_g(0) = 2k_0 \times$ 斜率,得到锗、硅、砷化镓的 $E_g(0)$ 分别为 0.78eV、1.21eV 和 1.53eV,与用光学方法测得的数值相符合。

将锗、硅、砷化镓的 m_p^*、m_n^*、α、β 和 $E_g(0)$ 的数值分别代入式(3-34)中,可以算出锗、硅、砷化镓在一定温度时的本征载流子浓度。表 3-2 列出了锗、硅、砷化镓在室温时由式(3-33)计算得到的本征载流子浓度,表中也给出了室温下 n_i 的测量值,两者基本符合。例如,有人取 300K 时硅的状态密度有效质量 $m_{dn} = 1.18 m_0$,$m_{dp} = 0.81 m_0$,由式(3-33)计算得到 300K 时硅的 $n_i = 1.06 \times 10^{10} \text{cm}^{-3}$,与实验结果符合。

表 3-2　300K 下锗、硅、砷化镓的本征载流子浓度

各项参数	E_g/eV	m_n^* (m_{dn})	m_p^* (m_{dp})	N_c/cm^{-3}	N_v/cm^{-3}	n_i/cm^{-3}(计算值)	n_i/cm^{-3}(测量值)
Ge	0.67	$0.56 m_0$	$0.29 m_0$	1.05×10^{19}	3.9×10^{18}	1.7×10^{13}	2.33×10^{13}
Si	1.12	$1.062 m_0$	$0.59 m_0$	2.8×10^{19}	1.1×10^{19}	7.8×10^9	1.02×10^{10}
GaAs	1.428	$0.068 m_0$	$0.47 m_0$	4.5×10^{17}	8.1×10^{18}	2.3×10^6	1.1×10^7

图 3-7 给出锗、硅、砷化镓测量得到的 $\ln n_i$-$1/T$ 关系,纵坐标轴上的标度为 n_i 值。

实际上,半导体中总是含有一定量的杂质和缺陷的,在一定温度下,欲使载流子主要来源于本征激发,就要求半导体中的杂质含量不能超过一定限度。例如,室温下,锗的本征载流子浓度为 $2.33 \times 10^{13} \text{cm}^{-3}$,而锗的原子密度是 $4.5 \times 10^{22} \text{cm}^{-3}$,于是要求杂质含量应该低于 10^{-9}。对硅在室温下为本征情况,则要求杂质含量应低于 10^{-12}。对砷化镓在室温下要达到 10^{-15} 以上的纯度才可能是本征情况,这样高的纯度,目前尚未做到。

一般半导体器件中,载流子主要来源于杂质电离,而将本征激发忽略不计。在本征载流子浓度没有超过杂质电离所提供的载流子浓度的温度范围时,如果杂质全部电离,载流子浓度是一定的,器件就能稳定工作。但是随着温度的升高,本征载流子浓度迅速增大。

---

① 见第 12 章。

例如在室温附近,纯硅的温度每升高 8K 左右,本征载流子浓度就增大为原来的约 2 倍。而纯锗的温度每升高 12K 左右,本征载流子浓度就增大为原来的约 2 倍。当温度足够高时,本征激发占主要地位,器件将不能正常工作。因此,每种半导体材料制成的器件都有一定的极限工作温度,超过这一温度后,器件就失效了。例如,一般硅平面管采用室温电阻率为 1Ω·cm 左右的原材料,它是由掺入 $5×10^{15}$ cm^{-3} 的施主杂质锑而制成的。在保持载流子主要来源于杂质电离时,要求本征载流子浓度至少比杂质浓度低一个数量级,即不超过 $5×10^{14}$ cm^{-3}。如果要求本征载流子浓度不超过 $5×10^{14}$ cm^{-3},由图 3-7 中查得对应温度为 526K,所以硅器件的极限工作温度是 520K 左右。锗的禁带宽度比硅小,锗器件的极限工作温度比硅低,约为 370K 左右。砷化镓的禁带宽度比硅大,极限工作温度可高达 720K 左右,适用于制造大功率器件。

总之,由于本征载流子浓度随温度而迅速变化,用本征材料制作的器件性能很不稳定,因此制造半导体器件一般都用含有适当杂质的半导体材料。

图 3-7 硅、锗、砷化镓的 $\ln n_i$-$1/T$ 关系[5]

3.4 杂质半导体的载流子浓度

3.4.1 杂质能级上的电子和空穴

实际的半导体材料中,总含有一定量的杂质。在杂质只是部分电离的情况下,在一些杂质能级上就有电子占据着。例如,未电离的施主杂质和已电离的受主杂质的杂质能级,都被电子所占据。电子占据杂质能级的概率能否用式(3-10)的费米分布函数决定呢? 回答是否定的。因为杂质能级与能带中的能级是有区别的,能带中的能级可以容纳自旋方向相反的两个电子;而对于施主杂质能级,只能是如下两种情况的一种:①被一个有任一自旋方向的电子所占据;②不接受电子。施主能级不允许同时被自旋方向相反的两个电子所占据,所以不能用式(3-10)来表示电子占据杂质能级的概率。可以证明[6-7]电子占据施主能级的概率是(见本章 3.7 节)

$$f_D(E) = \frac{1}{1 + \frac{1}{g_D}\exp\left(\frac{E_D - E_F}{k_0 T}\right)} \tag{3-35}$$

空穴占据受主能级的概率是

$$f_A(E) = \frac{1}{1 + \frac{1}{g_A}\exp\left(\frac{E_F - E_A}{k_0 T}\right)} \tag{3-36}$$

式中,g_D 是施主能级的基态简并度,g_A 是受主能级的基态简并度,通常称为简并因子,对锗、硅、砷化镓等材料，$g_D=2, g_A=4$。

由于施主浓度 N_D 和受主浓度 N_A 就是杂质的量子态密度，而电子和空穴占据杂质能级的概率分别是 $f_D(E)$ 和 $f_A(E)$，因此可以写出如下公式。

(1) 施主能级上的电子浓度 n_D 为

$$n_D = N_D f_D(E) = \frac{N_D}{1 + \frac{1}{g_D}\exp\left(\frac{E_D - E_F}{k_0 T}\right)} \tag{3-37}$$

这也是没有电离的施主浓度。

(2) 受主能级上的空穴浓度 p_A 为

$$p_A = N_A f_A(E) = \frac{N_A}{1 + \frac{1}{g_A}\exp\left(\frac{E_F - E_A}{k_0 T}\right)} \tag{3-38}$$

这也是没有电离的受主浓度。

(3) 电离施主浓度 n_D^+ 为

$$n_D^+ = N_D - n_D = N_D[1 - f_D(E)] = \frac{N_D}{1 + g_D\exp\left(-\frac{E_D - E_F}{k_0 T}\right)} \tag{3-39}$$

(4) 电离受主浓度 p_A^- 为

$$p_A^- = N_A - p_A = N_A[1 - f_A(E)] = \frac{N_A}{1 + g_A\exp\left(-\frac{E_F - E_A}{k_0 T}\right)} \tag{3-40}$$

从以上几个公式可看出，杂质能级与费米能级的相对位置明显反映了电子和空穴占据杂质能级的情况。由式(3-37)和式(3-39)得知：当 $E_D - E_F \gg k_0 T$ 时，$\exp\left(\frac{E_D - E_F}{k_0 T}\right) \gg 1$，因而 $n_D \approx 0$，同时 $n_D^+ \approx N_D$，即当费米能级远在 E_D 之下时，可以认为施主杂质几乎全部电离。反之，当 E_F 远在 E_D 之上时，施主杂质基本没有电离。当 E_D 与 E_F 重合时，如取 $g_D=2$，$n_D=2N_D/3$ 而 $n_D^+=N_D/3$，即施主杂质有 1/3 电离，还有 2/3 没有电离。同理，由式(3-38)及式(3-40)得知：当 E_F 远在 E_A 之上时，受主杂质几乎全部电离了；当 E_F 远在 E_A 之下时，受主杂质基本没有电离；当 E_F 等于 E_A 时，如取 $g_A=4$，受主杂质有 1/5 电离，还有 4/5 没有电离。

3.4.2 n 型半导体的载流子浓度

杂质半导体的情况比本征半导体复杂得多，下面以只含一种施主杂质的 n 型半导体为例，计算它的费米能级与载流子浓度。图 3-8(a) 为它的能带图，图 3-8(b)、(c)、(d) 还给出了 $g(E)$、$f(E)$、$\dfrac{dn_0}{dE}$ 和 $\dfrac{dp_0}{dE}$ 的图形。

由图可知，电中性条件为

$$n_0 = n_D^+ + p_0 \tag{3-41}$$

等式左边是单位体积中的负电荷数，实际上为导带中的电子浓度；等式右边是单位体积中的正电荷数，实际上是价带中的空穴浓度与电离施主浓度之和。将式(3-19)、式(3-24)和式(3-39)代入式(3-41)并取 $g_D=2$，得

(a) 简单能带　　　(b) $g(E)$　　　(c) $f(E)$　　　(d) $dn_0/dE, dp_0/dE$

图 3-8　n 型半导体[5]

$$N_c\exp\left(-\frac{E_c-E_F}{k_0T}\right)=N_v\exp\left(-\frac{E_F-E_v}{k_0T}\right)+\frac{N_D}{1+2\exp\left(-\frac{E_D-E_F}{k_0T}\right)} \quad (3-42)$$

上式中除 E_F 外,其余各量均为已知,因而在一定温度下可以将 E_F 确定出来。但是由上式求 E_F 的一般解析式还是困难的,下面分别分析不同温度范围的情况。

1. 低温弱电离区[2]

当温度很低时,大部分施主杂质能级仍为电子所占据,只有很少量的施主杂质发生电离,这少量的电子进入了导带,这种情况称为弱电离。从价带中依靠本征激发跃迁至导带的电子数就更少了,可以忽略不计。换言之,这一情况下导带中的电子全部由电离施主杂质所提供,因此 $p_0=0$ 而 $n_0=n_D^+$,故

$$N_c\exp\left(-\frac{E_c-E_F}{k_0T}\right)=\frac{N_D}{1+2\exp\left(-\frac{E_D-E_F}{k_0T}\right)} \quad (3-43)$$

上式即为杂质电离时的电中性条件。因为 $n_D^+\ll N_D$,所以 $\exp\left(-\dfrac{E_D-E_F}{k_0T}\right)\gg 1$,则式(3-43)简化为

$$N_c\exp\left(-\frac{E_c-E_F}{k_0T}\right)=\frac{1}{2}N_D\exp\left(\frac{E_D-E_F}{k_0T}\right)$$

取对数后化简得

$$E_F=\frac{E_c+E_D}{2}+\left(\frac{k_0T}{2}\right)\ln\left(\frac{N_D}{2N_c}\right) \quad (3-44)$$

上式就是低温弱电离区费米能级的表达式,它与温度、杂质浓度及掺入何种杂质原子有关。

因为 $N_c\propto T^{3/2}$,在低温极限 $T\to 0\text{K}$ 时,$\lim\limits_{T\to 0\text{K}}(T\ln T)=0$,所以

$$\lim_{T\to 0\text{K}}E_F=\frac{E_c+E_D}{2} \quad (3-45)$$

上式说明,在低温极限 $T\to 0\text{K}$ 时,费米能级位于导带底和施主能级间的中线处。

将费米能级对温度求微商,可以帮助了解在低温弱电离区内费米能级随温度升高而发生的变化,即

$$\frac{dE_F}{dT}=\frac{k_0}{2}\ln\left(\frac{N_D}{2N_c}\right)+\frac{k_0T}{2}\frac{d(-\ln 2N_c)}{dT}=\frac{k_0}{2}\left[\ln\left(\frac{N_D}{2N_c}\right)-\frac{3}{2}\right]$$

因 $T \to 0K$ 时，$N_c \to 0$，故温度从 0K 上升时，dE_F/dT 开始为 $+\infty$，说明 E_F 上升得很快。然而随着 N_c 的增大（即 T 升高），dE_F/dT 不断减小，说明 E_F 随 T 的升高而增大的速度变慢。当温度上升到使得 $N_c = \left(\dfrac{N_D}{2}\right)e^{-3/2} = 0.11 N_D$ 时，$dE_F/dT = 0$，说明 E_F 达到了极值。显然，杂质含量越高，E_F 达到极值的温度也越高。当温度再上升时，$dE_F/dT < 0$，即 E_F 开始不断地下降，图 3-9 示意性地表示了 n 型半导体在低温弱电离区时费米能级随温度的变化关系。

图 3-9 低温弱电离区 E_F 与 T 的关系

将式(3-44)代入式(3-19)，得到低温弱电离区的电子浓度为

$$n_0 = \left(\dfrac{N_D N_c}{2}\right)^{1/2} \exp\left(-\dfrac{E_c - E_D}{2k_0 T}\right) = \left(\dfrac{N_D N_c}{2}\right)^{1/2} \exp\left(-\dfrac{\Delta E_D}{2k_0 T}\right) \quad (3-46)$$

式中，$\Delta E_D = E_c - E_D$ 为施主杂质电离能。由于 $N_c \propto T^{3/2}$，因此在温度很低时，载流子浓度 $n_0 \propto T^{3/4} \exp\left(-\dfrac{\Delta E_D}{2k_0 T}\right)$，随着温度的升高，$n_0$ 呈指数上升。

对式(3-46)取对数得

$$\ln n_0 = \dfrac{1}{2}\ln\left(\dfrac{N_D N_c}{2}\right) - \dfrac{\Delta E_D}{2k_0 T}$$

在 $\ln n_0 T^{-3/4} - 1/T$ 图中，上述方程为一直线，其斜率为 $\Delta E_D/(2k_0)$，因此可通过实验测定 n_0-T 关系，确定出杂质电离能，从而得到杂质能级的位置。

2. 中间电离区

温度继续升高，在 $2N_c > N_D$ 后，式(3-44)中的第二项为负值，这时 E_F 下降至 $(E_c + E_D)/2$ 以下。当温度升高到使 $E_F = E_D$ 时，则 $\exp\left(\dfrac{E_F - E_D}{k_0 T}\right) = 1$，施主杂质有 1/3 电离。

3. 强电离区

当温度升高至大部分杂质都电离时，称为强电离。这时 $n_D^+ \approx N_D$，于是应有 $\exp\left(\dfrac{E_F - E_D}{k_0 T}\right) \ll 1$ 或 $E_D - E_F \gg k_0 T$，因而费米能级 E_F 位于 E_D 之下。在强电离时，式(3-42)简化为

$$N_c \exp\left(-\dfrac{E_c - E_F}{k_0 T}\right) = N_D \quad (3-47)$$

解得费米能级 E_F 为

$$E_F = E_c + k_0 T \ln\left(\dfrac{N_D}{N_c}\right) \quad (3-48)$$

可见，费米能级 E_F 由温度及施主杂质浓度所决定。由于在一般掺杂浓度下 $N_c > N_D$，因此式(3-48)中的第二项是负的。在一定温度 T 时，N_D 越大，E_F 就越向导带方面靠近。而在 N_D 一定时，温度越高，E_F 就越向本征费米能级 E_i 方面靠近，如图 3-10 所示。

在施主杂质全部电离时，电子浓度 n_0 为

$$n_0 = N_D \quad (3-49)$$

这时，载流子浓度与温度无关。载流子浓度 n_0 保持等于杂质浓度的这一温度范围称为饱和区。

图 3-10 硅的费米能级与温度及杂质浓度的关系[5]

下面估算室温时硅中施主杂质达到全部电离时的杂质浓度上限。

当 $(E_D - E_F) \gg k_0 T$ 时,式(3-37)简化为

$$n_D \approx 2N_D \exp\left(-\frac{E_D - E_F}{k_0 T}\right) \tag{3-50}$$

将式(3-48)代入式(3-50)得

$$n_D \approx 2N_D \left(\frac{N_D}{N_c}\right) \exp\left(\frac{\Delta E_D}{k_0 T}\right) \tag{3-51}$$

令

$$D_- = \left(\frac{2N_D}{N_c}\right) \exp\left(\frac{\Delta E_D}{k_0 T}\right) \tag{3-52}$$

则

$$n_D \approx D_- N_D \tag{3-53}$$

由于 N_D 是施主杂质浓度,n_D 是未电离的施主浓度,因此,D_- 应是未电离施主占施主杂质数的百分比。若施主全部电离的大约标准是 90% 的施主杂质电离了,那么 D_- 约为 10%。由式(3-52)知,D_- 与温度、杂质浓度和杂质电离能都有关系。所以杂质达到全部电离的温度不仅取决于电离能,而且和杂质浓度有关。杂质浓度越高,则达到全部电离的温度就越高。通常所说的室温下杂质全部电离,实际上忽略了杂质浓度的限制,当超过某一杂质浓度时,这一认识就不正确了。例如,掺磷的 n 型硅,室温时,$N_c = 2.8 \times 10^{19} \text{cm}^{-3}$,$\Delta E_D = 0.044 \text{eV}$,$k_0 T = 0.026 \text{eV}$,代入式(3-52)得磷杂质全部电离的浓度上限 N_D 为

$$N_D = \left(\frac{D_- N_c}{2}\right) \exp\left(-\frac{\Delta E_D}{k_0 T}\right) = \left(\frac{0.1 \times 2.8 \times 10^{19}}{2}\right) \exp\left(-\frac{0.044}{0.026}\right)$$

$$= 1.4 \times 10^{18} \times 0.184 \approx 3 \times 10^{17} \text{cm}^{-3}$$

在室温时,硅的本征载流子浓度为 $1.02 \times 10^{10} \text{cm}^{-3}$,当杂质浓度比它至少大 1 个数量级时,才保持以杂质电离为主。所以对于掺磷的硅,在室温下,磷浓度在 $(10^{11} \sim 3 \times 10^{17}) \text{cm}^{-3}$ 范

围内，可认为硅是以杂质电离为主，而且处于杂质全部电离的饱和区。

由式(3-52)还可以确定杂质全部电离时的温度。将式(3-18)的 N_c 代入并化简取对数后得

$$\left(\frac{\Delta E_D}{k_0}\right)\left(\frac{1}{T}\right) = \left(\frac{3}{2}\right)\ln T + \ln\left(\frac{D_-}{N_D}\right)\frac{(2\pi k_0 m_n^*)^{3/2}}{h^3} \tag{3-54}$$

利用上述关系式，对不同的 ΔE_D 和 N_D，可以决定杂质基本上全部电离(90%)所需的温度。

4. 过渡区

当半导体处于饱和区与完全本征激发之间时，称为过渡区。这时导带中的电子一部分来源于全部电离的杂质，另一部分则由本征激发提供，价带中产生了一定量的空穴。于是电中性条件是

$$n_0 = N_D + p_0 \tag{3-55}$$

n_0 是导带中的电子浓度，p_0 是价带中的空穴浓度，N_D 是已全部电离的杂质浓度。

为了处理方便起见，利用本征激发时 $n_0 = p_0 = n_i$ 及 $E_F = E_i$ 的关系，将式(3-19)改写如下。

因为 $n_i = N_c \exp\left(-\frac{E_c - E_i}{k_0 T}\right)$，所以，$N_c = n_i \exp\left(\frac{E_c - E_i}{k_0 T}\right)$，代入式(3-19)，得

$$n_0 = n_i \exp\left(-\frac{E_i - E_F}{k_0 T}\right) \tag{3-56}$$

同理得

$$p_0 = n_i \exp\left(\frac{E_i - E_F}{k_0 T}\right) \tag{3-57}$$

将式(3-56)及式(3-57)代入式(3-55)，得

$$N_D = n_i\left[\exp\left(\frac{E_F - E_i}{k_0 T}\right) - \exp\left(-\frac{E_F - E_i}{k_0 T}\right)\right] = 2n_i \text{sh}\left(\frac{E_F - E_i}{k_0 T}\right)$$

解之，得

$$E_F = E_i + k_0 T \text{arsh}\left(\frac{N_D}{2n_i}\right) \tag{3-58}$$

在一定温度时，若已知 n_i 及 N_D，就能算出 $\text{arsh}[N_D/(2n_i)]$，从而算得 $(E_F - E_i)$。当 $N_D/(2n_i)$ 很小时，$E_F - E_i$ 也很小，即 E_F 接近于 E_i，半导体接近于本征激发情况；当 $N_D/(2n_i)$ 增大时，则 $E_F - E_i$ 也增大，向饱和区方面接近。

过渡区的载流子浓度 n_0 及 p_0 可按如下方法计算，解联立方程[式(3-55)和式(3-32)]，即

$$\begin{cases} p_0 = n_0 - N_D \\ n_0 p_0 = n_i^2 \end{cases}$$

消去 p_0，得

$$n_0^2 - N_D n_0 - n_i^2 = 0 \tag{3-59}$$

解得

$$n_0 = \frac{N_D + (N_D^2 + 4n_i^2)^{1/2}}{2} = \frac{N_D}{2}\left[1 + \left(1 + \frac{4n_i^2}{N_D^2}\right)^{1/2}\right] \tag{3-60}$$

n_0 的另一根无用。再由式(3-32)解得 p_0 为

$$p_0 = \frac{n_i^2}{n_0} = \left(\frac{2n_i^2}{N_D}\right)\left[1 + \left(1 + \frac{4n_i^2}{N_D^2}\right)^{1/2}\right]^{-1} \tag{3-61}$$

式(3-60)及式(3-61)就是过渡区的载流子浓度公式。当 $N_D \gg n_i$ 时,则 $4n_i^2/N_D^2 \ll 1$,这时

$$\left(1+\frac{4n_i^2}{N_D^2}\right)^{1/2} = 1+\frac{1}{2}\frac{4n_i^2}{N_D^2}+\cdots \tag{3-62}$$

略去更高次项,将上述展开式代入式(3-60),得

$$n_0 = N_D + \frac{n_i^2}{N_D} \tag{3-63}$$

而

$$p_0 = n_0 - N_D = \frac{n_i^2}{N_D} \tag{3-64}$$

比较以上两式,可见电子浓度比空穴浓度大得多,这时半导体在过渡区内更接近饱和区的一边。例如,室温时,硅的 $n_i = 1.02 \times 10^{10}$ cm^{-3},若施主浓度 $N_D = 10^{16}$ cm^{-3},则 p_0 约为 1.05×10^4 cm^{-3},而电子浓度 $n_0 = N_D + n_i^2/N_D \approx N_D = 10^{16}$ cm^{-3},电子浓度比空穴浓度大十几个数量级。这时,电子称为多数载流子,空穴称为少数载流子。后者的数量虽然很少,它在半导体器件工作中却起着极其重要的作用。

当 $N_D \ll n_i$ 时

$$n_0 = \frac{N_D}{2}\left[1+\left(1+\frac{4n_i^2}{N_D^2}\right)^{1/2}\right] = \frac{N_D}{2}+\frac{1}{2}\left[4n_i^2\left(1+\frac{N_D^2}{4n_i^2}\right)\right]^{1/2}$$

$$= \frac{N_D}{2}+n_i\left(1+\frac{N_D^2}{4n_i^2}\right)^{1/2} \tag{3-65}$$

因为 $N_D \ll n_i$ 时, $N_D^2/4n_i^2 \ll 1$,所以

$$n_0 = \frac{N_D}{2}+n_i, \quad p_0 = -\frac{N_D}{2}+n_i \tag{3-66}$$

以上两式表明 n_0 和 p_0 数量相近,都趋于 n_i。这是过渡区内更接近于本征激发一边的情况。

5. 高温本征激发区

继续升高温度,使本征激发产生的本征载流子数远多于杂质电离产生的载流子数,即 $n_0 \gg N_D, p_0 \gg N_D$,这时电中性条件是 $n_0 = p_0$。这种情况与未掺杂的本征半导体情形一样,因此称为杂质半导体进入本征激发区。这时,费米能级 E_F 接近禁带中线,而载流子浓度随温度的升高而迅速增大。显然,杂质浓度越高,达到本征激发起主要作用的温度也越高。例如,硅中施主浓度 $N_D < 10^{10}$ cm^{-3} 时,在室温下就是本征激发起主要作用了(因室温下硅的本征载流子浓度为 1.02×10^{10} cm^{-3})。当 $N_D = 10^{16}$ cm^{-3} 时,则本征激发起主要作用的温度高达 800K 以上。

图 3-11 是 n 型硅的电子浓度与温度的关系曲线。可见,在低温时,电子浓度随温度的升高而增大。温度升到 100K 时,杂质全部电离,温度高于 500K 后,本征激发开始起主要作用。所以温度在 100~500K 之间杂质全部电离,载流子浓度基本上就是杂质浓度。

图 3-11 n 型硅的电子浓度与温度的关系[8,9]曲线

【例题】 设 n 型硅的施主浓度分别为 1.5×10^{14} cm^{-3} 及 10^{12} cm^{-3},试计算 500K 时电子浓度和空穴浓度(n_0 和 p_0)。

解:由上面提及的联立方程解得

$$n_0 = \frac{N_D + (N_D^2 + 4n_i^2)^{1/2}}{2}, \quad p_0 = \frac{n_i^2}{n_0}$$

由图 3-7 查得 500K 时,硅的本征载流子浓度 $n_i = 3.5 \times 10^{14} \text{cm}^{-3}$,将其和 N_D 的值代入上面两根中得:

当 $N_D = 1.5 \times 10^{14} \text{cm}^{-3}$ 时,$n_0 \approx 4.3 \times 10^{14} \text{cm}^{-3}$, $p_0 = 2.8 \times 10^{14} \text{cm}^{-3}$。可见杂质浓度与本征载流子浓度差不多相等时,电子和空穴数目差别不显著,杂质导电特性已不很明显。

当 $N_D = 10^{12} \text{cm}^{-3}$ 时,$n_0 \approx n_i = 3.5 \times 10^{14} \text{cm}^{-3}$, $p_0 = 3.5 \times 10^{14} \text{cm}^{-3}$,即 $n_0 = p_0$。这时掺杂浓度为 $N_D = 10^{12} \text{cm}^{-3}$ 的 n 型硅,在 500K 时已进入本征区。

6. p 型半导体的载流子浓度

对只含一种受主杂质的 p 型半导体进行类似的讨论,可以得到一系列公式(取 $g_A = 4$)。

低温弱电离区:

$$E_F = \frac{E_v + E_A}{2} - \left(\frac{k_0 T}{2}\right) \ln\left(\frac{N_A}{4N_v}\right) \tag{3-67}$$

$$p_0 = \left(\frac{N_A N_v}{4}\right)^{1/2} \exp\left(-\frac{\Delta E_A}{2k_0 T}\right) \tag{3-68}$$

强电离(饱和区):

$$E_F = E_v - k_0 T \ln\frac{N_A}{N_v} \tag{3-69}$$

$$p_0 = N_A \tag{3-70}$$

$$p_A = D_+ N_A \tag{3-71}$$

$$D_+ = \left(\frac{4N_A}{N_v}\right) \exp\left(\frac{\Delta E_A}{k_0 T}\right) \tag{3-72}$$

过渡区:

$$E_F = E_i - k_0 T \text{arsh}\left(\frac{N_A}{2n_i}\right) \tag{3-73}$$

$$p_0 = \left(\frac{N_A}{2}\right)\left[1 + \left(1 + \frac{4n_i^2}{N_A^2}\right)^{1/2}\right] \tag{3-74}$$

$$n_0 = \left(\frac{2n_i^2}{N_A}\right)\left[1 + \left(1 + \frac{4n_i^2}{N_A^2}\right)^{1/2}\right]^{-1} \tag{3-75}$$

其中 D_+ 是未电离受主杂质的百分数。其余符号均按前面规定。图 3-12 是 p 型半导体的简单能带、$g(E)$、$f(E)$、$\frac{dp_0}{dE}$ 和 $\frac{dn_0}{dE}$ 的图。

从本节的讨论中看到,掺有某种杂质的半导体的载流子浓度和费米能级由温度和杂质浓度所决定。对于杂质浓度一定的半导体,随着温度的升高,载流子则是从以杂质电离为主要来源过渡到以本征激发为主要来源的过程,相应地,费米能级则从位于杂质能级附近逐渐移近禁带中线处。譬如 n 型半导体,在低温弱电离区时,导带中的电子是从施主杂质电离产生的;随着温度的升高,导带中的电子浓度增大,而费米能级则从施主能级以上往下降到施主能级以下;当 E_F 下降到 E_D 以下若干 $k_0 T$ 时,施主杂质全部电离,导带中的电子浓度等于施主浓度,

(a) 简单能带　　　　(b) $g(E)$　　　　(c) $f(E)$　　　　(d) dn_0/dE 和 dp_0/dE

图 3-12　p 型半导体的能带

处于饱和区;再升高温度,杂质电离已经不能增加电子数,但本征激发产生的电子迅速增加,半导体进入过渡区,这时导带中的电子由数量级相近的本征激发部分和杂质电离部分组成,而费米能级则继续下降;当温度再升高时,本征激发成为载流子的主要来源,载流子浓度急剧上升,而费米能级下降到禁带中线处,这时就是典型的本征激发。对于 p 型半导体,有相似的讨论,在受主浓度一定时,随着温度的升高,费米能级从受主能级以下逐渐上升到禁带中线处,而载流子则从以受主电离为主要来源转化到以本征激发为主要来源。当温度一定时,费米能级的位置由杂质浓度所决定,例如 n 型半导体,随着施主浓度 N_D 的增大,费米能级从禁带中线逐渐移向导带底方向。对于 p 型半导体,随着受主浓度的增大,费米能级从禁带中线逐渐移向价带顶部附近。这说明,在杂质半导体中,费米能级的位置不但反映了半导体的导电类型,而且反映了半导体的掺杂水平。对于 n 型半导体,费米能级位于禁带中线以上,N_D 越大,费米能级位置越高。对于 p 型半导体,费米能级位于中线以下,N_A 越大,费米能级位置越低。图 3-13 表示了 5 种不同掺杂情况的半导体的费米能级位置,从左到右,由强 p 型到强 n 型,E_F 位置逐渐升高。图上也示意性地画出了它们的能带中电子的填充情况。

(a) 强 P 型　　(b) 弱 P 型　　(c) 本征情况　　(d) 弱 n 型　　(e) 强 n 型

图 3-13　不同掺杂情况下的半导体的费米能级

强 p 型半导体中,N_A 大,导带中电子最少,价带中电子也最少。故可以说,强 p 型半导体中,电子填充能带的水平最低,E_F 也最低;弱 p 型半导体中,导带及价带中电子稍多,能带被电子填充的水平也稍高,E_F 也升高了;本征半导体,无掺杂,导带和价带中的载流子一样多;弱 n 型半导体中,导带及价带中的电子更多了,能带被电子填充的水平也更高,E_F 升到禁带中线以上;强 n 型半导体中,导带及价带中的电子最多,能带被电子填充的水平最高,E_F 也最高。

在一定温度下,根据式(3-60)、式(3-61)及式(3-74)、式(3-75)画出室温下硅中载流子浓度与杂质浓度的关系曲线,如图 3-14 所示。可以看出,当杂质浓度小于 n_i 时,n_0 和 p_0 都等于 n_i,材料是本征的;当杂质浓度大于 n_i 时,多数载流子随杂质浓度的增大而增加,少数载流子随杂质浓度的增大而减少,当然,两者之间应满足 $n_0 p_0 = n_i^2$ 的关系。图中右边是 n 型半导体,左边是 p 型半导体。n_{n0}、p_{n0} 分别表示 n 型半导体中的电子和空穴，n_{p0}、p_{p0} 分别表示 p 型半导体中的电子和空穴。

图 3-14 硅中载流子浓度与杂质浓度的关系曲线

7. 少数载流子浓度

n 型半导体中的电子和 p 型半导体中的空穴称为多数载流子（简称多子），它们和杂质浓度及温度之间的关系已经在前面分析过了。而 n 型半导体中的空穴和 p 型半导体中的电子称为少数载流子（简称少子）。下面给出在强电离情况下，少子浓度与杂质浓度及温度的关系。

(1) n 型半导体：多子浓度 $n_{n0} = N_D$。由 $n_{n0} p_{n0} = n_i^2$ 关系，得到少子浓度 p_{n0} 为

$$p_{n0} = \frac{n_i^2}{N_D} \tag{3-76}$$

(2) p 型半导体：多子浓度 $p_{p0} = N_A$。少子浓度 n_{p0} 为

$$n_{p0} = \frac{n_i^2}{N_A} \tag{3-77}$$

从式(3-76)和式(3-77)中可看到，少子浓度和本征载流子浓度 n_i 的平方成正比，而和多子浓度成反比。因为多子浓度在饱和区的温度范围内是不变的，而本征载流子浓度 $n_i^2 \propto T^3 \exp\left(-\dfrac{E_g}{k_0 T}\right)$，所以少子浓度将随着温度的升高而迅速增大。

利用式(3-76)和式(3-77)，以及图 3-7 中 n_i 与 T 的关系曲线，可以得到少子浓度与杂质浓度及温度的关系，图 3-15 表示了硅中少子浓度与杂质浓度及温度的关系。

图 3-15 硅中少子浓度与杂质浓度及温度的关系

3.5 一般情况下的载流子统计分布

在式(3-19)和式(3-24)中，电子浓度 n_0 及空穴浓度 p_0 都是用费米能级 E_F 和温度 T 表示出来的，通常把温度 T 作为已知数，因此这两个方程式中还含有 n_0、p_0 和 E_F 三个未知数。为了求得它们，还应再增加一个方程式。从 3.3 节及 3.4 节中看到这第三个方程式就是在具体情况下的电中性条件（或称为电荷中性方程式）。无论是在本征情况下还是在只含一种杂质的情况下，都利用电中性条件求得费米能级 E_F，然后确定本征情况下或只含一种杂质的情况下的载流子统计分布（也就是确定出导带中的电子浓度、价带中的空穴浓度及杂质能级上的电子浓度等）。

因此，对于半导体中同时含有施主杂质和受主杂质的一般情况，要确定其载流子的统计分布，也必须建立一般情况下的电中性条件。现推导如下。

半导体中的空间电荷密度是半导体中任一点附近单位体积中的净电荷数，可以用其中所含有的导带电子、价带空穴、电离施主、电离受主这 4 种电荷计算出来。

若单位体积中有 n 个导带电子，每个电子具有电荷 $-q$，故单位体积中导带电子贡献的电荷是 $-nq$；类似地，每单位体积中有 p 个空穴，每个空穴有电荷 $+q$，因此空穴贡献的电荷是 $+pq$；电离施主浓度为 n_D^+，每个电离施主有电荷 $+q$，它们贡献的电荷是 $+n_D^+ q$；电离受主浓度为 p_A^-，每个电离受主有电荷 $-q$，它们贡献的电荷是 $-qp_A^-$。将它们相加就得到净空间电荷密度 ρ 为

$$\rho = q(p + n_D^+ - n - p_A^-) \tag{3-78}$$

在热平衡状态时，上式为

$$\rho_0 = q(p_0 + n_D^+ - n_0 - p_A^-) \tag{3-79}$$

若半导体是电中性的，而且杂质均匀分布，则空间电荷必须处处为零。在热平衡状态时，即 $\rho_0 = 0$，因此得

$$p_0 + n_D^+ = n_0 + p_A^- \tag{3-80}$$

这就是同时含有一种施主杂质和一种受主杂质情况下的电中性条件。它的意义是半导体中单位体积内的正电荷数（价带中的空穴浓度与电离施主杂质浓度之和）等于单位体积中的负电荷数（导带中的电子浓度与电离受主杂质浓度之和）。

当半导体中存在若干施主杂质和若干受主杂质时，电中性条件显然是

$$p_0 + \sum_j n_{Dj}^+ = n_0 + \sum_i p_{Ai}^- \tag{3-81}$$

式中，$\sum_j$、$\sum_i$ 分别表示对各种电离施主杂质及各种电离受主杂质求和，方程式的意义和式(3-80)相同。

下面讨论式(3-80)。因为 $n_D^+ = N_D - n_D$，$p_A^- = N_A - p_A$，代入式(3-80)，得到

$$p_0 + N_D + p_A = n_0 + N_A + n_D \tag{3-82}$$

将式(3-19)、式(3-24)、式(3-37)及式(3-38)代入式(3-82)，仍取 $g_D = 2$，$g_A = 4$，得到

$$N_D + N_v \exp\left(\frac{E_v - E_F}{k_0 T}\right) + \frac{N_A}{1 + \frac{1}{4}\exp\left(-\frac{E_A - E_F}{k_0 T}\right)}$$

$$= N_A + N_c \exp\left(-\frac{E_c - E_F}{k_0 T}\right) + \frac{N_D}{1 + \frac{1}{2}\exp\left(\frac{E_D - E_F}{k_0 T}\right)} \tag{3-83}$$

对一定的半导体，上式中的参数 N_A、N_D、E_c、E_v、E_A 和 E_D 是已知的。在一定温度下，N_c、N_v 也可以计算得到，于是上式中的变数仅是 E_F 及 T，故式(3-83)中隐含着 E_F 与 T 的函数关系。因此，如能利用这一关系确定出 E_F，则对于半导体同时含施主杂质和受主杂质的一般情况，导带中的电子、价带中的空穴以及杂质能级上的电子的统计分布问题就完全确定。

然而，要想利用式(3-83)得到 E_F 的解析表达式是困难的，这可以通过如下方式看出。定义一个变数 $Z = \exp\left(\frac{E_F}{k_0 T}\right)$，代入式(3-83)，得到 Z 的 4 次代数方程式。这个方程式显然有解，但求解很复杂，以致实际上无法采用。现在由式(3-83)求 E_F 有两种方法：一种是利用电子计

算机技术计算 E_F[10]；另一种是用图解法[2,4,11]，它是在一定温度下，把式(3-83)中等号左边部分及等号右边部分分别作出关于 E_F 的函数曲线，由这两条曲线的交点可以定出该温度时的 E_F 值。

当式(3-83)中的某些项可以忽略时，求解费米能级 E_F 的问题就变得简单，事实上，在前面两节中所讨论的情况就可以作为它的特例看待。现在再考虑含少量受主杂质的 n 型半导体（即 $N_D > N_A$ 的半导体）的情况。

(1) 在温度很低时，施主杂质电离很弱。又因为禁带宽度一般比杂质电离能大得多，所以本征激发作用可忽略不计。而施主未完全电离，说明 E_F 在施主能级 E_D 附近而远在受主能级 E_A 之上，故可以认为受主能级 E_A 完全被电子所填充。

由式(3-82)，因 $p_0 = 0, p_A = 0$，得到

$$N_D = n_0 + N_A + n_D \tag{3-84}$$

这个公式的意义是：施主能级上的电子，一部分用于填充受主能级，一部分被激发到导带中，还有一部分留在施主能级上。也可以说，电离施主的正电荷数等于导带电子与受主负电荷之和。

将 n_D 的表示式代入式(3-84)中，得

$$n_0 = N_D - N_A - \frac{N_D}{1 + \frac{1}{2}\exp\left(\frac{E_D - E_F}{k_0 T}\right)}$$

用 $1 + \frac{1}{2}\exp\left(\frac{E_D - E_F}{k_0 T}\right)$ 乘上式等号两边的各项，得

$$n_0 \left[1 + \frac{1}{2}\exp\left(\frac{E_D - E_F}{k_0 T}\right)\right] = (N_D - N_A)\left[1 + \frac{1}{2}\exp\left(\frac{E_D - E_F}{k_0 T}\right)\right] - N_D$$

再用 $N_c \exp\left(-\frac{E_c - E_F}{k_0 T}\right)$ 乘各项，得

$$n_0 N_c \exp\left(-\frac{E_c - E_F}{k_0 T}\right) + \frac{1}{2} n_0 N_c \exp\left(\frac{E_D - E_c}{k_0 T}\right)$$
$$= (N_D - N_A) N_c \exp\left(-\frac{E_c - E_F}{k_0 T}\right) + \frac{1}{2} N_c (N_D - N_A) \exp\left(\frac{E_D - E_c}{k_0 T}\right) - N_D N_c \exp\left(-\frac{E_c - E_F}{k_0 T}\right)$$

但是

$$n_0 = N_c \exp\left(-\frac{E_c - E_F}{k_0 T}\right)$$

又设

$$N_c' = \frac{1}{2} N_c \exp\left(\frac{E_D - E_c}{k_0 T}\right) = \frac{1}{2} N_c \exp\left(-\frac{\Delta E_D}{k_0 T}\right)$$

则可得

$$n_0^2 + (N_c' + N_A) n_0 - N_c'(N_D - N_A) = 0$$

解得

$$n_0 = -\frac{N_c' + N_A}{2} + \frac{\left[(N_c' + N_A)^2 + 4 N_c'(N_D - N_A)\right]^{1/2}}{2} \tag{3-85}$$

另一负根无用。上式就是施主杂质未完全电离情况下载流子浓度的普遍公式。对此式再讨论如下两种情况。

① 极低温时，N_c' 很小，而 N_A 很大，即 $N_c' \ll N_A$，则得

$$n_0 = \frac{N_c'(N_D - N_A)}{N_A} = \frac{(N_D - N_A) N_c}{2 N_A} \exp\left(-\frac{\Delta E_D}{k_0 T}\right) \tag{3-86}$$

上式表明在低温弱电离区内，导带中的电子浓度与(N_D-N_A)以及导带底有效状态密度N_c都成正比关系，并随温度的升高而按指数增大。将式(3-86)和式(3-19)结合，解得费米能级为

$$E_F = E_D + k_0 T \ln\left(\frac{N_D - N_A}{2N_A}\right) \tag{3-87}$$

因为$N_D > N_A$，若$N_D - N_A > 2N_A$，则从上式可知$E_F > E_D$，即E_F在E_D之上。又当$T \to 0K$时，$E_F \to E_D$，即E_F与E_D重合。

② 在低温下，但施主浓度N_D比受主浓度N_A大得多，即$N_A \ll N_c' \ll N_D$。从式(3-85)得

$$n_0 = (N_D N_c')^{1/2} = \left(\frac{N_D N_c}{2}\right)^{1/2} \exp\left(-\frac{\Delta E_D}{2k_0 T}\right) \tag{3-88}$$

而费米能级E_F为

$$E_F = \frac{E_c + E_D}{2} + \left(\frac{k_0 T}{2}\right) \ln\left(\frac{N_D}{2N_c}\right) \tag{3-89}$$

上式表明，当$N_D < 2N_c$时，E_F在E_D和E_c之间的中线以下；当$N_D > 2N_c$时，E_F位于E_D和E_c之间的中线以上，甚至可以接近导带底E_c或到E_c以上，这时半导体处于简并状况。

利用式(3-86)和式(3-88)所作的$\ln n_0$-$1/T$关系曲线基本上是一直线，其斜率分别为$\Delta E_D/k_0$或$\Delta E_D/(2k_0)$，这也是获得施主杂质电离能的一种重要方法。

式(3-86)和式(3-88)还表明，当温度趋于热力学零度时，导带电子浓度趋于零。但是实验结果表明，在热力学零度附近，半导体还具有一定的导电能力，这和半导体发生简并时的杂质带导电有关。

(2) 当温度升高时，施主电离程度增大，导带中的电子数增加，如果受主杂质很少，即$N_A \ll N_D$，则当n增大到使$n \gg N_A$时，N_A便可忽略，这种情况就与3.4节中所讨论的一样。所以，如有少量受主存在，当温度升高到杂质弱电离区以外时，受主杂质已不产生显著作用。

(3) 当温度升高到使E_F降到E_D之下，且满足$E_D - E_F \gg k_0 T$的条件时，施主杂质全部电离，由式(3-84)得

$$n_0 = N_D - N_A \tag{3-90}$$

这时，受主能级完全被电子填充。如果受主杂质很少，即$N_A \ll N_D$，则$n_0 \approx N_D$；如果受主杂质不能忽略，则$n_0 = N_D - N_A$，这就是杂质的补偿作用，导带中的电子浓度取决于两种杂质浓度之差，与温度无关，半导体进入饱和区，由式(3-90)得费米能级为

$$E_F = E_c + k_0 T \ln\left(\frac{N_D - N_A}{N_c}\right) \tag{3-91}$$

(4) 式(3-90)只适用于$N_D - N_A \gg n_i$的情况。如果$N_D - N_A$与n_i数值相近，或温度升高使两种杂质浓度之差与该温度时的n_i相近，则本征激发不可忽略。这时电中性条件为导带电子和电离受主的负电荷应等于价带空穴与电离施主的正电荷，即

$$n_0 + N_A = p_0 + N_D \tag{3-92}$$

将上式与$n_0 p_0 = n_i^2$联立解，得到热平衡状态时 n 型半导体的电子浓度为

$$n_0 = \frac{N_D - N_A}{2} + \frac{[(N_D - N_A)^2 + 4n_i^2]^{1/2}}{2} \tag{3-93}$$

故p_0为

$$p_0 = -\frac{N_D - N_A}{2} + \frac{[(N_D - N_A)^2 + 4n_i^2]^{1/2}}{2} \tag{3-94}$$

将式(3-56)代入式(3-93)解得费米能级为

$$E_F = E_i + k_0 T \ln\left\{\frac{(N_D - N_A) + [(N_D - N_A)^2 + 4n_i^2]^{1/2}}{2n_i}\right\} \tag{3-95}$$

当达到本征区时,$E_F = E_i$。

(5) 对于含有施主杂质的 p 型半导体,进行类似的讨论,得到如下一系列公式。

在低温弱电离区

$$\begin{cases} p_0 = \dfrac{(N_A - N_D) N_v}{4 N_D} \exp\left(-\dfrac{\Delta E_A}{k_0 T}\right) \end{cases} \tag{3-96}$$

$$\begin{cases} E_F = E_A - k_0 T \ln\left(\dfrac{N_A - N_D}{4 N_D}\right) \end{cases} \tag{3-97}$$

$$\begin{cases} p_0 = \left(\dfrac{N_A N_v}{4}\right)^{1/2} \exp\left(-\dfrac{\Delta E_A}{k_0 T}\right) \end{cases} \tag{3-98}$$

$$\begin{cases} E_F = \dfrac{E_v + E_A}{2} - \left(\dfrac{k_0 T}{2}\right) \ln\left(\dfrac{N_A}{4 N_v}\right) \end{cases} \tag{3-99}$$

当 $N_A - N_D \gg n_i$,受主杂质全部电离时,则 $p_0 \gg n_0$,有

$$\begin{cases} p_0 = N_A - N_D \\ E_F = E_v - k_0 T \ln\left(\dfrac{N_A - N_D}{N_v}\right) \end{cases} \tag{3-100} \tag{3-101}$$

当本征激发不可忽略时,由

$$\begin{cases} p_0 + N_D = n_0 + N_A \\ n_0 p_0 = n_i^2 \end{cases}$$

联立解得

$$\begin{cases} p_0 = \dfrac{N_A - N_D}{2} + \dfrac{[(N_A - N_D)^2 + 4n_i^2]^{1/2}}{2} \end{cases} \tag{3-102}$$

$$\begin{cases} n_0 = -\dfrac{N_A - N_D}{2} + \dfrac{[(N_A - N_D)^2 + 4n_i^2]^{1/2}}{2} \end{cases} \tag{3-103}$$

$$E_F = E_i - k_0 T \ln\left\{\frac{(N_A - N_D) + [(N_A - N_D)^2 + 4n_i^2]^{1/2}}{2n_i}\right\} \tag{3-104}$$

最后,还须指出几点。

① 图 3-10 所表示的不同杂质浓度下硅的费米能级与温度的关系曲线,完全适用于本节情况,只需将图中的 N_D 及 N_A 分别用 $(N_D - N_A)$ 及 $(N_A - N_D)$ 代替。事实上,利用式(3-93)和式(3-102)及式(3-56)和式(3-57),对一定的有效杂质浓度计算费米能级在禁带中的位置与温度的关系,就能得到图 3-10 中的曲线。

② 计算少子浓度的式(3-76)和式(3-77),在本节中将变为

$$p_{n0} = \frac{n_i^2}{N_D - N_A} \tag{3-105}$$

$$n_{p0} = \frac{n_i^2}{N_A - N_D} \tag{3-106}$$

③ 图 3-15 所表示的不同温度下少子浓度与杂质浓度的关系曲线,只须将 N_D 及 N_A 分别用 $(N_D - N_A)$ 及 $(N_A - N_D)$ 代替,就完全适用于本节情况。

3.6 简并半导体[2,5]

n 型半导体处于饱和区时,其费米能级为

$$E_F = E_c + k_0 T \ln\left(\frac{N_D}{N_c}\right) \qquad (N_A = 0)$$

$$E_F = E_c + k_0 T \ln\left(\frac{N_D - N_A}{N_c}\right) \qquad (N_A \neq 0)$$

由于一般情况下 $N_D < N_c$ 或 $(N_D - N_A) < N_c$,因此半导体的费米能级在导带底 E_c 之下,处于禁带中。但是当 $N_D \geqslant N_c$ 及 $(N_D - N_A) \geqslant N_c$ 时,E_F 将与 E_c 重合或在 E_c 之上,也就是说费米能级 E_F 进入了导带。在低温弱电离区,费米能级 E_F 随温度的升高而增大至一极大值后就不断减小从而趋近禁带中线,如果这一极大值进入了导带,则 E_F 进入了导带。对于 p 型半导体进行类似分析,费米能级 E_F 也会低于价带顶,处于价带中。根据费米能级的意义知道,若费米能级进入了导带,则一方面说明 n 型杂质掺杂水平很高(即 N_D 很大),另一方面说明导带底部附近的量子态基本上已被电子所占据。若 E_F 进入了价带,则说明 p 型杂质掺杂水平很高(即 N_A 很大),以及价带顶部附近的量子态基本上已被空穴所占据。导带中的电子已经很多,$f(E) \ll 1$ 的条件不能成立;而价带中的空穴也很多,$[1-f(E)] \ll 1$ 的条件也不能满足了,必须考虑泡利不相容原理的作用。这时不能再应用玻耳兹曼分布函数,而必须用费米分布函数来分析导带中的电子及价带中的空穴的统计分布问题。这种情况称为载流子的简并化,发生载流子简并化的半导体称为简并半导体。简并半导体的性质与非简并半导体的性质是很不相同的[12],本节只限于考虑简并半导体载流子统计分布的问题。

3.6.1 简并半导体的载流子浓度

在前几节的讨论中,认为费米能级 E_F 在禁带中,而且 $E_c - E_F \gg k_0 T$ 或 $E_F - E_v \gg k_0 T$。这时导带电子和价带空穴服从玻耳兹曼分布,它们的浓度为

$$n_0 = N_c \exp\left(-\frac{E_c - E_F}{k_0 T}\right), \quad p_0 = N_v \exp\left(-\frac{E_F - E_v}{k_0 T}\right)$$

但是,当 E_F 非常接近或进入导带时,$E_c - E_F \gg k_0 T$ 的条件不满足,这时导带的电子浓度必须用费米分布函数计算,于是简并半导体的电子浓度 n_0 为

$$n_0 = \frac{(2m_n^*)^{3/2}}{2\pi^2 \hbar^3} \int_{E_c}^{\infty} \frac{(E - E_c)^{1/2}}{1 + \exp\left(\frac{E - E_F}{k_0 T}\right)} dE \tag{3-107}$$

令

$$N_c = 2\left(\frac{m_n^* k_0 T}{2\pi \hbar^2}\right)^{3/2} = \frac{2(2\pi m_n^* k_0 T)^{3/2}}{h^3}, \quad x = \frac{E - E_c}{k_0 T}, \quad \xi = \frac{E_F - E_c}{k_0 T}$$

则

$$n_0 = N_c \frac{2}{\sqrt{\pi}} \int_0^{\infty} \frac{x^{1/2}}{1 + e^{x-\xi}} dx \tag{3-108}$$

其中积分

$$\int_0^{\infty} \frac{x^{1/2}}{1 + e^{x-\xi}} dx = F_{1/2}(\xi) = F_{1/2}\left(\frac{E_F - E_c}{k_0 T}\right) \tag{3-109}$$

称为费米积分,用 $F_{1/2}(\xi)$ 表示。因而,n_0 可写为

$$n_0 = N_c \frac{2}{\sqrt{\pi}} F_{1/2}(\xi) = N_c \frac{2}{\sqrt{\pi}} F_{1/2}\left(\frac{E_F - E_c}{k_0 T}\right) \tag{3-110}$$

图 3-16 给出了费米积分 $F_{1/2}(\xi)$ 与 ξ 的函数关系。对给定的 ξ 值,查图可找出 $F_{1/2}(\xi)$。

图 3-16 费米积分 $F_{1/2}(\xi)$ 与 ξ 的函数关系

当 E_F 非常接近或进入价带时,用同样的方法可得简并半导体的价带空穴浓度为

$$p_0 = N_v \frac{2}{\sqrt{\pi}} F_{1/2}\left(\frac{E_v - E_F}{k_0 T}\right) \tag{3-111}$$

3.6.2 简并化条件

图 3-17 为由式(3-19)和式(3-110)所决定的 n_0 与 $(E_F - E_c)/(k_0 T)$ 的关系曲线,图中纵坐标为对数坐标,两条曲线的差别反映了简并化的影响。由图看出,当 $E_F = E_c$ 时,n_0 的值已有显著差别,必须考虑简并化的作用。实际上,当 E_F 接近但还未超过导带底 E_c 时,已经有一些简并化效果。在 E_F 比 E_c 低 $2k_0 T$,即 $E_c - E_F = 2k_0 T$ 时,n_0 的值已经开始略有差别了。所以可以把 E_F 与 E_c 的相对位置作为区分简并与非简并的标准,即

$$\begin{cases} E_c - E_F > 2k_0 T & \text{非简并} \\ 0 < E_c - E_F \leqslant 2k_0 T & \text{弱简并} \\ E_c - E_F \leqslant 0 & \text{简并} \end{cases}$$

图 3-17 n_0 与 $(E_F - E_c)/(k_0 T)$ 的关系曲线
(虚线表示用玻耳兹曼分布计算 n_0 与 $(E_F - E_c)/(k_0 T)$ 的关系;实线表示用费米分布计算 n_0 与 $(E_F - E_c)/(k_0 T)$ 的关系)

下面以只含一种施主杂质的 n 型半导体为例,讨论杂质浓度为多少时发生简并。设 N_D 为施主杂质浓度,电中性条件是电离施主浓度 n_D^+ 与导带电子浓度 n_0 相等,即

$$n_0 = n_D^+$$

将式(3-110)和式(3-39)代入上式(取 $g_D=2$)得

$$N_c \frac{2}{\sqrt{\pi}} F_{1/2}\left(\frac{E_F-E_c}{k_0 T}\right) = \frac{N_D}{1+2\exp\left(\frac{E_F-E_D}{k_0 T}\right)}$$

引入杂质电离能 $\Delta E_D = E_c - E_D$，上式可改写为

$$N_D = \frac{2N_c}{\sqrt{\pi}}\left[1+2\exp\left(\frac{E_F-E_c}{k_0 T}\right)\exp\left(\frac{\Delta E_D}{k_0 T}\right)\right] F_{1/2}\left(\frac{E_F-E_c}{k_0 T}\right) \tag{3-112}$$

若选取 $E_F = E_c$ 时为简并化条件，则发生简并时的杂质浓度 N_D 为

$$N_D = \frac{2N_c}{\sqrt{\pi}}\left[1+2\exp\left(\frac{\Delta E_D}{k_0 T}\right)\right] F_{1/2}(0)$$

从图 3-16 查得 $F_{1/2}(0) = 0.6$，代入上式得

$$N_D = 0.68 N_c \left[1+2\exp\left(\frac{\Delta E_D}{k_0 T}\right)\right] \tag{3-113}$$

从式(3-113)可以看出：

(1) 方括号内的最小值为 3，因之发生简并时，N_D 必定接近或大于 N_c，若 $N_D \ll N_c$，则半导体肯定是非简并的。

(2) 发生简并时的 N_D 与 ΔE_D 有关，杂质电离能 ΔE_D 越小，当杂质浓度较小时就越会发生简并。

(3) 因 $N_c = 2(2\pi k_0 T m_n^*)^{3/2}/h^3 = 4.82 \times 10^{15} (m_n^*/m_0)^{3/2} T^{3/2}$，$N_c$ 与温度有关。将 N_c 代入式(3-113)得

$$N_D = 3.28 \times 10^{15} \left(\frac{m_n^*}{m_0}\right)^{3/2} T^{3/2} \left[1+2\exp\left(\frac{\Delta E_D}{k_0 T}\right)\right] \tag{3-114}$$

若在杂质浓度 N_D 时发生简并，则对一定的 ΔE_D 和 N_D，温度 T 可以有两个解 T_1、T_2，表明发生简并有一个温度范围 $T_1 \sim T_2$，杂质浓度越大，发生简并的温度范围越宽。

下面具体计算在室温(300K)条件下，E_F 与 E_c 重合而发生简并时，N_D 应为多少：

对掺磷的 n 型锗，磷在锗中的电离能 $\Delta E_D = 0.012 \text{eV}$，锗的 $m_n^* = 0.56 m_0$，所以

$$N_D = 3.28 \times 10^{15} \times (0.56)^{3/2} \times (300)^{3/2} (1+2e^{0.012/0.026})$$
$$= 3 \times 10^{19} \text{cm}^{-3}$$

对掺磷的 n 型硅，$\Delta E_D = 0.044 \text{eV}$，$m_n^* = 1.02 m_0$，可以算得

$$N_D = 2.3 \times 10^{20} \text{cm}^{-3}$$

同理对只含受主杂质的 p 型半导体，发生简并时的杂质浓度 $N_A \geqslant N_v$。

在表 3-2 中列出了锗、硅、砷化镓的导带底和价带顶的有效状态密度在室温时的值。从表中的数据可以看出，在锗、硅中 N_c 和 N_v 为 $10^{18} \sim 10^{19} \text{cm}^{-3}$ 数量级，所以锗、硅在室温下发生简并时的施主杂质浓度或受主杂质浓度约在 10^{18}cm^{-3} 以上。砷化镓中 N_c 比 N_v 小得多，所以导带电子比价带空穴更容易发生简并，对于 p 型砷化镓，发生简并时，受主杂质浓度约在 10^{18}cm^{-3} 以上；而对 n 型砷化镓，施主杂质浓度只要超过 10^{17}cm^{-3} 就开始发生简并了。

在杂质浓度超过一定数量后，载流子开始简并化的现象称为重掺杂，这种半导体称为简并半导体。

3.6.3 低温载流子冻析效应

根据图 3-11 所示，当温度高于 100K 时，硅中的施主杂质已经全部电离；而温度低于

100K 时，施主杂质只有部分电离，尚有部分载流子被冻析在杂质能级上，对导电没有贡献，这种现象称为低温载流子冻析效应。本小节将讨论在存在冻析效应时计算硅中电离施主杂质浓度，也就是计算多数载流子的问题。

若硅中只存在一种施主杂质，在平衡状态下，冻析在施主杂质能级上的载流子浓度为

$$n_D = \frac{N_D}{1+\frac{1}{g_D}\exp\left(\frac{E_D-E_F}{k_0 T}\right)}$$

因而电离施主杂质浓度为

$$n_D^+ = N_D - n_D = \frac{N_D}{1+g_D\exp\left(-\frac{E_D-E_F}{k_0 T}\right)}$$

同理，对于 p 型硅有

$$p_A = \frac{N_A}{1+\frac{1}{g_A}\exp\left(\frac{E_F-E_A}{k_0 T}\right)}$$

$$p_A^- = N_A - p_A = \frac{N_A}{1+g_A\exp\left(-\frac{E_F-E_A}{k_0 T}\right)}$$

式中，g_D、g_A 为简并因子，通常取 $g_D=2$，$g_A=4$。

下面设硅中只含一种杂质，计算电离杂质浓度。

当硅中掺杂浓度较高时，载流子处于简并状态。导带中的电子浓度 n_0 及价带中的空穴浓度 p_0 分别为

$$n_0 = N_c \frac{2}{\sqrt{\pi}} F_{1/2}(\xi_c), \quad p_0 = N_v \frac{2}{\sqrt{\pi}} F_{1/2}(\xi_v)$$

式中

$$\xi_c = \frac{E_F-E_c}{k_0 T}, \quad \xi_v = \frac{E_v-E_F}{k_0 T}$$

$$N_c = 2(m_n^* k_0 T/2\pi\hbar^2)^{3/2}, \quad N_v = 2(m_p^* k_0 T/2\pi\hbar^2)^{3/2}$$

而电子及空穴的有效质量为[16]

$$m_n^* = m_0(1.054+4.5\times 10^{-4} T) \tag{3-115}$$

$$m_p^* = m_0(0.523+1.4\times 10^{-3} T - 1.48\times 10^{-6} T^2) \tag{3-116}$$

m_0 是电子静止质量。

当 $\xi<2$ 时，费米积分可表示为

$$F_{1/2}(\xi) = 2\sqrt{\pi}\frac{\exp(\xi)}{4+\exp(\xi)} \tag{3-117}$$

由 $n_D^+ = n_0$ 得

$$8\exp\left(\frac{\Delta E_D}{k_0 T}\right)[\exp(\xi_c)]^2 + \left(4-\frac{N_D}{N_c}\right)\exp(\xi_c) - 4\frac{N_D}{N_c} = 0$$

解上式可得

$$\exp(\xi_c) = \frac{-\left(4-\frac{N_D}{N_c}\right) + \left[\left(4-\frac{N_D}{N_c}\right)^2 + 128\frac{N_D}{N_c}\exp\left(\frac{\Delta E_D}{k_0 T}\right)\right]^{1/2}}{16\exp\left(\frac{\Delta E_D}{k_0 T}\right)} \tag{3-118}$$

同理,由 $p_A^- = p_0$ 得

$$16\exp\left(\frac{\Delta E_A}{k_0 T}\right)[\exp(\xi_v)]^2 + \left(4 - \frac{N_A}{N_v}\right)\exp(\xi_v) - 4\frac{N_A}{N_v} = 0$$

由上式解得

$$\exp(\xi_v) = \frac{-\left(4 - \frac{N_A}{N_v}\right) + \left[\left(4 - \frac{N_A}{N_v}\right)^2 + 256 \times \frac{N_A}{N_v}\exp\left(\frac{\Delta E_A}{k_0 T}\right)\right]^{1/2}}{32\exp\left(\frac{\Delta E_A}{k_0 T}\right)} \quad (3-119)$$

式中,施主杂质电离能 ΔE_D 及受主杂质电离能 ΔE_A 分别为[17]

$$\Delta E_D = E_c - E_D = 0.045 - 3.6 \times 10^{-8} (n_D^+)^{1/3} \quad (3-120)$$

$$\Delta E_A = E_A - E_v = 0.0438 - 4.08 \times 10^{-8} (p_A^-)^{1/3} \quad (3-121)$$

将式(3-118)代入式(3-117),再将式(3-117)代入式(3-110),或将式(3-119)代入式(3-117),再将式(3-117)代入式(3-111),可算得不同温度和掺杂条件下存在冻析效应时的硅中电离施主杂质浓度或电离受主浓度,从而也就得到了导带中的电子浓度或价带中的空穴浓度。

3.6.4 禁带变窄效应

在简并半导体中,杂质浓度高,杂质原子相互间就比较靠近,导致杂质原子之间的电子波函数发生交叠,使孤立的杂质能级扩展为能带,通常称为杂质能带[13]。杂质能带中的电子通过在杂质原子之间的共有化运动参加导电的现象称为杂质带导电。

由于杂质能级扩展为杂质能带,将使杂质电离能减小,图 3-18 表示了硅中硼受主杂质的电离能与杂质浓度 N_A 的关系[1,14]。理论与实验表明[18],当掺杂浓度大于 $3 \times 10^{18} \mathrm{cm}^{-3}$ 时,载流子冻析效应不再明显,杂质的电离能为零,电离率迅速上升到1。这是因为杂质能带进入了导带或价带,并与导带或价带相连,形成了新的简并能带,使能带的状态密度发生了变化,简并能带的尾部伸入禁带,称为带尾。导致禁带宽度由 E_g 减小为 E_g',所以重掺杂时,禁带宽度变窄了,称为禁带变窄效应,如图 3-19 所示。

图 3-18 硅中硼受主杂质的电离能与杂质浓度的关系

前面用式(3-110)及式(3-111)进行的计算并未考虑禁带变窄效应,所以只能适用于掺杂浓度小于 $3 \times 10^{18} \mathrm{cm}^{-3}$ 的情况。当掺杂浓度大于 $3 \times 10^{18} \mathrm{cm}^{-3}$ 时,必须考虑禁带变窄效应的影响。但是重掺杂半导体材料的许多特性还没有完全被人们所认识,至今尚无完善的理论,对于禁带变窄效应也提出了各种不同的模型[19-21]。下面根据参考资料[22],对禁带变窄效应的影响进行简要介绍。

当掺杂浓度大于 $3 \times 10^{18} \mathrm{cm}^{-3}$ 时,认为硅中杂质已经全部电离,多数载流子浓度就等于电离杂质浓度,因此禁带变窄将主要影响硅中少数载流子浓度。参考资料[22]对硅提出如下公式:

对 n 型硅

$$p_n n_D^+ = n_{ie}^2(N_D, T) = n_{i0}^2(T) \exp\frac{\Delta E_{gD}(N_D, T)}{k_0 T} \quad (3-122)$$

对 p 型硅

$$n_p p_A^- = n_{ie}^2(N_A, T) = n_{i0}^2(T) \exp\frac{\Delta E_{gA}(N_A, T)}{k_0 T} \quad (3-123)$$

图 3-19 状态密度 $g(E)$ 与能量 E 的关系

式中,p_n 及 n_p 分别为 n 型及 p 型硅的少数载流子浓度;n_{ie} 是考虑禁带变窄效应时的有效本征载流子浓度;n_{i0} 为参考点 N_{D0} 和 N_{A0} 处的本征载流子浓度,其表达式为[16]

$$n_{i0} = 2.5 \times 10^{19} \left(\frac{m_n^* m_p^*}{m_0^2}\right)^{3/4} (T/300)^{3/2} \exp(-E_g/2k_0 T) \tag{3-124}$$

式中,m_n^* 及 m_p^* 分别由式(3-115)及式(3-116)表示,而禁带宽度 E_g 与温度的关系为[23]

$$\begin{cases} E_g = 1.170 + 1.059 \times 10^{-5} T - 6.050 \times 10^{-7} T^2 & T \leqslant 170\text{K} \\ E_g = 1.179 - 9.025 \times 10^{-5} T - 3.050 \times 10^{-7} T^2 & T > 170\text{K} \end{cases} \tag{3-125}$$

式(3-122)及式(3-123)中重掺杂硅的禁带变窄量 ΔE_{gD} 及 ΔE_{gA} 为[24]

n 型硅
$$\Delta E_{gD} = 1.87 \times 10^{-2} \ln\left(\frac{N_D}{N_{D0}}\right) \text{eV} \tag{3-126}$$

p 型硅
$$\Delta E_{gA} = 9 \times 10^{-2} \left[\ln\left(\frac{N_A}{N_{A0}}\right) + \sqrt{\ln^2\left(\frac{N_A}{N_{A0}}\right) + 0.5}\right] \text{eV} \tag{3-127}$$

式中,$N_{D0} = 7 \times 10^{17} \text{cm}^{-3}$,$N_{A0} = 1 \times 10^{17} \text{cm}^{-3}$,它们是不引起禁带变窄效应的参考点处的杂质浓度。

由式(3-122)及式(3-123)可以计算得到受禁带变窄效应影响时,不同温度及掺杂浓度(大于 $3 \times 10^{18} \text{cm}^{-3}$)下硅中少数载流子浓度 n_p 及 p_n。

1958 年发现的具有负阻效应的隧道二极管就是用重掺杂的半导体制成的 pn 结,其中 n 型材料的 E_F 进入了导带,而 p 型材料的 E_F 则进入了价带,它们都是简并的。

*3.7 电子占据杂质能级的概率[2,6,7]

电子占据半导体能带中能量为 E 的量子态的概率由式(3-10)所示的费米分布函数决定,但是电子占据施主能级或受主能级的概率与前者略有不同。这是因为在能带中的一个能级可以同时被自旋方向相反的两个电子所占据,而在杂质能级上却不是这样。例如,对于施主能级来说,它或者被具有某一自旋方向的电子所占据;或者不被电子占据,即为空的;而绝不能同时被两个电子所占据。正是上述差别,使电子占据施主能级的概率不能用式(3-10)来决定。

*3.7.1 电子占据杂质能级概率的讨论

下面以只含一种施主杂质的 n 型半导体为例,讨论电子占据施主能级的概率。设 N_D 为施主杂质浓度；n_D 为未电离的施主浓度，也就是有 n_D 个电子占据了施主能级；电离施主浓度为 N_D-n_D，也就是有 N_D-n_D 个电子进入了导带。如果能够确定在 N_D 个电子中 n_D 个电子如何分布在施主能级上，N_D-n_D 个电子如何分布在导带的能级中，那么电子占据施主能级的概率也就被确定了。

根据统计物理的方法，可以分三步讨论。第一步，讨论 n_D 个电子在 N_D 个施主能级上可有多少种分配方式；第二步，讨论 N_D-n_D 个电子在导带的量子态上有多少种分配方式；第三步，讨论 N_D 个电子在施主能级上及导带中的量子态上总的分配方式数。最后求得电子在施主能级上的统计分布函数，从而确定出电子占据施主能级的概率，同时也求得电子占据导带中的量子态概率。

1. n_D 个电子在 N_D 个施主能级上的分配方式数

这个问题可以这样考虑，第一个电子可放在 N_D 个能级中的任何一个上，故有 N_D 种分配方式；则第二个电子将有 (N_D-1) 种分配方式；……，放最后一个电子有 (N_D-n_D+1) 种分配方式。因而共有 $N_D(N_D-1)(N_D-2)\cdots(N_D-n_D+1)$ 种分配方式。而

$$N_D(N_D-1)(N_D-2)\cdots(N_D-n_D+1)=\frac{N_D!}{(N_D-n_D)!}$$

因为电子是全同粒子，电子互相交换仍为同一种分配方式，所以上述分配方式数中应除去 n_D 个电子相互交换的数目 $n_D!$，即分配方式数为

$$\frac{N_D!}{(N_D-n_D)!n_D!}$$

又当电子占据施主能级时，若有 g_D 种占据方式，则 n_D 个电子有 $g_D^{n_D}$ 个占据方式。因此，n_D 个电子在 N_D 个施主能级中的分配方式数 W_1 为

$$W_1=\frac{N_D!}{(N_D-n_D)!\ n_D!}g_D^{n_D} \tag{3-128}$$

2. N_D-n_D 个电子在导带的量子态上的分配方式数

设导带中能量为 E_1 的量子态有 g_1 个，能量为 E_2 的量子态有 g_2 个，……，能量为 E_i 的量子态有 g_i 个。若 n_1 个电子各具有能量 E_1；n_2 个电子各具有能量 E_2；……，则 n_i 个电子各具有能量 E_i。若将自旋考虑在内，则导带中的一个量子态最多只能被一个电子占据。所以电子数 n_i 不能大于量子态数 g_i，即 $n_i \leqslant g_i$。又因 n_i 个电子在 g_i 个量子态中的可能分配方式数为

$$\frac{g_i!}{(g_i-n_i)!\ n_i!}$$

所以 N_D-n_D 个电子在 $g_1,g_2,\cdots,g_i$ 个量子态中的分配方式数 W_2 应该是

$$W_2=\frac{g_1!}{n_1!(g_1-n_1)!}\frac{g_2!}{n_2!(g_2-n_2)!}\cdots\frac{g_i!}{n_i!(g_i-n_i)!}=\prod_i\frac{g_i!}{n_i!(g_i-n_i)!} \tag{3-129}$$

3. N_D 个电子在施主能级上和导带中的量子态上的分配方式总数 W

总数 W 应为 W_1W_2，即

$$W=W_1W_2=\frac{N_D!}{(N_D-n_D)!n_D!}g_D^{n_D}\prod_i\frac{g_i!}{n_i!(g_i-n_i)!} \tag{3-130}$$

W 也称为热力学概率。这 N_D 个电子还必须遵守粒子守恒和能量守恒定律，即

$$N_D = n_D + \sum_i n_i, \qquad E = n_D E_D + \sum_i n_i E_i \qquad (3\text{-}131)$$

式中,E 是电子系统的能量,E_D 是施主能级的能量。

*3.7.2　求解统计分布函数

热力学概率 W 和电子系统的熵 S 之间的关系为
$$S = k_0 \ln W \qquad (3\text{-}132)$$
当系统的熵为最大时,系统处于热平衡状态。这时,上式中的 $\ln W$ 也应为最大,故在热平衡状态时应有关系式
$$\delta \ln W = 0 \qquad (3\text{-}133)$$
以及约束条件
$$\delta N_D = 0, \qquad \delta E = 0 \qquad (3\text{-}134)$$
将式(3-130)取对数得
$$\ln W = \ln N_D! - \ln n_D! - \ln(N_D - n_D)! + n_D \ln g_D + \sum_i [\ln g_i! - \ln n_i! - \ln(g_i - n_i)!]$$

利用斯梯林公式 $\ln x! \approx x \ln x - x$ 化简上式,得
$$\ln W \approx N_D(\ln N_D - 1) - n_D(\ln n_D - 1) - (N_D - n_D)[\ln(N_D - n_D) - 1] + n_D \ln g_D +$$
$$\sum_i \{g_i(\ln g_i - 1) - n_i(\ln n_i - 1) - (g_i - n_i)[\ln(g_i - n_i) - 1]\} \qquad (3\text{-}135)$$

所以
$$\delta \ln W = [\ln(N_D - n_D) - \ln n_D + \ln g_D]\delta n_D + \sum_i [\ln(g_i - n_i) - \ln n_i]\delta n_i \qquad (3\text{-}136)$$

而
$$\delta N_D = \delta n_D + \sum_i \delta n_i \qquad (3\text{-}137)$$
$$\delta E = E_D \delta n_D + \sum_i E_i \delta n_i \qquad (3\text{-}138)$$

利用拉格朗日乘子法,用 α 乘 δN_D,用 β 乘 δE,并从 $\delta \ln W$ 中减去得

$$[\ln(N_D - n_D) - \ln n_D + \ln g_D - \alpha - \beta E_D]\delta n_D + \sum_i [\ln(g_i - n_i) - \ln n_i - \alpha - \beta E_i]\delta n_i = 0$$
$$(3\text{-}139)$$

故
$$\ln(N_D - n_D) - \ln n_D + \ln g_D - \alpha - \beta E_D = 0 \qquad (3\text{-}140)$$
$$\ln(g_i - n_i) - \ln n_i - \alpha - \beta E_i = 0 \qquad (3\text{-}141)$$

根据式(3-140)得
$$f_D(E) = \frac{n_D}{N_D} = \frac{1}{1 + \dfrac{1}{g_D} \exp(\alpha + \beta E_i)} \qquad (3\text{-}142)$$

由式(3-141)得
$$f_i(E_i) = \frac{n_i}{g_i} = \frac{1}{1 + \exp(\alpha + \beta E_i)} \qquad (3\text{-}143)$$

可以证明 $\beta = 1/(k_0 T)$,而 $\alpha = -E_F/(k_0 T)$。因此以上两式为
$$f_D(E) = \frac{n_D}{N_D} = \frac{1}{1 + \dfrac{1}{g_D} \exp\left(\dfrac{E_D - E_F}{k_0 T}\right)} \qquad (3\text{-}144)$$

$$f_i(E_i) = \frac{n_i}{g_i} = \frac{1}{1+\exp\left(\dfrac{E_i-E_F}{k_0 T}\right)} \qquad (3\text{-}145)$$

式(3-144)就是所求的电子占据施主能级的概率,也就是电子在施主能级上的统计分布函数。可见它和式(3-10)的差别是在 $f_D(E)$ 的分母中的指数项前面出现了系数 $1/g_D$。而式(3-145)表示进入导带的电子占据一个量子态的概率,如果将式中的下标 i 去掉,它和式(3-10)完全一样,这说明在导带中电子占据量子态的概率并没有因为考虑了施主杂质而发生什么变化。另外,费米能级 E_F 在 $f_D(E)$ 及 $f_i(E_i)$ 中是相同的,它说明导带中的电子子系统是和施主能级上的电子子系统处于热平衡状态。

将上述结果应用于在硅、锗中掺入的V族杂质时,因V族杂质中的4个价电子束缚在价键中,只有第5个价电子可以取任一方向的自旋,它占据一个施主能级的概率就由式(3-144)决定。

同理,我们可以推导电子占据受主能级的概率。因为对于受主能级来说,它只可能是下述两种情况中的一种:第一,不接受电子,这时受主能级上有一个任一自旋方向的电子;第二,接受一个电子,这时受主能级上有两个自旋方向相反的电子。而情况一实际上相当于受主能级被一个空穴所占据,而情况二相当于受主能级没有空穴占据。所以推导电子占据受主能级的概率问题,可换成讨论空穴占据受主能级的概率。经过与推导电子占据施主能级的概率的类似步骤,可以推得空穴占据受主能级的概率为

$$f_A(E) = \frac{p_A}{N_A} = \frac{1}{1+\dfrac{1}{g_A}\exp\left(\dfrac{E_F-E_A}{k_0 T}\right)} \qquad (3\text{-}146)$$

式中,N_A 为受主杂质浓度;p_A 为未电离受主浓度,也是被空穴占据的受主能级数;E_A 是受主能级的能量;E_F 是费米能级;$f_A(E)$ 是空穴占据受主能级的概率,也是空穴在受主能级上的统计分布函数。同时推得的电子占据价带中量子态的概率和式(3-10)完全一样,故不再写出。从式(3-144)和式(3-146)看到,两者的形式完全类似,它们的指数前面有因子 $1/g_D$ 或 $1/g_A$,g_D 是施主能级的基态简并度,g_A 是受主能级的基态简并度,通常称为简并因子。

习　　题

1. 计算能量在 $E=E_c$ 到 $E=E_c+100(\pi^2\hbar^2/2m_n^* L^2)$ 之间单位体积中的量子态数。
2. 试证明实际硅、锗中导带底部附近状态密度公式为式(3-6)。
3. 当 $E-E_F$ 为 $1.5k_0 T$、$4k_0 T$、$10k_0 T$ 时,分别用费米分布函数和玻耳兹曼分布函数计算电子占据各该能级的概率。
4. 画出 $-78℃$、室温($27℃$)、$500℃$ 下的费米分布函数曲线,并进行比较。
5. 利用表3-2中的 m_n^*、m_p^* 数值,计算硅、锗、砷化镓在室温下的 N_c、N_v 以及本征载流子浓度。
6. 计算硅在 $-78℃$、$27℃$、$300℃$ 时的本征费米能级,假定它在禁带中线处合理吗?
7. ①在室温下,锗的有效态密度 $N_c=1.05\times 10^{19}\,\text{cm}^{-3}$,$N_v=3.9\times 10^{18}\,\text{cm}^{-3}$,试求锗的载流子有效质量 m_n^*、m_p^*。计算77K时的 N_c 和 N_v。已知300K时,$E_g=0.67\,\text{eV}$;77K时,$E_g=0.76\,\text{eV}$。求这两个温度时锗的本征载流子浓度。②77K时,锗的电子浓度为 $10^{17}\,\text{cm}^{-3}$,假定受主浓度为零,而 $E_c-E_D=0.01\,\text{eV}$,求锗中的施主浓度 N_D。

8. 利用题7所给的 N_c 和 N_v 数值及 $E_g=0.67\text{eV}$，求温度为300K和500K时，含施主浓度 $N_D=5\times10^{15}\text{cm}^{-3}$、受主浓度 $N_A=2\times10^9\text{cm}^{-3}$ 的锗中电子及空穴浓度。

9. 计算施主杂质浓度分别为 10^{16}cm^{-3}、10^{18}cm^{-3}、10^{19}cm^{-3} 的硅在室温下的费米能级，并假定杂质全部电离。再用算出的费米能级核对上述假定是否在每种情况下都成立。计算时，取施主能级在导带底下面0.05eV处。

10. 以施主杂质电离90%作为强电离的标准，求掺砷的n型锗在300K时，以杂质电离为主的饱和区掺杂质的浓度范围。

11. 若锗中施主杂质电离能 $\Delta E_D=0.01\text{eV}$，施主杂质浓度分别为 $N_D=10^{14}\text{cm}^{-3}$ 及 10^{17}cm^{-3}。计算①99%电离；②90%电离；③50%电离时温度各为多少。

12. 若硅中施主杂质电离能 $\Delta E_D=0.04\text{eV}$，施主杂质浓度分别为 10^{15}cm^{-3}、10^{18}cm^{-3}。计算①99%电离；②90%电离；③50%电离时温度各为多少。

13. 有一块掺磷的n型硅，$N_D=10^{15}\text{cm}^{-3}$，分别计算温度为①77K；②300K；③500K；④800K时导带中电子浓度(本征载流子浓度数值查图3-7)。

14. 计算含有施主杂质浓度 $N_D=9\times10^{15}\text{cm}^{-3}$ 及受主杂质浓度为 $1.1\times10^{16}\text{cm}^{-3}$ 的硅在300K时的电子和空穴浓度以及费米能级的位置。

15. 掺有浓度为每立方米 10^{22} 硼原子的硅材料，分别计算①300K；②600K时费米能级的位置及多子和少子浓度(本征载流子浓度数值查图3-7)。

16. 掺有浓度为每立方米 1.5×10^{23} 砷原子和每立方米 5×10^{22} 铟原子的锗材料，分别计算①300K；②600K时费米能级的位置及多子和少子浓度(本征载流子浓度数值查图3-7)。

17. 施主浓度为 10^{13}cm^{-3} 的n型硅，计算400K时本征载流子浓度、多子浓度、少子浓度和费米能级的位置。

18. 掺磷的n型硅，已知磷的电离能为0.044eV，求室温下杂质一半电离时费米能级的位置和磷的浓度。

19. 求室温下掺锑的n型硅，使 $E_F=(E_c+E_D)/2$ 时锑的浓度。已知锑的电离能为0.039eV。

20. 制造晶体管一般是在高杂质浓度的n型衬底上外延一层n型外延层，再在外延层中扩散硼、磷而成的。

① 设n型硅单晶衬底是掺锑的，锑的电离能为0.039eV，300K时的 E_F 位于导带底下面0.026eV处，计算锑的浓度和导带中的电子浓度。

② 设n型外延层杂质均匀分布，杂质浓度为 $4.6\times10^{15}\text{cm}^{-3}$，计算300K时 E_F 的位置及电子和空穴浓度。

③ 在外延层中扩散硼后，硼的浓度分布随样品深度变化。设扩散层某一深度处硼浓度为 $5.2\times10^{15}\text{cm}^{-3}$，计算300K时 E_F 的位置及电子和空穴浓度。

④ 如温度升高到500K，计算③中电子和空穴的浓度(本征载流子浓度数值查图3-7)。

21. 试计算掺磷的硅、锗在室温下开始发生弱简并时的杂质浓度为多少。

22. 利用上题结果，掺磷的硅、锗在室温下开始发生弱简并时有多少施主发生电离? 导带中的电子浓度为多少?

参 考 资 料

[1] ［美］勃莱克莫尔. 半导体统计学. 黄启圣，陈仲甘，译. 上海：上海科学技术出版社，1965.
[2] 黄昆，谢希德. 半导体物理学. 北京：科学出版社，1958.
[3] 王竹溪. 统计物理学导论. 北京：高等教育出版社，1956.
[4] Shockly W. Electrons and Holes in Semiconductors. New York：Van Nostrand，1950.

[5] [美]施敏. 半导体器件物理. 黄振岗,译. 2版. 北京:电子工业出版社,1987.
[6] Wang S. Solid State Electronics. New York:McGrew-Hill,1966.
[7] [美]史密斯. 半导体. 高鼎三,译. 北京:科学出版社,1966.
[8] [美]格罗夫. 半导体器件物理与工艺. 齐建,译. 北京:科学出版社,1976.
[9] Morin F J, Maita J P. Electrical Properties of Silicon Containing Arsenic and Boron. Phys, Rev. ,1954,96: 28-35.
[10] Gaylord T K, Linxwiler J N. A Method for Calculating Fermi Energy and Carrier Concentrations in Semiconductors. American J. phys. ,1976,44(4):353-355.
[11] Коренблит Л Л, Штейнберг А Г. Графический Метод Определения Химического Потенциала В Полупроводниках. ЖТФ,1956,26;927.
[12] Самойлоьич А Г, Коренблит Л Л. Вырождение Электронного газа В. Полупроводниках, УХН, 1955, 57,577.
[13] Baltensperger W. On Conduction in Impurity Bands. phil. Mag. ,1953,44:1355.
[14] Pearson G L, Bardeen J. Electrical Properties of Pure Silicon and Silicon Alloys Containing Boron and Phosphorus. Phys. Rev. ,1949,75:865-883.
[15] Blackmore J S. Impurity Conduction in Indium-Doped Germanium. Phil. Mag. Ser. ,1959,4(41): 560-576.
[16] Barber H D. Effective mass and intrinsic Concentration in Silicon. Solid State Electron. ,1967,10: 1039-1051.
[17] Sze S M. Physics of Semiconductor Devices. New York:Wiley,1969.
[18] Pires R G, Dickstein R M, Titcomb S L, et al. Carrier freezeout in silicon. Cryogenics,1990,30(12): 1064-1068.
[19] Slotboom J W, de Graaff H C. Measurement of bandgap narrowing in Si bipolar transistor. Solid State Electron. ,1976,19(10):857-862.
[20] Lanyon H P D, Tuft R A. Bandgap narrowing in moderately to heavily doped Silicon. IEEE Trans. Elec. Dev,1979,ED-26(7):1014-1018.
[21] del Alamo J, Swirhun S, Swanson R M. Simultaneous Measurement of hole lifetime, hole mobility and bandgap narrowing in heavily doped n-type Silicon. IEDM Tech. Dig. ,1985,290-293.
[22] Chrzanowska-Jeske M, Jaeger R C. Bilow-Simulation of lowtemperature bipolar device behavior. IEEE Trans. Elec. Dev,1989,36(8):1475-1488.
[23] Bludau W, Onton A, Heinke W. Temperature dependence of the bandgap of Silicon. J Appl phys,1974, 45(4):1846-1848.
[24] Klaassen D B M, Slotboom J W, de Graaff H C. Unified apparent bandgap narrow in n-and p-type Si. Solid State Electonics,1992,35(2):125-129.

第4章 半导体的导电性

前几章介绍了半导体的一些基本概念和载流子的统计分布，还没有涉及载流子的运动规律。本章主要讨论载流子在外加电场作用下的漂移运动，讨论半导体的迁移率、电导率、电阻率随温度和杂质浓度的变化规律。为了了解迁移率的本质，着重讨论一个重要概念——载流子的散射概念。由于严格的理论分析过于烦琐，本章主要限于定性地讨论载流子散射的物理本质，并给出必要的结论。此外，对弱电场情况下电导率的统计理论和强电场情况下的效应也进行一定的讨论，并介绍热载流子的概念，最后定性地叙述耿氏效应。

4.1 载流子的漂移运动和迁移率

4.1.1 欧姆定律

以金属导体为例，在导体两端加以电压 V，导体内就形成电流，电流为

$$I = \frac{V}{R} \tag{4-1}$$

R 为导体的电阻。如果 I-V 关系是直线，就是熟知的欧姆定律。

电阻 R 与导体长度 l 成正比，与截面积 s 成反比，即

$$R = \rho \frac{l}{s} \tag{4-2}$$

ρ 为导体的电阻率，单位为 $\Omega \cdot m$，习惯上常使用 $\Omega \cdot cm$。电阻率的倒数为电导率 σ，即

$$\sigma = \frac{1}{\rho} \tag{4-3}$$

单位为西门子①/米，或西门子/厘米（用 S/m 或 S/cm 表示）。

式(4-1)所示的欧姆定律不能说明导体内部各处电流的分布情况。特别是在半导体中，常遇到电流分布不均匀的情况，即流过不同截面的电流不一定相同，所以常用电流密度这一概念。电流密度是指通过垂直于电流方向的单位面积的电流，即

$$J = \frac{\Delta I}{\Delta s} \tag{4-4}$$

ΔI 是指通过垂直于电流方向的面积元 Δs 的电流，电流密度的单位为 A/m^2 或 A/cm^2。

对一段长为 l、截面积为 s、电阻率为 ρ 的均匀导体，若在其两端加电压 V，则导体内部各处都建立起电场 $\mathscr{E}$，如图 4-1 所示，电场强度大小

图 4-1 欧姆定律微分形式以及电流密度与平均漂移速度分析模型

---

① 西门子的英文为 Siemens，为国际单位制电导单位，$1S = 1\dfrac{A}{V} = 1\dfrac{1}{\Omega}$。

$$\mathcal{E} = \frac{V}{l} \tag{4-5}$$

单位为 V/m 或 V/cm。对这一均匀导体来说,电流密度

$$J = \frac{I}{s} \tag{4-6}$$

将式(4-5)、式(4-6)和式(4-2)代入式(4-1),再利用式(4-3),得到

$$J = \sigma \mathcal{E} \tag{4-7}$$

式(4-7)仍表示欧姆定律,它把通过导体中某一点的电流密度和该处的电导率及电场强度直接联系起来,称为欧姆定律的微分形式。

4.1.2 漂移速度和迁移率

有外加电压时,导体内部的自由电子受到电场力的作用,沿着电场的反方向做定向运动从而构成电流。电子在电场力的作用下的这种运动称为漂移运动,定向运动的速度称为漂移速度,如以 $\bar{v}_d$ 表示电子的平均漂移速度,仍以图 4-1 为例,可用下面方法求出电流密度和平均漂移速度间的关系。

设在导体内任意一截面 A,电流是 1s 内通过截面 A 的电量。在 A 面右方距 A 面为 $\bar{v}_d \times 1$ 处作一 O 面,则 OA 截面间的电子在 1s 内均能通过 A 面。设 n 为电子浓度,则 OA 间的电子数为 $n\bar{v}_d \times 1 \times s$,乘以电子电量即为电流,所以

$$I = -nq\bar{v}_d \times 1 \times s \tag{4-8}$$

由式(4-6),得到

$$J = -nq\bar{v}_d \tag{4-9}$$

由式(4-7)和式(4-9)可以看到,当导体内部电场恒定时,电子应具有一个恒定不变的平均漂移速度。电场强度增大时,电流密度也相应地增大,因而,平均漂移速度也随着电场强度 $\mathcal{E}$ 的增大而增大;反之亦然。所以,平均漂移速度的大小与电场强度成正比,可以写为

$$\bar{v}_d = \mu \mathcal{E} \tag{4-10}$$

μ 称为电子的迁移率,表示单位场强下电子的平均漂移速度,单位是 $m^2/(V \cdot s)$ 或 $cm^2/(V \cdot s)$。因为电子带负电,所以一般应和电场 $\mathcal{E}$ 反向,但习惯上迁移率只取正值,即

$$\mu = \left| \frac{\bar{v}_d}{\mathcal{E}} \right| \tag{4-11}$$

将式(4-10)代入式(4-9),得到

$$J = nq\mu\mathcal{E} \tag{4-12}$$

再与式(4-7)相比,得到

$$\sigma = nq\mu \tag{4-13}$$

式(4-13)为电导率和迁移率间的关系。

4.1.3 半导体的电导率和迁移率

实验发现,在电场强度不太大的情况下,半导体中的载流子在电场作用下的运动仍遵守欧姆定律,即式(4-7)仍适用。但是,半导体中存在着两种载流子,即带正电的空穴和带负电的电子,而且载流子浓度又随着温度和掺杂的不同而不同,所以,它的导电机构要比导体复杂。

如图 4-2 所示，在一块均匀半导体两端加以电压，在半导体内部就形成电场，方向如图所示。因为电子带负电，空穴带正电，所以两者漂移运动的方向不同，电子反电场方向漂移，空穴沿电场方向漂移。但是，形成的电流都沿着电场方向，如图 4-2 所示，因而，半导体中的导电作用应该是电子导电和空穴导电的总和。

导电的电子在导带中，它们是脱离了共价键可以在半导体中自由运动的电子；而导电的空穴在价带中，空穴电流实际上代表了共价键上的电子在价键间运动时所产生的电流。显然，在相同电场的作用下，两者的平均漂移速度不会相同，而且，导带电子平均漂移速度要大些，就是说，电子迁移率与空穴迁移率不相等，前者要大些。如以 μ_n、μ_p 分别代表电子和空穴迁移率，J_n、J_p 分别代表电子和空穴电流密度，n、p 分别代表电子和空穴浓度，则总电流密度 J 应为

$$J = J_n + J_p = (nq\mu_n + pq\mu_p)\mathscr{E} \tag{4-14}$$

在电场强度不太大时，J 与 $\mathscr{E}$ 间仍遵守欧姆定律式(4-7)，两式相比较，得到半导体的电导率 σ 为

$$\sigma = nq\mu_n + pq\mu_p \tag{4-15}$$

式(4-15)表示半导体材料的电导率与载流子浓度和迁移率间的关系。

对于两种载流子的浓度相差悬殊而迁移率差别不太大的杂质半导体来说，它的电导率主要取决于多数载流子。对于 n 型半导体，$n \gg p$，空穴对电流的贡献可以忽略，电导率为

$$\sigma = nq\mu_n \tag{4-16}$$

对于 p 型半导体，$p \gg n$，电导率为

$$\sigma = pq\mu_p \tag{4-17}$$

对于本征半导体，$n = p = n_i$，电导率为

$$\sigma_i = n_i q(\mu_n + \mu_p) \tag{4-18}$$

4.2 载流子的散射

4.2.1 载流子散射的概念

以上说明了载流子的漂移运动以及电导率的问题，但只讨论了载流子运动的一个方面，即载流子在外加电场作用下的运动。实际上对于导体或半导体，载流子在电场中的运动远非这样简单。可以先看一看下面提出的问题。

在有外加电场时，载流子在电场力的作用下做加速运动，平均漂移速度应该不断增大，因而，由式(4-9)看出，电流密度将无限增大。但是，式(4-7)所表示的欧姆定律指出，在恒定电场的作用下，电流密度应该是恒定的，这岂不是矛盾的？这是什么原因呢？

恩格斯指出："运动是物质的存在方式。无论何时何地，都没有、也不可能有没有运动的物质。"[①]在一定温度下，半导体内部的大量载流子，即使没有电场的作用，它们也不是静止不动

---

① 恩格斯. 反杜林论. 北京：人民出版社，1963.

的,而是永不停息地做着无规则的、杂乱无章的运动,称为热运动。同时晶格上的原子也在不停地围绕格点做热振动。半导体还掺有一定的杂质,它们一般是电离了的,也带有电荷。载流子在半导体中运动时,会不断地与热振动着的晶格原子或电离了的杂质离子发生作用,或者说发生碰撞,碰撞后载流子速度的大小及方向就发生改变,用波的概念,就是电子波在半导体中传播时遭到了散射。所以,载流子在运动中,由于晶格热振动或电离杂质以及其他因素的影响,不断地遭到散射,载流子速度的大小及方向不断地在改变着。载流子无规则的热运动也正是它们不断地遭到散射的结果。所谓自由载流子,实际上只在两次散射之间才真正是自由运动的,其连续两次散射间自由运动的平均路程称为平均自由程,而平均时间称为平均自由时间。

图 4-3 示意性地画出了电子的无规则热运动。在无外电场时,电子虽然永不停息地做热运动,但是宏观上它们没有沿着一定方向流动,所以并不构成电流。

当有外电场作用时,载流子存在着相互矛盾的两种运动。一方面载流子受到电场力的作用,沿电场方向(空穴)或反电场方向(电子)定向运动;另一方面,载流子仍不断地遭到散射,使载流子的运动方向不断地改变。这样,由于电场作用获得的漂移速度便不断地散射到各个方向上去,使漂移速度不能无限地积累起来,载流子在电场力作用下的加速运动,也只有在两次散射之间才存在,经过散射后,它们又失去了获得的附加速度。从而,在外力和散射的双重影响下,载流子以一定的平均速度沿力的方向漂移,这个平均速度才是上面所说的恒定的平均漂移速度。载流子在外电场作用下的实际运动轨迹应该是热运动和漂移运动的叠加,图 4-4 形象地表示了电子在外电场作用下的漂移轨迹。由图可见,虽然电子仍不断地遭到散射,但因为有外加电场的作用,所以,电子在反电场方向有一定的漂移运动,形成了电流,而且在恒定电场的作用下,电流密度是恒定的。

图 4-3 电子的无规则热运动示意图   图 4-4 外电场作用下电子的漂移运动

4.2.2 半导体的主要散射机构[1]

半导体中的载流子在运动过程中为什么会遭到散射呢?其根本原因是周期性势场被破坏。如果半导体内部除周期性势场外,还存在一个附加势场 ΔV,从而使周期性势场发生变化,由于附加势场 ΔV 的作用,就会使能带中的电子发生在不同 k 状态间的跃迁。例如,原来处于 k 状态的电子,附加势场促使它以一定的概率跃迁到各种其他的状态 k',亦即原来沿某一个方向以 $v(k)$ 运动的电子,附加势场可以使它散射到其他各个方向,改以速度 $v(k')$ 运动。这就是说,电子在运动过程中遭到了散射。

以下简单介绍产生附加势场的主要原因。

1. 电离杂质的散射

施主杂质电离后是一个带正电的离子,受主杂质电离后是一个带负电的离子。在电离施主或受主周围形成一个库仑势场,这一库仑势场局部地破坏了杂质附近的周期性势场,它就是使载流子散射的附加势场。当载流子运动到电离杂质附近时,库仑势场的作用就使载流子运动的方向发生改变,以速度 v 接近电离杂质,而以 v' 离开,十分类似于 α 粒子在原子核附近的散射。图 4-5 分别画出了电离施主和电离受主对电子和空穴散射的示意图,它们在散射过程中的轨迹是以施主或受主为一个焦点的双曲线。

图 4-5 电离杂质散射示意图
●—电子;○—空穴;⊕—电离施主;⊖—电离受主;v—散射前速度;v'—散射后速度

常用散射概率 P 来描述散射的强弱,它代表单位时间内一个载流子遭到散射的次数。经过具体的分析发现,浓度为 N_i 的电离杂质与载流子的散射概率 P_i 与温度的关系为

$$P_i \propto N_i T^{-3/2} \tag{4-19}$$

N_i 越大,载流子遭受散射的概率越大,温度越高,载流子热运动的平均速度越大,可以较快地掠过杂质离子,偏转就越小,所以不易被散射。

2. 晶格振动的散射

在一定温度下,晶格中的原子都各自在其平衡位置附近做微振动。分析证明[2],晶格中原子的振动都是由若干不同的基本波动按照波的叠加原理组合而成的,这些基本波动称为格波。分析有关原子振动问题一般都是从格波出发的。关于晶格振动的分析是固体物理课程的任务,本节仅对格波的具体形式进行说明,以便讨论它们对载流子的散射作用。

(1) 声学波和光学波

与电子波相似,常用格波波数矢量 q 表示格波的波长及其传播方向,它的数值为格波波长 λ 倒数的 2π 倍,即 $q=2\pi/\lambda$,方向为格波传播的方向。研究发现,在一个晶体中,具有同样 q 的格波不止一个,具体数目取决于晶格原胞中所含的原子数。最简单的晶体原胞中只有一个原子,对应于每个 q 具有三个格波。对锗、硅及Ⅲ-Ⅴ族化合物半导体,原胞中大多含有两个原子,对应于每个 q 就有 6 个不同的格波,这 6 个格波的频率及其振动的方式不同。频率低的三个格波称为声学波,频率高的三个格波称为光学波。

由 N 个原胞构成的半导体晶体共有 N 个不同波矢

图 4-6 金刚石晶格振动沿[110]方向传播的格波的角频率与波矢的关系

q 的格波,对每个 q 又有 6 个不同频率的格波,所以,共有 $6N$ 个不同的格波,可以分为 6 支,三支为声学波,三支为光学波。图 4-6 画出金刚石沿[110]方向传播的 6 支格波的角频率 ω_a 与波矢 q 的关系,图中下面三支为声学波,上面三支为光学波。

从原子振动方式来看,无论是声学波还是光学波,原子位移方向和波传播方向之间的关系都是一个纵波两个横波,即一个原子位移方向与波传播方向相平行的纵波和两个原子位移方向与波传播方向相垂直的横波。图 4-7 为纵波与横波的示意图。

对于声学波,原胞中两个原子沿同一方向振动,长波的声学波代表原胞质心的振动。对于光学波,原胞中两个原子的振动方向相反,长波的光学波原胞质心不动,代表原胞中两个原子的相对振动。图 4-8 为声学波和光学波的示意图。

图 4-7 纵波与横波的示意图
○—平衡位置;●—原子

图 4-8 声学波和光学波的示意图
○和●代表原胞中两个不同的原子

在振动频率方面,声学波和光学波之间也存在着显著的区别。在长波范围内,声学波的频率和波数成正比,所以,长声学波可以近似被视为弹性波。而长光学波的频率近似是一个常数,基本上与波数无关。

角频率为 ω_a 的一个格波,它的能量也是量子化的,只能是

$$\frac{1}{2}\hbar\omega_a, \frac{3}{2}\hbar\omega_a, \cdots, \left(n+\frac{1}{2}\right)\hbar\omega_a$$

因此,一个格波的能量以 $\hbar\omega_a$ 为单元,$\hbar$ 就是普朗克常数 h 除以 2π。当晶格与其他物质(如电子、光子)相互作用而交换能量时,晶格原子的振动状态就要发生变化,格波能量就改变。但是,格波能量的变化只能是 $\hbar\omega_a$ 的整数倍,因此,人们就把格波的能量子 $\hbar\omega_a$ 称为声子,把能量为 $\left(n+\frac{1}{2}\right)\hbar\omega_a$ 的格波描述为 n 个属于这一格波的声子,当格波能量减小 $\hbar\omega_a$ 时,就称作放出一个声子,增大 $\hbar\omega_a$,就称作吸收一个声子。声子的说法不仅生动地表示出格波能量的量子化,而且在分析晶格与物质相互作用时很方便。例如,电子在晶体中被格波散射便可以被视为电子与声子的碰撞。

利用玻耳兹曼统计理论,可以求得当温度为 T 时角频率为 ω_a 的格波的平均能量为[3]

$$\frac{1}{2}\hbar\omega_a + \left[\frac{1}{\exp\left(\frac{\hbar\omega_a}{k_0 T}\right)-1}\right]\hbar\omega_a \tag{4-20}$$

常称

$$\bar{n}_q = \frac{1}{\exp\left(\frac{\hbar\omega_a}{k_0 T}\right)-1} \tag{4-21}$$

为平均声子数。把所有不同频率的格波的平均能量加起来,就得到晶体中原子振动的平均能量。

与电子和光子的碰撞类似,电子和声子的碰撞也遵循准动量守恒和能量守恒定律[3]。对散射时经常发生的电子与晶格交换一个声子的所谓单声子过程来说,设散射前电子波矢为 k,能量为 E,散射后变为 k' 和 E',则

$$\hbar k' - \hbar k = \pm \hbar q \tag{4-22}$$

$$E' - E = \pm \hbar \omega_a \tag{4-23}$$

$\hbar q$ 和 $\hbar \omega_a$ 分别为声子的准动量和能量。上式表明,电子和晶格散射时,将吸收或发射一个声子(正号表示吸收,负号表示发射)。

如散射角(即散射前后电子波矢 k 与 k' 间的夹角)为 θ,如图 4-9 所示,则按照矢量法则,得

$$q^2 = k^2 + k'^2 - 2kk'\cos\theta = (k'-k)^2 + 2kk'(1-\cos\theta) \tag{4-24}$$

如果散射前后电子波矢的大小近似相等,即 $k \approx k'$,则

$$q = 2k\sin\frac{\theta}{2} \tag{4-25}$$

设散射前后电子速度大小均为 v,声子速度为 u,则 $\hbar k = m_n^* v$,对长声学波来说,$\hbar \omega_a = \hbar q u$,因而散射前后电子能量变化为

$$\Delta E = E' - E = \hbar \omega_a = \hbar q u = 2m_n^* v^2 \left(\frac{u}{v}\right)\sin\frac{\theta}{2} \tag{4-26}$$

图 4-9 电子与声子散射前后波矢间的关系

对长声学波振动,声子的速度 u 很小,因而 u/v 是一个很小的量,所以,$\Delta E \approx 0$,即散射前后电子能量基本不变,称为弹性散射。对光学波来说,声子能量 $\hbar \omega_a$ 较大,散射前后电子能量有较大的改变,称为非弹性散射。

(2) 声学波散射

在能带具有单一极值的半导体中起主要散射作用的是长波,也就是波长比原子间距大很多倍的格波。室温下,电子热运动速度约为 10^5 m/s,由 $\hbar k = m_n^* v$ 可估计电子波的波长约为 $\lambda = 2\pi/k = h/m_n^* v \approx 10^{-8}$ m。当电子和声子相互作用时,根据准动量守恒,声子动量应和电子动量具有同数量级,即格波波长也应是 10^{-8} m。晶体中原子间距的数量级为 10^{-10} m,因而起主要散射作用的是长波(波长在几十个原子间距以上)。

由图 4-6 看到,长声学波的角频率和波数成正比,即 $\omega_a \propto q$,或长声学波的频率 $\nu_a \propto 1/\lambda$,即 $\lambda \nu_a =$ 常数,这个常数就是波速,实际上长声学波就是弹性波,即声波。

在长声学波中,只有纵波在散射中起主要作用。长纵声学波传播时和气体中的声波类似,会造成原子分布的疏密变化,产生体变,即疏处体积膨胀,密处压缩,如图 4-10(b)所示。在一个波长中,一半处于压缩状态,一半处于膨胀状态,这种体变表示原子间距的减小或增大。由第 1 章知道,禁带宽度随原子间距而变化,疏处禁带宽度减小,密处增大,使能带结构发生如图 4-11 所示的波形起伏。禁带宽度的改变反映出导带底 E_c 和价带顶 E_v 的升高或降低,引起能带极值的改变,改变了 ΔE_c 或 ΔE_v,这时,同是处于导带底或价带顶的电子或空穴,在半导体的不同地点,其能量就有差别。所以,纵波引起的能带起伏,就其对载流子的作用讲,如同产生了一个附加势场 ΔE_c 或 ΔE_v,这一附加势场破坏了原来势场的严格周期性,就使电子从 k 状态散射到 k' 状态。

对具有单一极值、球形等能面的半导体,分析得到导带电子的散射概率 P_s 为[4]

$$P_s = \frac{\mathscr{E}_c^2 k_0 T (m_n^*)^2}{\pi \rho \hbar^4 u^2} v \tag{4-27}$$

(a) 纵光学波

(b) 纵声学波

图 4-10 纵声学波和纵光学波示意图(●和○代表原胞中两类原子或离子)

图 4-11 纵波引起能带的波形起伏

式中,k_0 为玻耳兹曼常数;ρ 为晶格密度;u 为纵弹性波波速;$\mathscr{E}_c$ 称为形变势常数,它表示单位体变所引起的导带底的变化,即

$$\Delta E_c = \mathscr{E}_c \frac{\Delta V}{V_0} \tag{4-28}$$

式中,ΔE_c 是当晶格体积 V_0 改变 ΔV 后引起的导带底的改变。对于价带空穴的散射,也可得到类似的关系。

因为电子的热运动速度与 $T^{1/2}$ 成正比,所以由式(4-27)可以看到,声学波散射概率 P_s 与 $T^{3/2}$ 成正比,即

$$P_s \propto T^{3/2} \tag{4-29}$$

对于具有多极值、旋转椭球等能面的锗、硅半导体来说,m_n^* 应取为电子的状态密度有效质量,则长纵声学波的散射概率也为式(4-27)。

横声学波要引起一定的切变,对具有多极值、旋转椭球等能面的锗、硅来说,这一切变也将引起能带极值的变化,而且形变势常数中还应包括切变的影响,因此,对这种半导体,横声学波也参与一定的散射作用。

(3) 光学波散射

在离子性半导体中,如Ⅳ-Ⅵ族化合物硫化铅等,离子键占优势;Ⅲ-Ⅴ族化合物砷化镓等除共价键外,还有离子键成分,长纵光学波有重要的散射作用。在锗、硅等原子半导体中,当温度不太低时,光学波也有相当的散射作用。

在离子晶体中,每个原胞内都有正、负两个离子,长纵光学波传播时,振动位移相反,如图 4-10(a)所示。如果只看一种离子,它们和纵声学波一样,形成疏密相间的区域。由于正、负离子位移相反,所以,正离子的密区和负离子的疏区相合,正离子的疏区和负离子的密区相合,从而造成在半个波长区域内带正电,另半个波长区域内带负电,带正、负电的区域将产生电

场,对载流子增加了势场的作用,这个势场就是引起载流子散射的附加势场。

通过理论分析得到离子晶体中光学波对载流子的散射概率 P_o 及温度的关系为[5]

$$P_o \propto \frac{(\hbar\omega_l)^{3/2}}{(k_0 T)^{1/2}} \left[\frac{1}{\exp\left(\frac{\hbar\omega_l}{k_0 T}\right)-1}\right] \frac{1}{f\left(\frac{\hbar\omega_l}{k_0 T}\right)} \quad (4\text{-}30)$$

式中,ω_l 为纵光学波振动的角频率;$\hbar\omega_l$ 为对应的声子能量;$f(\hbar\omega_l/k_0 T)$ 是随 $\hbar\omega_l/k_0 T$ 缓慢变化的函数,其值为 $0.6 \sim 1$;方括号内表示平均声子数 $\bar{n}_q$。

光学波的频率较高,声子能量较大。当电子和光学声子发生作用时,电子将吸收或发射一个声子,同时电子的能量也改变 $\hbar\omega_l$。如果载流子能量低于 $\hbar\omega_l$,就不会有发射声子的散射,只能出现吸收声子的散射。

散射概率随温度的变化主要取决于括号中的指数因子。当温度较低,即 $T \ll \hbar\omega_l/k_0$ 时,式(4-30)括号中的因子迅速地随温度的下降而减小,即平均声子数迅速减小,因此散射概率随温度的下降而很快减小,这也说明必须有声子才能发生吸收声子的散射,所以,光学波散射在低温时不起什么作用。随着温度的升高,平均声子数增大,光学波的散射概率迅速增大。

对 n 型砷化镓,光学波最高频率 $\nu_l \approx 8.7 \times 10^{12} \text{s}^{-1}$,声子能量 $\hbar\omega_l \approx 0.036 \text{eV}$,$\hbar\omega_l/k_0 \approx 417 \text{K}$,当 $T \ll 100 \text{K}$ 时,已达到 $T \ll \hbar\omega_l/k_0$ 的情况。

3. 其他因素引起的散射

在硅、锗和砷化镓中,一般情况下的主要散射是电离杂质散射和晶格振动散射,除此之外,还存在其他因素引起的散射。

(1) 等同的能谷间散射

硅的导带具有极值能量相同的 6 个旋转椭球等能面(锗有 4 个),载流子在这些能谷中的分布相同,这些能谷称为等同的能谷。对这种多能谷半导体,电子可以从一个极值附近散射到另一个极值附近,这种散射称为谷间散射。

电子在一个能谷内部散射时,电子只与长波声子发生作用,波矢 k 的变化很小。当电子与长声学波散射时,能量改变也很小,视为弹性散射;与长光学波散射时,能量有较大的改变,散射是非弹性的。当电子发生谷间散射时,情况就有所不同。例如,波矢为 k_1 的电子,当处于波矢为 k_{10} 的极值附近时,它可以被散射到波矢为 k_{20} 的极值附近,波矢改变为 k_2。在这个过程中,电子的准动量有相当大的改变,它的变化为 $\hbar q = \hbar k_2 - \hbar k_1$,因而电子将吸收或发射一个短波声子,从图 4-6 看到,这种短波声子具有比较高的能量。所以,谷间散射时,电子与短波声子发生作用,同时吸收或发射一个高能量的声子,散射也是非弹性的。

n 型硅有两种类型的谷间散射[6],一种是从某一能谷散射到同一坐标轴上相对应的另一个能谷,例如,在 $[1\ 0\ 0]$ 和 $[\bar{1}\ 0\ 0]$ 方向的两个能谷间的散射,称为 g 散射;另一种是从该能谷散射到其余的一个能谷,例如,在 $[1\ 0\ 0]$ 和 $[0\ 1\ 0]$ 方向的两个能谷间的散射,称为 f 散射。g 散射声子频率约为 $4 \times 10^{12} \text{s}^{-1}$ 和 $1.5 \times 10^{13} \text{s}^{-1}$;f 散射声子频率约为 $1.36 \times 10^{13} \text{s}^{-1}$。

散射概率 P 为[7]

$$P \propto \frac{\left(\frac{E}{\hbar\omega_a}+1\right)^{1/2}}{\exp\left(\frac{\hbar\omega_a}{k_0 T}\right)-1} + \frac{\text{Re}\left(\frac{E}{\hbar\omega_a}-1\right)^{1/2}}{\exp\left(\frac{\hbar\omega_a}{k_0 T}\right)-1}\exp\left(\frac{\hbar\omega_a}{k_0 T}\right) \quad (4\text{-}31)$$

其中第一项对应于吸收一个声子的散射概率 P_a

$$P_a \propto \frac{\left(\dfrac{E}{\hbar\omega_a}+1\right)^{1/2}}{\exp\left(\dfrac{\hbar\omega_a}{k_0 T}\right)-1} = \bar{n}_q\left(\frac{E}{\hbar\omega_a}+1\right)^{1/2} \tag{4-32}$$

可见 P_a 和平均声子数 $\bar{n}_q$ 成正比。第二项对应于发射一个声子的散射概率 P_e

$$P_e \propto \frac{\mathrm{Re}\left(\dfrac{E}{\hbar\omega_a}-1\right)^{1/2}}{\exp\left(\dfrac{\hbar\omega_a}{k_0 T}\right)-1} \exp\left(\frac{\hbar\omega_a}{k_0 T}\right) = (\bar{n}_q+1)\mathrm{Re}\left(\frac{E}{\hbar\omega_a}-1\right)^{1/2} \tag{4-33}$$

可见 P_e 和 $\bar{n}_q+1$ 成正比。式中的 $\mathrm{Re}[E/\hbar\omega_a-1]^{1/2}$ 表示该项只能取实数值,当 $E<\hbar\omega_a$ 时,该项应为零,即不能发生这种发射声子的散射。

当温度很低,即 $T \ll (\hbar\omega_a)/k_0$ 时,P_a 很小;由于电子的平均能量为 $(3/2)k_0 T$,因此 $E<\hbar\omega_a$,所以 P_e 为零,因此低温时谷间散射很小。

(2) 中性杂质散射

低温下杂质没有充分电离,没有电离的杂质呈中性,这种中性杂质也对周期性势场有一定的微扰作用而引起散射。但它只有在杂质浓度很高的重掺杂半导体中,当温度很低、晶格振动散射和电离杂质散射都很微弱时,才起主要的散射作用。

(3) 位错散射

在刃型位错处,刃口上的原子共价键不饱和,易于俘获电子成为受主中心。在 n 型材料中,如果位错线俘获了电子,就成为一串负电中心。在带负电的位错线周围形成了一个圆柱体的空间电荷区,这些正电荷是电离了的施主杂质。这圆柱体总电荷是中性的,但是,圆柱体内部存在着电场,所以,这个圆柱体空间电荷区就是引起载流子散射的附加势场。位错散射是各向异性的,电子垂直于空间电荷圆柱体运动时将受到散射,但对平行于圆柱体运动的电子的影响就不大。散射概率和位错密度有关。实验表明,当位错密度低于 $10^4\,\mathrm{cm}^{-2}$ 时,位错散射并不显著,但对位错密度很高的材料,位错散射就不能忽略。

(4) 合金散射

随着晶体制备技术的进步,目前三元、四元等多元化合物半导体混合晶体的应用已十分广泛。混合晶体具有两种不同的结构:一种是其中两种同族原子是随机排列的;另一种则是有序排列的。以 $\mathrm{Al}_x\mathrm{Ga}_{1-x}\mathrm{As}$ 混合晶体为例,当 $x=0.5$ 时,其中两种Ⅲ族原子 Al 和 Ga 可以是有序排列的,即晶体由一层 GaAs 和一层 AlAs 交替排列组成,但更大的可能是形成 Al 和 Ga 原子在晶体中随机排列的结构。对于后面一种情况,由于 Al 和 Ga 两种不同原子在Ⅲ族晶格位置上随机排列,对周期性势场产生一定的微扰作用,因此引起对载流子的散射作用,称为合金散射。一般地,对于任一种多元化合物半导体混合晶体,当其中两种同族原子在其晶格中相应的位置上随机排列时,都会产生对载流子的合金散射作用。合金散射是混合晶体中所特有的散射机制,但在原子有序排列的混合晶体中,几乎不存在合金散射效应。例如,在 In 和 Ga 原子有序排列的 $\mathrm{In}_{0.5}\mathrm{Ga}_{0.5}\mathrm{As}$ 混合晶体中,当电子浓度 $n=1\times 10^{14}\,\mathrm{cm}^{-3}$ 时,计算得在 50K 低温下其电子迁移率为 $4\times 10^5\,\mathrm{cm}^2/(\mathrm{V}\cdot\mathrm{s})$,而当其中 In 和 Ga 原子无序排列时,由霍尔法测得的电子迁移率仅为 $5\times 10^4\,\mathrm{cm}/(\mathrm{V}\cdot\mathrm{s})$,显示了合金散射的影响。

另外,载流子之间也有散射作用,但这种散射只在强简并时才显著。

4.3 迁移率与杂质浓度和温度的关系

本节首先在不考虑载流子速度的统计分布的情况下，采用简单的模型来讨论电导率、迁移率和散射概率的关系，进而讨论它们与杂质浓度和温度的关系。

4.3.1 平均自由时间和散射概率的关系

当载流子在电场中做漂移运动时，只有在连续两次散射之间的时间内才做加速运动，这段时间称为自由时间。自由时间长短不一，若取极多次而求得其平均值，则称为载流子的平均自由时间，常用 τ 来表示。

平均自由时间和散射概率是描述散射过程的两个重要参量，下面以电子运动为例来求得两者的关系。

设有 N 个电子以速度 v 沿某方向运动，$N(t)$ 表示在 t 时刻尚未遭到散射的电子数，按散射概率的定义，在 $t \sim (t+\Delta t)$ 时间内被散射的电子数为

$$N(t)P\Delta t \tag{4-34}$$

所以 $N(t)$ 应比在 $t+\Delta t$ 时尚未遭到散射的电子数 $N(t+\Delta t)$ 多 $N(t)P\Delta t$，即

$$N(t) - N(t+\Delta t) = N(t)P\Delta t \tag{4-35}$$

当 Δt 很小时，可以写为

$$\frac{dN(t)}{dt} = \lim_{\Delta t \to 0} \frac{N(t+\Delta t) - N(t)}{\Delta t} = -PN(t) \tag{4-36}$$

上式的解为

$$N(t) = N_0 e^{-Pt} \tag{4-37}$$

N_0 是 $t=0$ 时未遭到散射的电子数。代入式(4-34)，得到在 $t \sim (t+dt)$ 时间内被散射的电子数为

$$N_0 P e^{-Pt} dt \tag{4-38}$$

在 $t \sim (t+dt)$ 时间内遭到散射的所有电子的自由时间均为 t，$tN_0 P e^{-Pt} dt$ 是这些电子自由时间的总和，对所有时间积分，就得到 N_0 个电子自由时间的总和，再除以 N_0 便得到平均自由时间，即

$$\tau = \frac{1}{N_0} \int_0^\infty N_0 P e^{-Pt} t \, dt = \frac{1}{P} \tag{4-39}$$

就是说，平均自由时间的数值等于散射概率的倒数。

4.3.2 电导率、迁移率与平均自由时间的关系

通过计算外电场作用下载流子的平均漂移速度，可以求得载流子的迁移率和电导率。设沿 x 方向施加强度为 $\mathscr{E}$ 的电场，考虑到电子具有各向同性的有效质量 m_n^*，如在 $t=0$ 时某个电子恰好遭到散射，散射后沿 x 方向的速度为 v_{x0}，经过时间 t 后又遭到散射，在此期间做加速运动，再次散射前的速度 v_x 为

$$v_x = v_{x0} - \frac{q}{m_n^*} \mathscr{E} t \tag{4-40}$$

假定每次散射后 v_0 的方向完全无规则，即散射后向各个方向运动的概率相等，所以，多次散射

后，v_0 在 x 方向分量的平均值应为零。因此，只要计算多次散射后第二项的平均值，即可得到平均漂移速度。

在 $t\sim(t+\mathrm{d}t)$ 时间内遭到散射的电子数为 $N_0 P \mathrm{e}^{-Pt}\mathrm{d}t$，每个电子获得的速度为 $-(q/m_\mathrm{n}^*)\mathscr{E}t$，两者相乘再对所有时间积分就得到 N_0 个电子漂移速度的总和，除以 N_0 就得到平均漂移速度 $\bar{v}_x$，即

$$\bar{v}_x=\bar{v}_{x0}-\int_0^\infty \frac{q}{m_\mathrm{n}^*}\mathscr{E}t P \mathrm{e}^{-Pt}\mathrm{d}t \tag{4-41}$$

因为 $\bar{v}_{x0}=0$，所以

$$\bar{v}_x=-\frac{q\mathscr{E}}{m_\mathrm{n}^*}\tau_\mathrm{n} \tag{4-42}$$

其中利用了式(4-39)，τ_n 表示电子的平均自由时间。

根据迁移率的定义

$$\mu=\frac{|\bar{v}_x|}{\mathscr{E}}$$

得到电子迁移率 μ_n 为

$$\mu_\mathrm{n}=\frac{q\tau_\mathrm{n}}{m_\mathrm{n}^*} \tag{4-43}$$

同理可得空穴迁移率 μ_p 为

$$\mu_\mathrm{p}=\frac{q\tau_\mathrm{p}}{m_\mathrm{p}^*} \tag{4-44}$$

式中，τ_p 为空穴的平均自由时间。

由式(4-16)、式(4-17)和式(4-15)可以得到各种类型材料的电导率：

$$\begin{cases} \text{n 型} \quad \sigma_\mathrm{n}=nq\mu_\mathrm{n}=\dfrac{nq^2\tau_\mathrm{n}}{m_\mathrm{n}^*} \\ \text{p 型} \quad \sigma_\mathrm{p}=pq\mu_\mathrm{p}=\dfrac{pq^2\tau_\mathrm{p}}{m_\mathrm{p}^*} \\ \text{混合型} \quad \sigma=nq\mu_\mathrm{n}+pq\mu_\mathrm{p}=\dfrac{nq^2\tau_\mathrm{n}}{m_\mathrm{n}^*}+\dfrac{pq^2\tau_\mathrm{p}}{m_\mathrm{p}^*} \end{cases} \tag{4-45}$$

对等能面为旋转椭球面的多极值半导体，因为沿晶体的不同方向的有效质量不同，所以迁移率与有效质量的关系要稍复杂些。下面以硅为例说明。

硅导带极值有 6 个，等能面为旋转椭球面，椭球长轴方向沿 $\langle 100 \rangle$，有效质量分别为 m_t 和 m_l。如取 x 轴、y 轴、z 轴分别沿 $[100]$、$[010]$ 和 $[001]$ 方向，则不同极值的能谷中的电子沿 x、y、z 方向的迁移率不同。设电场强度 $\mathscr{E}_x$ 沿 x 方向(参见图 4-12)，$[100]$ 能谷中的电子沿 x 方向的迁移率 $\mu_1=q\tau_\mathrm{n}/m_\mathrm{l}$，其余能谷中的电子沿 x 方向的迁移率 $\mu_2=\mu_3=q\tau_\mathrm{n}/m_\mathrm{t}$。设电子浓度为 n，则每个能谷单位体积中有 $n/6$ 个电子，电流密度 J_x 应是 6 个能谷中电子对电流贡献的总和，即

图 4-12 推导电导有效质量的示意图

$$J_x=\frac{n}{3}q\mu_1\mathscr{E}_x+\frac{n}{3}q\mu_2\mathscr{E}_x+\frac{n}{3}q\mu_3\mathscr{E}_x=\frac{1}{3}nq(\mu_1+\mu_2+\mu_3)\mathscr{E}_x \tag{4-46}$$

仍令
$$J_x = nq\mu_c \mathcal{E}_x \tag{4-47}$$

与式(4-46)相比,得到
$$\mu_c = \frac{1}{3}(\mu_1 + \mu_2 + \mu_3) \tag{4-48}$$

μ_c 称为电导迁移率。如将 μ_c 仍写为如下形式
$$\mu_c = \frac{q\tau_n}{m_c} \tag{4-49}$$

将 μ_1、μ_2、μ_3 表达式代入,得到
$$\frac{1}{m_c} = \frac{1}{3}\left(\frac{1}{m_l} + \frac{2}{m_t}\right) \tag{4-50}$$

式中,m_c 称为电导有效质量。式(4-49)说明,对多能谷半导体,迁移率仍具有式(4-43)的形式,但应代以电导有效质量 m_c。硅的 $m_l = 0.9163m_0$,$m_t = 0.1905m_0$,所以 $m_c = 0.26m_0$。

因为电子与空穴的平均自由时间和有效质量不同,所以它们的迁移率是不同的,如设两者的平均自由时间相同,因为电子的电导有效质量小于空穴的电导有效质量,所以,电子迁移率大于空穴迁移率。

4.3.3 迁移率与杂质和温度的关系

因为 τ 是散射概率的倒数,根据式(4-19)、式(4-29)和式(4-30),可以得到不同散射机构的平均自由时间与温度的关系如下。

电离杂质散射
$$\tau_i \propto N_i^{-1} T^{3/2} \tag{4-51}$$

声学波散射
$$\tau_s \propto T^{-3/2} \tag{4-52}$$

光学波散射
$$\tau_o \propto \left[\exp\left(\frac{\hbar\omega_l}{k_0 T}\right) - 1\right] \tag{4-53}$$

式中的 τ_i、τ_s 和 τ_o 分别表示电离杂质散射、声学波散射和光学波散射的平均自由时间。

根据式(4-43)可以得到,对不同散射机构,迁移率与温度的关系为

电离杂质散射
$$\mu_i \propto N_i^{-1} T^{3/2} \tag{4-54}$$

声学波散射
$$\mu_s \propto T^{-3/2} \tag{4-55}$$

光学波散射
$$\mu_o \propto \left[\exp\left(\frac{\hbar\omega_l}{k_0 T}\right) - 1\right] \tag{4-56}$$

当然,任何时候都有几种散射机构同时存在,如上面列举的三种,因而需要把各种散射机构的散射概率相加,得到总的散射概率 P,即
$$P = P_I + P_{II} + P_{III} + \cdots \tag{4-57}$$

P_I、P_{II}、P_{III} 分别表示各种散射机构的散射概率。平均自由时间为
$$\tau = \frac{1}{P} = \frac{1}{P_I + P_{II} + P_{III} + \cdots}$$

即
$$\frac{1}{\tau} = P_I + P_{II} + P_{III} + \cdots = \frac{1}{\tau_I} + \frac{1}{\tau_{II}} + \frac{1}{\tau_{III}} + \cdots \tag{4-58}$$

除以 q/m_n^*,得到
$$\frac{1}{\mu} = \frac{1}{\mu_I} + \frac{1}{\mu_{II}} + \frac{1}{\mu_{III}} + \cdots \tag{4-59}$$

τ_I、τ_II、τ_III 和 μ_I、μ_II、μ_III 分别表示只有一种散射机构存在时的平均自由时间和迁移率。

对于研究任何过程,如果存在着两个以上矛盾的复杂过程,就要用全力找出它的主要矛盾。因而,当同时有许多散射机构存在时,就要尽力找出起主要作用的散射机构,它的平均自由时间特别短,散射概率特别大,因而式(4-58)中其他机构的贡献可以略去,迁移率主要由这种机构决定。

下面,定性分析迁移率随杂质浓度和温度的变化。

对掺杂的锗、硅等原子半导体,主要的散射机构是声学波散射和电离杂质散射。由式(4-55)和式(4-54),μ_s 和 μ_i 可写为

$$\mu_\mathrm{s}=\frac{q}{m^*}\frac{1}{AT^{3/2}}, \qquad \mu_\mathrm{i}=\frac{q}{m^*}\frac{T^{3/2}}{BN_\mathrm{i}}$$

根据式(4-59),得到

$$\frac{1}{\mu}=\frac{1}{\mu_\mathrm{s}}+\frac{1}{\mu_\mathrm{i}}$$

所以

$$\mu=\frac{q}{m^*}\frac{1}{AT^{3/2}+\frac{BN_\mathrm{i}}{T^{3/2}}} \tag{4-60}$$

对Ⅲ-Ⅴ族化合物半导体,如砷化镓,光学波散射也很重要,迁移率为

$$\frac{1}{\mu}=\frac{1}{\mu_\mathrm{i}}+\frac{1}{\mu_\mathrm{s}}+\frac{1}{\mu_\mathrm{o}} \tag{4-61}$$

(1) 硅中电子及空穴迁移率随温度和杂质浓度的变化[8](见图 4-13)

在高纯样品(如 $N_\mathrm{i}=10^{13}\,\mathrm{cm^{-3}}$)或杂质浓度较低的样品(如 $N_\mathrm{i}=10^{17}\,\mathrm{cm^{-3}}$)中,迁移率随温度的升高迅速减小,这是因为 N_i 很小,$BN_\mathrm{i}/T^{3/2}$ 项可略去,晶格散射起主要作用,所以迁移率随温度的升高而减小,但对数曲线的斜率偏离 $-3/2$,这是其他散射机构所致的。当杂质浓度增大时,迁移率下降趋势就不太显著了,这说明杂质散射机构的影响在逐渐加强。当杂质浓度超过 $10^{18}\,\mathrm{cm^{-3}}$ 时,在低温范围,随着温度的升高,电子迁移率反而缓慢上升,到一定温度后才稍有下降,这说明温度低时杂质散射起主要作用,式(4-60)的分母中的 $BN_\mathrm{i}/T^{3/2}$ 项增大,晶格振动散射与前者相比,影响不大,所以迁移率随温度的升高而逐渐增大。温度继续升高,又以晶格振动散射为主,故迁移率下降。

(2) 少数载流子迁移率和多数载流子迁移率

随着半导体器件不断的发展,对重掺杂区中少数载流子迁移率的研究得到重视,研究发现,低掺杂时少子与多子迁移率是一样的,在杂质浓度增大到一定程度后,少子迁移率大于相同掺杂浓度下的多子迁移率,下面简要介绍 Si 的研究结果。

图 4-14(a)表示硅在室温时多子和少子迁移率与杂质浓度的关系。所谓多子迁移率,是指 n 型材料中的电子迁移率和 p 型材料中的空穴迁移率,n 型材料中的空穴迁移率和 p 型材料中的电子迁移率即为少子迁移率。可以看到[9]:

(1) 杂质浓度较低时,多子迁移率和电子迁移率趋近于相同的值,即 $\mu_\mathrm{n}\approx 1\,330\,\mathrm{cm^2/(V\cdot s)}$。

(2) 同样地,杂质浓度较低时空穴的多子与少子迁移率也趋近于相同的数值,即 $\mu_\mathrm{p}\approx 495\,\mathrm{cm^2/(V\cdot s)}$。

(3) 当杂质浓度增大时,电子与空穴的多子迁移率和少子迁移率都单调下降。

(4) 对给定的杂质浓度,电子与空穴的少子迁移率均大于相同杂质浓度下的多子迁移率。
(5) 相同杂质浓度下少子迁移率与多子迁移率的差别,随着杂质浓度的增大而增大。

图 4-13 硅中电子迁移率和空穴迁移率与杂质浓度和温度的关系
图中:虚线为计算结果,符号为实验结果

杂质浓度增大后少子迁移率大于多子迁移率的原因可以认为是由重掺杂时杂质能级扩展为杂质能带所导致的。例如,杂质浓度很高的 n 型硅,由于施主能级扩展成杂质能带,导致禁带变窄,导带中运动的电子除受到电离杂质的散射外,还会被施主能级所俘获,这些被俘获的电子经过一定的时间还会被释放到导带中参与导电,这些电子在导带中做漂移运动时,不断地被施主能级俘获,再释放,再俘获,使得电子的漂移运动减慢,此外一些杂质带中的电子由于杂质原子轨道重叠,也可能在施主原子间运动,而不参与导电,因此导带中有相当一部分电子在杂质带上运动,从而多子的迁移率有所降低。但价带中的空穴,对非补偿或轻补偿的材料,它们还是在正常的价带中做漂移运动的,因而对少子空穴的迁移率影响不大。对补偿的材料,施主原子和受主原子都比较多,电子将在施主能带中运动,如果受主杂质也足够多,少子空穴也将在受主杂质带中运动,这时少子空穴的迁移率也与受主杂质浓度有关。以上定性地说明了少子迁移率大于多子迁移率的原因。

图 4-14(b)给出了锗和砷化镓室温时多子迁移率与杂质浓度的关系。

表 4-1 给出较纯的锗、硅和砷化镓在 300K 时迁移率的数值。

(a) 室温时 n 型硅和 p 型硅中多子迁移率和少子迁移率与杂质浓度的关系
实线—少子迁移率；虚线—多子迁移率[9]

(b) 室温时锗、砷化镓多子迁移率与杂质浓度的关系[9]

图 4-14　少子迁移率和多子迁移率

表 4-1　300K 时较纯样品的迁移率

材　料	电子迁移率/[cm²/(V·s)]	空穴迁移率/[cm²/(V·s)]
锗	3800	1800
硅	1450	500
砷化镓	8000	400

还要指出，对于补偿的材料，载流子浓度取决于两种杂质浓度之差，但是载流子迁移率与电离

杂质总浓度有关。例如,设 N_D 和 N_A 分别为硅中的施主浓度与受主浓度,且 $N_D>N_A$,如杂质全部电离,则该材料表现为电子导电,$n=N_D-N_A$,但是迁移率取决于两种杂质的总和,即 $N_i=N_D+N_A$。

4.4 电阻率及其与杂质浓度和温度的关系

半导体的电阻率可以用四探针法直接读出,因为此种方法比较方便,所以实际工作中常习惯用电阻率来讨论问题。

由式(4-15)、式(4-16)、式(4-17)和式(4-18)可以得到

$$\rho=\frac{1}{nq\mu_n+pq\mu_p} \tag{4-62}$$

n 型半导体

$$\rho=\frac{1}{nq\mu_n} \tag{4-63}$$

p 型半导体

$$\rho=\frac{1}{pq\mu_p} \tag{4-64}$$

本征半导体

$$\rho_i=\frac{1}{n_i q(\mu_n+\mu_p)} \tag{4-65}$$

在 300K 时,本征硅的电阻率约为 $2.3\times10^5\Omega\cdot cm$,本征锗的电阻率约为 $47\Omega\cdot cm$。

电阻率取决于载流子浓度和迁移率,两者均与杂质浓度和温度有关,所以,半导体的电阻率随杂质浓度和温度而异。

4.4.1 电阻率和杂质浓度的关系

图 4-15(a)、(b)、(c) 分别是锗、硅和砷化镓在 300K 时的电阻率随杂质浓度变化的曲线[10],这是实际工作中常用的曲线,适用于非补偿或轻补偿的材料。

图 4-15 锗、硅、砷化镓在 300K 时电阻率与杂质浓度的关系

(b)

(c)

图 4-15 锗、硅、砷化镓在 300K 时电阻率与杂质浓度的关系(续)

轻掺杂(杂质浓度为 $10^{16} \sim 10^{18}$ cm^{-3})时,如果认为室温下杂质全部电离,式(4-63)、式(4-64)中的载流子浓度近似等于杂质浓度,即 $n \approx N_D$,$p \approx N_A$,而迁移率随杂质的变化不大(见图 4-14),可以认为是常数,因而,电阻率与杂质浓度成简单的反比关系,杂质浓度越高,电阻率越小,在对数坐标的图 4-15 上近似为直线。

当杂质浓度增大时,曲线严重偏离直线,主要原因有二:一是杂质在室温下不能全部电离,在重掺杂的简并半导体中的情况更加严重;二是迁移率随杂质浓度的增大而显著下降。

利用图 4-15 可以方便地进行电阻率和杂质浓度的换算。例如,硅中掺入 10^{-6} 的磷,$N_D=5\times10^{16}\mathrm{cm}^{-3}$,从图中查出电阻率不到 $0.2\Omega\cdot\mathrm{cm}$,约是纯硅电阻率的 100 万分之一。反之,测出电阻率,可由图 4-15 确定所含的微量杂质的浓度。生产上常用这些曲线检验材料提纯的效果,材料越纯,电阻率越高。但对高度补偿的材料,仅仅测量电阻率是反映不出它的杂质含量的,因为这时载流子浓度很小,电阻率很高,但这是假象,并不真正说明材料很纯,而且这种材料杂质很多,迁移率很小,是不能用于制造器件的。

4.4.2 电阻率随温度的变化

对纯半导体材料,电阻率主要由本征载流子浓度 n_i 决定。n_i 随温度的上升而急剧增大,室温附近,温度每升高 8℃,硅的 n_i 就增大为原来的 2 倍,迁移率只稍有下降,所以电阻率将相应地降低一半左右;对锗来说,温度每升高 12℃,n_i 增大为原来的 2 倍,电阻率降低一半。本征半导体的电阻率随温度的升高而单调地下降,这是半导体区别于金属的一个重要特征。

对杂质半导体,有杂质电离和本征激发两个因素存在,又有电离杂质散射和晶格散射两种散射机构的存在,因而电阻率随温度的变化关系要复杂些,图 4-16 示意性地表示一定杂质浓度的硅样品的电阻率和温度的关系,曲线大致分为三段。

图 4-16 硅样品的电阻率和温度的关系曲线

AB 段:温度很低,本征激发可忽略,载流子主要由杂质电离提供,它的浓度随温度的升高而增大;散射主要由电离杂质决定,迁移率也随温度的升高而增大,所以,电阻率随温度的升高而减小。

BC 段:温度继续升高(包括室温),杂质已全部电离,本征激发还不十分显著,载流子基本上不随温度变化,晶格振动散射上升为主要矛盾,迁移率随温度的升高而减小,所以,电阻率随温度的升高而增大。

C 段:温度继续升高,本征激发很快增加,大量本征载流子的产生远远超过迁移率减小对电阻率的影响,这时,本征激发成为矛盾的主要方面,杂质半导体的电阻率将随温度的升高而急剧地减小,表现出同本征半导体相似的特征。很明显,杂质浓度越大,进入本征导电的温度也越高;材料的禁带宽度越大,同一温度下的本征载流子浓度就越小,进入本征导电的温度也越高。当温度升高到本征导电起主要作用时,一般器件不能正常工作,它就是器件的最高工作温度。一般地说,锗器件的最高工作温度为 100℃,硅为 250℃,而砷化镓可达 450℃。

*4.5 玻耳兹曼方程[11]、电导率的统计理论

前面根据载流子在电场中的加速及它们的散射,求出了在一定电场下载流子的平均漂移速度,从而得出电导率、迁移率与散射概率 P 或平均自由时间 τ 的关系。但是这种简单的分析受到两个方面的限制。①计算中把 τ 看作一个常数,没有考虑载流子热运动速度的统计分布。一般地说,τ 应是载流子速度的函数,即 τ 应与 v 有关,如果考虑到载流子热运动速度的区别,必须进一步把漂移速度对具有不同热运动速度的载流子求统计平均值,才能得出精确的结

果。②计算中假设散射后的速度完全无规则,即散射后载流子向各个方向运动的概率相等,这只适用于各向同性的散射,对纵声学波和纵光学波的散射确实是各向同性的,但是电离杂质的散射则偏向于小角散射,因而精确计算还需考虑散射的方向性。

下面较精确地计算半导体的电导率,但为简单起见,仍限于讨论各向同性的散射。

★4.5.1 玻耳兹曼方程

为了计算半导体的电导率,首先必须找出非平衡态时分布函数所满足的方程——玻耳兹曼方程。当无外场作用且温度均匀时,半导体处于热平衡状态。根据费米分布,能级 $E(\boldsymbol{k})$ 被电子占据的概率为

$$f_0 = \frac{1}{\exp\left[\dfrac{E(\boldsymbol{k})-E_F}{k_0 T}\right]+1}$$

对非简并半导体

$$f_0 = \exp\left[\frac{E_F - E(\boldsymbol{k})}{k_0 T}\right]$$

当有外加电场或存在温度梯度时,系统处于非平衡态,电子分布函数就发生改变。以 $f(\boldsymbol{k},\boldsymbol{r},t)$ 表示处于非平衡态时的分布函数,定义波矢在 $\boldsymbol{k}\sim(\boldsymbol{k}+\mathrm{d}\boldsymbol{k})$ 之间、位矢在 $\boldsymbol{r}\sim(\boldsymbol{r}+\mathrm{d}\boldsymbol{r})$ 之间的相空间体积元 $\mathrm{d}\boldsymbol{k}\mathrm{d}\boldsymbol{r}$ 中 t 时刻的电子数为

$$\mathrm{d}N(\boldsymbol{k},\boldsymbol{r},t) = 2f(\boldsymbol{k},\boldsymbol{r},t)\mathrm{d}\boldsymbol{k}\mathrm{d}\boldsymbol{r} \tag{4-66}$$

下面求 $f(\boldsymbol{k},\boldsymbol{r},t)$ 满足的方程。

经过 $\mathrm{d}t$ 时间,同一体积元 $\mathrm{d}\boldsymbol{k}\mathrm{d}\boldsymbol{r}$ 中在 $t+\mathrm{d}t$ 时刻的电子数变为

$$\mathrm{d}N(\boldsymbol{k},\boldsymbol{r},t+\mathrm{d}t) = 2f(\boldsymbol{k},\boldsymbol{r},t+\mathrm{d}t)\mathrm{d}\boldsymbol{k}\mathrm{d}\boldsymbol{r} \tag{4-67}$$

如 $\mathrm{d}t$ 很小,则将上式用泰勒级数展开,得到在 $t+\mathrm{d}t$ 时刻体积元 $\mathrm{d}\boldsymbol{k}\mathrm{d}\boldsymbol{r}$ 中的电子数为

$$\mathrm{d}N(\boldsymbol{k},\boldsymbol{r},t+\mathrm{d}t) = 2\left[f(\boldsymbol{k},\boldsymbol{r},t)+\frac{\partial f}{\partial t}\mathrm{d}t\right]\mathrm{d}\boldsymbol{k}\mathrm{d}\boldsymbol{r} \tag{4-68}$$

因此,体积元 $\mathrm{d}\boldsymbol{k}\mathrm{d}\boldsymbol{r}$ 中电子数的增长率为

$$2\frac{\partial f}{\partial t}\mathrm{d}\boldsymbol{k}\mathrm{d}\boldsymbol{r} \tag{4-69}$$

显然,电子数的改变主要是由分布函数随时间的变化引起的,分布函数随时间变化的原因如下。

(1) 漂移变化

外场作用改变了电子的波矢 $\boldsymbol{k}$ 和位矢 $\boldsymbol{r}$,使得在 $\boldsymbol{k}$、$\boldsymbol{r}$ 处的分布发生改变,这种改变是连续的,称为漂移变化,用 $(\partial f/\partial t)_\mathrm{d}$ 表示。

现在求 $(\partial f/\partial t)_\mathrm{d}$。由于存在漂移运动,在 $t+\mathrm{d}t$ 时刻,在 $\boldsymbol{r}$ 处的电子是由 $\boldsymbol{r}-\boldsymbol{v}\mathrm{d}t$ 处运动过来的;波矢为 $\boldsymbol{k}$ 的电子是由 $\boldsymbol{k}-(\mathrm{d}\boldsymbol{k}/\mathrm{d}t)\mathrm{d}t$ 处运动过来的,因而,单位时间体积元 $\mathrm{d}\boldsymbol{k}\mathrm{d}\boldsymbol{r}$ 内电子数的增加为

$$2\left(\frac{\partial f}{\partial t}\right)_\mathrm{d}\mathrm{d}\boldsymbol{k}\mathrm{d}\boldsymbol{r} = 2\left[f\left(\boldsymbol{k}-\frac{\mathrm{d}\boldsymbol{k}}{\mathrm{d}t}\mathrm{d}t,\boldsymbol{r}-\boldsymbol{v}\mathrm{d}t,t\right)-f(\boldsymbol{k},\boldsymbol{r},t)\right]\mathrm{d}\boldsymbol{k}\mathrm{d}\boldsymbol{r}/\mathrm{d}t$$

$$= -2(\dot{\boldsymbol{k}}\cdot\nabla_k f + \boldsymbol{v}\cdot\nabla_r f)\mathrm{d}\boldsymbol{k}\mathrm{d}\boldsymbol{r} \tag{4-70}$$

式中,$\nabla_r f$ 一项是由温度梯度引起的。因为分布函数是温度的函数,温度梯度的存在使得 f 随 $\boldsymbol{r}$ 变化。

(2) 散射作用

电子在运动过程中不断地遭到散射，使电子的波矢 k 产生突变，也使分布发生改变。用 $(\partial f/\partial t)_s$ 表示由散射所引起的分布函数变化率，则 $\mathrm{d}k\mathrm{d}r$ 中电子数的变化率为

$$2\left(\frac{\partial f}{\partial t}\right)_s \mathrm{d}k\mathrm{d}r \tag{4-71}$$

由于

$$2\left(\frac{\partial f}{\partial t}\right)\mathrm{d}k\mathrm{d}r = 2\left[\left(\frac{\partial f}{\partial t}\right)_s + \left(\frac{\partial f}{\partial t}\right)_d\right]\mathrm{d}k\mathrm{d}r \tag{4-72}$$

将式(4-70)代入式(4-72)，得到

$$\frac{\partial f}{\partial t} = -\bm{v}\cdot\nabla_r f - \dot{\bm{k}}\cdot\nabla_k f + \left(\frac{\partial f}{\partial t}\right)_s \tag{4-73}$$

式(4-73)是非平衡态时分布函数满足的方程。稳定状态下，f 不随时间变化，$\partial f/\partial t=0$，因而得到

$$\bm{v}\cdot\nabla_r f + \dot{\bm{k}}\cdot\nabla_k f = \left(\frac{\partial f}{\partial t}\right)_s \tag{4-74}$$

式(4-74)是分布函数 f 满足的方程，称为玻耳兹曼方程。

如果没有温度梯度，f 不随 r 变化，$\nabla_r f=0$，则玻耳兹曼方程为

$$\dot{\bm{k}}\cdot\nabla_k f = \left(\frac{\partial f}{\partial t}\right)_s \tag{4-75}$$

★4.5.2 弛豫时间近似

散射项 $(\partial f/\partial t)_s$ 应该是一个对散射概率的积分，所以玻耳兹曼方程是一个微分积分方程，求解很复杂。用弛豫时间近似方法求解可使问题变得简单些。

假定电子只有在时间 τ 内是自由运动的，散射后又恢复到无规则的分布，即分布函数又恢复到 f_0。在外加电场的作用下，电子 k 状态不断地改变，经过 τ 时间，波矢为 k 处的电子是由 $k-\dot{k}\tau$ 处加速而来的，因而

$$f(\bm{k},\tau) = f_0(\bm{k}-\dot{\bm{k}}\tau)$$

当 τ 很小时

$$f(\bm{k},\tau) = f_0(\bm{k}) - \tau\dot{\bm{k}}\cdot\nabla_k f_0 \tag{4-76}$$

如果稳定状态时分布函数 f 与 f_0 偏离不大，可近似认为

$$\nabla_k f = \nabla_k f_0 \tag{4-77}$$

将式(4-76)、式(4-77)代入式(4-75)，得到

$$\left(\frac{\partial f}{\partial t}\right)_s = -\frac{f-f_0}{\tau} \tag{4-78}$$

式(4-78)表示一种弛豫过程，它表明如果将外场取消，散射作用可以使分布函数逐渐恢复到平衡时的分布函数 f_0。从非平衡态逐渐恢复到平衡态的过程称为弛豫过程，τ 称为弛豫时间。

式(4-78)可以写为

$$\left[\frac{\partial (f-f_0)}{\partial t}\right]_s = -\frac{f-f_0}{\tau}$$

上式的解为

$$(f-f_0)=(f-f_0)_{t=0}\mathrm{e}^{-\frac{t}{\tau}} \tag{4-79}$$

即如果在 $t=0$ 时将外场取消,则由于散射作用,分布函数将逐渐按指数规律趋于平衡时的分布 f_0。

因而,弛豫时间近似下的稳态玻耳兹曼方程为

$$\dot{\boldsymbol{k}}\cdot\nabla_k f=-\frac{f-f_0}{\tau} \tag{4-80}$$

可以证明,在球形等能面、各向同性的弹性散射时,弛豫时间就代表两次散射间的平均自由时间[11]。

★4.5.3 弱电场近似下玻耳兹曼方程的解

当外加的电场强度为 $\mathscr{E}$ 时

$$\dot{\boldsymbol{k}}=\frac{\mathrm{d}\boldsymbol{k}}{\mathrm{d}t}=-\frac{q\mathscr{E}}{\hbar} \tag{4-81}$$

玻耳兹曼方程为

$$-\frac{q}{\hbar}\mathscr{E}\cdot\nabla_k f=-\frac{f-f_0}{\tau} \tag{4-82}$$

弱电场情况下,分布函数改变不大,用 $\varphi(\boldsymbol{k})$ 表示对于平衡状态下的偏离,即

$$f(\boldsymbol{k})=f_0+\varphi(\boldsymbol{k}) \tag{4-83}$$

代入式(4-82),得到

$$\varphi(\boldsymbol{k})=\frac{q}{\hbar}\tau\,\nabla_k(f_0+\varphi)\cdot\mathscr{E} \tag{4-84}$$

因为 $\varphi(\boldsymbol{k})$ 是由电场引起的,弱电场情况下,略去右面的 $\varphi(\boldsymbol{k})$,即用 f_0 代替 f,近似得到

$$\varphi(\boldsymbol{k})=\frac{q}{\hbar}\tau\,\nabla_k f_0\cdot\mathscr{E}=\frac{q}{\hbar}\tau\frac{\partial f_0}{\partial E}\nabla_k E\cdot\mathscr{E}=q\tau\frac{\partial f_0}{\partial E}\boldsymbol{v}\cdot\mathscr{E} \tag{4-85}$$

其中利用了速度与能量的关系[式(1-26)] $v=(1/\hbar)\mathrm{d}E/\mathrm{d}k$,该式是一维情况,推广到三维情况,即

$$\boldsymbol{v}=(1/\hbar)\nabla_k E$$

设 n 为电子浓度,如不计及电子速度的统计分布,即设 n 个电子均以平均漂移速度 $\bar{v}_\mathrm{d}$ 运动,则电流密度由式(4-9)($J=-nq\bar{v}_\mathrm{d}$)决定。实际上电子速度各不相同,有一定的统计分布,计入速度的统计分布,设有 $n\sim(n+\mathrm{d}n)$ 个电子均以速度 $\boldsymbol{v}$ 运动,则电流密度应是下面的积分

$$\boldsymbol{J}=-q\int\boldsymbol{v}\mathrm{d}n \tag{4-86}$$

$\mathrm{d}n$ 为单位体积中波矢在 $\boldsymbol{k}\sim(\boldsymbol{k}+\mathrm{d}\boldsymbol{k})$ 间的电子数,根据式(4-67),$\mathrm{d}n=2f\mathrm{d}\boldsymbol{k}$,所以

$$\boldsymbol{J}=-q\int\boldsymbol{v}\mathrm{d}n=-2q\int\boldsymbol{v}f\mathrm{d}\boldsymbol{k}=-2q\int\boldsymbol{v}(f_0+\varphi)\mathrm{d}\boldsymbol{k} \tag{4-87}$$

因为 f_0 只与 $\mathscr{E}$ 有关,且是 k_x、k_y、k_z 的偶函数,而 $\boldsymbol{v}$ 在 $\boldsymbol{k}$ 空间是奇函数,所以

$$\int\boldsymbol{v}f_0\mathrm{d}\boldsymbol{k}=0 \tag{4-88}$$

这也说明平衡状态下电流等于零,电流密度 $\boldsymbol{J}$ 只是由分布函数对平衡态的偏离 $\varphi(\boldsymbol{k})$ 所决定

的。将式(4-85)代入式(4-87)，得到

$$\boldsymbol{J} = -2q^2 \int \frac{\partial f_0}{\partial E} \tau \boldsymbol{v}(\boldsymbol{v} \cdot \boldsymbol{\mathcal{E}}) \mathrm{d}\boldsymbol{k} \tag{4-89}$$

上式可写为
$$J_i = \sum_{j=1}^{3} \sigma_{ij} \mathcal{E}_j \quad (i=1,2,3) \tag{4-90}$$

其中
$$\sigma_{ij} = -2q^2 \int \frac{\partial f_0}{\partial E} \tau v_i v_j \, \mathrm{d}\boldsymbol{k} \tag{4-91}$$

★4.5.4 球形等能面半导体的电导率

对各向同性的散射，τ 与方向无关，仅是能量 E 的函数，$(\partial f_0 / \partial E)\tau$ 是对称的，所以 i 和 j 不相等时，由于 v_i 和 v_j 是奇函数，积分等于零，因此可得

$$\sigma_{ij} = \sigma_{ii} \delta_{ij} \tag{4-92}$$

如等能面为球面，$\partial f_0 / \partial E$ 也是球对称的，所以

$$\int \frac{\partial f_0}{\partial E} \tau v_1^2 \, \mathrm{d}\boldsymbol{k} = \int \frac{\partial f_0}{\partial E} \tau v_2^2 \, \mathrm{d}\boldsymbol{k} = \int \frac{\partial f_0}{\partial E} \tau v_3^2 \, \mathrm{d}\boldsymbol{k} \tag{4-93}$$

即
$$\sigma_{11} = \sigma_{22} = \sigma_{33} = \sigma \tag{4-94}$$

于是电流密度和电场的关系为

$$\boldsymbol{J} = \sigma \boldsymbol{\mathcal{E}} \tag{4-95}$$

式中的电导率

$$\sigma = \frac{1}{3}(\sigma_{11} + \sigma_{22} + \sigma_{33}) = -\frac{2q^2}{3} \int \frac{\partial f_0}{\partial E} \tau v^2 \, \mathrm{d}\boldsymbol{k} \tag{4-96}$$

对非简并半导体
$$f_0 = \exp\left(-\frac{E - E_\mathrm{F}}{k_0 T}\right)$$

所以
$$\frac{\partial f_0}{\partial E} = -\frac{f_0}{k_0 T} \tag{4-97}$$

因而
$$\sigma = \frac{q^2}{3k_0 T} \int 2\tau v^2 f_0 \, \mathrm{d}\boldsymbol{k} \tag{4-98}$$

式中，$2f_0 \mathrm{d}\boldsymbol{k} = \mathrm{d}n$，即平衡态时在 $\boldsymbol{k} \sim (\boldsymbol{k} + \mathrm{d}\boldsymbol{k})$ 间的电子浓度，所以

$$\sigma = \frac{q^2}{3k_0 T} \int \tau v^2 \, \mathrm{d}n \tag{4-99}$$

容易证明

$$\frac{\int v^2 2 f_0 \, \mathrm{d}\boldsymbol{k}}{\int 2 f_0 \, \mathrm{d}\boldsymbol{k}} = \frac{\int v^2 \, \mathrm{d}n}{\int \mathrm{d}n} = \frac{3k_0 T}{m_\mathrm{n}^*} \tag{4-100}$$

代入式(4-99)，得到

$$\sigma = \frac{nq^2 \langle \tau v^2 \rangle}{m_\mathrm{n}^* \langle v^2 \rangle} \tag{4-101}$$

式中，$\langle \tau v^2 \rangle$、$\langle v^2 \rangle$ 分别表示统计平均值，即

$$\langle \tau v^2 \rangle = \frac{\int \tau v^2 \, \mathrm{d}n}{\int \mathrm{d}n}, \quad \langle v^2 \rangle = \frac{\int v^2 \, \mathrm{d}n}{\int \mathrm{d}n} \tag{4-102}$$

由 $\sigma = nq\mu_n$ 可得到

$$\mu_n = \frac{q}{m_n^*} \frac{\langle \tau v^2 \rangle}{\langle v^2 \rangle} \tag{4-103}$$

将式(4-101)、式(4-103)与式(4-45)、式(4-43)对比可以看到，当考虑速度的统计分布时，只需将 τ 用统计平均值代替即可。

在只有长声学波散射时，由式(4-39)和式(4-27)得到

$$\tau = \frac{\pi \rho \hbar^4 u^2}{\mathscr{E}_c^2 k_0 T (m_n^*)^2 v} = \frac{l_n}{v} \tag{4-104}$$

其中平均自由程

$$l_n = \frac{\pi \rho \hbar^4 u^2}{\mathscr{E}_c^2 k_0 T (m_n^*)^2} \tag{4-105}$$

将式(4-104)代入式(4-103)，按玻耳兹曼分布式(3-13)计算，得到

$$\mu_n = \frac{4q l_n}{3\sqrt{2\pi m_n^* k_0 T}} \tag{4-106}$$

因为 $l_n \propto 1/T$，所以 $\mu_n \propto T^{-3/2}$；$l_n \propto 1/m_n^{*2}$，所以 $\mu_n \propto (m_n^*)^{-5/2}$，就是说，长声学波散射时

$$\mu_n \propto (m_n^*)^{-5/2} T^{-3/2} \tag{4-107}$$

4.6 强电场下的效应[12]、热载流子

4.6.1 欧姆定律的偏离

电场不太强时，电流密度与电场强度关系服从欧姆定律，即 $J = \sigma \mathscr{E}$。对给定的材料，电导率 σ 是常数，与电场无关。这说明，平均漂移速度与电场强度成正比，迁移率大小与电场无关。但是，当电场强度增大到 10^3 V/cm 以上时，实验发现，J 与 $\mathscr{E}$ 不再成正比，偏离了欧姆定律，这表明电导率不再是常数，随电场而变。电导率取决于载流子浓度和迁移率，实验指出，当电场强度增大到接近 10^5 V/cm 时，载流子浓度才开始改变，所以，电场在 $10^3 \sim 10^5$ V/cm 范围内与欧姆定律的偏离只能说明平均漂移速度与电场强度不再成正比，迁移率随电场而改变。图 4-17 给出锗和硅的平均漂移速度 $\bar{v}_d$ 与电场强度 $\mathscr{E}$ 的关系。

图中看到，n 型锗在 $\mathscr{E} < 7 \times 10^2$ V/cm 时，$\bar{v}_d$ 与 $\mathscr{E}$ 呈线性关系，即 μ 与 $\mathscr{E}$ 无关；当 $7 \times 10^2 < \mathscr{E} < 5 \times 10^3$ V/cm 时，$\bar{v}_d$ 增大得缓慢，μ 随 $\mathscr{E}$ 的增大而减小；当 $\mathscr{E} > 5 \times 10^3$ V/cm 时，$\bar{v}_d$ 达到饱和，不随 $\mathscr{E}$ 变化。n 型硅的变化与锗类似，仅是 $\mathscr{E}$ 的范围稍有不同，两者漂移速度的饱和值分别为 6×10^6 cm/s 和 10^7 cm/s。

图 4-17 锗、硅的平均漂移速度与电场强度的关系(300K)

分析强电场下欧姆定律发生偏离的原因，主要可以用载流子与晶格振动散射时的能量交换过程来说明。在没有外加电场的情况下，载流子和晶格散射时将吸收声子或发射声子，与晶格交换动量和能量，交换的净能量为零，载流子的平均能量与晶格的相同，两者处于热平衡状态。

在电场存在时，载流子从电场中获得能量，随后又以发射声子的形式将能量传给晶格，这时，平均来说，载流子发射的声子数多于吸收的声子数。到达稳定状态时，单位时间载流子从电场中获得的能量同给予晶格的能量相同。但是，在强电场情况下，载流子从电场中获得的能量很多，载流子的平均能量比热平衡状态时大，因而载流子和晶格系统不再处于热平衡状态。温度是平均动能的量度，既然载流子的能量大于晶格系统的能量，人们便引入载流子的有效温度 T_e 来描述与晶格系统不处于热平衡状态的载流子，并称这种状态的载流子为热载流子。所以，在强电场情况下，载流子温度 T_e 比晶格温度 T 高，载流子的平均能量比晶格的大。热载流子与晶格散射时，由于热载流子的能量高，速度大于热平衡状态下的速度，由 $\tau = l/v$ 可看出，在平均自由程保持不变的情况下，平均自由时间缩短，因而迁移率减小。

设 μ 为强电场下的迁移率，μ_0 为低场时的迁移率，由式(4-106)得到 μ_0 为

$$\mu_0 = \frac{4ql_n}{3\sqrt{2\pi m_n^* k_0 T}} \tag{4-108}$$

可以认为强电场情况下的迁移率 μ 为

$$\mu = \frac{4ql_n}{3\sqrt{2\pi m_n^* k_0 T_e}} \tag{4-109}$$

式中，T_e 为热载流子的温度。因而

$$\mu = \mu_0 \sqrt{\frac{T}{T_e}} \tag{4-110}$$

当载流子和晶格处于热平衡时，$T_e = T$，所以 $\mu = \mu_0$，这就是弱场下遵守欧姆定律的情况。

当电场不是很强时，载流子主要和声学波散射，迁移率有所减小。当电场进一步增强，载流子的能量高到可以和光学波声子能量相比时，散射时可以发射光学波声子，于是载流子获得的能量大部分又消失，因而平均漂移速度可以达到饱和。

当电场再增强时，就发生所谓的击穿现象，留待第 6 章讨论。

*4.6.2 平均漂移速度与电场强度的关系

本节以电子与晶格散射为例，计算平均漂移速度与电场强度的关系。

速度为 v、波矢为 k，即准动量为 $\hbar k$、能量 $E = (\hbar^2 k^2)/(2m_n^*)$ 的电子，与晶格发生单声子散射时，发射或吸收一个动量为 $\hbar q$、能量为 $\hbar \omega_a$ 的声子后，准动量改变为 $\hbar k'$，能量改变为 $E' = (\hbar^2 k'^2)/(2m_n^*)$，遵循准动量和能量守恒定律，即

$$\hbar k' - \hbar k = \pm \hbar q$$

$$E' - E = \frac{\hbar^2 k'^2}{2m_n^*} - \frac{\hbar^2 k^2}{2m_n^*} = \pm \hbar \omega_a = \pm \hbar q u$$

其中利用了长声学波的 $\omega_a = qu$，u 为声子速度。弱场情况下，散射前后电子波矢的大小近似相等，因而散射前后电子能量的变化很小，其结果如式(4-25)、式(4-26)所示。强场情况下，在讨论散射前后电子能量的改变时，前两式就不够精确，需重新进行精确计算。

设散射后,电子波矢的大小 $k'=k+\Delta k$(Δk 为很小的量),将 k' 值代入式(4-23),并略去 $(\Delta k)^2$ 项,得到

$$\Delta k=k'-k=\pm\frac{m_n^*u}{\hbar k}q=\pm\left(\frac{u}{v}\right)q \tag{4-111}$$

将式(4-111)代入式(4-24),并略去 $(u/v)^2$ 项,得到

$$q=\pm 2k\left(\frac{u}{v}\right)\sin^2\frac{\theta}{2}+2k\sin\frac{\theta}{2} \tag{4-112}$$

用 ε_a 代表散射后电子吸收了一个声子的能量,$\varepsilon_a=\hbar\omega_a=\hbar qu$;用 ε_e 代表散射后电子发射了一个声子的能量,$\varepsilon_e=\hbar\omega_a=\hbar qu$。将式(4-112)代入 ε_a 或 ε_e 的表达式,吸收时取正号,发射时取负号,并利用 $\hbar k=m_n^*v$,得到

$$\begin{cases}\varepsilon_a=2m_n^*vu\left(1+\dfrac{u}{v}\sin\dfrac{\theta}{2}\right)\sin\dfrac{\theta}{2}\\ \varepsilon_e=2m_n^*vu\left(1-\dfrac{u}{v}\sin\dfrac{\theta}{2}\right)\sin\dfrac{\theta}{2}\end{cases} \tag{4-113}$$

式(4-113)是计算散射前后电子能量变化的更好的近似。由式(4-113)可看到,吸收声子和发射声子的散射,电子能量的变化有所不同。

设 $P_a(\theta)$、$P_e(\theta)$ 分别表示散射角为 θ 的吸收声子和发射声子的散射概率,可以证明,动量为 $\hbar k$ 的电子,散射到 $\varepsilon_a\sim(\varepsilon_a+\mathrm{d}\varepsilon_a)$ 和 $\varepsilon_e\sim(\varepsilon_e+\mathrm{d}\varepsilon_e)$ 范围内的概率分别为[13]

$$\begin{cases}W_a\mathrm{d}\varepsilon_a\propto P_a(\theta)\varepsilon_a^2\mathrm{d}\varepsilon_a\\ W_e\mathrm{d}\varepsilon_e\propto P_e(\theta)\varepsilon_e^2\mathrm{d}\varepsilon_e\end{cases} \tag{4-114}$$

所以散射到 θ 角后,电子的平均能量增益 $\overline{\delta E(\theta)}$ 为

$$\overline{\delta E(\theta)}=\frac{\varepsilon_a P_a(\theta)\varepsilon_a^2\mathrm{d}\varepsilon_a-\varepsilon_e P_e(\theta)\varepsilon_e^2\mathrm{d}\varepsilon_e}{P_a(\theta)\varepsilon_a^2\mathrm{d}\varepsilon_a+P_e(\theta)\varepsilon_e^2\mathrm{d}\varepsilon_e} \tag{4-115}$$

由 4.2 节知道,吸收声子的散射概率 $P_a\propto\overline{n_q}$,发射声子的散射概率 $P_e\propto\overline{n_q}+1$,$\overline{n_q}$ 为平均声子数,即

$$P_a(\theta)\propto\frac{1}{\exp\left(\dfrac{\varepsilon_a}{k_0T}\right)-1},\quad P_e(\theta)\propto\frac{\exp\left(\dfrac{\varepsilon_e}{k_0T}\right)}{\exp\left(\dfrac{\varepsilon_e}{k_0T}\right)-1} \tag{4-116}$$

因为 ε_a 和 ε_e 比电子能量小得多,而电子能量可以和 k_0T 相比,所以 $\varepsilon_a\ll k_0T$,$\varepsilon_e\ll k_0T$,式(4-116)近似为

$$\left.\begin{aligned}P_a(\theta)&\propto\frac{1}{\dfrac{\varepsilon_a}{k_0T}\left(1+\dfrac{1}{2}\dfrac{\varepsilon_a}{k_0T}\right)}\approx\frac{k_0T}{\varepsilon_a}\left(1-\frac{1}{2}\frac{\varepsilon_a}{k_0T}\right)\\ P_e(\theta)&\propto\frac{1+\dfrac{\varepsilon_e}{k_0T}}{\dfrac{\varepsilon_e}{k_0T}\left(1+\dfrac{1}{2}\dfrac{\varepsilon_e}{k_0T}\right)}\approx\frac{k_0T}{\varepsilon_e}\left(1+\frac{1}{2}\frac{\varepsilon_e}{k_0T}\right)\end{aligned}\right\} \tag{4-117}$$

代入式(4-115),整理后得到

$$\overline{\delta E(\theta)}=\frac{(\varepsilon_a^2\mathrm{d}\varepsilon_a-\varepsilon_e^2\mathrm{d}\varepsilon_e)-\left(\dfrac{1}{2k_0T}\right)(\varepsilon_a^3\mathrm{d}\varepsilon_a+\varepsilon_e^3\mathrm{d}\varepsilon_e)}{(\varepsilon_a\mathrm{d}\varepsilon_a+\varepsilon_e\mathrm{d}\varepsilon_e)-\left(\dfrac{1}{2k_0T}\right)(\varepsilon_a^2\mathrm{d}\varepsilon_a-\varepsilon_e^2\mathrm{d}\varepsilon_e)} \tag{4-118}$$

将式(4-113)和由式(4-113)求出的 $d\varepsilon_a$、$d\varepsilon_e$ 代入式(4-118)，保留到 $(u/v)^2$ 项，略去分母括号中的第二项，得到

$$\overline{\delta E(\theta)} = 8m_n^* u^2 \left(1 - \frac{m_n^* v^2}{4k_0 T}\right) \sin^2 \frac{\theta}{2} \tag{4-119}$$

式(4-119)表明，当电子能量 $(m_n^* v^2/2) = 2k_0 T$ 时，经 θ 角散射后，$\overline{\delta E(\theta)} = 0$；当 $(m_n^* v^2/2) > 2k_0 T$ 时，电子将失去能量；反之，散射后电子将获得能量。

对应于散射角 $\theta \sim (\theta + d\theta)$ 的立体角 $d\omega = 2\pi \sin\theta d\theta$，对各个散射角求平均后，得到一次散射后电子平均能量增益 $\overline{\delta E}$ 为

$$\overline{\delta E} = \frac{1}{4\pi}\int_0^\pi \overline{\delta E(\theta)} 2\pi \sin\theta d\theta = 4m_n^* u^2 \left(1 - \frac{m_n^* v^2}{4k_0 T}\right) \tag{4-120}$$

下面需进一步计算出单位时间内，对所有电子求平均后电子的平均能量增益。

速度为 v 的电子，单位时间内平均散射次数为

$$\frac{1}{\tau} = \frac{v}{l_n} \tag{4-121}$$

式中，τ 为平均自由时间，l_n 为电子的平均自由程。每散射一次，能量改变 $\overline{\delta E}$，单位时间内由于散射电子的能量改变为

$$\frac{v}{l_n}\overline{\delta E} \tag{4-122}$$

利用式(3-15)，对非简并半导体，若热电子仍服从玻耳兹曼分布，则可以推广得到能量在 $E \sim E + dE$ 间的热电子数为

$$dN = \frac{V}{2\pi^2}\frac{(2m_n^*)^{3/2}}{\hbar^3}\sqrt{E - E_c}\, \exp\left(\frac{E_F - E}{k_0 T_e}\right) dE \tag{4-123}$$

式中，T_e 为热电子有效温度。将式(4-122)对导带中所有不同能量的电子求平均，可得到单位时间内由于散射电子能量增益的平均值。用 $(dE/dt)_s$ 表示这个量，得到

$$\left(\frac{dE}{dt}\right)_s = \frac{\int \frac{v}{l_n}\overline{\delta E}\, dN}{\int dN} \tag{4-124}$$

将式(4-120)、式(4-123)代入式(4-124)，并利用导带中的电子能量 $E - E_c = \frac{1}{2}m_n^* v^2$，得到

$$\left(\frac{dE}{dt}\right)_s = \frac{\frac{4m_n^* u^2}{l_n}\sqrt{\frac{2}{m_n^*}}\int_{E_c}^\infty \left(1 - \frac{E - E_C}{2k_0 T}\right)(E - E_c)\exp\left(\frac{E_F - E}{k_0 T_e}\right)dE}{\int_{E_c}^\infty \sqrt{E - E_c}\exp\left(\frac{E_F - E}{k_0 T_e}\right)dE} \tag{4-125}$$

积分后，得到

$$\left(\frac{dE}{dt}\right)_s = \frac{8m_n^* u^2}{\sqrt{\pi}\, l_n}\sqrt{\frac{2k_0 T_e}{m_n^*}}\left(1 - \frac{T_e}{T}\right) \tag{4-126}$$

可以看到，当电子温度 $T_e = T$ 时，散射后平均能量没有变化。

设电场强度为 $\mathscr{E}$ 时的迁移率为 μ，平均漂移速度为 $\bar{v}_d$，仍定义 $\bar{v}_d = \mu\mathscr{E}$，在电场的作用下，单位时间内由电场中获得的能量为

$$\left(\frac{dE}{dt}\right)_d = q\mu\mathscr{E}^2 \tag{4-127}$$

将式(4-110)代入上式,得

$$\left(\frac{dE}{dt}\right)_d = q\mathscr{E}^2 \mu_0 \sqrt{\frac{T}{T_e}} \tag{4-128}$$

当电子与晶格散射达到稳定状态时,则

$$\left(\frac{dE}{dt}\right)_s + \left(\frac{dE}{dt}\right)_d = 0 \tag{4-129}$$

将式(4-126)、式(4-128)代入式(4-129),并利用式(4-108),得到热电子有效温度 T_e 满足的方程为

$$\left(\frac{T_e}{T}\right)^2 - \left(\frac{T_e}{T}\right) - \frac{3\pi}{32}\left(\frac{\mu_0 \mathscr{E}}{u}\right)^2 = 0 \tag{4-130}$$

可以看到,当漂移速度 $\mu_0\mathscr{E}$ 比声速 u 小得多时,电子有效温度和晶格振动的温度很接近。$T=300$K 时,锗的 $\mu_n=3\,900\,\mathrm{cm}^2/\mathrm{V}\cdot\mathrm{s}$,$u=5.4\times10^5\,\mathrm{cm/s}$,如果 $\mathscr{E}=10^2\,\mathrm{V/cm}$,则 $\mu_0\mathscr{E}$ 已接近于 u,已开始发生对欧姆定律的偏离。

解式(4-130),得到

$$\frac{T_e}{T} = \frac{1}{2}\left[1 + \sqrt{1+\frac{3\pi}{8}\left(\frac{\mu_0 \mathscr{E}}{u}\right)^2}\right] \tag{4-131}$$

(1) 当 $\mu_0\mathscr{E} \ll u$ 时,则

$$T_e = T\left[1 + \frac{3\pi}{32}\left(\frac{\mu_0 \mathscr{E}}{u}\right)^2\right] \tag{4-132}$$

这时 $T_e > T$,而且 $(T_e-T)/T$ 和 $\mathscr{E}^2$ 成正比。但如取一级近似,略去 $(\mu_0\mathscr{E}/u)^2$ 项,则 $T_e = T$,因而通常可以认为 $T_e = T$。有时称这种情况下的电子为暖电子(Warm Electron)。

由式(4-110)及 $\bar{v}_d = \mu\mathscr{E}$,得到

$$\mu = \mu_0\left[1 - \frac{1}{2}\left(\frac{3\pi}{32}\right)\left(\frac{\mu_0 \mathscr{E}}{u}\right)^2\right] \tag{4-133}$$

$$\bar{v}_d = \mu_0\mathscr{E}\left[1 - \frac{1}{2}\left(\frac{3\pi}{32}\right)\left(\frac{\mu_0 \mathscr{E}}{u}\right)^2\right] \tag{4-134}$$

可以近似认为 μ 与 $\mathscr{E}$ 无关,且等于 μ_0,$\bar{v}_d$ 与 $\mathscr{E}$ 成正比。

(2) 当 $\mu_0\mathscr{E} = 8u/3$ 时,可得 $T_e \approx 2T$,热电子有效温度为晶格温度的 2 倍,μ 减小为 μ_0 的 70%。

(3) 当 $\mu_0\mathscr{E} \gg u$ 时,则

$$T_e = T\sqrt{\frac{3\pi}{32}}\frac{\mu_0 \mathscr{E}}{u} \tag{4-135}$$

$$\mu = \sqrt[4]{\frac{32}{3\pi}}\sqrt{\frac{\mu_0 u}{\mathscr{E}}} \tag{4-136}$$

$$\bar{v}_d = \sqrt[4]{\frac{32}{3\pi}}\sqrt{\mu_0 u \mathscr{E}} \tag{4-137}$$

平均漂移速度按 $\mathscr{E}^{1/2}$ 增大,而不是如欧姆定律要求的随 $\mathscr{E}$ 线性增大。

(4) 当电场强度 $\mathscr{E}$ 再增大,电子能量已高到和光学波声子能量相比时,电子和晶格散射时便可以发射光学声子。设 ε_0 为光学声子能量,v 为电子热运动速度,一般情况下 $v \gg \bar{v}_d$,假定电子服从玻耳兹曼分布,则 v 的平均值为

$$\bar{v} = \sqrt{\frac{8k_0 T_e}{\pi m_n^*}} \tag{4-138}$$

而由式(4-109),得

$$\bar{v}_d = \mu \mathscr{E} = \frac{4q l_0}{3\sqrt{2\pi m_n^* k_0 T_e}} \mathscr{E} \tag{4-139}$$

式中,l_0为与光学声子散射时的平均自由程。单位时间由于散射而失去的能量为$\varepsilon_0 \bar{v}/l_0$,单位时间由电场获得的能量为$q\bar{v}_d \mathscr{E}$,稳态时两者应相等,即

$$q\bar{v}_d \mathscr{E} = \varepsilon_0 \frac{\bar{v}}{l_0} \tag{4-140}$$

将式(4-138)代入式(4-140),并与式(4-139)联立求解方程,得

$$\bar{v}_d = \sqrt{\frac{8\varepsilon_0}{3\pi m_n^*}} \tag{4-141}$$

式(4-141)表明平均漂移速度与电场无关,达到饱和。光学声子频率接近10^{13}Hz,代入上式,得到$\bar{v}_d \approx 10^7$cm/s。

*4.7 多能谷散射、耿氏效应

1963年,耿氏发现[14]在如图4-18所示的n型砷化镓两端电极上加以电压,当半导体内的电场超过3×10^3V/cm时,半导体内的电流便以很高的频率振荡,振荡频率为0.47～6.5GHz,这种效应称为耿氏效应(Gunn Effect)。1964年克罗默(Koremer)指出[15],这种效应与1961年里德利(Ridley)和沃特金斯[16](Watkins)及1962年希尔萨[17](Hilsum)分别发表的微分负阻理论相一致,从而解决了耿氏效应的理论问题,并称为RWH①机构,下面进行简单介绍。

图4-18 耿氏二极管

*4.7.1 多能谷散射、体内负微分电导

图4-19为砷化镓能带结构[18],导带最低能谷1和价带极值均位于布里渊区中心$k=0$处,在[1 1 1]方向的布里渊区边界L处还有一个极值约高出0.29eV的能谷2,称为卫星谷。当温度不太高、电场不太强时,导带电子大部分位于能谷1。能谷2的曲率比能谷1小,所以,能谷2的电子有效质量较大($m_1^* = 0.067 m_0$,$m_2^* = 0.55 m_0$),两能谷的状态密度之比约为94。因为能谷2的电子有效质量大,所以两能谷中的电子迁移率不同[$\mu_1 = 6000 \sim 8000$cm^2/(V·s),$\mu_2 = 920$cm^2/(V·s)],视纯度而异。

当样品两端加以电压时,样品内部便产生电场$\mathscr{E}$。n型砷化镓中电子的平均漂移速度$\bar{v}_d$随电场强度的变化如图4-20所示[19],在$\mathscr{E} = 3\times10^3 \sim 2\times10^4$V/cm范围内出现负微分电导区,迁移率为负值;当$\mathscr{E}$再增大时,平均漂移速度趋于饱和值$10^7$cm/s。

---

① RWH是参考资料[16]、[17]的作者Ridley B K、Watkins T B和Hilsum C的简称。

图 4-19　砷化镓能带结构　　　图 4-20　砷化镓中电子的平均漂移
速度与电场强度的关系(300K)

之所以会产生负微分电导，是由于在电场达到 3×10^3 V/cm 后，能谷 1 中的电子可从电场中获得足够的能量而开始转移到能谷 2 中，发生能谷间的散射，电子的准动量有较大的改变，伴随散射就发射或吸收一个光学声子，如图 4-21 所示。但是，这两个能谷不是完全相同的，进入能谷 2 的电子，其有效质量大幅增大，迁移率大幅降低，平均漂移速度减小，电导率下降，产生负阻效应。

设 n_1、n_2 分别代表能谷 1 和能谷 2 中的电子浓度，而 $n=n_1+n_2$，则电导率为

$$\sigma=q(n_1\mu_1+n_2\mu_2)=nq\bar{\mu} \tag{4-142}$$

$\bar{\mu}$ 为平均迁移率

$$\bar{\mu}=\frac{n_1\mu_1+n_2\mu_2}{n_1+n_2} \tag{4-143}$$

平均漂移速度为

$$\bar{v}_d=\bar{\mu}\mathscr{E}=\frac{n_1\mu_1+n_2\mu_2}{n_1+n_2}\mathscr{E} \tag{4-144}$$

电流密度为

$$J=nq\bar{\mu}\mathscr{E}=nq\bar{v}_d \tag{4-145}$$

当电场很弱，$\mathscr{E}<\mathscr{E}_1$ 时，$n_1\approx n$，$n_2\approx 0$，$\bar{v}_d=\mu_1\mathscr{E}$；当电场很强，$\mathscr{E}>\mathscr{E}_2$ 时，大部分电子转移到能谷 2，$n_1\approx 0$，$n_2\approx n$，$\bar{v}_d=\mu_2\mathscr{E}$，漂移速度降低；在 $\mathscr{E}_1<\mathscr{E}<\mathscr{E}_2$ 时，n_2 不断增大，n_1 不断减小，因为 $\mu_2<\mu_1$，所以平均漂移速度不断随电场的增大而降低，图 4-22 为 $\bar{v}_d$ 与 $\mathscr{E}$ 的关系曲线。

对式(4-145)进行微分，得

$$\frac{dJ}{d\mathscr{E}}=nq\frac{d\bar{v}_d}{d\mathscr{E}} \tag{4-146}$$

$dJ/d\mathscr{E}$ 称为微分电导，在 $(d\bar{v}_d/d\mathscr{E})<0$ 的区域就出现负微分电导，迁移率为负值。负微分电导开始时的电场定义为阈值电场强度 $\mathscr{E}_T$，其值约为 3.2×10^3 V/cm，起始时负微分迁移率为 -2400 cm^2/(V·s)，终止时的电场约为 2×10^4 V/cm。

图 4-21　能谷间散射示意图

图 4-22　$\bar{v}_d$ 与 $\mathscr{E}$ 的关系

*4.7.2　高场畴区及耿氏振荡

当外加电压使样品内部的电场强度最初处于负微分电导区时，就可以产生微波振荡。图 4-23 为耿氏器件的示意图。如果器件内部由于局部不均匀在某处引起微量的空间电荷，在具有正微分迁移率的材料中，这一空间电荷将很快消失，但是，在负微分迁移率的范围内，空间电荷将迅速增长起来。例如，设器件内 A 处由于掺杂不均匀形成一个局部的高阻区，当在器件两端施加电压时，高阻区内的电场强度比区外强，如外加电压使场强超过阈值，位于负微分电导区，如图 4-23(d) 中的 $\mathscr{E}_d$，则部分电子就会转移到能谷 2，形成两类平均漂移速度不相同的电子。处于能谷 2 中的电子由于有效质量大、迁移率小，因此平均漂移速度低。因为局部高阻区内的电场强度比区外强，由 $\bar{v}_d$ 与 $\mathscr{E}$ 的关系曲线可看到，在负微分电导区，场强越大，电子的平均漂移速度越低，所以在高阻区面向阳极的一侧，区外电子的平均漂移速度比区内的大，这里便缺少电子，称为电子的耗尽层，耗尽层内主要是带正电的电离施主，在高阻区面向阴极的一侧，也是区外电子的平均漂移速度比区内的大，因而形成电子的积累层。这样，由于器件内局部掺杂不均匀，外加电压使器件内场强处于负微分电导区，就形成了带负电的电子积累层和带正电的由电离施主构成的电子耗尽层，组成空间电荷偶极层，称为偶极畴，简称畴，图 4-23(b) 示意性地画出了畴区的带电情况。偶极畴形成后，畴内正负电荷产生一个与外加电场同方向的电场，使畴内电场增强，相应地畴外电场便有所降低，因此，这种偶极畴常称为高场畴。

随着畴内电场的增强，畴内电子的平均漂移速度不断下降，从而在高场畴向阳极渡越的过程中，积累层中的电子不断增长，耗尽层宽度也不断增大，就是说偶极畴不断地增长，从而畴内电场进一步增强，畴外电场进一步降低，图 4-23(c) 示意性地画出了 t_1、t_2 两个不同时刻畴内外的电场强度。

图 4-23　耿氏器件的示意图

但是，高场畴并不会无限制地增长，随着畴内电场的增强、畴外电场的降低，高场和低场的数值都将越出负微分电导区，这时，畴外电子全部在能谷1，畴内电子基本上位于能谷2，当畴内外电场分别达到图4-23(d)中的 $\mathscr{E}_a$ 和 $\mathscr{E}_b$ 时，畴外电子的平均漂移速度和畴内电子的平均漂移速度（即畴的运动速度）相等，畴就停止生长而达到稳定，形成一个稳态畴，这时，两类电子均以相同的平均漂移速度向阳极运动，随着电子的运动，这个稳态畴也以恒定的速度向阳极漂移。

高场畴到达阳极后，首先耗尽层逐渐消失，畴内空间电荷减少，电场降低，相应地畴外电场开始上升，畴内外电子平均漂移速度都增大，电流开始增大，最后整个畴被阳极"吸收"而消失，体内电场又恢复到 $\mathscr{E}_d$，电流达到最大值，同时一个新的畴又开始形成。

实验表明，一般情况下，新畴总是容易在阴极附近某些掺杂不均匀处形成，这可能是因为用外延片作耿氏器件时，外延层表面总是作为阴极，而外延层表面往往浓度最低，电阻率最高，电场较强，因而容易在阴极附近形成畴。畴在阴极附近形成后，一边迅速生长，一边向阳极漂移，约漂移 $1\mu m$ 就达到稳态，这时，高场畴便几乎以一个恒定的速度向阳极漂移，到达阳极后，畴消失，体内电场又恢复到 $\mathscr{E}_d$，在阴极附近又形成新畴，整个过程重复进行，造成耿氏振荡。图4-24画出了边生长边向阳极运动的高场畴区示意图[20]。

图4-24 高场畴区边生长边向阳极运动示意图

下面对畴区厚度进行估计。一般畴区外电场强度 $\mathscr{E}_a$ 是均匀的，为简单起见，设畴区内电场强度 $\mathscr{E}_b$ 也是均匀的，壁厚为 d，器件长度为 l，外加电压为 V，则

$$V = \mathscr{E}_d l = \mathscr{E}_b d + (l-d)\mathscr{E}_a \tag{4-147}$$

所以
$$d = l\frac{\mathscr{E}_d - \mathscr{E}_a}{\mathscr{E}_b - \mathscr{E}_a} \tag{4-148}$$

$\mathscr{E}_d$ 是无畴区时的电场强度。重复形成畴区的速率就是振荡频率 γ

$$\gamma = \frac{\overline{v}_d}{l} \tag{4-149}$$

在微波范围内，器件越短，振荡频率越高。现在已经利用这一性质制造出了多种工作模式的体效应微波器件。

除砷化镓外，人们已经在多种材料中发现有上述效应，例如，n型磷化铟、碲化镉、砷化铟及n型锗等，在一定条件下都能产生振荡。

习　题

1. 300K时，Ge的本征电阻率为 $47\Omega \cdot cm$，如电子迁移率和空穴迁移率分别为 $3800cm^2/(V \cdot s)$ 和 $1800cm^2/(V \cdot s)$，试求本征Ge的载流子浓度。

2. 试计算本征Si在室温时的电导率，设电子迁移率和空穴迁移率分别为 $1450cm^2/(V \cdot s)$ 和 $500cm^2/(V \cdot s)$。在掺入百万分之一的As后，设杂质全部电离，试计算其电导率，比本征Si的电导率增大了多少倍？

3. 对电阻率为 $10\Omega \cdot m$ 的p型Si样品，试计算室温时的多数载流子浓度和少数载流子浓度。

4. 0.1kg 的 Ge 单晶掺有 3.2×10^{-9} kg 的 Sb,设杂质全部电离,试求该材料的电阻率[设 $\mu_n = 0.38 m^2/(V \cdot s)$,Ge 单晶的密度为 $5.32 g/cm^3$,Sb 原子量为 121.8]。

5. 500g 的 Si 单晶掺有 4.5×10^{-5} g 的 B,设杂质全部电离,试求该材料的电阻率[设 $\mu_p = 500 cm^2/(V \cdot s)$,硅单晶的密度为 $2.33 g/cm^3$,B 原子量为 10.8]。

6. 设电子迁移率为 $0.1 m^2/(V \cdot s)$,Si 的电导有效质量 $m_c = 0.26 m_0$,加以强度为 10^4 V/m 的电场,试求平均自由时间和平均自由程。

7. 长为 2cm 的具有矩形截面的 Ge 样品,截面线度分别为 1mm 和 2mm,掺有 10^{22} m^{-3} 受主,试求室温时样品的电导率和电阻。再掺入 5×10^{22} m^{-3} 施主后,求室温时样品的电导率和电阻。

8. 截面积为 $0.001 cm^2$ 的圆柱形纯 Si 样品长 1mm,接于 10V 的电源上,室温下希望通过 0.1A 的电流,问:
① 样品的电阻是多少?
② 样品的电导率应是多少?
③ 应该掺入浓度为多少的施主?

9. 试从图 4-14(a)计算[9]:
① 本征硅的电阻率;
② 非补偿的 n 型硅杂质浓度为 10^{17} cm^{-3} 时的电阻率(设杂质全部电离);
③ 非补偿的 p 型硅杂质浓度为 10^{17} cm^{-3} 时的电阻率(设杂质全部电离)。

10. 试求本征 Si 在 473K 时的电阻率。

11. 截面积为 10^{-3} cm^2、掺有浓度为 10^{13} cm^{-3} 的 p 型 Si 样品,样品内部加有强度为 10^3 V/cm 的电场,求:
① 室温时样品的电导率及流过样品的电流密度和电流;
② 400K 时样品的电导率及流过样品的电流密度和电流。

12. 试从图 4-14(a)求室温时杂质浓度分别为 10^{15} cm^{-3}、10^{16} cm^{-3}、10^{17} cm^{-3} 的 p 型和 n 型 Si 样品的多子空穴和电子迁移率,并分别计算它们的电阻率。再从图 4-15(b)分别求它们的电阻率。

13. 掺有 1.1×10^{16} cm^{-3} 硼原子和 9×10^{15} cm^{-3} 磷原子的 Si 样品,试计算室温时多数载流子和少数载流子浓度及样品的电阻率。

14. 截面积为 $0.6 cm^2$、长为 1cm 的 n 型 GaAs 样品,设 $\mu_n = 8000 cm^2/(V \cdot s)$,$n = 10^{15}$ cm^{-3},试求样品的电阻。

15. 施主浓度分别为 10^{14} cm^{-3} 和 10^{17} cm^{-3} 的两个 Ge 样品,设杂质全部电离。
① 分别计算室温时的电导率;
② 若为两个 GaAs 样品,则分别计算室温时的电导率。

16. 分别计算掺有下列杂质的 Si 在室温时的载流子浓度、迁移率和电阻率:
① 硼原子 3×10^{15} cm^{-3};
② 硼原子 1.3×10^{16} cm^{-3} + 磷原子 1.0×10^{16} cm^{-3};
③ 磷原子 1.3×10^{16} cm^{-3} + 硼原子 1.0×10^{16} cm^{-3};
④ 磷原子 3×10^{15} cm^{-3} + 镓原子 1×10^{17} cm^{-3} + 砷原子 1×10^{17} cm^{-3}。

17. ① 证明当 $\mu_n \neq \mu_p$ 且电子浓度 $n = n_i \sqrt{\mu_p/\mu_n}$,$p = n_i \sqrt{\mu_n/\mu_p}$ 时,材料的电导率最小,并求 σ_{min} 的表达式;
② 试求 300K 时 Ge 和 Si 样品的最小电导率的数值,并和本征电导率相比较。

18. InSb 的电子迁移率为 $7.5 m^2/(V \cdot s)$,空穴迁移率为 $0.075 m^2/(V \cdot s)$,室温时本征载流子浓度为 1.6×10^{16} cm^{-3},试分别计算本征电导率、电阻率和最小电导率、最大电阻率。什么导电类型的材料电阻率可达最大?

19. 假设 Si 中电子的平均动能为 $3k_0 T/2$,试求室温时电子热运动的均方根速度。如将 Si 置于 10V/cm 的电场中,证明电子的平均漂移速度小于热运动速度,设电子迁移率为 $1500 cm^2/(V \cdot s)$。如仍设迁移率为上述数值,计算电场为 10^4 V/cm 时的平均漂移速度,并与热运动速度进行比较。这时电子的实际平均漂移速度和迁移率应为多少?

20. 试证 Ge 的电导有效质量为 $\frac{1}{m_c} = \frac{1}{3}\left(\frac{1}{m_l} + \frac{2}{m_t}\right)$。

参 考 资 料

[1] 黄昆,谢希德. 半导体物理学. 北京:科学出版社,1958,79-89.
[2] 谢希德,方俊鑫. 固体物理学. 上海:上海科学技术出版社,1961,90-103.
[3] [美]史密斯. 半导体. 高鼎三,译. 2 版. 北京:科学出版社,1987,274-278.
[4] Bardeen J, Shockley W. Deformation Potentials and Mobilities in Non-Polar Crystals. Phys. Rev. ,1950,80:72.
[5] Petritz R, Scanlon W. Mobility of Electrons and Holes in the Polar Crystal, PbS. Phys. Rev. ,1955,97:1620.
[6] Long D. Scattering of Conduction Electrons by Lattice Vibrations in Silicon. Phys. Rev. ,1960,120:2024.
[7] Herring C. Transport Properties of a Many-Valley Semiconductor. Bell Sys. Tech. J. ,1955,34:237.
[8] Klaassen D B M. A Unified Mobility Model for Device Simulation-II. Temperature Dependence of Carrier Mobility and Lifetime. Solid State Electron. ,1992,35:961.
[9] Anderson B L, Anderson R L. Fundamentals of Semiconductor Devices. New York:McGraw-Hill,2005.
[10] Cuttriss D B. Relation Between Surface Concentration and Average Conductivity in Diffused Layers in Germanium. Bell Sys. Tech. J. ,1961,40:509.
[11] 黄昆,谢希德. 半导体物理学. 北京:科学出版社,1958,105-106.
[12] Noll J L. Physics of Semiconductors. New York:McGraw-Hill,1964,198-210.
[13] Shockley W. Hot Electrons in Germanium and Ohm's Law. Bell Sys. Tech. J. ,1951,30:990.
[14] Gunn J B. Microwave Oscillations of Current in III-V Semiconductors. Solid State Comm. ,1963,1:88.
[15] Kroemer H. Theory of the Gunn Effect. Proc. IEEE. ,1964,52:1736.
[16] Ridley B K, Watkins T B. The Possibility of Negative Resistance Effects in Semiconductors. Proc. Phys. Soc. ,1961,78:293.
[17] Hilsum C. Transferred Electron Amplifiers and Oscillators. Proc. IRE. ,1962,50:185.
[18] Aspnes D E. GaAs Lower Conduction Band Minima:Ordering and Properties. Phys. Rev. B. ,1976,14:5331.
[19] Ruch J G, Kino G S. Measurement of the Velocity-Field Characteristics of Gallium Arsenide. Appl Phys. Letters,1967,10:40.
[20] McCumber D E, Chynowth A G. Theory of Negative-Conductance Amplification and of Gunn Instabilities in"Two-Valley"Semiconductors. IEEE Trans. Electron. Devices,1966,ED-13:4.

第 5 章 非平衡载流子

5.1 非平衡载流子的注入与复合

处于热平衡状态的半导体在一定温度下,载流子浓度是一定的。这种处于热平衡状态下的载流子浓度,称为平衡载流子浓度,前面各章讨论的都是平衡载流子。用 n_0 和 p_0 分别表示平衡电子浓度和空穴浓度,在非简并情况下,它们的乘积满足下式

$$n_0 p_0 = N_v N_c \exp\left(-\frac{E_g}{k_0 T}\right) = n_i^2 \tag{5-1}$$

本征载流子浓度 n_i 只是温度的函数。在非简并情况下,无论掺杂多少,平衡载流子浓度 n_0 和 p_0 必定满足式(5-1),因式(5-1)它也是非简并半导体处于热平衡状态的判据式。

半导体的热平衡状态是相对的、有条件的。如果对半导体施加外界作用,破坏了热平衡的条件,这就迫使它处于与热平衡状态相偏离的状态,称为非平衡状态。处于非平衡状态的半导体,其载流子浓度也不再是 n_0 和 p_0,可以比它们多出一部分。比平衡状态多出来的这部分载流子称为非平衡载流子,有时也称为过剩载流子。

例如,在一定温度下,当没有光照时,一块半导体中的电子和空穴浓度分别为 n_0 和 p_0,假设是 n 型半导体,则 $n_0 \gg p_0$,其能带图如图 5-1 所示。当用适当波长的光照射该半导体时,只要光子的能量大于该半导体的禁带宽度,那么光子就能把价带电子激发到导带上去,产生电子—空穴对,使导带比平衡时多出一部分电子 Δn,价带比平衡时多出一部分空穴 Δp,它们被形象地表示在图 5-1 的方框中。Δn 和 Δp 就是非平衡载流子浓度,这时把非平衡电子称为非平衡多数载流子,而把非平衡空穴称为非平衡少数载流子。对 p 型材料则相反。

用光照使得半导体内部产生非平衡载流子的方法,称为非平衡载流子的光注入。光注入时

$$\Delta n = \Delta p \tag{5-2}$$

一般情况下,注入的非平衡载流子浓度比平衡时的多数载流子浓度小得多,对 n 型材料,$\Delta n \ll n_0$,$\Delta p \ll n_0$,满足这个条件的注入称为小注入。例如,在 $1\Omega \cdot cm$ 的 n 型硅中,$n_0 \approx 5.5 \times 10^{15} cm^{-3}$,$p_0 \approx 3.1 \times 10^4 cm^{-3}$,若注入非平衡载流子 $\Delta n = \Delta p = 10^{10} cm^{-3}$,$\Delta n \ll n_0$,是小注入,但是 Δp 几乎是 p_0 的 10^6 倍,即 $\Delta p \gg p_0$。这个例子说明,即使在小注入的情况下,非平衡少数载流子浓度还是可以比平衡少数载流子浓度大得多的,它的影响就显得十分重要了,而相对来说,非平衡多数载流子的影响可以忽略。所以实际上往往是非平衡少数载流子起着重要作用,通常说的非平衡载流子都是指非平衡少数载流子。

光注入必然导致半导体的电导率增大,即引起的附加电导率为

$$\Delta \sigma = \Delta n q \mu_n + \Delta p q \mu_p = \Delta p q (\mu_n + \mu_p) \tag{5-3}$$

这个附加电导率可以用图 5-2 所示的装置观察。图中电阻 R 比半导体的电阻 r 大得多,因此不论光照与否,通过半导体的电流 I 几乎是恒定的。半导体上的电压降 $V = Ir$。设平衡时半

导体的电导率为 σ_0，光照引起的附加电导率为 $\Delta\sigma$，小注入时 $\sigma_0+\Delta\sigma\approx\sigma_0$，因而电阻率改变

$$\Delta\rho=1/\sigma-1/\sigma_0\approx-\Delta\sigma/\sigma_0^2$$

则电阻改变

$$\Delta r=\Delta\rho l/S\approx[-l/(s\sigma_0^2)]\Delta\sigma$$

其中 l、S 分别为半导体的长度和截面积。因为 $\Delta r\propto\Delta\sigma$，而 $\Delta V=I\Delta r$，故 $\Delta V\propto\Delta\sigma$，因此 $\Delta V\propto\Delta p$。所以，从示波器上观测到的半导体上电压降的变化就直接反映了附加电导率的变化，也间接地检验了非平衡少数载流子的注入。

图 5-1　光照产生非平衡载流子　　　图 5-2　光注入引起附加电导率

要破坏半导体的平衡状态，对它施加的外部作用可以是光的，还可以是电的或其他能量传递的方式。相应地，除了光照，还可以用其他方法产生非平衡载流子，最常用的是用电的方法，称为非平衡载流子的电注入。以后讲到的 pn 结正向工作，就是常遇到的电注入。当金属探针与半导体接触时，也可以用电的方法注入非平衡载流子。

当产生非平衡载流子的外部作用撤除以后，半导体中将发生什么变化呢？还是用光注入的例子来说明。在如图 5-2 所示的实验中，在小注入的情况下，ΔV 的变化反映了 Δp 的变化。实验发现，光照停止以后，ΔV 很快趋于零，大约只要毫秒到微秒数量级的时间。这说明，注入的非平衡载流子并不能一直存在下去，光照停止后，它们会逐渐消失，也就是原来激发到导带的电子又回到价带，电子和空穴又成对地消失了。最后，载流子浓度恢复到平衡时的值，半导体又回到平衡状态。由此得出结论，产生非平衡载流子的外部作用撤除后，半导体的内部作用使它由非平衡状态恢复到平衡状态，过剩载流子逐渐消失。这一过程称为非平衡载流子的复合。

然而，热平衡并不是一种绝对静止的状态。就半导体中的载流子而言，任何时候电子和空穴总是不断地产生和复合，在热平衡状态，产生和复合处于相对的平衡，每秒产生的电子和空穴数目与复合的数目相等，从而保持载流子浓度稳定不变。

当用光照射半导体时，打破了产生与复合的相对平衡，产生超过了复合，在半导体中产生了非平衡载流子，半导体处于非平衡状态。

当光照停止时，半导体中仍然存在非平衡载流子。由于电子和空穴的数目比热平衡时增大了，它们在热运动中相遇而复合的概率也将增大。这时复合超过了产生而造成一定的净复合，非平衡载流子逐渐消失，最后恢复到平衡值，半导体又回到了热平衡状态。

5.2　非平衡载流子的寿命

上节已经说明，在图 5-2 的实验中，小注入时，ΔV 的变化就反映了 Δp 的变化。因此，可

以通过这个实验观察光照停止后非平衡载流子浓度 Δp 随时间变化的规律。实验表明，光照停止后，Δp 随时间按指数规律减小。这说明非平衡载流子并不是立刻全部消失的，而是有一个过程，即它们在导带和价带中有一定的生存时间，有的长些，有的短些。非平衡载流子的平均生存时间称为非平衡载流子的寿命，用 τ 表示。由于相对于非平衡多数载流子，非平衡少数载流子的影响处于主导的、决定的地位，因此非平衡载流子的寿命常称为少数载流子的寿命。显然，$1/\tau$ 就表示单位时间内非平衡载流子的复合概率。通常把单位时间单位体积内净复合消失的电子—空穴对数称为非平衡载流子的复合率。很明显，$\Delta p/\tau$ 就代表复合率。

假定一束光在一块 n 型半导体内部均匀地产生非平衡载流子 Δn 和 Δp。在 $t=0$ 时刻，光照突然停止，Δp 将随时间而变化，单位时间内非平衡载流子浓度的减小应为 $-\mathrm{d}\Delta p(t)/\mathrm{d}t$，它是由复合引起的，因此应当等于非平衡载流子的复合率，即

$$\frac{\mathrm{d}\Delta p(t)}{\mathrm{d}t} = -\frac{\Delta p(t)}{\tau} \tag{5-4}$$

小注入时，τ 是一恒量，与 $\Delta p(t)$ 无关，式(5-4)的通解为

$$\Delta p(t) = C\mathrm{e}^{-\frac{t}{\tau}} \tag{5-5}$$

设 $t=0$ 时，$\Delta p(0)=(\Delta p)_0$，代入式(5-5)得 $C=(\Delta p)_0$，则

$$\Delta p(t) = (\Delta p)_0 \mathrm{e}^{-\frac{t}{\tau}} \tag{5-6}$$

这就是非平衡载流子浓度随时间按指数衰减的规律，如图 5-3 所示。这和实验得到的结论是一致的。

图 5-3 非平衡载流子浓度随时间的衰减

利用式(5-6)可以求出非平衡载流子的平均生存时间 $\bar{t}$ 就是 τ，即

$$\bar{t} = \int_0^\infty t\mathrm{d}\Delta p(t) \Big/ \int_0^\infty \mathrm{d}\Delta p(t) = \int_0^\infty t\mathrm{e}^{-\frac{t}{\tau}}\mathrm{d}t \Big/ \int_0^\infty \mathrm{e}^{-\frac{t}{\tau}}\mathrm{d}t = \tau \tag{5-7}$$

由式(5-6)也容易得到 $\Delta p(t+\tau)=\Delta p(t)/\mathrm{e}$，若取 $t=\tau$，则 $\Delta p(t)=(\Delta p)_0/\mathrm{e}$。所以寿命标志着非平衡载流子浓度减小到原值的 $1/\mathrm{e}$ 所经历的时间。寿命不同，非平衡载流子衰减的快慢不同，寿命越短，衰减得越快。

通常寿命是用实验方法测量的，各种测量方法都包括非平衡载流子的注入和检测两个基本方面。最常用的注入方法是光注入和电注入，而检测非平衡载流子的方法很多，不同的注入和检测方法的组合就形成了许多寿命测量方法。

图 5-2 所示就是用直流光电导衰减法测量寿命的基本原理图。测量时，用脉冲光照射半导体，在示波器上直接观察非平衡载流子随时间衰减的规律，由指数衰减曲线确定寿命。在此基础上，又产生了高频光电导衰减法，这时，加在样品上的是高频电场。

光磁电法也是一种常用的测量寿命的方法，它利用了半导体的光磁电效应的原理。这种方法适用于测量短的寿命，在砷化镓等Ⅲ-Ⅴ族化合物半导体中用得最多。此外，还有扩散长度法、双脉冲法及漂移法等测量寿命的方法。

不同的材料，其寿命很不相同。一般来说，锗比硅容易获得较长的寿命，而砷化镓的寿命要短得多。较完整的锗单晶，其寿命可超过 $10^4 \mu\mathrm{s}$。纯度和完整性特别好的硅材料，寿命可达 $10^3 \mu\mathrm{s}$ 以上。砷化镓的寿命极短，为 $10^{-9} \sim 10^{-8}\mathrm{s}$ 或更低。即使是同种材料，在不同的条件下，

寿命也可在一个很大的范围内变化。通常制造晶体管的锗材料,寿命在几十微秒到二百多微秒范围内。平面器件中用的硅的寿命一般在几十微秒以上。

5.3 准费米能级

半导体中的电子系统处于热平衡状态时,在整个半导体中有统一的费米能级,电子和空穴浓度都用它来描述。在非简并情况下

$$n_0 = N_c \exp\left(-\frac{E_c - E_F}{k_0 T}\right), \quad p_0 = N_v \exp\left(-\frac{E_F - E_v}{k_0 T}\right) \tag{5-8}$$

正因为有统一的费米能级 E_F,在热平衡状态下,半导体中电子浓度和空穴浓度的乘积必定满足式(5-1),因而,统一的费米能级是热平衡状态的标志。

当外界的影响破坏了热平衡,使半导体处于非平衡状态时,就不再存在统一的费米能级,因为前面讲的费米能级和统计分布函数都指的是热平衡状态。事实上,电子系统的热平衡状态是通过热跃迁实现的。在一个能带范围内,热跃迁十分频繁,在极短时间内就能形成一个能带内的热平衡。然而,电子在两个能带之间,例如,导带和价带之间的热跃迁就稀少得多,因为中间还隔着禁带。

当半导体的热平衡状态遭到破坏而存在非平衡载流子时,由于上述原因,可以认为分别就价带和导带中的电子来讲,它们各自基本上处于平衡状态,而导带和价带之间处于不平衡状态。因而费米能级和统计分布函数对导带和价带各自仍然是适用的,可以分别引入导带费米能级和价带费米能级,它们都是局部的费米能级,称为准费米能级。导带和价带间的不平衡就表现在它们的准费米能级是不重合的。导带的准费米能级也称电子准费米能级,用 E_{Fn} 表示;相应地,价带的准费米能级称为空穴准费米能级,用 E_{Fp} 表示。

引入准费米能级后,非平衡状态下的载流子浓度也可以用与平衡载流子浓度类似的公式来表达

$$n = N_c \exp\left(-\frac{E_c - E_{Fn}}{k_0 T}\right), \quad p = N_v \exp\left(-\frac{E_{Fp} - E_v}{k_0 T}\right) \tag{5-9}$$

知道了载流子浓度,便可以由上式确定准费米能级 E_{Fn} 和 E_{Fp} 的位置。只要载流子浓度不是太高,以致使 E_{Fn} 和 E_{Fp} 进入导带或价带,此式就总是适用的。

根据式(5-9),n 和 n_0 及 p 和 p_0 的关系可表示为

$$\left. \begin{array}{l} n = N_c \exp\left(-\dfrac{E_c - E_{Fn}}{k_0 T}\right) = n_0 \exp\left(\dfrac{E_{Fn} - E_F}{k_0 T}\right) = n_i \exp\left(\dfrac{E_{Fn} - E_i}{k_0 T}\right) \\ p = N_v \exp\left(-\dfrac{E_{Fp} - E_v}{k_0 T}\right) = p_0 \exp\left(\dfrac{E_F - E_{Fp}}{k_0 T}\right) = n_i \exp\left(\dfrac{E_i - E_{Fp}}{k_0 T}\right) \end{array} \right\} \tag{5-10}$$

由上式可明显地看出,无论是电子还是空穴,非平衡载流子越多,准费米能级偏离 E_F 就越多,但是 E_{Fn} 及 E_{Fp} 偏离 E_F 的程度是不同的。例如,对于 n 型半导体,在小注入条件下,即当 $\Delta n \ll n_0$ 时,显然有 $n > n_0$,且 $n \approx n_0$,因而 E_{Fn} 比 E_F 更靠近导带,但偏离 E_F 甚小。这时注入的空穴浓度 $\Delta p \gg p_0$,即 $p \gg p_0$,所以 E_{Fp} 比 E_F 更靠近价带,且比 E_{Fn} 更显著地偏离了 E_F。图 5-4 示意性地画出了 n 型半导体注入非平衡载流子后,准费米能级 E_{Fn} 和 E_{Fp} 偏离热平衡时的费米能级 E_F 的情况。一般在非平衡状态时,往往总是多数载流子的准费米能级和热平衡时的费米能级偏离不多,而少数载流子的准费米能级则偏离得多。

(a) 热平衡时的费米能级　　(b) n型半导体的准费米能级

图 5-4　准费米能级偏离费米能级的情况

由式(5-9)可以得到电子浓度和空穴浓度的乘积是

$$np = n_0 p_0 \exp\left(\frac{E_{Fn}-E_{Fp}}{k_0 T}\right) = n_i^2 \exp\left(\frac{E_{Fn}-E_{Fp}}{k_0 T}\right) \tag{5-11}$$

显然，E_{Fn} 和 E_{Fp} 偏离的大小直接反映出 np 和 n_i^2 相差的程度，即反映了半导体偏离热平衡的程度。它们偏离得越多，说明不平衡情况越显著；两者靠得越近，则说明越接近平衡状态；两者重合时，形成统一的费米能级，半导体处于平衡状态。因此引入准费米能级，可以使我们更形象地了解非平衡状态的情况。

这一节只提出了准费米能级的概念，在以后遇到的非平衡状态的问题中，如在非平衡 pn 结中，再具体讨论准费米能级的情况。

5.4　复合理论

半导体内部存在相互作用，使得任何半导体在平衡状态总有一定数目的电子和空穴。从微观角度讲，平衡状态指的是由系统内部一定的相互作用所引起的微观过程之间的平衡。也正是这些微观过程促使系统由非平衡状态向平衡状态过渡，引起非平衡载流子的复合，因此，复合过程属于统计性的过程。

非平衡载流子到底是怎样复合的？根据长期的研究结果，就复合过程的微观机构讲，复合过程大致可以分为(如图 5-5 所示)：

① 直接复合——电子在导带和价带之间的直接跃迁，引起电子和空穴的直接复合，如图 5-6 所示；

② 间接复合——电子和空穴通过禁带的能级(复合中心)进行复合。根据间接复合过程发生的位置，又可以把它分为体内复合和表面复合，如图 5-5 所示。载流子复合时，一定要释放出多余的能量。放出能量的方法有三种：

① 发射光子，伴随着复合，将有发光现象，常称为发光复合或辐射复合；

② 发射声子，载流子将多余的能量传给晶格，加强晶格的振动；

③ 将能量给予其他载流子，增大它们的动能，称为俄歇(Auger)复合。

图 5-5　载流子的各种复合机构
a—直接复合；b—体内复合；c—表面复合

图 5-6　直接复合

5.4.1 直接复合

无论何时,半导体中总存在着载流子产生和复合两个相反的过程。通常把单位时间单位体积内所产生的电子—空穴对数称为产生率,而把单位时间单位体积内复合的电子—空穴对数称为复合率。

半导体中的自由电子和空穴在运动中会有一定概率直接相遇而复合,使一对电子和空穴同时消失。从能带角度讲,就是导带中的电子直接落入价带与空穴复合,如图 5-6 所示。同时,还存在着上述过程的逆过程,即由于热激发等原因,价带中的电子也有一定概率跃迁到导带,产生一对电子和空穴。这种由电子在导带与价带间直接跃迁而引起非平衡载流子的复合过程就是直接复合。

n 和 p 分别表示电子浓度和空穴浓度。单位体积内,每个电子在单位时间内都有一定的概率和空穴相遇而复合,这个概率显然和空穴浓度成正比,可以用 rp 表示,那么复合率 R 就有如下的形式

$$R = rnp \tag{5-12}$$

比例系数 r 称为电子和空穴复合概率。因为不同的电子和空穴具有不同的热运动速度,一般地说,它们的复合概率与它们的运动速度有关。这里 r 代表不同热运动速度的电子和空穴复合概率的平均值。在非简并半导体中,电子和空穴的运动速度遵守玻耳兹曼分布,因此,在一定温度下,可以求出载流子运动速度的平均值,所以 r 也有完全确定的值,它仅是温度的函数,而与 n 和 p 无关。这样式(5-12)就表示复合率 R 正比于 n 和 p。下面的讨论也都限于非简并的情况。

在一定温度下,价带中的每个电子都有一定的概率被激发到导带,从而形成一对电子和空穴。如果价带中本来就缺少一些电子,即存在一些空穴,当然产生率就会相应地减小一些。同样,如果导带中本来就有一些电子,也会使产生率相应地减小一些。因为根据泡利不相容原理,价带中的电子不能激发到导带中已被电子占据的状态上去。但是,在非简并情况下,价带中的空穴数相对于价带中的总状态数是极其微小的,导带中的电子数相对于导带中的总状态数也是极其微小的。这样,可认为价带基本上是满的,而导带基本上是空的,激发概率不受载流子浓度 n 和 p 的影响。因而产生率在所有非简并情况下基本上是相同的,可以写为

$$产生率 = G \tag{5-13}$$

式中,G 仅是温度的函数,与 n、p 无关。

热平衡时,产生率必须等于复合率,此时 $n = n_0$,$p = p_0$,根据式(5-12)和式(5-13),就得到 G 和 r 的关系

$$G = rn_0 p_0 = rn_i^2 \tag{5-14}$$

复合率减去产生率就等于非平衡载流子的净复合率。由式(5-12)及式(5-13)可以求出非平衡载流子的直接净复合率 U_d 为

$$U_d = R - G = r(np - n_i^2) \tag{5-15}$$

把 $n = n_0 + \Delta n$、$p = p_0 + \Delta p$ 及 $\Delta n = \Delta p$ 代入上式,得到

$$U_d = r(n_0 + p_0)\Delta p + r(\Delta p)^2 \tag{5-16}$$

由此得到非平衡载流子的寿命为

$$\tau = \frac{\Delta p}{U_d} = \frac{1}{r[(n_0+p_0)+\Delta p]} \tag{5-17}$$

由上式可以看出，r 越大，净复合率越大，τ 值越小。寿命 τ 不仅与平衡载流子浓度 n_0、p_0 有关，而且与非平衡载流子浓度有关。

在小注入条件下，$\Delta p \ll (n_0+p_0)$，式(5-17)可近似为

$$\tau = \frac{1}{r(n_0+p_0)} \tag{5-18}$$

对于 n 型材料，$n_0 \gg p_0$，上式变成

$$\tau \approx \frac{1}{rn_0} \tag{5-19}$$

这说明，在小注入条件下，当温度和掺杂一定时，寿命是一个常数。寿命与多数载流子浓度成反比，或者说，半导体的电导率越高，寿命就越短。

当 $\Delta p \gg n_0+p_0$ 时，式(5-17)近似为

$$\tau = \frac{1}{r\Delta p} \tag{5-20}$$

寿命随非平衡载流子浓度的改变而改变，因而在复合过程中，寿命不再是常数。

寿命 τ 的大小首先取决于复合概率 r，根据本征光吸收的数据，结合理论计算可以求出 r 的值。通过理论计算得到室温时本征锗和硅的 r 和 τ 值如下：

锗　　　　　　　　$r=6.5\times10^{-14}\text{cm}^3/\text{s}$，　　$\tau=0.3\text{s}$

硅　　　　　　　　$r=10^{-11}\text{cm}^3/\text{s}$，　　　　$\tau=3.5\text{s}$

然而，实际上锗、硅材料的寿命比上述数据要低得多，最大寿命值不过是几毫秒。这个事实说明，对于锗和硅，寿命主要不是由直接复合机构所决定的，一定有另外的复合机构起着主要作用，决定着材料的寿命。这就是下面要讨论的间接复合。

一般来说，禁带宽度越小，直接复合的概率越大。所以，在锑化铟（$E_g=0.18\text{eV}$）和碲（$E_g=0.3\text{eV}$）等小禁带宽度的半导体中，直接复合占优势。

实验发现，砷化镓的禁带宽度（$E_g=1.424\text{eV}$）虽然比较大，但直接复合机构对寿命有着重要的影响，这和它的具体能带结构有关。

5.4.2　间接复合

半导体中的杂质和缺陷在禁带中形成一定的能级，它们除影响半导体的电特性外，对非平衡载流子的寿命也有很大的影响。实验发现，半导体中的杂质越多，晶格缺陷越多，寿命就越短，这说明杂质和缺陷有促进复合的作用，这些促进复合过程的杂质和缺陷称为复合中心。间接复合指的是非平衡载流子通过复合中心的复合，这里只讨论具有一种复合中心能级的简单情况。

禁带中有了复合中心能级，就好像多了一个台阶，电子和空穴的复合可分两步走：第一步，导带电子落入复合中心能级；第二步，这个电子再落入价带与空穴复合。复合中心恢复了原来空着的状态，又可以再去完成下一次的复合过程。显然，一定还存在上述两个过程的逆过程。所以，间接复合仍旧是一个统计性的过程。相对于复合中心能级 E_t 而言，共有 4 个微观过程，如图 5-7 所示。

① 俘获电子过程。复合中心能级 E_t 从导带俘获电子。

图 5-7　间接复合的 4 个过程
①—俘获电子；②—发射电子；③—俘获空穴；④—发射空穴

② 发射电子过程。复合中心能级 E_t 上的电子被激发到导带（①的逆过程）。

③ 俘获空穴过程。电子由复合中心能级 E_t 落入价带，与空穴复合，也可看成复合中心能级从价带俘获了一个空穴。

④ 发射空穴过程。价带电子被激发到复合中心能级 E_t 上，也可以看成复合中心能级向价带发射了一个空穴（③的逆过程）。

为了具体求出非平衡载流子通过复合中心复合的复合率，首先必须对这 4 个基本跃迁过程进行确切定量的描述。用 n 和 p 分别表示导带电子浓度和价带空穴浓度，设复合中心浓度为 N_t，用 n_t 表示复合中心能级上的电子浓度，那么 (N_t-n_t) 就是未被电子占据的复合中心浓度。

在①过程中，通常把单位体积单位时间被复合中心俘获的电子数称为电子俘获率。显然，导带电子越多，空复合中心越多，电子碰到空复合中心而被俘获的概率就越大。所以电子俘获率与导带电子浓度 n 和空复合中心浓度 (N_t-n_t) 成比例，即

$$\text{电子俘获率}=r_n n(N_t-n_t) \tag{5-21}$$

比例系数 r_n 反映复合中心俘获电子能力的大小，称为电子俘获系数。r_n 是个平均量。

过程②是过程①的逆过程。用电子产生率代表单位体积单位时间向导带发射的电子数。显然，只有已被电子占据的复合中心能级才能发射电子，所以，电子产生率和 n_t 成比例。这里仍考虑非简并情况，可以认为导带基本是空的，因而产生率与 n 无关。产生率可写成

$$\text{电子产生率}=s_-n_t \tag{5-22}$$

s_- 称为电子激发概率，只要温度一定，它的值就是确定的。

平衡时，①、②这样两个相反的微观过程必须互相抵消，即电子产生率等于电子俘获率，故有

$$s_-n_{t0}=r_n n_0(N_t-n_{t0}) \tag{5-23}$$

n_0 和 n_{t0} 分别为平衡时导带电子浓度和复合中心能级 E_t 上的电子浓度。为了简单起见，在计算 n_{t0} 时，可忽略分布函数中的简并因子，即

$$n_{t0}=N_t f(E_t)=N_t\frac{1}{\exp\left(\dfrac{E_t-E_F}{k_0 T}\right)+1}$$

非简并情况下

$$n_0=N_c\exp\left(\frac{E_F-E_c}{k_0 T}\right)$$

把 n_{t0} 和 n_0 的表达式代入式(5-23)，得

$$s_-=r_n N_c\exp\left(\frac{E_t-E_c}{k_0 T}\right)=r_n n_1 \tag{5-24}$$

式中
$$n_1 = N_c \exp\left(\frac{E_t - E_c}{k_0 T}\right) \tag{5-25}$$

它恰好等于费米能级 E_F 与复合中心能级 E_t 重合时导带的平衡电子浓度。

利用式(5-24)，可把式(5-22)改写成

$$\text{电子产生率} = r_n n_1 n_t \tag{5-26}$$

从上式可看到，电子产生率也包含电子俘获系数，这反映了电子俘获和发射这样两个对立过程的内在联系。

对于③过程，因为只有被电子占据的复合中心能级才能俘获空穴，所以，空穴俘获率和 n_t 成正比，当然也和 p 成正比，因此有

$$\text{空穴俘获率} = r_p p n_t \tag{5-27}$$

比例系数 r_p 称为空穴俘获系数，它反映复合中心俘获空穴的能力。r_p 也是个平均量。

过程④是过程③的逆过程。价带中的电子只能激发到空着的复合中心能级上去，换言之，只有空着的复合中心才能向价带发射空穴。类似前面的讨论，非简并情况下，空穴产生率可写成

$$\text{空穴产生率} = s_+ (N_t - n_t) \tag{5-28}$$

s_+ 是空穴激发概率。

同样，平衡时，③、④这两个相反的过程必须相互抵消。

$$s_+ (N_t - n_{t0}) = r_p p_0 n_{t0} \tag{5-29}$$

代入平衡时的 p_0 和 n_{t0} 值，得

$$s_+ = r_p p_1 \tag{5-30}$$

其中
$$p_1 = N_v \exp\left[-\frac{(E_t - E_v)}{k_0 T}\right] \tag{5-31}$$

它恰好等于费米能级 E_F 与复合中心能级 E_t 重合时价带的平衡空穴浓度。

把式(5-30)代入式(5-28)，得

$$\text{空穴产生率} = r_p p_1 (N_t - n_t) \tag{5-32}$$

该式也反映了③、④这两个相反过程的内在联系。

至此，已经分别求出了描述 4 个过程的数学表达式，现在利用这些表达式求出非平衡载流子的净复合率。在稳定情况下，①~④这 4 个过程必须保持复合中心上的电子数不变，即 n_t 为常数。由于①、④两个过程造成复合中心能级上电子的积累，而②、③两个过程造成复合中心上电子的减少，要维持 n_t 不变，必须满足稳定条件，即

$$①+④=②+③$$

把式(5-21)、式(5-26)、式(5-27)及式(5-32)代入上式得

$$r_n n (N_t - n_t) + r_p p_1 (N_t - n_t) = r_n n_1 n_t + r_p p n_t$$

解之，得

$$n_t = N_t \frac{(n r_n + p_1 r_p)}{r_n(n + n_1) + r_p(p + p_1)} \tag{5-33}$$

稳定条件又可以写成

$$①-②=③-④$$

显然，上式表示单位体积单位时间导带减少的电子数等于价带减少的空穴数，即导带每损失一个电子，价带也损失一个空穴，电子和空穴通过复合中心成对地复合。因而上式正是表示电

子—空穴对的净复合率,所以

$$\text{非平衡载流子的复合率} = ① - ② = ③ - ④ \tag{5-34}$$

把式(5-33)代入式(5-24),并利用 $n_1 p_1 = n_i^2$,就得到非平衡载流子的复合率

$$U = \frac{N_t r_n r_p (np - n_i^2)}{r_n(n + n_1) + r_p(p + p_1)} \tag{5-35}$$

这就是通过复合中心复合的普遍理论公式。

显然,在热平衡条件下,因为 $np = n_0 p_0 = n_i^2$,所以 $U = 0$,这是理所当然的。

在半导体中注入了非平衡载流子后,$np > n_i^2$,$U > 0$。将 $n = n_0 + \Delta n$、$p = p_0 + \Delta p$ 及 $\Delta n = \Delta p$ 代入式(5-35),得

$$U = \frac{N_t r_p r_n (n_0 \Delta p + p_0 \Delta p + \Delta p^2)}{r_n(n_0 + n_1 + \Delta p) + r_p(p_0 + p_1 + \Delta p)}$$

非平衡载流子的寿命为

$$\tau = \frac{\Delta p}{U} = \frac{r_n(n_0 + n_1 + \Delta p) + r_p(p_0 + p_1 + \Delta p)}{N_t r_p r_n (n_0 + p_0 + \Delta p)} \tag{5-36}$$

显然,寿命 τ 与复合中心浓度 N_t 成反比。

这里还要指出一点,复合率公式(5-35)同样可适用于 $\Delta n < 0$、$\Delta p < 0$ 的情形,这时复合率为负值,它实际上表示电子—空穴对的产生率。

下面具体讨论小注入情况下两种导电类型和不同掺杂程度的半导体中非平衡载流子的寿命。小注入时,$\Delta p \ll (n_0 + p_0)$,并且对于一般的复合中心,r_n 和 r_p 相差不是太大,所以,式(5-36)中分母和分子中的 Δp 都可以忽略,因而得到

$$\tau = \frac{r_n(n_0 + n_1) + r_p(p_0 + p_1)}{N_t r_p r_n (n_0 + p_0)} \tag{5-37}$$

可见,在小注入情况下,寿命只取决于 n_0、p_0、n_1 和 p_1 的值,而与非平衡载流子浓度无关。N_c 和 N_v 具有相近的数值,n_0、p_0、n_1 及 p_1 的大小主要分别由 $(E_c - E_F)$、$(E_F - E_v)$、$(E_c - E_t)$ 及 $(E_t - E_v)$ 决定。当 $k_0 T$ 比这些能量间隔小得多时,n_0、p_0、n_1 及 p_1 之间往往高低悬殊,有若干数量级之差,实际上在式(5-37)中只需要考虑最大者,就使问题大为简化。

对于 n 型半导体,假定复合中心能级 E_t 更接近价带,相对于禁带中心与 E_t 对称的能级位置为 E_t',如图 5-8 所示。

```
_____  E_c              _____  E_c
-·-·-·-  E_F
_____  E_t'             -·-·-·-  E_t'
                          _____  E_F
_____  E_t              _____  E_t

_____  E_v              _____  E_v

  (a) 强 n 型区              (b) 高阻区
```

图 5-8 n 型半导体中 E_F 和 E_t 的相对位置

假定 E_F 比 E_t' 更接近 E_c,称为"强 n 型区",显然,n_0、p_0、n_1、p_1 中 n_0 最大,即 $n_0 \gg p_0$,$n_0 \gg n_1$,$n_0 \gg p_1$,因此式(5-37)进一步简化为

$$\tau = \tau_p \approx \frac{1}{N_t r_p} \tag{5-38}$$

由上式可看到,在掺杂较重的 n 型半导体中,对寿命起决定作用的是复合中心对少数载流子空穴的俘获系数 r_p,而与电子俘获系数 r_n 无关。这是由于在重掺杂的 n 型材料中,E_F 远在

E_t 以上，所以复合中心能级基本上填满了电子，相当于复合中心俘获电子的过程总是完成了的，因而，正是这 N_t 个被电子填满的中心对空穴的俘获率 r_p 决定着寿命。

若 E_F 在 E_t 与 E_t' 之间，称为"高阻区"，那么 n_0、p_0、n_1、p_1 中 p_1 最大，即 $p_1 \gg n_0$，$p_1 \gg p_0$，$p_1 \gg n_1$，同时考虑到 $n_0 \gg p_0$，则寿命为

$$\tau \approx \frac{p_1}{N_t r_n} \frac{1}{n_0} \tag{5-39}$$

可见在"高阻区"样品中，寿命与多数载流子浓度成反比，即与电导率成反比。

对于 p 型材料，可以用相似的方法进行讨论。仍假定 E_t 更接近价带，当 E_F 比 E_t 更接近 E_v 时，即对"强 p 型区"，寿命为

$$\tau = \tau_n \approx \frac{1}{N_t r_n} \tag{5-40}$$

可以看出，复合中心对少数载流子的俘获决定着寿命，原因是复合中心总是基本上被多数载流子所填满的。

对"高阻区"有

$$\tau \approx \frac{p_1}{N_t r_n} \frac{1}{p_0} \tag{5-41}$$

若复合中心能级更接近导带，则"高阻区"样品的寿命公式中的 p_1/r_n 应当用 n_1/r_p 代替。

这里的"强 n 型区""强 p 型区""高阻区"是相对的，与复合中心能级 E_t 的位置有关。

把式(5-38)及式(5-40)代入式(5-35)，得到

$$U = \frac{np - n_i^2}{\tau_p(n + n_1) + \tau_n(p + p_1)} \tag{5-42}$$

利用

$$n_1 = n_i \exp\left(\frac{E_t - E_i}{k_0 T}\right), \quad p_1 = n_i \exp\left(\frac{E_i - E_t}{k_0 T}\right)$$

上式又可改写为

$$U = \frac{np - n_i^2}{\tau_p\left[n + n_i \exp\left(\frac{E_t - E_i}{k_0 T}\right)\right] + \tau_n\left[p + n_i \exp\left(\frac{E_i - E_t}{k_0 T}\right)\right]} \tag{5-43}$$

为了简明起见，假定 $r_n = r_p = r$（对一般复合中心可以做这样的近似），那么，$\tau_p = \tau_n = 1/(N_t r)$，上式简化成

$$U = \frac{N_t r(np - n_i^2)}{n + p + 2n_i \text{ch}\left(\frac{E_t - E_i}{k_0 T}\right)} \tag{5-44}$$

当 $E_t \approx E_i$ 时，U 趋向极大。因此，位于禁带中央附近的深能级是最有效的复合中心。例如，Cu、Fe、Au 等杂质在 Si 中形成深能级，它们是有效的复合中心。

不难看出，浅能级，即远离禁带中央的能级，不能起有效的复合中心的作用。

下面介绍俘获截面的概念。设想复合中心是具有一定半径的球体，其截面积为 σ。截面积越大，载流子在运动过程中碰上复合中心而被俘获的概率就越大。因而，可以用 σ 表示复合中心俘获载流子的本领，称为俘获截面。复合中心俘获电子和空穴的本领不同，分别用电子俘获截面 σ_- 和空穴俘获截面 σ_+ 来表示。

另外，载流子热运动的速度 v_T 越大，它碰上复合中心而被俘获的概率也越大。$v_T = \sqrt{3k_0 T/m^*}$，若不区分电子和空穴的有效质量，则在 300K 时，$v_T = 10^7$ cm/s。

俘获截面和俘获系数的关系是

$$r_n = \sigma_- v_T, \quad r_p = \sigma_+ v_T \tag{5-45}$$

利用这个关系，本节各有关公式都可以用俘获截面来表示。例如，式(5-43)可写为

$$U = \frac{\sigma_+ \sigma_- v_T N_t (np - n_i^2)}{\sigma_- \left[n + n_i \exp\left(\frac{E_t - E_i}{k_0 T}\right) \right] + \sigma_+ \left[p + n_i \exp\left(\frac{E_i - E_t}{k_0 T}\right) \right]} \tag{5-46}$$

实验证明，在 Ge 中，Mn、Fe、Co、Au、Cu、Ni 等可以形成复合中心；在 Si 中，Au、Cu、Fe、Mn、In 等可以形成复合中心。复合中心的俘获截面在 $10^{-13} \sim 10^{-17} \text{cm}^2$ 范围。

作为间接复合的实例，下面讨论金在硅中的复合作用。金是硅中的深能级杂质，在硅中形成双重能级：位于导带底以下 0.54eV 的受主能级 E_{tA} 和位于价带顶以上 0.35eV 的施主能级 E_{tD}。硅中的金原子可以接受一个电子，形成负电中心 Au^-，起受主作用，相应的能级就是 E_{tA}。金原子也可以释放一个电子，成为正电中心 Au^+，起施主作用，相应的能级为 E_{tD}。

但是，金在硅中的两个能级并不是同时起作用的。如图 5-9 所示，在 n 型硅中，只要浅施主杂质不是太少，费米能级总是比较接近导带的，电子基本上填满了金的能级，即金接受电子成为 Au^-。所以，在 n 型硅中，只有受主能级 E_{tA} 起作用。而在 p 型硅中，金的能级基本上是空的，金释放电子成为 Au^+，因而，只存在施主能级 E_{tD}。

图 5-9 金在硅中的两个能级

无论是在 n 型硅还是在 p 型硅中，金都是有效的复合中心，会对少数载流子寿命产生极大的影响。由前面的分析知道，在 n 型硅中，Au^- 对空穴的俘获系数 r_p 决定了少数载流子的寿命。而在 p 型硅中，少数载流子寿命由 Au^+ 对电子的俘获系数 r_n 所决定。有人用实验方法确定了在室温下：

$$r_p = 1.15 \times 10^{-7} \text{ cm}^3/\text{s}, \qquad r_n = 6.3 \times 10^{-8} \text{ cm}^3/\text{s}$$

假定硅中金的浓度为 $5 \times 10^{15} \text{cm}^{-3}/\text{s}$，则 n 型硅和 p 型硅的少数载流子寿命分别为

$$\tau_p = \frac{1}{N_t r_p} \approx 1.7 \times 10^{-9} \text{ s}, \qquad \tau_n = \frac{1}{N_t r_n} \approx 3.2 \times 10^{-9} \text{ s}$$

这说明，对于同样的金浓度，p 型硅中的少数载流子寿命约是 n 型硅中的 1.9 倍。

在掺金的硅中，少数载流子寿命还与金的浓度 N_t 成反比。例如，在 n 型硅中，金的浓度 N_t 从 10^{14}cm^{-3} 增大到 10^{17}cm^{-3}，少数载流子寿命随着 N_t 的增大，约从 10^{-7}s 线性地减小到 10^{-10}s。因此，通过控制金的浓度，可以在宽广的范围内改变少数载流子寿命。显然，少量的有效复合中心就能大大缩短少数载流子寿命，这样就不会因为复合中心的引入而严重地影响如电阻率等其他性能。

由于金在硅中的复合作用有上述特点，因此，在开关器件及与之有关的电路制造中，掺金工艺已作为缩短少数载流子寿命的有效手段而被广泛应用。

5.4.3 表面复合

在前面各节中，研究非平衡载流子的寿命时只考虑了半导体内部的复合过程。实际上，少

数载流子寿命在很大程度上受半导体样品的形状和表面状态的影响。例如，实验发现，经过吹砂处理或用金刚砂粗磨的样品，其寿命很短。而细磨后再经适当化学腐蚀的样品，寿命要长得多。实验还表明，对于同样的表面情况，样品越小，寿命越短。可见，半导体表面确实有促进复合的作用。表面复合是指在半导体表面发生的复合过程。表面处的杂质和表面特有的缺陷也在禁带形成复合中心能级，因而，就复合机构讲，表面复合仍然是间接复合。所以，完全可以用间接复合理论来处理表面复合问题。

考虑了表面复合，实际测得的寿命应是体内复合和表面复合的综合结果。设这两种复合是单独平行地发生的。用 τ_v 表示体内复合寿命，则 $1/\tau_v$ 就是体内复合概率。用 τ_s 表示表面复合寿命，则 $1/\tau_s$ 就表示表面复合概率。那么总的复合概率就是

$$\frac{1}{\tau} = \frac{1}{\tau_v} + \frac{1}{\tau_s} \tag{5-47}$$

式中，τ 称为有效寿命。

通常用表面复合速度来描述表面复合的快慢。把单位时间内通过单位表面积复合的电子—空穴对数称为表面复合率。实验发现，表面复合率 U_s 与表面处非平衡载流子浓度 $(\Delta p)_s$ 成正比，即

$$U_s = s(\Delta p)_s \tag{5-48}$$

比例系数 s 表示表面复合的强弱，显然，它具有速度的量纲，因而称为表面复合速度。由 s 的定义式(5-48)，可以给它一个直观而形象的意义：由于表面复合而失去的非平衡载流子数目，就如同表面处的非平衡载流子 $(\Delta p)_s$ 都以大小为 s 的垂直速度流出了表面。

考虑一块 n 型半导体样品，假定表面复合中心存在于表面薄层中，单位表面积的复合中心总数为 N_{st}，薄层中的平均非平衡少数载流子浓度是 $(\Delta p)_s$，则表面复合率应当由下式给出，即

$$U_s = \sigma_+ v_T N_{st} (\Delta p)_s \tag{5-49}$$

与式(5-48)比较，空穴的表面复合速度应为

$$s_p = \sigma_+ v_T N_{st} \tag{5-50}$$

根据上面的假设，表面复合显然可以当作靠近表面的一个非常薄的区域内的体内复合来处理，所不同的只是这个区域的复合中心密度很大。在真实表面上，表面复合过程比上述还要复杂一些。

表面复合速度的大小在很大程度上受到晶体表面物理性质和外界气氛的影响。对于锗，s 在 $10^2 \sim 10^6$ cm/s 范围内。而硅的 s 值一般是 $10^3 \sim 5 \times 10^3$ cm/s。

表面复合具有重要的实际意义。任何半导体器件总有它的表面，较高的表面复合速度会使更多注入的载流子在表面复合消失，以致严重地影响器件的性能。因而在大多数器件生产中，总是希望获得良好而稳定的表面，以尽量降低表面复合速度，从而改善器件的性能。另外，在某些物理测量中，为了消除金属探针注入效应的影响，要设法增大表面复合，以获得较为准确的测量结果。

如上所述，非平衡载流子的寿命不仅与材料种类有关，而且，有些杂质原子的出现，特别是锗、硅中的深能级杂质，能形成有效的复合中心，使寿命大大缩短，同时，半导体的表面状态对寿命也有显著的影响。

另外，晶体中的位错等缺陷也能形成复合中心能级，因而严重地影响少数载流子的寿命。例如，位错密度在 $5 \times 10^3 \sim 2 \times 10^7$ cm^{-2} 范围内，p 型锗中电子的寿命与位错密度成反比。在制

造半导体器件的工艺过程中,由于要进行高温热处理,因此会在材料内部增加新的缺陷,往往使寿命显著缩短。此外,高能质点和射线的照射也能造成各种晶格缺陷,从而产生位于禁带中的能级,明显地改变寿命。所以,寿命的长短在很大程度上反映了晶格的完整性,它是衡量材料质量的一个重要指标。

综上所述,非平衡载流子的寿命与材料的完整性、某些杂质的含量及样品的表面状态有极密切的关系,所以称寿命 τ 是"结构灵敏"的参数。

5.4.4 俄歇复合

载流子从高能级向低能级跃迁,发生电子和空穴复合时,把多余的能量传给另一个载流子,使这个载流子被激发到能量更高的能级,当它重新跃迁回低能级时,多余的能量常以声子的形式放出,这种复合称为俄歇复合。显然这是一种非辐射复合。

各种俄歇复合过程如图 5-10 所示,其中图 5-10(a) 及图 5-10(d) 为带间俄歇复合,其余各图为与杂质和缺陷有关的俄歇复合。

图 5-10 俄歇复合

下面讨论图 5-10(a) 及图 5-10(d) 表示的带间俄歇复合情况。图 5-10(a) 表示 n 型半导体导带内一个电子和价带内一个空穴复合时,其多余能量被导带中的另一个电子获得后,被激发到能量更高的能级上去,用 R_{ee} 表示这种电子—空穴对的复合率。而图 5-10(d) 表示 p 型半导体价带内一个空穴和导带内一个电子复合时,其多余能量被价带中的另一个空穴获得后,被激发到能量更高的能级上(对于空穴,能级越低,能量越高),用 R_{hh} 表示这种电子—空穴对的复合率。R_{ee} 及 R_{hh} 的意义均为单位体积单位时间内复合的电子—空穴对的数目,常表示为

$$R_{ee} = \gamma_e n^2 p \tag{5-51}$$

$$R_{hh} = \gamma_h n p^2 \tag{5-52}$$

式中,γ_e 及 γ_h 为复合系数。

在热平衡时，载流子浓度为 n_0 和 p_0，复合率为 R_{ee0} 和 R_{hh0}，则

$$R_{ee0} = \gamma_e n_0^2 p_0 \tag{5-53}$$

$$R_{hh0} = \gamma_h n_0 p_0^2 \tag{5-54}$$

将式(5-53)、式(5-54)分别代入式(5-51)、式(5-52)，得

$$R_{ee} = R_{ee0} \frac{n^2 p}{n_0^2 p_0} \tag{5-55}$$

$$R_{hh} = R_{hh0} \frac{n p^2}{n_0 p_0^2} \tag{5-56}$$

在与复合过程进行的同时，有电子—空穴对不断产生，如图 5-11 所示，它们分别是图 5-10(a)及图 5-10(d)的逆过程。图 5-11(a)表示在价带中一个电子跃迁至导带产生电子—空穴对的同时，导带中高能级上的一个电子跃迁回导带底。或者说，导带电子 2 与价带电子 1 碰撞产生电子—空穴对，用 G_{ee} 表示这种电子—空穴对的产生率。而图 5-11(b)表示在价带中一个电子跃迁至导带中产生电子—空穴对的同时，价带中另一空穴从其能量较高的能级跃迁至价带顶，或者说，价带空穴 1 与导带空穴 2 碰撞产生电子—空穴对，用 G_{hh} 表示这种电子—空穴对的产生率。G_{ee}、G_{hh} 均表示在单位体积单位时间内产生的电子—空穴对的数目，常表示为

$$G_{ee} = g_e n \tag{5-57}$$

$$G_{hh} = g_h p \tag{5-58}$$

式中，g_e、g_h 为产生速率。

热平衡时，产生率为 G_{ee0}、G_{hh0}，则

$$G_{ee0} = g_e n_0 \tag{5-59}$$

$$G_{hh0} = g_h p_0 \tag{5-60}$$

图 5-11 电子—空穴对的产生

将式(5-59)、式(5-60)分别代入式(5-57)、式(5-58)，得

$$G_{ee} = G_{ee0} \frac{n}{n_0} \tag{5-61}$$

$$G_{hh} = G_{hh0} \frac{p}{p_0} \tag{5-62}$$

根据细致平衡原理，热平衡时产生率等于复合率，即

$$G_{ee0} = R_{ee0}, \quad G_{hh0} = R_{hh0}$$

可以得到

$$g_e = \gamma_e n_i^2 \tag{5-63}$$

$$g_h = \gamma_h n_i^2 \tag{5-64}$$

$$G_{ee} = \gamma_e n n_i^2 \tag{5-65}$$

$$G_{hh} = \gamma_h p n_i^2 \tag{5-66}$$

因此，当以上两种复合过程同时存在时，非平衡载流子的净复合率 U 为

$$U = (R_{ee} + R_{hh}) - (G_{ee} + G_{hh}) = (\gamma_e n + \gamma_h p)(np - n_i^2) \tag{5-67}$$

上式即为非简并情况下俄歇复合的普遍理论公式。

显然，在热平衡条件下，$np = n_0 p_0 = n_i^2$，故 $U = 0$；在非平衡情况下，$np > n_i^2$，$U > 0$。将 $n = n_0 + \Delta n$、$p = p_0 + \Delta p$ 及 $\Delta n = \Delta p$ 代入式(5-67)，得

$$U=\left(\frac{R_{ee0}+G_{hh0}}{n_i^2}\right)(n_0+p_0)\Delta p+\left(\frac{R_{ee0}p_0+R_{hh0}n_0}{n_i^4}\right)(n_0+p_0)\Delta p^2 \tag{5-68}$$

在小信号情况下，$\Delta p \ll (n_0+p_0)$，略去上式中的第二项，得

$$U=\left(\frac{R_{ee0}+R_{hh0}}{n_i^2}\right)(n_0+p_0)\Delta p \tag{5-69}$$

可见，这时的净复合率正比于非平衡载流子浓度。由上式得非平衡载流子寿命 τ 为

$$\tau=\frac{\Delta p}{U}=\frac{n_i^2}{(R_{ee0}+R_{hh0})(n_0+p_0)} \tag{5-70}$$

一般而言，带间俄歇复合在窄禁带半导体中及高温情况下起着重要作用，而与杂质和缺陷有关的俄歇复合过程则常常是影响半导体发光器件的发光效率的重要原因。

5.5 陷阱效应

陷阱效应也是在有非平衡载流子的情况下发生的一种效应。当半导体处于热平衡状态时，无论是在施主、受主、复合中心还是任何其他的杂质能级上，都具有一定数目的电子，它们由平衡时的费米能级及分布函数所决定。实际上，能级中的电子是通过载流子的俘获和产生过程与载流子之间保持着平衡的。当半导体处于非平衡状态，出现非平衡载流子时，这种平衡遭到破坏，必然引起杂质能级上电子数目的改变。如果电子增加，说明能级具有收容部分非平衡电子的作用；若电子减少，则可以看成能级具有收容空穴的作用。从一般意义上讲，杂质能级的这种积累非平衡载流子的作用就称为陷阱效应。从这个角度看，所有杂质能级都有一定的陷阱效应。而实际上，需要考虑的只是那些有显著积累非平衡载流子作用的杂质能级，例如，它所积累的非平衡载流子的数目可以与导带和价带中非平衡载流子数目相比拟。把有显著陷阱效应的杂质能级称为陷阱，而把相应的杂质和缺陷称为陷阱中心。

与陷阱效应有关的问题常常是比较复杂的，一般都需要考虑复合中心与陷阱同时存在的情况，而且重要的是非稳定的变化过程。但是，这里需要分析的仍然是有非平衡载流子存在时俘获和产生过程所引起的变化。原则上讲，复合中心理论可以用来分析有关陷阱效应的问题。由于问题具有复杂性，因此系统的理论分析还是困难的。本节仅就简单情况，以复合中心理论为根据，定性地讨论陷阱效应，得出关于最有效陷阱的几点基本认识。

在间接复合理论中，在稳定情况下，杂质能级上的电子数由式(5-33)表示，n_t 与非平衡载流子浓度 Δn 和 Δp 有关。在小注入条件下，能级上的电子积累可由下式导出

$$\Delta n_t=\left(\frac{\partial n_t}{\partial n}\right)_0 \Delta n+\left(\frac{\partial n_t}{\partial p}\right)_0 \Delta p \tag{5-71}$$

偏微分取相应于平衡时的值。因为 Δn 和 Δp 的影响是相互独立的，并且电子和空穴的情形在形式上是完全对称的，所以要了解能级积累电子的作用，具体考虑上式中的任一项就可以了。下面只考虑 Δn 的影响。

$$\Delta n_t=\frac{N_t r_n (r_n n_1+r_p p_0)}{[r_n(n_0+n_1)+r_p(p_0+p_1)]^2}\Delta n \tag{5-72}$$

假定能级俘获电子和空穴的能力没有太大差别，为了明显起见，令 $r_p=r_n$，那么式(5-72)就简化为

$$\Delta n_t=\left(\frac{N_t}{n_0+n_1+p_0+p_1}\right)\left(\frac{n_1+p_0}{n_0+n_1+p_0+p_1}\right)\Delta n \tag{5-73}$$

式中第二个因子总是小于 1 的。因此,除非复合中心浓度 N_t 可与平衡载流子浓度之和 (n_0+p_0) 相比拟或者更大,否则不会有显著的陷阱效应。而实际上,尽管典型的陷阱浓度较低,仍可以使陷阱中的非平衡载流子远远超过导带和价带中的非平衡载流子。这说明,典型的陷阱对电子和空穴的俘获概率必须有很大差别。在实际的陷阱问题中,r_n 和 r_p 的差别常常大到可以忽略较小的俘获概率的程度。若 $r_n \gg r_p$,则陷阱俘获电子后,很难俘获空穴,因而被俘获的电子往往在复合前就受到热激发又被重新释放回导带,这种陷阱就是电子陷阱。相反,如果 $r_p \gg r_n$,陷阱就是空穴陷阱。

为了叙述方便,下面以电子陷阱为例进行讨论。式(5-72)适用于讨论电子陷阱的情形,在式中略去 r_p 得

$$\Delta n_t = \frac{N_t n_1}{(n_0+n_1)^2}\Delta n \tag{5-74}$$

显然,使得 Δn_t 最大的 n_1 是

$$n_1 = n_0 \tag{5-75}$$

而相应的 Δn_t 为

$$(\Delta n_t)_{\max} = \frac{N_t}{4n_0}\Delta n \tag{5-76}$$

上面两式表示杂质能级的位置最有利于陷阱作用的情形。由式(5-76)看出,如果电子是多数载流子,且杂质浓度不太高,那么 N_t 可以和平衡多数载流子浓度 n_0 相比拟或者更大,但是仍旧没有显著的陷阱效应。这就是说,虽然杂质俘获多数载流子的概率比俘获少数载流子的概率大得多,而且杂质能级的位置也最有利于陷阱作用,但仍然不能形成多数载流子陷阱。所以,实际上遇到的常常都是少数载流子的陷阱效应。

当然,一定的杂质能级能否成为陷阱,还取决于能级的位置。最有利于陷阱作用的杂质能级位置由式(5-75)决定,它说明杂质能级与平衡时的费米能级重合时,最有利于陷阱作用。对于再低的能级,平衡时已被电子填满,因而不能起陷阱作用。在费米能级以上的能级,平衡时基本上是空着的,有利于陷阱的作用,但是随着 E_t 的升高,电子被激发到导带的概率 $n_1 r_n$ 将迅速增大。因此又得出一个结论:对电子陷阱来说,费米能级 E_F 以上的能级越接近 E_F,陷阱效应越显著。

从以上的分析可知,电子落入陷阱后,基本上不能直接与空穴复合,它们必须首先被激发到导带,然后才能通过复合中心而复合,这是非稳定的变化过程。相对于从导带俘获电子的平均时间而言,陷阱中的电子被激发到导带所需的平均时间要长得多,因此,陷阱的存在大大延长了从非平衡态恢复到平衡态的弛豫时间。

下面以 p 型材料为例,简单讨论附加光电导衰减实验中所观测到的陷阱效应。材料中存在陷阱时,每有一个落入陷阱的非平衡少数载流子,同时必须有一个多数载流子与它保持电中和。这些与陷阱中少数载流子中和的多数载流子将引起相应的附加电导率。设 Δn 和 Δp 分别为导带和价带中的非平衡载流子浓度,陷阱中的非平衡载流子浓度是 Δn_t,则有

$$\Delta p = \Delta n + \Delta n_t \tag{5-77}$$

附加电导率为

$$\Delta\sigma = q(\Delta p \mu_p + \Delta n \mu_n) = q(\mu_p + \mu_n)\Delta n + q\mu_p \Delta n_t \tag{5-78}$$

上式表明,陷阱中的电子虽然本身不能参与导电,但仍间接地反映于附加电导率中。

前面曾介绍过，通过观测附加光电导率的指数式衰减，可以测量少数载流子的寿命。但是在有陷阱的情况下，附加电导率的衰减一般都不是简单的指数式衰减，不同情况下的衰减规律是很不相同的。图 5-12 表示对 p 型硅的实验结果，显然，衰减曲线显著偏离单纯的指数规律，出现了几个明显的台阶。通过具体分析可指出，p 型硅中有两种陷阱存在：$(E_c - E_{t1}) = 0.79\text{eV}$，$E_{t1}$ 称为深陷阱；$(E_c - E_{t2}) = 0.57\text{eV}$，$E_{t2}$ 称为浅陷阱。实验情况是，开始时两种陷阱都基本饱和，导带中尚有相当数目的非平衡载流子。图中，A 部分主要是导带中电子复合衰减；B 部分主要是浅陷阱中电子的衰减；C 部分主要是深陷阱中电子的衰减。在 n 型硅中也有两个陷阱能级：$(E_{t1} - E_v) = 0.72\text{eV}$，$(E_{t2} - E_v) = 0.45\text{eV}$。很明显，陷阱的存在将影响对寿命的测量，因而在光电导衰减法中，为了消除陷阱效应的影响，常常在脉冲光照的同时再加上恒定的光照，使陷阱始终处于饱和状态。

图 5-12 p 型硅的附加电导衰减

在用作光电导体的硫化物或氧化物中，陷阱中心往往起着决定性的作用，不过它们的机构一般都很复杂。

5.6 载流子的扩散运动

分子、原子、电子等微观粒子在气体、液体、固体中都可以产生扩散运动。只要微观粒子在各处的浓度不均匀，随着粒子的无规则热运动，就可以引起粒子由浓度高的地方向浓度低的地方扩散。扩散运动完全由粒子浓度不均匀所引起，它是粒子的有规则运动，但它与粒子的无规则运动密切相关。

图 5-13 非平衡载流子的扩散

对于一块均匀掺杂的半导体，如 n 型半导体，电离施主带正电，电子带负电，由于电中性的要求，各处电荷密度为零，因此载流子分布也是均匀的，即没有浓度差异，因而均匀材料中不会发生载流子的扩散运动。如果用适当波长的光均匀照射这块材料的一面，如图 5-13 所示，并且假定在半导体表面薄层内光大部分被吸收，那么在表面薄层内将产生非平衡载流子，而内部非平衡载流子却很少，即半导体表面非平衡载流子浓度比内部高，这必然会引起非平衡载流子自表面向内部扩散。下面具体分析注入的非平衡少数载流子——空穴的扩散运动。

考虑一维情况，即假定非平衡载流子浓度只随 x 变化，写成 $\Delta p(x)$，那么在 x 方向，有

$$\text{浓度梯度} = \frac{\mathrm{d}\Delta p(x)}{\mathrm{d}x}$$

通常把单位时间通过单位面积（垂直于 x 轴）的粒子数称为扩散流密度。实验发现，扩散流密度与非平衡载流子浓度梯度成正比。若用 S_p 表示空穴扩散流密度，则有

$$S_p = -D_p \frac{\mathrm{d}\Delta p(x)}{\mathrm{d}x} \tag{5-79}$$

比例系数 D_p 称为空穴扩散系数，单位是 cm^2/s，它反映了非平衡少数载流子扩散本领的大小。

式中的负号表示空穴自浓度高的地方向浓度低的地方扩散。上式描写了非平衡少数载流子空穴的扩散规律，称为扩散定律。

由表面注入的空穴不断向样品内部扩散，在扩散过程中不断复合而消失。若用恒定光照射样品，那么在表面处非平衡载流子浓度显然将保持恒定值$(\Delta p)_0$。即便表面不断有注入，半导体内部各点的空穴浓度也不随时间改变，形成稳定的分布，这种情况称为稳定扩散。下面研究一维稳定扩散情况下，非平衡少数载流子空穴的变化规律。

一般情况下，扩散流密度S_p也随位置x而变化。由于扩散，单位时间在单位体积内积累的空穴数为

$$-\frac{\mathrm{d}S_p(x)}{\mathrm{d}x} = D_p \frac{\mathrm{d}^2 \Delta p(x)}{\mathrm{d}x^2} \tag{5-80}$$

在稳定情况下，它应等于单位时间在单位体积内由于复合而消失的空穴数$\Delta p(x)/\tau$，这里τ是非平衡少数载流子的寿命，因此

$$D_p \frac{\mathrm{d}^2 \Delta p(x)}{\mathrm{d}x^2} = \frac{\Delta p(x)}{\tau} \tag{5-81}$$

这就是一维稳定扩散情况下非平衡少数载流子所遵守的扩散方程，称为稳态扩散方程。它的普遍解为

$$\Delta p(x) = A\exp\left(-\frac{x}{L_p}\right) + B\exp\left(\frac{x}{L_p}\right) \tag{5-82}$$

其中

$$L_p = \sqrt{D_p \tau} \tag{5-83}$$

下面讨论在两种不同条件下这个解的具体形式。

1. 样品足够厚

非平衡载流子尚未到达样品的另一端，几乎都已消失，这种情况和一个无限厚的样品一样，即当x趋向无穷大时，$\Delta p = 0$。因此，必有$B=0$，那么

$$\Delta p(x) = A\exp\left(-\frac{x}{L_p}\right)$$

当$x=0$时，$\Delta p = (\Delta p)_0$，将它代入上式，得到$A=(\Delta p)_0$，所以

$$\Delta p(x) = (\Delta p)_0 \exp\left(-\frac{x}{L_p}\right) \tag{5-84}$$

这表明非平衡少数载流子从光照表面的$(\Delta p)_0$开始，向内部按指数衰减。显然，L_p表示空穴在边扩散边复合的过程中减少至原值的$1/e$时所扩散的距离，即$\Delta p(x+L_p) = \Delta p(x)/e$。非平衡载流子平均扩散的距离是

$$\overline{x} = \frac{\int_0^\infty x\Delta p(x)\mathrm{d}x}{\int_0^\infty \Delta p(x)\mathrm{d}x} = \frac{\int_0^\infty x\exp\left(-\frac{x}{L_p}\right)\mathrm{d}x}{\int_0^\infty \exp\left(-\frac{x}{L_p}\right)\mathrm{d}x} = L_p \tag{5-85}$$

因而L_p标志着非平衡载流子深入样品的平均距离，称为扩散长度。由式(5-85)可看到，扩散长度由扩散系数和材料的寿命所决定。往往是材料的扩散系数已有标准数据，因而扩散长度的测量常作为测量寿命的方法之一。

将式(5-85)代入式(5-79)得到

$$S_p(x) = \frac{D_p}{L_p}(\Delta p)_0 \exp\left(-\frac{x}{L_p}\right) = \frac{D_p}{L_p}\Delta p(x) \tag{5-86}$$

表面处的空穴扩散流密度是$(\Delta p)_0(D_p/L_p)$。这表明,向内扩散的空穴流的大小就如同表面的空穴以D_p/L_p的速度向内运动一样。

2. 样品厚度一定

样品厚度为W,并且在样品另一端设法将非平衡少数载流子全部引出。这时的边界条件是在$x=W$处,$\Delta p=0$,在$x=0$处,$\Delta p=(\Delta p)_0$。将这两个条件代入式(5-82)就得到

$$\left.\begin{aligned} A+B&=(\Delta p)_0 \\ A\exp\left(-\frac{W}{L_p}\right)+B\exp\left(\frac{W}{L_p}\right)&=0 \end{aligned}\right\} \quad (5\text{-}87)$$

解此联立方程得

$$\left.\begin{aligned} A&=(\Delta p)_0 \frac{\exp\left(\dfrac{W}{L_p}\right)}{\exp\left(\dfrac{W}{L_p}\right)-\exp\left(-\dfrac{W}{L_p}\right)} \\ B&=-(\Delta p)_0 \frac{\exp\left(-\dfrac{W}{L_p}\right)}{\exp\left(\dfrac{W}{L_p}\right)-\exp\left(-\dfrac{W}{L_p}\right)} \end{aligned}\right\} \quad (5\text{-}88)$$

因此

$$\Delta p(x)=(\Delta p)_0 \frac{\mathrm{sh}\left(\dfrac{W-x}{L_p}\right)}{\mathrm{sh}\left(\dfrac{W}{L_p}\right)} \quad (5\text{-}89)$$

当$W\ll L_p$时,上式可简化为

$$\Delta p(x)\approx(\Delta p)_0 \frac{\dfrac{W-x}{L_p}}{\dfrac{W}{L_p}}=(\Delta p)_0\left(1-\frac{x}{W}\right) \quad (5\text{-}90)$$

这时,非平衡载流子浓度在样品内呈线性分布,如图 5-14 所示。其浓度梯度为

$$\frac{\mathrm{d}\Delta p(x)}{\mathrm{d}x}=-\frac{(\Delta p)_0}{W} \quad (5\text{-}91)$$

扩散流密度为

$$S_p=(\Delta p)_0 \frac{D_p}{W} \quad (5\text{-}92)$$

图 5-14 非平衡载流子的线性分布

这时,扩散流密度是一个常数,这意味着非平衡载流子在样品中没有复合。在晶体管中,基区宽度一般比扩散长度小得多,从发射区注入基区的非平衡载流子在基区的分布近似符合上述情况。

对电子来说,扩散定律的表示式为

$$S_n=-D_n\frac{\mathrm{d}\Delta n(x)}{\mathrm{d}x} \quad (5\text{-}93)$$

S_n为电子扩散流密度,D_n为电子的扩散系数。相应的稳态扩散方程是

$$D_n\frac{\mathrm{d}^2\Delta n(x)}{\mathrm{d}x^2}=\frac{\Delta n(x)}{\tau} \quad (5\text{-}94)$$

因为电子和空穴都是带电粒子，所以它们的扩散运动也必然伴随着电流的出现，形成所谓的扩散电流。空穴的扩散电流密度为

$$(J_p)_{扩} = -qD_p \frac{d\Delta p(x)}{dx} \tag{5-95}$$

而电子的扩散电流密度为

$$(J_n)_{扩} = qD_n \frac{d\Delta n(x)}{dx} \tag{5-96}$$

上面讨论了一维情况。一般情况下，非平衡载流子空穴的浓度不仅随 x 变化，而且还与 y、z 有关，这时浓度梯度矢量应为 $\nabla(\Delta p)$。假定载流子在各个方向的扩散系数相同，那么扩散定律的形式是

$$\boldsymbol{S}_p = -D_p \nabla(\Delta p) \tag{5-97}$$

扩散流密度的散度的负值就是单位体积内空穴的积累率，即

$$-\nabla \cdot \boldsymbol{S}_p = D_p \nabla^2(\Delta p) \tag{5-98}$$

在稳定情况下，它应等于单位时间在单位体积内由复合而消失的空穴数，因而有

$$D_p \nabla^2(\Delta p) = \frac{\Delta p}{\tau_p} \tag{5-99}$$

这就是稳态扩散方程。

空穴的扩散电流密度相应地是

$$(\boldsymbol{J}_p)_{扩} = -qD_p \nabla(\Delta p) \tag{5-100}$$

类似地，电子的扩散电流密度是

$$(\boldsymbol{J}_n)_{扩} = qD_n \nabla(\Delta n) \tag{5-101}$$

现在再考虑探针注入的情况。设想探针尖陷入半导体表面形成半径为 r_0 的半球，如图 5-15 所示。在这种情况下，非平衡载流子浓度 Δp 只是径距 r 的函数，是一种具有球对称的情况。这时，用球面坐标表示，式(5-99)就变成

$$D_p \frac{1}{r^2} \frac{d}{dr}\left(r^2 \frac{d\Delta p}{dr}\right) = \frac{\Delta p}{\tau_p} \tag{5-102}$$

令

$$\Delta p = \frac{f(r)}{r} \tag{5-103}$$

代入式(5-102)，得到

$$\frac{d^2 f(r)}{dr^2} = \frac{f(r)}{L_p^2} \tag{5-104}$$

图 5-15 探针注入

显然，上式随 r 衰减的解是

$$f(r) = A\exp\left(-\frac{r}{L_p}\right) \tag{5-105}$$

如果在注入的边界非平衡载流子浓度为 $(\Delta p)_0$，那么

$$A = r_0(\Delta p)_0 \exp\left(\frac{r_0}{L_p}\right) \tag{5-106}$$

所以

$$\Delta p = \frac{f(r)}{r} = (\Delta p)_0 \left(\frac{r_0}{r}\right)\exp\left[-\frac{(r-r_0)}{L_p}\right] \tag{5-107}$$

在边界处，沿径向的扩散流密度在数值上等于

$$-D_p\left(\frac{d\Delta p}{dr}\right)_{r=r_0} = \left(\frac{D_p}{r_0} + \frac{D_p}{L_p}\right)(\Delta p)_0 \tag{5-108}$$

与式(5-86)比较,上式中的$(\Delta p)_0$前面比扩散速度多了D_p/r_0一项。这表明,这里扩散的效率比平面情况要高。原因是很明显的,因为在平面情况下,浓度梯度完全依靠载流子进入半导体内的复合;而在球对称情况下,径向运动本身就引起载流子的疏散,造成浓度梯度,提高了扩散的效率。特别是当$r_0 \ll L_p$时,几何形状所引起的扩散效果是很显著的,远超过复合所引起的扩散效果。这是有关探针接触现象中一个很重要的因素。

5.7 载流子的漂移扩散、爱因斯坦关系式

在讨论半导体的导电性时,已详细地研究过载流子的漂移运动。存在非平衡载流子时,当然在外加电场作用下载流子也要做漂移运动,产生漂移电流。这时除平衡载流子外,非平衡载流子对漂移电流也有贡献。若外加电场为$\mathscr{E}$,则电子的漂移电流密度为

$$(J_n)_{漂} = q(n_0 + \Delta n)\mu_n \mathscr{E} = qn\mu_n \mathscr{E} \tag{5-109}$$

空穴的漂移电流密度为

$$(J_p)_{漂} = q(p_0 + \Delta p)\mu_p \mathscr{E} = qp\mu_p \mathscr{E} \tag{5-110}$$

若半导体中非平衡载流子浓度不均匀,同时又有外加电场的作用,则除非平衡载流子的扩散运动外,非平衡载流子还要做漂移运动,这时扩散电流和漂移电流叠加在一起构成半导体的总电流。例如,图 5-16 表示一块 n 型的均匀半导体,沿 x 方向加一均匀电场 $\mathscr{E}$,同时在表面处光注入非平衡载流子,则少数载流子空穴的电流密度为

$$J_p = (J_p)_{漂} + (J_p)_{扩} = qp\mu_p\mathscr{E} - qD_p \frac{d\Delta p}{dx} \tag{5-111}$$

图 5-16 非平衡载流子的一维漂移和扩散

电子的电流密度为

$$J_n = (J_n)_{漂} + (J_n)_{扩} = qn\mu_n\mathscr{E} + qD_n \frac{d\Delta n}{dx} \tag{5-112}$$

通过对非平衡载流子的漂移运动和扩散运动的讨论,可明显地看到,迁移率是反映载流子在电场作用下运动难易程度的物理量,而扩散系数反映存在浓度梯度时载流子运动的难易程度。爱因斯坦从理论上找到了扩散系数和迁移率之间的定量关系。原来的理论推导只限于平衡的非简并半导体,现就一维情况进行简单介绍。

考虑一块处于热平衡状态的非均匀的 n 型半导体,其中施主杂质浓度随 x 的增大而下降,当然电子浓度和空穴浓度也都是 x 的函数,写为 $n_0(x)$ 和 $p_0(x)$。由于浓度梯度的存在,必然引起载流子沿 x 方向的扩散,产生扩散电流。电子的扩散电流密度为

$$(J_n)_{扩} = qD_n \frac{dn_0(x)}{dx} \tag{5-113}$$

空穴的扩散电流密度为

$$(J_p)_{扩} = -qD_p \frac{dp_0(x)}{dx} \tag{5-114}$$

因为电离杂质是不能移动的,载流子的扩散运动有使载流子均匀分布的趋势,这使半导体内部不再处处保持电中性,因而体内必然存在静电场$\mathscr{E}$。该电场又产生载流子的漂移电流

$$(J_n)_\text{漂} = n_0(x) q \mu_n \mathcal{E} \qquad (5\text{-}115)$$

$$(J_p)_\text{漂} = p_0(x) q \mu_p \mathcal{E} \qquad (5\text{-}116)$$

由于在热平衡状态下不存在宏观电流，因此电场的方向必然是反抗扩散电流，使平衡时电子的总电流和空穴的总电流分别等于零，即

$$J_n = (J_n)_\text{漂} + (J_n)_\text{扩} = 0 \qquad (5\text{-}117)$$

$$J_p = (J_p)_\text{漂} + (J_p)_\text{扩} = 0 \qquad (5\text{-}118)$$

图 5-17 示意性地表示出 n 型非均匀半导体中电子的扩散和漂移。"+"表示电离施主，"·"表示电子。由式(5-113)、式(5-115)和式(5-117)得到

$$n_0(x) \mu_n \mathcal{E} = -D_n \frac{dn_0(x)}{dx} \qquad (5\text{-}119)$$

图 5-17 n 型非均匀半导体中电子的扩散和漂移

当半导体内部出现电场时，半导体中各处的电势不相等，它也是 x 的函数，写为 $V(x)$，则

$$\mathcal{E} = -\frac{dV(x)}{dx} \qquad (5\text{-}120)$$

在考虑电子的能量时，必须计入附加的静电势能 $[-qV(x)]$，因而导带底的能量应为 $[E_c - qV(x)]$，它也相应地随 x 变化。在非简并情况下，电子的浓度应为

$$n_0(x) = N_c \exp\left[\frac{E_F + qV(x) - E_c}{k_0 T}\right] \qquad (5\text{-}121)$$

求导得

$$\frac{dn_0(x)}{dx} = n_0(x) \frac{q}{k_0 T} \frac{dV(x)}{dx} \qquad (5\text{-}122)$$

将式(5-120)和式(5-122)代入式(5-119)得到

$$\frac{D_n}{\mu_n} = \frac{k_0 T}{q} \qquad (5\text{-}123)$$

同理，对于空穴可得

$$\frac{D_p}{\mu_p} = \frac{k_0 T}{q} \qquad (5\text{-}124)$$

式(5-123)和式(5-124)称为爱因斯坦关系式，它表明了非简并情况下载流子迁移率和扩散系数之间的关系。虽然爱因斯坦关系式是针对平衡载流子推导出来的，但实验证明，这个关系式可直接用于非平衡载流子。这说明刚刚激发的载流子虽然具有和平衡载流子不同的速度和能量，但由于晶格的作用，在比寿命 τ 短得多的时间内就取得了与该温度相适应的速度分布，因此在复合前的绝大部分时间中已和平衡载流子没有什么区别。

利用爱因斯坦关系式，由已知的迁移率数据可以得到扩散系数。

例如，室温下 $k_0 T/q = (1/40)$ V，对杂质浓度不太高的硅，$\mu_n = 1\ 400\text{cm}^2/(\text{V} \cdot \text{s})$，$\mu_p = 500\text{cm}^2/(\text{V} \cdot \text{s})$，可以算得，$D_n = 35\text{cm}^2/\text{s}$，$D_p = 13\text{cm}^2/\text{s}$。对于锗，$\mu_n = 3\ 900\text{cm}^2/(\text{V} \cdot \text{s})$，$\mu_p = 1\ 900\text{cm}^2/(\text{V} \cdot \text{s})$，可得 $D_n = 97\text{cm}^2/\text{s}$，$D_p = 47\text{cm}^2/\text{s}$。

由式(5-111)和式(5-112)，再利用爱因斯坦关系式，可以得到半导体中的总电流密度为

$$J = J_n + J_p = q\mu_p\left(p\mathcal{E} - \frac{k_0 T}{q}\frac{d\Delta p}{dx}\right) + q\mu_n\left(n\mathcal{E} + \frac{k_0 T}{q}\frac{d\Delta n}{dx}\right) \qquad (5\text{-}125)$$

对非均匀半导体，平衡载流子浓度也随 x 而变化，扩散电流应由载流子的总浓度梯度 $\mathrm{d}n/\mathrm{d}x$、$\mathrm{d}p/\mathrm{d}x$ 所决定。上式又可写为

$$J=q\mu_{\mathrm{p}}\left(p\mathscr{E}-\frac{k_0 T}{q}\frac{\mathrm{d}p}{\mathrm{d}x}\right)+q\mu_{\mathrm{n}}\left(n\mathscr{E}+\frac{k_0 T}{q}\frac{\mathrm{d}n}{\mathrm{d}x}\right) \tag{5-126}$$

这就是半导体中同时存在扩散运动和漂移运动时的电流密度方程式。

5.8 连续性方程

这一节将进一步讨论在扩散运动和漂移运动同时存在时，少数载流子所遵守的运动方程。仍以 n 型半导体为例，就一维情况进行讨论。如图 5-18 所示，在一块 n 型半导体的表面光注入非平衡载流子，同时有一 x 方向的电场 $\mathscr{E}$，则少数载流子空穴将同时做扩散运动和漂移运动。一般来说，空穴浓度不仅是位置 x 的函数，而且随时间 t 而变化。这时半导体中同时存在扩散电流和漂移电流。由于扩散，单位时间单位体积内积累的空穴数是

图 5-18 载流子的漂移和扩散

$$-\frac{1}{q}\frac{\partial (J_{\mathrm{p}})_{\text{扩}}}{\partial x}=D_{\mathrm{p}}\frac{\partial^2 p}{\partial x^2} \tag{5-127}$$

而由于漂移运动，单位时间单位体积内积累的空穴数是

$$-\frac{1}{q}\frac{\partial (J_{\mathrm{p}})_{\text{漂}}}{\partial x}=-\mu_{\mathrm{p}}\mathscr{E}\frac{\partial p}{\partial x}-\mu_{\mathrm{p}}p\frac{\partial \mathscr{E}}{\partial x} \tag{5-128}$$

在小注入条件下，单位时间单位体积内复合消失的空穴数是 $\Delta p/\tau$。用 g_{p} 表示由其他外界因素引起的单位时间单位体积内空穴的变化，则单位体积内空穴随时间的变化率应当是

$$\frac{\partial p}{\partial t}=D_{\mathrm{p}}\frac{\partial^2 p}{\partial x^2}-\mu_{\mathrm{p}}\mathscr{E}\frac{\partial p}{\partial x}-\mu_{\mathrm{p}}p\frac{\partial \mathscr{E}}{\partial x}-\frac{\Delta p}{\tau}+g_{\mathrm{p}} \tag{5-129}$$

这就是在漂移运动和扩散运动同时存在时少数载流子所遵守的运动方程，称为连续性方程。

在上述情况下，若表面光照恒定，且 $g_{\mathrm{p}}=0$，则 p 不随时间变化，即 $\partial p/\partial t=0$，这时的连续性方程称为稳态连续性方程。为了简化讨论，假定材料是均匀的，因而平衡空穴浓度 p_0 与 x 无关；电场是均匀的，因而 $\partial \mathscr{E}/\partial x=0$。则式(5-129)变为

$$D_{\mathrm{p}}\frac{\mathrm{d}^2 \Delta p}{\mathrm{d}x^2}-\mu_{\mathrm{p}}\mathscr{E}\frac{\partial \Delta p}{\partial x}-\frac{\Delta p}{\tau}=0 \tag{5-130}$$

它的普遍解为

$$\Delta p=A\mathrm{e}^{\lambda_1 x}+B\mathrm{e}^{\lambda_2 x} \tag{5-131}$$

其中 λ_1 和 λ_2 是下面方程的两个根

$$D_{\mathrm{p}}\lambda^2-\mu_{\mathrm{p}}\mathscr{E}\lambda-\frac{1}{\tau}=0 \tag{5-132}$$

若令

$$L_{\mathrm{p}}(\mathscr{E})=\mathscr{E}\mu_{\mathrm{p}}\tau \tag{5-133}$$

它表示空穴在电场作用下在寿命 τ 内所漂移的距离，称为空穴的牵引长度，则式(5-132)为

$$L_p^2 \lambda^2 - L_p(\mathscr{E})\lambda - 1 = 0 \tag{5-134}$$

上式的解为
$$\left.\begin{array}{c}\lambda_1 \\ \lambda_2\end{array}\right\} = \frac{L_p(\mathscr{E}) \pm \sqrt{L_p^2(\mathscr{E}) + 4L_p^2}}{2L_p^2} \tag{5-135}$$

显然，$\lambda_1 > 0$，$\lambda_2 < 0$。对于图 5-18 所示的注入情况，非平衡少数载流子是随 x 衰减的，所以式(5-131)的第一项必须为零，则式(5-130)的解是

$$\Delta p = B e^{\lambda_2 x} \tag{5-136}$$

$x = 0$ 时，$\Delta p = (\Delta p)_0$，则 $B = (\Delta p)_0$，所以

$$\Delta p = \Delta p_0 e^{\lambda_2 x} \tag{5-137}$$

其中
$$\lambda_2 = \frac{L_p(\mathscr{E}) - \sqrt{L_p^2(\mathscr{E}) + 4L_p^2}}{2L_p^2} \tag{5-138}$$

式(5-137)说明，非平衡少数载流子浓度随 x 按指数规律衰减。

如果电场很强，使 $L_p(\mathscr{E}) \gg L_p$，则

$$\lambda_2 = \frac{L_p(\mathscr{E}) - L_p(\mathscr{E})\left[1 + \frac{4L_p^2}{L_p^2(\mathscr{E})}\right]^{1/2}}{2L_p^2} = \frac{L_p(\mathscr{E}) - L_p(\mathscr{E})\left[1 + \frac{2L_p^2}{L_p^2(\mathscr{E})} + \cdots\right]}{2L_p^2} \approx -\frac{1}{L_p(\mathscr{E})} \tag{5-139}$$

因此
$$\Delta p = (\Delta p)_0 \exp\left[-\frac{x}{L_p(\mathscr{E})}\right] \tag{5-140}$$

上式表示，当电场很强、扩散运动可以忽略时，由表面注入的非平衡载流子深入样品的平均距离是牵引长度 $L_p(\mathscr{E})$，而不是扩散长度 L_p。若电场很弱，使得 $L_p(\mathscr{E}) \ll L_p$，则

$$\lambda_2 \approx -\frac{1}{L_p}, \quad \Delta p = (\Delta p)_0 \exp\left(-\frac{x}{L_p}\right) \tag{5-141}$$

这就是讨论扩散运动时得到的衰减规律[式(5-84)]。事实上，若忽略电场的影响，式(5-130)就变成稳态扩散方程[式(5-81)]。

现举几个例子说明连续性方程的应用。

1. 光激发的载流子的衰减

若光照在均匀半导体内部均匀地产生非平衡载流子，则 $\partial p/\partial x = 0$。同时假定没有电场，且 $g_p = 0$。在 $t = 0$ 时刻，光照停止，非平衡载流子将不断复合而消失。这时，连续性方程式(5-129)变成

$$\frac{\partial \Delta p}{\partial t} = -\frac{\Delta p}{\tau}$$

这正是非平衡载流子衰减时遵守的微分方程[式(5-4)]。

2. 少数载流子脉冲在电场中的漂移

在一块均匀的 n 型半导体材料中，用局部的光脉冲照射会产生非平衡载流子，如图 5-19(a)所示。先假定没有外加电场，在光脉冲停止后，空穴的一维连续性方程是

$$\frac{\partial \Delta p}{\partial t} = D_p \frac{\partial^2 \Delta p}{\partial x^2} - \frac{\Delta p}{\tau_p} \tag{5-142}$$

假设这个方程的解具有如下形式

$$\Delta p = f(x,t) e^{-\frac{t}{\tau_p}} \tag{5-143}$$

将它代入式(5-142)，得到

$$\frac{\partial f(x,t)}{\partial t}=D_{\mathrm{p}}\frac{\partial^{2} f(x,t)}{\partial x^{2}} \tag{5-144}$$

这是一维热传导方程的标准形式。若 $t=0$，过剩空穴只局限于 $x=0$ 附近的很窄的区域内，则式(5-144)的解是

$$f(x,t)=\frac{B}{\sqrt{t}}\exp\left(-\frac{x^{2}}{4D_{\mathrm{p}}t}\right) \tag{5-145}$$

B 是常数。将上式代入式(5-143)，得到

$$\Delta p=\frac{B}{\sqrt{t}}\exp\left[-\left(\frac{x^{2}}{4D_{\mathrm{p}}t}+\frac{t}{\tau_{\mathrm{p}}}\right)\right] \tag{5-146}$$

上式对 x 从 $-\infty$ 到 ∞ 积分后，再令 $t=0$，就得到单位面积上产生的空穴数 N_{p}，即

$$B\sqrt{4\pi D_{\mathrm{p}}}=N_{\mathrm{p}} \tag{5-147}$$

$$B=\frac{N_{\mathrm{p}}}{\sqrt{4\pi D_{\mathrm{p}}}} \tag{5-148}$$

最后得到

$$\Delta p=\frac{N_{\mathrm{p}}}{\sqrt{4\pi D_{\mathrm{p}}t}}\exp\left[-\left(\frac{x^{2}}{4D_{\mathrm{p}}t}+\frac{t}{\tau_{\mathrm{p}}}\right)\right] \tag{5-149}$$

上式表明，没有外加电场时，光脉冲停止以后，注入的空穴由注入点向两边扩散，同时不断发生复合，其峰值随时间下降，如图 5-19(b)所示。

如果样品加上一均匀电场，则连续性方程是

$$\frac{\partial \Delta p}{\partial t}=D_{\mathrm{p}}\frac{\partial^{2}\Delta p}{\partial x^{2}}-\mu_{\mathrm{p}}\mathscr{E}\frac{\partial \Delta p}{\partial t}-\frac{\Delta p}{\tau_{\mathrm{p}}} \tag{5-150}$$

做变量代换，令

$$x'=x-\mu_{\mathrm{p}}\mathscr{E}t \tag{5-151}$$

并假设

$$\Delta p=f(x',t)\mathrm{e}^{-\frac{t}{\tau_{\mathrm{p}}}} \tag{5-152}$$

把它代入式(5-150)，左边等于

$$\left[\frac{\partial f(x',t)}{\partial t}-\mu_{\mathrm{p}}\mathscr{E}\frac{\partial f(x',t)}{\partial x'}\right]\exp\left(-\frac{t}{\tau_{\mathrm{p}}}\right)-\frac{1}{\tau_{\mathrm{p}}}f(x',t)\exp\left(-\frac{t}{\tau_{\mathrm{p}}}\right) \tag{5-153}$$

于是又得到

$$\frac{\partial f(x',t)}{\partial t}=D_{\mathrm{p}}\frac{\partial^{2} f(x',t)}{\partial x'^{2}} \tag{5-154}$$

上式表明 $f(x',t)$ 也遵守同样的方程，因此其解与 $f(x,t)$ 在形式上完全相同。最后得到

$$\Delta p=\frac{N_{\mathrm{p}}}{\sqrt{4\pi D_{\mathrm{p}}t}}\exp\left[-\frac{(x-\mu_{\mathrm{p}}\mathscr{E}t)^{2}}{4D_{\mathrm{p}}t}-\frac{t}{\tau}\right] \tag{5-155}$$

上式表示，加上外电场时，光脉冲停止后，整个非平衡载流子的"包"以漂移速度 $\mu_{\mathrm{p}}\mathscr{E}$ 向样品的负端运动。同时，也像不加电场时一样，非平衡载流子要向外扩散并进行复合，这种情形如图 5-19(c)所示。

著名的测量半导体中载流子迁移率的实验即根据上面的原理，其实验装置表示在图 5-19(a)中，实验中所加的电场也是脉冲形式，称为扫描脉冲。扫描脉冲和被测脉冲之间的

图 5-19 非平衡载流子的光脉冲注入

时间间隔显示在示波器上,若已知电场强度 $\mathcal{E}$ 及脉冲漂移的距离 x,就可以计算出迁移率 $\mu=x/(\mathcal{E}t)$。这样测得的迁移率称为漂移迁移率。当然要想获得精确的测量结果,必须准确地测量时间间隔和电场。

3. 稳态下的表面复合

若稳定光照射在一块均匀掺杂的 n 型半导体中均匀产生非平衡载流子,产生率为 g_p,则达到稳态时,$\Delta p = p - p_0 = \tau_p g_p$。如果在样品的一端存在表面复合,则这个面上过剩空穴浓度将比体内低,空穴就流向这个表面,并在那里复合。在小注入的情况下,忽略电场的影响,空穴所遵守的连续性方程是

$$D_p \frac{\partial^2 \Delta p(x)}{\partial x^2} - \frac{\Delta p}{\tau_p} + g_p = 0 \tag{5-156}$$

设产生表面复合的面位于 $x=0$ 处,则上面的方程应满足如下的边界条件

$$\Delta p(\infty) = \tau_p g_p \tag{5-157}$$

$$D_p \frac{\partial \Delta p(x)}{\partial x}\bigg|_{x=0} = s_p [p(0) - p_0] \tag{5-158}$$

式中,s_p 是表面复合速度,p_0 是平衡空穴浓度。式(5-158)表明,扩散到达表面的少数载流子就在那里复合。根据式(5-157),方程式(5-156)的解应当是

$$\Delta p(x) = C \exp\left(-\frac{x}{L_p}\right) + \tau_p g_p \tag{5-159}$$

即

$$p(x) = p_0 + C \exp\left(-\frac{x}{L_p}\right) + \tau_p g_p \tag{5-160}$$

其中 $L_p = \sqrt{\tau_p D_p}$。C 是待定常数,由边界条件[式(5-158)]确定

$$C = -\tau_p g_p \frac{s_p L_p}{D_p + s_p L_p} = -\tau_p g_p \frac{s_p \tau_p}{L_p + s_p \tau_p} \tag{5-161}$$

最后得到

$$p(x) = p_0 + \tau_p g_p \left[1 - \frac{s_p \tau_p}{L_p + s_p \tau_p} \exp\left(-\frac{x}{L_p}\right)\right] \tag{5-162}$$

这个解表示在图 5-20 中。当 s_p 趋于零时,$p(x) = p_0 + \tau_p g_p$,空穴是均匀分布的。当 s_p 趋于无穷大时,$p(x) = p_0 + \tau_p g_p \left[1 - \exp\left(\frac{-x}{L_p}\right)\right]$,表面上的空穴浓度接近于平衡值 p_0。

在三维情况下,电流所引起的载流子在单位体积中的积累率由电流密度的散度决定,对于空穴就是 $-\frac{1}{q} \nabla \cdot \mathbf{J}_p$。

图 5-20 稳态表面复合条件下少数载流子分布

因此,空穴的连续性方程是

$$\frac{\partial p}{\partial t} = -\frac{1}{q} \nabla \cdot \mathbf{J}_p - \frac{\Delta p}{\tau_p} + g_p \tag{5-163}$$

而电子的连续性方程是

$$\frac{\partial n}{\partial t} = \frac{1}{q} \nabla \cdot \mathbf{J}_n - \frac{\Delta n}{\tau_n} + g_n \tag{5-164}$$

连续性方程确实反映了半导体中少数载流子运动的普遍规律,它是研究半导体器件原理的基本方程。

5.9 硅的少数载流子寿命与扩散长度

在 5.4 节中曾指出，半导体材料中的少数载流子寿命是一个"结构灵敏"的参数，与晶体结构的完整性及掺杂情况有着极密切关系。因此，研究其中的少数载流子寿命是一个复杂的问题，但对于制备技术已很成熟的硅材料，已能够制得晶体完整性很高且非掺杂补偿的单晶，从而测量其中少数载流子寿命与掺杂浓度的关系。但在重掺杂硅情况下，因少数载流子的寿命很短（$1\sim 10^2$ ns），文献报道的测量结果存在分散性。图 5-21 是室温下高质量非补偿 p 型 Si 中少数载流子电子的寿命 τ_n 和扩散长度 L_n 与掺杂浓度 N_A 的关系，其中 $N_A \leqslant 10^{16}$ cm^{-3} 段为大量实验归纳得到的结果，而 $N_A \geqslant 10^{16}$ cm^{-3} 段取自参考资料[8]。图 5-22 是室温下高质量非补偿 n 型 Si 中少数载流子空穴的寿命 τ_p 和扩散长度 L_p 与掺杂浓度的关系，其中 $N_D \leqslant 10^{17}$ cm^{-3} 段为大量实验归纳得到的结果，而 $N_D \geqslant 10^{17}$ cm^{-3} 段则取自参考资料[9]。

图 5-21 p 型 Si 中少数载流子电子的寿命和扩散长度与掺杂浓度的关系

从图中可以看到，在极低掺杂情况下，少数载流子寿命为 ms 量级，而在掺杂浓度接近 10^{20} cm^{-3} 时，少数载流子寿命缩短至约 1ns。

图 5-21 和图 5-22 中少数载流子扩散长度 L_n 和 L_p 随掺杂浓度的变化关系是以图中少数载流子寿命 τ_n 和 τ_p 的测量值及利用爱因斯坦关系式(5-123)和式(5-124)，从少数载流子迁移率计算得到的少数载流子扩散系数 D_n 和 D_p，分别代入以下两式

$$L_n = \sqrt{D_n \tau_n} \tag{5-165}$$

$$L_p = \sqrt{D_p \tau_p} \tag{5-166}$$

而得到的。从图中可看到，掺杂浓度为 $10^{19} \sim 10^{20}$ cm^{-3} 时，少数载流子扩散长度约为 1μm，而在掺杂浓度为 10^{13} cm^{-3} 时，少数载流子扩散长度达到 1mm 左右。

需要指出，重掺杂 Si 中少数载流子的迁移率较相同掺杂浓度下多数载流子的迁移率大，p 型 Si 中少数载流子电子的迁移率约为相同掺杂浓度 n 型 Si 中多数载流子电子迁移率的 2.5 倍[10]，而 n 型 Si 中少数载流子空穴的迁移率约为相同掺杂浓度 p 型 Si 中多数载流子空穴迁

图 5-22 n 型 Si 中少数载流子空穴的寿命和扩散长度与掺杂浓度的关系

移率的 2 倍[11]。其原因可以以电子为例说明。在 n 型重掺杂 Si 中,由于形成的杂质能带伸入导带,使导带底发生禁带窄变效应,引起导带底处电子的迁移率大大下降,而在 p 型重掺杂 Si 中,禁带窄变效应发生在价带顶,电子仍处于正常的导带底部,故其迁移率较大。

习　　题

1. 在一个 n 型锗样品中,过剩空穴浓度为 $10^{13}\,\mathrm{cm}^{-3}$,空穴的寿命为 $100\mu\mathrm{s}$,计算空穴的复合率。

2. 用强光照射 n 型样品,假定光被均匀地吸收,产生过剩载流子,产生率为 g_p,空穴寿命为 τ。
① 写出光照下过剩载流子所满足的方程;
② 求出光照下达到稳定状态时的过剩载流子浓度。

3. 有一块 n 型硅样品,寿命是 $1\mu\mathrm{s}$,无光照时的电阻率是 $10\Omega\cdot\mathrm{cm}$。现用光照射该样品,光被半导体均匀吸收,电子-空穴对的产生率是 $10^{22}\,\mathrm{cm}^{-3}\cdot\mathrm{s}^{-1}$,试计算光照下样品的电阻率,并求电导中少数载流子的贡献占多大比例。

4. 一块半导体材料的寿命 $\tau=10\mu\mathrm{s}$,光照在材料中会产生非平衡载流子,试求光照突然停止 $20\mu\mathrm{s}$ 后,其中非平衡载流子将衰减到原来的百分之几。

5. n 型硅中,掺杂浓度 $N_D=10^{16}\,\mathrm{cm}^{-3}$,光注入的非平衡载流子浓度 $\Delta n=\Delta p=10^{14}\,\mathrm{cm}^{-3}$,计算无光照和有光照时的电导率。

6. 画出 p 型半导体在光照(小注入)前后的能带图,标出原来的费米能级和光照时的准费米能级。

7. 掺施主浓度 $N_D=10^{15}\,\mathrm{cm}^{-3}$ 的 n 型硅,由于光的照射产生了非平衡载流子 $\Delta n=\Delta p=10^{14}\,\mathrm{cm}^{-3}$。试计算这种情况下准费米能级的位置,并和原来的费米能级进行比较。

8. 在一块 p 型半导体中,有一种复合—产生中心,小注入时,被这些中心俘获的电子发射回导带的过程和它与空穴复合的过程具有相同的概率。试求这种复合—产生中心的能级位置,并说明它能否成为有效的复合中心。

9. 把一种复合中心杂质掺入本征硅内,如果它的能级位置在禁带中央,试证明小注入时的寿命 $\tau=\tau_n+\tau_p$。

10. 一块 n 型硅内掺有 $10^{16}\,\mathrm{cm}^{-3}$ 的金原子,求它在小注入时的寿命。若一块 p 型硅内也掺有 $10^{16}\,\mathrm{cm}^{-3}$ 的金原子,则它在小注入时的寿命又是多少?

11. 在下述条件下,是否有载流子的净复合或者净产生?
   ① 在载流子完全耗尽(即 n、p 都远小于 n_i)的半导体区域;
   ② 在只有少数载流子被耗尽(例如,$p_n \ll p_{n0}$,而 $n_n = n_{n0}$)的半导体区域;
   ③ 在 $n = p$ 的半导体区域,这里 $n \gg n_i$。

12. 在掺杂浓度 $N_D = 10^{16}\,\mathrm{cm}^{-3}$、少数载流子寿命为 $10\,\mu\mathrm{s}$ 的 n 型硅中,如果由于外界作用少数载流子全部被清除,那么在这种情况下电子—空穴对的产生率是多大?(设 $E_t = E_i$。)

13. 室温下,p 型锗半导体中电子的寿命 $\tau_n = 350\,\mu\mathrm{s}$,电子的迁移率 $\mu_n = 3600\,\mathrm{cm}^{-2}/(\mathrm{V}\cdot\mathrm{s})$,试求电子的扩散长度。

14. 设空穴浓度是线性分布的,在 $3\,\mu\mathrm{m}$ 内浓度差为 $10^{15}\,\mathrm{cm}^{-3}$,$\mu_p = 400\,\mathrm{cm}^2/(\mathrm{V}\cdot\mathrm{s})$,试计算空穴的扩散电流密度。

15. 在电阻率为 $1\Omega\cdot\mathrm{cm}$ 的 p 型硅半导体区域中,掺金浓度 $N_t = 10^{15}\,\mathrm{cm}^{-3}$,由边界稳定注入的电子浓度 $(\Delta n)_0 = 10^{10}\,\mathrm{cm}^{-3}$,试求边界处的电子扩散电流。

16. 一块电阻率为 $3\Omega\cdot\mathrm{cm}$ 的 n 型硅样品,空穴寿命 $\tau_p = 5\,\mu\mathrm{s}$,在其平面形的表面处有稳定的空穴注入,过剩空穴浓度 $(\Delta p)_0 = 10^{13}\,\mathrm{cm}^{-3}$。计算从这个表面扩散进入半导体内部的空穴电流密度,以及在离表面多远处过剩空穴浓度等于 $10^{12}\,\mathrm{cm}^{-3}$。

17. 光照一个 $1\Omega\cdot\mathrm{cm}$ 的 n 型硅样品,均匀产生非平衡载流子,电子—空穴对产生率为 $10^{17}\,\mathrm{cm}^{-3}\cdot\mathrm{s}^{-1}$。设样品的寿命为 $10\,\mu\mathrm{s}$,表面复合速度为 $100\,\mathrm{cm/s}$。试计算:
   ① 单位时间单位表面积在表面复合的空穴数;
   ② 单位时间单位表面积在离表面三个扩散长度中体积内复合的空穴数。

18. 一块掺杂施主浓度为 $2\times 10^{16}\,\mathrm{cm}^{-3}$ 的硅片,在 920℃ 下掺金到饱和浓度,然后经氧化等处理,最后此硅片的表面复合中心为 $10^{10}\,\mathrm{cm}^{-2}$。
   ① 计算体寿命、扩散长度和表面复合速度;
   ② 如果用光照射硅片并被样品均匀吸收,电子—空穴对的产生率是 $10^{17}\,\mathrm{cm}^{-3}\cdot\mathrm{s}^{-1}$,试求表面处的空穴浓度及流向表面的空穴流密度。

参 考 资 料

[1] 黄昆,谢希德. 半导体物理学. 北京:科学出版社,1958.
[2] 施敏. 半导体器件物理. 黄振岗,译. 北京:电子工业出版社,1987.
[3] [美]史密斯. 半导体. 高鼎三,译. 北京:科学出版社,1966.
[4] Fairfield J M, Gokhale B V. Gold as a Recombination Center in Silicon. Solid State Electronics,1965,8:685.
[5] Bullis W M. Properties of Gold in Silicon. Solid State Electronics,1966,9:143.
[6] [美]格罗夫. 半导体器件物理与工艺. 齐建,译. 北京:科学出版社,1976.
[7] [日]山田祥二,喜多尾,道大见. 半导体中自由载流子的寿命及测量方法. 国外电子技术,1973,7:9.
[8] Tyagi M S, Van Overstraeten R. Minority Carrier Recombination in Heavily Doped Silicon. Solid State Electrtonics,1983,26(6):577.
[9] del Alamo J A, Swanson R M. Modeling of Minority-Carrier Transport in Heavily Doped Silicon Emitters. Solid State Electrtonics,1987,30(11):1127.
[10] Swirhun S E, Kwark Y H, Swanson R M. Measurement of Electron Lifetime, Electron Mobility and Bandgap Narrowing in Heavily Doped p-type Silicon. IEDM Technical Digest,1986,32:24.
[11] del Alamo J A, Swirhun S E, Swanson R M. Simultaneous Measurement of Hole Lifetime, Hole Mobility and Bandgap Narrowing in Heavily Doped n-type Silicon. IEDM Technical Digest,1985,31:290.

第6章 pn结

前面几章中分别研究了n型及p型半导体中载流子的浓度和运动情况,认识了体内杂质分布均匀的半导体在热平衡状态和非平衡状态下的一些物理性质,如果把一块p型半导体和一块n型半导体[如p型硅(p-Si)和n型硅(n-Si)]结合在一起,在两者的交界面处就形成了所谓的pn结,其中的杂质分布显然是不均匀的。那么这种有pn结的半导体将具有什么性质呢?这是本章所要讨论的主要问题。

由于pn结是很多半导体器件(如结型晶体管、集成电路等)的"心脏",因此了解和掌握pn结的性质具有很重要的实际意义。

本章主要讨论pn结的几条重要性质,如电流—电压特性、电容效应、击穿特性等。

6.1 pn结及其能带图

6.1.1 pn结的形成和杂质分布[1-3]

在一块n型(或p型)半导体单晶上,用适当的工艺方法(如合金法、扩散法、生长法、离子注入法等)把p型(或n型)杂质掺入其中,使这块单晶的不同区域分别具有n型和p型的导电类型,在两者的交界面处就形成了pn结。图6-1为其基本结构示意图。下面简单介绍两种常用的形成pn结的典型工艺方法及制得的pn结中杂质的分布情况。

1. 合金法

图6-2表示用合金法制造pn结的过程,把一小粒铝放在一块n型单晶硅片上,加热到一定的温度,形成铝硅的熔融体,然后降低温度,熔融体开始凝固,在n型硅片上形成一含有高浓度铝的p型硅薄层,它与n型硅衬底的交界面处即为pn结(这时称为铝硅合金结)。

图6-1 pn结基本结构示意图   图6-2 合金法制造pn结的过程

合金结的杂质分布如图6-3所示,其特点是:n型区中施主杂质浓度为N_D,而且均匀分布;p型区中受主杂质浓度为N_A,也均匀分布。在交界面处,杂质浓度由N_A(p型)突变为N_D(n型),具有这种杂质分布的pn结称为突变结。设pn结的位置在$x=x_j$,则突变结的杂质分布可以表示为

$$\left. \begin{array}{l} x<x_j, N(x)=N_A \\ x>x_j, N(x)=N_D \end{array} \right\} \tag{6-1}$$

实际的突变结,两边的杂质浓度相差很多,例如,n区的施主杂质浓度为10^{16}cm^{-3},而p区的受主杂质浓度为10^{19}cm^{-3},通常称这种结为单边突变结(这里是p^+n结)。

2. 扩散法

图 6-4 表示用扩散法制造 pn 结（也称扩散结）的过程。它是在 n 型单晶硅片上，通过氧化、光刻、扩散等工艺制得的 pn 结，其杂质分布由扩散过程及杂质补偿决定。在这种结中，杂质浓度从 p 区到 n 区是逐渐变化的，通常称为扩散（缓变）结，如图 6-5(a)所示。设 pn 结位置在 $x=x_j$，则扩散结中的杂质分布可表示为

$$\left.\begin{array}{l} x<x_j, N_A>N_D \\ x>x_j, N_D>N_A \end{array}\right\} \tag{6-2}$$

图 6-3　突变结的杂质分布

图 6-4　扩散法制造 pn 结的过程

在扩散结中，若杂质分布可用 $x=x_j$ 处的切线近似表示，则称为线性缓变结，如图 6-5(b)所示。因此线性缓变结的杂质分布可表示为

$$N_D - N_A = \alpha_j(x - x_j) \tag{6-3}$$

式中，α_j 是 $x=x_j$ 处切线的斜率，称为杂质浓度梯度，它取决于扩散杂质的实际分布，可以用实验方法测定。但是对于高表面浓度的浅扩散结，x_j 处的斜率 α_j 很大，这时扩散结用突变结来近似，如图 6-5(c)所示。

(a) 扩散结　　(b) 线性缓变结近似　　(c) 突变结近似

图 6-5　扩散结的杂质分布

综上所述，pn 结的杂质分布一般可以归纳为两种情况，即突变结和线性缓变结。合金结和高表面浓度的浅扩散结（p$^+$n 结或 n$^+$p 结）一般可认为是突变结，而低表面浓度的深扩散结一般可以认为是线性缓变结。

6.1.2　空间电荷区

考虑两块半导体单晶，一块是 n 型，一块是 p 型。在 n 型半导体单晶中，电子很多而空穴很少；在 p 型半导体单晶中，空穴很多而电子很少。但是，在 n 型中的电离施主与少量空穴的正电荷严格平衡电子电荷，而 p 型中的电离受主与少量电子的负电荷严格平衡空穴电荷，因此，单独的 n 型和 p 型半导体是电中性的。当这两块半导体结合形成 pn 结时，由于它们之间存在着载流

图 6-6 pn 结的空间电荷区

子浓度梯度,因此导致了空穴从 p 区到 n 区、电子从 n 区到 p 区的扩散运动。对于 p 区,空穴离开后,留下了不可动的带负电荷的电离受主,这些电离受主没有正电荷与之保持电中性。因此,在 pn 结附近 p 区一侧出现了一个负电荷区。同理,在 pn 结附近 n 区一侧出现了由电离施主构成的一个正电荷区,通常就把在 pn 结附近的这些电离施主和电离受主所带的电荷称为空间电荷。它们所存在的区域称为空间电荷区,如图 6-6 所示。

空间电荷区中的这些电荷产生了从 n 区指向 p 区,即从正电荷指向负电荷的电场,称为内建电场。在内建电场的作用下,载流子做漂移运动。显然,电子和空穴的漂移运动方向与它们各自的扩散运动方向相反,因此,内建电场起着阻碍电子和空穴继续扩散的作用。

随着扩散运动的进行,空间电荷逐渐增多,空间电荷区也逐渐扩展;同时,内建电场逐渐增强,载流子的漂移运动也逐渐加强。在无外加电压的情况下,载流子的扩散和漂移最终将达到动态平衡,即从 n 区向 p 区扩散过去多少电子,同时就将有同样多的电子在内建电场的作用下返回 n 区。因而电子的扩散电流和漂移电流大小相等、方向相反而互相抵消。对于空穴,情况完全相似。因此,没有电流流过 pn 结,或者说流过 pn 结的净电流为零。这时空间电荷的数量一定,空间电荷区不再继续扩展,保持一定的宽度,其中存在一定的内建电场。一般称这种情况下的 pn 结为热平衡状态下的 pn 结(简称为平衡 pn 结)。

6.1.3 pn 结能带图

平衡 pn 结的情况可以用能带图表示。图 6-7(a)表示 n 型、p 型半导体的能带图,图中 E_{Fn} 和 E_{Fp} 分别表示 n 型和 p 型半导体的费米能级。当两块半导体结合形成 pn 结时,按照费米能级的意义,电子将从费米能级高的 n 区流向费米能级低的 p 区,空穴则从 p 区流向 n 区,因而 E_{Fn} 不断下移,且 E_{Fp} 不断上移,直至 $E_{Fn}=E_{Fp}$ 时为止。这时 pn 结中有统一的费米能级 E_F,pn 结处于平衡状态,其能带如图 6-7(b)所示。事实上,E_{Fn} 随着 n 区能带一起下移,E_{Fp} 则随着 p 区能带一起上移。能带相对移动是 pn 结空间电荷区中存在内建电场的结果。随着从 n 区指向 p 区的内建电场的不断增大,空间电荷区内电势 $V(x)$ 由 n 区向 p 区不断降低,而电子的电势能 $-qV(x)$ 则由 n 区向 p 区不断升高,所以,p 区的能带相对 n 区上移,而 n 区能带相对 p 区下移,直至费米能级处处相等时,能带才停止相对移动,pn 结达到平衡状态,因此,pn 结中费米能级处处相等恰好标志了每种载流子的扩散电流和漂移电流互相抵消,没有净电流通过 pn 结。这一结论还可以从电流密度方程推出。

图 6-7 pn 结的能带图
(a) n 型、p 型半导体的能带
(b) 平衡状态 pn 结能带

首先考虑电子电流,流过 pn 结的总电子电流密度 J_n 应等于电子的漂移电流密度 $nq\mu_n \mathscr{E}$ 与扩散电流密度 $qD_n dn/dx$ 之和,即式(5-112)给出的(假定电场 $\mathscr{E}$ 沿 x 方向,n 只随 x 变化)

$$J_{\mathrm{n}}=nq\mu_{\mathrm{n}}\mathscr{E}+qD_{\mathrm{n}}\frac{\mathrm{d}n}{\mathrm{d}x}$$

因 $D_{\mathrm{n}}=k_0T\mu_{\mathrm{n}}/q$，则

$$J_{\mathrm{n}}=nq\mu_{\mathrm{n}}\left[\mathscr{E}+\frac{k_0T}{q}\frac{\mathrm{d}}{\mathrm{d}x}(\ln n)\right] \tag{6-4}$$

又因为 $n=n_{\mathrm{i}}\exp[(E_{\mathrm{F}}-E_{\mathrm{i}})/(k_0T)]$，所以

$$\ln n=\ln n_{\mathrm{i}}+\frac{E_{\mathrm{F}}-E_{\mathrm{i}}}{k_0T}$$

$$\frac{\mathrm{d}}{\mathrm{d}x}(\ln n)=\frac{1}{k_0T}\left(\frac{\mathrm{d}E_{\mathrm{F}}}{\mathrm{d}x}-\frac{\mathrm{d}E_{\mathrm{i}}}{\mathrm{d}x}\right)$$

则

$$J_{\mathrm{n}}=nq\mu_{\mathrm{n}}\left[\mathscr{E}+\frac{1}{q}\left(\frac{\mathrm{d}E_{\mathrm{F}}}{\mathrm{d}x}-\frac{\mathrm{d}E_{\mathrm{i}}}{\mathrm{d}x}\right)\right] \tag{6-5}$$

而本征费米能级 E_{i} 的变化与电子电势能 $-qV(x)$ 的变化一致，所以

$$\frac{\mathrm{d}E_{\mathrm{i}}}{\mathrm{d}x}=-q\frac{\mathrm{d}V(x)}{\mathrm{d}x}=q\mathscr{E} \tag{6-6}$$

将式(6-6)代入式(6-5)得

$$J_{\mathrm{n}}=n\mu_{\mathrm{n}}\frac{\mathrm{d}E_{\mathrm{F}}}{\mathrm{d}x} \quad \text{或} \quad \frac{\mathrm{d}E_{\mathrm{F}}}{\mathrm{d}x}=\frac{J_{\mathrm{n}}}{n\mu_{\mathrm{n}}} \tag{6-7}$$

同理，空穴电流密度为

$$J_{\mathrm{p}}=p\mu_{\mathrm{p}}\frac{\mathrm{d}E_{\mathrm{F}}}{\mathrm{d}x} \quad \text{或} \quad \frac{\mathrm{d}E_{\mathrm{F}}}{\mathrm{d}x}=\frac{J_{\mathrm{p}}}{p\mu_{\mathrm{p}}} \tag{6-8}$$

以上两式表示了费米能级随位置的变化和电流密度的关系。对于平衡 pn 结，J_{n}、J_{p} 均为零，因此

$$\frac{\mathrm{d}E_{\mathrm{F}}}{\mathrm{d}x}=0, E_{\mathrm{F}}=\text{常数}$$

以上两式还表示了当电流密度一定时，载流子浓度大的地方，E_{F} 随位置的变化小，而载流子浓度小的地方，E_{F} 随位置的变化就较大。

从图 6-7(b)可以看出，在 pn 结的空间电荷区中能带发生弯曲，这是空间电荷区中电势能变化的结果。因能带弯曲，电子从势能低的 n 区向势能高的 p 区运动时，必须克服这一势能"高坡"，才能达到 p 区；同理，空穴也必须克服这一势能"高坡"，才能从 p 区到达 n 区。这一势能"高坡"通常称为 pn 结的势垒，故空间电荷区也叫势垒区。

6.1.4　pn 结接触电势差

平衡 pn 结的空间电荷区两端间的电势差 V_{D} 称为 pn 结的接触电势差或内建电势差，相应的电子电势能之差(能带的弯曲量 qV_{D})称为 pn 结的势垒高度。

从图 6-7(b)可知，势垒高度正好补偿了 n 区和 p 区费米能级之差，使平衡 pn 结的费米能级处处相等，因此

$$qV_{\mathrm{D}}=E_{\mathrm{Fn}}-E_{\mathrm{Fp}} \tag{6-9}$$

根据式(3-56)、式(3-57)，令 n_{n0}、n_{p0} 分别表示 n 区和 p 区的平衡电子浓度，则对非简并半导体

可得
$$n_{n0}=n_i\exp\left(\frac{E_{Fn}-E_i}{k_0T}\right), \quad n_{p0}=n_i\exp\left(\frac{E_{Fp}-E_i}{k_0T}\right)$$

两式相除取对数得
$$\ln\frac{n_{n0}}{n_{p0}}=\frac{1}{k_0T}(E_{Fn}-E_{Fp})$$

因为 $n_{n0}\approx N_D$，$n_{p0}\approx n_i^2/N_A$，所以
$$V_D=\frac{1}{q}(E_{Fn}-E_{Fp})=\frac{k_0T}{q}\left(\ln\frac{n_{n0}}{n_{p0}}\right)=\frac{k_0T}{q}\left(\ln\frac{N_DN_A}{n_i^2}\right) \tag{6-10}$$

上式表明，V_D 和 pn 结两边的掺杂浓度、温度、材料的禁带宽度有关。在一定的温度下，突变结两边的掺杂浓度越高，接触电势差 V_D 越大；禁带宽度越大，n_i 越小，V_D 也越大，所以硅 pn 结的 V_D 比锗 pn 结的 V_D 大。若 $N_A=10^{17}\,\text{cm}^{-3}$，$N_D=10^{15}\,\text{cm}^{-3}$，在室温下可以算得硅的 $V_D=0.70\text{V}$，锗的 $V_D=0.32\text{V}$。

6.1.5 pn 结的载流子分布

现在来计算平衡 pn 结中各处的载流子浓度，取 p 区电势为零，则势垒区中一点 x 的电势 $V(x)$ 为正值。越接近 n 区的点，其电势越高，到势垒区边界 x_n 处的 n 区电势最高为 V_D，如图 6-8 所示，图中 x_n、$-x_p$ 分别为 n 区和 p 区势垒区边界。对电子而言，相应的 p 区的电势能比 n 区的电势能 $E(x_n)=E_{cn}=-qV_D$ 高 qV_D。势垒区内点 x 处的电势能为 $E(x)=-qV(x)$，比 n 区高 $qV_D-qV(x)$。

图 6-8 平衡 pn 结中的电势和电势能

对非简并材料，由式(3-15)，点 x 处的电子浓度 $n(x)$ 为
$$n(x)=\int_{E(x)}^{\infty}\frac{1}{2\pi^2}\frac{(2m_{dn})^{3/2}}{\hbar^3}\exp\left(\frac{E_F-E}{k_0T}\right)[E-E(x)]^{1/2}dE \tag{6-11}$$

令 $Z=[E-E(x)]/(k_0T)$，则式(6-11)变为
$$n(x)=\frac{1}{2\pi^2}\frac{(2m_{dn})^{3/2}}{\hbar^3}(k_0T)^{3/2}\exp\left[\frac{E_F-E(x)}{k_0T}\right]\int_0^{\infty}Z^{1/2}e^{-Z}dZ$$
$$=\frac{2}{\hbar^3}\left(\frac{m_{dn}k_0T}{2\pi}\right)^{3/2}\exp\left[\frac{E_F-E(x)}{k_0T}\right]$$
$$=N_c\exp\left[\frac{E_F-E(x)}{k_0T}\right] \tag{6-12}$$

因为 $E(x)=-qV(x)$，$n_{n0}=N_c\exp\left(\dfrac{E_F-E_{cn}}{k_0T}\right)$，而 $E_{cn}=-qV_D$，所以

$$n(x)=n_{n0}\exp\left[\dfrac{E_{cn}-E(x)}{k_0T}\right]=n_{n0}\exp\left[\dfrac{qV(x)-qV_D}{k_0T}\right] \tag{6-13}$$

当 $x=x_n$ 时，$V(x)=V_D$，所以 $n(x_n)=n_{n0}$；当 $x=-x_p$ 时，$V(x)=0$，则 $n(-x_p)=n_{n0}\exp\left(-\dfrac{qV_D}{k_0T}\right)$。$n(-x_p)$ 就是 p 区中的平衡少数载流子——电子浓度 n_{p0}，因此

$$n_{p0}=n_{n0}\exp\left(-\dfrac{qV_D}{k_0T}\right) \tag{6-14}$$

同理，可以求得点 x 处的空穴浓度 $p(x)$ 为

$$p(x)=p_{n0}\exp\left[\dfrac{qV_D-qV(x)}{k_0T}\right] \tag{6-15}$$

式中，p_{n0} 是 n 区中的平衡少数载流子——空穴浓度。当 $x=x_n$ 时，$V(x)=V_D$，故得 $p(x_n)=p_{n0}$；当 $x=-x_p$ 时，$V(x)=0$，则 $p(-x_p)=p_{n0}\exp\left(\dfrac{qV_D}{k_0T}\right)$，$p(-x_p)$ 就是 p 区中的平衡多数载流子——空穴浓度 p_{p0}，因此

$$p_{p0}=p_{n0}\exp\left(\dfrac{qV_D}{k_0T}\right) \tag{6-16}$$

或

$$p_{n0}=p_{p0}\exp\left(-\dfrac{qV_D}{k_0T}\right) \tag{6-17}$$

式(6-13)和式(6-15)表示平衡 pn 结中电子和空穴的浓度分布，如图 6-9 所示。式(6-14)和式(6-17)表示了同一种载流子在势垒区两边的浓度关系服从玻耳兹曼分布函数的关系。

利用式(6-13)和式(6-15)可以估算 pn 结势垒区中各处的载流子浓度。例如，势垒区内电势能比 n 区导带底 E_{cn} 高 0.1eV 的点 x 处的载流子浓度为

$$n(x)=n_{n0}e^{-\frac{0.1}{0.026}}\approx\dfrac{n_{n0}}{50}\approx\dfrac{N_D}{50}$$

设势垒高度为 0.7eV，则该处的空穴浓度为

$$p(x)=p_{n0}\exp\left[\dfrac{qV_D-qV(x)}{k_0T}\right]=p_{p0}\exp\left[-\dfrac{qV(x)}{k_0T}\right]$$

$$=p_{p0}e^{-\frac{0.6}{0.026}}\approx 10^{-10}p_{p0}\approx 10^{-10}N_A$$

图 6-9 平衡 pn 结中的载流子分布

可见，在势垒区中电势能比 n 区导带底高 0.1eV 处，价带空穴浓度为 p 区多数载流子浓度的 10^{-10} 倍，而该处的导带电子浓度为 n 区多数载流子浓度的 1/50。一般室温附近，对于绝大部分势垒区，其中杂质虽然都已电离，但载流子浓度比 n 区和 p 区的多数载流子浓度小得多，好像已经耗尽了。所以通常也称势垒区为耗尽层，即认为其中的载流子浓度很小，可以忽略，空间电荷密度就等于电离杂质浓度。

6.2 pn 结电流—电压特性

6.2.1 非平衡状态下的 pn 结

平衡 pn 结中存在着具有一定宽度和势垒高度的势垒区，其中相应地出现了内建电场；每

种载流子的扩散电流和漂移电流互相抵消,没有净电流通过 pn 结;相应地在 pn 结中费米能级处处相等。当 pn 结两端有外加电压时,pn 结处于非平衡状态,其中将会发生什么变化呢?下面先定性分析。

1. 外加电压下,pn 结势垒的变化及载流子的运动

pn 结加正向偏压 V(p 区接电源正极,n 区接负极)时,因势垒区内的载流子浓度很小,电阻很大,势垒区外的 p 区和 n 区中载流子浓度很大,电阻很小,所以外加正向偏压基本降落在势垒区。正向偏压在势垒区中产生了与内建电场方向相反的电场,因而减弱了势垒区中的电场强度,这就表明空间电荷相应减少。故势垒区的宽度也减小,同时势垒高度从 qV_D 下降为 $q(V_D-V)$,如图 6-10 所示。

势垒区的电场减弱破坏了载流子的扩散运动和漂移运动之间原有的平衡,削弱了漂移运动,使扩散流大于漂移流。所以在加正向偏压时,产生了电子从 n 区向 p 区及空穴从 p 区向 n 区的净扩散流。电子通过势垒区扩散入 p 区,在边界 $pp'(x=-x_p)$ 处形成电子的积累,成为 p 区的非平衡少数载流子,结果使 pp' 处电子浓度比 p 区内部高,形成了从 pp' 处向 p 区内部的电子扩散流。非平衡少数载流子边扩散边与 p 区的空穴复合,经过比扩散长度大若干倍的距离后,全部被复合。这一段区域称为扩散区。在一定的正向偏压下,单位时间内从 n 区来到 pp' 处的非平衡少数载流子浓度是一定的,并在扩散区内形成一稳定的分布。所以,当正向偏压一定时,在 pp' 处就有一不变的向 p 区内部流动的电子扩散流。同理,在边界 nn' 处也有一不变的向 n 区内部流动的空穴扩散流。n 区的电子和 p 区的空穴都是多数载流子,分别进入 p 区和 n 区后成为 p 区和 n 区的非平衡少数载流子。当增大正向偏压时,势垒降得更低,增大了流入 p 区的电子流和流入 n 区的空穴流,这种由于外加正向偏压的作用使非平衡载流子进入半导体的过程称为非平衡载流子的电注入。

图 6-11 表示了 pn 结中电流的分布情况,在正向偏压下,n 区中的电子向边界 nn' 漂移,越过势垒区,经边界 pp' 进入 p 区,构成进入 p 区的电子扩散电流。进入 p 区后,继续向内部扩散,形成电子扩散电流。在扩散过程中,电子与从 p 区内部向边界 pp' 漂移过来的空穴不断复合,电子电流就不断地转变为空穴电流,直到注入的电子全部复合,电子电流全部转变为空穴电流为止。对于 n 区中的空穴电流,可做类似分析。可见,在平行于 pp' 的任何截面处通过的电子电流和空穴电流并不相等,但是根据电流连续性原理,通过 pn 结中任一截面的总电流是相等的,只是对于不同的截面,电子电流和空穴电流的比例有所不同而已。在假定通过势垒区的电子电流和空穴电流均保持不变的情况下,通过 pn 结的总电流就是通过边界 pp' 的电子扩散电流与通过边界 nn' 的空穴扩散电流之和。

图 6-10 加正向偏压时 pn 结势垒的变化   图 6-11 加正向偏压时 pn 结中电流的分布

当pn结加反向偏压V时,反向偏压在势垒区产生的电场与内建电场方向一致,势垒区的电场增强,势垒区也变宽,势垒高度由qV_D增大为$q(V_D+V)$,如图6-12所示。势垒区电场增强,破坏了载流子的扩散运动和漂移运动之间的原有平衡,增强了漂移运动,使漂移电流大于扩散电流。这时n区边界nn'处的空穴被势垒区的强电场驱向p区,而p区边界pp'处的电子被驱向n区。这些少数载流子被电场驱走后,内部的少数载流子就来补充,形成了反向偏压下的电子扩散电流和空穴扩散电流,这种情况好像少数载流子不断地被抽出来,所以称为少数载流子的抽取或吸出。pn结中总的反向电流等于势垒区边界nn'和pp'附近的少数载流子扩散电流之和。因为少数载流子浓度很小,而扩散长度基本不变化,所以反向偏压时少数载流子的浓度梯度也较小;当反向电压很大时,边界处的少数载流子可以认为是零。这时少数载流子的浓度梯度不再随电压变化,因此扩散电流也不随电压变化,所以在反向偏压下,pn结的电流较小并且趋于不变。

图6-12 反向偏压时pn结势垒的变化

2. 外加电压下,pn结的能带图

在正向偏压下,pn结的n区和p区都有非平衡少数载流子的注入。在非平衡少数载流子存在的区域内,必须用电子的准费米能级E_{Fn}和空穴的准费米能级E_{Fp}取代原来平衡时的统一费米能级E_F。又由于有净电流流过pn结,根据式(6-7)和式(6-8),费米能级将随位置的不同而变化。在空穴扩散区内,电子浓度高,故电子的准费米能级E_{Fn}的变化很小,可看作不变;但空穴浓度很小,故空穴的准费米能级E_{Fp}的变化很大。从p区注入n区的空穴在边界nn'处的浓度很大,随着远离nn',因为和电子复合,空穴浓度逐渐减小,故E_{Fp}为一斜线;到离nn'比L_p大得多的地方,非平衡空穴已衰减为零,这时E_{Fp}和E_{Fn}相等。因为扩散区比势垒区大,准费米能级的变化主要发生在扩散区,在势垒区中的变化则略去不计,所以在势垒区内,准费米能级保持不变。在电子扩散区内可做类似分析,综上所述可见,E_{Fp}从p型中性区到边界nn'处为一水平线,在空穴扩散区E_{Fp}斜线上升,到注入空穴为零处E_{Fp}与E_{Fn}相等,而E_{Fn}在n型中性区到边界pp'处为一水平线,在电子扩散区E_{Fn}斜线下降,到注入电子为零处E_{Fn}与E_{Fp}相等,如图6-13所示。

图6-13 正向偏压下pn结的费米能级

因为在正向偏压下,势垒区高度降低为$q(V_D-V)$,由图6-13可见,从n区一直延伸到p区边界pp'处的电子准费米能级E_{Fn}与从p区一直延伸到n区边界nn'处的空穴准费米能级E_{Fp}之差,正好等于qV,即$E_{Fn}-E_{Fp}=qV$。

当 pn 结加反向偏压时,在电子扩散区、势垒区、空穴扩散区中,电子和空穴的准费米能级的变化规律与正向偏压时基本相似,所不同的只是 E_{Fn} 和 E_{Fp} 的相对位置发生了变化。正向偏压时,E_{Fn} 高于 E_{Fp},即 $E_{Fn} > E_{Fp}$;反向偏压时,E_{Fp} 高于 E_{Fn},即 $E_{Fp} > E_{Fn}$,如图 6-14 所示。

图 6-14 反向偏压下 pn 结的费米能级

6.2.2 理想 pn 结模型及其电流—电压方程[4]

符合以下假设条件的 pn 结称为理想 pn 结模型:
(1) 小注入条件——注入的少数载流子浓度比平衡多数载流子浓度小得多;
(2) 突变耗尽层条件——外加电压和接触电势差都降落在耗尽层上,耗尽层中的电荷是由电离施主和电离受主的电荷组成的,耗尽层外的半导体是电中性的,因此,注入的少数载流子在 p 区和 n 区做纯扩散运动;
(3) 通过耗尽层的电子电流和空穴电流为常量,不考虑耗尽层中载流子的产生及复合作用;
(4) 玻耳兹曼边界条件——在耗尽层两端,载流子分布满足玻耳兹曼统计分布。

前面对于外加电压下的 pn 结的分析和即将讨论的电流—电压方程,都是在上述理想 pn 结模型的基础上进行的。因此,计算流过 pn 结的电流密度可以按如下步骤进行。

① 根据准费米能级计算势垒区边界 nn' 及 pp' 处注入的非平衡少数载流子浓度;
② 以边界 nn' 及 pp' 处注入的非平衡少数载流子浓度作为边界条件,解扩散区中载流子连续性方程,得到扩散区中非平衡少数载流子的分布;
③ 将非平衡少数载流子的浓度分布代入扩散方程,算出扩散流密度后,再算出少数载流子的电流密度;
④ 将两种载流子的扩散电流密度相加,得到理想 pn 结模型的电流—电压方程。

现分别讨论如下。

先求 pp' 处注入的非平衡少数载流子浓度。由式(5-10),p 区载流子浓度与准费米能级的关系为

$$n_p = n_i \exp\left(\frac{E_{Fn} - E_i}{k_0 T}\right), \quad p_p = n_i \exp\left(\frac{E_i - E_{Fp}}{k_0 T}\right) \tag{6-18}$$

因而

$$n_p p_p = n_i^2 \exp\left(\frac{E_{Fn} - E_{Fp}}{k_0 T}\right) \tag{6-19}$$

在 p 区边界 pp',即 $x = -x_p$ 处,$E_{Fn} - E_{Fp} = qV$,所以

$$n_p(-x_p) p_p(-x_p) = n_i^2 \exp\left(\frac{qV}{k_0 T}\right) \tag{6-20}$$

因为 $p_p(-x_p)$ 为 p 区多数载流子，所以 $p_p(-x_p)=p_{p0}$，而且 $p_{p0}n_{p0}=n_i^2$，代入式(6-20)并利用式(6-14)，得到 p 区边界 $pp'(x=-x_p)$ 处的少数载流子浓度为

$$n_p(-x_p)=n_{p0}\exp\left(\frac{qV}{k_0T}\right)=n_{n0}\exp\left(\frac{qV-qV_D}{k_0T}\right) \tag{6-21}$$

由此，注入 p 区边界 pp' 处的非平衡少数载流子浓度为

$$\Delta n_p(-x_p)=n_p(-x_p)-n_{p0}=n_{p0}\left[\exp\left(\frac{qV}{k_0T}\right)-1\right] \tag{6-22}$$

同理可得 n 区边界 $nn'(x=x_n)$ 处的少数载流子浓度为

$$p_n(x_n)=p_{n0}\exp\left(\frac{qV}{k_0T}\right)=p_{p0}\exp\left(\frac{qV-qV_D}{k_0T}\right) \tag{6-23}$$

因此，注入 n 区边界 nn' 处的非平衡少数载流子浓度为

$$\Delta p_n(x_n)=p_n(x_n)-p_{n0}=p_{n0}\left[\exp\left(\frac{qV}{k_0T}\right)-1\right] \tag{6-24}$$

由式(6-22)、式(6-24)可见，注入势垒区边界 pp' 和 nn' 处的非平衡少数载流子是外加电压的函数。这两式就是解连续性方程的边界条件。

在稳定态时，空穴扩散区中非平衡少数载流子的连续性方程为

$$D_p\frac{d^2\Delta p_n}{dx^2}-\mu_p\mathscr{E}_x\frac{d\Delta p_n}{dx}-\mu_p p_n\frac{d\mathscr{E}_x}{dx}-\frac{p_n-p_{n0}}{\tau_p}=0 \tag{6-25}$$

小注入时，$d\mathscr{E}_x/dx$ 项很小可以略去，n 型扩散区 $\mathscr{E}_x=0$，故

$$D_p\frac{d^2\Delta p_n}{dx^2}-\frac{p_n-p_{n0}}{\tau_p}=0 \tag{6-26}$$

这个方程的通解是

$$\Delta p_n(x)=p_n(x)-p_{n0}=A\exp\left(-\frac{x}{L_p}\right)+B\exp\left(\frac{x}{L_p}\right) \tag{6-27}$$

式中，$L_p=\sqrt{D_p\tau_p}$ 是空穴扩散长度。系数 A、B 由边界条件确定。因 $x\to\infty$ 时，$p_n(\infty)=p_{n0}$；$x=x_n$ 时，$p_n(x_n)=p_{n0}\exp\left(\frac{qV}{k_0T}\right)$，代入式(6-27)，解得

$$A=p_{n0}\left[\exp\left(\frac{qV}{k_0T}\right)-1\right]\exp\left(\frac{x_n}{L_p}\right), \qquad B=0 \tag{6-28}$$

代入通解中，得

$$p_n(x)-p_{n0}=p_{n0}\left[\exp\left(\frac{qV}{k_0T}\right)-1\right]\exp\left(\frac{x_n-x}{L_p}\right) \tag{6-29}$$

同理，对于注入 p 区的非平衡少数载流子，可以求得

$$n_p(x)-n_{p0}=n_{p0}\left[\exp\left(\frac{qV}{k_0T}\right)-1\right]\exp\left(\frac{x_p+x}{L_n}\right) \tag{6-30}$$

式(6-29)和式(6-30)表示当 pn 结有外加电压时非平衡少数载流子在扩散区中的分布。在外加正向偏压的作用下，当 V 一定时，在势垒区边界处($x=x_n$ 和 $x=-x_p$)非平衡少数载流子浓度一定，对扩散区形成了稳定的边界浓度，这时是稳定边界浓度的一维扩散，在扩散区，非平衡少数载流子按指数规律衰减。在外加反向偏压的作用下，如果 $q|V|\gg k_0T$，则 $\exp\left(\frac{qV}{k_0T}\right)\to 0$，对 n 区来说，$\Delta p_n(x)=p_n(x)-p_{n0}=-p_{n0}\exp\left(\frac{x_n-x}{L_p}\right)$，在 $x=x_n$ 处，$\Delta p_n(x)\to -p_{n0}$，即

$p(x) \to 0$；在 n 区内部，即 $x \gg L_p$ 处，$\exp\left(\frac{x_n-x}{L_p}\right) \to 0$，则 $p_n(x) \to p_{n0}$。图 6-15 表示了在外加偏压下式(6-29)和式(6-30)的曲线。

图 6-15 非平衡少数载流子的分布

小注入时，扩散区中不存在电场，在 $x = x_n$ 处，空穴的扩散电流密度为

$$J_p(x_n) = -qD_p \frac{\mathrm{d}p_n(x)}{\mathrm{d}x}\bigg|_{x=x_n} = \frac{qD_p p_{n0}}{L_p}\left[\exp\left(\frac{qV}{k_0 T}\right) - 1\right] \quad (6\text{-}31)$$

同理，在 $x = -x_p$ 处，电子的扩散电流密度为

$$J_n(-x_p) = qD_n \frac{\mathrm{d}n_p(x)}{\mathrm{d}x}\bigg|_{x=-x_p} = \frac{qD_n n_{p0}}{L_n}\left[\exp\left(\frac{qV}{k_0 T}\right) - 1\right] \quad (6\text{-}32)$$

根据假设，势垒区内的复合—产生作用可以忽略，因此，通过边界 pp' 的空穴电流密度 $J_p(-x_p)$ 等于通过边界 nn' 的空穴电流密度 $J_p(x_n)$。所以通过 pn 结的总电流密度 J 为

$$J = J_n(-x_p) + J_p(-x_p) = J_n(-x_p) + J_p(x_n) \quad (6\text{-}33)$$

将式(6-31)、式(6-32)代入上式，得

$$J = \left(\frac{qD_n n_{p0}}{L_n} + \frac{qD_p p_{n0}}{L_p}\right)\left[\exp\left(\frac{qV}{k_0 T}\right) - 1\right] \quad (6\text{-}34)$$

令

$$J_s = \frac{qD_n n_{p0}}{L_n} + \frac{qD_p p_{n0}}{L_p} \quad (6\text{-}35)$$

则

$$J = J_s\left[\exp\left(\frac{qV}{k_0 T}\right) - 1\right] \quad (6\text{-}36)$$

式(6-36)就是理想 pn 结模型的电流—电压方程，又称为肖克利方程。

从式(6-36)可以看出以下结论。

1. pn 结具有单向导电性

在正向偏压下，正向电流密度随正向偏压按指数关系迅速增大。在室温下，$k_0 T/q = 0.026\text{V}$，一般外加正向偏压约为零点几伏，故 $\exp\left(\frac{qV}{k_0 T}\right) \gg 1$，式(6-36)可以表示为

$$J = J_s \exp\left(\frac{qV}{k_0 T}\right) \quad (6\text{-}37)$$

在反向偏压下，$V<0$，当 $q|V|\gg k_0T$ 时，$\exp\left(\dfrac{qV}{k_0T}\right)\to 0$，式(6-36)化为

$$J=-J_s=-\left(\dfrac{qD_n n_{p0}}{L_n}+\dfrac{qD_p p_{n0}}{L_p}\right) \quad (6\text{-}38)$$

式中负号表示电流密度方向与正向时相反。而且反向电流密度为常量，与外加电压无关，故称 $-J_s$ 为反向饱和电流密度。由式(6-36)作 $J\text{-}V$ 曲线，如图 6-16 所示，可见在正向及反向偏压下，曲线是不对称的，表现出 pn 结具有单向导电性或整流效应。

图 6-16 理想 pn 结的 $J\text{-}V$ 曲线

2. 温度对电流密度的影响很大

对于反向饱和电流密度 $-J_s$，因为式(6-38)中两项的情况相似，所以只需考虑式中的第一项即可。因 D_n、L_n、n_{p0} 与温度有关（D_n、L_n 均与 μ_n 及 T 有关），设 D_n/τ_n 与 T^γ 成正比，γ 为一常数，则有

$$J_s\approx\dfrac{qD_n n_{p0}}{L_n}=q\left(\dfrac{D_n}{\tau_n}\right)^{1/2}\dfrac{n_i^2}{N_A}\propto T^{\frac{\gamma}{2}}\left[T^3\exp\left(-\dfrac{E_g}{k_0T}\right)\right]=T^{3+\frac{\gamma}{2}}\exp\left(-\dfrac{E_g}{k_0T}\right)$$

式中，$T^{(3+\gamma/2)}$ 随温度变化得较缓慢，故 J_s 随温度变化主要由 $\exp[-E_g/(k_0T)]$ 决定。因此，J_s 随温度的升高而迅速增大，并且 E_g 越大的半导体，J_s 变化得越快。

因为 $E_g=E_g(0)+\beta T$，设 $E_g(0)=qV_{g0}$，$E_g(0)$ 为热力学零度时的禁带宽度，V_{g0} 为热力学零度时导带底和价带顶的电势差，将上述关系代入上式，则加正向偏压 V_F 时，式(6-37)表示的正向电流密度与温度关系为

$$J\propto T^{3+\frac{\gamma}{2}}\exp\left[\dfrac{q(V_F-V_{g0})}{k_0T}\right]$$

所以正向电流密度随温度的上升而增大。

6.2.3 影响 pn 结电流—电压特性偏离理想方程的各种因素[1,2,5]

实验测量表明，理想的电流—电压方程和小注入下锗 pn 结的实验结果符合得较好，但与硅 pn 结的实验结果偏离较大。由图 6-17 可看出，在正向偏压时，理论与实验结果间的偏差表现在：①正向电流小时，理论计算值比实验值小；②正向电流较大时，曲线 c 段的 $J\text{-}V$ 关系为 $J\propto\exp[qV/(2k_0T)]$；③在曲线 d 段，$J\text{-}V$ 关系不是指数关系，而是线性关系。在反向偏压时，实际测得的反向电流比理论计算值大得多，而且反向电流是不饱和的，随反向偏压的增大略有增大。砷化镓 pn 结的情况和硅 pn 结相似，这说明理想电流—电压方程没有完全反映外加电压下的 pn 结情况，还必须考虑其他因素的影响，使理论更进一步完善。

引起上述差别的主要原因有：①表面效应；②势垒区中的产生及复合；③大注入条件；④串联电阻效应。这里只讨论②和③两种情况，表面效应将在第 8 章讨论，串联电阻效应结合大注入情况讨论。

1. 势垒区的产生电流

pn 结处于热平衡状态时，势垒区内通过复合中心的载流子产生率等于复合率。当 pn 结

加反向偏压时,势垒区内的电场加强,所以在势垒区内,由于热激发的作用,通过复合中心产生的电子—空穴对来不及复合就被强电场驱走了。也就是说,势垒区内通过复合中心的载流子产生率大于复合率,具有净产生率,从而形成另一部分反向电流,称为势垒区的产生电流,以 I_G 表示。若 pn 结面积为 A,势垒区宽度为 X_D,净产生率为 G,它代表单位时间单位体积内势垒区所产生的载流子数,则得

$$I_G = qGX_DA \tag{6-39}$$

因为在势垒区内 $n_i \gg n, n_i \gg p$,并设 E_t 与 E_i 重合,$r_n = r_p = r$,由式(5-44)化简得势垒区内的净复合率为

$$U = -\frac{n_i}{2\tau} \tag{6-40}$$

图 6-17 实际硅 pn 结的电流—电压特性

实际上这个负的净复合率就是净产生率 G,即

$$G = -U = \frac{n_i}{2\tau} \tag{6-41}$$

所以

$$I_G = \frac{qn_iX_DA}{2\tau} \tag{6-42}$$

势垒区产生电流密度为

$$J_G = \frac{qn_iX_D}{2\tau} \tag{6-43}$$

现以 p$^+$n 结为例,比较势垒区产生电流与反向扩散电流的大小。利用 $n_{n0}p_{n0} = n_i^2$ 和 $n_{n0} = N_D$ 关系,由式(6-35)得 p$^+$n 结的反向扩散电流密度为

$$J_{RD} = \frac{qD_pn_i^2}{L_pN_D} \tag{6-44}$$

因为锗的禁带宽度小、n_i^2 大,在室温下从式(6-44)算得的 J_{RD} 比从式(6-43)算得的 J_G 大得多,所以在反向电流中,扩散电流起主要作用。对于硅,禁带宽度比较大、n_i^2 小,所以 J_G 的值比 J_{RD} 值大得多,因此在反向电流中,势垒产生电流占主要地位。因为势垒区宽度 X_D 随反向偏压的增大而增大,所以势垒区产生电流是不饱和的,随反向偏压的增大而缓慢地增大。

2. 势垒区的复合电流

在正向偏压下,从 n 区注入 p 区的电子和从 p 区注入 n 区的空穴在势垒区内复合了一部分,构成了另一股正向电流,称为势垒区复合电流。下面做近似计算。

假定复合中心与本征费米能级重合,为突出主要矛盾,令 $r_p = r_n = r$,则式(5-44)变为

$$U = \frac{rN_t(np - n_i^2)}{n + p + 2n_i} \tag{6-45}$$

在势垒区中,电子浓度和空穴浓度的乘积满足下式

$$np = n_i^2 \exp\left(\frac{qV}{k_0T}\right)$$

在势垒区中,当 $n = p$ 时,电子和空穴相遇的机会最大,则 $n = p = n_i\exp[qV/(2k_0T)]$,将这些

关系代入式(6-45)得

$$U_{max} = rN_t \frac{n_i\left[\exp\left(\frac{qV}{k_0T}\right)-1\right]}{2\left[\exp\left(\frac{qV}{2k_0T}\right)+1\right]} \tag{6-46}$$

当 $qV \gg k_0T$ 时

$$U_{max} = \frac{1}{2}\frac{n_i}{\tau}\exp\left(\frac{qV}{2k_0T}\right) \tag{6-47}$$

式中 $\tau = 1/rN_t$，设由复合而得到的电流密度为 J_r，则

$$J_r = \int_0^{X_D} qU_{max}dx \approx \frac{qn_iX_D}{2\tau}\exp\left(\frac{qV}{2k_0T}\right) \tag{6-48}$$

总的正向电流密度应为扩散电流密度及复合电流密度之和，在 $p_{n0} \gg n_{p0}$ 和 $qV \gg k_0T$ 时，可写成

$$J_F = J_{FD} + J_r = qn_i\left[\sqrt{\frac{D_p}{\tau_p}}\frac{n_i}{N_D}\exp\left(\frac{qV}{k_0T}\right) + \frac{X_D}{2\tau_p}\exp\left(\frac{qV}{2k_0T}\right)\right] \tag{6-49}$$

由上式可看出：

① 扩散电流的特点是和 $\exp\left(\frac{qV}{k_0T}\right)$ 成正比，而复合电流则和 $\exp\left(\frac{qV}{2k_0T}\right)$ 成正比，因此，可用下列经验公式表示正向电流密度，即

$$J_F \propto \exp\left(\frac{qV}{mk_0T}\right) \tag{6-50}$$

当复合电流为主时，$m=2$；当扩散电流为主时，$m=1$；当两者大小相近时，m 为 $1\sim2$。

② 扩散电流和复合电流之比为

$$\frac{J_{FD}}{J_r} = \frac{2n_iL_p}{N_DX_D}\exp\left(\frac{qV}{2k_0T}\right) \tag{6-51}$$

可见，J_{FD}/J_r 和 n_i 及外加电压 V 有关。当 V 减小时，$\exp\left(\frac{qV}{2k_0T}\right)$ 迅速减小，对硅而言，室温下 $N_D \gg n_i$，故在低正向偏压下，$J_r > J_{FD}$，即复合电流占主要地位，这就是图 6-17 中曲线的 a 段。但在较高的正向偏压下，$\exp\left(\frac{qV}{2k_0T}\right)$ 迅速增大，使 $J_{FD} > J_r$，复合电流可忽略，这就是图 6-17 中曲线的 b 段。

③ 复合电流减少了 pn 结中的少数载流子注入，这是三极管的电流放大系数在小电流时下降的原因。

3. 大注入情况

通常把正向偏压较大时注入的非平衡少数载流子浓度接近或超过该区多数载流子浓度的情况，称为大注入情况，下面以 p$^+$n 结为例讨论。

因为 p$^+$n 结的正向电流主要是从 p$^+$ 区注入 n 区的空穴电流，由 n 区注入 p$^+$ 区的电子电流可以忽略，所以只讨论空穴扩散区内的情况。当大注入时，首先，注入的空穴浓度 $\Delta p_n(x_n)$ 很大，接近或超过 n 区多数载流子浓度 $n_{n0} \approx N_D$，注入的空穴在 n 区边界 x_n 处形成积累。当它们向 n 区内部扩散时，在空穴扩散区内形成一定的浓度分布 $\Delta p_n(x)$，为了保持 n 区电中

性，n 区的多数载流子（电子的浓度）相应地增大同等数量，也在空穴扩散区形成电子浓度分布 $\Delta n_n(x)$，而且 $\Delta p_n(x) = \Delta n_n(x)$。于是电子浓度梯度应等于空穴浓度梯度（如图 6-18 所示），即

$$\frac{\mathrm{d}\Delta p_n(x)}{\mathrm{d}x} = \frac{\mathrm{d}\Delta n_n(x)}{\mathrm{d}x} \tag{6-52}$$

其次，因为有电子浓度梯度，将使电子在空穴扩散方向上也发生扩散运动。但是电子一旦离开原来的位置，就破坏了电中性条件，因此电子、空穴间的静电引力就产生一个内建电场 $\mathscr{E}$。它对电子的漂移作用正好抵消了电子的扩散作用，即电子电流密度 $J_n = 0$；另外，这个内建电场会使空穴的运动加速。由于有内建电场，因此正向偏压 V 在空穴扩散区降落了一部分，用 V_p 表示，若势垒区的电压降为 V_J，则

$$V = V_J + V_p \tag{6-53}$$

图 6-18 大注入时，$p^+ n$ 结能带图及非平衡载流子分布

下面计算大注入时流过 pn 结的电流密度，首先计算通过边界 nn' 处 ($x = x_n$) 的电流密度，它是由电子电流密度 J_n 和空穴电流密度 J_p 所组成的。J_n 和 J_p 中各包括扩散电流密度和由内建电场 $\mathscr{E}$ 引起的漂移电流密度两部分，故

$$J_p = q\mu_p p_n(x_n) \mathscr{E}(x_n) - qD_p \frac{\mathrm{d}\Delta p_n(x)}{\mathrm{d}x}\bigg|_{x=x_n} \tag{6-54}$$

$$J_n = q\mu_n n_n(x_n) \mathscr{E}(x_n) + qD_n \frac{\mathrm{d}\Delta n_n(x)}{\mathrm{d}x}\bigg|_{x=x_n} \tag{6-55}$$

因为 $J_n = 0$，$D_n/\mu_n = D_p/\mu_p = k_0 T/q$，以及 $\mathrm{d}\Delta p_n(x)/\mathrm{d}x = \mathrm{d}\Delta n_n(x)/\mathrm{d}x$，所以由式 (6-55) 得

$$\mathscr{E} = -\frac{D_p}{\mu_p} \frac{1}{n_n(x_n)} \frac{\mathrm{d}\Delta n_n(x)}{\mathrm{d}x}\bigg|_{x=x_n} \tag{6-56}$$

将上式代入式 (6-54) 得

$$J_p = -qD_p \left[1 + \frac{p_n(x_n)}{n_n(x_n)}\right] \frac{\mathrm{d}\Delta p_n(x)}{\mathrm{d}x}\bigg|_{x=x_n} \tag{6-57}$$

从上式看出，在扩散区中有内建电场的情况下，空穴电流密度仍可表示为扩散电流密度的形式，只不过空穴的扩散系数 D_p 需用 $D_p[1 + p_n(x_n)/n_n(x_n)]$ 代替。

当注入的空穴浓度 $\Delta p_n (= \Delta n_n)$ 远大于平衡多数载流子浓度 n_{n0} 时，则

$$n_n(x_n) = n_{n0} + \Delta n_n(x_n) \approx \Delta n_n(x_n) \tag{6-58}$$

$$p_n(x_n) = p_{n0} + \Delta p_n(x_n) \approx \Delta p_n(x_n) \tag{6-59}$$

故 $n_n(x_n) \approx p_n(x_n)$，正向电流密度 J_F 为

$$J_F = J_p \approx -q(2D_p) \frac{\mathrm{d}\Delta p_n(x)}{\mathrm{d}x}\bigg|_{x=x_n} \tag{6-60}$$

可见，在上述情况下，空穴的扩散系数增大为 $2D_p$。这时在正向电流密度 J_F 中，空穴扩散电流密度和空穴漂移电流密度各占一半。

从图 6-18 可看出，$p^+ n$ 结的势垒高度为 $q(V_D - V_J)$。在边界 nn' 处 ($x = x_n$) 的空穴浓度为

$$p_n(x_n) = p_{p0} \exp\left[-\frac{q(V_D - V_J)}{k_0 T}\right] = p_{p0} \exp\left(-\frac{qV_D}{k_0 T}\right) \exp\left(\frac{qV_J}{k_0 T}\right) = p_{n0} \exp\left(\frac{qV_J}{k_0 T}\right) \tag{6-61}$$

在空穴扩散区有电压降 V_p，$x=x_n$ 处的能带比空穴扩散区外低 qV_p，与式(6-61)比较，可以得到

$$n_n(x_n) = n_{n0} \exp\left(\frac{qV_p}{k_0 T}\right) \tag{6-62}$$

将式(6-61)与式(6-62)相乘得

$$n_n(x_n) p_n(x_n) = n_{n0} p_{n0} \exp\left[\frac{q(V_J+V_p)}{k_0 T}\right] = n_i^2 \exp\left(\frac{qV}{k_0 T}\right) \tag{6-63}$$

因 $n_n(x_n) = p_n(x_n)$，故

$$p_n(x_n) = n_i \exp\left(\frac{qV}{2k_0 T}\right) \tag{6-64}$$

把空穴扩散区内空穴的分布近似视为线性分布，即

$$\left.\frac{d\Delta p_n(x)}{dx}\right|_{x=x_n} \approx \frac{p_n(x_n) - p_{n0}}{L_p} \tag{6-65}$$

因 $p_n(x_n) \gg p_{n0}$，并将式(6-64)代入上式得

$$\left.\frac{d\Delta p_n(x)}{dx}\right|_{x=x_n} \approx \frac{n_i}{L_p} \exp\left(\frac{qV}{2k_0 T}\right) \tag{6-66}$$

将式(6-66)代入式(6-60)得

$$J_F \approx -\frac{q(2D_p)n_i}{L_p} \exp\left(\frac{qV}{2k_0 T}\right) \tag{6-67}$$

这就是大注入情况下 p$^+$n 结的电流—电压关系。它的特点是 $J_F \propto \exp[qV/(2k_0 T)]$，正确地表示了图 6-17 中曲线的 c 段，这是一部分正向电压降落在空穴扩散区的结果。

综上所述，在考虑了势垒区载流子的产生和复合及大注入情况后，就解释了理想电流—电压方程偏离实际测量结果的原因。再归纳如下：p$^+$n 结加正向偏压时，电流—电压关系可表示为

$$J_F \propto \exp\left(\frac{qV}{mk_0 T}\right)$$

式中，m 为 1～2，随外加正向偏压而定。在很低的正向偏压下，$m=2$，$J_F \propto \exp[qV/(2k_0 T)]$，势垒区的复合电流起主要作用，在图 6-17 中为曲线的 a 段。当正向偏压较大时，$m=1$，$J_F \propto \exp[qV/(k_0 T)]$，扩散电流起主要作用，为曲线的 b 段。大注入时，$m=2$，$J_F \propto \exp[qV/(2k_0 T)]$，为曲线的 c 段。在大电流时，还必须考虑体电阻上的电压降 V'_R，若电极接触良好，则 pn 结两端电极接触上的电压降可忽略不计，于是 $V = V_J + V_p + V'_R$。这时在 pn 结势垒区上的电压降就更小了，正向电流增加得更缓慢，这就是曲线的 d 段。在反向偏压下，计入了势垒区的产生电流，从而正确地解释了实验所得反向电流比理想方程的计算值大及不饱和的原因。

6.3 pn 结电容[1,2,6]

6.3.1 pn 结电容的来源

pn 结有整流效应，但是它又包含着破坏整流特性的因素，这个因素就是 pn 结的电容。一

个 pn 结在低频电压下能很好地起整流作用,但是当电压频率增高时,其整流特性变坏,甚至基本上没有整流效应。为什么频率对 pn 结的整流作用有影响呢? 这是因为 pn 结具有电容特性。pn 结为什么有电容特性呢? pn 结电容的大小和什么因素有关呢? 这就是本节所要讨论的主要问题。

pn 结电容包括势垒电容和扩散电容两部分,分别说明如下。

1. 势垒电容

当 pn 结加正向偏压时,势垒区的电场随正向偏压的增大而减弱,势垒区宽度变小,空间电荷数量减少,如图 6-19(a)、(b)所示。因为空间电荷是由不能移动的杂质离子组成的,所以空间电荷的减少是由于 n 区的电子和 p 区的空穴过来中和了势垒区中一部分电离施主和电离受主,图 6-19(c)中箭头 A 表示了这种中和作用。这就是说,在外加正向偏压增大时,将有一部分电子和空穴"存入"势垒区。反之,当正向偏压减小时,势垒区的电场增强,势垒区宽度增大,空间电荷数量增多,有一部分电子和空穴从势垒区中"取出"。对于加反向偏压的情况,可做类似分析。总之,pn 结上外加电压的变化引起了电子和空穴在势垒区的"存入"和"取出",导致势垒区的空间电荷数量随外加电压而变化,这和一个电容器的充放电作用相似。这种 pn 结的电容效应称为势垒电容,以 C_T 表示。

(a)平衡 pn 结势垒区　　(b)正偏时,势垒区变窄　　(c)正偏时,pn 结载流子变化

图 6-19　pn 结电容的来源

2. 扩散电容

正向偏压时,有空穴从 p 区注入 n 区,于是在势垒区与 n 区边界的 n 区一侧的一个扩散长度内,便形成了非平衡空穴和电子的积累,同样在 p 区也有非平衡电子和空穴的积累。当正向偏压增大时,由 p 区注入 n 区的空穴增加,注入的空穴一部分扩散走了,如图 6-19(c)中箭头 B 所示,一部分则增加了 n 区的空穴积累,增大了浓度梯度,如图 6-19(c)中箭头 C 所示。所以外加电压变化时,n 区扩散区内积累的非平衡空穴也增加,与它保持电中性的电子也相应增加。同样,p 区扩散区内积累的非平衡电子和与它保持电中性的空穴也增加。这种由扩散区的电荷数量随外加电压的变化所产生的电容效应,称为 pn 结的扩散电容,用符号 C_D 表示。

实验发现,pn 结的势垒电容和扩散电容都随外加电压而变化,表明它们是可变电容。因此,引入微分电容的概念来表示 pn 结的电容。

当 pn 结在一个固定直流偏压 V 的作用下叠加一个微小的交流电压 dV 时,这个微小的电压变化 dV 所引起的电荷变化 dQ 称为这个直流偏压下的微分电容,即

$$C = \frac{dQ}{dV} \tag{6-68}$$

pn 结的直流偏压不同,微分电容也不相同。

6.3.2 突变结的势垒电容

势垒电容是非线性电容，下面分突变结和线性缓变结加以讨论。

1. 突变结势垒区中的电场、电势分布

在 pn 结势垒区中，在耗尽层近似及杂质完全电离的情况下，空间电荷由电离施主和电离受主组成。势垒区靠近 n 区一侧的电荷密度完全由施主浓度所决定，靠近 p 区一侧的电荷密度完全由受主浓度所决定。对突变结来说，n 区有均匀施主杂质浓度 N_D，p 区有均匀受主杂质浓度 N_A，若势垒区的正、负空间电荷区的宽度分别为 x_n 和 $-x_p$，且取 $x=0$ 处为交界面，如图 6-20 所示，则势垒区的电荷密度为

$$\left.\begin{array}{l}\rho(x)=-qN_A \quad (-x_p<x<0)\\ \rho(x)=qN_D \quad (0<x<x_n)\end{array}\right\} \quad (6-69)$$

势垒区宽度

$$X_D=x_n+x_p \quad (6-70)$$

因整个半导体满足电中性条件，势垒区内正、负电荷总量相等，即

$$qN_A x_p=qN_D x_n=Q \quad (6-71)$$

Q 就是势垒区中单位面积上所积累的空间电荷的数量。上式化为

$$N_A x_p=N_D x_n \quad (6-72)$$

上式表明，势垒区内正、负空间电荷区的宽度和该区的杂质浓度成反比。杂质浓度高的一边宽度小，杂质浓度低的一边宽度大。例如，若 $N_A=10^{16}\,\text{cm}^{-3}$，$N_D=10^{18}\,\text{cm}^{-3}$，则 x_p 比 x_n 大 100 倍，所以势垒区主要向杂质浓度低的一边扩展。

突变结势垒区内的泊松方程为

$$\left.\begin{array}{l}\dfrac{d^2 V_1(x)}{dx^2}=\dfrac{qN_A}{\varepsilon_r\varepsilon_0} \quad (-x_p<x<0)\\ \dfrac{d^2 V_2(x)}{dx^2}=-\dfrac{qN_D}{\varepsilon_r\varepsilon_0} \quad (0<x<x_n)\end{array}\right\} \quad (6-73)$$

图 6-20 突变结的杂质、电荷、电场、电势、电势能分布

式中，$V_1(x)$、$V_2(x)$ 分别是负、正空间电荷区中的各点电势。对上式积分一次得

$$\left.\begin{array}{l}\dfrac{dV_1(x)}{dx}=\left(\dfrac{qN_A}{\varepsilon_r\varepsilon_0}\right)x+C_1 \quad (-x_p<x<0)\\ \dfrac{dV_2(x)}{dx}=-\left(\dfrac{qN_D}{\varepsilon_r\varepsilon_0}\right)x+C_2 \quad (0<x<x_n)\end{array}\right\} \quad (6-74)$$

式中，C_1、C_2 是积分常数，可以用边界条件确定。因为势垒区以外是电中性的，电场集中在势垒区内，所以得边界条件为

$$\left.\begin{aligned}\mathscr{E}(-x_\mathrm{p}) &= -\frac{\mathrm{d}V_1(x)}{\mathrm{d}x}\bigg|_{x=-x_\mathrm{p}}=0 \\ \mathscr{E}(x_\mathrm{n}) &= -\frac{\mathrm{d}V_2(x)}{\mathrm{d}x}\bigg|_{x=x_\mathrm{n}}=0\end{aligned}\right\} \quad (6\text{-}75)$$

将式(6-75)代入式(6-74)得

$$C_1 = \frac{qN_\mathrm{A}x_\mathrm{p}}{\varepsilon_\mathrm{r}\varepsilon_0}, \quad C_2 = \frac{qN_\mathrm{D}x_\mathrm{n}}{\varepsilon_\mathrm{r}\varepsilon_0} \quad (6\text{-}76)$$

因为 $N_\mathrm{A}x_\mathrm{p}=N_\mathrm{D}x_\mathrm{n}$，所以 $C_1=C_2$。因此势垒区中的电场为

$$\left.\begin{aligned}\mathscr{E}_1(x) &= -\frac{\mathrm{d}V_1(x)}{\mathrm{d}x} = -\frac{qN_\mathrm{A}(x+x_\mathrm{p})}{\varepsilon_\mathrm{r}\varepsilon_0} \quad (-x_\mathrm{p}<x<0) \\ \mathscr{E}_2(x) &= -\frac{\mathrm{d}V_2(x)}{\mathrm{d}x} = \frac{qN_\mathrm{D}(x-x_\mathrm{n})}{\varepsilon_\mathrm{r}\varepsilon_0} \quad (0<x<x_\mathrm{n})\end{aligned}\right\} \quad (6\text{-}77)$$

$\mathscr{E}_1(x)$、$\mathscr{E}_2(x)$ 分别为负、正空间电荷区中各点的电场强度。可以看出，在平衡突变结势垒区中，电场强度是位置 x 的线性函数。电场方向沿 x 负方向，从 n 区指向 p 区。在 $x=0$ 处，电场强度达到最大值 $\mathscr{E}_\mathrm{m}$，即

$$\begin{aligned}\mathscr{E}_\mathrm{m} &= -\frac{\mathrm{d}V_1(x)}{\mathrm{d}x}\bigg|_{x=0} = -\frac{\mathrm{d}V_2(x)}{\mathrm{d}x}\bigg|_{x=0} \\ &= -\frac{qN_\mathrm{A}x_\mathrm{p}}{\varepsilon_\mathrm{r}\varepsilon_0} = -\frac{qN_\mathrm{D}x_\mathrm{n}}{\varepsilon_\mathrm{r}\varepsilon_0} = -\frac{Q}{\varepsilon_\mathrm{r}\varepsilon_0}\end{aligned} \quad (6\text{-}78)$$

由式(6-77)和式(6-78)得到势垒区内的电场分布如图 6-20(d)所示。

对于 p$^+$n 结，$N_\mathrm{A} \gg N_\mathrm{D}$，则 $x_\mathrm{n} \gg x_\mathrm{p}$，即 p 区中的电荷密度很大，使势垒的扩散几乎都发生在 n 区中。反之，对于 n$^+$p 结，势垒区扩展主要发生在 p 区中。这时因为势垒区宽度 $X_\mathrm{D} \approx x_\mathrm{n}$ 或 $X_\mathrm{D} \approx x_\mathrm{p}$，所以最大电场强度 $\mathscr{E}_\mathrm{m}$ 为

对 p$^+$n 结 $\quad\quad\quad\quad\quad \mathscr{E}_\mathrm{m} = -\dfrac{qN_\mathrm{D}x_\mathrm{n}}{\varepsilon_\mathrm{r}\varepsilon_0}$

对 n$^+$p 结 $\quad\quad\quad\quad\quad \mathscr{E}_\mathrm{m} = -\dfrac{qN_\mathrm{A}x_\mathrm{p}}{\varepsilon_\mathrm{r}\varepsilon_0}$

则

$$\mathscr{E}_\mathrm{m} = \frac{qN_\mathrm{B}X_\mathrm{D}}{\varepsilon_\mathrm{r}\varepsilon_0} \quad (6\text{-}79)$$

式中，N_B 为轻掺杂一边的杂质浓度，上式中省去了表示电场强度方向的负号。

对式(6-77)积分，得到势垒区中各点的电势为

$$\left.\begin{aligned}V_1(x) &= \left(\frac{qN_\mathrm{A}}{2\varepsilon_\mathrm{r}\varepsilon_0}\right)x^2 + \left(\frac{qN_\mathrm{A}x_\mathrm{p}}{\varepsilon_\mathrm{r}\varepsilon_0}\right)x + D_1 \quad (-x_\mathrm{p}<x<0) \\ V_2(x) &= -\left(\frac{qN_\mathrm{D}}{2\varepsilon_\mathrm{r}\varepsilon_0}\right)x^2 + \left(\frac{qN_\mathrm{D}x_\mathrm{n}}{\varepsilon_\mathrm{r}\varepsilon_0}\right)x + D_2 \quad (0<x<x_\mathrm{n})\end{aligned}\right\} \quad (6\text{-}80)$$

式中，D_1、D_2 是积分常数，由边界条件确定。设 p 型中性区的电势为零，则在热平衡条件下的边界条件为

$$V_1(-x_\mathrm{p})=0, \quad V_2(x_\mathrm{n})=V_\mathrm{D} \quad (6\text{-}81)$$

把式(6-81)代入式(6-80)得

$$D_1 = \frac{qN_\mathrm{A}x_\mathrm{p}^2}{2\varepsilon_\mathrm{r}\varepsilon_0}, \quad D_2 = V_\mathrm{D} - \frac{qN_\mathrm{D}x_\mathrm{n}^2}{2\varepsilon_\mathrm{r}\varepsilon_0} \quad (6\text{-}82)$$

因为在 $x=0$ 处电势是连续的，即
$$V_1(0)=V_2(0) \tag{6-83}$$
所以 $D_1=D_2$。将 D_1、D_2 代入式(6-74)得
$$\left.\begin{aligned} V_1(x) &= \frac{qN_A(x^2+x_p^2)}{2\varepsilon_r\varepsilon_0} + \frac{qN_A x x_p}{\varepsilon_r\varepsilon_0} & (-x_p<x<0) \\ V_2(x) &= V_D - \frac{qN_D(x^2+x_n^2)}{2\varepsilon_r\varepsilon_0} + \frac{qN_D x x_n}{\varepsilon_r\varepsilon_0} & (0<x<x_n) \end{aligned}\right\} \tag{6-84}$$

由上式可看出，在平衡 pn 结的势垒区中，电势分布是抛物线形式，如图 6-20(e)所示。因 $V(x)$ 表示点 x 处的电势，而 $-qV(x)$ 则表示电子在 x 点的电势能，因此 pn 结势垒区的能带如图 6-20(f)所示。可见，势垒区中能带变化趋势与电势变化趋势相反。

2. 突变结的势垒区宽度 X_D

利用式(6-83)，从式(6-84)可以得到突变结的接触电势差 V_D 为
$$V_D = \frac{q(N_A x_p^2 + N_D x_n^2)}{2\varepsilon_r\varepsilon_0} \tag{6-85}$$
因为 $X_D = x_n + x_p$ 及 $N_A x_p = N_D x_n$，所以
$$x_n = \frac{N_A X_D}{N_D + N_A},\quad x_p = \frac{N_D X_D}{N_D + N_A} \tag{6-86}$$
则得
$$N_D x_n^2 + N_A x_p^2 = \frac{N_A N_D X_D^2}{N_D + N_A} \tag{6-87}$$
于是式(6-85)改写为
$$V_D = \left(\frac{q}{2\varepsilon_r\varepsilon_0}\right)\left(\frac{N_A N_D}{N_A + N_D}\right) X_D^2 \tag{6-88}$$
因而势垒区宽度 X_D 为
$$X_D = \sqrt{V_D \left(\frac{2\varepsilon_r\varepsilon_0}{q}\right)\left(\frac{N_A + N_D}{N_A N_D}\right)} \tag{6-89}$$

上式表示了突变结的势垒区宽度和杂质浓度及接触电势差的关系。大体上可以认为：杂质浓度越高，势垒区宽度越小。当杂质浓度一定时，则接触电势差大的突变结对应于宽的势垒区宽度。

对于 p^+n 结，因 $N_A \gg N_D$，$x_n \gg x_p$，故 $X_D \approx x_n$，则
$$V_D = \frac{qN_D X_D^2}{2\varepsilon_r\varepsilon_0} = \frac{qN_D x_n^2}{2\varepsilon_r\varepsilon_0} \tag{6-90}$$
$$X_D = x_n = \sqrt{\frac{2\varepsilon_r\varepsilon_0 V_D}{qN_D}} \tag{6-91}$$
对于 n^+p 结，因 $N_D \gg N_A$，$x_p \gg x_n$，故 $X_D \approx x_p$，则
$$V_D = \frac{qN_A X_D^2}{2\varepsilon_r\varepsilon_0} = \frac{qN_A x_p^2}{2\varepsilon_r\varepsilon_0} \tag{6-92}$$
$$X_D = x_p = \sqrt{\frac{2\varepsilon_r\varepsilon_0 V_D}{qN_A}} \tag{6-93}$$

从式(6-90)～式(6-93)可以看出以下几点。

① 单边突变结的接触电势差 V_D 随着低掺杂一边的杂质浓度的增大而增大。

② 单边突变结的势垒区宽度随轻掺杂一边的杂质浓度的增大而减小。势垒区几乎全部在轻掺杂的一边，因而能带弯曲主要发生于这一区域。

③ 将式(6-90)或式(6-92)与式(6-79)比较可得

$$V_D = -\frac{\mathscr{E}_m X_D}{2} \tag{6-94}$$

结合图 6-20(d)可见，接触电势差 V_D 相当于 $\mathscr{E}(x)\text{-}x$ 图中的三角形面积。三角形底边长为势垒区宽度 X_D，高为最大电场强度 $\mathscr{E}_m$。

④ 将 $q=1.6\times10^{-19}$ C、$\varepsilon_0=8.85\times10^{-14}$ F/cm 及硅的 $\varepsilon_r=11.9$ 代入式(6-91)或式(6-93)，得到

$$X_D = \sqrt{\frac{1.3\times10^7 V_D}{N_B}} \tag{6-95}$$

上式可以用来估算 p^+n 结或 n^+p 结在平衡时的势垒区宽度。例如，硅 pn 结的 V_D 值一般为 $0.6\sim0.9$V，若取 $V_D=0.75$V，对于 N_B 为 10^{14} cm^{-3}、10^{15} cm^{-3}、10^{16} cm^{-3} 和 10^{17} cm^{-3}，可算得 X_D 依次为 $3.1\mu\text{m}$、$1.0\mu\text{m}$、$0.31\mu\text{m}$、$0.1\mu\text{m}$。

以上讨论只适用于没有外加电压时的 pn 结。当 pn 结上加有外加电压 V 时，势垒区上总的电压为 V_D-V，正向时 $V>0$，反向时 $V<0$。则式(6-89)可推广为

$$X_D = \sqrt{\frac{2\varepsilon_r\varepsilon_0(N_A+N_D)(V_D-V)}{qN_AN_D}} \tag{6-96}$$

对于 p^+n 结

$$X_D \approx x_n = \sqrt{\frac{2\varepsilon_r\varepsilon_0(V_D-V)}{qN_D}} \tag{6-97}$$

对于 n^+p 结

$$X_D \approx x_p = \sqrt{\frac{2\varepsilon_r\varepsilon_0(V_D-V)}{qN_A}} \tag{6-98}$$

由以上三式可以看出：

① 突变结的势垒区宽度 X_D 与势垒区上的总电压 (V_D-V) 的平方根成正比。在正向偏压下，(V_D-V) 随 V 的增大而减小，故势垒区变窄；在反向偏压下，(V_D-V) 随 $|V|$ 的增大而增大，故势垒区变宽。

② 当外加电压一定时，势垒区宽度随 pn 结两边的杂质浓度的变化而变化。对于单边突变结，势垒区主要向轻掺杂一边扩散，而且势垒区宽度与轻掺杂一边的杂质浓度的平方根成反比。

3. 突变结势垒电容

将式(6-71)代入式(6-70)，得到势垒区内单位面积上的总电量为

$$|Q| = \frac{N_A N_D q X_D}{N_A + N_D} \tag{6-99}$$

将式(6-96)代入式(6-99)，在 pn 结上加外加电压时得

$$|Q| = \sqrt{\frac{2\varepsilon_r\varepsilon_0 q N_A N_D (V_D-V)}{N_A+N_D}} \tag{6-100}$$

由微分电容的定义得单位面积势垒电容为

$$C'_T = \left|\frac{dQ}{dV}\right| = \sqrt{\frac{\varepsilon_r\varepsilon_0 q N_A N_D}{2(N_D+N_A)(V_D-V)}} \tag{6-101}$$

若 pn 结面积为 A，则 pn 结的势垒电容 C_T 为

$$C_{\text{T}} = AC'_{\text{T}} = A\sqrt{\frac{\varepsilon_r\varepsilon_0 qN_AN_D}{2(N_D+N_A)(V_D-V)}} \tag{6-102}$$

将式(6-96)代入式(6-102)得

$$C_{\text{T}} = \frac{A\varepsilon_r\varepsilon_0}{X_D} \tag{6-103}$$

这一结果与平行板电容器公式在形式上完全一样。因此，可以把反向偏压下的 pn 结势垒电容等效为一个平行板电容器的电容，势垒区宽度对应于两平行极板间的距离。但是 pn 结势垒电容中的势垒区宽度与外加电压有关，因此，pn 结势垒电容是随外加电压而变化的非线性电容，而平行板电容器的电容则是一恒量。

对 p$^+$n 结或 n$^+$p 结，式(6-102)可简化为

$$C_{\text{T}} = A\sqrt{\frac{\varepsilon_r\varepsilon_0 qN_B}{2(V_D-V)}} \tag{6-104}$$

从式(6-102)和式(6-104)可以看出：

① 突变结的势垒电容和结的面积及轻掺杂一边的杂质浓度的平方根成正比，因此减小结面积及降低轻掺杂一边的杂质浓度是减小结电容的途径；

② 突变结的势垒电容和电压(V_D-V)的平方根成反比，反向偏压越大，则势垒电容越小，若外加电压随时间变化，则势垒电容也随时间而变，可利用这一特性制作变容器件。

以上结论在半导体器件的设计和生产中有重要的实际意义。

推导式(6-102)时，利用了耗尽层近似，这在加反向偏压时是适用的。然而，当 pn 结加正向偏压时，一方面降低了势垒区高度，使势垒区变窄，空间电荷数量减小，所以势垒电容比加反向偏压时大；另一方面，使大量载流子流过势垒区，它们对势垒电容也有贡献。但在推导势垒电容的公式时，没有考虑这一因素。因此，这些公式不适用于加正向偏压的情况。一般用下式近似计算正向偏压时的势垒电容，即

$$C_{\text{T}} = 4C_{\text{T}}(0) = 4A\sqrt{\frac{\varepsilon_r\varepsilon_0 qN_AN_D}{2(N_A+N_D)V_D}} \tag{6-105}$$

式中，$C_{\text{T}}(0)$是外加电压为零时 pn 结的势垒电容。

6.3.3 线性缓变结的势垒电容

前面已经指出，对于较深的扩散结，在 pn 结附近，可以近似作为线性缓变结，其电荷密度如图 6-21(a)所示。和突变结处理相类似，若取 p 区和 n 区的交界处 $x=0$，也采用耗尽层近似，则势垒区的空间电荷密度为

$$\rho(x) = q(N_D-N_A) = q\alpha_j x \tag{6-106}$$

式中，α_j 为杂质浓度梯度。因为势垒区内正、负空间电荷总量相等，所以势垒区的边界在 $x=\pm X_D/2$ 处，即势垒区在 pn 结两边是对称的。

将 $\rho(x)$ 代入一维泊松方程

$$\frac{d^2V(x)}{dx^2} = -\frac{q\alpha_j x}{\varepsilon_r\varepsilon_0} \tag{6-107}$$

对上式积分一次得

$$\frac{dV(x)}{dx} = -\frac{q\alpha_j x^2}{2\varepsilon_r\varepsilon_0} + A \tag{6-108}$$

A 是积分常数。根据边界条件

$$\mathscr{E}\left(\pm\frac{X_D}{2}\right) = -\frac{dV(x)}{dx}\bigg|_{x=\pm\frac{X_D}{2}} = 0 \tag{6-109}$$

可得

$$A = \left(\frac{q\alpha_j}{2\varepsilon_r\varepsilon_0}\right)\left(\frac{X_D}{2}\right)^2$$

因此，势垒区中各点的电场强度 $\mathscr{E}(x)$ 为

$$\mathscr{E}(x) = -\frac{dV(x)}{dx} = \frac{q\alpha_j x^2}{2\varepsilon_r\varepsilon_0} - \frac{q\alpha_j X_D^2}{8\varepsilon_r\varepsilon_0} \tag{6-110}$$

可见电场强度按抛物线形式分布，如图 6-21(b) 所示，在 $x=0$ 处，电场强度达到最大，即

$$\mathscr{E}_m = -\frac{q\alpha_j X_D^2}{8\varepsilon_r\varepsilon_0} \tag{6-111}$$

对式(6-110)积分一次得

$$V(x) = -\frac{q\alpha_j x^3}{6\varepsilon_r\varepsilon_0} + \frac{q\alpha_j X_D^2 x}{8\varepsilon_r\varepsilon_0} + B \tag{6-112}$$

设 $x=0$ 处 $V(0)=0$，积分常数 $B=0$，则

$$V(x) = -\frac{q\alpha_j x^3}{6\varepsilon_r\varepsilon_0} + \frac{q\alpha_j x X_D^2}{8\varepsilon_r\varepsilon_0} \tag{6-113}$$

可见电势是按 x 的立方曲线形式分布的，如图 6-21(c) 所示。电势能曲线如图 6-21(d) 所示。

将 $x=\pm X_D/2$ 代入式(6-113)，得势垒区边界处的电势为

$$V\left(\frac{X_D}{2}\right) = \left(\frac{q\alpha_j}{3\varepsilon_r\varepsilon_0}\right)\left(\frac{X_D}{2}\right)^3 \tag{6-114}$$

$$V\left(-\frac{X_D}{2}\right) = -\left(\frac{q\alpha_j}{3\varepsilon_r\varepsilon_0}\right)\left(\frac{X_D}{2}\right)^3 \tag{6-115}$$

将上两式相减得 pn 结接触电势差 V_D 为

$$V_D = V\left(\frac{X_D}{2}\right) - V\left(-\frac{X_D}{2}\right) = \left(\frac{q\alpha_j}{12\varepsilon_r\varepsilon_0}\right)X_D^3 \tag{6-116}$$

于是势垒区宽度 X_D 为

$$X_D = \sqrt[3]{\frac{12\varepsilon_r\varepsilon_0 V_D}{q\alpha_j}} \tag{6-117}$$

当 pn 结上加外加电压时，上两式可推广为

$$V_D - V = \frac{q\alpha_j X_D^3}{12\varepsilon_r\varepsilon_0}, \quad X_D = \sqrt[3]{\frac{12\varepsilon_r\varepsilon_0(V_D-V)}{q\alpha_j}} \tag{6-118}$$

式(6-118)表明，线性缓变结的势垒区宽度与电压 (V_D-V) 的立方根成正比，因此，增大反向偏压时，势垒区变宽。

下面计算线性缓变结的势垒电容。设 pn 结面积为 A，对式(6-106)积分得到势垒区的正空间电荷为

$$Q = \int_0^{X_D/2} \rho(x)A dx = A\int_0^{X_D/2} q\alpha_j x dx = A\frac{q\alpha_j X_D^2}{8} \tag{6-119}$$

图 6-21 线性缓变结的电荷密度、电场、电势、电势能

将式(6-118)代入式(6-119)得

$$Q=\left(\frac{Aq\alpha_j}{8}\right)\sqrt[3]{\left[\frac{12\varepsilon_r\varepsilon_0(V_D-V)}{q\alpha_j}\right]^2}=A\sqrt[3]{\frac{9q\alpha_j\varepsilon_r^2\varepsilon_0^2}{32}}\sqrt[3]{(V_D-V)^2} \quad (6\text{-}120)$$

故线性缓变结的势垒电容为

$$C_T=\left|\frac{dQ}{dV}\right|=A\sqrt[3]{\frac{q\alpha_j\varepsilon_r^2\varepsilon_0^2}{12(V_D-V)}} \quad (6\text{-}121)$$

从式(6-121)看出：

① 线性缓变结的势垒电容和结面积及杂质浓度梯度的立方根成正比，因此减小结面积和降低杂质浓度梯度有利于减小势垒电容；

② 线性缓变结的势垒电容和(V_D-V)的立方根成反比，增大反向电压，电容将减小。

将式(6-118)代入式(6-121)，对于线性缓变结同样可得到与平行板电容器一样的公式，即

$$C_T=\frac{\varepsilon_r\varepsilon_0 A}{X_D}$$

由此可见，不论杂质分布如何，在耗尽层近似下，pn结在一定反向电压下的微分电容都可以等效为一个平行板电容器的电容。

突变结和线性缓变结的势垒电容都与外加电压有关系，这在实际当中很有用处，一方面可以制成变容器件，另一方面可以用来测量结附近的杂质浓度和杂质浓度梯度等。

1. 测量单边突变结的杂质浓度

对于p^+n结或n^+p结，将式(6-104)的平方取倒数，得

$$\frac{1}{C_T^2}=\frac{2(V_D-V)}{A^2\varepsilon_r\varepsilon_0 qN_B} \quad (6\text{-}122)$$

则得

$$\frac{d\left(\frac{1}{C_T^2}\right)}{dV}=\frac{2}{A^2\varepsilon_r\varepsilon_0 qN_B} \quad (6\text{-}123)$$

若用实验作出$1/C_T^2$-V的关系曲线，则式(6-123)为该直线的斜率。因此，可由斜率求得轻掺杂一边的杂质浓度N_B，由直线的截距则可求得pn结的接触电势差V_D。

或者利用导数

$$\frac{d\left(\frac{1}{C_T^2}\right)}{dV}=-\left(\frac{2}{C_T^3}\right)\frac{dC_T}{dV} \quad (6\text{-}124)$$

可以在一定反向偏压下测量C_T和dC_T/dV的值，就能求得$d(1/C_T^2)/dV$，由式(6-123)即可算出N_B值，再由式(6-122)算出V_D值，这样就不用作出$1/C_T^2$-V的关系曲线了。

2. 测量线性缓变结的杂质浓度梯度

将式(6-121)两边立方取倒数得

$$\frac{1}{C_T^3}=\frac{12(V_D-V)}{A^3\varepsilon_r^2\varepsilon_0^2 q\alpha_j} \quad (6\text{-}125)$$

由实验作出的$1/C_T^3$-V关系曲线是一直线，从该直线的斜率可求得杂质浓度梯度α_j，由直线的截距可求得接触电势差V_D。

以上只考虑了扩散结可以看作突变结或线性缓变结处理的两种极限情况,实际的扩散结是比较复杂的,往往介于这两种极限情况之间,在这方面也曾经进行了很广泛的研究[7]。

6.3.4 扩散电容

前面已经指出,pn 结加正向偏压时,由于少数载流子注入,在扩散区内,都有一定数量的少数载流子和等量的多数载流子的积累,而且它们的浓度随正向偏压的变化而变化,从而形成了扩散电容。

在扩散区中积累的少数载流子是按指数形式分布的。注入到 n 区和 p 区的非平衡少数载流子分布由式(6-29)及式(6-30)得

$$p_n(x) - p_{n0} = p_{n0} \left[\exp\left(\frac{qV}{k_0 T}\right) - 1 \right] \exp\left(\frac{x_n - x}{L_p}\right)$$

$$n_p(x) - n_{p0} = n_{p0} \left[\exp\left(\frac{qV}{k_0 T}\right) - 1 \right] \exp\left(\frac{x_p + x}{L_n}\right)$$

将上两式在扩散区内积分,就得到单位面积的扩散区内所积累的载流子总电荷量

$$Q_p = \int_{x_n}^{\infty} \Delta p(x) q \mathrm{d}x = qL_p p_{n0} \left[\exp\left(\frac{qV}{k_0 T}\right) - 1 \right] \tag{6-126}$$

$$Q_n = \int_{-\infty}^{-x_p} \Delta n(x) q \mathrm{d}x = qL_n n_{p0} \left[\exp\left(\frac{qV}{k_0 T}\right) - 1 \right] \tag{6-127}$$

式(6-126)中的积分上限取正无穷大,式(6-127)中的积分下限取负无穷大,这和积分到扩散区边界的效果是一样的,因为在扩散区以外,非平衡少数载流子已经衰减为零了,而且这样做,在数学处理上带来了很大方便。由此,可以算得扩散区单位面积的微分电容为

$$C_{Dp} = \frac{\mathrm{d}Q_p}{\mathrm{d}V} = \left(\frac{q^2 p_{n0} L_p}{k_0 T}\right) \exp\left(\frac{qV}{k_0 T}\right) \tag{6-128}$$

$$C_{Dn} = \frac{\mathrm{d}Q_n}{\mathrm{d}V} = \left(\frac{q^2 n_{p0} L_n}{k_0 T}\right) \exp\left(\frac{qV}{k_0 T}\right) \tag{6-129}$$

单位面积上总的微分扩散电容为

$$C'_D = C_{Dp} + C_{Dn} = \left[q^2 \frac{(n_{p0} L_n + p_{n0} L_p)}{k_0 T}\right] \exp\left(\frac{qV}{k_0 T}\right) \tag{6-130}$$

设 A 为 pn 结的面积,则 pn 结加正向偏压时,总的微分扩散电容为

$$C_D = A C'_D = \left[A q^2 \frac{(n_{p0} L_n + p_{n0} L_p)}{k_0 T}\right] \exp\left(\frac{qV}{k_0 T}\right) \tag{6-131}$$

对于 p^+n 结则为

$$C_D = \left(\frac{A q^2 p_{n0} L_p}{k_0 T}\right) \exp\left(\frac{qV}{k_0 T}\right) \tag{6-132}$$

因为这里用的浓度分布是稳态公式,所以式(6-131)和式(6-132)只近似应用于低频情况,通过进一步分析可指出,扩散电容随频率的增大而减小[1]。

由于扩散电容随正向偏压按指数关系增大,因此在大的正向偏压时,扩散电容便起主要作用。

6.4 pn结击穿[1,2,8,9]

实验发现,当对pn结施加的反向偏压增大到某一数值V_{BR}时,反向电流密度突然开始迅速增大的现象称为pn结击穿。发生击穿时的反向偏压称为pn结的击穿电压,如图6-22所示。

击穿现象中,电流增大的基本原因不是迁移率的增大,而是载流子数目的增大。到目前为止,pn结击穿共有三种:雪崩击穿、隧道击穿和热电击穿。本节对这三种击穿的机理进行简单说明。

6.4.1 雪崩击穿

在反向偏压下,流过pn结的反向电流主要由p区扩散到势垒区中的电子电流和由n区扩散到势垒区中的空穴电流所组成。当反向偏压很大时,势垒区中的电场很强,在势垒区内的电子和空穴由于受到强电场的漂移作用,具有很大的动能,它们与势垒区内的晶格原子发生碰撞时,能把价键上的电子碰撞出来,成为导电电子,同时产生一个空穴。从能带观点来看,就是高能量的电子和空穴把满带中的电子激发到导带,产生了电子—空穴对。如图6-23所示,pn结势垒区中的电子1碰撞出来一个电子2和一个空穴2,于是一个载流子变成了三个载流子。这三个载流子(电子和空穴)在强电场的作用下向相反的方向运动,还会继续发生碰撞,产生第三代的电子—空穴对。空穴1也如此产生第二代、第三代的载流子。如此继续下去,载流子就大量增加,这种载流子"繁殖"的方式称为载流子的倍增效应。倍增效应使势垒区单位时间内产生大量载流子,迅速增大了反向电流,从而发生pn结击穿,这就是雪崩击穿的机理。

图6-22 pn结的击穿

图6-23 雪崩倍增机构

雪崩击穿除与势垒区中的电场强度有关外,还与垫垒区的宽度有关,因为载流子动能的增大需要一个加速过程,如果势垒区很薄,即使电场很强,载流子在势垒区中加速也达不到产生雪崩倍增效应所必需的动能,就不能产生雪崩击穿。

6.4.2 隧道击穿(齐纳击穿)[10]

隧道击穿是在强电场作用下,由隧道效应,使大量电子从价带穿过禁带而进入导带所引起的一种击穿现象。因为最初是由齐纳提出来解释电介质击穿现象的,所以叫齐纳击穿。

当pn结加反向偏压时,势垒区能带发生倾斜;反向偏压越大,势垒越高,势垒区的内建电场也越强,势垒区能带也越倾斜,甚至可以使n区的导带底比p区的价带顶还低,如图6-24所示。内建电场$\mathscr{E}$使p区的价带电子得到附加势能$q\mathscr{E}x$;在内建电场$\mathscr{E}$大到某值以后,价带中的部分电子所得到的附加势能$q\mathscr{E}x$可以大于禁带宽度E_g,如果图中p区价带中的A点和n区导带中的B点有相同的能量,则在A点的电子可以过渡到B点。实际上,这只是说明在由A点

到 B 点的一段距离中,电场给予电子的能量 $q\mathscr{E}\Delta x$ 等于禁带宽度 E_g。因为 A 点和 B 点之间隔着的水平距离为 Δx 的禁带,所以电子从 A 点到 B 点的过渡一般不会发生。随着反向偏压的增大,势垒区内的电场增强,能带更加倾斜,Δx 将变得更短。当反向偏压达到一定数值,Δx 小到一定程度时,量子力学证明,p 区价带中的电子将因隧道效应穿过禁带而到达 n 区导带中。隧道概率是

$$P = \exp\left\{-\frac{2}{\hbar}(2m_{dn})^{1/2}\int_{x_1}^{x_2}[E(x)-E]^{1/2}dx\right\} \tag{6-133}$$

式中,$E(x)$ 表示点 x 处的势垒高度,E 为电子能量,x_1 及 x_2 为势垒区的边界。电子隧道穿过的势垒可看成三角形势垒,如图 6-25 所示。为了计算方便,令 $E=0$,并假定势垒区内有一恒定电场 $\mathscr{E}$,因而在 x 点处,有

$$E(x) = q\mathscr{E}x$$

图 6-24 大反向偏压下 pn 结的带图 图 6-25 pn 结的三角形势垒

将其代入式(6-133)的积分中,并取积分上、下限分别为 Δx 及 0,故

$$P = \exp\left[-\frac{2}{\hbar}(2m_{dn})^{1/2}\int_0^{\Delta x}(q\mathscr{E})^{1/2}x^{1/2}dx\right]$$

经计算并利用 $\Delta x = E_g/q\mathscr{E}$ 关系可得

$$P = \exp\left[-\frac{4}{3\hbar}(2m_{dn})^{1/2}(E_g)^{3/2}\left(\frac{1}{q\mathscr{E}}\right)\right] \tag{6-134}$$

或

$$P = \exp\left[-\frac{4}{3\hbar}(2m_{dn})^{1/2}(E_g)^{1/2}\Delta x\right] \tag{6-135}$$

由式(6-134)和式(6-135)看出,对于一定的半导体材料,势垒区中的电场 $\mathscr{E}$ 越大,或隧道长度 Δx 越小,则电子穿过隧道的概率 P 越大。当电场 $\mathscr{E}$ 大到一定程度或 Δx 小到一定程度时,将使 p 区价带中大量的电子隧道穿过势垒到达 n 区导带,使反向电流急剧增大,于是 pn 结就发生隧道击穿。这时外加的反向偏压即为隧道击穿电压(或齐纳击穿电压)。

可以利用式(6-135)估算一定隧道概率 P 所对应的隧道长度 Δx。例如,对于 $P=10^{-10}$,$E_g=1.12\text{eV}$,$m_n^*=1.08m_0$,则 $\Delta x=3.1\text{nm}$。当然,也可以由式(6-134)估算一定隧道概率 P 时所对应的电场强度 $\mathscr{E}$。

从图 6-25 可以得到隧道长度 Δx 与势垒高度 $q(V_D-V)$ 间的关系。因势垒区内导带底的斜率是 $q(V_D-V)/X_D$,同时该斜率也是 $E_g/\Delta x$,故得到

$$\Delta x = \left(\frac{E_g}{q}\right)\left[\frac{X_D}{(V_D-V)}\right] \tag{6-136}$$

式中,V 是反向偏压,X_D 是势垒区宽度。将式(6-89)的 X_D 代入上式得

$$\Delta x = \left(\frac{E_g}{q}\right)\left(\frac{2\varepsilon_r\varepsilon_0}{qNV_A^2}\right)^{1/2} \tag{6-137}$$

式中 $N=N_D N_A/(N_D+N_A)$，$V_A=V_D-V$。从式(6-137)可见 NV_A 越大，Δx 越小，因而隧道概率 P 就越大，也就越容易发生隧道击穿。故隧道击穿时要求一定的 NV_A 值，它既可以是 N 小 V_A 大；也可以是 N 大 V_A 小。前者即杂质浓度较低时，必须加大的反向偏压才能发生隧道击穿。但是在杂质浓度较低、反向偏压大时，势垒区宽度增大，隧道长度会变大，不利于隧道击穿，但是有利于雪崩倍增效应，所以在一般杂质浓度下，雪崩击穿机构是主要的。而后者即在杂质浓度高、反向偏压不高的情况下就能发生隧道击穿，由于势垒区宽度小，不利于雪崩倍增效应，所以在重掺杂的情况下，隧道击穿机构变为主要的。实验表明，对于重掺杂的锗、硅 pn 结，当击穿电压 $V_{BR}<4E_g/q$ 时，一般为隧道击穿；当 $V_{BR}>6E_g/q$ 时，一般为雪崩击穿；当 $4E_g/q<V_{BR}<6E_g/q$ 时，两种击穿机构都存在。

图 6-26 表示了硅、锗 pn 结中齐纳击穿和雪崩击穿电压与杂质浓度的关系。

图 6-26　硅、锗 pn 结中齐纳击穿和雪崩击穿电压与杂质浓度的关系[10]
1—Si 齐纳击穿电压；　2—Si 雪崩击穿电压；　3—Ge 齐纳击穿电压；　4—Ge 雪崩击穿电压

6.4.3　热电击穿

当 pn 结上施加反向电压时，流过 pn 结的反向电流会引起热损耗。反向电压逐渐增大，对应于一定的反向电流所损耗的功率也增大，这将产生大量热能。如果没有良好的散热条件使这些热能及时传递出去，则将引起结温上升。

考虑式(6-38)表示的反向饱和电流密度—J_s 中的一项 $qD_n n_{p0}/L_n$。因为 $n_{p0}=n_i^2/p_{p0}=n_i^2/N_A$，所以 $J_s \propto n_i^2$。又由式(3-33)知道，$n_i^2 \propto T^3 \exp[-E_g/(k_0 T)]$，可见，反向饱和电流密度随温度的升高按指数规律增大，其增大速度很快，因此，随着结温的上升，反向饱和电流密度也迅速增大，产生的热能也迅速增大，进而又导致结温上升，反向饱和电流密度又增大。如此反复循环下去，最后使 J_s 无限增大而发生击穿，这种由于热不稳定性引起的击穿称为热电击穿。对于禁带宽度比较小的半导体，如锗 pn 结，由于反向饱和电流密度较大，因此在室温下这种击穿很重要。

6.5　pn 结隧道效应[1,10]

实际发现，两边都是重掺杂的 pn 结的电流—电压特性如图 6-27 所示，正向电流一开始就随正向电压的增大而迅速上升达到一个极大值 I_p，该值称为峰值电流，对应的正向电压 V_p 称为峰值电压。随后电压增大，电流反而减小，达到一极小值 I_v，该值称为谷值电流，对应的电压 V_v 称为谷值电压。在电压大于谷值电压 V_v 后，电流又随电压而上升。在 V_p 至

V_v 范围内，随着电压的增大电流反而减小的现象称为负阻，这一段电流—电压特性曲线的斜率为负的，这一特性称为负阻特性。反向时，反向电流随反向偏压的增大而迅速增大，由重掺杂的 p 区和 n 区形成的 pn 结通常称为隧道结，由这种隧道结制成的隧道二极管由于具有正向负阻特性而获得了多种用途，例如，用于微波放大、高速开关、激光振荡源等。图 6-28 是几种隧道二极管的电流—电压特性。隧道结的这种电流—电压特性是与它的隧道效应密切相关的。

图 6-27 重掺杂的 pn 结的电流—电压特性

图 6-28 锗、硅、砷化镓隧道结室温下的电流—电压特性[11]

在第 3 章中曾讨论过，在简并重掺杂半导体中，n 型半导体的费米能级进入了导带，p 型半导体的费米能级进入了价带。两者形成隧道结后，在没有外加电压处于热平衡状态时，n 区和 p 区的费米能级相等，能带图如图 6-29 所示。从图中可看出，n 区导带底比 p 区价带顶还低，因此，在 n 区的导带和 p 区的价带中出现具有相同能量的量子态。另外，在重掺杂情况下，杂质浓度大，势垒区很薄，由于量子力学的隧道效应，n 区导带的电子可能穿过禁带到 p 区价带，p 区价带的电子也可能穿过禁带到 n 区导带，从而有可能产生隧道电流。隧道越短，电子穿过隧道的概率越大，从而可以产生

图 6-29 隧道结热平衡时的能带图

越显著的隧道电流。

在隧道结中，正向电流由两部分组成。一部分是扩散电流，随正向电压的增大而指数增大，但是在较低的正向电压范围内，扩散电流是很小的。另一部分是隧道电流，在较低的正向电压下，隧道电流是主要的。下面简单分析隧道电流随外加电压变化的情况。

(1) 隧道结未加电压时的能带图如图 6-29 所示。这时 p 区价带和 n 区导带虽然具有相同能量的量子态，但是 n 区和 p 区的费米能级相等，在结的两边，费米能级以下没有空量子态，费米能级以上的量子态没有电子占据，所以，隧道电流为零，对应于特性曲线上的点 O。

(2) 加一很小的正向电压 V，n 区能带相对于 p 区将升高 qV，如图 6-30(a) 所示，这时在结两边能量相等的量子态中，p 区价带的费米能级以上有空量子态，而 n 区导带的费米能级以下有量子态被电子占据，因此，n 区导带中的电子可能穿过隧道到 p 区价带，产生从 p 区向 n 区的正向隧道电流，这时对应于特性曲线上的点 1。

(3) 继续增大正向电压,势垒高度不断下降,有更多的电子从 n 区穿过隧道到 p 区的空量子态,使隧道电流不断增大。当正向电流增大到 I_p 时,这时 p 区的费米能级与 n 区导带底一样高,n 区的导带和 p 区的价带中能量相同的量子态达到最多,n 区的导带中的电子可能全部穿过隧道到 p 区价带中的空量子态去,正向电流达到极大值 I_p,这时对应于特性曲线的点 2,如图 6-30(b)所示。

(4) 再增大正向电压,势垒高度进一步降低,在结两边能量相同的量子态减少,使 n 区导带中可能穿过隧道的电子数及 p 区价带中可能接受穿过隧道的电子的空量子态均减少,如图 6-30(c)所示,这时隧道电流减小,出现负阻,如图 6-27 中特性曲线上的点 3。

(5) 正向偏压增大到 V_v 时,n 区导带底和 p 区价带顶一样高,如图 6-30(d)所示,这时 p 区价带和 n 区导带中没有能量相同的量子态,因此不能发生隧道穿通,隧道电流应该减小到零,对应于图 6-27 中特性曲线上的点 4。但实际上在正向偏压 V_v 时正向电流并不完全为零,而是有一个很小的谷值电流 I_v,它的数值要比谷值电压下的正向扩散电流大得多,称为过量电流。实验证明,谷值电流基本上具有隧道电流的性质。产生谷值电流的一个可能原因是[2]简并半导体能带边缘的延伸,当 $V=V_v$ 时,n 区导带底和 p 区价带顶高度相同,但是由于能带边缘的延伸,n 区导带底有一个向下延伸的尾部,p 区价带有一个向上延伸的尾部,于是 n 区导带和 p 区价带仍有能量相同的量子态,这时仍可产生隧道效应,形成谷值电流。实验还说明[8],当存在深能级的杂质或缺陷时,谷值电流增大,这说明了产生谷值电流的另一个可能原因是通过禁带中的某些深能级所产生的隧道效应。

(6) 对硅、锗 pn 结来说,正向偏压大于 V_v 时,扩散电流就开始成为主要的,这时隧道结和一般 pn 结的正向特性基本一样。

(7) 加反向偏压时,p 区能带相对 n 区能带升高,如图 6-30(e)所示。在结两边能量相同的量子态范围内,p 区价带中费米能级以下的量子态被电子占据,而 n 区导带中费米能级以上有空的量子态。因此,p 区中的价带电子就可以穿过隧道到 n 区导带中,产生反向隧道电流。随着反向偏压的增大,p 区价带中可以穿过隧道的电子数大幅增大,故反向电流也迅速增大,如图 6-27 中特性曲线上的点 5。可见,在隧道结中,即使反向电压很小,反向电流也是比较大的,这与一般 pn 结是不同的。

从以上分析知道,隧道结是利用多子隧道效应工作的,因为单位时间通过 pn 结的多数载流子数目起伏较小,所以隧道二极管的噪声较低。由于隧道结用重掺杂的简并半导体制成,因此温度对多数载流子浓度的影响甚小,使隧道二极管的工作温度范围增大。又由于隧道效应本质上是一量子跃迁的过程,电子穿过势垒极其迅速,不受电子渡越时间的限制,使隧道二极管可以在极高频率下工作,这些优点使隧道结得到了广泛的应用。

图 6-30 隧道结简单能带图

习　题

1. 若 $N_D = 5 \times 10^{15} \text{cm}^{-3}$，$N_A = 10^{17} \text{cm}^{-3}$，求室温下锗突变 pn 结的 V_D。
2. 试分析小注入时，电子(空穴)在如图的 5 个区域中的运动情况(分析漂移与扩散的方向及相对大小)。
3. 在反向情况下做上题。
4. 证明反向饱和电流公式(6-35)可改写为

$$J_s = \frac{b\sigma_i^2}{(1+b)^2} \frac{k_0 T}{q} \left(\frac{1}{\sigma_n L_p} + \frac{1}{\sigma_p L_n} \right)$$

−	中性区	扩散区	势垒区	扩散区	中性区	+

式中，$b = \mu_n / \mu_p$；σ_n 和 σ_p 分别为 n 型和 p 型半导体的电导率；σ_i 为本征半导体的电导率。

5. 一硅突变 pn 结，n 区的 $\rho_n = 5 \Omega \cdot \text{cm}$，$\tau_p = 1 \mu s$；p 区的 $\rho_p = 0.1 \Omega \cdot \text{cm}$，$\tau_n = 5 \mu s$，计算室温下空穴电流与电子电流之比、饱和电流密度，以及在正向电压 0.3V 时流过 pn 结的电流密度。
6. 条件与上题相同，计算下列电压下的势垒区宽度和单位面积上的电容：① −10V；② 0V；③ 0.3V。
7. 计算当温度从 300K 增大到 400K 时，硅 pn 结反向电流增大的倍数。
8. 设硅线性缓变结的杂质浓度梯度为 $5 \times 10^{23} \text{cm}^{-4}$，$V_D$ 为 0.7V，求反向电压为 8V 时的势垒区宽度。
9. 已知突变结两边的杂质浓度为 $N_A = 10^{16} \text{cm}^{-3}$、$N_D = 10^{20} \text{cm}^{-3}$，①求势垒高度和势垒区宽度；②画出 $\mathscr{E}(x)$、$V(x)$ 图。
10. 已知电荷分布 $\rho(x)$ 为：① $\rho(x) = 0$；② $\rho(x) = c$；③ $\rho(x) = qax$（x 在 $0 \sim d$ 之间），分别求电场强度 $\mathscr{E}(x)$ 及电位 $V(x)$，并作图。
11. 分别计算硅 n$^+$p 结在正向电压为 0.6V、反向电压为 40V 时的势垒区宽度。已知 $N_A = 5 \times 10^{17} \text{cm}^{-3}$，$V_D = 0.8V$。
12. 分别计算硅 p$^+$n 结在平衡和反向电压 45V 时的最大电场强度。已知 $N_D = 5 \times 10^{15} \text{cm}^{-3}$，$V_D = 0.7V$。
13. 高阻区杂质浓度为 $N_D = 10^{16} \text{cm}^{-3}$，$\mathscr{E}_c = 4 \times 10^5 \text{V/cm}$，求击穿电压。
14. 设隧道长度 $\Delta x = 40\text{nm}$，求硅、锗、砷化镓在室温下电子的隧道概率。

参 考 资 料

[1] 施敏. 半导体器件物理. 黄振岗, 译. 2 版. 北京：电子工业出版社, 1987.
[2] [美] 格罗夫. 半导体器件物理与工艺. 齐建, 译. 北京：科学出版社, 1976.
[3] 厦门大学物理系半导体物理教研室. 半导体器件工艺原理. 北京：人民教育出版社, 1977.
[4] Shockley W. The Theory of pn Junctions in Semiconductors and pn Junction Transistors. Bell System Tech. J., 1949, 28: 435.
[5] Gummel H K. Hole-Electron Product of pn Junction. Solid State Electron., 1967, 10: 209.
[6] 黄昆, 谢希德. 半导体物理学. 北京：科学出版社, 1958.
[7] Lawrence H, Warner R M. Diffused Junction Depletion Layer Calculations. Bell System Tech. J., 1960, 39: 389.
[8] Moll J L. Physics of Semiconductors. New York: McGraw-Hill, 1964.
[9] Miller S L. Avalanche Breakdown on Germanium. Phys. Rev., 1955, 99: 2134.
[10] Talley H E, Daugherty D G. Physical Principles Semiconductor Devices. Ames: Lowa State University Press, 1976.
[11] Haidemenakis E D. Electronic Structures in Solids. New York: Lectures Presented at the 2nd Chania Conference, 1969, 1.

第 7 章　金属和半导体的接触

7.1　金属半导体接触及其能级图

7.1.1　金属和半导体的功函数

在热力学零度时,金属中的电子填满了费米能级 E_F 以下的所有能级,而高于 E_F 的能级则全部是空着的。在一定温度下,只有 E_F 附近的少数电子受到热激发,由低于 E_F 的能级跃迁到高于 E_F 的能级,但是绝大部分电子仍不能脱离金属而逸出体外。这说明金属中的电子虽然能在金属中自由运动,但绝大多数所处的能级都低于体外能级。要使电子从金属中逸出,必须由外界给它以足够的能量。所以,金属内部的电子是在一个势阱中运动的。用 E_0 表示真空中静止电子的能量,金属中的电子势阱如图 7-1 所示。金属的功函数的定义是 E_0 与 $(E_F)_m$ 的能量之差,用 W_m 表示,即

$$W_m = E_0 - (E_F)_m \tag{7-1}$$

图 7-1　金属中的电子势阱

它表示一个起始能量等于费米能级的电子,由金属内部逸出到真空中所需要的最小能量。功函数的大小标志着电子在金属中束缚的强弱,W_m 越大,电子越不容易离开金属。

金属的功函数约为几电子伏特。铯的功函数最低,为 1.93eV;铂的最高,为 5.36eV。功函数的值与表面状况有关。图 7-2 给出了真空中清洁表面的金属功函数与原子序数的关系。由图可知,随着原子序数的递增,功函数也呈现周期性变化。

图 7-2　真空中清洁表面的金属功函数与原子序数的关系

在半导体中,导带底 E_c 和价带顶 E_v 一般都比 E_0 低几电子伏特。要使电子从半导体逸出,必须给它以相应的能量。和金属类似,也把 E_0 与费米能级之差称为半导体的功函数,用 W_s 表示,于是

$$W_s = E_0 - (E_F)_s \tag{7-2}$$

半导体的费米能级随杂质浓度而变化,因而 W_s 也与杂质浓度有关。n 型半导体的功函数如图 7-3 所示。图中还画出了从 E_c 到 E_0 的能量间隔 χ,即

$$\chi = E_0 - E_c \tag{7-3}$$

χ 称为电子亲和能,它表示要使半导体导带底的电子逸出体外所需要的最小能量。

图 7-3 n 型半导体的功函数和电子亲和能

利用电子亲和能,半导体的功函数又可表示为

$$W_s = \chi + [E_c - (E_F)_s] = \chi + E_n \tag{7-4}$$

式中

$$E_n = E_c - (E_F)_s \tag{7-5}$$

不同掺杂浓度的 Ge、Si 及 GaAs 的功函数列于表 7-1 中。

表 7-1 半导体功函数与杂质浓度的关系(计算值)

半导体	χ/eV	\multicolumn{6}{c}{W_s/eV}
		\multicolumn{3}{c}{n 型 N_D/cm^{-3}}	\multicolumn{3}{c}{p 型 N_A/cm^{-3}}
		10^{14}	10^{15}	10^{16}	10^{14}	10^{15}	10^{16}
Si	4.05	4.37	4.31	4.25	4.87	4.93	4.99
Ge	4.13	4.43	4.37	4.31	4.51	4.57	4.63
GaAs	4.07	4.29	4.23	4.17	5.20	5.26	5.32

7.1.2 接触电势差

设想有一块金属和一块 n 型半导体,它们有共同的真空静止电子能级,并假定金属的功函数大于半导体的功函数,即 $W_m > W_s$。它们接触前,尚未达到平衡时的能带图如图 7-4(a) 所示,显然半导体的费米能级 $(E_F)_s$ 高于金属的费米能级 $(E_F)_m$,且 $(E_F)_s - (E_F)_m = W_m - W_s$。如果用导线把金属和半导体连接起来,它们就成为一个统一的电子系统。由于原来 $(E_F)_s$ 高于 $(E_F)_m$,半导体中的电子将向金属流动,使金属表面带负电,半导体表面带正电。它们所带电荷在数值上相等,整个系统仍保持电中性,结果降低了金属的电势,提高了半导体的电势。当它们的电势发生变化时,其内部的所有电子能级及表面处的电子能级都随之发生相应的变化,最后达到平衡状态,金属和半导体的费米能级在同一水平上,这时不再有电子的净流动。它们之间的电势差完全补偿了原来费米能级的不同,即相对于金属的费米能级,半导体的费米能级下降了 $(W_m - W_s)$,如图 7-4(b) 所示。由图可明显地看出

$$q(V'_s - V_m) = W_m - W_s$$

其中 V_m 和 V'_s 分别为金属和半导体的电势。上式可写成

$$V_{ms} = V_m - V'_s = \frac{W_s - W_m}{q} \tag{7-6}$$

这个由接触而产生的电势差称为接触电势差。这里所讨论的是金属和半导体之间的距离 D

(a) 接触前　　(b) 间隙很大　　(c) 紧密接触　　(d) 忽略间隙中的电势差

图 7-4　金属和 n 型半导体接触能带图（$W_m > W_s$）

远大于原子间距时的情形。

随着 D 的减小，靠近半导体一侧的金属表面负电荷密度增大，同时，靠近金属一侧的半导体表面的正电荷密度也随之增大。受半导体中自由电荷密度的限制，这些正电荷分布在半导体表面相当厚的一层表面层内，即空间电荷区。这时在空间电荷区内便存在一定的电场，造成能带弯曲，使半导体表面和内部之间存在电势差 V_s，即表面势。这时接触电势差一部分降落在空间电荷区，另一部分降落在金属和半导体表面之间，于是有

$$\frac{W_s - W_m}{q} = V_{ms} + V_s \tag{7-7}$$

若 D 小到可以与原子间距相比较，电子就可自由穿过间隙，这时 V_{ms} 很小，接触电势差绝大部分降落在空间电荷区。这种紧密接触的情形如图 7-4(c) 所示。

图 7-4(d) 表示忽略间隙中的电势差时的极限情形，这时 $(W_s - W_m)/q = V_s$。半导体一边的势垒高度为

$$qV_D = -qV_s = W_m - W_s \tag{7-8}$$

这里 $V_s < 0$。金属一边的势垒高度是

$$q\phi_{ns} = qV_D + E_n = -qV_s + E_n = W_m - W_s + E_n = W_m - \chi \tag{7-9}$$

为了使问题简化，以后只讨论这种极限情形。

从上面的分析可清楚地看出，当金属与 n 型半导体接触时，若 $W_m > W_s$，则在半导体表面形成一个正的空间电荷区，其中电场方向由体内指向表面，$V_s < 0$，它使半导体表面电子的能量高于体内，能带向上弯曲，即形成表面势垒。在势垒区中，空间电荷主要由电离施主形成，电子浓度要比体内小得多，因此它是一个高阻的区域，常称为阻挡层。

若 $W_m < W_s$，则当金属与 n 型半导体接触时，电子将从金属流向半导体，在半导体表面形成负的空间电荷区。其中电场方向由表面指向体内，$V_s > 0$，能带向下弯曲。这里电子浓度比体内大得多，因而是一个高电导的区域，称为反阻挡层，其平衡时的能带图如图 7-5 所示。反阻挡层是很薄的高电导层，它对半导体和金属接触电阻的影响是很小的。所以，反阻挡层与阻挡层不同，在平常的实验中觉察不到它的存在。

当金属和 p 型半导体接触时，形成阻挡层的条件正好与 n 型相反。当 $W_m > W_s$ 时，能带向上弯曲，形成 p 型反阻挡层；当 $W_m < W_s$ 时，能带向下弯曲，造成空穴的势垒，形成 p 型阻挡层。其能带图如图 7-6 所示。

图 7-5　金属和 n 型半导体接触能带图（$W_m < W_s$）

图 7-6　金属和 p 型半导体接触能带图
(a) p 型阻挡层（$W_m < W_s$）　　(b) p 型反阻挡层（$W_m > W_s$）

上述结果归纳在表 7-2 中。

表 7-2　形成 n 型和 p 型阻挡层的条件

	n 型	p 型
$W_m > W_s$	阻挡层	反阻挡层
$W_m < W_s$	反阻挡层	阻挡层

7.1.3　表面态对接触势垒的影响

对于同一种半导体，χ 将保持一定的值。根据式(7-9)，用不同的金属与它形成的接触，其势垒高度 $q\phi_{ns}$ 应当直接随金属功函数而变化。但是实际测量的结果并非如此，表 7-3 列出几种金属分别与 n 型 Ge、Si、GaAs 接触时形成的势垒高度的测量值。例如，由表中得到，金或铝与 n 型 GaAs 接触时，势垒高度仅相差 0.15V，而由图 7-2 得知金的功函数为 4.8V，铝的功函数为 4.25V，两者相差 0.55V，远比 0.15V 大。大量的测量结果表明：不同的金属，虽然功函数相差很大，而对比起来，它们与半导体接触时形成的势垒高度相差却很小，这说明金属功函数对势垒高度没有多大影响。进一步的研究揭示出，这是半导体表面存在表面态的缘故。在8.1 节中将有关于表面态的详细论述。下面定性地分析表面态对接触势垒所产生的影响。

表 7-3　n 型 Ge、Si、GaAs 的 ϕ_{ns} 测量值（300K）

半导体	金属	ϕ_{ns}/V	半导体	金属	ϕ_{ns}/V
n-Ge	Au	0.45	n-GaAs	Au	0.95
	Al	0.48		Ag	0.93
	W	0.48		Al	0.80
n-Si	Au	0.79		W	0.71
	W	0.67		Pt	0.94

在半导体表面处的禁带中存在着表面态，对应的能级称为表面能级。表面态一般分为施主型和受主型两种。若能级被电子占据时呈电中性，释放电子后呈正电性，则称为施主型表面态；若能级空着时为电中性，而接受电子后带负电，则称为受主型表面态。一般表面态在半导体表面禁带中形成一定的分布，表面处存在一个距离价带顶为 $q\phi_0$ 的能级，如图 7-7 所示，当电子正好填满 $q\phi_0$ 以下的所有表面态时，表面呈电中性；当 $q\phi_0$ 以下的表面态空着时，表面带正电，呈现施主型；当 $q\phi_0$ 以上的表面态被电子填充时，表面带负电，呈现受主型。对于大多数半导体，$q\phi_0$ 约为禁带宽度的三分之一。

假定在一个 n 型半导体表面存在表面态,半导体费米能级 E_F 将高于 $q\phi_0$,如果 $q\phi_0$ 以上存在受主表面态,则 $q\phi_0$ 到 E_F 间的能级将基本上被电子填满,表面带负电。这样,半导体表面附近必定出现正电荷,成为正的空间电荷区,结果形成电子的势垒,势垒高度 qV_D 恰好使表面态上的负电荷与势垒区正电荷数量相等。平衡时的能带图如图 7-7 所示。

如果表面态密度很大,只要 E_F 比 $q\phi_0$ 高一点,在表面态上就会积累很多负电荷,由于能带向上弯,表面处 E_F 很接近 $q\phi_0$,势垒高度就等于原来费米能级(设想没有势垒的情形)和 $q\phi_0$ 之差,即 $qV_D = E_g - q\phi_0 - E_n$,如图 7-8 所示,这时势垒高度称为被高表面态密度钉扎(Pinned)。

图 7-7 存在受主表面态时 n 型半导体的能带图

图 7-8 存在高表面态密度时 n 型半导体的能带图

如果不存在表面态,半导体的功函数取决于费米能级在禁带中的位置,即 $W_s = \chi + E_n$。如果存在表面态,即使不与金属接触,表面也形成势垒,半导体的功函数 W_s 要有相应的改变。图 7-7 形成电子势垒,功函数增大为 $W_s = \chi + qV_D + E_n$,改变的数值就是势垒高度 qV_D。当表面态密度很大时,$W_s = \chi + E_g - q\phi_0$,几乎与施主浓度无关。这种受主表面态密度很大的 n 型半导体与金属接触的能带图如图 7-9 所示,图中省略了表面态能级。图 7-9(a)表示接触前的能带图,这里仍然是 $W_m > \chi + q\phi_{ns} = W_s$ 的情况。由于 $(E_F)_s$ 高于 $(E_F)_m$,因此当它们接触时,同样将有电子流向金属。不过现在电子并不来自半导体体内,而是由受主表面态提供,若受主表面态密度很大,能放出足够多的电子,则半导体势垒区的情形几乎不发生变化。平衡时,费米能级达到同一水平,半导体的费米能级 $(E_F)_s$ 相对于金属的费米能级 $(E_F)_m$ 下降了 $(W_m - W_s)$。在间隙 D 中,从金属到半导体电势下降 $(W_s - W_m)/q$,这时空间电荷区的正电荷等于受主表面态上留下的负电荷与金属表面负电荷之和。当间隙 D 小到可与原子间距相比时,电子就可自由地穿过它。这种紧密接触的情形如图 7-9(b)所示。为了明显起见,图中夸大了间隙 D。如果忽略这个间隙,极限情况下的能带图如图 7-9(c)所示。

(a) 接触前　　　　　　(b) 紧密接触　　　　　　(c) 极限情况

图 7-9 受主表面态密度很大的 n 型半导体与金属接触的能带图

上面的分析说明,当半导体的表面态密度很大时,由于它可屏蔽金属接触的影响,因此使半导体内的势垒高度和金属的功函数几乎无关,而基本上由半导体的表面性质所决定,接触电势差全部降落在两个表面之间。当然,这是极端的情形。实际上,由于表面态密度不同,因此紧密接触时,接触电势差有一部分要降落在半导体表面以内,金属功函数对表面势垒将产生不同程度的影响,但影响不大,这种解释符合实际测量的结果。根据这一概念不难理解,当$W_m < W_s$时,也可能形成 n 型阻挡层。

7.2 金属半导体接触整流理论

这里所讨论的整流理论是指阻挡层的整流理论。7.1 节讨论的处于平衡态的阻挡层中是没有净电流流过的,因为从半导体进入金属的电子流和从金属进入半导体的电子流大小相等、方向相反,构成动态平衡。在紧密接触的金属和半导体之间加上电压时,阻挡层将发生什么变化呢?例如,将电压 V 加于金属,由于阻挡层是一个高阻区域,因此电压主要降落在阻挡层上。原来半导体表面和内部之间的电势差即表面势是$(V_s)_0$,现在应为$(V_s)_0 + V$,因而电子势垒高度是

$$-q[(V_s)_0 + V] \tag{7-10}$$

显然,当 V 与原来表面势的符号相同时,阻挡层势垒将提高,否则势垒将下降。图 7-10 所示为外加电压对 n 型阻挡层的影响,这时$(V_s)_0 < 0$。为了进行比较,图 7-10(a)还画出了平衡阻挡层的情形。外加电压后,半导体和金属不再处于相互平衡的状态,两者没有统一的费米能级。半导体内部费米能级和金属费米能级之差等于由加外电压所引起的静电势能差。图 7-10(b)表示加正向电压(即 $V > 0$)时的情形,半导体一边的势垒由 $qV_D = -q(V_s)_0$ 降低为 $-q[(V_s)_0 + V]$。这时,从半导体到金属的电子数目增大,超过从金属到半导体的电子数,形成一股从金属到半导体的正向电流,它是由 n 型半导体中的多数载流子构成的。外加电压越高,势垒下降得越多,正向电流越大。图 7-10(c)表示加反向电压(即 $V < 0$)时的情形,这时势垒提高为 $-q[(V_s)_0 + V]$。从半导体到金属的电子数目减小,金属到半导体的电子流占优势,形成一股由半导体到金属的反向电流。由于金属中的电子要越过相当高的势垒 $q\phi_{ns}$ 才能到达半导体,因此反向电流是很小的。从图可看出,金属一边的势垒不随外加电压而变化,所以从金属到半导体的电子流是恒定的。当反向电压提高,使半导体到金属的电子流可以忽略不计时,反向电流将趋于饱和值。以上的讨论说明这样的阻挡层具有类似 pn 结的伏安特性,即具有整流作用。

(a) $V=0$　　　　　　(b) $V>0$　　　　　　(c) $V<0$

图 7-10　外加电压对 n 型阻挡层的影响

对 p 型阻挡层的讨论完全类似。不同的是这时$(V_s)_0 > 0$,因此,正向电压和反向电压的极性正好与 n 型阻挡层相反。当 $V < 0$,即金属加负电压时,形成从半导体流向金属的正向电流;当 $V > 0$,即金属加正电压时,形成反向电流。无论是哪种阻挡层,正向电流都相应于多数载流

子由半导体到金属所形成的电流。

这里只定性地说明了阻挡层的整流作用,下面将介绍扩散理论和热电子发射理论,定量地得出伏安特性的表达式。

7.2.1 扩散理论

对于 n 型阻挡层,当势垒的宽度比电子的平均自由程大得多时,电子通过势垒区要发生多次碰撞,这样的阻挡层称为厚阻挡层。扩散理论正是适用于厚阻挡层的理论。势垒区中存在电场,有电势的变化,载流子浓度不均匀。计算通过势垒的电流时,必须同时考虑漂移和扩散运动,因此有必要知道势垒区的电势分布。一般情况下,势垒区的电势分布是比较复杂的。当势垒区高度远大于 $k_0 T$ 时,势垒区可近似为一个耗尽层。在耗尽层中,载流子极为稀少,它们对空间电荷的贡献可以忽略;杂质全部电离,空间电荷完全由电离杂质的电荷形成。图 7-11 表示 n 型半导体的耗尽层,x_d 表示耗尽层的宽度。有外加电压时的能带图如图 7-10 所示。若半导体是均匀掺杂的,那么耗尽层中的电荷密度也是均匀的且等于 qN_D,其中 N_D 是施主浓度,这时的泊松方程是

$$\frac{d^2 V}{dx^2} = \begin{cases} -\dfrac{qN_D}{\varepsilon_r \varepsilon_0} & (0 \leqslant x \leqslant x_d) \\ 0 & (x > x_d) \end{cases} \tag{7-11}$$

图 7-11 n 型半导体的耗尽层

半导体内的电场为零,因而 $\mathscr{E}(x_d) = -dV/dx|_{x=x_d} = 0$。将金属费米能级 $(E_F)_m$ 除以 $-q$ 选作电势的零点,则有 $V(0) = -\phi_{ns}$。利用这样的边界条件得到势垒区中

$$\mathscr{E}(x) = -\frac{dV(x)}{dx} = \frac{qN_D}{\varepsilon_r \varepsilon_0}(x - x_d) \tag{7-12}$$

$$V(x) = \frac{qN_D}{\varepsilon_r \varepsilon_0}\left(x x_d - \frac{1}{2}x^2\right) - \phi_{ns} \tag{7-13}$$

外加电压 V 于金属,则 $V(x_d) = -(\phi_n + V)$,而 $\phi_{ns} = \phi_n + V_D$,因此由式(7-13)得到势垒区宽度

$$x_d = \left\{-\frac{2\varepsilon_r \varepsilon_0 [(V_s)_0 + V]}{qN_D}\right\}^{1/2} \tag{7-14}$$

$$x_d|_{V=0} = x_{d0} = \left[-\frac{2\varepsilon_r \varepsilon_0 (V_s)_0}{qN_D}\right]^{1/2} \tag{7-15}$$

显然 x_d 是 V 的函数。当 V 与 $(V_s)_0$ 符号相同时,不仅势垒高度提高,而且宽度相应增大。势垒区宽度也称为势垒区厚度,这种厚度依赖于外加电压的势垒称作肖特基势垒。

现在考虑通过势垒的电流密度。根据电流密度方程

$$J = q\left[n(x)\mu_n \mathscr{E}(x) + D_n \frac{dn(x)}{dx}\right] = qD_n\left[-\frac{qn(x)}{k_0 T}\frac{dV(x)}{dx} + \frac{dn(x)}{dx}\right] \tag{7-16}$$

其中利用了爱因斯坦关系式

$$\mu_n = \frac{q}{k_0 T} D_n \quad 及 \quad \mathscr{E}(x) = -\frac{dV(x)}{dx}$$

用因子 $\exp[-qV(x)/(k_0 T)]$ 乘式(7-16)的两边,得到

$$J\exp\left[-\frac{qV(x)}{k_0T}\right]=qD_n\left[n(x)\frac{\mathrm{d}}{\mathrm{d}x}\left\{\exp\left[-\frac{qV(x)}{k_0T}\right]\right\}+\exp\left[-\frac{qV(x)}{k_0T}\right]\frac{\mathrm{d}n(x)}{\mathrm{d}x}\right]$$

$$=qD_n\frac{\mathrm{d}}{\mathrm{d}x}\left\{n(x)\exp\left[-\frac{qV(x)}{k_0T}\right]\right\} \tag{7-17}$$

在稳定情况下，J 是一个与 x 无关的常数，从 $x=0$ 到 $x=x_d$ 对上式积分，得到

$$J\int_0^{x_d}\exp\left[-\frac{qV(x)}{k_0T}\right]\mathrm{d}x=qD_n\left\{n(x)\exp\left[-\frac{qV(x)}{k_0T}\right]\right\}\bigg|_0^{x_d} \tag{7-18}$$

在 $x=x_d$ 处，已达半导体内部，所以

$$\left.\begin{aligned}V(x_d)&=\frac{qN_D}{2\varepsilon_r\varepsilon_0}x_d^2-\phi_{ns}\\n(x_d)&=n_0=N_c\exp\left(-\frac{q\phi_n}{k_0T}\right)\end{aligned}\right\} \tag{7-19}$$

这里假定半导体是非简并的，并且体内浓度仍为平衡时的浓度 n_0。在 $x=0$ 处，有

$$V(0)=-\phi_{ns} \tag{7-20}$$

对 $x=0$ 处的电子浓度可进行如下近似估计：在半导体和金属直接接触处，因为它可以与金属直接交换电子，所以这里的电子仍旧和金属近似地处于平衡状态，因此 $n(0)$ 近似等于平衡时的电子浓度，于是

$$n(0)=n_0\exp\left[\frac{q(V_s)_0}{k_0T}\right] \tag{7-21}$$

把式(7-19)、式(7-20)及式(7-21)代入式(7-18)，得到

$$J\int_0^{x_d}\exp\left[-\frac{qV(x)}{k_0T}\right]\mathrm{d}x=qD_nn_0\exp\left\{\frac{q[\phi_{ns}+(V_s)_0]}{k_0T}\right\}\left[\exp\left(\frac{qV}{k_0T}\right)-1\right] \tag{7-22}$$

要得到电流密度 J，还必须计算上式左边的积分，用耗尽层近似，$V(x)$ 由式(7-13)表示。当势垒高度 $-q[(V_s)_0+V]\gg k_0T$ 时，被积函数 $\exp[-qV(x)/(k_0T)]$ 随 x 的增大而急剧减小，因此，积分主要取决于 $x=0$ 附近的电势值。这时 $2xx_d\gg x^2$，略去式(7-13)中含 x^2 的项，近似有

$$V(x)=\frac{qN_Dx_d}{\varepsilon_r\varepsilon_0}x-\phi_{ns} \tag{7-23}$$

将式(7-23)代入式(7-22)左边的积分式，得到

$$\int_0^{x_d}\exp\left[-\frac{qV(x)}{k_0T}\right]\mathrm{d}x=\frac{k_0T\varepsilon_r\varepsilon_0}{q^2N_Dx_d}\exp\left(\frac{q\phi_{ns}}{k_0T}\right)\left[1-\exp\left(-\frac{q^2N_Dx_d^2}{k_0T\varepsilon_r\varepsilon_0}\right)\right] \tag{7-24}$$

由于 $-q[(V_s)_0+V]\gg k_0T$，因此

$$\exp\left(-\frac{q^2N_Dx_d^2}{k_0T\varepsilon_r\varepsilon_0}\right)=\exp\left\{\frac{2q[(V_s)_0+V]}{k_0T}\right\}\ll 1$$

式(7-24)可近似为

$$\int_0^{x_d}\exp\left[-\frac{qV(x)}{k_0T}\right]\mathrm{d}x=\frac{k_0T\varepsilon_r\varepsilon_0}{q^2N_Dx_d}\exp\left(\frac{q\phi_{ns}}{k_0T}\right) \tag{7-25}$$

把式(7-25)及式(7-14)代入式(7-22)，最后得到电流密度

$$J=\frac{q^2D_nn_0}{k_0T}\left\{-\frac{2qN_D}{\varepsilon_r\varepsilon_0}[(V_s)_0+V]\right\}^{1/2}\exp\left(-\frac{qV_D}{k_0T}\right)\left[\exp\left(\frac{qV}{k_0T}\right)-1\right]$$

$$= \frac{q^2 D_n N_c}{k_0 T} \left\{ -\frac{2qN_D}{\varepsilon_r \varepsilon_0} [(V_s)_0 + V] \right\}^{1/2} \exp\left(-\frac{q\phi_{ns}}{k_0 T}\right) \left[\exp\left(\frac{qV}{k_0 T}\right) - 1\right]$$

$$= J_{sD} \left[\exp\left(\frac{qV}{k_0 T}\right) - 1\right] \tag{7-26}$$

其中

$$J_{sD} = \frac{q^2 D_n N_c}{k_0 T} \left\{ -\frac{2qN_D}{\varepsilon_r \varepsilon_0} [(V_s)_0 + V] \right\}^{1/2} \exp\left(-\frac{q\phi_{ns}}{k_0 T}\right) = \sigma \left\{ \frac{2qN_D}{\varepsilon_r \varepsilon_0} [V_D - V] \right\}^{1/2} \exp\left(-\frac{qV_D}{k_0 T}\right) \tag{7-27}$$

这里 $\sigma = qn_0 \mu_{no}$

根据式(7-26)，电流主要由因子 $\left(\exp\frac{qV}{k_0 T} - 1\right)$ 所决定。当 $V > 0$ 时，若 $qV \gg k_0 T$，则有

$$J = J_{sD} \exp\left(\frac{qV}{k_0 T}\right)$$

当 $V < 0$ 时，若 $|qV| \gg k_0 T$，则有

$$J = -J_{sD}$$

图 7-12 金属半导体接触的伏安特性

J_{sD} 随电压而变化，并不饱和。这样就得到图 7-12 所示的伏安特性曲线。

对于氧化亚铜这样的半导体，载流子迁移率较小，即平均自由程较短，扩散理论是适用的。

7.2.2 热电子发射理论

当 n 型阻挡层很薄，以至于电子平均自由程远大于势垒区宽度时，扩散理论显然不适用了。在这种情况下，电子在势垒区的碰撞可以忽略，因此，这时势垒的形状并不重要，起决定作用的是势垒高度。半导体内部的电子只要有足够的能量超越势垒的顶点，就可以自由地通过阻挡层从而进入金属。同样，金属中能超越势垒顶的电子也都能到达半导体内。所以，电流的计算就归结为计算超越势垒的载流子数目，这就是热电子发射理论。

仍以 n 型阻挡层为例进行讨论，并且假定势垒高度 $-q(V_s)_0 \gg k_0 T$，因而通过势垒交换的电子数只占半导体中总电子数的很小的一部分。这样，半导体内的电子浓度可以被视为常数，而与电流无关。这里涉及的仍是非简并半导体。

根据第 3 章的讨论，半导体内单位体积中能量在 $E \sim (E + dE)$ 范围内的电子数是

$$dn = \frac{(2m_n^*)^{3/2}}{2\pi^2 \hbar^3} (E - E_c)^{1/2} \exp\left(-\frac{E - E_F}{k_0 T}\right) dE$$

$$= \frac{(2m_n^*)^{3/2}}{2\pi^2 \hbar^3} \exp\left(-\frac{E_c - E_F}{k_0 T}\right) (E - E_c)^{1/2} \exp\left(-\frac{E - E_c}{k_0 T}\right) dE \tag{7-28}$$

若 v 为电子运动的速度，则

$$\left. \begin{array}{c} E - E_c = \frac{1}{2} m_n^* v^2 \\ dE = m_n^* v dv \end{array} \right\} \tag{7-29}$$

将式(7-29)代入式(7-28)，并且利用

$$n_0 = N_c \exp\left(-\frac{E_c - E_F}{k_0 T}\right)$$

得到

$$dn = 4\pi n_0 \left(\frac{m_n^*}{2\pi k_0 T}\right)^{3/2} v^2 \exp\left(-\frac{m_n^* v^2}{2 k_0 T}\right) dv \tag{7-30}$$

上式表示单位体积中速度在 $v \sim (v+dv)$ 范围内的电子数。显然，该式和麦克斯韦气体分子速度分布公式在形式上完全相同，不同之处只是用电子有效质量 m_n^* 代替了气体分子质量。因而容易得出，单位体积中，速度在 $v_x \sim (v_x+dv_x)$、$v_y \sim (v_y+dv_y)$、$v_z \sim (v_z+dv_z)$ 范围内的电子数是

$$dn' = n_0 \left(\frac{m_n^*}{2\pi k_0 T}\right)^{3/2} \exp\left[-\frac{m_n^*(v_x^2+v_y^2+v_z^2)}{2 k_0 T}\right] dv_x dv_y dv_z \tag{7-31}$$

为了计算方便，选取垂直于界面并由半导体指向金属的方向为 v_x 的正方向。显然，就单位截面积而言，大小为 v_x 的体积中，在上述速度范围内的电子单位时间内都可到达金属和半导体的界面，这些电子的数目是

$$dN = n_0 \left(\frac{m_n^*}{2\pi k_0 T}\right)^{3/2} \exp\left[-\frac{m_n^*(v_x^2+v_y^2+v_z^2)}{2 k_0 T}\right] v_x dv_x dv_y dv_z \tag{7-32}$$

到达界面的电子要越过势垒，必须满足

$$\frac{1}{2} m_n^* v_x^2 \geq -q[(V_s)_0 + V] \tag{7-33}$$

所需要的 v_x 方向的最小速度是

$$v_{x0} = \left\{\frac{-2q[(V_s)_0 + V]}{m_n^*}\right\}^{1/2} \tag{7-34}$$

而对 v_y、v_z 是没有限制的。因此，若规定电流的正方向是从金属到半导体，则从半导体到金属的电子流所形成的电流密度是

$$\begin{aligned}
J_{s \to m} &= q n_0 \left(\frac{m_n^*}{2\pi k_0 T}\right)^{3/2} \int_{-\infty}^{\infty} dv_z \int_{-\infty}^{\infty} dv_y \int_{v_{x0}}^{\infty} v_x \exp\left[-\frac{m_n^*(v_x^2+v_y^2+v_z^2)}{2 k_0 T}\right] dv_x \\
&= q n_0 \left(\frac{m_n^*}{2\pi k_0 T}\right)^{3/2} \int_{-\infty}^{\infty} \exp\left(-\frac{m_n^* v_z^2}{2 k_0 T}\right) dv_z \int_{-\infty}^{\infty} \exp\left(-\frac{m_n^* v_y^2}{2 k_0 T}\right) dv_y \int_{v_{x0}}^{\infty} v_x \exp\left(-\frac{m_n^* v_x^2}{2 k_0 T}\right) dv_x \\
&= q n_0 \left(\frac{k_0 T}{2\pi m_n^*}\right)^{1/2} \exp\left(-\frac{m_n^* v_{x0}^2}{2 k_0 T}\right) \\
&= \frac{q m_n^* k_0^2}{2\pi^2 \hbar^3} T^2 \exp\left(-\frac{E_c - E_F}{k_0 T}\right) \exp\left[\frac{q(V_s)_0 + qV}{k_0 T}\right] \\
&= \frac{q m_n^* k_0^2}{2\pi^2 \hbar^3} T^2 \exp\left(-\frac{q\phi_{ns}}{k_0 T}\right) \exp\left(\frac{qV}{k_0 T}\right) \\
&= A^* T^2 \exp\left(-\frac{q\phi_{ns}}{k_0 T}\right) \exp\left(\frac{qV}{k_0 T}\right)
\end{aligned} \tag{7-35}$$

式中

$$A^* = \frac{q m_n^* k_0^2}{2\pi^2 \hbar^3} \tag{7-36}$$

称为有效理查逊常数。热电子向真空中发射的理查逊常数是 $A = q m_0 k_0^2 / 2\pi^2 \hbar^3 = 120 \text{A}/(\text{cm}^2 \cdot \text{K}^2)$。表 7-4 列出了 Ge、Si、GaAs 的 A^*/A 值。

电子从金属到半导体所面临的势垒高度不随外加电压而变化，所以，从金属到半导体的电子流所形成的电流密度 $J_{m \to s}$ 是常量，它应与热平衡条件下（即 $V=0$ 时）的 $J_{s \to m}$ 大小相等、方向相反，因此

$$J_{m \to s} = -J_{s \to m}\bigg|_{V=0} = -A^* T^2 \exp\left(-\frac{q\phi_{ns}}{k_0 T}\right) \tag{7-37}$$

表 7-4　Ge、Si、GaAs 的 A^*/A 值

半导体	A^*/A		
	Ge	Si	GaAs
p 型	0.34	0.66	0.62
n 型〈111〉	1.11	2.2	0.068（低电场）
n 型〈100〉	1.19	2.1	1.2（高电场）

由式（7-35）及式（7-37）得到总电流密度为

$$J = J_{s \to m} + J_{m \to s} = A^* T^2 \exp\left(-\frac{q\phi_{ns}}{k_0 T}\right)\left[\exp\left(\frac{qV}{k_0 T}\right) - 1\right]$$

$$= J_{sT}\left[\exp\left(\frac{qV}{k_0 T}\right) - 1\right] \tag{7-38}$$

这里

$$J_{sT} = A^* T^2 \exp\left(-\frac{q\phi_{ns}}{k_0 T}\right) \tag{7-39}$$

显然，由热电子发射理论得到的伏安特性［式（7-38）］与扩散理论所得到的结果［式（7-26）］在形式上是一样的，所不同的是 J_{sT} 与外加电压无关，是一个更强烈地依赖于温度的函数。

Ge、Si、GaAs 都有较高的载流子迁移率，即有较大的平均自由程，因而在室温下，这些半导体材料的肖特基势垒中的电流输运机构主要是多数载流子的热电子发射。

7.2.3　镜像力和隧道效应的影响

无论阻挡层主要由金属接触还是由表面态所形成，上述理论都是适用的。把实际金属－半导体接触整流器的伏安特性和理论结果进行比较，人们发现，理论确实能够说明不对称的导电性，并且理论所预言的高阻方向和低阻方向也与实际情况符合。但是，它们之间存在着一定的分歧。最明显的是，在高阻方向，实际上电流随反向电压的增大比理论预期得更为显著。其次，在低阻方向，实际电流的增大一般都没有理论结果那样陡峭。图 7-13 表示一个锗检波器的反向特性与热电子发射理论的比较。产生这些分

图 7-13　锗检波器的反向特性

歧的原因是在理论推导过程中采用了高度理想的模型，而实际上接触处的结构并不那么简单，因而理论就不能精确地描述它们的性能，所以必须对理论进行修正。这里主要讨论镜像力和隧道效应的影响。

1. 镜像力的影响

在金属—真空系统中，一个在金属外面的电子会在金属表面感应出正电荷，同时电子会受

到正电荷的吸引。若电子距金属表面的距离为 x，则它与感应正电荷之间的吸引力相当于该电子与位于 $-x$ 处的等量正电荷之间的吸引力，如图 7-14 所示。这个正电荷称为镜像电荷，这个吸引力称为镜像力，它应为

$$f=-\frac{q^2}{4\pi\varepsilon_0(2x)^2}=-\frac{q^2}{16\pi\varepsilon_0 x^2} \qquad (7-40)$$

把电子从 x 点移到无穷远处，电场力所做的功是

$$\int_x^\infty f\mathrm{d}x=-\frac{q^2}{16\pi\varepsilon_0}\int_x^\infty\frac{1}{x^2}\mathrm{d}x=-\frac{q^2}{16\pi\varepsilon_0 x} \qquad (7-41)$$

图 7-14　镜像电荷

当半导体和金属接触时，在耗尽层中可以近似地利用上面的结果。把势能零点选在 $(E_\mathrm{F})_\mathrm{m}$，由于存在镜像力的作用，电子所具有的电势能是

$$-\frac{q^2}{16\pi\varepsilon_\mathrm{r}\varepsilon_0 x}-qV(x)=-\frac{q^2}{16\pi\varepsilon_\mathrm{r}\varepsilon_0 x}+q\phi_\mathrm{ns}-\frac{q^2 N_\mathrm{D}}{\varepsilon_\mathrm{r}\varepsilon_0}\left(xx_\mathrm{d}-\frac{1}{2}x^2\right) \qquad (7-42)$$

显然镜像力引起的电势能变化是 $-q^2/(16\pi\varepsilon_\mathrm{r}\varepsilon_0 x)$。

考虑到镜像力的影响，平衡情况下得到图 7-15 所示的能量图。加上镜像力的作用后，电势能在 x_m 处出现极大值，这个极大值发生在作用于电子上的镜像力和电场力相平衡的地方，即

$$\frac{q^2}{16\pi\varepsilon_\mathrm{r}\varepsilon_0 x_\mathrm{m}^2}=\frac{q^2 N_\mathrm{D}}{\varepsilon_\mathrm{r}\varepsilon_0}(x_\mathrm{d0}-x_\mathrm{m}) \qquad (7-43)$$

若 $x_\mathrm{d0}\gg x_\mathrm{m}$，则从上式得到

$$x_\mathrm{m}=\frac{1}{4(\pi N_\mathrm{D}x_\mathrm{d0})^{1/2}} \qquad (7-44)$$

当然，势能的极大值小于 $q\phi_\mathrm{ns}$。这说明，镜像力使势垒顶向内移动，并且引起势垒的降低。用 $q\Delta\phi$ 表示降低量，在平衡条件下，$q\Delta\phi$ 很小，可以忽略。

图 7-15　镜像力对势垒的影响

在外加电压的非平衡情况下，估计镜像力对势垒形状的影响更加困难。近似地，可以采用与前面类似的结果。势垒极大值所对应的 x 值是

$$x_\mathrm{m}=\frac{1}{4(\pi N_\mathrm{D}x_\mathrm{d})^{1/2}} \qquad (7-45)$$

镜像力所引起的势垒降低量与 $q\phi_\mathrm{ns}$ 相比是很小的，因而势垒高度近似为不考虑镜像力时 x_m 处的势能值，即 $-qV(x_\mathrm{m})$。又因为 $2x_\mathrm{m}x_\mathrm{d}\gg x_\mathrm{m}^2$，所以

$$-qV(x_\mathrm{m})\approx q\phi_\mathrm{ns}-\frac{q^2 N_\mathrm{D}}{\varepsilon_\mathrm{r}\varepsilon_0}x_\mathrm{m}x_\mathrm{d} \qquad (7-46)$$

那么势垒的降低量就是

$$q\Delta\phi=\frac{q^2 N_\mathrm{D}}{\varepsilon_\mathrm{r}\varepsilon_0}x_\mathrm{m}x_\mathrm{d}=\frac{1}{4}\left[\frac{2q^7 N_\mathrm{D}}{\pi^2\varepsilon_\mathrm{r}^3\varepsilon_0^3}(V_\mathrm{D}-V)\right]^{1/4} \qquad (7-47)$$

上式表明，镜像力所引起的势垒降低量随反向电压的增大而缓慢地增大。当反向电压较高时，势垒的降低变得明显，镜像力的影响才显得重要。

由于镜像力使势垒降低了 $q\Delta\phi$，因此 J_sD 和 J_sT 中的 $\exp[-qV_\mathrm{D}/(k_0 T)]$ 应当用 $\exp[-q(V_\mathrm{D}-\Delta\phi)/(k_0 T)]$ 代替。而 J_sD 中的因子 $(V_\mathrm{D}-V)^{1/2}$ 几乎不受影响，因为 $-V\gg V_\mathrm{D}$

时,镜像力的影响才较显著,这时 V_D 的变化可以忽略。显然 J_{sT} 也随反向电压的增大而增大,不再饱和。

2. 隧道效应的影响

根据隧道效应原理,能量低于势垒顶的电子有一定概率穿过这个势垒,穿透的概率与电子能量和势垒区厚度有关。在考虑隧道效应对整流理论的影响时可进行这样的简化:对于一定能量的电子,存在一个临界势垒区厚度 x_c。若势垒区厚度大于 x_c,则电子完全不能穿过势垒;而如果势垒区厚度小于 x_c,则势垒对于电子是完全透明的,电子可以直接通过它,即势垒高度降低了。金属一边的有效势垒高度是 $-qV(x_c)$,若 $x_c \ll x_d$,则

$$-qV(x_c) \approx q\phi_{ns} - \frac{q^2 N_D}{\varepsilon_r \varepsilon_0} x_d x_c = q\phi_{ns} - \left[\frac{2q^3 N_D}{\varepsilon_r \varepsilon_0}(V_D - V)\right]^{1/2} x_c \tag{7-48}$$

隧道效应引起的势垒降低就是

$$\left[\frac{2q^3 N_D}{\varepsilon_r \varepsilon_0}(V_D - V)\right]^{1/2} x_c \tag{7-49}$$

它也随反向电压的增大而增大。当反向电压较高时,势垒的降低才较明显。根据以上分析,隧道效应对伏安特性的影响和镜像力的影响基本相同。

镜像力和隧道效应对反向特性的影响特别显著,它们会引起势垒高度的降低,使反向电流增大,而且随着反向电压的提高,势垒降低更显著,反向电流也增大得更多。这样,理论结论与实际的反向特性就基本一致。

上面介绍的扩散理论和热电子发射理论是分别由肖特基和贝特(Bethe)提出来的。1966年,施敏(Sze S. M.)等又提出了热电子发射及扩散两种理论的一种综合理论,这里不做介绍,读者可参阅参考资料[1]。

7.2.4 肖特基势垒二极管

利用金属—半导体整流接触特性制成的二极管称为肖特基势垒二极管,它和 pn 结二极管具有类似的电流—电压关系,即它们都有单向导电性,但前者又有区别于后者的以下显著特点。

首先,就载流子的运动形式而言,pn 结正向导通时,由 p 区注入 n 区的空穴或由 n 区注入 p 区的电子都是少数载流子,它们先形成一定的积累,然后靠扩散运动形成电流。这种注入的非平衡载流子的积累称为电荷存储效应,它严重地影响了 pn 结的高频性能。而肖特基势垒二极管的正向电流主要是由半导体中的多数载流子进入金属形成的,它是多数载流子器件。例如,对于金属和 n 型半导体的接触,当正向导通时,从半导体中越过界面进入金属的电子并不发生积累,而是直接成为漂移电流而流走。因此,肖特基势垒二极管比 pn 结二极管有更好的高频特性。

其次,对于相同的势垒高度,肖特基势垒二极管的 J_{sD} 或 J_{sT} 要比 pn 结的反向饱和电流 J_s 大得多。换言之,对于同样的使用电流,肖特基势垒二极管将有较低的正向导通电压,一般为 0.3V 左右。

正因为有以上的特点,肖特基势垒二极管在高速集成电路、微波技术等许多领域都有很多重要应用。例如,在硅高速 TTL 电路中,就是把肖特基势垒二极管连接到晶体管的基极与集电极之间,从而组成钳位晶体管的,大大提高了电路的速度。在 TTL 电路中,制作肖特基势

垒二极管常用的方法是把铝蒸发到 n 型集电区,然后在 520~540℃ 的真空中或氮气中恒温加热约 10min,这样就形成铝和硅的良好接触,制成肖特基势垒二极管。

又例如,掺杂浓度约为 $5×10^{15}\,\text{cm}^{-3}$ 的 n 型外延硅衬底与 PtSi 接触,经钝化制成的金属—半导体雪崩二极管能产生连续的微波振荡,并且能在大功率下工作。

此外,也可以用金属—半导体势垒作为控制栅极,制成肖特基势垒栅场效应晶体管,砷化镓肖特基势垒栅场效应晶体管的功率及噪声性能比各种砷化镓晶体管都好。肖特基势垒二极管的其他应用就不一一列举了。

7.3 少数载流子的注入和欧姆接触

7.3.1 少数载流子的注入

在前面的理论分析中只讨论了多数载流子的运动,而完全没有考虑少数载流子的作用。实际上在有些情况下,少数载流子的影响是显著的,甚至可能取得主导的地位,成为电流的主要载荷者。这里简单地讨论少数载流子的注入问题。

先回顾一下在扩散理论中电流产生的原因。对于 n 型阻挡层,体内电子浓度为 n_0,接触面处的电子浓度是

$$n(0) = n_0 \exp\left(\frac{-qV_D}{k_0 T}\right)$$

这两个浓度差引起电子由内部向接触面扩散的倾向,平衡时它恰好被势垒中的电场所抵消,因而没有电流。当加正向电压时,势垒降低,电场作用减弱,扩散作用占了优势,使电子向表面流动,形成正向电流。

n 型半导体的势垒和阻挡层都是对电子而言的。由于空穴所带电荷与电子电荷的符号相反,因此电子的阻挡层就是空穴的积累层。在势垒区域,空穴的浓度在表面最大,用 p_0 表示体内浓度,则表面浓度为

$$p(0) = p_0 \exp\left(\frac{qV_D}{k_0 T}\right) \tag{7-50}$$

这个浓度差将引起空穴自表面向内部扩散,平衡时也恰好被电场作用抵消。加正向电压时,势垒降低,空穴扩散作用占优势,形成自外向内的空穴流,它所形成的电流与电子电流方向一致。因此,部分正向电流是由少数载流子空穴载荷的。

空穴电流的大小首先取决于阻挡层中的空穴浓度。只要势垒足够高,靠近接触面的空穴浓度就可以很高。如图 7-16 所示,平衡时,在表面处导带底和价带顶分别为 $E_c(0)$ 和 $E_v(0)$。如果在接触面附近,费米能级和价带顶的距离 $E_F - E_v(0) = E_c - E_F$,那么 $p(0)$ 值应和 n_0 值相近,同时 $n(0)$ 也近似等于 p_0。势垒中空穴和电子所处的情况几乎完全相同,只是空穴的势垒顶在阻挡层的内边界。可以想象,在这种情况下,有外加电压时,空穴电流的贡献就很重要了。$p(0)$ 随势垒的增大而增大,甚至可以超过 n_0。空穴电流的贡献将更大。

前面曾经认为,在有外加电压的非平衡情况下,势垒两边界处的电子浓度将保持平衡时的值。对于空穴则不然,加

图 7-16 n 型反型层中的载流子浓度

正向电压时,空穴将流向半导体内,但它们并不能立即复合,必然要在阻挡层内界形成一定的积累,再依靠扩散运动继续进入半导体内部,如图 7-17 所示。这说明,加正向电压时,阻挡层内界的空穴浓度将比平衡时有所增大。因为平衡值 p_0 很小,所以相对地增大得就很显著。这种积累的效果显然是阻碍空穴的流动。因此,空穴对电流贡献的大小还取决于空穴进入半导体内扩散的效率。扩散的效率越高,少数载流子对电流的贡献越大。

图 7-17　少数载流子的积累

根据以上分析,在金属和 n 型半导体的整流接触上加正向电压时,就有空穴从金属流向半导体,这种现象称为少数载流子的注入。空穴从金属注入半导体,实际上是半导体价带顶部附近的电子流向金属,填充金属中 $(E_F)_m$ 以下的空能级,而在价带顶部附近产生空穴。

加正向电压时,少数载流子电流与总电流之比称为少数载流子注入比,用 γ 表示。对 n 型阻挡层来说

$$\gamma = J_p/J = J_p/(J_n + J_p) \tag{7-51}$$

小注入时,γ 值很小。对金和 n 型硅制成的平面接触二极管,在室温下,γ 值比 0.1% 小得多。

在大电流条件下,注入比 γ 随电流密度的增大而增大。对于 $N_D = 10^{15} \text{cm}^{-3}$ 的 n 型硅和金形成的面接触二极管,当电流密度为 350A/cm² 时,γ 约为 5%。

在 5.6 节中对探针接触的分析表明,若接触球面的半径很小,则注入少数载流子的扩散效果比平面接触要强得多。因而点接触容易获得高效率的注入,甚至可能绝大部分的电流都是由注入的少数载流子所载荷的。在少数载流子的注入及测量实验中,希望得到高效率的注入,因而采用探针接触最理想。而用金属探针与半导体接触以测量半导体的电阻率时,要避免少数载流子注入的影响,为此所采取的措施是增加表面复合。

7.3.2　欧姆接触

前面着重讨论了金属和半导体的整流接触。而金属与半导体接触时还可以形成非整流接触,即欧姆接触,这是另一类重要的金属—半导体接触。欧姆接触是指这样的接触:它不产生明显的附加阻抗,而且不会使半导体内部的平衡载流子浓度发生显著的改变。从电学上讲,理想欧姆接触的接触电阻与半导体样品或器件相比应当很小,当有电流流过时,欧姆接触上的电压降应当远小于样品或器件本身的压降,这种接触不影响器件的电流—电压特性,或者说,电流—电压特性是由样品的电阻或器件的特性决定的。在实际中欧姆接触也有很重要的应用。半导体器件一般都利用金属电极输入或输出电流,这就要求在金属和半导体之间形成良好的欧姆接触。在超高频和大功率器件中,欧姆接触是设计和制造中的关键问题之一。

怎样实现欧姆接触呢？不考虑表面态的影响,若 $W_m < W_s$,则金属和 n 型半导体接触可形成反阻挡层;而当 $W_m > W_s$ 时,金属和 p 型半导体接触也能形成反阻挡层。反阻挡层没有整流作用,这样看来,选用适当的金属材料,就有可能得到欧姆接触。然而,Ge、Si、GaAs 这些最常用的重要半导体材料一般都有很高的表面态密度。无论是 n 型材料还是 p 型材料,与金属接触都形成势垒,而与金属功函数的关系不大,因此,不能用选择金属材料的办法来获得欧姆接触。目前,在生产实际中,主要是利用隧道效应的原理在半导体上制造欧姆接触的。

由 6.5 节讨论可知,重掺杂的 pn 结可以产生显著的隧道电流。当金属和半导体接触时,如果半导体的掺杂浓度很高,则势垒区宽度变得很薄,电子也要通过隧道效应贯穿势垒产生相当大的隧道电流,甚至超过热电子发射电流而成为电流的主要成分。当隧道电流占主导地位时,它的接触电阻很小,可以用作欧姆接触。因此,半导体重掺杂时,它与金属的接触可以形成接近理想的欧姆接触。

接触电阻定义为零偏压下的微分电阻,即

$$R_c = \left(\frac{\partial I}{\partial V}\right)_{V=0}^{-1} \quad (7\text{-}52)$$

下面估算以隧道电流为主时的接触电阻。讨论金属和 n 型半导体接触的势垒贯穿问题。为了得到半导体中导带电子所面临的势垒,现在把导带底 E_c 选作电势能的零点。由式(7-12)可得到平衡时

$$V(x) = -\frac{qN_D}{2\varepsilon_r\varepsilon_0}(x-d_0)^2 \quad (7\text{-}53)$$

电子的势垒为

$$-qV(x) = \frac{q^2 N_D}{2\varepsilon_r\varepsilon_0}(x-d_0)^2 \quad (7\text{-}54)$$

为了计算方便,做如图 7-18 所示的坐标变换,则有 $y = d_0 - x$。电子的势垒可表示为

$$-qV(y) = \frac{q^2 N_D}{2\varepsilon_r\varepsilon_0} y^2 \quad (7\text{-}55)$$

根据量子力学中的结论,$x=d_0$ 处导带底电子通过隧道效应贯穿势垒的隧道概率为

$$\begin{aligned}
P &= \exp\left\{-\frac{2}{\hbar}(2m_n^*)^{1/2}\int_0^{d_0}[-qV(y)]^{1/2}dy\right\} \\
&= \exp\left\{-\frac{2q}{\hbar}\left(\frac{m_n^* N_D}{\varepsilon_r\varepsilon_0}\right)^{1/2}\int_0^{d_0}ydy\right\} \\
&= \exp\left\{-\frac{q}{\hbar}\left(\frac{m_n^* N_D}{\varepsilon_r\varepsilon_0}\right)^{1/2}d_0^2\right\} \\
&= \exp\left\{-\frac{2}{\hbar}\left(\frac{m_n^*\varepsilon_r\varepsilon_0}{N_D}\right)^{1/2}[-(V_s)_0]\right\}
\end{aligned} \quad (7\text{-}56)$$

图 7-18 n 型阻挡层的势垒贯穿

当有外加电压时,势垒区宽度为 d,表面势为 $[(V_s)_0 + V]$,则隧道概率为

$$\begin{aligned}
P &= \exp\left\{-\frac{2}{\hbar}\left(\frac{m_n^*\varepsilon_r\varepsilon_0}{N_D}\right)^{1/2}[-(V_s)_0 - V]\right\} \\
&= \exp\left\{-\frac{2}{q\hbar}\left(\frac{m_n^*\varepsilon_r\varepsilon_0}{N_D}\right)^{1/2}q(V_D - V)\right\}
\end{aligned} \quad (7\text{-}57)$$

由上式可清楚地看出,对于一定的势垒高度,隧道概率强烈地依赖于掺杂浓度 N_D,N_D 越大,P 越大,如果掺杂浓度很高,隧道概率就很大。一般来说,具有不同能量的电子,其隧道概率不同,对各种能量电子对隧道电流的贡献进行积分可得总电流,它与隧道概率成比例,即

$$J \propto \exp\left[-\frac{2}{q\hbar}\left(\frac{m_n^*\varepsilon_r\varepsilon_0}{N_D}\right)^{1/2}q(V_D - V)\right] \quad (7\text{-}58)$$

将上式乘以接触面积,再由式(7-52)可得到

$$R_c \propto \exp\left[\frac{2}{\hbar}(m_n^* \varepsilon_r \varepsilon_0)^{1/2}\left(\frac{V_D}{N_D^{1/2}}\right)\right] \tag{7-59}$$

由式(7-59)可看到,掺杂浓度越高,接触电阻 R_c 越小。因而,半导体材料重掺杂时,可得到欧姆接触。

制作欧姆接触最常用的方法是用重掺杂的半导体与金属接触,一般在 n 型或 p 型半导体上制作一层重掺杂区后再与金属接触,形成金属—$n^+ n$ 或金属—$p^+ p$ 结构。由于有 n^+、p^+ 层,因此金属的选择就比较自由。形成金属与半导体接触的方法也有多种,例如,蒸发、溅射、电镀等。难熔金属和硅所形成的金属硅化物(Silicide)既可用作肖特基势垒金属,也可用作集成电路中接触互连的材料,例如,PtSi、Pd_2Si、RhSi、NiSi、$MoSi_2$ 等十几种金属硅化物目前得到了广泛应用。

习　　题

1. 求 Al-Cu、Au-Cu、W-Al、Cu-Ag、Al-Au、Mo-W、Au-Pt 的接触电势差,并标出电势的正负。

2. 两种金属 A 和 B 通过金属 C 相接触,若温度相等,证明其两端 a、b 的电势差同 A、B 直接接触的电势差一样。如果 A 是 Au,B 是 Ag,C 是 Cu 或 Al,则 V_{ab} 为多少伏?

3. 施主浓度 $N_D = 10^{17} cm^{-3}$ 的 n 型硅,室温下的功函数是多少?若不考虑表面态的影响,它分别同 Al、Au、Mo 接触时,形成阻挡层还是反阻挡层?硅的电子亲和能取 4.05eV。

4. 受主浓度 $N_A = 10^{17} cm^{-3}$ 的 p 型锗,室温下的功函数是多少?若不考虑表面态的影响,它分别同 Al、Au、Pt 接触时,形成阻挡层还是反阻挡层?锗的电子亲和能取 4.13eV。

5. 某功函数为 2.5eV 的金属表面受到光的照射。
① 这个面吸收红色光或紫色光时,能放出光电子吗?
② 用波长为 185nm 的紫外线照射时,从表面放出的光电子的能量是多少?

6. 电阻率为 $10\Omega \cdot cm$ 的 n 型锗和金属接触形成的肖特基势垒高度为 0.3eV,求加上 5V 反向电压时的空间电荷层厚度。

7. 在 n 型硅的(111)面上与金属接触制成肖特基势垒二极管。若已知势垒高度 $q\phi_{ns} = 0.78eV$,计算室温下的反向饱和电流 J_{sT}。

8. 有一块施主浓度 $N_D = 10^{16} cm^{-3}$ 的 n 型锗材料,在它的(111)面上与金属接触制成肖特基势垒二极管。已知 $V_D = 0.4V$,求加上 0.3V 电压时的正向电流密度。

参　考　资　料

[1] Sze S M. Physics of Semiconductor Devices. 2nd ed. New York:John Wiley and Sons,1981.
[2] 黄昆,谢希德. 半导体物理学. 北京:科学出版社,1958.
[3] Henisch H K. Rectifying Semiconductor Contacts. Oxford:Clarendon,1957.
[4] [俄]约飞. 科学技术中的半导体. 周廉,邹雅祥,译. 北京:科学出版社,1963.
[5] Wolf H F. Semiconductors. New York:John Wiley and Sons,1971,5-4.

第 8 章　半导体表面与 MIS 结构

许多半导体器件的特性都和半导体的表面性质有着密切的关系。例如，半导体的表面状态对晶体管和半导体集成电路的参数与稳定性有很大影响。在某些情况下，往往不是半导体的体内效应，而是其表面效应决定着半导体器件的特性。例如，MOS（金属—氧化物—半导体）器件、电荷耦合器件、表面发光器件等，就是利用半导体表面效应而制成的。因此，研究半导体表面现象、发展有关半导体表面的理论，对于改善器件性能、提高器件稳定性，以及指导人们探索新型器件等都有着十分重要的意义。在半导体集成电路发展的早期，性能不稳定曾经是一大难题。为了解决这一问题，人们对半导体表面，特别是硅—二氧化硅系统进行了广泛的研究工作。这方面的研究成果使集成电路克服了性能不稳定的障碍，得到进一步的迅速发展，同时也发展了有关半导体表面的理论。这些事实证明了实践推动理论的发展、理论又反过来指导实践这一辩证关系。在半导体表面的研究工作中，有理想表面研究和实际表面研究两个方面。本章的讨论将侧重于实际表面研究方面，包括表面态概念、表面电场效应、硅—二氧化硅系统性质、MIS（指金属—绝缘层—半导体）结构的电容—电压特性、表面电场对 pn 结特性影响及其他有关表面效应等。

8.1　表面态

在第 2 章中曾叙述过，因晶格的不完整性使势场的周期性受到破坏时，会在禁带中产生附加能级。达姆在 1932 年首先提出：晶体自由表面的存在使其周期场在表面处发生中断，同样也应引起附加能级，这种能级称为达姆表面能级。在实际晶体表面上往往存在着微氧化膜或附着其他分子和原子，这使表面情况变得更加复杂而难以弄清。因此这里先就理想情形，即晶体表面不附着任何其他分子或氧化膜的情形进行讨论，为了简单起见，讨论一维情况[1,2]。图 8-1 表示一个理想的一维晶体的势能函数。图中 $x=0$ 处相当于晶体表面；$x \geqslant 0$ 区为晶体内部，势场随 x 周期性地变化，周期为 a；$x \leqslant 0$ 区相当于晶体以外区域，势能为一常数，以 V_0 表示。电子在这种半无限周期场中，其波函数满足的薛定谔方程为

图 8-1　一维晶体的势能函数

$$\frac{-\hbar^2}{2m_0}\frac{d^2\psi}{dx^2}+V_0\psi=E\psi(x\leqslant 0) \tag{8-1}$$

$$\frac{-\hbar^2}{2m_0}\frac{d^2\psi}{dx^2}+V(x)\psi=E\psi(x\geqslant 0) \tag{8-2}$$

式中，$V(x)$ 为周期场的势能函数，满足 $V(x+a)=V(x)$。考虑电子能量 $E<V_0$ 的情形，由式(8-1)很易解出在 $x\leqslant 0$ 区电子的波函数为

$$\psi_1(x)=A\exp\left\{\frac{[2m_0(V_0-E)]^{\frac{1}{2}}}{\hbar}x\right\}+B\exp\left\{\frac{-[2m_0(V_0-E)]^{\frac{1}{2}}}{\hbar}x\right\} \tag{8-3}$$

根据量子力学，当 $x\to-\infty$ 时，波函数必须有限，故上式中第二项的系数 B 为零，即得

$$\psi_1(x)=A\exp\left\{\frac{[2m_0(V_0-E)]^{\frac{1}{2}}}{\hbar}x\right\} \tag{8-4}$$

在 $x\geqslant 0$ 区，$V(x)$ 为周期性函数，方程(8-2)的一般解为

$$\psi_2(x)=A_1u_k(x)e^{ikx}+A_2u_{-k}(x)e^{-ikx} \tag{8-5}$$

波函数及其一级导数应在 $x=0$ 处满足连续条件，即

$$\psi_1(0)=\psi_2(0) \tag{8-6}$$

$$\left(\frac{d\psi_1}{dx}\right)_{x=0}=\left(\frac{d\psi_2}{dx}\right)_{x=0} \tag{8-7}$$

将式(8-4)和式(8-5)代入式(8-6)和式(8-7)，得到

$$A_1u_k(0)+A_2u_{-k}(0)=A \tag{8-8}$$

$$A_1[u'_k(0)+iku_k(0)]+A_2[u'_{-k}(0)-iku_{-k}(0)]=A\left[\frac{2m_0(V_0-E)}{\hbar}\right]^{\frac{1}{2}} \tag{8-9}$$

以上两式为波函数的系数 A、A_1 和 A_2 满足的方程。当 k 为实数值时，由式(8-5)可看出 x 趋近于 ∞ 时，$\psi_2(x)$ 满足有限条件，因此式中的系数 A_1 和 A_2 可同时不为零。这时对式(8-8)和式(8-9)两个方程解三个未知数，解总是存在的，这些解表示一维无限周期场时的允许状态，对应的能量就是允带。这说明所有在一维无限周期场时的电子状态在半无限周期场的情况下仍可实现。

再讨论 k 取复数值的情形。令 $k=k'+ik''$，其中 k' 和 k'' 都取实数，将其代入式(8-5)，则有

$$\psi_2(x)=A_1u_k(x)e^{ik'x}e^{-k''x}+A_2u_{-k}(x)e^{-ik'x}e^{k''x} \tag{8-10}$$

可以看出，当 x 趋向 $+\infty$ 或 $-\infty$ 时，上式中总有一项要趋向无限大，不满足波函数有限条件，因此在一维无限周期场情形中，k 不能取复数值。但在半无限周期场情形中则不然，只要使系数 A_1 和 A_2 中的任一个为零，k 就可取复数值。例如，当 $A_2=0$ 时，有

$$\psi_2(x)=A_1u_k(x)e^{ik'x}e^{-k''x} \tag{8-11}$$

可看出，k'' 取正值时，若 $x\to\infty$，则 $\psi_2(x)$ 满足有限条件，故有解存在。这时式(8-8)和式(8-9)变为

$$A_1u_k(0)-A=0 \tag{8-12}$$

$$A_1[u'_k(0)+iku_k(0)]-A\left[\frac{2m_0(V_0-E)}{\hbar}\right]^{\frac{1}{2}}=0 \tag{8-13}$$

上两式中存在 A_1 和 A 的非零解的条件为系数行列式等于零，由此可以求得

$$E=V_0-\frac{\hbar^2}{2m_0}\left[\frac{u'_k(0)}{u_k(0)}+ik\right]^2 \tag{8-14}$$

电子的能值 E 必须取实数值,因上式中的 $u'_k(0)/u_k(0)$ 一般为复数,故其虚数部分应与 ik 中的虚部抵消[3]。以上证明了在一维半无限周期场的情形,存在 k 取复数值的电子状态,其能值由式(8-14)表示,其波函数分别由式(8-4)(在 $x \leqslant 0$ 区)和式(8-11)(在 $x \geqslant 0$ 区)表示。可以看出,在 $x=0$ 处两边,波函数都是按指数关系衰减的,这表明电子的分布概率主要集中在 $x=0$ 处,即电子被局限在表面附近。因此,这种电子状态被称作表面态,对应的能级称为表面能级。达姆曾计算了半无限克龙尼克－潘纳模型的情形,证明在一定条件下,每个表面原子在禁带中都对应一个表面能级。上述结论可推广到三维情形,可以证明在三维晶体中,仍是每个表面原子对应禁带中的一个表面能级,这些表面能级组成表面能带。因单位面积上的原子数约为 10^{15}cm^{-2},故单位表面积上的表面态数也具有相同的数量级。表面态的概念还可以从化学键方面来说明[4]。以硅晶体为例,因晶格的表面处突然终止,在表面的最外层的每个硅原子都将有一个未配对的电子,即有一个未饱和的键,如图 8-2 所示,这个键称作悬挂键,与之对应的电子能态就是表面态。因每平方厘米表面约有 10^{15} 个原子,故相应的悬挂键数亦应为约 10^{15} 个。表面态的存在是肖克莱等首先从实验上发现的,后来有人在超高真空中对洁净硅表面进行测量,证实表面态密度与上述理论结果相符。

图 8-2 硅表面悬挂键示意图

以上讨论的是"理想表面"情形。"理想表面"就是指表面层中原子排列的对称性与体内原子完全相同,且表面上不附着任何原子或分子的半无限晶体表面。这种理想表面实际上是不存在的。在近表面几个原子厚度的表面层中,离子实所受的势场作用显然不同于晶体内部,这使得晶体所固有的三维平移对称性在表面层中受到破坏,因此实际的晶体表面是一个结构比体内要复杂得多的系统。现在许多实验观察到在超高真空下共价半导体的表面发生再构现象,表面上形成新的原子排列结构,这种排列具有沿表面的二维平移对称性。例如,对于硅(111)面,在超高真空下可观察到 (7×7) 结构,即表面上形成以 (7×7) 个硅原子为单元的二维平移对称性结构。关于表面的再构问题,本书将不做讨论。还应指出,即使在 10^{-10} mmHg(1.33×10^{-8} Pa)以上的超高真空中,也只能在短时间内保持不附着任何原子或分子的洁净表面,经过数小时后,表面上仍会形成一层单原子层(一般主要由氧原子组成),这就会影响表面态的测试结果。因此,为测得表面态密度的正确值,必须首先获得具有原子洁净的表面。在硅表面被氧化后,因在表面上覆盖了一层二氧化硅层,使硅表面的悬挂键大部分被二氧化硅层的氧原子所饱和,表面态密度就大大降低,故测得的表面态密度要比理论值低得多,常在 $10^{10} \sim 10^{12}$ cm^{-2} 间。由于硅与二氧化硅的格子并不能匹配得完全适合,总有一部分悬挂键未被饱和,因此表面态密度并不减小到零。

悬挂键的存在,使得表面可与体内交换电子和空穴。例如,n 型硅情形,悬挂键可以从体内获得电子,使表面带负电。这负的表面电荷可排斥表面层中的电子,使之成为耗尽层,甚至变为 p 型反型层。

在半导体中,对硅表面态的研究工作做得最多,这一方面是实际的需要,也由于对硅较易获得原子"洁净"的理想表面。硅表面态的实验测量证实其表面能级由两组组成:一组为施主能级,靠近价带;另一组为受主能级,靠近导带。关于各种半导体表面态在禁带中按能量分布的情况,虽然已经做了大量的实验工作,但因难于做到使费米能级能够在一个大范围内变动且工艺上有重复性的表面,故目前还没有得出一致的结论。

除上述表面态外,在表面处还存在由晶体缺陷或吸附原子等原因引起的表面态。这种表面态的特点是,其数值与表面经过的处理方法有关,而达姆表面态对给定的晶体在"洁净"表面时为一定值。表面态对半导体的各种物理过程有重要影响,特别是对许多半导体器件的性能的影响更大。

8.2 表面电场效应[5,6]

本节讨论在外加电场作用下半导体表面层内发生的现象,这些现象在半导体器件(如金属—氧化物—半导体场效应晶体管)及半导体表面的研究工作中得到重要应用。以下先讨论在热平衡情况下的表面电场效应,非平衡情况在本章后面讨论。

有种种因素可以在半导体表面层内产生电场,例如,使功函数不同的金属和半导体接触,以及使半导体表面外吸附某种带电离子等。为了便于讨论,采用一种称作 MIS 结构的装置研究表面电场效应。这种装置是由中间以绝缘层隔开的金属板和半导体衬底组成的,如图 8-3 所示。在金属板与半导体间加电压即可产生表面电场。即使对于这种简单结构,由于金属和半导体功函数的不同、绝缘层内可能存在带电离子及界面态等原因,情况也还是很复杂的。因此,先考虑理想情况,所谓理想情况,即假设在考虑的 MIS 结构中满足以下条件:

图 8-3 MIS 结构

(1) 金属板与半导体间功函数的差为零;
(2) 在绝缘层内没有任何电荷且绝缘层完全不导电;
(3) 绝缘层与半导体界面处不存在任何界面态。

以下将讨论在这种理想 MIS 结构的金属(金属板)与半导体间加某一电压而产生垂直于表面的电场时,半导体表面层内的电势及电荷分布情况。

8.2.1 空间电荷层及表面势

由于 MIS 结构实际上就是一个电容,因此当在金属与半导体之间加电压时,金属与半导体相对的两个面就要被充电。两者所带电荷的符号相反,电荷分布情况也很不同。在金属中,自由电子密度很大,电荷基本上分布在一个原子层的厚度范围之内;而在半导体中,由于自由载流子密度要低得多,电荷必须分布在一定厚度的表面层内,这个带电的表面层称作空间电荷区。在空间电荷区内,从表面到内部电场逐渐减弱,到空间电荷区的另一端,电场强度减小到零。另一方面,空间电荷区内的电势也要随距离逐渐变化,这样,半导体表面相对体内就产生电势差,同时能带也发生弯曲,如图 8-4 所示。常称空间电荷层两端的电势差为表面势,以 V_s 表示,规定表面电势比内部高时 V_s 取正值,反之 V_s 取负值。表面

图 8-4 空间电荷区内能带的弯曲

势及空间电荷区内电荷的分布情况随金属与半导体间所加的电压 V_G 而变化,基本上可归纳为堆积、耗尽和反型三种情况。对于 p 型半导体,三种情况如图 8-5 所示,以下分别加以说明。

1. 多数载流子堆积状态

当金属与半导体间加负电压(指金属接负)时,表面势为负值,表面处能带向上弯曲,如图 8-5(a)所示。在热平衡情况下,半导体内的费米能级应保持定值,故随着向表面接近,价带顶将逐渐移近甚至高过费米能级,同时价带中的空穴浓度也将随之增大,这样,表面层内就出现空穴的堆积而带正电荷。从图中还可看到,越接近表面,空穴浓度越高,这表明堆积的空穴分布在最靠近表面的薄层内。

2. 多数载流子耗尽状态

当金属与半导体间加正电压(指金属接正)时,表面势 V_s 为正值,表面处能带向下弯曲,如图 8-5(b)所示。这时越接近表面,费米能级离价带顶越远,价带中的空穴浓度越低。在靠近表面的一定区域内,价带顶位置比费米能级低得多,根据玻耳兹曼分布,表面处空穴浓度将较体内空穴浓度低得多,表面层的负电荷基本上等于电离受主杂质浓度。表面层的这种状态称作耗尽。

3. 少数载流子反型状态

当加于金属和半导体间的正电压进一步增大时,表面处能带相对于体内将进一步向下弯曲。这时如图 8-5(c)所示,表面处费米能级的位置可能高于禁带中央能量 E_i,也就是说,费米能级离导带底比离价带顶更近一些。这意味着表面处电子浓度将超过空穴浓度,即形成与原来半导体衬底导电类型相反的一层,称作反型层。从图 8-5(c)可看到,反型层发生在近表面处,反型层和半导体内部之间还夹着一层耗尽层。在这种情况下,半导体空间电荷层内的负电荷由两部分组成,一部分是耗尽层中已电离的受主负电荷,另一部分是反型层中的电子,后者主要堆积在近表面区。

图 8-5 由 p 型半导体构成的理想 MIS 结构在各种 V_G 下的表面势和空间电荷分布

对于 n 型半导体,不难证明,当金属与半导体间加正电压时,表面层内形成多数载流子电子的堆积;当金属与半导体间加不太高的负电压时,半导体表面层内形成耗尽层;当负电压进一步增大时,表面层内形成由少数载流子空穴堆积的反型层。

8.2.2 表面空间电荷层的电场、电势和电容

为了深入地分析表面空间电荷层的性质,可以通过解泊松方程定量地求出表面层中电场强度和电势的分布,取 x 轴垂直于表面并指向半导体内部,规定表面处为 x 轴原点。在表面空间电荷层中的电荷密度、场强和电势都是 x 的函数。因样品表面的线度远比空间电荷层厚度大,可以把表面近似地看成无限大的面,以上各量将不随 y、z 而变,所以可看成一维情况来处理。在这种情况下,空间电荷层中电势满足的泊松方程为

$$\frac{\mathrm{d}^2 V}{\mathrm{d} x^2} = -\frac{\rho(x)}{\varepsilon_{\mathrm{rs}} \varepsilon_0} \tag{8-15}$$

式中,$\varepsilon_{\mathrm{rs}}$ 为半导体的相对介电常数,$\rho(x)$ 为总的空间电荷密度,且由下式给出

$$\rho(x) = q(n_\mathrm{D}^+ - p_\mathrm{A}^- + p_\mathrm{p} - n_\mathrm{p}) \tag{8-16}$$

式中,n_D^+、p_A^- 分别表示电离施主和电离受主浓度;p_p 和 n_p 分别表示坐标 x 点的空穴浓度和电子浓度。若考虑在表面层中经典统计仍能适用的情况,则在电势为 V 的 x 点(取半导体内部电势为零),电子和空穴的浓度分别为

$$n_\mathrm{p} = n_\mathrm{p0} \exp\left(\frac{qV}{k_0 T}\right) \tag{8-17}$$

$$p_\mathrm{p} = p_\mathrm{p0} \exp\left(-\frac{qV}{k_0 T}\right) \tag{8-18}$$

式中,n_p0 和 p_p0 分别表示半导体体内的平衡电子和空穴浓度。在半导体内部,假定表面空间电荷层中的电离杂质浓度为一常数,且与体内的相等,则在半导体内部电中性条件成立,故有

$$\rho(x) = 0$$

即

$$n_\mathrm{D}^+ - p_\mathrm{A}^- = n_\mathrm{p0} - p_\mathrm{p0} \tag{8-19}$$

将式(8-16)~式(8-19)代入式(8-15),则得

$$\frac{\mathrm{d}^2 V}{\mathrm{d} x^2} = -\frac{q}{\varepsilon_{\mathrm{rs}} \varepsilon_0} \left\{ p_\mathrm{p0} \left[\exp\left(-\frac{qV}{k_0 T}\right) - 1 \right] - n_\mathrm{p0} \left[\exp\left(\frac{qV}{k_0 T}\right) - 1 \right] \right\} \tag{8-20}$$

上式两边乘以 $\mathrm{d}V$ 并积分,得到

$$\int_0^{\frac{\mathrm{d}V}{\mathrm{d}x}} \frac{\mathrm{d}V}{\mathrm{d}x} \mathrm{d}\left(\frac{\mathrm{d}V}{\mathrm{d}x}\right) = \frac{-q}{\varepsilon_{\mathrm{rs}} \varepsilon_0} \int_0^V \left\{ p_\mathrm{p0} \left[\exp\left(\frac{-qV}{k_0 T}\right) - 1 \right] - n_\mathrm{p0} \left[\exp\left(\frac{qV}{k_0 T}\right) - 1 \right] \right\} \mathrm{d}V \tag{8-21}$$

将上式两边积分,并考虑电场强度 $\mathscr{E} = -\mathrm{d}V/\mathrm{d}x$,则得

$$\mathscr{E}^2 = \left(\frac{2k_0 T}{q}\right)^2 \left(\frac{q^2 p_\mathrm{p0}}{2\varepsilon_{\mathrm{rs}} \varepsilon_0 k_0 T}\right) \left\{ \left[\exp\left(-\frac{qV}{k_0 T}\right) + \frac{qV}{k_0 T} - 1 \right] + \frac{n_\mathrm{p0}}{p_\mathrm{p0}} \left[\exp\left(\frac{qV}{k_0 T}\right) - \frac{qV}{k_0 T} - 1 \right] \right\} \tag{8-22}$$

令

$$L_\mathrm{D} = \left(\frac{\varepsilon_{\mathrm{rs}} \varepsilon_0 k_0 T}{q^2 p_\mathrm{p0}}\right)^{1/2} \tag{8-23}$$

$$F\left(\frac{qV}{k_0 T}, \frac{n_\mathrm{p0}}{p_\mathrm{p0}}\right) = \left\{ \left[\exp\left(-\frac{qV}{k_0 T}\right) + \frac{qV}{k_0 T} - 1 \right] + \frac{n_\mathrm{p0}}{p_\mathrm{p0}} \left[\exp\left(\frac{qV}{k_0 T}\right) - \frac{qV}{k_0 T} - 1 \right] \right\}^{1/2} \tag{8-24}$$

则

$$\mathscr{E} = \pm \frac{\sqrt{2} k_0 T}{q L_\mathrm{D}} F\left(\frac{qV}{k_0 T}, \frac{n_\mathrm{p0}}{p_\mathrm{p0}}\right) \tag{8-25}$$

式中,当 V 大于零时取"+"号,小于零时取"−"号,L_D 称作德拜长度。式(8-24)一般称为 F

函数，是表征半导体表面空间电荷层性质的一个重要参数。以后会看到，通过 F 函数可以方便地将表面空间电荷层的基本参数表达出来。

在表面处，$V=V_s$，由式(8-25)可得半导体表面处的电场强度为

$$\mathscr{E}_s = \pm \frac{\sqrt{2}k_0T}{qL_D} F\left(\frac{qV_s}{k_0T}, \frac{n_{p0}}{p_{p0}}\right) \tag{8-26}$$

根据高斯定理，表面的电荷面密度 Q_s 与表面处电场强度有以下关系

$$Q_s = -\varepsilon_{rs}\varepsilon_0 \mathscr{E}_s$$

上式中的负号是因为规定电场强度指向半导体内部时为正。将式(8-26)的 $\mathscr{E}_s$ 代入上式，则得

$$Q_s = \mp \frac{\sqrt{2}\varepsilon_{rs}\varepsilon_0 k_0T}{qL_D} F\left(\frac{qV_s}{k_0T}, \frac{n_{p0}}{p_{p0}}\right) \tag{8-27}$$

使用上式时必须注意，当金属电极为正，即 $V_s>0$ 时，Q_s 取负号；反之，Q_s 取正号。从式(8-18)还可看到，表面层存在电场时，载流子浓度也发生变化。在单位面积的表面层中空穴的改变量（与体内比较）为

$$\Delta p = \int_0^\infty (p_p - p_{p0})\mathrm{d}x = \int_0^\infty p_{p0}\left[\exp\left(\frac{-qV}{k_0T}\right) - 1\right]\mathrm{d}x \tag{8-28}$$

以 $\mathrm{d}x = -\mathrm{d}V/\mathscr{E}$ 代入上式，并考虑到 $x=0$ 时 $V=V_s$ 和 $x=\infty$ 时 $V=0$，则得

$$\Delta p = \frac{qp_{p0}L_D}{\sqrt{2}k_0T} \int_{V_s}^0 \frac{\exp\left(\frac{-qV}{k_0T}\right) - 1}{F\left(\frac{qV}{k_0T}, \frac{n_{p0}}{p_{p0}}\right)} \mathrm{d}V \tag{8-29}$$

同理可得

$$\Delta n = \frac{qn_{p0}L_D}{\sqrt{2}k_0T} \int_{V_s}^0 \frac{\exp\left(\frac{qV}{k_0T}\right) - 1}{F\left(\frac{qV}{k_0T}, \frac{n_{p0}}{p_{p0}}\right)} \mathrm{d}V \tag{8-30}$$

以上两式在计算表面层的电导时常会用到。根据式(8-27)，表面空间电荷层的电荷面密度 Q_s 随表面势 V_s 而变，这相当于一电容效应。微分电容可由 $C_s = \left|\frac{\partial Q_s}{\partial V_s}\right|$ 求得

$$C_s = \frac{\varepsilon_{rs}\varepsilon_0}{\sqrt{2}L_D} \frac{\left\{\left[-\exp\left(-\frac{qV_s}{k_0T}\right)+1\right] + \frac{n_{p0}}{p_{p0}}\left[\exp\left(\frac{qV_s}{k_0T}\right)-1\right]\right\}}{F\left(\frac{qV_s}{k_0T}, \frac{n_{p0}}{p_{p0}}\right)} \tag{8-31}$$

上式给出的是单位面积上的电容，单位为 F/m^2。以下应用上面得到的公式定量地分析各种表面层的状态。

1. 多数载流子堆积状态

现仍以 p 型半导体为例来说明。当外加电压 $V_G<0$ 时，表面势 V_s 及表面层内的电势 V 都是负值，对于足够大的 $|V|$ 和 $|V_s|$ 值，F 函数中 $\exp[qV/(k_0T)]$ 因子的值远比 $\exp[-qV/(k_0T)]$ 的值小。又因 p 型半导体中的比值 $n_{p0}/p_{p0} \ll 1$，这样，F 函数中只有含 $\exp[-qV/(k_0T)]$ 的项起主要作用，其他项都可略去，即得

$$F\left(\frac{qV_s}{k_0 T}, \frac{n_{p0}}{p_{p0}}\right) = \exp\left(-\frac{qV_s}{2k_0 T}\right) \tag{8-32}$$

将上式代入式(8-25)、式(8-27)和式(8-31)，则得

$$\mathscr{E}_s = -\frac{\sqrt{2}k_0 T}{qL_D}\exp\left(-\frac{qV_s}{2k_0 T}\right) \tag{8-33}$$

$$Q_s = \frac{\sqrt{2}\varepsilon_{rs}\varepsilon_0 k_0 T}{qL_D}\exp\left(-\frac{qV_s}{2k_0 T}\right) \tag{8-34}$$

$$C_s = \frac{\varepsilon_{rs}\varepsilon_0}{\sqrt{2}L_D}\exp\left(-\frac{qV_s}{2k_0 T}\right) \tag{8-35}$$

以上三式分别表示出在多数载流子堆积状态时，表面电场、表面电荷和空间电荷电容随表面势 V_s 变化的关系。由式(8-34)可知，这时表面电荷随表面势的绝对值 $|V_s|$ 的增大而按指数增长。这表明当表面势越负，能带在表面处向上弯曲得越厉害时，表面层的空穴浓度增大得越快。图8-6画出了表面层电荷面密度的绝对值 $|Q_s|$ 随表面势 V_s 变化的函数关系。从图中可看到，随着 V_s 向负值方向增大，$|Q_s|$ 值急剧地增大。

图 8-6 室温下，$N_A = 4 \times 10^{15}\text{cm}^{-3}$ 的 p 型硅中，$|Q_s|$ 与表面势 V_s 的函数关系

2. 平带状态

当外加电压 $V_G = 0$ 时，表面势 $V_s = 0$，表面处能带不发生弯曲，称作平带状态。这时，根据式(8-24)很易求得 $F[qV_s/(k_0 T), n_{p0}/p_{p0}] = 0$，从而 $\mathscr{E}_s = 0$，$Q_s = 0$。表面空间电荷层电容则不能直接以 $V_s = 0$ 代入式(8-31)得到，因给出的是不定值，而应由式(8-31)中使 V_s 趋近于零并求出其极限值得到。当 V_s 很小且接近于零时，$e^{qV/(k_0 T)}$ 及 $e^{-qV/(k_0 T)}$ 项的展开级数中取到二次项就足够了，即

$$\exp\left(\pm\frac{qV}{k_0 T}\right) = 1 \pm \frac{qV}{k_0 T} + \frac{\left(\frac{qV}{k_0 T}\right)^2}{2}$$

将上式代入式(8-31)，化简后得到

$$C_s = \frac{\varepsilon_{rs}\varepsilon_0}{L_D}\frac{\left[1 - \frac{qV_s}{2k_0 T} + \frac{n_{p0}}{p_{p0}}\left(1 + \frac{qV_s}{2k_0 T}\right)\right]}{\left(1 + \frac{n_{p0}}{p_{p0}}\right)^{1/2}}$$

接近平带状态时，V_s 趋于 0，则这时的电容为

$$C_{FBS}=\frac{\varepsilon_{rs}\varepsilon_0}{L_D}\left(1+\frac{n_{p0}}{p_{p0}}\right)^{1/2}$$

再考虑到 p 型半导体中 $n_{p0}\ll p_{p0}$，最后得

$$C_{FBS}=\frac{\varepsilon_{rs}\varepsilon_0}{L_D} \tag{8-36}$$

以后在计算 MIS 结构的平带电容时，就要利用这一结果。

3. 耗尽状态

当外加电压 V_G 为正但其大小还不足以使表面处禁带中央能量 E_i 弯曲到费米能级以下时，表面不会出现反型，空间电荷区处于空穴耗尽状态。因这时 V 和 V_s 都大于零，且 $n_{p0}/p_{p0}\ll 1$，F 函数中含 n_{p0}/p_{p0} 及 $e^{-qV/(k_0T)}$ 的项都可略去，故有

$$F\left(\frac{qV_s}{k_0T},\frac{n_{p0}}{p_{p0}}\right)=\left(\frac{qV_s}{k_0T}\right)^{1/2} \tag{8-37}$$

将式(8-37)代入式(8-26)及式(8-27)，得

$$\mathscr{E}_s=\frac{\sqrt{2}}{L_D}\left(\frac{k_0T}{q}\right)^{1/2}(V_s)^{1/2} \tag{8-38}$$

$$Q_s=-\frac{\sqrt{2}\varepsilon_{rs}\varepsilon_0}{L_D}\left(\frac{k_0T}{q}\right)^{1/2}(V_s)^{1/2} \tag{8-39}$$

可见，表面电场强度和表面电荷都正比于 $(V_s)^{1/2}$。这时若 $\mathscr{E}_s$ 为正值，则表示表面电场方向与 x 轴正向一致；Q_s 为负值，表示空间电荷是由电离受主杂质形成的负电荷。由图 8-6 可看到耗尽状态时 $|Q_s|$ 随 V_s 的变化情况。耗尽状态时表面空间电荷区的电容可从式(8-31)求得

$$C_s=\frac{\varepsilon_{rs}\varepsilon_0}{\sqrt{2}L_D}\frac{1}{\left(\frac{qV_s}{k_0T}\right)^{1/2}} \tag{8-40}$$

将式(8-23)的 L_D 代入式(8-40)，再考虑到电离饱和时 $p_{p0}=N_A$，则得

$$C_s=\left(\frac{N_Aq\varepsilon_{rs}\varepsilon_0}{2V_s}\right)^{1/2} \tag{8-41}$$

对于耗尽状态，也可以用"耗尽层近似"来处理[7]，即假设空间电荷层的空穴都已全部耗尽，电荷全由已电离的受主杂质构成。在这种情况下，若半导体掺杂是均匀的，则空间电荷层的电荷密度 $\rho(x)=-qN_A$，泊松方程化为

$$\frac{d^2V}{dx^2}=\frac{qN_A}{\varepsilon_{rs}\varepsilon_0}$$

设 x_d 为耗尽层宽度，因半导体内部的电场强度为零，由此得边界条件 $x=x_d$, $dV/dx=0$。对上式积分并应用上述边界条件，得

$$\frac{dV}{dx}=-\frac{qN_A}{\varepsilon_{rs}\varepsilon_0}(x_d-x)$$

设体内电势为零，即 $x=x_d$, $V=0$，再对上式积分，得

$$V=\frac{qN_A(x_d-x)^2}{2\varepsilon_{rs}\varepsilon_0} \tag{8-42}$$

上式中令 $x=0$，则得表面电势

$$V_s = \frac{qN_A x_d^2}{2\varepsilon_{rs}\varepsilon_0} \tag{8-43}$$

将式(8-43)代入式(8-41),得

$$C_s = \frac{\varepsilon_{rs}\varepsilon_0}{x_d} \tag{8-44}$$

式(8-44)表明 C_s 相当于一个距离为 x_d 的平板电容器的单位面积电容。这是因为当表面势 V_s 增大时,耗尽层随之加宽,Q_s 的增大主要由加宽的那部分耗尽层中的电离受主负电荷承担所致。又从耗尽层很易近似得出半导体空间电荷层中单位面积的电量为

$$Q_s = -qN_A x_d \tag{8-45}$$

与在式(8-39)中代入 L_D 值所得的结果相同。

4. 反型状态

前已说过,随着外加正电压 V_G 的增大,表面处禁带中央能值 E_i 可以下降到 E_F 以下,即出现反型层。反型状态可分为强反型和弱反型两种情况,以表面处少数载流子浓度 n_s 是否超过体内多数载流子浓度 p_{p0} 为标志来定。表面处少子浓度可从式(8-17)得到

$$n_s = n_{p0} \exp\left(\frac{qV_s}{k_0 T}\right) = \frac{n_i^2}{p_{p0}} \exp\left(\frac{qV_s}{k_0 T}\right)$$

当表面处少子浓度 $n_s = p_{p0}$ 时,上式化为

$$p_{p0}^2 = n_i^2 \exp\left(\frac{qV_s}{k_0 T}\right) \text{或} p_{p0} = n_i \exp\left(\frac{qV_s}{2k_0 T}\right)$$

另一方面,根据玻耳兹曼统计得

$$p_{p0} = n_i \exp\left(\frac{qV_B}{k_0 T}\right) \tag{8-46}$$

式中,$qV_B = E_i - E_F$ 是体内禁带中央能量 E_i 与费米能级 E_F 之差。比较上面两式,则得强反型的条件

$$V_s \geqslant 2V_B \tag{8-47}$$

$V_s = 2V_B$ 就是发生强反型的临界条件,图 8-7 表示这时表面层的能带弯曲情况。以 $p_{p0} = N_A$ 代入式(8-46),可得

$$V_B = \frac{k_0 T}{q} \ln\left(\frac{N_A}{n_i}\right)$$

则强反型条件也可写为

$$V_s \geqslant \frac{2k_0 T}{q} \ln\left(\frac{N_A}{n_i}\right) \tag{8-48}$$

图 8-7 强反型临界条件时的能带弯曲情况

从以上公式可看到,衬底杂质浓度越大,V_s 越大,越不易达到强反型。对应于表面势 $V_s = 2V_B$ 时,金属上加的电压习惯上称作开启电压,以 V_T 表示,即当 $V_s = 2V_B$ 时,$V_G = V_T$。

因为 $n_{p0} = n_i \exp[-qV_B/(k_0 T)]$,$p_{p0} = n_i \exp[qV_B/(k_0 T)]$,所以 $n_{p0}/p_{p0} = \exp[-2qV_B/(k_0 T)]$。临界强反型时,$V_s = 2V_B$,因而 $n_{p0}/p_{p0} = \exp[-qV_s/(k_0 T)]$。F 函数为

$$F\left(\frac{qV_s}{k_0 T}, \frac{n_{p0}}{p_{p0}}\right) = \left\{\frac{qV_s}{k_0 T}\left[1 - \exp\frac{-qV_s}{k_0 T}\right]\right\}^{1/2} \tag{8-49}$$

当 $qV_s \gg k_0 T$ 时，$\exp[-qV_s/(k_0 T)] \ll 1$，$F$ 函数为

$$F\left(\frac{qV_s}{k_0 T}, \frac{n_{p0}}{p_{p0}}\right) = \left(\frac{qV_s}{k_0 T}\right)^{1/2} \tag{8-50}$$

将式(8-50)代入式(8-26)及式(8-27)，得到临界强反型时的

$$\mathscr{E}_s = \frac{\sqrt{2} k_0 T}{qL_D}\left(\frac{qV_s}{k_0 T}\right)^{1/2} \tag{8-51}$$

$$Q_s = -\frac{\sqrt{2}\varepsilon_{rs}\varepsilon_0 k_0 T}{qL_D}\left(\frac{qV_s}{k_0 T}\right)^{1/2} = -(2\varepsilon_{rs}\varepsilon_0 q N_A V_s)^{1/2} = -(4\varepsilon_{rs}\varepsilon_0 q N_A V_B)^{1/2} \tag{8-52}$$

当 V_s 比 $2V_B$ 大得多时，$qV_s \gg k_0 T$，F 函数中的 $(n_{p0}/p_{p0})\exp[qV_s/(k_0 T)]$ 项随 qV_s 按指数关系增大，其值较其他各项都大得多，故可以略去其他项，得

$$F\left(\frac{qV_s}{k_0 T}, \frac{n_{p0}}{p_{p0}}\right) = \left(\frac{n_{p0}}{p_{p0}}\right)^{1/2} \exp\left(\frac{qV_s}{2k_0 T}\right) \tag{8-53}$$

将式(8-53)代入式(8-26)及式(8-27)，则得

$$\mathscr{E}_s = \frac{\sqrt{2} k_0 T}{qL_D}\left(\frac{n_{p0}}{p_{p0}}\right)^{1/2}\exp\left(\frac{qV_s}{2k_0 T}\right) = \left(n_s\frac{2k_0 T}{\varepsilon_{rs}\varepsilon_0}\right)^{1/2} \tag{8-54}$$

$$Q_s = -\frac{\sqrt{2}\varepsilon_{rs}\varepsilon_0 k_0 T}{qL_D}\left(\frac{n_{p0}}{p_{p0}}\right)^{1/2}\exp\left(\frac{qV_s}{2k_0 T}\right) = -(2k_0 T\varepsilon_{rs}\varepsilon_0 n_s)^{1/2} \tag{8-55}$$

由上式可看出强反型后 $|Q_s|$ 随 V_s 按指数规律增大。利用式(8-31)可以得到强反型后表面空间电荷层的电容为

$$C_s = \frac{\varepsilon_{rs}\varepsilon_0}{\sqrt{2} L_D}\left[\frac{n_{p0}}{p_{p0}}\exp\left(\frac{qV_s}{k_0 T}\right)\right]^{1/2} = \frac{\varepsilon_{rs}\varepsilon_0}{\sqrt{2} L_D}\left(\frac{n_s}{p_{p0}}\right)^{1/2} \tag{8-56}$$

上式表明 C_s 随表面电子浓度的增大而增大。

还应指出，一旦出现强反型，表面耗尽层宽度就达到一个极大值 x_{dm}，不再随外加电压的增大而增大，这是因为反型层中的积累电子屏蔽了外电场的作用。耗尽层宽度极大值 x_{dm} 可由式(8-43)及式(8-48)求得

$$x_{dm} = \left(\frac{4\varepsilon_{rs}\varepsilon_0 V_B}{qN_A}\right)^{1/2} = \left[\frac{4\varepsilon_{rs}\varepsilon_0 k_0 T}{q^2 N_A}\ln\left(\frac{N_A}{n_i}\right)\right]^{1/2} \tag{8-57}$$

式(8-57)表明，x_{dm} 由半导体材料的性质和掺杂浓度来确定。对一定的材料，掺杂浓度越大，x_{dm} 越小。对于一定的衬底杂质浓度 N_A，禁带越宽的材料，n_i 值越小，x_{dm} 越大。图 8-8 给出锗、硅、砷化镓三种材料的掺杂浓度与最大耗尽层宽度 x_{dm} 的关系，由图可看到，对于硅，在 $10^{14} \sim 10^{17}$ cm^{-3} 的掺杂浓度范围内，x_{dm} 在几微米到零点几微米间变动。但一般反型层要薄得多，通常为 $1 \sim 10$ nm。应注意表面耗尽层不同于 pn 结耗尽层的特征是，其厚度达到最大值 x_{dm} 后便基本不再增大。在出现强反型后，半导体单位面积上的电荷量 Q_s 是由两部分组成的，一部分是电离受主的负电荷 $Q_A = -qN_A x_{dm}$，另一部分 Q_n 是由反型层中的积累电子所形成的。

应当指出，当反型层的厚度小到与电子的德布罗意波长相比拟时，反型层中的电子将处于半导体内近界面处很窄的量子势阱中，由于量子化效应，电子在垂直于界面方向的运动发生量子化，对应的电子能量为不连续的，但电子在平行于界面方向的运动仍是自由的，与之对应的能量仍取连续值。于是电子的运动可看作平行于界面的准二维运动，称为二维电子气，简写为 2DEG，而量子势阱中电子的能量 E 包括 E_i 和 E_t 两部分，即 $E = E_i + E_t$，其中 $i = 0, 1, 2, \cdots$，E_i

图 8-8　锗、硅、砷化镓在强反型条件下 x_{dm} 与 N_{A}(或 N_{D})的关系

取一些分立的能值,与垂直于界面方向的电子运动相对应,E_{t} 取连续值,与平行于界面方向的电子运动相对应。在这种情况下,上述认为电子的能量取连续值并服从玻耳兹曼分布的处理方法将是不严格的,严格的处理方法应当是考虑量子化效应,同时求解量子力学方程和泊松方程,在本书 9.3 节中将有较详细的讨论。

5. 深耗尽状态

以上所讨论的都是空间电荷层的平衡状态,即假设金属与半导体间所加的电压 V_{G} 不变,或者变化速率很慢以致表面空间电荷层中的载流子浓度能跟上偏压 V_{G} 变化的状态。以下将讨论一种称为深耗尽的非平衡状态。以 p 型半导体为例,如在金属与半导体间加一脉冲阶跃或高频正弦波形成的正电压时,由于空间电荷层内的少数载流子的产生速率赶不上电压的变化,反型层来不及建立,只有靠耗尽层延伸向半导体内深处而产生大量受主负电荷以满足电中性条件。因此,这种情况时耗尽层的宽度很大,可远大于强反型的最大耗尽层宽度,且其宽度随电压 V_{G} 幅度的增大而增大,这种状态称为深耗尽状态。深耗尽状态是在实际中经常遇到的一种较重要的状态,例如,在用非平衡电容—电压法测量杂质浓度分布剖面,或用电容—时间法测量衬底中少数载流子寿命时,半导体表面就处于这种状态。此外,电荷耦合器件(CCD)和热载流子的雪崩注入也工作在表面深耗尽状态。

由于深耗尽状态是在加了快速增长的偏压 V_{G},使表面层达到耗尽而其中少数载流子还来不及产生而形成的,空间电荷层中只存在电离杂质所形成的空间电荷,故"耗尽层近似"仍适用于这种状态,因此前面导出的式(8-41)、式(8-42)、式(8-43)及式(8-45)对深耗尽状态仍可适用。另外,因深耗尽状态时空间电荷层中来不及产生少数载流子,故即使 $V_{\mathrm{s}} \geqslant 2V_{\mathrm{B}}$,也不产生反型层,因此,耗尽层宽度不存在极限值,耗尽层宽度按式(8-43)的关系随 V_{s} 或 V_{G} 变化,耗尽层电容将按式(8-41)随 V_{s} 或 V_{G} 的增大而减小。

以下讨论从深耗尽状态向平衡反型状态的过渡过程。仍以 p 型衬底为例,设在金属与半导体间加一大的陡变阶跃正电压,开始,表面层处于深耗尽状态。由于深耗尽下耗尽层中的少数载流子浓度近似为零,远低于其平衡浓度,因此产生率大于复合率,耗尽层内产生的电子—空穴对在层内电场的作用下,电子向表面运动而形成反型层,空穴向体内运动,到达耗尽层边缘与带负电荷的电离受主中和而使耗尽层减薄。因此,随着时间的推移,反型层中少数载流子的积累逐渐增加,而耗尽层宽度则逐渐减小,最后过渡到平衡的反型状态。在这一过程中,耗

尽层宽度从深耗尽状态开始时的最大值逐渐减小到强反型的最大耗尽层宽度 x_{dm}。从初始的深耗尽状态过渡到热平衡反型层状态所经历的时间用热弛豫时间 τ_{th} 表示,其值可估计如下。设初始的深耗尽层宽度为 x_{d0},耗尽层内少数载流子的净产生率为 G,并设 $x_{d0} \gg x_{dm}$,则有 $G\tau_{th} x_{d0} = N_A(x_{d0} - x_{dm}) \approx N_A x_{d0}$,其中 N_A 为受主杂质浓度。又根据式(6-41), $G = n_i/2\tau$,τ 为少数载流子有效寿命,则可得

$$\tau_{th} \approx \frac{2\tau N_A}{n_i}$$

一般情况下,τ 值为 $10^{-5} \sim 10^{-4}$ s,N_A/n_i 为 $10^5 \sim 10^6$,由此估计 τ_{th} 为 $10^0 \sim 10^2$ s。由此可见,反型层的建立并不是一个很快的过程。根据热弛豫时间,可以估计发生深耗尽的条件。此外在 CCD 器件中"电荷包"从开始的势阱传递到最后势阱也是在这段时间内完成的。

8.3 MIS 结构的 C-V 特性

前面已讲过,MIS 结构是由金属、绝缘层及半导体所组成的,如图 8-3 所示。由于这种结构是组成 MOS 晶体管等表面器件的基本部分,而其电容—电压特性又是用于研究半导体表面和界面的一种重要手段,因此有必要详细讨论。先讨论在理想 MIS 结构上加某一偏压,同时测量其小信号电容随外加偏压变化的电容—电压特性(以后称 C-V 特性),然后再考虑功函数差及绝缘层内电荷对其 C-V 特性的影响。

8.3.1 理想 MIS 结构的 C-V 特性[5,7]

在 MIS 结构的金属和半导体间加某一电压 V_G 后,电压 V_G 的一部分 V_0 降在绝缘层上,而另一部分降在半导体表面层中,形成表面势 V_s,即

$$V_G = V_0 + V_s \tag{8-58}$$

因是理想 MIS 结构,绝缘层内没有任何电荷,故绝缘层中的电场是均匀的,以 $\mathscr{E}_0$ 表示其电场强度,显然

$$V_0 = \mathscr{E}_0 d_0$$

式中,d_0 为绝缘层的厚度。又根据高斯定理,金属表面的面电荷密度 Q_M 等于绝缘层内的电位移,而后者等于 $\varepsilon_{r0}\varepsilon_0 \mathscr{E}_0$,则得

$$V_0 = \mathscr{E}_0 d_0 = \frac{Q_M d_0}{\varepsilon_{r0}\varepsilon_0}$$

式中,ε_{r0} 为绝缘层的相对介电常数。再考虑到 $Q_M = -Q_s$,上式化为

$$V_0 = -\frac{Q_s}{C_0} \tag{8-59}$$

式中,$C_0 = \varepsilon_{r0}\varepsilon_0/d_0$ 为绝缘层的单位面积电容。将式(8-59)代入式(8-58),则得到 V_G 与空间电荷区特征量的表示式

$$V_G = -\frac{Q_s}{C_0} + V_s \tag{8-60}$$

当电压改变 dV_G(dV_G 相当于另外加的小信号电压)时,Q_s 和表面势将分别改变 dQ_s 和 dV_s,将式(8-60)微分,得

第8章 半导体表面与MIS结构

$$dV_G = -\frac{dQ_s}{C_0} + dV_s \tag{8-61}$$

因 MIS 结构电容为

$$C = \frac{dQ_M}{dV_G} = -\frac{dQ_s}{dV_G}$$

将式(8-61)代入上式,可得

$$C = \frac{-dQ_s}{-\frac{dQ_s}{C_0} + dV_s} \tag{8-62}$$

式(8-62)中的分子和分母都除以 $-dQ_s$,并令

$$C_s = -\frac{dQ_s}{dV_s} = \left|\frac{dQ_s}{dV_s}\right| \tag{8-63}$$

则得

$$C = 1 \Big/ \left(\frac{1}{C_0} + \frac{1}{C_s}\right) \tag{8-64}$$

式(8-64)表明 MIS 结构电容相当于绝缘层电容和半导体空间电荷层电容的串联,由此可得 MIS 结构的等效电路,如图 8-9 所示。

现在根据式(8-64)和 8.2 节的结果,讨论理想 MIS 结构的 C-V 特性。

当偏压 V_G 为负值时,半导体表面处于堆积状态(仍考虑 p 型半导体),将这时表面空间电荷层的电容公式[式(8-35)]代入式(8-64),得到

$$\frac{C}{C_0} = \frac{1}{1 + \frac{\sqrt{2} C_0 L_D}{\varepsilon_{rs} \varepsilon_0} \exp\left(\frac{qV_s}{2k_0 T}\right)} \tag{8-65}$$

先考虑加较大的负偏压的情形。这时 V_s 为负值,且其绝对值较大,上式分母中的第二项趋近于零,故 $C/C_0=1$,即 $C=C_0$。这时 MIS 的电容不随电压 V_G 变化,如图 8-10 中的 AB 段所示。这是因为从半导体内部到表面可以认为是导通的,电荷聚集在绝缘层两边,所以 MIS 结构的总电容等于绝缘层的电容 C_0。当 V_G 绝对值较小时,$|V_s|$ 也很小,上式分母中的第二项变大,不能略去,这时 C/C_0 值随 $|V_s|$ 的减小而减小,如图 8-10 中的 BC 段所示。当 $V_G=0$ 时,对于理想 MIS 结构,表面势 $V_s=0$,表面层电容由式(8-36)表示,将其代入式(8-64),则得

$$\frac{(C)_{V_s=0}}{C_0} = \frac{C_{FB}}{C_0} = \frac{1}{1 + \frac{\varepsilon_{r0}}{\varepsilon_{rs}}\left(\frac{\varepsilon_{rs}\varepsilon_0 k_0 T}{q^2 N_A d_0^2}\right)^{1/2}} \tag{8-66}$$

图 8-9 MIS 结构的等效电路

图 8-10 MIS 结构的 C-V 特性曲线

以后在利用 C-V 特性测量表面参数时,常需要计算 C_{FB}/C_0 值,因此利用上式作出了一簇曲线以供查阅,如图 8-11 所示。由图 8-11 可看到,若绝缘层厚度一定,则 N_A 越大,C_{FB}/C_0 越大,这是因为表面空间电荷层随 N_A 的增大而变薄所致。另外,绝缘层厚度越大,C_0 越小,C_{FB}/C_0 也越大。

图 8-11 归一化平带电容与绝缘层厚度的关系

当金属与半导体间外加偏压 V_G 为正但不足以使半导体表面反型时,空间电荷区处于耗尽状态,其电容由式(8-41)表示。将该式代入式(8-64),则得

$$\frac{C}{C_0}=\frac{1}{1+\frac{\varepsilon_{r0}}{\varepsilon_{rs}d_0}\left(\frac{2\varepsilon_{rs}\varepsilon_0 V_s}{p_{p0}q}\right)^{1/2}} \tag{8-67}$$

式(8-67)表示的是 MIS 结构电容随表面势的变化情况。因 $V_G=V_0+V_s$,又 $V_0=-Q_s/C_0$,可得

$$V_s+V_0-V_G=V_s-\frac{Q_s}{C_0}-V_G=0$$

将式(8-39)代入上式,则得

$$V_s+\frac{(2\varepsilon_{rs}\varepsilon_0 p_{p0}q)^{1/2}d_0}{\varepsilon_{r0}\varepsilon_0}(V_s)^{1/2}-V_G=0$$

上式是 $(V_s)^{1/2}$ 的二次方程式,解之得

$$V_s^{1/2}=-\frac{(2\varepsilon_{rs}\varepsilon_0 p_{p0}q)^{1/2}d_0}{2\varepsilon_{r0}\varepsilon_0}+\frac{1}{2}\left(\frac{2\varepsilon_{rs} p_{p0}qd_0^2}{\varepsilon_{r0}^2\varepsilon_0}+4V_G\right)^{1/2}$$

将上式代入式(8-67),并令 $p_{p0}=N_A$,化简整理后得

$$\frac{C}{C_0}=\frac{1}{\left(1+\frac{2\varepsilon_{r0}^2\varepsilon_0 V_G}{\varepsilon_{rs}qN_Ad_0^2}\right)^{1/2}} \tag{8-68}$$

式(8-68)表示在耗尽状态时 C/C_0 随 V_G 的变化情况。从式(8-68)可看到,当 V_G 增大时,C/C_0 将减小。这是由于耗尽状态时表面空间电荷厚度 x_d 随偏压 V_G 的增大而增大,x_d 越大,则 C_s

越小，C/C_0 也越小。C/C_0 随 V_G 的变化情况如图 8-10 中的 CD 段所示。

当外加电压增大到使表面势 $V_s > 2V_B$ 时，由前面的讨论知道，这时耗尽层宽度保持在极大值 x_{dm}，表面处出现强反型层，表面空间电荷层的电容由式(8-56)表示。将该式代入式(8-64)，则得

$$\frac{C}{C_0} = \frac{1}{1 + \dfrac{\sqrt{2}\varepsilon_{r0}L_D}{\varepsilon_{rs}d_0\left[\dfrac{n_{p0}}{p_{p0}}\exp\left(\dfrac{qV_s}{k_0T}\right)\right]^{1/2}}} \tag{8-69}$$

式(8-69)表示在强反型情况下 C/C_0 随表面势变化的情况。可以看出，因强反型时 V_s 为正且数值较大，$qV_s > 2qV_B \gg k_0T$，上式分母中的第二项趋近于零，这时 $C/C_0 = 1$，即 MIS 的电容又上升到等于绝缘层的电容，如图 8-10 中的 EF 段所示。直观地理解该结果也是容易的，因强反型出现后，大量电子聚集在半导体表面处，绝缘层两边堆集着电荷，如同只有绝缘层电容 C_0 一样。但要注意，式(8-69)只适用于信号频率较低的情况。当信号频率较高时，反型层中电子的产生与复合将跟不上高频信号的变化，即反型层中电子的数量不能随高频信号而变。因此，在高频信号时，反型层中的电子对电容没有贡献，这时空间电荷区的电容仍由耗尽层的电荷变化决定。由于强反型出现时耗尽层宽度达到最大值 x_{dm}，不随偏压 V_G 变化，因此耗尽区贡献的电容将达极小值并保持不变，C/C_0 也将保持在最小值 C'_{min}/C_0 并且不随 V_G 而变，如图 8-10 中的 GH 段所示。C'_{min}/C_0 可由下面的考虑方法求得。设在某瞬间外加偏压稍稍增大，由于反型层中电子的产生与复合跟不上信号电压的变化，因此反型层中没有相应的电量变化，只能将更多的空穴推向深处，在耗尽层终段出现一个由电离受主构成的负电荷 $dQ_s = -dQ_G$。所以这时的 MIS 结构电容是绝缘层电容及与最大耗尽层厚度 x_{dm} 相对应的耗尽层电容的串联组合。因最大耗尽电容 C_s 等于 $\varepsilon_{rs}\varepsilon_0/x_{dm}$，$C_0$ 等于 $\varepsilon_{r0}\varepsilon_0/d_0$，将这些 C_s 和 C_0 值代入式(8-64)，得

$$\frac{C'_{min}}{C_0} = \frac{1}{\left(1 + \dfrac{\varepsilon_{r0}x_{dm}}{\varepsilon_{rs}d_0}\right)} \tag{8-70}$$

再将式(8-57)的 x_{dm} 值代入式(8-70)，则得

$$\frac{C'_{min}}{C_0} = \frac{1}{\left\{1 + \dfrac{2\varepsilon_{r0}}{q\varepsilon_{rs}d_0}\left[\dfrac{\varepsilon_{rs}\varepsilon_0 k_0 T}{N_A}\ln\left(\dfrac{N_A}{n_i}\right)\right]^{1/2}\right\}} \tag{8-71}$$

式(8-71)表明对同一种半导体材料，当温度一定时，C'_{min}/C_0 为绝缘层厚度 d_0 及衬底掺杂浓度 N_A 的函数。当 d_0 也一定时，N_A 越大，C'_{min}/C_0 值就越大。图 8-12 所示为这些关系，利用这些理论可以测定半导体表面的杂质浓度。由于用这种方法测得的是绝缘层下半导体表面层中的浓度，因此，对于热氧化引起硅表面的杂质再分布情形，用此法测量就显得更为优越。

根据以上讨论可得到，MIS 结构电容与频率有关。图 8-13 表示了在不同频率下电容—电压特性曲线的实验结果。由图看出，在开始强反型时，用低频信号测得的电容值接近绝缘层的电容 C_0，这与前面的讨论一致。温度和光照等因素可增大载流子的复合率和产生率，因此在一定信号频率下，这些因素也可引起 C-V 特性从高频型向低频型过渡。

以上讨论了 p 型半导体情形的 C-V 特性，对于 n 型半导体情形，容易证明，其电容—电压特性形状如图 8-14 所示，无须再叙述。

图 8-12 在高频条件下,理想 MIS 结构的归一化极小电容与绝缘层厚度的关系

图 8-13 测量频率对 MIS 结构 C-V 特性的影响

图 8-14 n 型半导体 MIS 结构的 C-V 特性

总结以上所述,对于理想 MIS 结构,当半导体材料及绝缘层材料都一定时,其 C-V 特性随半导体材料杂质浓度及绝缘层厚度 d_0 而变。可以应用上述理论公式算出或查图得出 C_{FB} 及 C'_{min},作出相应的 C-V 曲线,称为理论曲线,以此为参考就可研究半导体表面的情况,这在以后将说明。

8.3.2 金属与半导体功函数差对 MIS 结构 C-V 特性的影响[5]

以上讨论的是理想 MIS 结构的 C-V 特性,没有考虑金属和半导体功函数差及绝缘层中存在电荷等因素的影响。实际中这些因素对 MIS 结构的 C-V 特性往往会产生显著的影响。下面先讨论金属与半导体功函数差对 C-V 特性的影响。

为了具体起见,以铝—二氧化硅—硅的 MIS 结构为例来说明,并设半导体硅为 p 型的。将铝和 p 型硅连接起来,由于 p 型硅的功函数一般比铝大,因此电子将从金属流向半导体中,

所以在 p 型硅表面层内形成带负电的空间电荷层，而在金属表面产生正电荷。这些正电荷和负电荷在 SiO₂ 及 Si 表面层内产生指向半导体内部的电场，并使硅表面层内能带发生向下的弯曲；同时硅内部的费米能级相对于金属的费米能级向上弯曲，直到两者相等从而达到平衡，如图 8-15(a)所示。由图可以看出，半导体中电子的电势能相对于金属提高的数值为

$$qV_{ms} = W_s - W_m$$

式中，W_s 和 W_m 分别为半导体及金属的功函数。

上式可改写为

$$V_{ms} = \frac{W_s - W_m}{q} \tag{8-72}$$

图 8-15 金属—半导体功函数差对 MIS 结构中电势分布的影响

(a) $V_G = 0$ 情形　　(b) 平带情形

这表明由于金属和半导体功函数不同，虽然外加偏压为零，但半导体表面层并不处于平带状态。为了恢复平带状态，必须在金属铝与半导体硅间加一定的负电压，抵消由于两者功函数不同所引起的电场和能带弯曲。这个为了恢复平带状态所需的电压称为平带电压，以 V_{FB} 表示。不难看出

$$V_{FB} = -V_{ms} = \frac{W_m - W_s}{q} \tag{8-73}$$

由此得到原来理想 MIS 结构的平带点由 $V_G = 0$ 处移到了 $V_G = V_{FB}$ 处，也就是说，理想 MIS 结构的 C-V 特性曲线平行于电压轴平移了一段距离 V_{FB}。对于上述铝—二氧化硅—p 型硅的 MIS 结构，其 C-V 曲线应向左移动一段距离 $|V_{FB}|$，如图 8-16 所示。图中曲线(1)为理想 MIS 结构的 C-V 曲线，曲线(2)为金属与半导体有功函数差时的 C-V 曲线。从曲线(1)的 C_{FB}/C_0 处引与电压轴平行的直线，求出其与曲线(2)相交点在电压轴上的坐标，即得 V_{FB}。

图 8-16 功函数差对 C-V 特性曲线的影响

8.3.3　绝缘层中电荷对 MIS 结构 C-V 特性的影响[7]

一般在 MIS 结构的绝缘层内总是或多或少地存在着电荷的，其起因将在下节中详细讨论，这里主要讨论绝缘层中电荷对 MIS 结构 C-V 特性的影响。设绝缘层中有一薄层电荷，其单位面积上的电量为 Q，与金属表面的距离为 x。在无外加电压时，这薄层电荷将分别在金属表面和半导体表面层中感应出相反符号的电荷，如图 8-17 所示。由于存在这些电荷，在半导体空间电荷层内将有电场产生，能带发生弯曲。这就是说，虽然未加外电压，但绝缘层内电荷的作用也可使半导体表面层离开平带状态。为了恢复平带状态，同前一样，必须在金属板上加一定的偏压。例如，当 Q 是正电荷时，在金属与半导体表面层中将感应出负电荷，空间电荷层发生能带向下弯曲。若在金属板上加一逐渐增大的负电压，金属板上的负电荷将随之增大，由 Q 发出的电力线将更多地终止于金属表面，半导体表面层内的负电荷就会不断减少。如果外

加负电压增大到这样的程度,以致半导体表面层内的负电荷完全消失了,这时在半导体表面层内,由薄层电荷所产生的电场完全被金属表面负电荷产生的电场所抵消,表面层能带的弯曲也就完全消失,电场集中在金属表面与薄层电荷之间,如图 8-17(b)所示。显然 $V_{FB}=-\mathscr{E}x$,$\mathscr{E}$ 为金属与薄层电荷间的电场强度。又根据高斯定理,金属与薄层电荷之间的电位移 D 等于电荷面密度 Q,而 $D=\varepsilon_{r0}\varepsilon_0\mathscr{E}$,故有

$$Q=\varepsilon_{r0}\varepsilon_0\mathscr{E} \tag{8-74}$$

(a) $V_G=0$ 情形 (b) 平带情形

图 8-17 绝缘层中薄层电荷的影响

把式(8-74)代入 $V_{FB}=-\mathscr{E}x$,则得

$$V_{FB}=\frac{-xQ}{\varepsilon_{r0}\varepsilon_0} \tag{8-75}$$

又从绝缘层单位面积电容的公式可得 $\varepsilon_{r0}\varepsilon_0=C_0d_0$,将其代入式(8-75),得

$$V_{FB}=\frac{-xQ}{d_0C_0} \tag{8-76}$$

由式(8-76)可看出,当薄层电荷贴近半导体($x=d_0$)时,式(8-76)有最大值,即

$$V_{FB}=\frac{-Q}{C_0} \tag{8-77}$$

反之,当贴近金属表面($x=0$)时,$V_{FB}=0$。换句话说,绝缘层中的电荷越接近半导体表面,对 C-V 特性的影响越大;而位于金属与绝缘层界面处时,对 C-V 特性没有影响。如果在绝缘层中存在的不是一薄层电荷,而是某种体电荷分布,可以把它想象地分成无数层薄层电荷,由积分求出平带电压。设取坐标原点在金属与绝缘层的交界面处,并设在坐标 x 处的电荷密度为 $\rho(x)$,则在坐标为 x 与 $(x+dx)$ 间的薄层内,单位面积上的电荷为 $\rho(x)dx$。根据式(8-76),可得到为了抵消这薄层电荷的影响所需加的平带电压为

$$dV_{FB}=\frac{-x\rho(x)dx}{d_0C_0} \tag{8-78}$$

对式(8-78)积分,则得到为抵消整个绝缘层内电荷影响所需加的平带电压 V_{FB},即

$$V_{FB} = -\frac{1}{C_0}\int_0^{d_0} \frac{x\rho(x)}{d_0} dx \tag{8-79}$$

从以上讨论可看到,当 MIS 结构的绝缘层中存在电荷时,同样可引起其 C-V 曲线沿电压轴平移 V_{FB}。式(8-79)表示平带电压 V_{FB} 与绝缘层中电荷的关系,从中还可看到,V_{FB} 随绝缘层中电荷分布情况的改变而改变。因此,如果绝缘层中存在某种可动离子,它们在绝缘层中移动使电荷分布改变,因此 V_{FB} 将跟着改变,即引起 C-V 曲线沿电压轴平移。在实验中确实曾发现了这种现象,这将在下节中说明。

当功函数差及绝缘层中电荷两种因素都存在时,则

$$V_{FB} = -V_{ms} - \frac{1}{C_0}\int_0^{d_0} \frac{x\rho(x)}{d_0} dx \tag{8-80}$$

8.4 硅—二氧化硅系统的性质[7]

在用平面工艺制造的硅器件表面上一般都覆盖着一层二氧化硅薄膜。这层二氧化硅对硅表面起着保护作用,对器件稳定性的影响很大。因此,在过去,人们为解决硅器件的稳定性问题,对硅—二氧化硅系统的性质进行了相当广泛而深入的研究。实验发现,在硅—二氧化硅系统中存在着多种形式的电荷或能量状态,一般可归纳为以下 4 种基本类型(如图 8-18 所示)。

(1) 二氧化硅层中的可动离子。主要是带正电的钠离子,还有钾、氢等正离子,这些离子在一定温度和偏压条件下,可在二氧化硅层中迁移,对器件稳定性的影响最大。

(2) 二氧化硅层中的固定表面电荷。位于硅—二氧化硅界面附近 20nm 范围内,不能在二氧化硅中迁移。

(3) 快界面态。是指硅—二氧化硅界面处位于禁带中的能级或能带,它们可在很短的时间内和衬底半导体交换电荷,故又称快界面态。

图 8-18 硅—二氧化硅系统中的电荷和能量状态

(4) 二氧化硅层中的电离陷阱电荷。它们是由各种辐射(如 X 射线、γ 射线、电子射线等)引起的。

现分别对它们加以讨论。

8.4.1 二氧化硅层中的可动离子[8]

二氧化硅中的可动离子有钠、钾、氢等,其中最主要且对器件稳定性影响最大的是钠离子。钠离子来源于所使用的化学试剂、玻璃器皿、高温器材及人体沾污等。钠离子易于在二氧化硅中迁移,可通过二氧化硅的结构及钠离子在其中的迁移性质来说明。

用热氧化或化学气相淀积法在硅表面生长的二氧化硅薄膜呈无定形玻璃状结构,是一种近程有序的网络状结构,这种网络状结构的基本单元是一个由硅氧原子组成的四面体,硅原子

居于中心,氧原子位于 4 个角顶。两个相邻的四面体通过一个桥键的氧原子连接起来构成网络状结构,如图 8-19 所示。外来杂质主要有两种类型:一是替位式杂质,它们常以替位的形式居于四面体的中心,如磷、硼等;另一种是间隙式杂质,它们存在于网络间隙之中,如钠、钾等大离子,它们可使网络状结构变形,这种钠离子存在于四面体之间,它们易于摄取四面体中的一个桥键氧原子,形成一个金属氧化物键而将一桥键氧原子转化成一非桥键氧原子,这样就削弱或破坏了网络状结构使二氧化硅呈现多孔性,从而导致杂质原子易于在其中迁移或扩散。一般杂质在二氧化硅中扩散时的扩散系数具有以下形式

$$D_0 = D_\infty \exp\left(-\frac{E_a}{k_0 T}\right) \tag{8-81}$$

式中,E_a 为扩散杂质的激活能。硼和磷在二氧化硅中的 D_∞ 值分别为 $3\times10^{-6}\,\mathrm{cm^2/s}$ 和 $1.0\times10^{-8}\,\mathrm{cm^2/s}$,而钠则为 $5.0\,\mathrm{cm^2/s}$,由此可见,钠的扩散系数远大于其他杂质。根据爱因斯坦关系,扩散系数与迁移率成正比,故钠离子在二氧化硅中的迁移率也特别大。当温度达到 100℃以上时,钠离子就可在电场作用下以较大的迁移率发生漂移运动。

钠离子的漂移可引起二氧化硅层中电荷分布的变化,根据式(8-79),这将引起 MIS 结构的 C-V 特性曲线沿电压轴发生漂移,漂移量的大小和钠离子的数量及其在二氧化硅层中的分布情况有关。例如,在被钠离子沾污的并由铝—二氧化硅—硅组成的 MIS 结构中,人们发现其 C-V 特性曲线有如图 8-20 所示的变化。图中曲线 1 为原始 C-V 特性曲线;曲线 2 是加正 10V 偏压在 127℃下退火 30min 后测得的 C-V 特性曲线;曲线 3 是加负 10V 偏压在同样温度下退火 30min 后所得的 C-V 特性曲线。其原因可从图说明。在初始情况时,钠离子聚集在铝与二氧化硅间,对 C-V 特性没有影响,C-V 特性如图 8-20 中的曲线 1 所示。经过加正 10V 偏压在 127℃下退火后,钠离子移到靠近半导体表面处,对 C-V 特性的影响最大,故使 C-V 曲线向左移动到图 8-20 的曲线 2 处。再经加负 10V 偏压在 127℃下的退火后,钠离子又移到靠近铝和二氧化硅交界处,但在二氧化硅中保留了一些残余的钠离子,因此其 C-V 特性不能完全恢复到初始情形,而只是部分地被恢复,如图 8-20 中的曲线 3 所示。以上实验一般称为温度—偏压实验,简称 B-T 实

图 8-19 二氧化硅的网络状结构
1—硅四面体中心;2—填隙式正离子;
3—桥键氧;4—非桥键氧

图 8-20 由钠离子沾污引起
C-V 特性的移动

验。利用这种方法可以测量 MIS 工艺中钠离子沾污的程度，并可检查各种降低钠离子沾污措施的效果，其方法如下。求出图 8-20 中的曲线 1 及曲线 2 平带电压之差 ΔV_{FB}，然后由下式就可算出二氧化硅中每单位面积上的钠离子电荷量，即

$$Q_{Na} = C_0 \Delta V_{FB} \tag{8-82}$$

式中，C_0 为单位面积二氧化硅层的电容。因此可算得每单位面积的钠离子数为

$$N_{Na} = \frac{Q_{Na}}{q} \tag{8-83}$$

8.4.2 二氧化硅层中的固定表面电荷[7]

在硅—二氧化硅系统中，当通过种种措施防止和消除了可动离子的沾污后，仍然发现存在着大量正电荷。在实验上对这种电荷的性质曾进行了广泛的研究，发现具有以下特征。

（1）这种电荷的面密度是固定的。当半导体的表面势 V_s 在一个很宽的范围内变化时，它不随能带的弯曲而变化，换句话说，这种电荷不能进行充放电，故称之为固定表面电荷，其密度用 Q_{fc} 表示。

（2）它位于硅—二氧化硅界面的 20nm 范围以内。

（3）Q_{fc} 值不明显地受氧化层厚度或硅中杂质类型及浓度的影响。

（4）Q_{fc} 与氧化和退火条件，以及硅晶体的取向有很显著的关系。关于晶体取向的影响可大体归纳如下：在一定的氧化条件下，对于晶体取向分别为[111]、[110]和[100]三个方向的硅表面，其硅—二氧化硅结构中的固定表面电荷密度 Q_{fc} 之比约为 3∶2∶1。这一结果可帮助分析固定表面电荷的起因。在上述三种取向中，(111)面的硅键密度最大，(100)面则最小，与上述顺序相同。由此推测固定电荷可能与硅—二氧化硅界面的存在有关，目前比较一致的看法是，认为在硅和二氧化硅界面附近存在的过剩硅离子是固定表面正电荷产生的原因。这一结论还可从另一些实验得到证实。例如，有的实验将 MIS 结构加上负栅偏压进行热处理，发现当处理温度高到一定温度（如 350℃）时，经过一定时间后，固定表面电荷的值可以增大，并最终稳定在一个数值。这是由于在较高温度下，硅离子可在二氧化硅中缓慢移动，在负栅偏压的电场作用下，带正电的硅离子从硅—二氧化硅界面处移向二氧化硅层内，使其中的过剩硅离子密度增大，从而引起固定表面电荷密度的增大。近几年内，曾有人将氧离子注入硅—二氧化硅系统的界面处，再在 450℃ 温度下进行热处理，发现固定表面电荷密度确有降低。这也从实验上证明了过剩硅离子产生固定表面电荷模型的正确性。

固定表面电荷的存在也会引起 MIS 结构的 C-V 特性曲线发生变化。由于固定表面电荷带正电，因此引起半导体表面层中的能带向下弯曲。要恢复平带情况，必须在金属与半导体间加一负电压，即平带点应沿电压轴向负方向移动一段距离。前面说过，固定表面电荷分布在硅—二氧化硅界面附近 20nm 以内，如果氧化层厚度比 20nm 大得多，可以近似地认为这个电荷就分布在界面处，故平带电压

$$V_{FB} = -\frac{Q_{fc}}{C_0} \tag{8-84}$$

再加之金属和半导体功函数差的影响，则得平带电压

$$V_{FB} = -V_{ms} - \frac{Q_{fc}}{C_0} \tag{8-85}$$

将 $C_0=\varepsilon_{r0}\varepsilon_0/d_0$ 代入式(8-85)得到

$$Q_{fc}=-\frac{\varepsilon_{r0}\varepsilon_0}{d_0}(V_{FB}+V_{ms}) \tag{8-86}$$

若以 N_{fc} 表示单位面积的固定电荷数目,则

$$N_{fc}=\frac{Q_{fc}}{q}=-\frac{\varepsilon_{r0}\varepsilon_0}{qd_0}(V_{FB}+V_{ms}) \tag{8-87}$$

将从实验测得 MIS 结构的 C-V 特性曲线与理论曲线进行比较,可求得平带电压 V_{FB}(见图 8-21),然后代入上式,即可求出固定表面电荷密度。

图 8-21 固定电荷引起 C-V 特性曲线对理论曲线的偏移

8.4.3 在硅—二氧化硅界面处的快界面态[5]

所谓快界面态,是指存在于硅—二氧化硅界面处而能值位于硅禁带中的一些分立的或连续的电子能态(能级)。之所以称为快界面态,是为了和由吸附于二氧化硅外表面的分子、原子等所引起的外表面态加以区别。外表面态位于空气和氧化物的界面上,当它们和半导体交换电荷时,电子必须穿过绝缘的氧化层,因此需要较长的时间才能进行电荷交换,所以,这种外表面态又称作"慢态"。位于硅和二氧化硅界面处的界面态,由于可以迅速地和半导体导带或价带交换电荷,因此称为"快界面态"。

界面态一般也分为施主和受主两种。不论能级在禁带中的位置如何,若能级被电子占据时呈电中性,释放电子后呈正电性,则都称为施主界面态;若能级空着时为电中性状态,而接受电子后带负电,则称为受主界面态。和体内施主杂质能级一样,电子占据施主界面态的分布函数为

$$f_{sD}(E_{sD})=\frac{1}{1+\frac{1}{g}\exp\left(\frac{E_{sD}-E_F}{k_0T}\right)} \tag{8-88}$$

式中,E_{sD} 为施主界面态的能值,g 为基态简并度,其值为 2。若界面具有同一能值 E_{sD},而单位面积上的界面态数目为 N_s,则单位面积界面态上的电子数为

$$n(E_{sD})=N_s\left[\frac{1}{1+\frac{1}{2}\exp\left(\frac{E_{sD}-E_F}{k_0T}\right)}\right] \tag{8-89}$$

若界面态能级在禁带中连续地分布,并设在能值 E 处单位能量间隔内单位面积上的界面态数目为 $N_{ss}(E)$,则单位面积界面态上的电子数可以表示为

$$n=\int_{E_{sD}}^{E'_{sD}}\frac{N_{ss}(E)dE}{1+\frac{1}{2}\exp\left(\frac{E-E_F}{k_0T}\right)} \tag{8-90}$$

式中,E_{sD} 和 E'_{sD} 分别为施主界面态在禁带中分布的下限与上限。对于受主界面态,分布函数为

$$f_{sA}(E_{sA})=\frac{1}{1+\frac{1}{g}\exp\left(\frac{E_F-E_{sA}}{k_0T}\right)} \tag{8-91}$$

式中，E_{sA}为受主界面态的能值，g为基态简并度，其值为4。在受主界面态中的空穴数可用类似上面的方法计算。

当由于某些原因使半导体的费米能级E_F相对于界面态能级的位置变化时，界面态上电子填充的概率将随之变化，因而界面态电荷也发生变化，对此，可以用外加偏压V_G变化的情形来说明。当外加偏压V_G变化时，由于能带弯曲程度随之变化，引起了费米能级E_F相对于界面态能级的位置发生变化。现在以p型硅为例来分析以下两种不同情形下界面态电荷的变化情况。当外加偏压V_G为负时，表面层能带向上弯曲，表面处的施主界面态和受主界面态能级相对于费米能级E_F向上移动，如图8-22(a)所示。当靠近价带的施主态的位置移动到E_F以上时，大部分施主态未被电子占据，按照施主态的性质，这将显示正电性，因此出现正的界面态附加正电荷。这个附加正电荷将补偿部分金属电极上负电荷的作用，削弱表面层中能带的弯曲及空穴的堆积。反之，当外加偏压V_G为正时，表面处能带向下弯曲，界面态能级相对于E_F向下移，如图8-22(b)所示。当靠近导带的受主态向下移至E_F处时，由于电子占据受主界面态，表面出现负的界面态附加电荷，其效果也是削弱能带弯曲的程度和表面层中的负电荷。从以上分析中可看到，当外加偏压V_G变化时，界面态中的电荷随之改变，即界面态发生充放电效应。除外加偏压V_G的变化外，温度的变化也可引起界面态电荷的变化。

图 8-22 加不同V_G时界面态的电子填充情况

许多人曾用不同的方法测量了硅—二氧化硅系统的界面态在禁带中的分布。早期测量的结果认为分布在禁带中的界面态能级有两个高密度的峰：一个峰靠近导带底，为受主态；另一个靠近价带顶，为施主态。但进一步的研究发现上述结果是不可靠的，大多数的测量结果认为界面态密度在禁带中呈"U"形连续分布，在禁带中部的界面态密度较低，在靠近导带底E_c和价带顶E_v处，界面态密度迅速增大，不再下降。一个典型的测量结果如图8-23所示[9]。

界面态密度也随晶体取向而变。对于硅晶体，界面态密度也是按(111)晶面大于(110)晶面、(110)晶面大于(100)晶面的顺序而变的。故在制造MIS器件时，为了减小固定表面电荷和界面态的影响，常常选用[100]晶向硅单晶。

下面讨论界面态的起源。前面已指出，理想"洁净"表面的表面态密度约为10^{15} cm^{-2}，但是硅—二氧化硅系统的界面态密度要较之低几个数量级。这是因为硅表面附着了氧化膜后，硅表面的悬挂键大部分为氧所饱和，以致表面态密度大大减小。可以想象，若将硅(100)面与(110)面和(111)面比较，在表面上生长二氧化硅后，由于(100)面留下的未被氧饱和的键密度最小，因此其界面态密度最小。

除未饱和的悬挂键外，硅表面的晶格缺陷和损伤及界面处杂质等也可引入界面态，而且在

图 8-23 硅—二氧化硅系统的界面态密度分布

某些情况下(如硅表面抛光不好等)其影响相当显著,切不可忽视。

退火可以有效地降低界面态密度。实验发现,使硅—二氧化硅系统在含氢的气氛中进行退火(退火温度取 400~450℃),可降低界面态密度。这是由于氢进入界面处和硅组成稳定的 H—Si 共价键,使悬挂键更多地饱和。控制适当的条件,在高温下的惰性气体中进行退火,也可有效地降低界面态密度。

8.4.4 二氧化硅层中的电离陷阱电荷[7]

在硅—二氧化硅界面附近还常常存在一些载流子陷阱,因辐照等原因,可在其中感应出空间电荷,这可用如下的模型来说明。

当 X 射线、γ 射线、电子射线等能产生电离的辐射线通过氧化层,可在二氧化硅中产生电子—空穴时,如果氧化物中没有电场,电子和空穴将复合,不会产生净电荷。但如果氧化层中存在电场,例如,存在由正栅压引起的电场,由于电子在二氧化硅中可以移动,因此将被拉向栅极,而空穴由于在二氧化硅中很难移动,可能陷入陷阱中。这些被陷阱捕获的空穴就表现为正的空间电荷。辐照感应的空间电荷通过在 300℃ 以上进行退火可很快地被消去。

8.5 表面电导及迁移率

8.5.1 表面电导[1]

本节讨论在半导体表面层内沿平行于表面方向的电导问题。不难理解,表面电导的大小应取决于表面层内载流子的数量及其迁移率。载流子数量及迁移率越大,表面电导也越大。如果在半导体层内存在电场而形成表面势 V_s 时,根据 8.2 节的结果,表面层内载流子的数量将随表面势 V_s 的大小而改变,从而表面电导也随之改变。这就是说,垂直于表面方向的电场对表面电导起着控制作用,MOS 场效应管正是利用这种效应而制成的。

现在考虑表面电导随表面势 V_s 的变化。在 8.2 节中曾得到,由于表面电场的作用,在单位面积的表面层中引起的附加空穴数 Δp 和附加电子数 Δn 分别由式(8-29)及式(8-30)给出,其值由表面势 V_s 等决定。如果 μ_{ps} 和 μ_{ns} 分别表示表面层中空穴和电子的有效迁移率,则随着 Δp 和 Δn 的产生,在表面层内引起的薄层附加电导为

$$\Delta\sigma_{\square} = q(\mu_{ps}\Delta p + \mu_{ns}\Delta n) \tag{8-92}$$

在以后的讨论中，表面电导都指方形表面薄层的电导，为了以示区别，在右下角加一方块"□"。上式中的薄层附加电导是相对于平带情况而言的，若以 $\sigma_\square(0)$ 表示表面处于平带状态时的薄层电导，则半导体表面层中的总薄层表面电导为

$$\sigma_\square(V_s) = \sigma_\square(0) + q(\mu_{ps}\Delta p + \mu_{ns}\Delta n) \tag{8-93}$$

现仍以 p 型半导体情况为例分析表面电导随表面势 V_s 变化的情况。当表面势为负时，表面层内形成多数载流子空穴的积累，使表面电导增大，故 $\sigma_\square(V_s) > \sigma_\square(0)$，且随 $|V_s|$ 值的增大而增大。当 V_s 为正值且其值足够大致使表面开始形成反型层时，因反型层中出现少数载流子电子，而其数量又随 V_s 的增大而增大，故表面电导亦随 V_s 而增大。当 V_s 为正值而数值较小时，表面处于耗尽状态，因此表面电导较小，并有一表面电导极小值存在于这个区内。

半导体的表面电导也随周围环境变化，这可从下述实验中看到。实验中使用电阻率为 $20\Omega \cdot cm$ 的 n 型锗样品。对这样的电阻率，样品的体电阻可以略去，这便于求得表面电导。实验时先把样品放在 $1.33 \times 10^{-7} Pa$ 以上的高真空中，使样品经氩离子轰击并加热退火以获得"洁净"表面；然后保持样品在真空室内，并观察样品的表面电导随真空内氧气压变化的情况。实验的结果如图 8-24 所示，从图中可看到，在氧气压较低的一段，表面电导保持定值；当氧气压增大到 $1.33 \times 10^{-5} Pa$ 时，表面电导开始随氧气压的增大而增大，到 $1.33 \times 10^{-4} Pa$ 时达到极大值；以后，表面电导又随氧气压的增大而减小，这可从表面态电荷的变化来说明。受悬挂键的影响，n 型锗"洁净"表面上可出现负的表面态电荷，同时在表面处形成 p 型反型层。这种情况保持不变直至氧气压增大到 $1.33 \times 10^{-5} Pa$。当氧气压继续增大时，由于氧被锗表面吸附而使表面态电荷增加，p 型反型层的空穴数亦随之增大，到 $1.33 \times 10^{-4} Pa$ 时达到极大值。以后，表面态电荷随氧气压的增大而减小，到氧气压为 $1.33 \times 10^{-2} Pa$ 以上时，表面态电荷几乎可以略去不计。

图 8-24　表面电导随氧气压的变化

8.5.2　表面载流子的有效迁移率

载流子的有效迁移率是指其在表面层中的平均迁移率，现以电子为例来说明。设在离表面距离为 x 处电子的浓度和迁移率分别为 $n(x)$ 及 $\mu_n(x)$，则该处的电导率为

$$\sigma(x) = qn(x)\mu_n(x)$$

由表面层电子贡献的表面电导应为

$$\int qn(x)\mu_n(x)dx$$

将上式除以表面层内电子形成的单位面积电荷 Q_n 的绝对值,则得电子的有效迁移率为

$$\mu_{ns} = \frac{\int qn(x)\mu_n(x)dx}{|Q_n|} \tag{8-94}$$

格罗夫(A. S. Grove)等人研究了半导体硅表面反型层中电子和空穴的有效迁移率与表面电荷密度 Q_s 的关系。实验发现,在 $10^{12} cm^{-2}$ 以下的 $|Q_s/q|$ 值范围内,电子和空穴的有效迁移率都保持常值不变。在 $|Q_s/q|$ 超过 $10^{12} cm^{-2}$ 后,它们随 $|Q_s/q|$ 值的增大而减小,如图 8-25 所示。从实验结果可看到,表面迁移率的数值比相应的体内迁移率约低一半,这主要是因为表面散射的影响,此外还有热氧化时杂质再分布的影响。关于表面层载流子的散射情况,人们假设有镜反射和漫散射两种。镜反射就是指沿表面方向的动量不发生变化的散射过程,漫散射是指散乱的表面散射过程。实验结果表明,载流子实际在表面上发生镜反射,漫散射只在大的表面电场作用下才有显著的影响。有些人对于表面迁移率做过计算,但由理论所得的公式与实验结果出入较大,这里将不举出。

(a) 电子的有效迁移率与表面电荷的关系　　(b) 空穴的有效迁移率与表面电荷的关系

图 8-25　电子和空穴的有效迁移率与表面电荷的关系

实验还研究了有效迁移率与温度的关系,发现在较高的温度下,反型层中电子和空穴的有效迁移率与温度为 $T^{-3/2}$ 的关系,这表明在表面存在与晶格散射相类似的散射机构。

*8.6　表面电场对 pn 结特性的影响[7]

本节将讨论表面电场对 pn 结特性的影响。因 pn 结在加外电压时为非平衡情况,故与 8.2 节不同,这里考虑的是非平衡情况下表面空间电荷区的特性,这个问题对于研究表面对器件性能的影响有实际的意义。

*8.6.1　表面电场作用下 pn 结的能带图

为了研究表面电场对 pn 结的作用,使用图 8-26(a)所示的栅控二极管。图中的结构是,首先在 p 型半导体衬底上局部掺 n 型杂质以形成 pn 结,然后在 p 区和 n 区分别附以电极,同时在表面 pn 区氧化膜上形成金属栅极。将外加电压符号做适当改变,下面的讨论对 n 型衬底二极管同样成立。在这一讨论中,所有外加电压情形都是以衬底接地。为简单起见,设 n 区掺杂比衬底掺杂重得多,并假定半导体表面没有任何表面态,且金属栅与半导体间也无功函数差。从图中可以看到,在方框所包的区域里,pn 结除受结电压的作用外,还受栅电压引起的表

面电场的作用。在图 8-26(b)中把这个区域表示成更理想化的形式。

理想结及其在热平衡条件(即无外加结电压时)下的能带图表示在图 8-27 中。在能带图中,导带底和价带顶表示成 x 和 y 的函数,这两个方向和图 8-26 中的坐标轴相对应。不加表面电场时,能带在 x 方向没有变化,只在 y 方向有变化,这是由 n 区和 p 区之间的自建电压引起的。在栅上加电压 V_G 后,如果 pn 结上仍不加电压,这时栅控二极管将仍处于平衡情况,因而半导体中费米能级各处相等。在栅电压的表面电场作用下,栅下面的 p 区表面层将发生耗尽和反型,以 V_T 表示使栅下面 p 区表面处开始发生强反型所需的栅电压,习惯上称这个电压为开启电压。由图中可看到,当 p 区表面反型时,在 n 型反型层及其下面的 p 型硅之间也形成了 pn 结,称这个结为场感应结。当栅电压 V_G 大于 V_T 时,p 区表面处因反型而产生电子积累,表面处的导带底应下降到靠近费米能级。这表示从 p 区内部到表面发生了能带向下弯曲,能带图成为图 8-27(b)所示的那样。根据平衡情况空间电荷区理论,在表面开始强反型后,耗尽区宽度达到最大值 x_{dm},并且不再随 V_G 的增大而增大,这时表面势 V_s 可近似地表示为 $V_s = 2V_B$。

图 8-26 栅控二极管结构

图 8-27 无表面电场影响的 pn 结
(a) 没有表面电场
(b) 反型

现在讨论非平衡情况,即在 pn 结上加电压时的情况,着重考虑在 pn 结上加反向偏压的情况。令 $V_T(V_R)$ 表示当 pn 结上有偏压 V_R 时,使 p 区表面反型所必需的栅电压。这个电压比零偏结的开启电压 V_T 要大,这是因为外加反向偏压降低了电子的准费米能级,因此,即使表面处能带弯曲得像图 8-27(b)表面平衡情形那样低,导带仍不能足够接近电子的准费米能级而引起反型。当栅电压 V_G 小于 $V_T(V_R)$,即其大小还不足以使 p 区表面反型时,表面只发生耗尽,能带图如图 8-28(b)所示。图 8-28(c)表示栅电压 V_G 大于 $V_T(V_R)$,在 p 区表面形成反型层时的能带图。因形成的表面反型层是一个高电导区,并与 n 区连通,其电势应和 n 区几乎相等,故反型层表面处的导带底位置如图中那样和 n 区导带底接近。又因为 p 区内部导带底位置较 n 区导带底高 $q(V_R + V_D)$,且 V_D 近似等于 $2V_B$,故开始发生强反型时的表面势 V_s 可以近似表示为

$$V_s = V_R + 2V_B \tag{8-95}$$

和平衡情况一样,在表面反型后,由于反型层中的积累电子具有屏蔽作用,因此耗尽区宽度达到最大值 x_{dm}。但是这个宽度是反偏压 V_R 的函数,实际上,它是在 n 型反型层和其下的 p 区之间形成的场感应结的反偏耗尽区宽度。

表面空间电荷区的特性仍可以用耗尽层近似方法导出。将 $\rho(x) = -N_A q$ 代入下面的泊

(a) 没有表面电场　　(b) 耗尽　　(c) 反型

图 8-28　有表面电场影响的 pn 结

松方程

$$\frac{\mathrm{d}^2 V}{\mathrm{d}x^2} = -\frac{\rho(x)}{\varepsilon_{rs}\varepsilon_0} \tag{8-96}$$

再对 x 积分,并应用边界条件 $x=x_d, \mathrm{d}V/\mathrm{d}x=0$,得到

$$\frac{\mathrm{d}V}{\mathrm{d}x} = -\frac{qN_A}{\varepsilon_{rs}\varepsilon_0}(x_d - x) \tag{8-97}$$

设体内电势为零,即 $x=x_d, V=0$,再对上式积分,则得

$$V(x) = V_s\left(1 - \frac{x}{x_d}\right)^2 \tag{8-98}$$

式中

$$V_s = \frac{qN_A}{2\varepsilon_{rs}\varepsilon_0}x_d^2 \tag{8-99}$$

以上是考虑强反型开始前的情形,在强反型开始后,x_d 达到最大值,不再随栅电压的增大而增大。因反型层很薄,可以认为表面势主要发生在反型层下的耗尽层中,故用求 pn$^+$ 结耗尽层宽度的公式,可得 x_d 的最大值为

$$x_{dm} = \sqrt{\frac{2\varepsilon_{rs}\varepsilon_0(V_R + 2V_B)}{qN_A}} \tag{8-100}$$

在表面反型前,根据耗尽假设,表面层中电荷主要是电离受主的负电荷,故单位面积的电荷是

$$Q_s = -qN_A x_d \tag{8-101}$$

而强反型开始后,则

$$Q_s = Q_n + Q_B \tag{8-102}$$

式中

$$Q_B = -qN_A x_{dm} \tag{8-103}$$

Q_n 为反型层中电子积累贡献的电荷面密度。

★8.6.2　表面电场作用下 pn 结的反向电流

在第 6 章关于 pn 结的讨论中曾经得出,在硅 pn 结在室温下的反向电流中,扩散电流微不

足道，其主要部分是由耗尽区复合—产生中心的作用而产生的电子—空穴对所引起的。因此，对于硅 pn 结情形，反向电流的大小取决于结耗尽区复合中心的总数。根据这一想法，现在考虑表面电场对硅 pn 结反向电流的影响。

为了与场感应结区别，称原来由掺杂形成的 pn 结为冶金结。从图 8-29 可看到，在图 8-29(c)的情形中，由于栅下面的表面反型而形成了场感应结，这个结的耗尽区的复合—产生中心也应对产生电流有贡献，因而产生的电流比单纯冶金结情形要大。在图 8-29(b)的情形中，表面层耗尽，耗尽层宽度 x_d 随栅电压 V_G 而增大，由表面耗尽区贡献的产生电流分量也随之增大，这情况由图 8-29(d)中的虚线表示。一旦表面反型，x_d 达到其最大值，这个电流分量就不再增大。但是，当表面被耗尽时，硅和二氧化硅界面处的界面态对总产生电流也有贡献，而且其值往往更大一些。因此，在反向电流随栅电压变化的特性曲线中，出现了图中所示的峰。

图 8-29 在固定的反向电压下，表面空间电荷区性质的变化对 n^+p 二极管反向电流的影响

根据式(6-39)，冶金结耗尽区的产生电流

$$I_{gM} = qC_{MJ}x_D A_{MJ} \tag{8-104}$$

式中，x_D 为冶金结的耗尽层宽度；C_{MJ} 为冶金结耗尽区中的单位体积的载流子产生率；A_{MJ} 为冶金结的面积。类似地，场感应结耗尽区的产生电流应为

$$I_{gF} = qG_{FJ}x_{dm}A_s \tag{8-105}$$

式中，A_s 为栅极下面部分半导体的面积；G_{FJ} 为场感应结耗尽区中的单位体积的载流子产生率。式中，对场感应结的耗尽层宽度取极大值 x_{dm}，是因为这时 p 区表面已经反型，其下面的耗尽区已达到最大宽度。当表面耗尽而未反型时，由于界面引起的产生电流是主要的，因此表面耗尽区贡献的产生电流为

$$I_{gs} = qG_s A_s \tag{8-106}$$

式中，G_s 为氧化层—硅界面完全耗尽时界面上单位面积的产生率。总产生电流可以由三个分量中的一个或几个组成，视具体情况而定。例如，在图 8-29(c)情形中，$I_g = I_{gM} + I_{gF}$；在图 8-29(b)情形中，$I_g = I_{gM} + I_{gs} + I_{gF}$。

在第 6 章中曾得到，耗尽区中单位体积的载流子产生率由下式给出

$$G = \frac{1}{2}\frac{n_i}{\tau_0}$$

式中，τ_0 为耗尽区内载流子的有效寿命。将上式代入式(8-104)和式(8-105)，则得

$$I_{gM} = \frac{1}{2}q\frac{n_i}{\tau_0}x_D A_{MJ} \tag{8-107}$$

$$I_{gF} = \frac{1}{2}q\frac{n_i}{\tau_0}x_{dm}A_s \tag{8-108}$$

两个电流分量都随反向偏压的增大而增大,这是因为 x_D 和 x_{dm} 都是随反向偏压的增大而增大的。下面再考虑 I_{gs}。在完全耗尽的界面上单位面积的载流子产生率可表示为

$$G_s = \frac{1}{2} n_i s_0 \tag{8-109}$$

式中,s_0 为无表面空间电荷区时的表面复合速度。将式(8-109)代入式(8-106),则得

$$I_{gs} = \frac{1}{2} q n_i s_0 A_s \tag{8-110}$$

可以看到 I_{gs} 与反向偏压的大小无关。对于热氧化硅表面,s_0 的典型值处于 $1\sim10\text{cm/s}$ 的数量级,τ_0 的典型值处于 $1\sim10\mu s$ 的数量级,对于约 10^{-3}cm^2 的结面积和表面面积,这些数值对应的反向电流约在几十皮安(pA)的数量级。

以下顺便考虑 pn 结加正向偏压情形的复合电流。在第 6 章中曾得到,正向复合电流

$$I_r = I_g \exp\left(\frac{qV_F}{2k_0T}\right)$$

式中,$V_F = (E_F^n - E_F^p)/q$,I_g 由式(8-107)表示。上式是仅考虑了冶金结耗尽区复合电流的情形。场感应结和界面同样也可以对复合电流有贡献,且类似关系也近似成立。因此,加上场感应结和表面电流分量,最大正向复合电流可近似由下式给出

$$I_r = \frac{1}{2} q n_i \left[\frac{x_D}{\tau_0} + \left(\frac{x_{dm}}{\tau_0} + s_0\right)\frac{A_s}{A_{MJ}}\right] \exp\left(\frac{qV_F}{2k_0T}\right) A_{MJ} \tag{8-111}$$

这个公式说明,场感应结和表面两个分量对正偏复合电流的影响与对反偏产生电流的影响的百分比是近似的。例如,假如两者影响使反向产生电流增大两倍,正向复合电流也将近似增大两倍。在正向小电流情形,复合电流占的比重较大,上述影响将是很重要的。对一个晶体管而言,因全部复合电流将作为基极电流出现,故在控制晶体管的电流增益时,必须对场感应结和表面的影响加以考虑。

★8.6.3 表面电场对 pn 结击穿特性的影响

前面已说明,当栅电压使衬底表面反型时,将存在一个和冶金结并联的场感应结,如图 8-28(c)所示。这个场感应结有自己的击穿电压,而且在很多情况下,其击穿电压比冶金结的要低。这时,当反向电压增大到超过场感应结的击穿电压 $V_{(BR)FJ}$ 时,由于场感应结开始击穿,电流随电压迅速增大。这个电流沿着反型层流向 p 型区,并随着反向电压的进一步增大而达到一个饱和值。当继续增大反向电压到超过冶金结的击穿电压 $V_{(BR)MJ}$ 时,电流再次迅速增大。这种电流—电压特性表示在图 8-30 中,称作沟道特性,图中曲线上的数字表示正栅压。如果场感应结处有使击穿电压降低的缺陷存在,击穿电压将更低,而且在相当低的反向偏压下就出现大的反向电流。如果像图 8-31 所示那样,场感应结形成在 p^+n 区,因为场感应结是在高掺杂材料的上部形成的,其击穿电压将会很低,在小的反向电压下就开始有沟道电流。

图 8-32 给出了实验观察到的一组场感应结的反向电流—电压特性曲线,图中曲线上的数字表示正的栅电压且不断增大。在高杂质浓度情况下,击穿机构是齐纳击穿。齐纳击穿有一个特征,即在零点附近两边电流—电压特性是近似对称的,在正向也引起大的过量电流。图 8-33 表示了一个场感应结的正向和反向电流—电压特性,这个结是在高表面浓度的 p^+ 区上形成的。可以看到,正向和反向特性是对称的。这种大的过量正向电流对晶体管电流增益的影响较正向复合电流更为显著。图中还示出了无场感应结的二极管的特性。

图 8-30　场感应结击穿结果的图示

图 8-31　在重掺杂区上部形成的场感应结

图 8-32　图 8-31 所示的场感应结的击穿特性

图 8-33　具有高硼表面浓度[$(N_A)_s = 2\times 10^{19} cm^{-3}$]的一个 p^+n 结的正向和反向电流—电压特性

*8.6.4　表面纯化

在以上讨论中，为了使问题简化而易于处理，只考虑了在金属栅上加电压以形成表面电场的情况。实际中，诸如在半导体表面上吸附的各种带电粒子、半导体表面氧化层中的可动离子、固定电荷和陷阱等，皆可在半导体表面层中引起电场，这些因素将会对半导体的表面特性产生重大影响。例如，若氧化层中的表面电荷数量过大，则可像上述那样导致 pn 结特性不好或出现低击穿。在采用平面工艺的器件中，一般都使用二氧化硅膜保护，当这种器件工作引起温度升高时，若二氧化硅膜中存在可动的钠离子，则它的漂移将会引起器件特性不稳定。因此，为了提高器件性能的稳定性，除尽量减少各种沾污外，人们还发展了种种技术，以稳定半导体表面性质。现将目前使用比较广泛的表面钝化技术列举如下。

（1）在二氧化硅膜上再淀积一层对钠离子有阻挡作用的钝化膜，如磷硅玻璃、氧化铝和氮化硅膜等。

（2）在热氧化时通入氯化氢或三氯乙烯等。实验发现在 1100℃ 干氧热氧化时通入适当的氯化氢气体，可使可动钠离子的数量减至最小值。

（3）在某些气体中退火，以降低固定电荷或界面态。

读者可参看专门书籍，这里不详述了。

习　题

1. 试导出使表面恰为本征时的表面电场强度、表面电荷密度和表面层电容的表示式（p 型硅情形）。

2. 对于电阻率为 8Ω·cm 的 n 型硅，求表面势 $V_s = -0.24V$ 时耗尽层的宽度。

3. 对由电阻率为 5Ω·cm 的 n 型硅和厚度为 100nm 的二氧化硅膜组成的 MOS 电容，计算其室温（27℃）下的平带电容 C_{FB}/C_0。

4. 导出理想 MIS 结构的开启电压随温度变化的表示式。

5. 在由 n 型半导体组成的 MIS 结构上加电压 V_G，分析其表面空间电荷层状态随 V_G 变化的情况，并解释其 C-V 曲线。

6. 平带电压 V_{FB} 与金属—半导体的功函数差及固定电荷密度有关。试设想一种方法，可以通过测量不同氧化层厚度的 MOS 电容器的平带电压来确定这两个因素。

7. 试计算下列情况下平带电压的变化：
① 氧化层中均匀分布着正电荷；
② 三角形电荷分布，金属附近高，硅附近为零；
③ 三角形电荷分布，硅附近高，金属附近为零。
（假定三种情况下，单位表面积的总离子数都是 10^{12} cm^{-2}，氧化层厚度均为 $0.2\mu m$, $\varepsilon_{r0}=3.9$。）

8. 试导出下列情况下快表面态中单位面积电荷的表示式：
① 位于禁带中央 E_i 处的单能级表面态，单位面积的表面态数为 N_{ss}；
② 均匀分布于整个带的表面态，即 $N_{ss}(E)=$ 常数的表面态。
（假定表面态是受主型的，即当该表面态被一个电子占据时带负电，空着时为中性。）

9. 对杂质浓度为 10^{16} cm^{-3}、氧化层厚度为 $1\mu m$ 的硅栅控二极管，计算在 27℃ 下其开启电压 V_T 与反偏压 V_R 的关系，取平带电压 $V_{FB}=0$。

10. 一栅控 p$^+$n 二极管的冶金结面积为 10^{-3} cm^2，栅极与 n 区重叠面积为 10^{-3} cm^2，衬底杂质浓度为 10^{16} cm^{-3}，结深为 $5\mu m$，氧化层的厚度为 $0.2\mu m$，寿命 $\tau=1\mu s$，表面复合速度 $s_0=5cm/s$，平带电压 $V_{FB}=-2V$。试计算：
① 衬底表面分别为本征和强反型时的栅电压（室温下结电压为零时）；
② $V_G=0$、$-20V$ 的条件下，$V_R=1V$ 时的室温下的反向电流；
③ 在与②同样的栅压下，$V_F=0.4V$ 时的正向电流；并求出反向电流、正向电流和栅电压的函数关系。

参 考 资 料

[1] Seeger K. Semiconductor Physics. New York: Springer-verlag Wien, 1973, 447-453.

[2] Ансельм А. И. Введение в Теорию Полупроводников. МОСКВА: Государственное Издательство, 1962, 180-184.

[3] Киреев П. С. Физика Полупроводников. МОСКВА: Издательство Высшая школа, 1975, 138-141.

[4] Appels J A, Kalter H, Kool E. Some Problems of MOS Technology. Philips Tech, Rev., 1970, 31(7-9): 225-236.

[5] 施敏. 半导体器件物理. 黄振岗, 译. 北京: 电子工业出版社, 1987, 256-261.

[6] Kingston R H, Neustadter S F. Calculation of the Space Charge, Electrical Field and Free Carrier Concentration at the Surface of a Semiconductor. J. Appl. Phys., 1995, 26(6): 718-720.

[7] Grove A S. Physics and Technology of Semiconductor Devices. New York: John Wiley and Sons, Inc., 1976, 267-271.

[8] Snow E H, Grove A S, Sah C T. Ion Transport Phenomena in Insulating Films. J. Appl. phys., 1965, 36(5): 1664-1673.

[9] 郑心畬, 李志坚. Si/SiO$_2$ 界面态研究中辅以脉冲和恒定红外光照的脉冲 Q(V) 法. 半导体学报, 1984, 5(5): 457-467.

第 9 章 半导体异质结构

第 6 章讨论的 pn 结是由导电类型相反的同一种半导体单晶材料组成的,通常也称为同质结,而由两种不同的半导体单晶材料组成的结则称为异质结。虽然早在 1951 年就已经提出了异质结的概念,并进行了一定的理论分析工作[1,2],但是由于工艺技术存在困难,一直没有实际制成异质结。自 1957 年克罗默[3]指出由导电类型相反的两种不同的半导体单晶材料制成的异质结比同质结具有更高的注入效率之后,异质结的研究才比较广泛地受到重视。后来汽相外延生长技术的发展使异质结在 1960 年第一次制造成功[4]。1969 年发表了第一次制成异质结二极管的报告[5,6],此后半导体异质结在微电子学与微电子工程技术方面的应用日益广泛。

本章主要讨论半导体异质结的能带结构、异质 pn 结的电流—电压特性与注入特性及各种半导体异质量子阱结构及其电子能态等,并简单介绍一些应用。

9.1 半导体异质结及其能带图[7-9]

9.1.1 半导体异质结的能带图

异质结是由两种不同的半导体单晶材料形成的,根据这两种半导体单晶材料的导电类型,异质结又分为以下两类。

(1) 反型异质结

反型异质结是指由导电类型相反的两种不同的半导体单晶材料所形成的异质结。例如,由 p 型 Ge 与 n 型 GaAs 所形成的结即为反型异质结,并记为 p-nGe-GaAs 或记为 (p)Ge-(n)GaAs;如果异质结由 n 型 Ge 与 p 型 GaAs 形成,则记为 n-pGe-GaAs 或 (n)Ge-(p)GaAs。已经研究过许多半导体单晶材料组合成的反型异质结,如 p-nGe-Si、p-nSi-GaAs、p-nSi-ZnS、p-nGaAs-GaP、n-pGe-GaAs、n-pSi-GaP 等。

(2) 同型异质结

同型异质结是指由导电类型相同的两种不同的半导体单晶材料所形成的异质结。例如,由 n 型 Ge 与 n 型 GaAs 所形成的结即为同型异质结,并记为 n-nGe-GaAs 或 (n)Ge-(n)GaAs;如果由 p 型 Ge 与 p 型 GaAs 形成异质结,则记为 p-pGe-GaAs 或 (p)Ge-(p)GaAs。已经研究过许多半导体单晶材料组合成的同型异质结,如 n-nGe-Si、n-nGe-GaAs、n-nSi-GaAs、n-nGaAs-ZnSe、p-pSi-GaP、p-pPbS-Ge 等。

在以上所用的符号中,一般都把禁带宽度较小的半导体材料写在前面。

研究异质结的特性时,异质结的能带图起着重要的作用。在不考虑两种半导体交界面处的界面态的情况下,任何异质结的能带图都取决于形成异质结的两种半导体的电子亲和能、禁带宽度及功函数,但是其中的功函数是随杂质浓度的不同而变化的。

异质结也可以分为突变型异质结和缓变型异质结两种。如果从一种半导体材料向另一种半导体材料的过渡只发生于几个原子距离范围内,则称为突变型异质结。如果发生于几个扩散长度范围内,则称为缓变型异质结。由于对于后者的研究工作不多,了解很少,因此下面以突变型异质结为例来讨论异质结的能带图。

1. 不考虑界面态时的能带图

先不考虑界面态的影响来讨论异质结的能带图。

(1) 突变反型异质结的能带图

图 9-1(a)表示两种不同的半导体材料没有形成 pn 异质结时的平衡能带图。图中的 E_{g1}、E_{g2} 分别表示两种半导体材料的禁带宽度;δ_1 为费米能级 E_{F1} 和价带顶 E_{v1} 的能量差;δ_2 为费米能级 E_{F2} 与导带底 E_{c2} 的能量差;W_1、W_2 分别为真空电子能级与费米能级 E_{F1}、E_{F2} 的能量差,即电子的功函数;χ_1、χ_2 为真空电子能级与导带底 E_{c1}、E_{c2} 的能量差,即电子的亲和能。总之,有下标"1"者为禁带宽度小的半导体材料的物理参数,有下标"2"者为禁带宽度大的半导体材料的物理参数。

图 9-1 形成突变反型 pn 异质结之前和之后的平衡能带图

从图中可见,在形成异质结之前,p 型半导体的费米能级 E_{F1} 的位置为

$$E_{F1}=E_{v1}+\delta_1 \tag{9-1}$$

而 n 型半导体的费米能级 E_{F2} 的位置为

$$E_{F2}=E_{c2}-\delta_2 \tag{9-2}$$

当这两块导电类型相反的半导体材料紧密接触形成异质结时,由于 n 型半导体的费米能级位置较高,电子将从 n 型半导体流向 p 型半导体,同时空穴在与电子相反的方向流动,直至两块半导体的费米能级相等。这时两块半导体有统一的费米能级,即

$$E_F=E_{F1}=E_{F2}$$

因而异质结处于热平衡状态。在与上述过程进行的同时,在两块半导体材料交界面的两边形成了空间电荷区(即势垒区或耗尽层)。n 型半导体一边为正空间电荷区,p 型半导体一边为负空间电荷区,由于不考虑界面态,因此在势垒区中正空间电荷数等于负空间电荷数。正、负空间电荷间产生电场,称为内建电场。因为两种半导体材料的介电常数不同,内建电场在交界面处是不连续的。因为存在电场,所以电子在空间电荷区中的各点都有附加电势能,使空间电荷区中的能带发生了弯曲。由于 E_{F2} 比 E_{F1} 高,因此能带总的弯曲量就是真空电子能级的弯曲量,即

$$qV_D=qV_{D1}+qV_{D2}=E_{F2}-E_{F1} \tag{9-3}$$

显然
$$V_D = V_{D1} + V_{D2}$$
式中,V_D 为接触电势差(或称内建电势差、扩散电势),它等于两种半导体材料的功函数之差(W_1-W_2)。而 V_{D1}、V_{D2} 分别为交界面两侧的 p 型半导体和 n 型半导体中的内建电势差。处于热平衡状态的 pn 异质结的平衡能带图如图 9-1(b)所示。

从图 9-1(b)可看到,两块半导体材料的交界面及其附近的能带可反映出两个特点。其一是能带发生了弯曲。n 型半导体的导带底和价带顶的弯曲量为 qV_{D2},而且导带底在交界面处形成一向上的"尖峰"。p 型半导体的导带底和价带顶的弯曲量为 qV_{D1},而且导带底在交界面处形成一向下的"凹口"。其二,能带在交界面处不连续,有突变。两种半导体的导带底在交界面处的突变 ΔE_c 为

$$\Delta E_c = \chi_1 - \chi_2 \tag{9-4}$$

而价带顶的突变 ΔE_v 为

$$\Delta E_v = (E_{g2} - E_{g1}) - (\chi_1 - \chi_2) \tag{9-5}$$

而且

$$\Delta E_c + \Delta E_v = E_{g2} - E_{g1} \tag{9-6}$$

式(9-4)、式(9-5)和式(9-6)对所有突变异质结都普遍适用。

ΔE_c 和 ΔE_v 分别称为导带阶和价带阶,是很重要的物理量,在实际中经常用到。

图 9-2 为实际的 p-nGe-GaAs 异质结的平衡能带图,而表 9-1 为实验测定的 p 型 Ge 与 n 型 GaAs 的有关常数值。

对于 p-nGe-GaAs 异质结来说,$\Delta E_c = 0.07\text{eV}$,而 $\Delta E_v = 0.69\text{eV}$,$\Delta E_c + \Delta E_v = 0.76\text{eV}$。

图 9-2 p-nGe-GaAs 异质结的平衡能带图

表 9-1 **p 型 Ge 与 n 型 GaAs 的有关常数值**

	禁带宽度 E_g/eV	电子亲和能 χ/eV	净施主浓度 (N_D-N_A) /cm^{-3}	净受主浓度 (N_A-N_D) /cm^{-3}	$E_{F1}-E_{v1}$ $=\delta_1/\text{eV}$	$E_{c2}-E_{F2}$ $=\delta_2/\text{eV}$	晶格常数 $a/10^{-10}\text{m}$	相对介电常数 ε_r
p-Ge	0.67	4.13	—	3×10^{16}	0.14	—	5.6575	16
n-GaAs	1.43	4.06	10^{16}	—	—	0.1	5.6531	10.9

图 9-3 为突变反型 np 异质结的平衡能带图。其情况与 pn 异质结类似,读者可自行讨论。

(2) 突变同型异质结的能带图

图 9-4(a)为均是 n 型的两种不同的半导体材料形成 nn 异质结之前的平衡能带图;图 9-4(b)为形成异质结之后的平衡能带图。当这两种半导体材料紧密接触形成异质结时,因为禁带宽度大的 n 型半导体的费米能级比禁带宽度小的 n 型半导体的费米能级高,所以电子将从前者向后者流动。结果在禁带宽度小的 n 型半导体一边形成了电子的积累层,而另一边形成了耗尽层。这种情况和反型异质结不同。对于反型异质结,两种半导体材料的交界面两边都成为耗尽层;而在同型异质结中,一般必有一边成为积累层。式(9-4)、式(9-5)和式(9-6)在这种异质结中同样适用。

图 9-5 为 pp 异质结在热平衡状态时的平衡能带图,其情况与 nn 异质结类似。

图 9-3 突变反型 np 异质结的平衡能带图

图 9-4 nn 异质结的平衡能带图

以上介绍了各种异质结的能带图。实际上,由于形成异质结的两种半导体材料的禁带宽度、电子亲和能及功函数等不同,能带的交界面附近的变化情况会有所不同,因此前面介绍的能带图只不过是这些情况中的一种。在图 9-1(b) 及图 9-3 中,当 $\chi_1=\chi_2$、$E_{g1}=E_{g2}$、$\varepsilon_1=\varepsilon_2$ 时,则成为普通的 pn 结。

因为这些异质结的能带图是 1962 年由安迪生假设肖克莱的 pn 结理论照样适用的情况下作出的,故称为安迪生—肖克莱模型。

图 9-5 pp 异质结在热平衡状态时的平衡能带图

2. 考虑界面态时的能带图

若考虑界面态的影响,则必须对前面的各种异质结的能带图进行修正。从半导体材料的晶格结构方面考虑,引入界面态的一个主要原因是形成异质结的两种半导体材料的晶格失配。通常制造突变异质结时,是把一种半导体材料在和它具有相同的或不同的晶格结构的另一种半导体单晶材料上生长而成的[10-13]。生长层的晶格结构及晶格完整程度都与这两种半导体材料的晶格匹配情况有关。晶格常数为 a_1 及 a_2 而且 $a_1<a_2$ 的两种半导体单晶材料之间的晶格失配定义为 $2(a_2-a_1)/(a_1+a_2)$。表 9-2 中列出了几种半导体异质结的晶格失配的百分数。晶格失配较高的异质结是用真空蒸发技术制得的。

表 9-2 几种半导体异质结的晶格失配

异质结	晶格常数 $a/10^{-10}$m	晶格失配	异质结	晶格常数 $a/10^{-10}$m	晶格失配
Ge-Si	5.6575~5.4307	4.1%	Si-GaAs	5.4307~5.6531	4%
Ge-InP	5.6575~5.8687	3.7%	Si-GaP	5.4307~5.4505	0.36%
Ge-GaAs	5.6575~5.6531	0.08%	InSb-GaAs	6.4787~5.6531	13.6%
Ge-GaP	5.6575~5.4505	3.7%	GaAs-GaP	5.6531~5.4505	3.6%
Ge-CdTe	5.6575~6.477	13.5%	GaP-AlP	5.4505~5.451	0.01%
Ge-CdSe(w)	5.6575~7.01(c)	21.3%	Si-CdS(w)	5.4307~6.749(c)	21.6%

表中(w)表示该半导体材料为纤维锌矿型结构；(c)表示六方晶系的 c 轴上的晶格常数。

在异质结中，晶格失配是不可避免的。晶格失配在两种半导体材料的交界面处产生了悬挂键，引入了界面态[14]。图 9-6 表示产生悬挂键的示意图。从图中可看到，当两种半导体材料形成异质结时，在交界面处，在晶格常数小的半导体单晶材料中出现了一部分不饱和的键，这就是悬挂键。突变异质结的交界面处的悬挂键密度 ΔN_s 为两种半导体单晶材料在交界面处的键密度之差，即

$$\Delta N_s = N_{s1} - N_{s2} \tag{9-7}$$

图 9-6 产生悬挂键的示意图

N_{s1}、N_{s2} 分别为两种半导体单晶材料在交界面处的键密度，由该半导体的晶格常数及作为交界面的晶面所决定。

下面举一个例子，计算具有金刚石型结构的两块半导体所形成的异质结的悬挂键密度。如图 9-7(a)所示，取(111)晶面制造异质结。在晶胞中画出的(111)晶面为正三角形（图中画斜线部分），它的面积是 $(\sqrt{3}a^2)/2$，a 为晶格常数。包含在这个面中的键数为 2，如图 9-7(b)所示，所以晶面(111)的键密度是 $4/(\sqrt{3}a^2)$。因此，对于晶格常数分别为 a_1、a_2 [其中 $a_1 < a_2$] 的两块半导体单晶材料形成的异质结，在以(111)晶面为交界面时，悬挂键密度为

$$\Delta N_s = \frac{4}{\sqrt{3}} \left[\frac{a_2^2 - a_1^2}{a_1^2 a_2^2} \right] \tag{9-8}$$

图 9-7 金刚石型结构(111)面内的键数

同理，对于(110)晶面，悬挂键密度为

$$\Delta N_s = \frac{4}{\sqrt{2}} \left[\frac{a_2^2 - a_1^2}{a_1^2 a_2^2} \right] \tag{9-9}$$

对于(100)晶面，悬挂键密度为

$$\Delta N_s = 4 \left[\frac{a_2^2 - a_1^2}{a_1^2 a_2^2} \right] \tag{9-10}$$

应用上述公式,计算得 Ge-GaAs 及 Ge-Si 异质结的悬挂键密度如表 9-3 所示。

表 9-3 异质结的悬挂键密度

异质结	晶格常数/10^{-10}m	晶面	悬挂键密度 $\Delta N_s/\text{cm}^{-2}$
Ge-GaAs	5.6575~5.6531	(111)	1.2×10^{12}
		(110)	1.4×10^{12}
		(100)	2.0×10^{12}
Ge-Si	5.6575~5.4307	(111)	6.2×10^{13}
		(110)	7.5×10^{13}
		(100)	1.1×10^{14}

根据表面能级理论可计算求得,当具有金刚石型结构的晶体的表面能级密度在 10^{13}cm^{-2} 以上时,在表面处的费米能级位于禁带宽度的约 1/3 处,如图 9-8 所示。因这一点是由巴丁等人得到的,故称这个值为巴丁极限。对于 n 型半导体,悬挂键起受主作用,因此,表面处的能带向上弯曲。对于 p 型半导体,悬挂键起施主作用,因此,表面处的能带向下弯曲。对于异质结来说,当悬挂键起施主作用时,则 pn 异质结、np 异质结、pp 异质结的能带图如图 9-9(a)、(b)和(c)所示;当悬挂键起受主作用时,则 pn 异质结、np 异质结、nn 异质结的能带图如图 9-9(d)、(e)和(f)所示。

图 9-8 表面能级密度大的半导体能带图　　图 9-9 考虑界面态影响时异质结的能带示意图

从以上讨论可知,当两种半导体单晶材料的晶格常数极为接近时,晶格间匹配得较好,一般可以不考虑界面态的影响。但是,在实际中,即使两种半导体单晶材料的晶格常数在室温时是相同的,但它们的热膨胀系数不同,在高温下,也将发生晶格失配,从而产生悬挂键,在交界面处引入界面态[7]。此外,在化合物半导体形成的异质结中,化合物半导体中的成分元素的互扩散也会引入界面态[15-16]。因此,从 Ge-GaAs 异质结开始,几乎所有的异质结都不能忽略界面态的影响。表 9-4 列出了 Ge、Si、GaAs、GaP 的热膨胀系数。

表 9-4 Ge、Si、GaAs、GaP 的热膨胀系数

半导体	热膨胀系数			
	Ge	Si	GaAs	GaP
晶格结构	金刚石型	金刚石型	闪锌矿型	闪锌矿型
每度线膨胀系数	5.5×10^{-6}	2.44×10^{-6}	6×10^{-6}	5.8×10^{-6}

*9.1.2　突变反型异质结的接触电势差及势垒区宽度

同第 6 章讨论的 pn 结模型一样，由解交界面两边势垒区（耗尽区）的泊松方程，可以求得突变反型异质结的接触电势差及交界面两边的势垒区宽度。下面以突变反型 pn 异质结为例进行讨论。

设 p 型和 n 型半导体中的杂质都是均匀分布的，其浓度分别为 N_{A1} 和 N_{D2}。势垒区的正、负空间电荷区的宽度分别为 $(x_0-x_1)=d_1$、$(x_2-x_0)=d_2$。取 $x=x_0$ 为交界面，如图 9-1(b) 所示，则交界面两边的势垒区中的电荷密度可以写成

$$x_1<x<x_0, \quad \rho_1(x)=-qN_{A1} \atop x_0<x<x_2, \quad \rho_2(x)=qN_{D2} \right\} \tag{9-11}$$

势垒区总宽度为

$$X_D=(x_2-x_0)+(x_0-x_1)=d_2+d_1 \tag{9-12}$$

势垒区内的正、负电荷总量相等，即

$$qN_{A1}(x_0-x_1)=qN_{D2}(x_2-x_0)=Q \tag{9-13}$$

Q 就是势垒区中单位面积上的空间电荷的数值。式(9-13)可以简化为

$$\frac{(x_0-x_1)}{(x_2-x_0)}=\frac{N_{D2}}{N_{A1}} \tag{9-14}$$

设 $V(x)$ 代表势垒区中 x 点的电势，则突变反型异质结交界面两边的泊松方程分别为

$$\frac{d^2V_1(x)}{dx^2}=\frac{qN_{A1}}{\varepsilon_1} \quad (x_1<x<x_0) \tag{9-15}$$

$$\frac{d^2V_2(x)}{dx^2}=-\frac{qN_{D2}}{\varepsilon_2} \quad (x_0<x<x_2) \tag{9-16}$$

式中，ε_1、ε_2 分别为 p 型及 n 型半导体的介电常数。对式(9-15)、式(9-16)积分一次得

$$\frac{dV_1(x)}{dx}=\frac{qN_{A1}x}{\varepsilon_1}+C_1 \quad (x_1<x<x_0) \tag{9-17}$$

$$\frac{dV_2(x)}{dx}=-\frac{qN_{D2}x}{\varepsilon_2}+C_2 \quad (x_0<x<x_2) \tag{9-18}$$

式中，C_1、C_2 是积分常数，由边界条件决定。因势垒区外是电中性的，电场集中在势垒区内，故边界条件为

$$\mathscr{E}_1(x_1)=-\frac{dV_1}{dx}\bigg|_{x=x_1}=0 \tag{9-19}$$

$$\mathscr{E}_2(x_2)=-\frac{dV_2}{dx}\bigg|_{x=x_2}=0 \tag{9-20}$$

注意，在交界面处的电场并不连续，但电位移连续[即 $\varepsilon_1\mathscr{E}_1(x_0)=\varepsilon_2\mathscr{E}_2(x_0)$]。由边界条件定出

$$C_1=-\frac{qN_{A1}x_1}{\varepsilon_1}, \quad C_2=\frac{qN_{D2}x_2}{\varepsilon_2}$$

因此，式(9-17)、式(9-18)为

$$\frac{dV_1(x)}{dx}=\frac{qN_{A1}(x-x_1)}{\varepsilon_1} \tag{9-21}$$

$$\frac{dV_2(x)}{dx} = \frac{qN_{D2}(x_2-x)}{\varepsilon_2} \tag{9-22}$$

对式(9-21)及式(9-22)积分得

$$V_1(x) = \frac{qN_{A1}x^2}{2\varepsilon_1} - \frac{qN_{A1}x_1 x}{\varepsilon_1} + D_1 \tag{9-23}$$

$$V_2(x) = -\frac{qN_{D2}x^2}{2\varepsilon_2} + \frac{qN_{D2}x_2 x}{\varepsilon_2} + D_2 \tag{9-24}$$

在热平衡条件下，异质结的接触电势差 V_D 为

$$V_D = V_2(x_2) - V_1(x_1) \tag{9-25}$$

而 V_D 在交界面 p 型半导体一侧的电势降为

$$V_{D1} = V_1(x_0) - V_1(x_1) \tag{9-26}$$

而 V_D 在交界面 n 型半导体一侧的电势降为

$$V_{D2} = V_2(x_2) - V_2(x_0) \tag{9-27}$$

在交界面处，电势连续变化，即 $V_1(x_0) = V_2(x_0)$，故

$$V_D = V_{D1} + V_{D2}$$

令 $V_1(x_1) = 0$，则 $V_D = V_2(x_2)$，并代入式(9-23)、式(9-24)得

$$D_1 = \frac{qN_{A1}x_1^2}{2\varepsilon_1}, \qquad D_2 = V_D - \frac{qN_{D2}x_2^2}{2\varepsilon_2}$$

因此，将 D_1、D_2 分别代入式(9-23)及式(9-24)得

$$V_1(x) = \frac{qN_{A1}(x-x_1)^2}{2\varepsilon_1} \tag{9-28}$$

$$V_2(x) = V_D - \frac{qN_{D2}(x_2-x)^2}{2\varepsilon_2} \tag{9-29}$$

由 $V_1(x_0) = V_2(x_0)$，即得接触电势差 V_D 为

$$V_D = \frac{qN_{A1}(x_0-x_1)^2}{2\varepsilon_1} + \frac{qN_{D2}(x_2-x_0)^2}{2\varepsilon_2} \tag{9-30}$$

而

$$V_{D1} = \frac{qN_{A1}(x_0-x_1)^2}{2\varepsilon_1} \tag{9-31}$$

$$V_{D2} = \frac{qN_{D2}(x_2-x_0)^2}{2\varepsilon_2} \tag{9-32}$$

由式(9-12)和式(9-14)得

$$(x_0 - x_1) = \frac{N_{D2}X_D}{N_{A1}+N_{D2}} \tag{9-33}$$

$$(x_2 - x_0) = \frac{N_{A1}X_D}{N_{A1}+N_{D2}} \tag{9-34}$$

将上述两式代入式(9-30)得

$$V_D = \left(\frac{q}{2\varepsilon_1\varepsilon_2}\right)\left[\varepsilon_2 N_{A1}\left(\frac{N_{D2}X_D}{N_{A1}+N_{D2}}\right)^2 + \varepsilon_1 N_{D2}\left(\frac{N_{A1}X_D}{N_{A1}+N_{D2}}\right)^2\right] \tag{9-35}$$

从而算得势垒区宽度 X_D 为

$$X_D = \left[\frac{2\varepsilon_1\varepsilon_2(N_{A1}+N_{D2})^2 V_D}{qN_{A1}N_{D2}(\varepsilon_2 N_{D2}+\varepsilon_1 N_{A1})}\right]^{1/2} \tag{9-36}$$

在交界面两侧，两种半导体中的势垒区宽度分别为

$$d_1=(x_0-x_1)=\left[\frac{2\varepsilon_1\varepsilon_2 N_{D2}V_D}{qN_{A1}(\varepsilon_1 N_{A1}+\varepsilon_2 N_{D2})}\right]^{1/2} \tag{9-37}$$

$$d_2=(x_2-x_0)=\left[\frac{2\varepsilon_1\varepsilon_2 N_{A1}V_D}{qN_{D2}(\varepsilon_1 N_{A1}+\varepsilon_2 N_{D2})}\right]^{1/2} \tag{9-38}$$

将上述两式分别代入式(9-31)、式(9-32)得

$$V_{D1}=\frac{\varepsilon_2 N_{D2}V_D}{\varepsilon_1 N_{A1}+\varepsilon_2 N_{D2}} \tag{9-39}$$

$$V_{D2}=\frac{\varepsilon_1 N_{A1}V_D}{\varepsilon_1 N_{A1}+\varepsilon_2 N_{D2}} \tag{9-40}$$

V_{D1} 与 V_{D2} 之比为

$$\frac{V_{D1}}{V_{D2}}=\frac{\varepsilon_2 N_{D2}}{\varepsilon_1 N_{A1}} \tag{9-41}$$

以上是在没有外加电压的情况下，得到的突变反型异质结处于热平衡状态时的一些公式。若在异质结上施加外电压 V，则只需将这些公式中的 V_D、V_{D1}、V_{D2} 分别用 (V_D-V)、$(V_{D1}-V_1)$、$(V_{D2}-V_2)$ 来代替即可。其中 $V=V_1+V_2$，V_1 及 V_2 分别是外加电压 V 在交界面的 p 型一侧和 n 型一侧的势垒区中的电势降。可以得到异质结处于非平衡状态时的一系列公式如下

$$V_D-V=\left(\frac{q}{2\varepsilon_1\varepsilon_2}\right)\left[\varepsilon_2 N_{A1}\left(\frac{N_{D2}X_D}{N_{A1}+N_{D2}}\right)^2+\varepsilon_1 N_{D2}\left(\frac{N_{A1}X_D}{N_{A1}+N_{D2}}\right)^2\right] \tag{9-42}$$

$$X_D=\left[\frac{2\varepsilon_1\varepsilon_2(N_{A1}+N_{D2})^2(V_D-V)}{qN_{A1}N_{D2}(\varepsilon_1 N_{A1}+\varepsilon_2 N_{D2})}\right]^{1/2} \tag{9-43}$$

$$(x_0-x_1)=\left[\frac{2\varepsilon_1\varepsilon_2 N_{D2}(V_D-V)}{qN_{A1}(\varepsilon_1 N_{A1}+\varepsilon_2 N_{D2})}\right]^{1/2} \tag{9-44}$$

$$(x_2-x_0)=\left[\frac{2\varepsilon_1\varepsilon_2 N_{A1}(V_D-V)}{qN_{D2}(\varepsilon_1 N_{A1}+\varepsilon_2 N_{D2})}\right]^{1/2} \tag{9-45}$$

$$(V_{D1}-V_1)=\frac{\varepsilon_2 N_{D2}(V_D-V)}{\varepsilon_1 N_{A1}+\varepsilon_2 N_{D2}} \tag{9-46}$$

$$(V_{D2}-V_2)=\frac{\varepsilon_1 N_{A1}(V_D-V)}{\varepsilon_1 N_{A1}+\varepsilon_2 N_{D2}} \tag{9-47}$$

$$\frac{(V_{D1}-V_1)}{(V_{D2}-V_2)}=\frac{\varepsilon_2 N_{D2}}{\varepsilon_1 N_{A1}} \tag{9-48}$$

对于以上所得的公式，将下标 1 与 2 互换之后，就能用于突变反型 np 异质结。

*9.1.3 突变反型异质结的势垒电容[4-8]

突变反型异质结的势垒电容可以用和计算普通 pn 结的势垒电容类似的方法计算。
将式(9-13)代入式(9-12)，得

$$Q=\frac{N_{A1}N_{D2}qX_D}{N_{A1}+N_{D2}} \tag{9-49}$$

将式(9-43)代入式(9-49)，得

$$Q=\left[\frac{2\varepsilon_1\varepsilon_2 qN_{A1}N_{D2}(V_D-V)}{\varepsilon_1 N_{A1}+\varepsilon_2 N_{D2}}\right]^{1/2} \tag{9-50}$$

由微分电容定义 $C=\mathrm{d}Q/\mathrm{d}V$，即可求得单位面积势垒电容和外加电压的关系

$$C_T = \frac{dQ}{dV} = \left[\frac{\varepsilon_1 \varepsilon_2 q N_{A1} N_{D2}}{2(\varepsilon_1 N_{A1} + \varepsilon_2 N_{D2})(V_D - V)}\right]^{1/2} \tag{9-51}$$

若结面积为 A，则势垒电容为

$$C'_T = AC_T = A\left[\frac{\varepsilon_1 \varepsilon_2 q N_{A1} N_{D2}}{2(\varepsilon_1 N_{A1} + \varepsilon_2 N_{D2})(V_D - V)}\right]^{1/2} \tag{9-52}$$

将式(9-51)写成如下形式

$$\frac{1}{(C_T)^2} = \frac{2(\varepsilon_1 N_{A1} + \varepsilon_2 N_{D2})(V_D - V)}{\varepsilon_1 \varepsilon_2 q N_{A1} N_{D2}} \tag{9-53}$$

可见，$1/(C_T)^2$ 与外加电压 V 呈线性关系。将 $1/(C_T)^2$ 对 V 的关系直线外推到 $1/(C_T)^2 = 0$ 处，可以求得突变反型异质结的接触电势差 V_D。而直线的斜率是

$$\frac{d(C_T)^{-2}}{dV} = \frac{2(\varepsilon_1 N_{A1} + \varepsilon_2 N_{D2})}{\varepsilon_1 \varepsilon_2 q N_{A1} N_{D2}} \tag{9-54}$$

若已知一种半导体材料中的杂质浓度，则由斜率可算出另一种半导体材料中的杂质浓度。

*9.1.4 突变同型异质结的若干公式

对于突变同型异质结，禁带宽度小的半导体一侧是积累层，禁带宽度大的半导体一侧是耗尽层。从电中性条件和泊松方程求得的接触电势差为超越函数，不像突变反型异质结那样简单。有关公式如下[8]

$$V_D = V_{D1} + \left(\frac{\varepsilon_1 N_{D1}}{\varepsilon_2 N_{D2}}\right)\left[\left(\frac{k_0 T}{q}\right)\left(e^{\frac{qV_D}{k_0 T}} - 1\right) - V_{D1}\right] \tag{9-55}$$

在 $V_{D1} \ll k_0 T/q$ 时，有

$$V_{D1} \approx \frac{k_0 T \varepsilon_2 N_{D2}}{\varepsilon_1 q N_{D1}}\left[\left(1 + \frac{2q\varepsilon_1 N_{D1} V_D}{k_0 T \varepsilon_2 N_{D2}}\right)^{1/2} - 1\right] \tag{9-56}$$

$$x_2 - x_0 = d_2 = \left[\frac{2\varepsilon_2 V_{D2}}{qN_{D2}}\right]^{1/2} \tag{9-57}$$

$$V_{D2} = V_D - V_{D1}$$

以上各式是 nn 异质结在热平衡状态下求得的。当有外加电压时，只要用 $(V_D - V)$、$(V_{D1} - V_1)$、$(V_{D2} - V_2)$ 分别代替 V_D、V_{D1}、V_{D2} 即可。

安迪生证明[7]，对于 nn 异质结，在杂质浓度 $N_{D1} \gg N_{D2}$ 时，用类似于计算金属—半导体接触间的电容的方法，得到单位面积的结电容公式为

$$C = \left[\frac{q\varepsilon_2 N_{D2}}{2(V_D - V)}\right]^{1/2} \tag{9-58}$$

作 $1/C^2$ 对 V 的直线，将直线外推至 $1/C^2 = 0$ 处，可得 V_D 值。从直线的斜率可以求出半导体 2（即禁带宽度大的 n 型半导体）的施主杂质浓度 N_{D2}。以上各式中，如将施主杂质浓度改为受主杂质浓度，就可得到适用于 pp 异质结的公式。

9.2 半导体异质 pn 结的电流—电压特性及注入特性

异质结是由两种不同材料形成的，在交界面处能带不连续，存在势垒尖峰及势阱，而且由于两种材料的晶格常数、晶格结构不同等原因，会在界面处引入界面态及缺陷，因此半导体异质结的电流—电压关系较同质结要复杂得多。迄今已针对不同情况提出了多种模型，如扩散

模型、扩散—发射模型、发射—复合模型、隧道模型和隧道—复合模型等。以下根据实际应用要求，主要以扩散—发射模型说明半导体突变异质结的电流—电压特性及注入特性。

9.2.1 异质 pn 结的电流—电压特性[7,17]

如图 9-10 所示，异质 pn 结界面导带连接处存在一势垒尖峰，根据尖峰高低的不同，可以有图 9-10(a)和(b)所示的两种情况。图 9-10(a)表示势垒尖峰顶低于 p 区导带底的情况，称为低势垒尖峰情形。在这种情形中，由 n 区扩散向结处的电子流可以通过发射机制越过势垒尖峰进入 p 区，因此异质 pn 结的电流主要由扩散机制决定，可以用扩散模型处理。图 9-10(b)表示势垒尖峰顶较 p 区导带底高的情况，称为高势垒尖峰情形。对于这种情形，若势垒尖峰顶较 p 区导带底高得多，则由 n 区扩散向结处的电子，只有能量高于势垒尖峰的才能通过发射机制进入 p 区，故异质结电流主要由电子发射机制决定，计算异质 pn 结电流应采用发射模型。以下主要讨论低势垒尖峰情形中异质 pn 结的电流—电压特性。

(a) 低势垒尖峰   (b) 高势垒尖峰

图 9-10　半导体异质 pn 结两种势垒图

根据上述，低势垒尖峰情形时异质结的电子流主要由扩散机制决定，可用扩散模型处理，在图 9-11 中，图 9-11(a)和(b)分别表示其零偏压和正向偏压时的能带图。在热平衡时，由图 9-11(a)可看出，从 n 区导带底到 p 区导带底的势垒高度为 $qV_{D1}+qV_{D2}-\Delta E_c=qV_D-\Delta E_c$，与式(6-14)类似，可得 p 型半导体中少数载流子浓度 n_{10} 与 n 型半导体中多数载流子浓度 n_{20} 的关系为

$$n_{10}=n_{20}\exp\left[\frac{-(qV_D-\Delta E_c)}{k_0 T}\right] \tag{9-59}$$

(a) 零偏压   (b) 正向偏压

图 9-11　低势垒尖峰时扩散模型的能带图

取交界面处 $x=0$，当异质结加正向电压 V 时，设 p 区和 n 区的势垒边界分别为 $x=-x_1$ 和 $x=x_2$，p 型半导体 $-x_1$ 处的少数载流子浓度为 $n_1(-x_1)$，若忽略势垒区载流子的产生与复合，则 $n_1(-x_1)$ 与 n_{20} 的关系为

$$n_1(-x_1)=n_{20}\exp\left\{\frac{-[q(V_\text{D}-V)-\Delta E_\text{c}]}{k_0 T}\right\}=n_{10}\exp\left(\frac{qV}{k_0 T}\right) \tag{9-60}$$

在稳态情况下，p 型半导体中注入的少数载流子运动的连续性方程为

$$D_\text{n1}\frac{\text{d}^2 n_1(x)}{\text{d}x^2}-\frac{n_1(x)-n_{10}}{\tau_\text{n1}}=0$$

其通解为

$$n_1(x)-n_{10}=A\exp\left(\frac{-x}{L_\text{n1}}\right)+B\exp\left(\frac{x}{L_\text{n1}}\right) \tag{9-61}$$

式中，D_n1 和 L_n1 分别为 p 区少数载流子电子的扩散系数和扩散长度。当边界条件 $x=-\infty$ 时，$n_1(-\infty)=n_{10}$，可得 $A=0$。当 $x=-x_1$ 时，将式(9-60)代入式(9-61)，可解得

$$B=n_{20}\exp\left[\frac{-(qV_\text{D}-\Delta E_\text{c})}{k_0 T}\right]\left[\exp\left(\frac{qV}{k_0 T}\right)-1\right]\exp\left(\frac{x_1}{L_\text{n1}}\right)$$

$$=n_{10}\left[\exp\left(\frac{qV}{k_0 T}\right)-1\right]\exp\left(\frac{x_1}{L_\text{n1}}\right)$$

将 $A=0$ 及上式中的 B 代入式(9-61)，则得

$$n_1(x)-n_{10}=n_{10}\left[\exp\left(\frac{qV}{k_0 T}\right)-1\right]\exp\left(\frac{x_1+x}{L_\text{n1}}\right)$$

从而求得电子扩散电流密度

$$J_\text{n}=qD_\text{n1}\frac{\text{d}[n_1(x)-n_{10}]}{\text{d}x}\bigg|_{x=-x_1}=\frac{qD_\text{n1}n_{10}}{L_\text{n1}}\left[\exp\left(\frac{qV}{k_0 T}\right)-1\right] \tag{9-62}$$

上式为由 n 区注入 p 区的电子扩散电流密度，以下计算由 p 区注入 n 区的空穴扩散电流密度。从图 9-11(a)可看出从 p 区价带顶到 n 区价带顶的空穴势垒高度为

$$qV_\text{D1}+qV_\text{D2}+\Delta E_\text{v}=qV_\text{D}+\Delta E_\text{v}$$

故在热平衡时 n 型半导体中少数载流子空穴的浓度 p_{20} 与 p 型半导体中的空穴浓度 p_{10} 间的关系应为

$$p_{20}=p_{10}\exp\left[\frac{-(qV_\text{D}+\Delta E_\text{v})}{k_0 T}\right] \tag{9-63}$$

加正向电压 V 时，空穴势垒减小为 $q(V_\text{D}-V)+\Delta E_\text{v}$，在 n 区 $x=x_2$ 处的空穴浓度增大为

$$p_2(x_2)=p_{10}\exp\left\{\frac{-[q(V_\text{D}-V)+\Delta E_\text{v}]}{k_0 T}\right\}=p_{20}\exp\left(\frac{qV}{k_0 T}\right) \tag{9-64}$$

与前相同，求解扩散方程并应用边界条件，则可得

$$p_2(x)-p_{20}=p_{20}\left[\exp\left(\frac{qV}{k_0 T}\right)-1\right]\exp\left(\frac{x_2-x}{L_\text{p2}}\right)$$

从而可求得空穴扩散电流密度

$$J_\text{p}=-qD_\text{p2}\frac{\text{d}[p_2(x)-p_{20}]}{\text{d}x}\bigg|_{x=x_2}=\frac{qD_\text{p2}p_{20}}{L_\text{p2}}\left[\exp\left(\frac{qV}{k_0 T}\right)-1\right] \tag{9-65}$$

式中，D_p2 和 L_p2 分别表示 n 区空穴的扩散系数和扩散长度。

由式(9-62)和式(9-65)可得加电压 V 时，通过异质 pn 结的总电流密度为

$$J = J_n + J_p = q\left(\frac{D_{n1}}{L_{n1}}n_{10} + \frac{D_{p2}}{L_{p2}}p_{20}\right)\left[\exp\left(\frac{qV}{k_0T}\right) - 1\right] \tag{9-66}$$

上式表明正向电压时电流随电压按指数关系增大。式(9-59)和式(9-61)、式(9-62)和式(9-65)可分别用 n 区和 p 区的多数载流子浓度 n_{20} 和 p_{10} 表示，即

$$J_n = \frac{qD_{n1}n_{20}}{L_{n1}}\exp\left[\frac{-q(V_D - \Delta E_c)}{k_0T}\right]\exp\left(\frac{qV}{k_0T} - 1\right) \tag{9-67}$$

$$J_p = \frac{qD_{p2}p_{10}}{L_{p1}}\exp\left[\frac{-q(V_D + \Delta E_v)}{k_0T}\right]\exp\left(\frac{qV}{k_0T} - 1\right) \tag{9-68}$$

上两式中，若 n_{20} 和 p_{10} 在同一数量级，则前面的系数也在同数量级，消去相同因式后，二式所不同的只是

$$J_n \propto \exp\left(\frac{\Delta E_c}{k_0T}\right), \qquad J_p \propto \exp\left(\frac{-\Delta E_v}{k_0T}\right)$$

对于由窄禁带 p 型半导体和宽禁带 n 型半导体形成的异质 p-n 结，ΔE_c 和 ΔE_v 都是正值，一般其值较室温时的 k_0T 值 0.026eV 大得多，故 $J_n \gg J_p$，表明通过结的电流主要由电子电流组成，空穴电流的占比很小。这也可从图 9-11 中直接看出，由于存在导带阶 ΔE_c，n 区电子面临的势垒高度由 qV_D 下降至 $qV_D - \Delta E_c$，而空穴所面临的势垒高度由 qV_D 升高至 $qV_D + \Delta E_v$，从而导致电子电流大大超过空穴电流。

在图 9-10(b)所示的高势垒尖峰情况下，通过异质结的电流是由发射机制控制的，以下用热电子发射模型进行计算。图 9-12 表示高势垒尖峰时加正向电压的能带图，加的电压 $V = V_1 + V_2$，V_1 和 V_2 分别为加在 p 区和 n 区的电压。设 $\bar{v}_2$ 为 n 区电子的热运动平均速度，由式(4-138)

$$\bar{v}_2 = \left(\frac{8k_0T}{\pi m_2^*}\right)^{1/2}$$

m_2^* 为 n 区电子的有效质量。单位时间从 n 区撞击到势垒处单位面积上的电子数为

$$n_{20}\frac{\bar{v}_2}{4} = \frac{1}{4}n_{20}\left(\frac{8k_0T}{\pi m_2^*}\right)^{1/2} = n_{20}\left(\frac{k_0T}{2\pi m_2^*}\right)^{1/2} \tag{9-69}$$

其中，只有能量超过势垒高度 $q(V_{D2} - V_2)$ 的电子才可以进入 p 区，故由 n 区注入 p 区的电子电流密度

$$J_2 = qn_{20}\left(\frac{k_0T}{2\pi m_2^*}\right)^{1/2}\exp\left[\frac{-q(V_{D2} - V_2)}{k_0T}\right] \tag{9-70}$$

图 9-12　高势垒尖峰时加正向电压的能带图

由图 9-12 可看到，从 p 区注入 n 区的电子要越过势垒高度 $\Delta E_c - q(V_{D1} - V_1)$，同理得到从 p 区注入 n 区的电子流密度为

$$J_1 = qn_{10}\left(\frac{k_0T}{2\pi m_1^*}\right)^{1/2}\exp\left\{\frac{-[\Delta E_c - q(V_{D1} - V_1)]}{k_0T}\right\}$$

将 n_{10} 与 n_{20} 的关系式(9-59)代入上式，则得

$$J_1 = qn_{20}\left(\frac{k_0T}{2\pi m_1^*}\right)^{1/2}\exp\left[\frac{-q(V_{D2} + V_1)}{k_0T}\right] \tag{9-71}$$

假设 $m_1^* = m_2^*$，则由式(9-70)和式(9-71)可得总电子电流密度为

$$J=J_2-J_1=qn_{20}\left(\frac{k_0T}{2\pi m^*}\right)^{1/2}\exp\left(\frac{-qV_{D2}}{k_0T}\right)\left[\exp\left(\frac{qV_2}{k_0T}\right)-\exp\left(\frac{-qV_1}{k_0T}\right)\right] \quad (9-72)$$

式中，$m^*=m_1^*=m_2^*$。异质结情况具有复杂性，上式也只得到了小部分异质结实验结果的证实。正向电压时式(9-72)中的第二项可以略去，即由 p 区注入 n 区的电子流很小，正向电流主要由从 n 区注入 p 区的电子流形成，这时式(9-72)简化为

$$J\propto\exp\left(\frac{qV_2}{k_0T}\right)\propto\exp\left(\frac{qV}{k_0T}\right)$$

说明利用发射模型也同样得到正向时电流随电压按指数关系增大。式(9-72)不能用于加反向电压的情况，因为反向时电子流是从 p 区注入 n 区的，反向电流由 p 区的少数载流子浓度决定，因此，在较大的反向电压下电流应该是饱和的。

9.2.2 异质 pn 结的注入特性[17]

1. 异质 pn 结的高注入比特性[18]及其应用

由式(9-67)和式(9-68)可得异质 pn 结的电子电流与空穴电流的注入比为

$$\frac{J_n}{J_p}=\frac{D_{n1}n_{20}L_{p2}}{D_{p2}p_{10}L_{n1}}\exp\left(\frac{\Delta E}{k_0T}\right) \quad (9-73)$$

式中，$\Delta E=\Delta E_c+\Delta E_v=E_{g2}-E_{g1}$，$E_{g2}$ 和 E_{g1} 分别表示 n 区和 p 区的禁带宽度。在 p 区和 n 区杂质完全电离的情况下，n_{20} 和 p_{10} 分别等于 n 区的掺杂浓度 N_{D2} 和 p 区的掺杂浓度 N_{A1}，式(9-73)可表为

$$\frac{J_n}{J_p}=\frac{D_{n1}N_{D2}L_{p2}}{D_{p2}N_{A1}L_{n1}}\exp\left(\frac{\Delta E}{k_0T}\right) \quad (9-74)$$

式中，D_{n1} 与 D_{p2} 及 L_{p2} 与 L_{n1} 相差不大，都在同一数量级，而 $\exp\left(\frac{\Delta E}{k_0T}\right)\gg 1$，由式(9-74)可看到，即使 $N_{D2}<N_{A1}$，也可得到很高的注入比。以宽禁带 n 型 $Al_{0.3}Ga_{0.7}As$ 和窄禁带 p 型 GaAs 组成的 pn 结为例，其禁带宽度之差 $\Delta E=0.37eV$，设 p 区掺杂浓度为 $2\times 10^{19} cm^{-3}$，n 区掺杂浓度为 $5\times 10^{17} cm^{-3}$，则由式(9-74)可得

$$\frac{J_n}{J_p}\propto\frac{N_{D2}}{N_{A1}}\exp\left(\frac{\Delta E}{k_0T}\right)\approx 4\times 10^4$$

这表明即使宽禁带 n 区掺杂浓度较 p 区低近两个数量级，注入比也仍可高达 4×10^4。异质 pn 结的这一高注入比特性是区别于同质 pn 结的主要特点之一，也因此得到重要应用。

在 npn 双极晶体管中，发射结的发射效率定义为

$$\gamma=\frac{J_n}{J_n+J_p} \quad (9-75)$$

式中，J_n 和 J_p 分别表示由发射区注入基区的电子电流密度和由基区注入发射区的空穴电流密度，当 γ 接近于 1 时，才能获得高的电流放大倍数。对于同质结的双极晶体管，为了提高电子发射效率，发射区的掺杂浓度应较基区掺杂浓度高几个数量级，这就限制了基区的掺杂浓度不能太高，增大了基区电阻，而为了减小基区电阻，基区宽度就不能太薄，影响了频率特性的提高。从前面的讨论中可得到，采用宽禁带 n 型半导体与窄禁带 p 型半导体形成的异质结作为发射结，可获得高的注入比和发射效率。以前述的 n 型 $Al_{0.3}Ga_{0.7}As$ 与 p 型 GaAs 组成的异

质发射结为例,当其 p 型基区的掺杂浓度为 $2\times10^{19}\mathrm{cm}^{-3}$ 时,注入比高达 4×10^4,代入式(9-75),可得 $\gamma=1-2.5\times10^{-5}\approx1$,这就可使基区厚度大大减小,从而大大提高晶体管的频率特性。使用这种结构制作的双极晶体管称为异质结双极晶体管,简写为 HBT,目前已在微波和毫米波领域得到广泛应用。由于 $\mathrm{Al}_x\mathrm{Ga}_{1-x}\mathrm{As}/\mathrm{GaAs}$ 异质结晶格匹配,且开始研究得最早,故早期的 HBT 是用 n 型 $\mathrm{Al}_x\mathrm{Ga}_{1-x}\mathrm{As}$ 和 p 型 GaAs 作为异质发射结的,但后来随着异质结新材料的发展,现已开发出多种性能优良的 HBT[19]。其中之一是用宽禁带的 n 型 $\mathrm{Ga}_{0.5}\mathrm{In}_{0.5}\mathrm{P}$ 与 p 型 GaAs 异质结作为发射结在 GaAs 衬底上制作的 HBT。$\mathrm{Ga}_{0.5}\mathrm{In}_{0.5}\mathrm{P}$ 与 GaAs 是晶格匹配的,两者间的价带阶 ΔE_v 为 0.30eV,导带阶 ΔE_c 为 0.03eV,$\Delta E_v\gg\Delta E_c$。由图 9-11 可看到 ΔE_v 越大,空穴从 p 区进入 n 区所面临的势垒越高,空穴电流 I_p 越小,越有利于提高注入比以制作 HBT。采用这种材料结构制作的 HBT,其截止频率可高达 100GHz,所用的典型基区厚度为 $0.08\mu\mathrm{m}$,掺杂浓度为 $6\times10^{19}\mathrm{cm}^{-3}$。另一例子是用 n 型 Si 和 p 型 $\mathrm{Si}_{1-x}\mathrm{Ge}_x$ 混晶形成的异质结作为发射结制作的 HBT。如第 1 章的 1.9 节中所述,$\mathrm{Si}_{1-x}\mathrm{Ge}_x$ 混晶的禁带宽度随 Ge 组分 x 的提高而减小,且与 Si 的价带阶 $\Delta E_v\gg\Delta E_c$,故十分有利于作为基区与 Si 匹配制作 HBT。图 9-13 为 $\mathrm{Si}\text{-}\mathrm{Si}_{1-x}\mathrm{Ge}$ HBT 的示意图,较典型的基区组分为 $\mathrm{Si}_{0.8}\mathrm{Ge}_{0.2}$,基区厚度为 $0.05\sim0.1\mu\mathrm{m}$。近几年 $\mathrm{Si}\text{-}\mathrm{Si}_{1-x}\mathrm{Ge}_x$ HBT 器件和集成电路技术发展迅速,已在通信系统及手机等方面得到广泛应用。

2. 异质 pn 结的超注入现象

超注入现象是指在异质 pn 结中由宽禁带半导体注入窄禁带半导体中的少数载流子浓度可超过宽禁带半导体中的多数载流子浓度,这一现象是首先在由宽禁带 n 型 $\mathrm{Al}_x\mathrm{Ga}_{1-x}\mathrm{As}$ 和窄禁带 p 型 GaAs 组成的异质 pn 结中观察到的。图 9-14 为这种 pn 结在加大的正向电压下的能带图,由图可看到,加正向电压时,n 区导带底相对 p 区导带底随所加电压的增大而上升,当电压足够大时,结势垒可被拉平,由于存在导带阶,n 区导带底甚至高于 p 区导带底。因为 p 区电子为少数载流子,其准费米能级随电子浓度而上升得很快,在正向大电流稳态时,结两边电子的准费米能级 E_{Fn} 可达到一致。在这种情况下,由于 p 区导带底较 n 区导带底更低,距 E_{Fn} 更近,故 p 区导带的电子浓度高于 n 区。以 n_1 和 n_2 分别表示 p 区和 n 区的电子浓度,E_{c1} 和 E_{c2} 分别表示 p 区和 n 区导带底的能值,根据玻耳兹曼统计可得

$$n_1=N_{c1}\exp\left[\frac{-(E_{c1}-E_{\mathrm{Fn}})}{k_0T}\right],\qquad n_2=N_{c2}\exp\left[\frac{-(E_{c2}-E_{\mathrm{Fn}})}{k_0T}\right]$$

图 9-13 $\mathrm{Si}\text{-}\mathrm{Si}_{1-x}\mathrm{Ge}_x$ HBT 示意图

图 9-14 $\mathrm{n}\text{-}\mathrm{Al}_x\mathrm{Ga}_{1-x}\mathrm{As}\text{-}\mathrm{p}\text{-}\mathrm{GaAs}$ 异质结加大正向电压时的能带图

式中,N_{c1} 和 N_{c2} 分别表示 p 型 GaAs 和 n 型 $\mathrm{Al}_x\mathrm{Ga}_{1-x}\mathrm{As}$ 导带的有效状态密度。N_{c1} 和 N_{c2} 一

般相差不大,可粗略认为两者相等,则由上两式可得

$$\frac{n_1}{n_2} \approx \exp\left(\frac{E_{c2}-E_{c1}}{k_0 T}\right) \tag{9-76}$$

式中 $E_{c2} > E_{c1}$,故 $\frac{n_1}{n_2}$ 大于 1,即 $n_1 > n_2$。因 $k_0 T$ 在常温下的值很小,只要 n 区导带底较 p 区导带底高的能值 $E_{c2}-E_{c1}$ 较 $k_0 T$ 大一倍,则由式(9-76)就可得 n_1 较 n_2 大近一个数量级。超注入现象是异质结特有的另一重要特性,在半导体异质结激光器中得到重要应用。应用这一效应,可使窄带区的注入少数载流子浓度达到 $10^{18}\,\text{cm}^{-3}$ 以上,从而实现异质结激光器所要求的粒子数反转条件。

9.3 半导体异质结量子阱结构及其电子能态与特性

9.3.1 半导体调制掺杂异质结构界面量子阱

1. 界面量子阱中二维电子气的形成及其电子能态[20]

20 世纪 70 年代以来,随着分子束外延技术的发展,已能够生长出界面非常完整的半导体异质结,其中一种是 $\text{Al}_x\text{Ga}_{1-x}\text{As}$ 与 GaAs 组成的异质结。其后又实现了调制掺杂结构,即由宽禁带重掺杂的 n 型 $\text{Al}_x\text{Ga}_{1-x}\text{As}$ 与不掺杂 GaAs 组成的异质结构。在这种结构中,由于重掺杂 n 型 $\text{Al}_x\text{Ga}_{1-x}\text{As}$ 的费米能级距离导带底很近,远高于位于禁带中部附近的 GaAs 费米能级,因此形成结后,电子将从 $\text{Al}_x\text{Ga}_{1-x}\text{As}$ 注入 GaAs,最后在达到平衡时,结两边的费米能级相等,在结处形成空间电荷区,电子集于结处 GaAs 区。空间电荷区的正、负电荷产生的电场使结附近的能带发生弯曲,能带图如图 9-15(a)所示,在 GaAs 近结处形成势阱。以下讨论陷入势阱中电子的能态。取垂直于异质结界面的方向为 z 轴,从图 9-15(b)可看到,电子在势阱势场作用下的势能为 z 的函数,以 $V(z)$ 表示,又 GaAs 的导带底位于布里渊区中心 $k=0$ 处,导带底邻近电子的有效质量 m^* 是各向同性的,根据有效质量近似,势阱中电子的波函数 $\psi(x,y,z)$ 和能量 E 满足以下方程

$$\frac{-\hbar^2}{2m^*}\nabla^2 \psi(x,y,z) + V(z)\psi(x,y,z) = E\psi(x,y,z) \tag{9-77}$$

上式中的势能函数 $V(z)$ 与 x 和 y 无关,故可用分离变量法求解,令

$$\psi(x,y,z) = \varphi(x,y)u(z)$$

将之代入式(9-77),则得 $\varphi(x,y)$ 与 $u(z)$ 分别满足方程

(a) 异质结界面处能带图   (b) 势阱中电子的势能函数

图 9-15 异质结界面处的能带图及势阱

$$\frac{-\hbar^2}{2m^*}\left(\frac{\partial^2}{\partial x^2}+\frac{\partial^2}{\partial y^2}\right)\varphi(x,y)=E_{xy}\varphi(x,y) \tag{9-78}$$

$$\frac{-\hbar^2}{2m^*}\frac{\partial^2 u(z)}{\partial z^2}+V(z)u(z)=E_z u(z) \tag{9-79}$$

式中 $E_{xy}+E_z=E$。由式(9-78)可解得

$$\varphi(x,y)=\exp[\mathrm{i}(k_x x+k_y y)] \tag{9-80}$$

为一在 xOy 平面内的平面波，对应的能量为

$$E_{xy}=\frac{\hbar^2}{2m^*}(k_x^2+k_y^2) \tag{9-81}$$

上述结果显示势阱中的电子在与结平行的平面内做自由电子运动，实际就是在量子阱区内的准二维运动，故称为二维电子气，简写为 2DEG。由式(9-79)可得，与电子在 z 方向运动对应的能量本征值一般取一系列分立值，这是因为势阱区沿 z 方向很窄，电子在 z 方向被局限在几到几十个原子层范围的量子阱中，对应的能量 E_z 发生了量子化，这些分立的能值分别以 E_1, E_2, $\cdots$, E_i, $\cdots$ 表示。

2. 二维电子气的子带及态密度

从以上讨论中得到异质结势阱中电子的能量

$$E=E_z+E_{xy}=E_i+\frac{\hbar^2}{2m^*}(k_x^2+k_y^2) \tag{9-82}$$

上式表示 i 取定后，电子能量还可因 k_x 和 k_y 取值的不同而取不同的能值，这些 E_i 相同、(k_x, k_y) 取值不同的电子能态组成一个带，称为子带。以下求子带中电子的态密度。为此，在 2DEG 的 xOy 平面内的 x 和 y 方向分别加上周期同为 L 的周期性边界条件，则由式(9-80)可得 k_x 和 k_y 的取值为

$$k_x=\frac{2\pi n_x}{L}, \qquad k_y=\frac{2\pi n_y}{L}$$

n_x 和 n_y 取整数值。由以上二式可得每个 (k_x, k_y) 态在二维波矢平面中所占的面积为 $(2\pi/L)^2$。在二维波矢平面内作一半径为 $k=\sqrt{k_x^2+k_y^2}$、宽为 $\mathrm{d}k$ 的环，则可求得 k 与 $(k+\mathrm{d}k)$ 间的电子态数

$$\mathrm{d}N=\frac{2\pi k\mathrm{d}k}{(2\pi/L)^2}=\frac{L^2 k\mathrm{d}k}{2\pi}$$

又从式(9-82)，在 E_i 取定后

$$\mathrm{d}E=\frac{\hbar^2}{m^*}k\mathrm{d}k$$

由以上二式可得

$$\frac{\mathrm{d}N}{\mathrm{d}E}=\frac{m^* L^2}{2\pi\hbar^2}$$

而 2DEG 单位面积单位能量间隔的子带的态密度

$$D_i(E)=\frac{1}{L^2}\frac{\mathrm{d}N}{\mathrm{d}E}=\frac{m^*}{2\pi\hbar^2} \tag{9-83}$$

上式给出任一子带 i 中 2DEG 的态密度，为一与能量无关的常数，而且对所有子带都是相同的。将所有子带的态密度相加后，就可得到异质结 2DEG 的电子态密度

$$D(E)=\sum_i D_i(E) \tag{9-84}$$

$D(E)$与能量的关系呈阶梯状,如图 9-16(b)所示。图 9-16(a)表示 E_i 在势阱中的位置。

(a) E_i 在势阱中的位置示意图

(b) $D(E)$ 与能量的关系

图 9-16 E_i 在势阱中的位置、电子态密度与能量的关系

3. 调制掺杂异质结构中电子的高迁移率特性

由重掺杂 n 型 $Al_xGa_{1-x}As$ 与不掺杂 GaAs 组成的调制掺杂结构,其主要优点为电子供给区是在重掺杂的 n 型 $Al_xGa_{1-x}As$ 中,而电子输运过程则是在不掺杂的 GaAs 中进行的。由于二者在空间中是分开的,这就消除了电子在输运过程中所受的电离杂质散射作用,从而大大提高了电子迁移率。调制掺杂异质结构的高电子迁移率特性已在半导体微波和毫米波器件中得到重要应用,其中最主要的一种就是异质结高电子迁移率晶体管,简写为 HEMT。图 9-17 为早期用 n^+-$Al_{0.3}Ga_{0.7}As$ 与不掺杂 GaAs 在半绝缘 GaAs 衬底上制作的 HEMT 结构示意图。由图中可看到在不掺杂 GaAs 与 n^+-$Al_{0.3}Ga_{0.7}As$ 间夹了一层厚度约为 3nm 的不掺杂 i-$Al_{0.3}Ga_{0.7}As$ 隔离层,这是为了防止界面处 GaAs 中的 2DEG 直接与 n^+-$Al_{0.3}Ga_{0.7}As$ 接触时,受到掺杂区电离杂质的散射作用,而使电子迁移率降低。随着高电子迁移率的多元化合物半导体外延材料的发展和用于器件制作,HEMT 的频率特性已较早期得到很大提高[21]。例如,$In_{0.53}Ga_{0.47}As$ 材料的电子迁移率高达 13 800cm^2/(V·s),较 GaAs 高得多,用宽禁带的 n^+-$In_xAl_{1-x}As$ 与不掺杂 $In_{0.53}Ga_{0.47}As$ 异质结在 InP 衬底上制作的 HEMT,其截止频率 f_T 高达 340GHz,f_{max} 达 455GHz。目前 HEMT 及基于 HEMT 的集成电路已被广泛用于卫星接收和雷达系统及其他各种微波/毫米波系统。

图 9-17 高电子迁移率晶体管示意图

9.3.2 双异质结间的单量子阱结构

1. 导带量子阱中的电子能态[20]

随着异质外延极薄材料技术的发展,研究人员成功地制备出了如量子阱、超晶格等人工设计的材料结构。如在宽禁带半导体 $Al_xGa_{1-x}As$ 材料上异质外延极薄的 GaAs,再异质外

延较厚的 $Al_xGa_{1-x}As$,就可形成单量子阱结构。如不考虑这种结构中 $Al_xGa_{1-x}As$ 与 GaAs 间电子和空穴交换而引起的能带弯曲,则其能带图可由图 9-18(a)表示。由图可看到,只要 GaAs 夹层足够薄,其中的电子和空穴就可视为处于量子阱中。以下分析 GaAs 导带势阱中电子的能态。GaAs 导带中电子在量子阱中的势能分布如图 9-18(b)所示。设势阱的宽度为 l,取垂直于界面的方向为 z 轴,取势阱中间点为原点,则势能函数 $V(z)$ 为

(a) 单量子阱结构的能带图   (b) 电子的势能分布

图 9-18 能带图和势能分布

$$V(z)=0 \quad |z|<\frac{l}{2} \\ V(z)=\Delta E_c \quad |z|\geqslant \frac{l}{2} \Bigg\} \tag{9-85}$$

用有效质量近似得到量子阱中电子的波函数仍满足式(9-77),用与上节相同的方法求解,可得到电子波函数与能量分别为 $\psi(x,y,z)=\varphi(x,y)u(z)$、$E=E_z+E_{xy}\varphi(x,y)$。$\varphi(x,y)$ 与对应的能值分别为

$$\varphi(x,y)=\exp[i(k_xx+k_yy)], \quad E_{xy}=\frac{\hbar^2}{2m^*}(k_x^2+k_y^2)$$

表明量子阱中电子在平行于结面内的运动是自由的,形成了二维电子气。与 z 方向对应的电子波函数 $u(z)$ 仍满足

$$\frac{-\hbar^2}{2m^*}\frac{d^2u}{dz^2}+V(z)u=E_zu \tag{9-86}$$

与式(9-79)所不同的只是势能函数 $V(z)$。将式(9-85)中的 $V(z)$ 代入上式,则得

$$|z|<\frac{l}{2}, \quad \frac{d^2u}{dz^2}+\alpha^2u=0, \quad \alpha^2=\frac{2m^*}{\hbar^2}E_z \tag{9-87}$$

$$|z|\geqslant\frac{l}{2}, \quad \frac{d^2u}{dz^2}-\beta^2u=0, \quad \beta^2=\frac{2m^*}{\hbar^2}(\Delta E_c-E_z) \tag{9-88}$$

对于电子能量 E_z 小于势阱高度 ΔE_c 的束缚态,$\beta^2>0$,求解式(9-88),并应用波函数 $u(z)$ 处处有限的量子力学条件,可得

$$z\geqslant\frac{l}{2},u(z)=Ae^{-\beta z}; \quad z\leqslant\frac{-l}{2},u(z)=Be^{\beta z} \tag{9-89}$$

这一结果表明,当电子能量 E_z 小于势阱高度 ΔE_c 时,电子在阱外的概率随远离势阱而指数地减小。在 $\frac{-l}{2}<z<\frac{l}{2}$ 的阱内区域,由式(9-87)可得到两个解

$$u_1(z)=C\sin\alpha z \quad u_2(z)=D\cos\alpha z \tag{9-90}$$

波函数 $u_1(-z)=-u_1(z)$ 为奇宇称态,$u_2(-z)=u_2(z)$ 为偶宇称态。根据 $u(z)$ 及 $\frac{du(z)}{dz}$ 在 $z=\pm\frac{l}{2}$ 处连续条件可求出对应的能量本征值,然而更方便的方法是用 $\frac{d[\ln u(z)]}{dz}$ 的连续性来确

定能值，其优点是可以不考虑波函数的归一化问题。对于偶宇称态，连续性条件为

$$\frac{d(\ln\cos\alpha z)}{dz}\bigg|_{z=\frac{l}{2}} = \frac{d}{dz}(\ln e^{-\beta z})_{z=\frac{l}{2}} \tag{9-91}$$

由式(9-91)可得

$$\alpha\tan\left(\frac{\alpha l}{2}\right) = \beta$$

令 $u=\frac{\alpha l}{2}$，$v=\frac{\beta l}{2}$，代入上式，同时由式(9-87)和式(9-88)求出 u^2+v^2，则得

$$\left.\begin{array}{l} u\tan u = v \\ u^2+v^2 = \dfrac{m^* l^2 \Delta E_c}{2\hbar^2} \end{array}\right\} \tag{9-92}$$

式(9-92)中的 u 和 v 都是 E_z 的函数，可用数值方法或图解法求解，则可得到对应偶宇称态的分立能值。同理，对于奇宇称态，可得

$$\left.\begin{array}{l} -u\cot u = v \\ u^2+v^2 = \dfrac{m^* l^2 \Delta E_c}{2\hbar^2} \end{array}\right\} \tag{9-93}$$

求解式(9-93)，则得对应奇宇称态的能量 E_z 的本征值。

以上讨论表明：① $E_z < \Delta E_c$ 时，电子的波函数在阱内为 z 的正弦或余弦函数，在阱边界 $z=\pm\frac{l}{2}$ 处与指数函数 $e^{-\beta z}$ 或 $e^{\beta z}$ 连接，并随着 $|z|$ 值的增大而按指数衰减，这说明在势阱区两边势垒区有一定的穿入深度；②电子态的能值为位于势阱内的一些分立能级 $E_1, E_2, \cdots, E_i, \cdots$，对应于电子的束缚态；③从式(9-92)可看到，不管 ΔE_c 值大小，至少有一个解存在，即阱内总有一个束缚态存在；④势阱深度 ΔE_c 越大，阱内的束缚态越多。

当 ΔE_c 为无穷大时，由式(9-88)和式(9-89)可看到当 $\beta \to \infty$ 时，$u(z)$ 在 $|z| \geqslant \frac{l}{2}$ 区等于零，根据波函数连续的条件，应在 $z=\pm\frac{l}{2}$ 处有 $u_1(z)=0$ 和 $u_2(z)=0$，即

$$\left.\begin{array}{ll} C\sin\alpha z\big|_{z=\pm\frac{l}{2}} = 0 & \text{或 } \alpha\dfrac{l}{2} = n\pi \quad (n=1,2,3,\cdots) \\ D\cos\alpha z\big|_{z=\pm\frac{l}{2}} = 0 & \text{或 } \alpha\dfrac{l}{2} = \left(n+\dfrac{1}{2}\right)\pi \quad (n=0,1,2,\cdots) \end{array}\right\} \tag{9-94}$$

由式(9-94)和式(9-87)可得对奇宇称态

$$E_z = \frac{(2n)^2\pi^2\hbar^2}{2m^* l^2} \quad (n=1,2,3,\cdots)$$

式中 $2n$ 取偶数值，对偶宇称态

$$E_z = \frac{(2n+1)^2\pi^2\hbar^2}{2m^* l^2} \quad (n=0,1,2,\cdots)$$

式中 $2n+1$ 取一切奇数值。合并以上二式，则得束缚态能值

$$E_i = \frac{i^2\pi^2\hbar^2}{2m^* l^2} \quad (i=1,2,3,\cdots) \tag{9-95}$$

上式表示在无限深势阱中束缚态的能值，对应的波函数可从式(9-90)和式(9-94)求得，如下

$$\left.\begin{array}{ll}偶宇称态 & u_i(z)=\sqrt{\dfrac{l}{2}}\cos\dfrac{i\pi}{l}z \quad (i=1,3,5,\cdots) \\ 奇宇称态 & u_i(z)=\sqrt{\dfrac{l}{2}}\sin\dfrac{i\pi}{l}z \quad (i=2,4,6,\cdots)\end{array}\right\} \quad (9\text{-}96)$$

这些波函数为在 $z=\pm\dfrac{l}{2}$ 处其值为零的驻波,如图 9-19 所示。

与前节所讨论的情况相同,计及电子在平行于结平面准二维运动的能量,势阱中电子的能量为

$$E(i,k_x,k_y)=E_i+\dfrac{\hbar^2}{2m^*}(k_x^2+k_y^2) \quad (9\text{-}97)$$

图 9-19 无限深量子阱中的电子束缚态能级与波函数

在 i 取定后,由不同 (k_x,k_y) 取值的电子能态组成子带,可求得子带的态密度 $D_i(E)$ 及总态密度仍用式(9-83)和式(9-84)表示。量子阱中电子态的主要特征可由图 9-20 表示。

(a) 束缚态能级与波函数　(b) 子带色散关系　(c) 态密度

图 9-20　有限深单量子阱中电子能态的主要特征

2. 价带量子阱中的空穴能态

由图 9-18(a)可看到,单量子阱结构的 GaAs 中的空穴处于价带量子阱中,因而与导带量子阱中的空穴一样,也在与结平行的面内形成二维空穴气,简称为 2DHG。同时,当空穴的能量低于 ΔE_v 时,在价带量子阱中也形成空穴的束缚态能级。对价带量子阱中空穴束缚态能级的计算要比计算导带量子阱中电子束缚态能级复杂得多,这是因为:①虽然价带顶能级位于布里渊区中心 $k=0$ 处,但价带顶的空穴态是简并的,有轻、重空穴二支带;②GaAs 导带底电子能带是抛物线型的,而轻、重空穴带是非抛物线型的。在量子阱中轻、重空穴的简并消除了,由于轻、重空穴的有效质量不同,它们所受的量子尺寸效应不同,因此量子化束缚态能级分裂的程度不同,重空穴束缚态能级分布较密,而轻空穴束缚态能级分布较稀。图 9-21(a)给出 GaAs 价带量子阱中的空穴束缚态能级分布的示意图[22],其中 HH1、HH2 和 HH3 为重空穴束缚态能级,LH1 和 LH2 为轻空穴束缚态能级。图 9-21(b)为量子阱中束缚态能级的完整图像。

3. 量子阱中的激子[22]

半导体中电子和空穴因库仑力相互作用可形成束缚的电子—空穴对,称为激子。在半导体体材料中,激子的结合能很小,只有在极低温度下的高纯材料中才能存在而被观察到。在半导体量子阱中电子和空穴也可因库仑作用而形成激子,所不同的是,激子处于封闭的量子阱中,受到量子尺寸效应的限制,是准二维的。当量子阱宽度 l 减小时,电子和空穴间的库仑力

(a) GaAs价带量子阱中的空穴束缚态能级　　(b) 量子阱中束缚态能级的完整图像

图 9-21　量子阱中电子与空穴束缚能级图

相互作用增强,激子半径小,因而其结合能较体材料中激子的结合能大得多。理论证明将准二维激子视为理想二维激子,其结合能为体材料中激子结合能的 4 倍,因而量子阱中的激子在室温下能够存在,室温下在量子阱的吸收光谱中能够观察到强而锐的激子吸收峰。此外,由于价带量子阱中同时存在束缚态轻、重空穴,因此有轻空穴激子和重空穴激子之分。此外,不同束缚态的空穴与电子形成的激子能态是不同的,在低温下量子阱吸收光谱实验中可观察到对应不同空穴 HH1、HH2、HH3 及 LH1 的激子吸收峰。

9.3.3　双势垒单量子阱结构及共振隧穿效应[23]

共振隧穿效应最早是在 $Al_xGa_{1-x}As$-GaAs 双势垒单量子阱结构中观察到的。样品是由两层厚度为 8nm 的 $Al_{0.7}Ga_{0.3}As$ 势垒和厚度为 5nm 的 GaAs 势阱组成的,两侧电极由掺杂浓度为 $1\times10^{18}cm^{-3}$ 的 n 型 GaAs 构成。实验是在 77K 温度下进行的。图 9-22 给出了双势垒单量子阱样品的电流—电压特性和电导—电压特性。图中曲线下第一个小图表示未加电压时双势垒单量子阱的能带图,两端 n^+-GaAs 是高掺杂的,其费米能级 E_F 高于导带底,量子阱中的两个能级表示 E_1 和 E_2 束缚态能级。当右端加正向电压时,能带左方相对右方升高,发生倾斜。随着电压 V 的增大,势阱中的 E_1 能级相对于左方降低,当 E_1 降低到低于 n^+-GaAs 发射极费米能级 E_F 而高于发射极导带底时,发射区导带中所有 z 方向能量等于 E_1 的电子,均可与阱内 E_1 子带中具有相同 $k_{//}=\sqrt{k_x^2+k_y^2}$ 的态发生共振,有较大的概率隧穿通过势垒,使电流达到最大值,即发生了共振隧穿,如图 9-22 中的小图(a)所示。在图 9-22 中的小图(a)中可看到当势阱中部到左电极的电压降为外加电压的一半时,E_F 升高为 E_1,故有 $E_1=qV_1/2$,V_1 为共振时加的电压。同理,当外加电压升高至 V_2,使左方 E_F 下导带中的电子与 E_2 对齐时,发生第二次共振隧穿,如图 9-22 中的小图(c)所示,此时 $E_2=qV_2/2$。图中电导—电压特性曲线上 a 处出现的极大值对应于第一次共振隧穿,c 处电流—电压的极大值对应于第二次共振隧穿。由图 9-22 中还可看到在 c 处附近发生明显的负微分电阻区,表明该处出现负阻效应。随着外延材料质量及器件设计技术的改进,有报道[25]用共振隧穿二极管在 4.2K 低温下测得尖锐的电流—电压曲线,如图 9-23 所示。图中右上方小图表示所用的样品结构及其能带图。由图中可看到有非常尖锐的共振隧穿电流峰和很强的微分负阻效应。负阻效应的出现是由于外加电压的升高使发射极 n^+ 区导带底高于势阱中 E_1 能级后,发射区导带中没有电子能够与势阱 E_1 子带中的电子满足共振隧穿条件,不能发生共振隧穿效应,因而电流急剧下降。样品质量的进一步改善使微分负阻效应不仅在低温下,在室温下也可清晰地观察到。共振隧穿结构的水准由隧穿电流的峰谷比标志,目前在 InGaAs-InAs-AlAs 结构中已达到 63(温度为 77K),在室温下也已达到 30。量子阱结构中的负微分电阻效应已成为一些高频和高速微电子器件的基础。例如,利用负阻效应,共振隧穿二极管作为混频器,频率已达 1.8THz;用作振荡器,频率也达 0.42THz;作为高速开关,其上升时间已达到小于 2ps。此外,一些基于双势垒共振隧穿结构的晶体管三端器件结构也已见诸报道,具有引人注目的应用前景。

图 9-22 双势垒单量子阱样品的电流—电压特性和电导—电压特性

图 9-23 4.2K 下共振隧穿二极管的电流—电压曲线

★9.4 半导体应变异质结构

当组成半导体异质结的两种材料的晶格失配时,在界面处会产生位错缺陷,对异质结器件的性能有不利影响。例如,在 9.3 节所述的 HEMT 器件情形,主要是利用 2DEG 在量子阱中沿平行于结界面方向的输运机制而导电的,界面位错缺陷对载流子的散射等作用将使迁移率下降,导致器件性能下降。因此,在器件应用中,要求选取晶格匹配的半导体异质结构。但在实际的半导体中,两种材料晶格常数相等的情形几乎没有,由表 9-2 可看到,晶格失配小于 0.1% 的材料对也是极少的。利用三元或四元合金材料调整材料的晶格常数,可使两种材料的晶格常数非常接近,获得更多的晶格匹配很好的异质结材料对。其中,在微电子器件中应用的几种Ⅲ-Ⅴ族化合物半导体异质结材料列于表 9-5 中。

表 9-5 几种晶格匹配的Ⅲ-Ⅴ族化合物半导体异质结材料

异质结材料	晶格常数匹配情况/nm
GaAs-Al$_x$Ga$_{1-x}$As	0.565325 — (0.565325～0.56611)
GaAs-In$_{0.5}$Ga$_{0.5}$P	0.565325 — 0.56591
InP-GaAs$_{0.5}$Sb$_{0.5}$	0.58687 — 0.58736
InP-In$_{0.53}$Ga$_{0.47}$As	0.58687 — 0.58680
InP-In$_{0.52}$Al$_{0.48}$As	0.58687 — 0.58691
In$_{0.52}$Al$_{0.48}$As-In$_{0.53}$Ga$_{0.47}$As	0.58691 — 0.58680

除上述材料外，$Si_{1-x}Ge_x$-Si 异质结构以其在硅基集成技术中的重要应用而受到极大关注。但在 $Si_{1-x}Ge_x$ 材料中，由于 Ge 原子的半径较 Si 原子大，因此 Ge 的加入使 $Si_{1-x}Ge_x$ 材料的晶格常数增大，与 Si 材料产生较大的晶格失配。为了消除 $Si_{1-x}Ge_x$ 与 Si 之间的晶格失配，人们实验在 $Si_{1-x}Ge_x$ 中加入原子半径较 Si 小的Ⅳ族元素 C 原子进行补偿，形成$Si_{1-x-y}Ge_xC_y$三元合金材料。实验发现，当 Ge 与 C 的组分比$\frac{x}{y}$适当$\left(有报道\frac{x}{y}=9\right)$且 C 的组分 $y<4\%$ 时，可获得与 Si 晶格匹配好且质量很好的 $Si_{1-x-y}Ge_xC_y$ 外延层。

★9.4.1 应变异质结

以上讨论了两种晶格常数很接近的半导体材料所组成的晶格匹配异质结，通过进一步的研究发现，在一种材料衬底上外延另一种晶格常数不匹配的材料时，只要两种材料的晶格常数相差不太大，当外延层的厚度不超过某个临界值时，就仍可获得晶格匹配的异质结构。但生长的外延层发生了弹性形变，在平行于结面方向产生张应变或压缩应变，使其晶格常数改变为与衬底的晶格常数相匹配，同时在与结平面垂直的方向也产生相应的应变，这种异质结称为应变异质结。当外延层的厚度超过临界厚度时，外延层的应变消失，恢复原来的晶格常数，称为弛豫。应变异质结的生长与弛豫过程可由图 9-24 表示。图 9-24(a)表示下面衬底的晶格常数小于上面外延材料的晶格常数；图 9-24(b)表示外延生长后形成的应变异质结，外延层横向发生压缩应变使晶格常数与衬底匹配，同时在纵向伸长，发生张应变；图 9-24(c)表示弛豫后的异质结构，在界面处因晶格不匹配而产生缺陷。在应变异质结中，由于发生应变，同时伴有应力存在，因此这种应力称为内应力。从图 9-24(b)还可看到应变异质结界面晶格是匹配的，不存在因晶格不匹配而产生的界面缺陷，因此可很好地应用于器件制作。应变异质结的无界面失配应变层的生长模式称为赝晶生长。这种赝晶生长模式不能稳定地无限生长材料，因为随着应变层厚度的增大，当伴随应变的弹性能量不断积累到一定程度时，应变能量将通过在界面附近产生位错缺陷而释放出来，应变层转变为应变完全弛豫的无应变层，因此，赝晶生长存在一个临界厚度 h_c。实验证明，赝晶生长的临界厚度随生长温度的升高而减小，随赝晶组分的不同而改变。以在 Si(001)衬底上赝晶生长 $Si_{1-x}Ge_x$ 为例，临界厚度随 Ge 组分 x 的增大而减小。应变异质结的产生大大扩展了异质结构的种类和应用范围，已在微电子器件和集成电路中得到广泛应用。例如，$In_yGa_{1-y}As$ 的迁移率远高于 GaAs，而且其禁带宽度较 GaAs 小，但其晶格常数与 $Al_xGa_{1-x}As$ 不匹配，采用应变 $In_yGa_{1-y}As$ 代替 GaAs 制成的 Al_xGa_{1-x}As-$In_yGa_{1-y}As$ HEMT，其频率特性得到很大提高。由于这种器件使用了赝晶生长 $In_yGa_{1-y}As$ 的技术，因此称为赝 HEMT，简写为 PHEMT。另一个例子是图 9-13 中的 Si-$Si_{1-x}Ge_x$-Si HBT，其中采用了在 Si 衬底上赝晶生长 $Si_{1-x}Ge_x$ 的技术。

(a) 两种不同晶格常数的晶格　　(b) 应变异质结　　(c) 弛豫结

图 9-24　应变异质结的生长与弛豫过程示意图

*9.4.2 应变异质结构中应变层材料能带的改性

应变异质结构的应用不仅扩展了异质结材料的种类,而且还提供了利用异质结赝晶层的应变使材料的能带结构及其他一些特性发生改变以实现材料人工改性的新途径。目前最受重视的就是在无应变的 $Si_{1-x}Ge_x$ 晶体上异质生长应变 Si 的技术和应用。由于 $Si_{1-x}Ge_x$ 的晶格常数较 Si 的晶格常数大,在 $Si_{1-x}Ge_x$ 衬底上赝晶生长的应变 Si 层在横向会发生双轴的张应变,使应变 Si 层的晶体结构由立方晶系转变为四方晶系,能带结构也相应地发生变化。以下首先考虑在无应变(0 0 1)$Si_{1-x}Ge_x$ 衬底上生长的应变 Si 能带结构。已知无应变 Si 晶体的导带底是六度简并的,导带底极值附近的等能面是图 1-22 中所示的 6 个旋转椭球面。理论和实验研究证明,横向张应变导致 k 空间[0 0 1]轴和[0 0 $\bar{1}$]轴的两个极值点的能值相对于其他 4 个极值点的能值下降,即应变使原来六度简并的能谷分裂为[0 0 ±1]方向的二度简并能谷和垂直于[0 0 1]轴平面内的四度简并能谷。由于[0 0 ±1]方向的能谷的能值较低,因此导带中电子从其他能值高的四度简并能谷转移到[0 0 ±1]方向的低能谷中,如图 9-25 所示。图 9-25(a)为无应变 Si 情形,导带电子均匀分布于 6 个能谷中。图 9-25(b)为横向张应变 Si 情形,[0 0 ±1]轴的能谷容纳了更多的电子,其他 4 个能谷中的电子减少。因此应变 Si 导带电子中,低能谷的电子所占比重较无应变 Si 情形大幅增大,已知 Si 晶体导带中电子沿椭球短轴方向的有效质量 $m_t=0.19m_0$ 远小于沿长轴方向的有效质量 $m_l=0.916m_0$,因此,当[00±1]轴能谷中的电子在垂直于[001]轴的平面内做横向输运时,由于其有效质量 m_t 小,在导带总电子数中占的比重又大,因此应变 Si 的横向电子迁移率较无应变 Si 中要大得多,这一结论已得到实验[26]的证实,实验所用的样品为调制掺杂结构,如图 9-26所示。图中在 Si 衬底上首先生长 Ge 组分 x 从 0 渐变至 0.3 的 $Si_{1-x}Ge_x$ 层,Ge 组分渐变是为了使 Si 衬底与 $Si_{1-x}Ge_x$ 的界面缺陷减至最小。然后在 $Si_{1-x}Ge_x$ 上异质生长不掺杂的应变 Si。$n^+-Si_{0.8}Ge_{0.2}$ 是电子供给层,其中电子经隔离层进入应变 Si 层中,形成 2DEG。实验测得应变 Si 的室温下电子迁移率高达 2 830 $cm^2/(V·s)$,约为无应变 Si 的室温下电子迁移率 1470 $cm^2/(V·s)$ 的 2 倍。横向张应变 Si 的价带轻、重空穴带也因应变发生分裂,轻空穴带位于重空穴带之上,使轻空穴所占的比重增大,导致空穴的平均迁移率增大。实验测得[27],在 $Si_{0.82}Ge_{0.18}$ 上生长的应变 Si 中,其室温空穴迁移率较无应变 Si 情形大 40% 以上。由于在弛豫 $Si_{1-x}Ge_x$ 上生长的应变 Si 具有远高于无应变 Si 的电子和空穴迁移率,目前已在沟道长度小于 0.1μm 的 CMOS 工艺和集成电路中得到重要应用。此外,对于

图 9-25 无应变 Si 和横向张应变 Si 中导带电子在各能谷分布示意图

在无应变 Si 衬底上生长的横向压缩应变 $Si_{1-x}Ge_x$，实验和理论证明其空穴平均迁移率较无应变 Si 中的大，具有一定的应用前景。

```
┌─────────────────────────────────────┐
│           Si 帽层                    │
├─────────────────────────────────────┤
│      n⁺ - Si₀.₈Ge₀.₂                │
├─────────────────────────────────────┤
│   不掺杂 Si₀.₇Ge₀.₃ 隔离层            │
├─────────────────────────────────────┤
│       不掺杂应变 Si 层                │         x=0.3
├─────────────────────────────────────┤
│  Ge 组分梯度缓变的 Si₁₋ₓGeₓ 缓冲层    │
├─────────────────────────────────────┤         x=0
│           Si 衬底                    │
└─────────────────────────────────────┘
```

图 9-26　应变 Si 调制掺杂结构

由以上所述可知，使用应变异质结构的目的是利用异质外延半导体应变薄层中某些特性（如载流子迁移率等）的改善，以提高器件和集成电路特性。因此，应变异质结构的采用为发展新型半导体器件及提高器件和集成电路特性提供了新的途径，具有重要的应用前景。

★9.5　GaN 基半导体异质结构

自 20 世纪 90 年代以来，GaN 基半导体异质结构的研究与应用，在微波高温高功率器件和短波长光电子器件两个方面取得了很大的进展。由于 GaN 和 AlGaN 是具有较高热导率和较低介电常数的宽禁带半导体，且 AlGaN/GaN 异质结处形成的二维电子气面密度达 $10^{13}\mathrm{cm}^{-2}$ 以上，较其他半导体异质结的 2DEG 面密度高近一个数量级，因此很适用于制作微波高温、高功率器件。另外，GaN 是宽禁带直接带隙半导体，又很适用于制作短波长发光器件。近十几年来，InGaN/GaN 量子阱已成功地被用于制作蓝色和绿色发光管，达到了应用和量产，而 AlGaN/GaN 量子阱也已用于制作紫外发光器件。以下首先讨论 $Al_xGa_{1-x}N/GaN$ 异质结构及其界面处二维电子气的形成。

★9.5.1　GaN、AlGaN 和 InGaN 的极化效应

$Al_xGa_{1-x}N/GaN$ 异质结构之所以具有极高面密度的二维电子气，与材料内部的极化效应[17]有关。纤锌矿型结构氮化物半导体的晶格结构如第 1 章中的图 1-3 所示，它不具有中心对称性，而有单一对称轴，因此其晶胞内的正、负电荷中心不重合，形成了电矩，故存在自发极化效应。一般在蓝宝石（Al_2O_3）和 SiC 基片上外延制备的 GaN 晶膜是沿[0001]或[000$\bar{1}$]方向生长的，当 GaN 膜的上表面为 Ga 原子、下表面为 N 原子时，称为 Ga 面 GaN，其自发极化强度 p_{sp} 沿[000$\bar{1}$]方向，即从表面指向内部，如图 9-27 所示。

由于自发极化，在 GaN 膜的上表面形成负束缚面电荷，下表面形成正束缚面电荷，其电荷面密度分别用 $-\sigma_{sp}$ 和 σ_{sp} 表示。AlN、AlGaN、InN 和 InGaN 膜的自发极化情况基本与 GaN 膜相似，都是从表面 Al 或 Al/Ga 面、In 或 In/Ga 面指向底部 N 面，分别如图 9-28(a)和图 9-28(b)所示。

据报道[28]，AlN、GaN 和 InN 的自发极化强度分别为 $-0.090\mathrm{C/m^2}$、$-0.034\mathrm{C/m^2}$ 和 $-0.042\mathrm{C/m^2}$，负号表示自发极化强度与[0001]方向相反。可看到 AlN 的自发极化强度要较

图 9-27　沿[0001]方向生长的 GaN 原子排列及自发极化方向

图 9-28　沿[0001]方向生长的 Ga 面 AlGaN 和 InGaN 的原子排列及极化方向

GaN 大得多。至于 $Al_xGa_{1-x}N$ 和 $In_xGa_{1-x}N$ 的自发极化强度数值，则分别由以下两式给出[29]

$$p_{sp}(Al_xGa_{1-x}N)=[-0.09x-0.034(1-x)+0.019x(1-x)]C/m^2 \qquad (9-98)$$

$$p_{sp}(In_xGa_{1-x}N)=[-0.042x-0.034(1-x)+0.038x(1-x)]C/m^2 \qquad (9-99)$$

除自发极化效应外，$Al_xGa_{1-x}N/GaN$ 异质结构还存在压电极化效应。从第 1 章可得，AlN 和 GaN 的晶格常数 a 分别为 0.3112nm 和 0.3189nm，前者较后者小约 2.4%。因此，在 GaN 晶膜上外延制备的 $Al_xGa_{1-x}N$ 膜，当其厚度小于临界厚度时，将形成应变异质结构，$Al_xGa_{1-x}N$ 膜在横向发生张应变，同时在纵向发生压缩应变，产生压电极化效应。以 p_{pz} 表示压电极化强度，其方向与自发极化强度方向相同，如图 9-28(a)所示。

纤锌矿型结构的 InN 的晶格常数 a 为 0.3548nm，较 GaN 的晶格常数大约 11%，故在 GaN 晶膜上外延制备小于临界厚度的 $In_xGa_{1-x}N$ 膜时，与外延制备 $Al_xGa_{1-x}N$ 膜情况相反，横向发生的是压缩应变，同时在纵向发生张应变，其压电极化强度方向与自发极化强度方向相反，如图 9-28(b)所示。

$Al_xGa_{1-x}N/GaN$ 和 $In_xGa_{1-x}N/GaN$ 应变异质结构中的 $Al_xGa_{1-x}N$ 层和 $In_xGa_{1-x}N$ 层的压电极化强度数值可分别由以下两式给出[30]

$$p_{pz}(Al_xGa_{1-x}N/GaN)=[-0.0525x+0.0282x(1-x)]C/m^2 \qquad (9-100)$$

$$p_{pz}(In_xGa_{1-x}N/GaN)=[0.148x-0.0424x(1-x)]C/m^2 \qquad (9-101)$$

$Al_xGa_{1-x}N/GaN$ 应变异质结构的 Al 组分 x 一般取值为 0.2~0.3。以 $x=0.3$ 为例，由式(9-98)可算得 $Al_xGa_{1-x}N$ 的自发极化强度值为 $-0.0468C/m^2$，由式(9-100)算得其压电极化强度数值为 $-0.0098C/m^2$，故 $Al_xGa_{1-x}N/GaN$ 应变异质结构的 $Al_xGa_{1-x}N$ 层中总极化强度值为二者之和，等于 $-0.0566C/m^2$，较 GaN 层的自发极化强度值 $-0.034C/m^2$ 大 66.6%。

由式(9-101)还可看出 $In_xGa_{1-x}N$ 层的压电极化强度值为正,表示沿[0001]方向,与自发极化强度方向相反。

★9.5.2 $Al_xGa_{1-x}N/GaN$ 异质结构中二维电子气的形成

图 9-29 为实际器件制作中通常采用的 $Al_xGa_{1-x}N/GaN$ 应变异质结构及其中极化强度和束缚面电荷分布的示意图,$Al_xGa_{1-x}N$ 层的上表面(即顶层)为 Al 和 Ga 原子。$Al_xGa_{1-x}N$ 的厚度一般为几十纳米,不超过临界厚度,处于应变状态,层中同时存在自发极化和压电极化,其强度方向指向底部,下层 GaN 的厚度一般为 $1\mu m$ 至数 μm,处于弛豫状态,只存在自发极化,其强度方向也指向底部,如图 9-29(a)所示。

由于存在极化效应,在 $Al_xGa_{1-x}N/GaN$ 异质结构的上、下表面和异质结界面处会产生束缚面电荷,在 $Al_xGa_{1-x}N$ 层的下表面为正电荷,上表面为负电荷,如图 9-29 所示,其面密度分别用 $\sigma_1=\sigma_{sp1}+(\sigma_{pz1})$ 和 $-\sigma_1=-\sigma_{sp1}+(-\sigma_{pz1})$ 表示,σ_{sp1} 和 σ_{pz1} 分别为自发

图 9-29 $Al_xGa_{1-x}N/GaN$ 应变异质结构极化强度和束缚电荷分布示意图

极化和压电极化在 $Al_xGa_{1-x}N$ 下表面产生的正束缚电荷面密度。根据电学原理,可得

$$\sigma_1=\sigma_{sp1}+\sigma_{pz1}=-p_{sp1}-p_{pz1} \tag{9-102}$$

式中,p_{sp1} 和 p_{pz1} 分别为 $Al_xGa_{1-x}N$ 层的自发极化和压电极化强度值。当 Al 组分 $x=0.3$ 时,可得

$$\sigma_1=0.0566C/m^2=0.0566\times10^{-4}C/cm^2 \tag{9-103}$$

$Al_xGa_{1-x}N/GaN$ 异质结构的 GaN 层中只存在自发极化,在 GaN 层上表面产生负束缚电荷,以 $-\sigma_2$ 表示其面密度,由 $\sigma_2=\sigma_{sp2}=p_{sp2}$ 可得

$$-\sigma_2=-p_{sp2}=-0.034C/m^2=-0.034\times10^{-4}C/cm^2 \tag{9-104}$$

在 $Al_xGa_{1-x}N/GaN$ 异质结界面处的净束缚电荷面密度为式(9-103)和式(9-104)的代数和,即等于

$$\sigma_1+(-\sigma_2)=[0.0566+(-0.034)]C/m^2=0.0226\times10^{-4}C/cm^2$$

以电子电量 $q=1.602\times10^{-19}C$ 为单位,异质结界面处的净束缚电荷面密度为

$$\frac{0.0226\times10^{-4}}{1.602\times10^{-19}}\approx1.41\times10^{13}/cm^2 \tag{9-105}$$

相当于每平方厘米有约 1.4×10^{13} 个电子电量。在异质结界面处产生如此高面密度的净束缚正电荷,就会吸引带负电的电荷,因此在异质结界面 GaN 一侧的三角形势阱中形成高面密度的二维电子气,异质结界面处的束缚正电荷大部分被界面势阱中二维电子气的负电荷所补偿,实验得到当 $x=0.3$ 时,$Al_xGa_{1-x}N/GaN$ 异质结界面 2DEG 面密度达 $1.3\times10^{13}/cm^2$。

$Al_xGa_{1-x}N/GaN$ 异质结构中极化效应在 $Al_xGa_{1-x}N$ 层的上表面所产生的高面密度负束缚电荷也会在表面上形成补偿的正电荷吸附层。在实际器件应用中,$Al_xGa_{1-x}N/GaN$ 异质结构的 $Al_xGa_{1-x}N$ 层上表面通常与介质或金属电极接触,负束缚面电荷可吸附介质中带正电荷的分子或排斥金属中自由电子在表面上形成补偿的正电荷吸附层。

以上说明了 $Al_xGa_{1-x}N/GaN$ 异质结界面处之所以产生高面密度二维电子气,与材料中的自发极化和压电极化效应有密切关系,但界面的 2DEG 面密度还与一些其他物理因素,如

界面处带阶、势阱情况等有关,不能认为在数值上就等于异质结界面处的净束缚电荷面密度。

$Al_xGa_{1-x}N/GaN$ 异质结界面的导带阶 ΔE_c 在一定温度下是 Al 组分 x 的函数,计算公式如下[30]

$$\Delta E_c(x) = 0.63[E_g^{AlGaN}(x) - E_g^{GaN}] \tag{9-106}$$

式中,$Al_xGa_{1-x}N$ 的禁带宽度 $E_g^{AlGaN}(x)$ 由下式[30]计算

$$E_g^{AlGaN}(x) = xE_g^{AlN} + (1-x)E_g^{GaN} - 1.0x(1-x) \tag{9-107}$$

式中,E_g^{AlN} 和 E_g^{GaN} 分别为 AlN 和 GaN 的禁带宽度。由式(9-106)和式(9-107)算得室温下 x 为 0.3 时 $Al_xGa_{1-x}N$ 的禁带宽度为 4.03eV,而

$$\Delta E_c = 0.63 \times (4.03 - 3.39) \approx 0.403 \text{eV} \tag{9-108}$$

上述结果说明异质结界面处的势阱是较深的。此外,在 $Al_xGa_{1-x}N$ 区还存在由表面和界面电荷产生的大电场,据报道在不掺杂 Ga 面 $Al_{0.3}Ga_{0.7}N(30nm)/GaN(2000nm)$ 应变异质结构的 $Al_{0.3}Ga_{0.7}N$ 层中,测得有 0.4MV/cm 的电场强度,方向指向表面。由此可估算出在 30nm 的 AlGaN 层有约 1.2V 的电压降,这会使 $Al_{0.3}Ga_{0.7}N$ 层中形成高度为 1.2eV 的势垒,故一般称 AlGaN/GaN 异质结构的 AlGaN 层为势垒区。

由于 $Al_xGa_{1-x}N/GaN$ 异质结构中存在自发极化和压电极化效应及由其在表面和界面处产生的束缚面电荷,在表面邻近还有电荷吸附薄层,是一个较为复杂的系统,因此计算其能带和二维电子气的分布需要编制相应的软件,用数值方法计算。以下给出一个最近的计算结果[31]。计算所取的 $Al_xGa_{1-x}N/GaN$ 应变异质结构由 Al 组分为 0.3、厚度为 30nm 的 $Al_xGa_{1-x}N$ 和较厚的 GaN 层组成,表面吸附正电荷层的厚度为 2nm,计算结果如图 9-30 所示。从图 9-30 可看到在图中对应 $Al_xGa_{1-x}N$ 区的左边确实有一高度约为 1eV 的势垒存在。从图中还可看到二维电子气被局限在厚度为几纳米的薄层内。$Al_xGa_{1-x}N/GaN$ 应变异质结构的重要应用之一是制作微波高温、高功率 HEMT,或称 HFET(异质结场效应晶体管),其结构示意图如图 9-31 所示。

图 9-30 $Al_xGa_{1-x}N/GaN$ 应变异质结的能带和二维电子气的分布

图 9-31 $Al_xGa_{1-x}N/GaN$ HEMT 示意图

器件的衬底材料取 4H—碳化硅(4H—SiC)或蓝宝石(Al_2O_3),SiC 的热导率更高,适用于更大功率的情况。在衬底上首先外延制备 1~3μm 的 UID-GaN,UID 指未故意掺杂。其后在 GaN 上外延生长的 30nm 厚度 $Al_{0.25}Ga_{0.75}N$ 可以是 UID 的,也可以是厚度为 5nm 的 UID—$Al_{0.25}Ga_{0.75}N$ 隔离层和 25nm 厚度的 n 型 $Al_{0.25}Ga_{0.75}N$ 层的组合。隔离层的作用是使二维电子气不受到 n 型 $Al_{0.25}Ga_{0.75}N$ 层中杂质的散射以致迁移率降低。有报道[32]采用这种结构制成的 HEMT,其 2DEG 面密度和迁移率分别达到 $1.14 \times 10^{13}/cm^2$ 和 $1000cm^2/(V \cdot s)$。据近

年报道[33]，以 SiC 为衬底的 $Al_xGa_{1-x}N/GaN$ HEMT，其 4GHz 连续波单位栅宽输出功率达到了 32.2W/mm，功率附加效率 PAE=54.8%。

★9.5.3 $In_xGa_{1-x}N/GaN$ 异质结构

InN 和 $In_xGa_{1-x}N$ 是另一类具有重要应用前景的氮化物半导体材料，特别是自从成功制作出 InGaN/GaN 蓝色发光管后，更日益受到人们的重视。

InN 的禁带宽度直到 2002 年由俄罗斯约飞研究所的 V. Yu. Davydov 和美国 Berkeley 的 J. Wu 等人分别用 MBE 法生长出质量较高的 InN 单晶后，才得到较准确的测定，其值为 0.65~0.9eV，计算时常取 0.77eV，之前一直沿用的 1.89eV 是错误的。虽然 InN 并不属于宽禁带半导体，但由 InN 和 GaN 组成的混合晶体 $In_xGa_{1-x}N$，靠调节组分 x，其禁带宽度可在从窄带到宽带的很大范围内变化，作为光器件材料可覆盖从近紫外到整个可见光区，而且是直接带隙半导体，因此很适用于制作发光和激光器件。据报道，$In_xGa_{1-x}N$ 的禁带宽度和 $In_xGa_{1-x}N$ 与 GaN 间的导带阶可分别由以下两式计算[34]

$$E_g^{InGaN}(x) = xE_g^{InN} + (1-x)E_g^{GaN} - 1.43x(1-x) \tag{9-109}$$

$$\Delta E_c(x) = 0.63[E_g^{InGaN}(x) - E_g^{GaN}] \tag{9-110}$$

式中，InN 的禁带宽度 E_g^{InN} 取 0.77eV，E_g^{GaN} 取 3.42eV。例如，当 $x=0.13$ 时，从式(9-109)可算得 $In_{0.13}Ga_{0.87}N$ 的禁带宽度为 2.914eV，与实测值 2.902eV 符合得很好。从式(9-110)可算得 $In_{0.13}Ga_{0.87}N$ 与 GaN 间的导带阶为 0.319eV，虽然 In 组分只有 0.13，但是导带阶已足够大。由此可见，采用 GaN-InGaN-GaN 三层结构是很适用于制作量子阱的。此外，InGaN/GaN 异质结构的 InGaN 一侧亦存在 2DEG，但分布在较宽范围，实验测得 GaN/$In_{0.13}Ga_{0.87}N$/GaN 量子阱的阱宽从 4.3nm 改变到 54nm，阱内的 2DEG 面密度从 $3.6×10^{10}/cm^2$ 增大至 $5×10^{12}/cm^2$。

$In_xGa_{1-x}N/GaN$ 双异质结蓝色发光管的基本结构是由 n-GaN 及在其上先后外延生长的 $In_xGa_{1-x}N$ 和 p-GaN(或 p-AlGaN)层构成的，其中 $In_xGa_{1-x}N$ 层形成势阱，为激活区。图 9-32 表示这一结构在加正向电压下的能带图。图中左侧为 p-GaN，右侧为 n-GaN，二者之间为 InGaN 层形成的势阱。在加正向电压 V_a 后，p-GaN 区的能带相对 n-GaN 区下降了 qV_a，如图 9-32 所示，这时 n-GaN 区的电子注入 InGaN 层填充其导带，而 p-GaN 区的空穴亦注入 InGaN 层填充其价带。与此同时，分别进入 InGaN 区导带和价带的电子与空穴不断复合而发射出光子，即发光。因此，发射的光子能量 $\hbar\omega$ 应等于 InGaN 层的禁带宽度，即 $\hbar\omega = E_g^{InGaN}$，由此得出发射光的波长为

$$\lambda = \frac{2\pi\hbar c}{E_g^{InGaN}} \tag{9-111}$$

图 9-32 $In_xGa_{1-x}N/GaN$ 双异质结发光管在正向电压下的能带图

对 $x=0.13$ 的 $In_xGa_{1-x}N$ 层，$E_g^{InGaN}=2.914eV$，从上式可得发射光的波长为 $0.4263\mu m$，属于紫光范围。对 $x=0.20$ 的 $In_xGa_{1-x}N$ 层，从式(9-109)可得 $E_g^{InGaN}=2.66eV$，对应的发射光的波长为 $0.467\mu m$，属于 $0.46\sim 0.49\mu m$ 波长的蓝光范围。图 9-32 所示的是 InGaN 层较厚的发光管简图，实际制作的 $In_xGa_{1-x}N/GaN$ 发光和激光器件通常采用的是多量子阱结构，阱宽只有几纳米，阱内电子能级形成子带，还有极化等其他一些效应的影响，是较为复杂的，读者可参阅其他有关资料[17]。$In_xGa_{1-x}N/GaN$ 量子阱蓝色和绿色发光管有很高的发光效率，输出功率已可达几百毫瓦，是有广泛用途的一类氮化物器件。

9.6 半导体超晶格

超晶格的思想由江崎和朱兆祥在 1968 年提出，并于 1970 年首次在砷化镓半导体上制成了超晶格结构[35,36]。由于超晶格结构提供了能够进行实验观察量子效应的物理模型，以及有技术应用的潜力，因此，近几十年来，在理论上及实验上对半导体超晶格材料及其性质的研究十分活跃，相继研制了 Ⅲ-Ⅴ/Ⅲ-Ⅴ、Ⅳ/Ⅲ-Ⅴ、Ⅱ-Ⅵ/Ⅱ-Ⅵ、Ⅳ-Ⅵ/Ⅳ-Ⅵ 化合物超晶格材料，Ⅳ/Ⅳ 元素半导体超晶格材料，以及非晶态半导体超晶格材料[37]。有的材料已被用于研制量子阱激光器、量子阱光电探测器、光学双稳态器件、调制掺杂场效应晶体管等实用器件。

什么是超晶格呢？半导体超晶格是指由交替生长两种半导体材料薄层组成的一维周期性结构，而其薄层厚度的周期小于电子的平均自由程的人造材料。目前生长半导体超晶格材料的最佳技术是分子束外延(MBE)技术，可控制单层原子的生长。此外，金属有机化合物气相淀积(MOCVD)技术也常被用来生长超晶格材料。图 9-33 为理想超晶格结构示意图。

江崎等人把超晶格分为两类：成分超晶格和掺杂超晶格。前者是周期性改变薄层的成分而形成的超晶格，如 $Ga_{1-x}Al_xAs/GaAs$；后者是周期性改变同一成分的各薄层中的掺杂类型而形成的超晶格，如由 n 型和 p 型的硅薄层与本征层相间组成的周期性结构 NIPI，并称为 NIPI 晶体(N、P、I 依次代表 N 型层、P 型层、本征层)。

下面以 $Ga_{1-x}Al_xAs/GaAs$ 为例，对半导体超晶格材料进行简单介绍。半导体超晶格结构 $Ga_{1-x}Al_xAs/GaAs$ 是在半绝缘的 GaAs 衬底上外延生长 GaAs 薄层，再在其上面交替地生长厚度为几纳米至几十纳米的 $Ga_{1-x}Al_xAs$ 和 GaAs 薄层而构成的。GaAs 的晶格常数为 0.56535nm，AlAs 的晶格常数为 0.56614nm，二者的晶格失配为 0.16%。而 $Ga_{1-x}Al_xAs$ 的晶格常数在上述两种材料之间，因此，$Ga_{1-x}Al_xAs$ 与 GaAs 之间的晶格失配比 0.16% 小，于是可以制得界面完整性好、缺陷少的 $Ga_{1-x}Al_xAs/GaAs$ 超晶格结构。

由 $Ga_{1-x}Al_xAs/GaAs$ 周期性重复制得的超晶格，其特点是两种材料的禁带宽度不同，GaAs 的禁带宽度 E_{g1} 为 1.424eV，$Ga_{1-x}Al_xAs$ 的禁带宽度 E_{g2} 则随组分 x 而变，其关系为
$$E_{g2}=E_{g1}+1.247x$$
两种材料的禁带宽度之差 ΔE_g 为
$$\Delta E_g=E_{g2}-E_{g1}=1.247x$$
可见，ΔE_g 也随 Al 组分 x 而变化。这种材料的导带底和价带顶如图 9-34 所示。

从图 9-34 可看到，在 $Ga_{1-x}Al_xAs$ 和 GaAs 的交界处能带是不连续的，二者的导带底能量差为 ΔE_c，价带顶能量差为 ΔE_v，而且 $\Delta E_c+\Delta E_v=\Delta E_g$。丁格尔等用光吸收实验研究确定了 $\Delta E_c=(0.85\pm0.03)\Delta E_g$，$\Delta E_v=(0.15\pm0.03)\Delta E_g$，近年来还发表了一些新的数据，如 $\Delta E_c=0.67\Delta E_g$。

图 9-33　理想超晶格结构示意图　　　　图 9-34　$Ga_{1-x}Al_xAs/GaAs$ 的能带图

沿两种半导体材料薄层交替生长方向(取为 z 方向)的势分布,是由两种材料的禁带宽度不同而引起的附加周期势 $V(z)$,图中 c 表示 GaAs 薄层厚度,即势阱宽度;b 为 $Ga_{1-x}Al_xAs$ 薄层厚度,即势垒区宽度。因此,这一附加周期势的周期 l 为

$$l=b+c$$

应用有效质量近似可求得在上述超晶格中运动的电子服从薛定谔方程

$$-\frac{\hbar^2}{2m^*}\nabla^2\psi(x,y,z)+V(z)\psi(x,y,z)=E\psi(x,y,z) \tag{9-112}$$

式中,m^* 为电子的有效质量。

用分离变量法解式(9-112),可得

$$\psi(x,y,z)=\exp[i(k_xx+k_yy)]\varphi(z) \tag{9-113}$$

$$E=E_z+E_{xy} \quad E_{xy}=\frac{\hbar^2}{2m^*}(k_x^2+k_y^2)$$

$\varphi(z)$ 满足方程

$$\left[\frac{-\hbar^2}{2m^*}\frac{\partial^2}{\partial z^2}+V(z)\right]\varphi(z)=E_z\varphi(z) \tag{9-114}$$

式(9-114)为电子在 z 方向上的周期性势场 $V(z)$ 中运动的薛定谔方程。如果选取势阱的势能为零,势垒高度为 V_0,则 z 方向上的周期性势场为

$$V(z)=\begin{cases}0 & 0<z<c\\ V_0 & -b\leqslant z\leqslant 0\end{cases} \tag{9-115}$$

而且 $V(z)=V(z+nl)$,n 为整数,$l=b+c$。

在势阱内,$0<z<c$,$V(z)=0$,设

$$\alpha^2=\frac{2m^*E_z}{\hbar^2} \tag{9-116}$$

式(9-114)变为

$$\frac{d^2\varphi(z)}{dz^2}+\alpha^2\varphi(z)=0 \tag{9-117}$$

在势垒内,$-b\leqslant z\leqslant 0$,$V(z)=V_0$,设

$$\beta^2=\frac{2m^*}{\hbar^2}(V_0-E_z)=\frac{2m^*}{\hbar^2}V_0-\alpha^2 \tag{9-118}$$

式(9-114)变为

$$\frac{d^2\varphi(z)}{dz^2}-\beta^2\varphi(z)=0 \tag{9-119}$$

由布洛赫定理知,周期性势场中的电子波函数应为

$$\varphi(z)=\exp[i(k_zz)]u_{kz}(z) \tag{9-120}$$

将 $\varphi(z)$ 代入式(9-117)及式(9-119),得到 $u_{kz}(z)$ 满足的方程式分别为

$$\frac{\mathrm{d}^2 u_{kz}(z)}{\mathrm{d}z^2} + 2\mathrm{i}k_z \frac{\mathrm{d}u_{kz}(z)}{\mathrm{d}z} + (\alpha^2 - k_z^2)u_{kz}(z) = 0 \tag{9-121}$$

$$\frac{\mathrm{d}^2 u_{kz}(z)}{\mathrm{d}z^2} + 2\mathrm{i}k_z \frac{\mathrm{d}u_{kz}(z)}{\mathrm{d}z} - (\beta^2 + k_z^2)u_{kz}(z) = 0 \tag{9-122}$$

以上两式为二阶常系数微分方程，它们的解为

$$\left. \begin{array}{l} u_{kz1}(z) = A\mathrm{e}^{\mathrm{i}(\alpha - k_z)z} + B\mathrm{e}^{-\mathrm{i}(\alpha + k_z)z} \\ u_{kz2}(z) = C\mathrm{e}^{(\beta - \mathrm{i}k_z)z} + D\mathrm{e}^{-(\beta + \mathrm{i}k_z)z} \end{array} \right\} \tag{9-123}$$

式中，A、B、C、D 为常数，利用周期性边界条件及 $u_{kz}(z)$ 和 $\mathrm{d}u_{kz}(z)/\mathrm{d}z$ 在 $z=0$ 及 $z=c$ 处应连续，可得到

$$\frac{\beta^2 - \alpha^2}{2\alpha\beta} \sinh\beta b\, \sin\alpha c - \cosh\beta b\, \cos\alpha c = \cos k_z l \tag{9-124}$$

设 $\qquad R = b[2m^*(V_0 - E_z)]^{1/2}/\hbar^2, \qquad S = (2m^* E_z)^{1/2} c/\hbar$

则得到

$$F(E_z) = \left(\frac{V_0}{2E_z} - 1\right)\left(\frac{V_0}{E_z} - 1\right)^{-1/2} \sinh R \sin S + \cosh R \cos S$$

$$F(E_z) = \cos k_z l \tag{9-125}$$

因 k_z 是实数，$-1 \leqslant \cos k_z l \leqslant 1$，因而

$$-1 \leqslant F(E_z) \leqslant 1 \tag{9-126}$$

式(9-126)即是决定电子能量的超越方程，对于给定的 b、c、V_0、m^*，可得到电子可能具有的能量所必须满足的条件，如图 9-35 所示。对允带，找出相应的纵坐标值 $\cos k_z l$，从而求出对应于每个能量的 k_z 值，作出 E_z-k_z 的关系曲线，如图 9-36 所示。

图 9-35　超晶格中能量的允带和禁带示意图　　图 9-36　超晶格中电子能量与波矢的关系

由于超晶格周期 l 一般比正常的晶格常数 a 大得多，而超晶格材料的 E_z-k_z 关系曲线在

$$k_z = \pm \frac{n\pi}{l} \quad n = \pm 1, \pm 2, \cdots$$

处间断，因此正常晶体 z 方向上由 $\left(\pm \dfrac{n\pi}{a}\right)$ 所决定的布里渊区被分割为由 $\left(\pm \dfrac{n\pi}{l}\right)$ 所决定的超晶格材料的许多微小的布里渊区。例如，若超晶格的周期 l 为晶格常数 a 的 10 倍，则原来正常晶体的每个布里渊区都将被分割为 10 个微小的布里渊区。在每个微小的布里渊区中，超晶

格材料的电子能量 E_z 与波矢 k_z 的关系是连续变化的函数关系，形成一个能带，称为子能带。通常把正常晶体的能带变为许多子能带的情况称为布里渊区的折叠。图 9-36 中的虚线表示近自由电子的抛物线型能带，而实线所代表的超晶格能带明显地为非抛物线型能带。

如果沿 z 方向加一电场，则子能带中的电子可以无碰撞地到达微小布里渊区的边界，也就是 E_z-k_z 关系曲线的斜率由正变负，因而在电子的有效质量 $m^* = \hbar^2 / \frac{\partial^2 E}{\partial k^2}$ 由正变负的区域，其导电特性将会出现负阻现象。

在 $Ga_{1-x}Al_xAs/GaAs$ 超晶格结构中，如果生长时只在 $Ga_{1-x}Al_xAs$ 层中进行高掺杂（如掺 n 型杂质硅），而把 GaAs 层做成高纯的，这种掺杂方式称为调制掺杂（MD）或选择性掺杂。由于 GaAs 导带底比 $Ga_{1-x}Al_xAs$ 的导带底低，高掺杂的 n 型层 $Ga_{1-x}Al_xAs$ 中的电子将转移到 GaAs 的导带，使高纯的 GaAs 具有高电子浓度。而高纯的 GaAs 中电离杂质散射中心很少，故在低温下电子迁移率可以很大。这种迁移率增强的特性对于研制高速低功耗器件很有利。

根据组成超晶格的两种材料的能带匹配情况，可以把超晶格分为三类，如图 9-37 所示。图 9-37(a) 为 I 型，如 $Ga_{1-x}Al_xAs/GaAs$ 超晶格，GaAs 的导带底和价带顶均位于 $Ga_{1-x}Al_xAs$ 的禁带内，而且 $\Delta E_g = \Delta E_c + \Delta E_v$；图 9-37(b) 为 II 型，如 $GaSb_{1-y}As_y/In_{1-x}Ga_xAs$ 超晶格，$In_{1-x}Ga_xAs$ 的导带底位于 $GaSb_{1-y}As_y$ 的禁带内，而 $In_{1-x}Ga_xAs$ 的价带顶位于 $GaSb_{1-y}As_y$ 的价带顶之下，有 $\Delta E_g = |\Delta E_c - \Delta E_v|$；图 9-37(c) 为 III 型，如 GaSb/InAs 超晶格，InAs 的导带底位于 GaSb 的价带顶以下，出现了能带边的负交叠，有 $\Delta E_g = |\Delta E_c - \Delta E_v|$。研究者对这些超晶格的能带、输运特性等均进行了广泛的研究，读者可参阅参考资料[37-40]。

图 9-37　三种超晶格能带匹配情况

超晶格的研究受到广泛的重视，随着理论及实验技术的不断深入发展，将会获得更多的新成果。

习　　题

1. 何谓异质结？以 Ge 和 GaAs 为例，说明同型异质结和反型异质结。
2. 何谓突变型异质结？何谓缓变型异质结？它们与同质的突变型 pn 结和缓变型 pn 结有何不同？
3. 金刚石的晶格常数为 a，试计算（1 1 1）、（1 1 0）、（1 0 0）等晶面的悬挂键密度，原子面密度和悬挂键密度有区别吗？
4. GaAs 与 GaP 的晶格常数分别为 5.6531×10^{-10} m 和 5.4505×10^{-10} m，试计算两种材料的晶格失配，并计算（1 0 0）、（1 1 1）晶面的悬挂键密度。
5. 设 p 型和 n 型半导体中的杂质都是均匀分布的，杂质浓度分别为 N_A 和 N_D，介电常数分别为 ε_1 和 ε_2，势垒区正、负空间电荷区的宽度分别为 $d_1 = (x_0 - x_1)$、$d_2 = (x_2 - x_0)$，$x = x_0$ 处为交界面。试从泊松方程出

发,推导突变型 pn 异质结的接触电势差公式为

$$V_D = \frac{qN_A(x_0-x_1)^2}{2\varepsilon_1} + \frac{qN_D(x_2-x_0)^2}{2\varepsilon_2}$$

证明突变型异质结的势垒区宽度为

$$X_D = \left[\frac{2\varepsilon_1\varepsilon_2(N_A+N_D)^2 V_D}{qN_A N_D(\varepsilon_2 N_D + \varepsilon_1 N_A)}\right]^{1/2}$$

6. 设式(9-79)中的 $V(z)$ 为三角形势阱,求与界面垂直方向的电子能量 E_i。

7. 用图解法,从式(9-92)求出偶宇称情况下有限深势阱中电子的能量。

8. $Al_xGa_{1-x}As/GaAs$ 异质结的导带阶 $\Delta E_c = 0.66\Delta E_g$,$\Delta E_g$ 为 $Al_xGa_{1-x}As$ 与 GaAs 禁带宽度之差,$Al_xGa_{1-x}As$ 的禁带宽度 $E_g^{AlGaAs}(x) = 1.424 + 1.247x$。求 $Al_xGa_{1-x}As/GaAs/Al_xGa_{1-x}As$ 量子阱的 Al 组分 $x=0.3$,阱宽为 10nm 时,其导带和价带各有几个 z 方向量子能级。

9. 求 $Al_{0.25}Ga_{0.75}N/GaN$ 应变异质结的导带阶、自发和压电极化强度及束缚电荷面密度。

10. 求 $In_{0.15}Ga_{0.85}N/GaN$ 应变异质结的导带阶、自发和压电极化强度及束缚电荷面密度。

11. 简立方晶格沿[１００]方向生长的超晶格,设超晶格周期 $l=30a$,a 为晶格常数,讨论其布里渊区折叠情况,每个允带都将分裂成几个子允带。

12. 用 n 型 $Ga_{0.5}In_{0.5}P$ 与 p 型 GaAs 的异质结作为发射结,已知它们的带阶 $\Delta E = \Delta E_c + \Delta E_v = 0.33eV$,p 型 GaAs 的掺杂浓度为 $2\times 10^{19} cm^{-3}$,n 型 $Ga_{0.5}In_{0.5}P$ 的掺杂浓度为 $4\times 10^{17} cm^{-3}$,请估算其注入比和注入效率。

参 考 资 料

[1] Gubanov A I. Theory of the contact of two semiconductors of the same type of conductivity. Zh. Tekh. Fiz. ,1951,21:304.

[2] Gubanov A I. Theory of the contact of two semiconductors with mixed conductivity. Zh Eksper. Teor. Fiz. ,1951,21:721.

[3] Kroemer H. Theory of a wide gap emitter for transistors. Proc. IRE,1957,45:1 535.

[4] Anderson R L. Ge-GaAs heterojunctions. IBM. J. Rev. Dev. ,1960,4:283.

[5] Hayashi I,Panish M B,Foy P W. A low threshold room temperature injection laser. IEEE J. Quantum Electron. ,1969,QE-5:211.

[6] Kressel H,Nelson H. Close-confinement GaAs p-n junction lasers with reduced optical loss at room temperature. RCA Rev. ,1969,30:106.

[7] Sharma B L,Purosit R K. Semiconductor Heterojunctions. Oxford:Pergamon press,1974,24.

[8] 酒井善雄,高桥清,森泉体荣. 半導体ヘテロ接合. 东京:森北出版株式会社,1974.

[9] 高桥清. 半導体工学. 东京:森北出版株式会社,1975,157.

[10] Nelson H. Epitaxial growth from the liquid state and its application to the fabrication of tunnel and laser diode. RCA Rev. ,1963,24:603.

[11] Donnelly J P,Milnes A G. The epitaxial growth of Ge on Si by solution growth techniques. J. Electrochem. Soc. ,1966,113:297.

[12] Davey J E,Pankey T. Epitaxial GaAs films deposited by vacuum evaporation. J. Appl. phys. ,1968,39:1941.

[13] Molnar B,Flood J J,Francombe M H. Fibered and epitaxial growth in sputtered films of GaAs. J. Appl. phys. ,1964,33:3 554.

[14] Oldham W G,Milnes A G. Interface states in abrupt semiconductor heterojunctions. Solid State Electron. ,1964,7:153.

[15] Holt D B. Misfit dislocations in semiconductors. J. Phys Chem. Solids,1966,27:1053.

[16] Oldham W G, Milnes A G. n-n semiconductor heterojunctions. Solid State Electron. ,1963,6:121.

[17] 虞丽生. 半导体异质结物理. 2版. 北京:科学出版社,2006.

[18] Kroemer H. Theory of a wide-gap emitter for transistor. proc. of the IRE,1957,45:1535-1537.

[19] Sze S M. Modern Semiconductor Device Physics. New York:John Wiley and Sons,Inc. ,1998,45-66.

[20] 罗晋生,范永平,朱秉升. 半导体理论. 成都:电子科技大学出版社,1991.

[21] Sze S M. High-Speed Semiconductor Devices. New York:John Wiley and Sons,Inc. ,1990,298-322.

[22] 沈学础. 半导体光学性质. 北京:科学出版社,1992.

[23] 夏建白,朱邦芬. 半导体超晶格物理. 上海:上海科学技术出版社,1995.

[24] Chang L L, Esaki L, Tsu R. Resonant-tunneling in Semiconductor double barries. Appl. phys. Lett. ,1974,24:593.

[25] Zaslavsky A,Tsui D C,Santos M,et al. Magnetotunneling in double-barrier heterostructures. Phys. Rev. ,1989,B40:9 829.

[26] Nelson S F, Ismail K, Chu J O, et al. Room-temperature electron mobility in strained Si/SiGe heterostructures. Appl. Phys. Lett. ,1993,63(3):367.

[27] Oberhuber R, Zandler G, et al. Subband stucture and mobility of two-dimensional holes in straned Si/SiGe MOSFET's. Phys. Rev. B. ,1998,58(15):9 941.

[28] Shur M S, Bykhovski A D, Gaska R. Pyroelectric and piezoelectric properties of GaN based materials. MRS Internet J. Nitride Semicond. Res. ,2000,4S1,G1. 6.

[29] Fiorentini V, Bemardini E, Ambacher O. Evidence for nonlinear polarization in Ⅲ-Ⅴ for nonlinear nitride alloy heterostructures. Appl. Phys. Lett. ,2002,80(7):1204.

[30] Ambacher O. Pyroelectric properties of Al(In)GaN/GaN hetero-and quantum well structures. J. Phys. :Condens Matter,2002,14:3399.

[31] 薛舫时. GaN 异质结的二维表面态. 半导体学报,2005,26(10):1939.

[32] Wang W K. Performance enhancement by using the n^+-GaN cap layer and gate recess technology on the AlGaN-GaN HEMT fablication. IEEE Elcctron Device Letters,2005,26(1):5.

[33] Wu Y F. 30W/mm GaN HEMTs by field plate optimization. IEEE Electron Device Letters,2004,25(3):117.

[34] Wu J. Small band gap bowing in $In_xGa_{1-x}N$ alloys. Appl. Phys. Lett. ,2002,80(25):4741.

[35] Esaki L, Tsu R. Superlattice and negative differential conductivity in semiconductors. IBM J. Res. Develop,1970,14:61.

[36] Blakesles A E, Aliotta C F. Man-made superlattice crystals. IBM J. Res Develop,1970,14:686.

[37] Kamimura H, Toyozawa Y. Symposium on recent topics in semiconductor physics. Singapore: world Scientific Publishing Co. ,1983.

[38] Tsu R, Esaki L. Tunneling in a finite superlattice. Appl. Phys Lett. ,1973,22:562.

[39] Esaki L, Chang L L. New transport Phenomenon in a semiconductor "Super-lattices". Phys. Rew. Lett. ,1974,33:495.

[40] Bastard G, Mendez E E, Esak L. Self consistent calculations in InAs-GaSb, heterojunction. J. Vac. Sci. Technol. ,1982,21:531.

第 10 章　半导体的光学性质和光电与发光现象

本章讨论光和半导体相互作用的一般规律,并用光子与晶体中电子、原子的相互作用来研究半导体的光学过程,重点讨论光的吸收、光电导和发光等效应。

*10.1　半导体的光学常数

*10.1.1　折射率和吸收系数

固体对光的吸收过程通常用折射率、消光系数和吸收系数来表征,这些参数与固体电学常数之间的关系可用经典理论来导出。

光波即电磁辐射,当它在不带电的、各向同性的导电媒质(包括半导体)中传播时,服从麦克斯韦方程组

$$\begin{cases} \nabla \times \boldsymbol{\mathcal{E}} = -\dfrac{\partial \boldsymbol{B}}{\partial t} & (10\text{-}1) \\[4pt] \nabla \times \boldsymbol{H} = \boldsymbol{J} + \dfrac{\partial \boldsymbol{D}}{\partial t} & (10\text{-}2) \\[4pt] \nabla \cdot \boldsymbol{B} = 0 & (10\text{-}3) \\[4pt] \nabla \cdot \boldsymbol{D} = 0 & (10\text{-}4) \end{cases}$$

对于均匀的各向同性媒质,有

$$\boldsymbol{J} = \sigma \boldsymbol{\mathcal{E}}, \qquad \boldsymbol{B} = \mu_r \mu_0 \boldsymbol{H}, \qquad \boldsymbol{D} = \varepsilon_r \varepsilon_0 \boldsymbol{\mathcal{E}}$$

对于光学波长,$\mu_r = 1$,麦克斯韦方程组变为

$$\begin{cases} \nabla \times \boldsymbol{\mathcal{E}} = -\mu_0 \dfrac{\partial \boldsymbol{H}}{\partial t} & (10\text{-}5) \\[4pt] \nabla \times \boldsymbol{H} = \sigma \boldsymbol{\mathcal{E}} + \varepsilon_r \varepsilon_0 \dfrac{\partial \boldsymbol{\mathcal{E}}}{\partial t} & (10\text{-}6) \\[4pt] \nabla \cdot \boldsymbol{H} = 0 & (10\text{-}7) \\[4pt] \nabla \cdot \boldsymbol{\mathcal{E}} = 0 & (10\text{-}8) \end{cases}$$

式中,ε_0 和 μ_0 是自由空间的介电常数和磁导率;ε_r 是媒质的相对介电常数;σ 是媒质的电导率。从式(10-5)和式(10-6)得

$$\nabla \times \nabla \times \boldsymbol{\mathcal{E}} = -\mu_0 \frac{\partial}{\partial t}(\nabla \times \boldsymbol{H}) = -\mu_0 \left(\sigma \frac{\partial \boldsymbol{\mathcal{E}}}{\partial t} + \varepsilon_r \varepsilon_0 \frac{\partial^2 \boldsymbol{\mathcal{E}}}{\partial t^2} \right)$$

由于

$$\nabla \times \nabla \times \boldsymbol{\mathcal{E}} = \nabla (\nabla \cdot \boldsymbol{\mathcal{E}}) - \nabla^2 \boldsymbol{\mathcal{E}}$$

因此

$$\nabla^2 \boldsymbol{\mathcal{E}} - \sigma \mu_0 \frac{\partial \boldsymbol{\mathcal{E}}}{\partial t} - \mu_0 \varepsilon_r \varepsilon_0 \frac{\partial^2 \boldsymbol{\mathcal{E}}}{\partial t^2} = 0 \tag{10-9}$$

对于 H 也可获得类似的方程。

现考虑沿 x 方向传播的平面电磁波，取 $\mathscr{E}$ 的一个分量 $\mathscr{E}_y$，其表示式为

$$\mathscr{E}_y = \mathscr{E}_0 \exp\left[i\omega\left(t - \frac{x}{v}\right)\right] \tag{10-10}$$

式中，$\mathscr{E}_0$ 是 $\mathscr{E}_y$ 的振幅；ω 是角频率；v 是平面波沿 x 方向的传播速度。将式(10-10)代入式(10-9)，得

$$\frac{1}{v^2} = \mu_0 \varepsilon_0 \varepsilon_r - \frac{i\sigma\mu_0}{\omega} \tag{10-11}$$

由于光波在媒质中的传播速度 v 应等于 c/N，其中 N 是媒质的折射率，c 是真空中的光速，因此

$$N^2 = c^2\left(\varepsilon_r - \frac{i\sigma}{\omega\varepsilon_0}\right)\mu_0\varepsilon_0$$

对自由空间，$N=1$，$\varepsilon_r=1$，$\sigma=0$。从上式得

$$c = 1/\sqrt{\varepsilon_0\mu_0} \tag{10-12}$$

所以

$$N^2 = \varepsilon_r - \frac{i\sigma}{\omega\varepsilon_0}$$

显然，当 $\sigma \neq 0$ 时，N 是复数，设

$$N = n - ik \tag{10-13}$$

代入式(10-10)，得

$$\mathscr{E}_y = \mathscr{E}_0 \exp\left(-\frac{\omega k x}{c}\right)\exp\left[i\omega\left(t - \frac{nx}{c}\right)\right] \tag{10-14a}$$

对于 H_z，可得出相似的公式

$$H_z = H_0 \exp\left(-\frac{\omega k x}{c}\right)\exp\left[i\omega\left(t - \frac{nx}{c}\right)\right] \tag{10-14b}$$

将式(10-14a)和式(10-14b)代入式(10-9)，可得出 $\mathscr{E}_0$ 和 H_0 的关系

$$H_0 = \frac{(n-ik)}{\mu_0 c}\mathscr{E}_0 = \frac{N}{\mu_0 c}\mathscr{E}_0 \tag{10-15}$$

这说明，当光波在媒质中传播时，H_0 与 $\mathscr{E}_0$ 的数值不同，且两者之间有一相差 $\theta = \arctan\frac{k}{n}$，从式(10-14a)得知，当 $\sigma \neq 0$ 时，光波以 c/n 的速度沿 x 方向传播，其振幅按 $\exp(-\omega k x/c)$ 的形式减小。这里 n 是通常的折射率，而 k 则是表征光能衰减的参量，称为消光系数。既然光波的电矢量和磁矢量都按指数 $\exp(-\omega k x/c)$ 衰减，而能流密度（以坡印廷矢量表示）正比于电矢量和磁矢量振幅的乘积，其实数部分应该是光强度 I 随传播距离 x 的变化关系。因此，光强度按 $\exp(-2\omega k x/c)$ 衰减，即

$$I = I_0 \exp\left(-\frac{2\omega k x}{c}\right) \tag{10-16}$$

用透射法测定光的衰减（见图10-1）时，发现媒质中光的衰减与光强度成正比，引入比例系数 α，得

$$\frac{dI}{dx} = -\alpha I$$

积分可得

$$I = I_0 e^{-\alpha x} \tag{10-17}$$

图 10-1 光在媒质中的吸收

式中，α 是和光强度无关的比例系数，称为媒质的吸收系数。从式(10-17)可知 α 的物理意义是：α 相当于光在媒质中传播 $1/\alpha$ 距离时能量减小到原来能量的 $1/e$。将式(10-17)与

式(10-16)相比,得吸收系数

$$\alpha = \frac{2\omega k}{c} = \frac{4\pi k}{\lambda} \tag{10-18}$$

式中,λ 是自由空间中光的波长,k 是媒质的消光系数。

现讨论光学常数 n、k 和电学常数的关系。因为

$$\frac{1}{v^2} = \frac{N^2}{c^2} = \frac{(n-\mathrm{i}k)^2}{c^2} = \frac{n^2-k^2}{c^2} - \frac{\mathrm{i}2nk}{c^2}$$

代入式(10-11),并应用式(10-12),得

$$n^2 - k^2 = \varepsilon_r, \qquad 2nk = \frac{\sigma}{\omega \varepsilon_0} \tag{10-19}$$

由此,可解出 n^2 和 k^2

$$\left.\begin{array}{l} n^2 = \dfrac{1}{2}\varepsilon_r \left[1 + \left(1 + \dfrac{\sigma^2}{\omega^2 \varepsilon_r^2 \varepsilon_0^2}\right)^{1/2} \right] \\[2mm] k^2 = -\dfrac{1}{2}\varepsilon_r \left[1 - \left(1 + \dfrac{\sigma^2}{\omega^2 \varepsilon_r^2 \varepsilon_0^2}\right)^{1/2} \right] \end{array}\right\} \tag{10-20}$$

式中,n、k、σ 和 ε_r 都是对同一频率而言的,它们都是频率的函数。当 $\sigma \approx 0$ 时,$n \approx \sqrt{\varepsilon_r}$,$k \approx 0$。这说明,对于非导电性材料,没有吸收,材料为透明状;对于一般半导体材料,折射率 n 为3~4。吸收系数 α 除与材料本身有关外,还随光的波长而变化。对于吸收系数很大的情况(如 $\alpha \approx 10^5\,\mathrm{cm}^{-1}$),光的吸收实际上集中在晶体很薄的表面层内。

以上用麦克斯韦电磁理论讨论了光波在导电媒质中的传播,得到与光波在电介质中传播相似的性质。所不同的是,在电介质中,电磁波没有衰减地传播;而在导电媒质中,如在半导体和金属内,波的振幅随着透入的深度而减小,即存在光的吸收。这是由于导电媒质内部有自由电子存在,波在传播过程中在媒质内激起传导电流,光波的部分能量转换为电流的焦耳热。因此,导电媒质的吸收系数取决于电导率。

在导电媒质中,光传播的波动方程同样可以用一般的表达式来描述

$$\mathscr{E}_y = \mathscr{E}_0 \exp\left[\mathrm{i}\omega\left(t - \frac{Nx}{c}\right)\right]$$

所不同的只是用复数折射率 $N = n - \mathrm{i}k$ 代替了普通折射率 n。显然,N 的实数部分就是普通折射率,而虚数部分 k 则决定光的衰减,与吸收系数 α 直接有关。

*10.1.2 反射系数和透射系数

当光波(电磁波)照射到媒质界面时,必然发生反射和折射。一部分光从界面反射,另一部分则透射入媒质。从能量守恒观点看,反射能流和透射能流之和等于入射能流。因为入射能流密度可用坡印廷矢量的实数部分来表示,又因为

$$H_0 = \frac{N}{\mu_0 c}\mathscr{E}_0$$

所以,入射能流密度

$$S_0 = \frac{1}{2}\mathscr{E}_0 H_0 = \frac{N\mathscr{E}_0^2}{2\mu_0 c} \tag{10-21}$$

可见,波的能流密度(即光强度)与电矢量振幅的平方成正比。现规定反射系数 R 为界面反射

能流密度和入射能流密度之比,设 $\mathscr{E}_0$ 和 $\mathscr{E}'_0$ 分别代表入射波和反射波的电矢量振幅,则应用式(10-21),得反射系数

$$R = \mathscr{E}'^2_0 / \mathscr{E}^2_0 \tag{10-22}$$

当光从空气垂直入射于折射率为 $N=n-ik$ 的媒质界面时,可以推得反射系数[2]

$$R = \frac{(n-1)^2 + k^2}{(n+1)^2 + k^2} \tag{10-23}$$

对于吸收性很弱的材料,k 很小,反射系数 R 比纯电介质的稍大;但折射率较大的材料,其反射系数也较大。如 n 达到 4 的半导体材料,其反射系数可达 40% 左右。

在界面上,除光的反射外,还有光的透射。规定透射系数 T 为透射能流密度和入射能流密度之比。由于能量守恒,在界面上透射系数和反射系数满足下式

$$T = 1 - R \tag{10-24}$$

现进一步讨论光波透过一定厚度的媒质时,透射系数与反射系数的关系。设强度为 I_0 的光垂直透过厚度为 d 的媒质,如图 10-2 所示,在两个界面处都发生反射和透射,界面上的反射系数为 R,媒质的吸收系数为 α。显然,第一个界面上的反射光为 RI_0,透入媒质的光是 $(1-R)I_0$;到达第二个界面的光是 $(1-R)I_0 e^{-\alpha d}$,最后透过第二个界面的光强度等于 $(1-R)^2 I_0 e^{-\alpha d}$。根据定义,透射系数

$$T = \frac{\text{透射光强度}}{\text{入射光强度}} = (1-R)^2 e^{-\alpha d} \tag{10-25}$$

这就是光波透过厚度为 d 的样品时透射系数和反射系数的关系①。

图 10-2 反射和透射示意图

*10.2 半导体的光吸收[1,2]

10.1 节中已提到,光在导电媒质中传播时具有衰减现象,即产生光的吸收。半导体材料通常能强烈地吸收光能,具有数量级为 10^5cm^{-1} 的吸收系数。材料吸收辐射能导致电子从低能级跃迁到较高的能级。对于半导体材料,自由电子和束缚电子的吸收都很重要。

大量实验证明,价带电子跃迁是半导体研究中最重要的吸收过程之一。当一定波长的光照射半导体材料时,电子吸收足够的能量,从价带跃迁入导带。电子从低能带跃迁到高能带的吸收,相当于原子中的电子从能量较低的能级跃迁到能量较高能级的吸收。其区别在于:原子中的能级是不连续的,两能级间的能量差是定值,因而电子的跃迁只能吸收一定能量的光子,出现的是吸收线;而在晶体中,与原子能级相当的是一个由很多能级组成而实际上是连续的能带,因而光吸收也就表现为连续的吸收带。

*10.2.1 本征吸收

理想半导体在热力学零度时,价带是完全被电子占满的,因此价带内的电子不可能被激发到

---

① 只有当 αd 较大时,才能做这样的近似处理,可参阅参考资料[3]。

更高的能级。唯一可能的吸收是足够能量的光子使电子激发,越过禁带跃迁入空的导带,而在价带中留下一个空穴,形成电子-空穴对。这种由电子在带与带之间的跃迁所形成的吸收过程称为本征吸收。图 10-3 是本征吸收的示意图。

显然,要发生本征吸收,光子能量必须等于或大于禁带宽度 E_g,即

$$\hbar\omega \geqslant \hbar\omega_0 = E_g \quad (10\text{-}26)$$

图 10-3 本征吸收的示意图

$\hbar\omega_0$ 是能够引起本征吸收的最低限度光子能量,也即,对应于本征吸收光谱,在低频方面必然存在一个频率界限 ω_0(或者说在长波方面存在一个波长界限 λ_0)。当角频率低于 ω_0 或波长大于 λ_0 时,不可能产生本征吸收,吸收系数迅速减小。这种吸收系数显著减小的特定波长 λ_0(或特定角频率 ω_0)称为半导体的本征吸收限。图 10-4 给出几种半导体材料的本征吸收系数和波长的关系,曲线短波端陡峻地上升标志着本征吸收的开始。根据式(10-26),并应用关系式 $\omega = 2\pi c/\lambda$,可得出本征吸收限的公式为

$$\lambda_0 = \frac{1.24}{E_g(\text{eV})}(\mu\text{m}) \quad (10\text{-}27)$$

图 10-4 本征吸收曲线

根据半导体材料不同的禁带宽度,可算出相应的本征吸收限。例如,Si 的 $E_g = 1.12\text{eV}$,$\lambda_0 \approx 1.1\mu\text{m}$;GaAs 的 $E_g = 1.43\text{eV}$,$\lambda_0 \approx 0.867\mu\text{m}$,两者吸收限都在红外区;CdS 的 $E_g = 2.42\text{eV}$[①],$\lambda_0 \approx 0.513\mu\text{m}$,在可见光区。图 10-5 是几种常用半导体材料的本征吸收限和禁带宽度的对应关系。

图 10-5 E_g 和 λ_0 的对应关系

*10.2.2 直接跃迁和间接跃迁

在光照下,对于电子吸收光子的跃迁过程,除能量必须守恒外,还必须满足动量守恒,即满

[①] 此为常用数据,另有报道 E_g 达 2.53eV 等。

足选择定则。设电子原来的波矢是 k，要跃迁到波矢是 k' 的状态。由于对于能带中的电子，$\hbar k$ 具有类似动量的性质，因此在跃迁过程中，k 和 k' 必须满足如下的条件

$$\hbar k' - \hbar k = 光子动量 \tag{10-28}$$

由于一般半导体所吸收的光子，其动量远小于能带中电子的动量①，光子动量可忽略不计，因而式(10-28)可近似地写为

$$k' = k \tag{10-29}$$

这说明，电子吸收光子产生跃迁时波矢保持不变(电子能量增大)。这就是电子跃迁的选择定则。

图 10-6 是一维的 $E(k)$ 曲线，可以看到，为了满足选择定则，以使电子在跃迁过程中波矢保持不变，原来在价带中状态 A 的电子只能跃迁到导带中的状态 B。A 与 B 在 $E(k)$ 曲线中位于同一垂线上，因而这种跃迁称为直接跃迁。在 A 到 B 直接跃迁中所吸收光子的能量 $\hbar\omega$ 与图中的垂直距离 AB 相对应。显然，对应于不同的 k，垂直距离各不相等。就是说，相当于任何一个 k 值的不同能量的光子都有可能被吸收，而吸收的光子最小能量应等于禁带宽度 E_g（相当于图 10-6 中的 OO'）。由此可见，本征吸收形成一个连续吸收带，并具有一长波吸收限 $\omega_0 = E_g/\hbar$。因而通过光吸收的测量，也可求得禁带宽度 E_g 的数据。在常用半导体中，对于Ⅲ-Ⅴ族的 GaAs、InSb 及Ⅱ-Ⅵ族等材料，导带极小值和价带极大值对应于相同的波矢，常称为直接带隙半导体，这种半导体在本征吸收过程中产生电子的直接跃迁。

通过理论计算可得，在直接跃迁中，如果对于任何 k 值的跃迁都是允许的，则吸收系数与光子能量的关系为[3]

$$\alpha(\hbar\omega) = \begin{cases} A(\hbar\omega - E_g)^{1/2} & \hbar\omega \geqslant E_g \\ 0 & \hbar\omega < E_g \end{cases} \tag{10-30}$$

式中，A 基本为一常数。

但是，理论和实验都证明，不少半导体的导带和价带极值并不像图 10-6 那样，都对应于相同的波矢。例如，锗、硅一类半导体，价带顶位于 k 空间的原点，而导带底则不在 k 空间原点（参阅 1.6 节），这类半导体称为间接带隙半导体。图 10-7 表示 Ge 的能带结构示意图。显然，任何直接跃迁所吸收的光子能量都比禁带宽度 E_g 大，这显然和直接跃迁的本征吸收矛盾。

图 10-6　电子的直接跃迁

图 10-7　直接跃迁和间接跃迁

这一矛盾实际上指出，本征吸收中，除存在符合式(10-29)选择定则的直接跃迁外，还存

---

① 以可见光为例，波长的数量级为 500nm，相对应的波矢绝对值的数量级为 $2\times10^4 \text{cm}^{-1}$；而和能带中电子相对应的波矢的数量级是原子间距的倒数，为 $10^6 \sim 10^8 \text{cm}^{-1}$。

在着非直接跃迁过程，如图中的 $O \to S$。在非直接跃迁过程中，电子不仅吸收光子，同时还和晶格交换一定的振动能量，即放出或吸收一个声子。因此，严格地讲，能量转换关系不再是直接跃迁所满足的式(10-26)，而应该考虑声子的能量。非直接跃迁过程是电子、光子和声子三者同时参与的过程，能量关系应该是

$$\hbar\omega_0 \pm E_p = 电子能量差 \Delta E$$

式中，E_p 代表声子的能量，"+"号代表是吸收声子，"−"号代表是发射声子。由于声子的能量非常小，数量级在百分之几电子伏特以下，可以忽略不计，因此，粗略地讲，电子在跃迁前、后的能量差就等于所吸收的光子能量，$\hbar\omega$ 只在 E_g 附近有微小的变化。所以，由非直接跃迁可得出和直接跃迁相同的关系，即

$$\Delta E = \hbar\omega_0 = E_g$$

从第 4 章已知，声子也具有和能带电子相似的准动量。波矢为 q 的格波，声子的准动量是 $\hbar q$。在非直接跃迁过程中，伴随声子的吸收或发射，动量守恒关系得到满足，可写为

$$(\hbar\mathbf{k}' - \hbar\mathbf{k}) \pm \hbar\mathbf{q} = 光子动量$$

即 电子的动量差 ± 声子动量 = 光子动量

略去光子动量，得

$$\mathbf{k}' - \mathbf{k} = \mp \mathbf{q} \tag{10-31}$$

式中，q 是声子的波矢，"∓"号分别表示电子在跃迁过程中发射或吸收一个声子。式(10-31)说明，在非直接跃迁过程中，伴随发射或吸收适当的声子，电子的波矢 k 是可以改变的。例如，在图 10-7 中，电子吸收光子而实现由价带顶跃迁到导带底 S 状态时，必须吸收一个 $\mathbf{q} = \mathbf{k}_s$ 的声子，或发射一个 $\mathbf{q} = -\mathbf{k}_s$ 的声子。这种除吸收光子外还与晶格交换能量的非直接跃迁，也称间接跃迁。

总之，在光的本征吸收过程中，如果只考虑电子和电磁波的相互作用，则根据动量守恒要求，只可能发生直接跃迁；但如果还考虑电子与晶格的相互作用，则非直接跃迁也是可能的，这是因为依靠发射或吸收一个声子，可使动量守恒原则仍然得到满足。

由于间接跃迁的吸收过程一方面依赖于电子与电磁波的相互作用，另一方面还依赖于电子与晶格的相互作用，因此在理论上是一种二级过程。发生这样的过程，其概率要比只取决于电子与电磁波相互作用的直接跃迁的概率小得多。因此，间接跃迁的光吸收系数比直接跃迁的光吸收系数小得多。前者一般处于 $1 \sim 10^3 \text{ cm}^{-1}$ 数量级，而后者一般处于 $10^4 \sim 10^6 \text{ cm}^{-1}$ 数量级。

由理论分析可得[3]，当 $\hbar\omega > E_g + E_p$ 时，吸收声子和发射声子的跃迁均可发生，吸收系数为

$$\alpha(\hbar\omega) = A \left[\frac{(\hbar\omega - E_g + E_p)^2}{\exp\left(\dfrac{E_p}{k_0 T}\right) - 1} + \frac{(\hbar\omega - E_g - E_p)^2}{1 - \exp\left(-\dfrac{E_p}{k_0 T}\right)} \right] \tag{10-32a}$$

当 $E_g - E_p < \hbar\omega \leqslant E_g + E_p$ 时，只能发生吸收声子的跃迁，吸收系数为

$$\alpha(\hbar\omega) = A(\hbar\omega - E_g + E_p)^2 / \exp\left(\frac{E_p}{k_0 T}\right) - 1 \tag{10-32b}$$

当 $\hbar\omega \leqslant E_g - E_p$ 时，跃迁不能发生，$\alpha = 0$。

图 10-8(a) 是 Ge 和 Si 的本征吸收系数和光子能量的关系。Ge 和 Si 是间接带隙半导体，当光子能量 $\hbar\omega_0 = E_g$ 时，本征吸收开始。随着光子能量的增大，吸收系数首先上升到一段较平缓的区域，这对应于间接跃迁；在更短的波长方面，随着 $\hbar\omega$ 的增大，吸收系数再一次陡增，

发生强烈的光吸收，表示直接跃迁的开始。GaAs 是直接带隙半导体，在光子能量大于 $\hbar\omega_0$ 后，一开始就有强烈吸收，吸收系数陡峻上升，反映出直接跃迁过程，如图 10-8(b)所示。

图 10-8 本征吸收系数和光子能量的关系

由此可知，研究半导体的本征吸收光谱，不仅可以根据吸收限决定禁带宽度，还有助于了解能带的复杂结构，也可作为区分直接带隙和间接带隙半导体的重要依据。

对重掺杂半导体，如 n 型半导体，费米能级将进入导带。温度较低时，E_F 以下的状态将被电子占满，价带电子只能跃迁到 E_F 以上的状态。因此，本征吸收的长波限要向短波方向移动，这一现象称为伯斯坦(Burstein)移动[2]。

在强电场的作用下，本征吸收的长波限将向长波方向移动，这一现象称为费朗兹-克尔德什(Franz-keldysh)效应，这意味着，能量比 E_g 小的光子也能发生本征吸收，它是通过光子诱导的隧道效应实现的[4]。

*10.2.3 其他吸收过程

实验证明，波长比本征吸收限 λ_0 大的光波在半导体中往往也能被吸收。这说明，除本征吸收外，还存在着其他的光吸收过程，主要有激子吸收、杂质吸收、自由载流子吸收等。研究这些过程，对于了解半导体的性质以及扩大半导体的利用范围，都有很大的意义。

1. 激子吸收

在本征吸收限，$\hbar\omega_0 = E_g$，光子的吸收恰好形成一个在导带底的电子和一个在价带顶的空穴。这样形成的电子是完全摆脱了正电中心束缚的"自由"电子，空穴也同样是"自由"空穴。由于本征吸收产生的电子和空穴之间没有相互作用，它们能互不相关地受到外加电场的作用而改变运动状态，因此使电导率增大（即产生光电导）。实验证明，当光子能量 $\hbar\omega \geqslant E_g$ 时，本征吸收形成连续光谱。但在低温时发现，某些晶体在本征连续吸收光谱出现以前，即 $\hbar\omega < E_g$ 时，就已出现一系列吸收线；并且发现对应于这些吸收线并不伴有光电导。可见这种吸收并不引起价带电子直接激发到导带，而是形成所谓的"激子吸收"。

理论和实验都说明，如果光子能量 $\hbar\omega$ 小于 E_g，价带电子受激发后虽然跃出了价带，但还不足以进入导带而成为自由电子，仍然受到空穴的库仑场作用。实际上，受激电子和空穴互相束缚而结合在一起成为一个新的系统，这种系统称为激子，这样的光吸收称为激子吸收。激子在晶体中的某一部位产生后,并不停留在该处,可以在整个晶体中运动;但由于它作为一个整体是电中性的,因此不形成电流。激子在运动过程中可以通过两种途径消失:一种是通过热激发或其他能量的激发使激子分离为自由电子或空穴;另一种是激子中的电子和空穴通过复合,使激子消灭而同时放出能量(发射光子或同时发射光子和声子)。

激子中电子与空穴之间的作用类似于氢原子中电子与质子之间的相互作用,因此,激子的能态也与氢原子相似,由一系列能级组成。如电子与空穴都用各向同性的有效质量 m_n^* 和 m_p^* 来表示,则按氢原子的能级公式,激子的束缚能应为

$$E_{ex}^n = -\frac{q^4}{32\pi^2\varepsilon_0^2\varepsilon_r^2\hbar^2 n^2}m_r^* \tag{10-33}$$

式中,q 是电子电量,n 是整数,m_r^* 是电子和空穴的折合质量,$m_r^* = m_p^* m_n^*/(m_p^* + m_n^*)$。从式(10-33)可见,激子有无穷个能级。$n=1$ 时,是激子的基态能级 E_{ex}^1;$n=\infty$ 时,$E_{ex}^\infty = 0$,相当于导带底能级,表示电子和空穴完全脱离相互束缚,电子进入了导带,而空穴仍留在价带。

图 10-9 和图 10-10 分别为激子能级图和激子吸收光谱示意图。在激子基态和导带底之间存在着一系列激子受激态,如图 10-9 所示。图 10-10 中本征吸收长波限以外的激子吸收峰相当于价带电子跃迁到相应的激子能级。显然,激子吸收所需光子的能量 $\hbar\omega$ 小于禁带宽度 E_g。图中第一个吸收峰相当于价带电子跃迁到激子基态($n=1$),吸收光子的能量是 $\hbar\omega = E_g - |E_{ex}^1|$;第二个吸收峰相当于价带电子跃迁到 $n=2$ 的受激态。$n>2$ 时,因为激子能级已差不多是连续的,所以吸收峰已分辨不出来,并且和本征吸收光谱合到一起。

图 10-9 激子能级图　　图 10-10 激子吸收光谱示意图

在许多离子晶体中,通过对吸收光谱精细结构的研究,对激子的存在早已肯定无疑。对于半导体,由于其禁带宽度比离子晶体小得多,因此激子能级非常接近。实验观测时,激子吸收线常常密集在本征吸收的长波限上分辨不出来,必须在低温下用极高鉴别率的设备才能观察到。对如 Ge 和 Si 等半导体,因为能带结构复杂,并且受杂质吸收和晶格缺陷吸收的影响,激子吸收也不容易被观察到。20 世纪 50 年代末期以后,随着完整和纯净单晶制备技术及实验分辨率的逐步提高,确定观察到多种半导体(包括单质半导体和化合物半导体)的激子吸收谱线,激子吸收得到了实验证实。

近年来,随着超晶格、量子阱研究的迅速发展,在量子阱结构中观测到了室温下也保持稳定的二维激子[5]。量子阱室温激子的发现促进了与激子相关的物理研究,导致了与之有关的新的量子阱光学器件的出现。

2. 自由载流子吸收

对于一般的半导体材料,当入射光子的频率不够高,不足以引起电子实现带到带的跃迁或形成激子时,仍然存在着吸收,而且其强度随波长的增大而增大。图 10-11 给出了这种在本征

吸收限以外长波方面不断增强的吸收作用,这是自由载流子在同一带内的跃迁所引起的,称为自由载流子吸收。

与本征跃迁不同,在自由载流子吸收中,电子从低能态到较高能态的跃迁是在同一能带内发生的,如图 10-12 所示。但这种跃迁过程同样必须满足能量守恒和动量守恒关系。和本征吸收的非直接跃迁相似,电子的跃迁也必须伴随着吸收或发射一个声子,因为自由载流子吸收中所吸收的光子能量小于 $\hbar\omega_0$,一般是红外吸收。

图 10-11 Si 的吸收曲线

图 10-12 自由载流子吸收

在一些 p 型半导体材料中人们还观察到另一种类型的自由载流子吸收。例如,在 p 型 Ge 中发现三个自由载流子吸收峰,在 P 型 GaAs 等材料中也有类似情况。考虑到构成 Ge 的价带的各个重叠带之间的跃迁,就能够说明这种吸收谱线的结构。

所谓 Ge 的价带是由三个独立的能带组成的。每个波矢 k 都有三个状态,分别属于三个带。三个能带的情况可用图 10-13 的一维图形来表示。图中给出的是三个带 V_1、V_2 和 V_3 的 $E(k)$ 能量函数。Ge 的价带包括两个在 $k=0$ 处的简并带(V_1 和 V_2)和一个与它们分裂开的带 V_3。价带顶实际上是由两个简并带的顶部所组成的,p-Ge 的空穴主要在这两个简并带顶的附近;第三个分裂的带则经常被电子所填满。在 p-Ge 的红外光谱中观测到的三个吸收峰,波长相应为 $3.4\mu m$、$4.7\mu m$ 和 $20\mu m$,它们对应于图 10-13 中的 $c(V_3 \rightarrow V_1)$、$b(V_3 \rightarrow V_2)$ 和 $a(V_2 \rightarrow V_1)$ 的电子跃迁。上述吸收谱线结构对半导体研究有重要意义,这种现象的分析实际上是确定价带具有重叠带结构的重要依据。

图 10-13 具有重叠带结构的自由载流子吸收

3. 杂质吸收

束缚在杂质能级上的电子或空穴也可以引起光的吸收。电子可以吸收光子跃迁到导带能级,空穴也可以吸收光子而跃迁到价带(或者说电子离开价带填补了束缚在杂质能级上的空穴),这种光吸收称为杂质吸收。由于束缚状态并没有一定的准动量,因此在这样的跃迁过程中,电子(空穴)跃迁后的状态的波矢并不受限制,这说明电子(空穴)可以跃迁到任意的导带(价带)能级,因而应当引起连续的吸收光谱。引起杂质吸收的最低的光子能量 $\hbar\omega_0$ 显然等于杂质上电子或空穴的电离能 E_1(见图 10-14 中 a 和 b 的跃迁),因此,杂质吸收光谱也具有长波吸收限 ω_0,而 $\hbar\omega_0 = E_1$。一般情况下,电子跃迁到较高的能级,或空穴跃迁到较低的价带能级(图 10-14 中 c 和 d 的跃迁),概率逐渐变得很小,因此,吸收光谱主要集中在吸收限 E_1 的附近。

由于 E_1 小于禁带宽度 E_g，杂质吸收一定会在本征吸收限以外的长波方面形成吸收带，如图 10-15 所示。显然，杂质能级越深，能引起杂质吸收的光子能量也越大，吸收峰比较靠近本征吸收限，对于大多数半导体，多数施主能级和受主能级很接近导带和价带，因此，相应的杂质吸收出现在远红外区。另外，杂质吸收也可以是电子从电离受主能级跃迁入导带，或空穴从电离施主能级跃迁入价带，如图 10-14 中 f 和 e 的跃迁。这时，杂质吸收光子的能量应满足 $\hbar\omega \geqslant E_g - E_1$。

图 10-14 杂质吸收中的电子跃迁

图 10-15 杂质吸收曲线

杂质中心除具有确定能量的基态外，也像激子一样，有一系列似氢激发能级 E_1、E_2、E_3 …… 除与电离过程相联系的光吸收外，杂质中心上的电子或空穴由基态到激发态的跃迁也可以引起光吸收。这时，所吸收的光子能量等于相应的激发态能量与基态能量之差。图 10-16 是 Si 中杂质 B(受主)的吸收光谱。图中几个吸收尖峰反映了受主中的空穴由基态到激发态的跃迁所引起的光吸收。几个吸收峰后面出现较宽的吸收带说明杂质完全电离，空穴由受主基态跃迁入价带。图中，杂质电离吸收带还显示出，随着光子能量的增大，吸收系数反而减小；这是由于空穴跃迁到低于价带顶的状态，其跃迁概率急速减小。

由于杂质吸收比较微弱，特别是在杂质溶解度较低的情况下，杂质含量很少，更加造成观测上的困难。一般，对于浅杂质能级，E_1 较小，只能在低温下当大部分杂质中心未被电离时，才能够观测到这种杂质吸收。

图 10-16 Si 中杂质的吸收光谱

4. 晶格振动吸收

在晶体吸收光谱的远红外区有时还可发现一定的吸收带，这是晶格振动吸收形成的。在这种吸收中，光子能量直接转换为晶格振动动能。对离子晶体或离子性较强的化合物，存在较强的晶格振动吸收带；在Ⅲ-Ⅴ族化合物（如 GaAs 及半导体 Ge、Si）中，也都观察到了这种吸收带。

*10.3 半导体的光电导[6,7]

在第 5 章中已提到，光吸收使半导体中形成非平衡载流子，而载流子浓度的增大必会使样品的电导率增大，这种由光照引起半导体电导率增大的现象称为光电导。本征吸收引起的光电导称为本征光电导。现讨论均匀半导体材料的光电导效应。

*10.3.1 附加电导率

无光照时,半导体样品的(暗)电导率应为

$$\sigma_0 = q(n_0\mu_n + p_0\mu_p)$$

式中,q 为电子电量;n_0、p_0 为平衡载流子浓度;μ_n 和 μ_p 分别为电子和空穴的迁移率。

设光注入的非平衡载流子浓度分别为 Δn 及 Δp。当电子刚被激发到导带时,可能比原来在导带中的热平衡电子有较大的能量。但光生电子通过与晶格碰撞,在极短的时间内就以发射声子的形式丢失多余的能量,变成热平衡电子。因此,可以认为在整个光电导过程中,光生电子与热平衡电子具有相等的迁移率,因而在光照下样品的电导率变为

$$\sigma = q(n\mu_n + p\mu_p)$$

式中,$n = n_0 + \Delta n$,$p = p_0 + \Delta p$。附加光电导率(或简称光电导)$\Delta \sigma$ 可写为

$$\Delta \sigma = q(\Delta n \mu_n + \Delta p \mu_p)$$

由此可得光电导的相对值

$$\frac{\Delta \sigma}{\sigma_0} = \frac{\Delta n \mu_n + \Delta p \mu_p}{n_0 \mu_n + p_0 \mu_p}$$

对本征光电导,$\Delta n = \Delta p$。引入 $b = \mu_n/\mu_p$,得

$$\frac{\Delta \sigma}{\sigma_0} = \frac{(1+b)\Delta n}{bn_0 + p_0} \tag{10-34}$$

从式(10-34)可看出,要制成(相对)光电导高的光敏电阻,应该使 n_0 和 p_0 有较小的数值。因此,光敏电阻一般是由高阻材料制成或者在低温下使用的。

实验证明,许多半导体材料在本征吸收中 $\Delta n = \Delta p$,但并不是光生电子和光生空穴都对光电导有贡献。例如,p 型 Cu_2O 的本征光电导主要是因光生空穴的作用;而 n 型 CdS 的本征光电导则主要是因光生电子的作用。这说明,虽然在本征光电导中,光激发的电子和空穴数是相等的,但是在它们复合消失以前,只有其中一种光生载流子(一般是多数载流子)有较长时间存在于自由状态,而另一种则往往被一些能级(陷阱)束缚住,这样,$\Delta n \gg \Delta p$ 或 $\Delta p \gg \Delta n$。附加电导率应为

$$\Delta \sigma = \Delta n \mu_n q \quad \text{或} \quad \Delta \sigma = \Delta p \mu_p q \tag{10-35}$$

除本征光电导外,光照也能使束缚在杂质能级上的电子或空穴因受激电离而产生杂质光电导。但是,由于杂质原子数比晶体本身的原子数小很多个数量级,因此,和本征光电导相比,杂质光电导是很微弱的。尽管如此,杂质吸收和杂质光电导也是研究杂质能级的一种重要方法。

*10.3.2 定态光电导及其弛豫过程

定态光电导是指在恒定光照下产生的光电导。研究光电导主要是研究光照下半导体附加电导率 $\Delta \sigma$ 的变化规律,例如,$\Delta \sigma$ 与哪些参数有关、光电导如何随光强度变化,等等。

根据式(10-35),因为 μ_n 和 μ_p 在一定条件下是一定的,所以 $\Delta \sigma$ 的变化反映了光生载流子 Δn 或 Δp 的变化。

设 I 表示以光子数计算的光强度(即单位时间通过单位面积的光子数),α 为样品的吸收系数,根据

$$-\frac{dI}{dx} = \alpha I \tag{10-36}$$

即单位时间单位体积内吸收的光能量(以光子数计)与光强度 I 成正比。因为 $I\alpha$ 等于单位体积内光子的吸收率,从而电子—空穴对的产生率可写为

$$Q=\beta I\alpha \tag{10-37}$$

式中,β 代表每吸收一个光子产生的电子—空穴对数,称为量子产额①。每吸收一个光子产生一个电子—空穴对,则 $\beta=1$;但当光子还由于其他原因被吸收(如形成激子等)时,则 $\beta<1$。

设从某一时刻开始以强度 I 的光照射半导体表面,假设除激发过程外,不存在其他任何过程,则经 t 秒后,光生载流子浓度应为

$$\Delta n=\Delta p=\beta\alpha It \tag{10-38}$$

如光照保持不变,光生载流子浓度将随 t 而线性增大,如图 10-17 中的虚线所示。但事实上,由于在光激发的同时还存在复合过程,因此,Δn 和 Δp 不可能直线上升。光生载流子浓度随时间的变化如图 10-17 中的曲线所示,Δn 最后达到一稳定值 Δn_s,这时附加电导率 $\Delta\sigma$ 也达到稳定值 $\Delta\sigma_s$,这就是定态光电导。显然,当达到定态光电导时,电子—空穴的复合率等于产生率,即 $R=Q$。

设光生电子和空穴的寿命分别为 τ_n 和 τ_p,根据式(10-38)得定态光生载流子浓度为

$$\Delta n_s=\beta\alpha I\tau_n,\Delta p_s=\beta\alpha I\tau_p \tag{10-39}$$

从而定态光电导率为

$$\Delta\sigma_s=q\beta\alpha I(\mu_n\tau_n+\mu_p\tau_p) \tag{10-40}$$

可见,定态光电导率与 μ、τ、β 和 α 这 4 个参量有关。其中 β 和 α 表征光和物质的相互作用,决定着光生载流子的激发过程;而 τ 和 μ 则表征载流子与物质之间的相互作用,决定着载流子运动和非平衡载流子的复合过程。

如上所述,光照后经过一定的时间才到达定态光电导率 $\Delta\sigma_s$;同样,在光照停止后,光电流也是逐渐地消失,如图 10-18 所示。这种在光照下光电导率逐渐上升和光照停止后光电导率逐渐下降的现象,称为光电导的弛豫现象。下面讨论弛豫过程中,光生载流子浓度(光电导率)与光照时间的关系。为简单起见,采用一种载流子起作用的情况,设 $\Delta p\approx 0$。

图 10-17 光生载流子浓度随时间的变化

图 10-18 光电导的弛豫过程

1. 小注入情况

设 $t=0$ 时开始光照,光强度为 I。在小注入时,光生载流子寿命 τ 是定值,复合率 R 等于 $\Delta n/\tau$。在光照过程中,Δn 的增加率应为

---

① 一般 β 不超过 1,但当光子能量足够大(包括高能质点)时,光生载流子本身也具有较大的能量,通过碰撞电离会激发更多的附加载流子,这时 β 可远大于 1。

$$\frac{d(\Delta n)}{dt}=Q-R=\beta\alpha I-\frac{\Delta n}{\tau} \tag{10-41}$$

分离变量并积分,利用起始条件:$t=0,\Delta n=0$,得方程的解为

$$\Delta n=\beta\alpha I\tau(1-e^{-\frac{t}{\tau}}) \tag{10-42}$$

可见,在小注入情况下,光生载流子浓度(光电导率)按指数规律上升(图 10-18 中的上升曲线)。当 $t\gg\tau$ 时

$$\Delta n=\beta\alpha I\tau=\Delta n_s \tag{10-43}$$

这就是光生载流子的定态值。

光照停止后,$Q=0$,决定光生载流子下降的方程应为

$$\frac{d(\Delta n)}{dt}=-\frac{\Delta n}{\tau} \tag{10-44}$$

设 $t=0$ 时,停止光照。这时光生载流子浓度已达到定态值,即 $t=0$ 时,$\Delta n=\Delta n_s$。解式(10-44),得

$$\Delta n=\beta\alpha I\tau e^{-\frac{t}{\tau}}=\Delta n_s e^{-\frac{t}{\tau}} \tag{10-45}$$

从式(10-42)和式(10-45)可得,在小注入情况下,光电导上升和下降函数为

上升 $$\Delta\sigma=\Delta\sigma_s(1-e^{-\frac{t}{\tau}}) \tag{10-46}$$

下降 $$\Delta\sigma=\Delta\sigma_s e^{-\frac{t}{\tau}} \tag{10-47}$$

这两条曲线如图 10-18 所示。显然,式(10-46)、式(10-47)是具有相同时间常数的指数曲线。通常把 τ 称为弛豫时间。

2. 强注入情况

在光注入很强即 $\Delta n\gg n_0$ 和 p_0 的情况下,载流子寿命 τ 不再是定值,这时复合率参阅式(5-16),为 $r(\Delta n)^2$。Δn 上升和下降的微分方程和式(10-41)及式(10-44)相似,只需把复合率 $\Delta n/\tau$ 改为 $r(\Delta n)^2$,即

上升 $$\frac{d(\Delta n)}{dt}=\beta\alpha I-r(\Delta n)^2 \tag{10-48}$$

下降 $$\frac{d(\Delta n)}{dt}=-r(\Delta n)^2 \tag{10-49}$$

利用起始条件:上升时,$t=0,\Delta n=0$;下降时,$t=0,\Delta n=\Delta n_s=(\beta\alpha I/r)^{1/2}$。

同样可解出强注入情况下 Δn 的弛豫曲线方程

上升 $$\Delta n=\left(\frac{\beta\alpha I}{r}\right)^{1/2}\tanh[(\beta\alpha Ir)^{1/2}t] \tag{10-50}$$

下降 $$\Delta n=\frac{1}{\left(\frac{r}{\beta\alpha I}\right)^{1/2}+rt}=\left(\frac{\beta\alpha I}{r}\right)^{1/2}\left[\frac{1}{1+(\beta\alpha Ir)^{1/2}t}\right] \tag{10-51}$$

可见,在强注入情况下,光电导弛豫过程比较复杂。根据式(5-20),$\tau=1/r\Delta n$,这时寿命 τ 不再是定值,而是光照强度和时间的函数,即 $\tau=f(I,t)$。

*10.3.3 光电导灵敏度及光电导增益

光电导灵敏度一般定义为单位光照度所引起的光电导 $\Delta\sigma_s$。在一定光照下,$\Delta\sigma_s(\Delta n_s)$ 越大,表示其灵敏度越高,从 $\Delta n_s=\beta\alpha I\tau$ 可知,显然,τ 越大,即弛豫时间越长,可以得到越大的

Δn_s，使灵敏度提高。但是，另一方面，光电导的弛豫时间却代表着光敏电阻对光信号反应的快慢。τ 越大，光电导上升得越缓慢，即对光信号反应慢；τ 越小，即对光信号反应快。这对光敏电阻是一个很重要的参量，特别是对于高频光信号，弛豫时间必须足够小，才能跟得上光信号的变化。因此，在实际应用中，既要求灵敏度高（Δn_s 大），又要求弛豫时间短（τ 小，反应快），这两者是互相矛盾的，因此，必须根据实际要求来选用适当的材料。

在另一种情况下，同一种材料组成的光敏电阻，由于结构不同，可以产生不同的光电导效果，通常用"光电导增益"表示光电导效应的增强。

如图 10-19 所示，光敏电阻的两端接电源 V。在外加电场的作用下，光生载流子（设为电子）在两电极间的定向运动形成电路中的光电流。在一定条件下，光生电子的寿命 τ_n 可以大大超过电子从一个电极漂移到另一个电极所需的时间（所谓的渡越时间）τ_t。这样，当一个电子在电场作用下到达正电极时，负电极必须同时释放出一个电子，以保持样品的电中性。这种过程一直持续到光生载流子复合的发生。因此，在 $\tau_n > \tau_t$ 的情况下，光敏电阻每吸收一个光子，就能使许多电子相继通过两个电极。这样，电极较靠近时的光电流将大于电极远离时的光电流。通常用光电导增益因子 G 表示这种光电导效应的增强。数值上

图 10-19 测定光电流的示意图

$$G = \tau_n / \tau_t \tag{10-52}$$

如外加电压为 V，电子迁移率为 μ_n，电极间距离为 l，则渡越时间

$$\tau_t = \frac{l^2}{\mu_n V} \tag{10-53}$$

因而光电导增益因子

$$G = \frac{\tau_n \mu_n V}{l^2} \tag{10-54}$$

显然，对寿命长、迁移率大的材料，在两电极很靠近的情况下，光电导增益 G 可以很大。如材料有陷阱中心存在时，载流子寿命增大，G 可以达到 10^3。自然，这种光电导效应的增大是以牺牲响应速度为代价的。

*10.3.4　复合和陷阱效应对光电导的影响

半导体的光电导是一种结构灵敏现象，因为对于不同的掺杂和晶体缺陷，存在着不同的复合中心和陷阱中心。研究光电导的机理，实质上就是研究光生载流子的复合过程，从而确定非平衡载流子的寿命 τ。

前面在讨论非平衡载流子的复合过程时，具体的分析只限于小注入情况，并且假设复合中心的陷阱作用是可以忽略的，因此，两种非平衡载流子相等，即 $\Delta n = \Delta p$。但是，实际情况往往与此不同。因为所谓的小注入，Δn 和 Δp 是以平衡载流子浓度 n_0、p_0 作为比较标准的。对于高阻材料，n_0 和 p_0 很小，因此，实际达到的光照强度往往不限于小注入范围。此外，在这样的材料中，杂质浓度（如 $10^{15} \sim 10^{19}\,\mathrm{cm}^{-3}$）可以比平衡载流子浓度大很多倍，因此往往会发生十分强烈的陷阱作用。

例如，对 n 型半导体高阻材料，假设只有一种复合中心决定着光电导的过程。这种材料的

光电导主要是由非平衡多数载流子 Δn 起作用，而非平衡少数载流子主要处于被陷状态(Δp_t)。这样，复合中心本身起着少数载流子陷阱作用。这就是说，非平衡少数载流子大部分时间被陷在复合中心上，等待着与自由的多数载流子复合。

大量实际证明，半导体材料中除复合中心外，还存在浓度相当高的主要起陷阱作用的中心。在这种情况下光电导的机理是相当复杂的，这里只就简单的情况定性地讨论陷阱中心对光电导的影响。

1. 少数载流子陷阱作用

设 n 型半导体中除复合中心外，还存在空穴陷阱，则光生空穴大部分被陷阱俘获，这在效果上等于夺取了一部分复合中心上的空穴，从而大大降低了电子—空穴对的复合率。虽然导带的自由非平衡电子也有可能与陷阱中心上的空穴复合，但复合概率很小，更可能的是陷阱中的空穴先被热激发到价带，然后被复合中心俘获，再与光生电子复合，这样就延长增大了自由非平衡电子的寿命，使光电导灵敏度增大。所以少数载流子陷阱有增大定态光电导灵敏度的作用。可见，在光电导材料中有时可以加入适当的杂质，以提高其灵敏度。

2. 多数载流子陷阱作用

由于高阻材料中的杂质浓度可以比平衡载流子浓度高很多倍，因此杂质对多数载流子也可以产生十分显著的陷阱作用，这对于光电导的弛豫时间有决定性的影响。

设一个 n 型半导体，除复合中心外，还存在浓度很大的电子陷阱中心。于是在光照下，光生电子大部分将被陷阱俘获，使被陷电子的浓度 $\Delta n_t \gg \Delta n$。因此从光照开始到达到定态光电导的过程中（导带中非平衡电子浓度到达 Δn_s），还包含逐渐填充陷阱的过程。由于最后被陷电子浓度 Δn_t 可以比导带中自由的光生电子浓度 Δn 高若干数量级，陷阱填充显然将大大延长光电导上升的弛豫时间。光照停止后，除导带中的非平衡电子通过复合中心与空穴复合外，陷阱中的电子也逐步被释放出来，通过复合中心与空穴复合，这样才能达到平衡态。因此，光照停止后，光电导衰减时间将大大增长。特别是对于能级较深的陷阱，被陷电子的热激发率很小，则光电导衰减时间将取决于这个缓慢的释放电子过程，有时可以很长。可见，多数载流子陷阱延长了光电导上升和下降的弛豫过程，其影响的大小在很大程度上取决于陷阱的深度。

另外，对于上述的 n 型半导体，可以认为几乎所有的光激发空穴都在复合中心(Δp_t)上，陷阱基本上被电子填满(Δn_t)，且 $\Delta p_t = \Delta n_t + \Delta n$。如上所述，因 N_t 很大，$\Delta n_t \gg \Delta n$，所以，$\Delta p_t \approx \Delta n_t$。这就是说，复合中心上的空穴数基本和陷阱中的电子数相等。这样，每增加一个陷阱电子，必然增加一个附着在复合中心上的空穴，这就增大了导带中光生电子的复合概率，缩短了自由非平衡电子的寿命 τ[①]。因此 Δn_s 将比没有陷阱时小，从而降低了光电导灵敏度。

由以上简单的讨论，可以看出陷阱对光电导有重要的影响。

*10.3.5　本征光电导的光谱分布

大量实验证明，半导体光电导的强弱与照射光的波长有密切关系。所谓光电导的光谱分

[①] τ 指的是非平衡电子存在于导带中的自由时间，而不是指光电子由激发到复合（包括在陷阱中停留的时间）的全部时间。

布,就是指对应于不同的波长光电导响应灵敏度的变化关系。一般以波长为横坐标,以相等的入射光能量(或相等的入射光子数)所引起的光电导相对大小为纵坐标,可得到光电导光谱分布曲线。图 10-20 是几种典型的本征光电导的光谱分布曲线。一般来说,本征光电导的光谱分布都有一个长波限(有时也称为截止波长)。这是由于能量小的光子不足以使价带电子跃迁到导带,因此不能引起光电导。和本征吸收限的测量一样,本征光电导分布长波限也可用来确定半导体材料的禁带宽度。但从图 10-20 可以看出,曲线的下降并不是垂直的,所以不能肯定长波限的确切数值,一般选定光电导下降到峰值的 1/2 时的波长为长波限。

在上述光谱分布图中,有"等量子"和"等能量"的区别,说明这些光谱曲线中不同波长所用的光强标准不同。所谓"等量子",是指对于不同的波长,以光子数计的光强是相同的,也就是说光电导的测量是在相等的光子流下进行的;而"等能量"是指不同波长光强的能量流是相同的。这样,对于较短的波(光子能量较高),虽然能量与长波时相等,但是实际上包含的光子数比长波时少。例如,图 10-20 中 PbSe 的光谱分布曲线是以相同的能量流为标准的,曲线短波方面有较快的下降,这是由于实际上照射的光子数减少。因为光电导是光子吸收的直接效应,所以测量光电导时采用"等量子"光照强度较合适。

图 10-20　本征光电导的光谱分布曲线

图 10-20 中,CdS 的光谱分布曲线在长波限处出现峰值,而在短波方面光电导显著下降。这表示当入射光子能量 $\hbar\omega > E_g$ 时,吸收系数增大,反而引起光电导的减小,这是一个较复杂的问题。一般认为,在强吸收情况下,光生载流子集中于光照面很薄的表面层内,通过表面态的表面复合增加,使非平衡载流子寿命 τ 减小,从而导致光电导减小。

总之,测量光电导的光谱分布是确定半导体材料光电导特性的一个重要方面,特别是对选用材料有实际意义。例如,PbS、PbSe 和 PbTe 是重要的红外探测器材料,它们可以有效地被用于波长为 $10\mu m$ 的红外波段。CdS 作为一种重要的光电材料,除对可见光有响应外,还可有效地被用于短波方面,直到 X 光波段。InSb 的光电导响应在室温下能到 $7\mu m$,也是很好的红外探测器材料。锗和硅的本征光电导只能到 $1.7\mu m$ 和 $1.1\mu m$,但是它们的杂质光电导响应可以到相当大的波长。例如,锗掺金或锗硅合金掺金和掺锌,都能有效地被用于红外探测器。近几年来,还发现一些三元合金,如 PbSnTe、PbSnSe、HgCdTe 等,它们的光电导响应可达到 $8\sim 14\mu m$,在红外器件中得到了重视。

*10.3.6 杂质光电导

对于杂质半导体,光照使束缚于杂质能级上的电子或空穴电离,因而增大了导带或价带的载流子浓度,产生杂质光电导。由于杂质电离能比禁带宽度 E_g 小得多,从杂质能级上激发电子或空穴所需的光子能量比较小,因此,杂质半导体作为远红外波段的探测器具有重要的作用。例如,选用不同的杂质,Ge 探测器的使用范围可以为 $10\sim120\mu m$。

因为杂质原子浓度比半导体材料本身的原子浓度一般要小很多个数量级,所以和本征光电导相比,杂质光电导是十分微弱的。同时,所涉及的能量都在红外光范围,激发光实际上不可能很强。因此,测量杂质光电导一般都必须在低温下进行,以保证平衡载流子浓度(暗电导)很小,使杂质中心上的电子或空穴基本都处在束缚状态。例如,对电离能 $E_I\approx 0.01\text{eV}$ 的杂质能级,必须采用液氦低温;对较深的杂质能级,可以在液氮温度下进行。

图 10-21 是典型的杂质光电导光谱分布。当 $\hbar\omega\approx 0.72\text{eV}$ 时,曲线急速上升,表示本征光电导的开始。在长波方面,$\hbar\omega<E_g$,出现杂质光电导。曲线在 0.3eV 附近迅速下降,表示杂质光电导的长波限。杂质光电导长波限的测量已经成为研究杂质能级的重要方法。

图 10-21 杂质光电导光谱分布

以上在讨论光电导时,都涉及光子的激发。实际上,高能带电粒子(如电子束、α 粒子、β 粒子和其他核子流)同样能引起半导体电导率的显著增大。半导体材料在晶体计数器方面得到了广泛的应用。

*10.4 半导体的光生伏特效应[8]

当用适当波长的光照射非均匀半导体(pn 结等)时,由于内建场的作用(不加外电场),半导体内部产生电动势(光生电压)。如将 pn 结短路,则会出现电流(光生电流),这种由内建场引起的光电效应称为光生伏特效应。现简要分析 pn 结的光生伏特效应。

*10.4.1 pn 结的光生伏特效应

设入射光垂直于 pn 结面,如结较浅,光子将进入 pn 结区,甚至更深入到半导体内部。能量大于禁带宽度的光子,由本征吸收在结的两边产生电子-空穴对。在光激发下多数载流子浓度一般改变得很小,而少数载流子浓度却变化很大,因此应主要研究光生少数载流子的运动。

由于 pn 结势垒区内存在较强的内建场(自 n 区指向 p 区),结两边的光生少数载流子受该场的作用,各自向相反方向运动:p 区的电子穿过 pn 结进入 n 区,n 区的空穴进入 p 区,使 p 端电势升高,n 端电势降低,于是 pn 结两端形成了光生电动势,这就是 pn 结的光生伏特效应。由于光照产生的载流子各自向相反方向运动,因此在 pn 结内部形成自 n 区向 p 区的光生电流 I_L,如图 10-22(b)所示。由于光照在 pn 结两端产生光生电动势,相当于在 pn 结两端加正向

电压 V，使势垒降低为 qV_D-qV，产生正向电流 I_F。在 pn 结开路的情况下，光生电流和正向电流相等时，pn 结两端建立起稳定的电势差 V_{oc}（p 区相对于 n 区是正的），这就是光电池的开路电压。如将 pn 结与外电路接通，只要光照不停止，就会有源源不断的电流通过电路，pn 结起了电源的作用，这就是光电池（也称光电二极管）的基本原理。

图 10-22 pn 结能带图

金属－半导体形成的肖特基势垒层也能产生光生伏特效应（肖特基光电二极管），其电子过程和 pn 结类似[3]，不再详述。

*10.4.2 光电池的电流电压特性

光电池工作时共有三股电流：光生电流 I_L、在光生电压 V 作用下的 pn 结正向电流 I_F、流经外电路的电流 I。I_L 和 I_F 都流经 pn 结内部，但方向相反。

根据 pn 结整流方程，在正向偏压 V 的作用下，通过结的正向电流为

$$I_F = I_s\left[\exp\left(\frac{qV}{k_0 T}\right)-1\right] \tag{10-55}$$

这里，V 是光生电压，I_s 是反向饱和电流。

设用一定强度的光照射光电池，因存在吸收，光强度随着光透入的深度 x 按指数规律减小，因而光生载流子产生率也随光照的深入而减小，即产生率 Q 是 x 的函数。为了简化，用 $\overline{Q}$ 表示在结的扩散长度（L_p+L_n）内非平衡载流子的平均产生率，并设扩散长度 L_p 内的空穴和 L_n 内的电子都能扩散到 pn 结面而进入另一边。这样光生电流 I_L 应该是

$$I_L = q\overline{Q}A(L_p+L_n) \tag{10-56}$$

式中，A 是 pn 结面积；q 为电子电量；光生电流 I_L 从 n 区流向 p 区，与 I_F 反向。

如光电池与负载电阻接成通路，通过负载的电流应为

$$I = I_L - I_F = I_L - I_s\left[\exp\left(\frac{qV}{k_0 T}\right)-1\right] \tag{10-57}$$

这就是负载电阻上电流与电压的关系，也就是光电池的伏安特性，其曲线如图 10-23 所示。图中曲线①和②分别为无光照和有光照时光电池的伏安特性。

从式（10-57）可得

$$V = \frac{k_0 T}{q}\ln\left(\frac{I_L-I}{I_s}+1\right) \tag{10-58}$$

在 pn 结开路（$R=\infty$）情况下，两端的电压即为开路电压 V_{oc}。这时，流经 R 的电流 $I=0$，即 $I_L=I_F$，将 $I=0$ 代入式（10-58），得开路电压为

$$V_{oc} = \frac{k_0 T}{q}\ln\left(\frac{I_L}{I_s}+1\right) \tag{10-59}$$

如将 pn 结短路($V=0$)，则 $I_F=0$，这时所得的电流为短路电流 I_{sc}。根据式(10-57)，显然短路电流等于光生电流，即

$$I_{sc}=I_L \tag{10-60}$$

V_{oc} 和 I_{sc} 是光电池的两个重要参数，其数值可由图 10-23 中曲线②在 V 轴和 I 轴上的截距求得。根据式(10-56)和式(10-59)，可讨论短路电流 I_{sc} 和开路电压 V_{oc} 随光照强度的变化规律。显然，两者都随光照强度的增强而增大；所不同的是，I_{sc} 随光照强度线性地上升，而 V_{oc} 则呈对数式增大，如图 10-24 所示。必须指出，V_{oc} 并不随光照强度无限地增大。当光生电压 V_{oc} 增大到 pn 结势垒消失时，即得到最大光生电压 V_{max}，因此，V_{max} 应等于 pn 结的势垒区高度 V_D，与材料的掺杂程度有关。实际情况下，V_{max} 与禁带宽度 E_g 相当。

图 10-23 光电池的伏安特性

图 10-24 V_{oc} 和 I_{sc} 随光照强度的变化

光生伏特效应最重要的应用之一是将太阳辐射能直接转变为电能。太阳能电池是一种典型的光电池，一般由一个大面积硅 pn 结组成。目前也可用其他材料(如 GaAs 等)制成光电池。太阳能电池可作为长期电源，现已在人造卫星及宇宙飞船中广泛使用。半导体光生伏特效应也被广泛用于辐射探测器，包括光辐射及其他辐射。其突出优点是无须外接电源，直接通过辐射或高能粒子激发产生非平衡载流子，通过测量光生电压来探测辐射或粒子的强度。

*10.5　半导体发光[9,10]

从 10.2 节中已知，半导体中的电子可以吸收一定能量的光子而被激发。同样，处于激发态的电子也可以向较低的能级跃迁，以光辐射的形式释放出能量。也就是电子从高能级向低能级跃迁，伴随着发射光子。这就是半导体的发光现象。

产生光子发射的主要条件是系统必须处于非平衡状态，即在半导体内需要有某种激发过程存在，通过非平衡载流子的复合，才能出现发光现象。根据不同的激发方式，有多种发光过程，如电致发光、光致发光和阴极发光等。本节只讨论半导体的电致发光，也称场致发光。这种发光基于电流(电场)激发载流子，是电能直接转变为光能的过程。

*10.5.1　辐射跃迁

半导体材料受到某种激发时，电子产生由低能级向高能级的跃迁，形成非平衡载流子。这种处于激发态的电子在半导体中运动一段时间后，又恢复到较低的能量状态，并发生电子-空

穴对的复合。在复合过程中，电子以不同的形式释放出多余的能量。从高能量状态到较低的能量状态的电子跃迁过程主要有以下几种，如图 10-25 所示。

① 有杂质或缺陷参与的跃迁：导带电子跃迁到未电离的受主能级，与受主能级上的空穴复合，如过程 a；中性施主能级上的电子跃迁到价带，与价带中的空穴复合，如过程 b；中性施主能级上的电子跃迁到中性受主能级，与受主能级上的空穴复合，如过程 c。

② 带与带之间的跃迁：导带底的电子直接跃迁到价带顶部，与空穴复合，如过程 d；导带热电子跃迁到价带顶与空穴复合，或导带底的电子跃迁到价带与热空穴复合，如过程 e。

③ 热载流子在带内的跃迁，如过程 f。

上面提到，电子从高能级向较低能级跃迁时，必然释放一定的能量。如跃迁过程伴随着放出光子，这种跃迁称为辐射跃迁。必须指出，以上列举的各种跃迁过程并非都能在同一材料和在相同条件下同时发生，更不是每种跃迁过程都辐射光子（不发射光子的所谓无辐射跃迁将在下面讨论）。但作为半导体发光材料，必须是辐射跃迁占优势。

1. 本征跃迁（带与带之间的跃迁）

导带的电子跃迁到价带，与价带的空穴相复合，伴随着发射光子，称为本征跃迁。显然，这种带与带之间的电子跃迁所引起的发光过程是本征吸收的逆过程。对于直接带隙半导体，导带与价带极值都在 k 空间原点，本征跃迁为直接跃迁，如图 10-26(a) 所示。由于直接跃迁的发光过程只涉及一个电子－空穴对和一个光子，因此其辐射效率较高。直接带隙半导体包括 Ⅱ-Ⅵ 族和部分 Ⅲ-Ⅴ 族（如 GaAs 等）化合物，都是常用的发光材料。

对于间接带隙半导体，如图 10-26(b) 所示，导带和价带极值对应于不同的波矢 k，这时发生的带与带之间的跃迁是间接跃迁。在间接跃迁过程中，除发射光子外，还有声子参与。因此，这种跃迁比直接跃迁的概率小得多。Ge、Si 和部分 Ⅲ-Ⅴ 族半导体都是间接带隙半导体，它们发的光比较微弱。

显然，带与带之间的跃迁所发射的光子能量与 E_g 直接有关。对直接跃迁，发射光子的能量至少应满足

$$\hbar\omega = E_c - E_v = E_g$$

图 10-25　电子的辐射跃迁

图 10-26　本征辐射跃迁

对间接跃迁，在发射光子的同时还发射一个声子，光子能量应满足

$$\hbar\omega = E_c - E_v - E_p$$

其中，E_p 是声子能量。

2. 非本征跃迁

电子从导带跃迁到杂质能级，或杂质能级上的电子跃迁入价带，或电子在杂质能级之间的跃迁，都可以引起发光。这种跃迁称为非本征跃迁。对间接带隙半导体，本征跃迁是间接跃迁，概率很小。这时，非本征跃迁起主要作用。

下面着重讨论施主与受主之间的跃迁，如图 10-27 所示。这种跃迁的效率高，多数发光二极管具有这种跃迁机理。当半导体材料中同时存在施主杂质和受主杂质时，两者之间的库仑作用力使受激态能量增大，其增量 ΔE 与施主和受主杂质之间的距离 r 成反比。当电子从施主向受主跃迁时，如没有声子参与，则发射光子能量为

$$\hbar\omega = E_g - (E_D + E_A) + \frac{q^2}{4\pi\varepsilon_r\varepsilon_0 r} \tag{10-61}$$

图 10-27 施主与受主之间的跃迁

式中，E_D 和 E_A 分别代表施主和受主的束缚能，ε_r 是母晶体的相对介电常数。

由于施主和受主一般以替位原子出现于晶格中，因此 r 只能取以整数倍增加的不连续数值。实验中也确实观测到一系列不连续的发射谱线与不同的 r 值相对应（如 GaP 中 Si 和 Te 杂质间的跃迁发射光谱）。从式(10-61)可知 r 较小时，相当于比较邻近的杂质原子间的电子跃迁，得到分列的谱线；随着 r 的增大，发射谱线越来越靠近，最后出现一发射带。当 r 相当大时，电子从施主向受主完成辐射跃迁所需穿过的距离也较大，因此发射随着杂质间距离的增大而减少。一般感兴趣的是比较邻近的杂质对之间的辐射跃迁过程。现以 GaP 为例进行定性分析。

GaP 是一种 III-V 族间接带隙半导体，室温时禁带宽度 $E_g = 2.27\mathrm{eV}$，其本征辐射跃迁效率很低，它的发光主要基于杂质对的跃迁。实验证明，掺 Zn(或 Cd) 和 O 的 p 型 GaP 材料，在 1.8eV 附近有很强的红光发射带，其发光机理大致如下。

由第 2 章得知，掺 O 和 Zn 的 GaP 材料经过适当热处理后，O 和 Zn 分别取代相邻近的 P 和 Ga 原子，O 形成一个深施主能级（导带下 0.896eV 处），Zn 形成一个浅受主能级（价带以上 0.064eV 处）。当这两个杂质原子在 p 型 GaP 中处于相邻格点时，形成一个电中性的 Zn-O 络合物，起等电子陷阱作用，束缚能为 0.3eV。GaP 中掺入 N 后，N 取代 P 也起等电子陷阱的作用，其能级位置在导带下 0.008eV 处。图 10-28 表示 GaP 中几种可能的辐射复合过程。

图 10-28 GaP 的辐射复合过程

① Zn-O 络合物俘获一个电子，邻近的 Zn 中心俘获一个空穴，形成一种激子状态。激子的"消灭"（即杂质俘获的电子与空穴相复合），发射波长约为 660nm 的红光。这一辐射复合过程的效率较高。

② Zn-O 络合物俘获一个电子后，再俘获一个空穴，形成另一种类型的束缚激子，其空穴

束缚能级 E_h 在价带上 0.037eV 处。这种激子复合也发射红光。

③ 孤立的 O 中心俘获的电子与 Zn 中心俘获的空穴相复合，发射红外光。

④ N 等电子陷阱俘获电子后再俘获空穴形成束缚激子，其空穴束缚能级 E_h 在价带之上 0.011eV 处。这种激子复合后发射绿光。

⑤ 如 GaP 材料还掺有 Te 等浅施主杂质，Te 中心俘获的电子与 Zn 中心俘获的空穴，发射波长 550nm 附近的绿色光。可见，不含 O 的 p 型 GaP 可以发绿色光，而含 O 的 GaP 主要发红色光。因此，要提高绿光发射效率，必须避免 O 的掺入。

GaP 是间接带隙半导体，其发光也是由间接跃迁产生的。但如果将 GaP 和 GaAs 混合制成 $GaAs_{1-x}P_x$ 晶体（磷-砷化镓晶体），则可调节 x 值以改变混合晶体的能带结构。如 $x=0.38\sim 0.40$ 时，$GaAs_{1-x}P_x$ 为直接带隙半导体，室温时 E_g 为 1.84～1.94eV。这时主要发生直接跃迁，导带电子可以跃迁到价带与空穴复合；导带电子也可以跃迁到 Zn 受主能级，与受主能级上的空穴相复合，发射波长 620～680nm 的红色光。目前，GaP 及 $GaAs_{1-x}P_x$ 发光二极管已被广泛应用。

*10.5.2 发光效率

电子跃迁过程中，除发射光子的辐射跃迁外，还存在无辐射跃迁。在无辐射复合过程中，能量释放机理比较复杂。一般认为，电子从高能级向较低能级跃迁时，可以将多余的能量传给第三个载流子（参见图 5-10），使其受激跃迁到更高的能级，这是所谓的俄歇（Auger）过程。此外，电子和空穴复合时，也可以将能量转变为晶格振动能量，这就是伴随着发射声子的无辐射复合过程。

实际上，发光过程中同时存在辐射复合和无辐射复合过程。两者复合概率的不同使材料具有不同的发光效率。显然，发射光子的效率取决于非平衡载流子辐射复合寿命 τ_r 和无辐射复合寿命 τ_{nr} 的相对大小，通常用"内部量子效率" $\eta_{内}$ 和"外部量子效率" $\eta_{外}$ 来表示发光效率。单位时间内辐射复合产生的光子数与单位时间内注入的电子-空穴对数之比称为内部量子效率，即

$$\eta_{内} = \frac{单位时间内辐射复合产生的光子数}{单位时间内注入的电子-空穴对数}$$

因平衡时，电子-空穴对的激发率等于非平衡载流子的复合率（包括辐射复合和无辐射复合）；而复合率又分别取决于寿命 τ_r 和 τ_{nr}，辐射复合率正比于 $1/\tau_r$，无辐射复合率正比于 $1/\tau_{nr}$，因此，$\eta_{内}$ 可写成

$$\eta_{内} = \frac{1/\tau_r}{1/\tau_{nr}+1/\tau_r} = \frac{1}{1+\tau_r/\tau_{nr}} \tag{10-62}$$

可见，只有当 $\tau_{nr} \gg \tau_r$ 时，才能获得有效的光子发射。

对间接复合为主的半导体材料，一般既存在发光中心，又存在其他复合中心，通过前者产生辐射复合，而通过后者产生无辐射复合。因此，要使辐射复合占压倒性优势，即 $\tau_{nr} \gg \tau_r$，必须使发光中心浓度 N_L 远大于其他杂质浓度 N_t。

必须指出，辐射复合所产生的光子并不是全部都能离开晶体向外发射。这是因为，从发光区产生的光子通过半导体时有部分可以被再吸收；另外由于半导体具有高折射率（3～4），因此光子在界面处很容易发生全反射而返回到晶体内部。即使是垂直射到界面的光子，由于高折射率而产生高反射率，有相当大的部分（30%左右）也被反射回晶体内部，因此，有必要引入"外

部量子效率"$\eta_{外}$来描述半导体材料的总有效发光效率。单位时间内发射到晶体外部的光子数与单位时间内注入的电子-空穴对数之比称为外部量子效率,即

$$\eta_{外} = \frac{单位时间内发射到晶体外部的光子数}{单位时间内注入的电子-空穴对数}$$

对于像 GaAs 这一类直接带隙半导体,直接复合起主导作用,因此,内部量子效率比较高,可以接近 100%,但从晶体内实际能逸出的光子非常少。为了使半导体材料具有实用发光价值,不但要选择内部量子效率高的材料,并且要采取适当措施,以提高其外部量子效率。如将晶体表面做成球面,并使发光区域处于球心位置,这样可以避免表面的全反射。据报道,发红光的 GaP(Zn-O) 发光二极管,室温下 $\eta_{外}$ 最高可达 15%;发绿光的 GaP(N),$\eta_{外}$ 可达 0.7%。因为晶体的吸收随着温度的升高而增大,因此,发光效率将随温度的升高而下降。

*10.5.3 电致发光激发机构

这里简要说明 pn 结和异质结的注入发光机构,其他发光不再一一列举。

1. pn 结注入发光

pn 结处于平衡状态时,存在一定的势垒区,其能带图如图 10-29(a) 所示。如加一正向偏压,势垒便降低,势垒区的内建电场也相应减弱。这样继续发生载流子的扩散,即电子由 n 区注入 p 区,同时空穴由 p 区注入 n 区,如图 10-29(b) 所示。这些进入 p 区的电子和进入 n 区的空穴都是非平衡少数载流子。

(a) 平衡pn结   (b) 正偏注入发光

图 10-29 注入发光能带图

在实际应用的 pn 结中,扩散长度远大于势垒区宽度,因此电子和空穴通过势垒区时因复合而消失的概率很小,继续向扩散区扩散。因而在正向偏压下,pn 结势垒区和扩散区注入了少数载流子,这些非平衡少数载流子不断与多数载流子复合而发光(辐射复合),这就是 pn 结注入发光的基本原理。常用的 GaAs 发光二极管就是利用 GaAs pn 结制得的;GaP 发光二极管也是利用给 pn 结加正向偏压,形成非平衡载流子的。但其发光机构与 GaAs 不同,它不是带与带之间的直接跃迁,而是通过杂质对的跃迁形成的辐射复合。

2. 异质结注入发光

为了提高少数载流子的注入效率,可以采用异质结。图 10-30 表示理想的异质结能带示意图。当加正向偏压时,势垒降低。但由于 p 区和 n 区的禁带宽

(a) 平衡异质结   (b) 正偏注入发光

图 10-30 异质结注入发光

度不等,因此势垒是不对称的。加上正向偏压,如图 10-30(b)所示,当两者的价带达到等高时,p 区的空穴由于不存在势垒不断向 n 区扩散,保证了空穴(少数载流子)向发光区的高注入效率。对于 n 区的电子,由于存在势垒 $\Delta E(=E_{g1}-E_{g2})$,不能从 n 区注入 p 区。这样,禁带较宽的区域成为注入源(图中的 p 区),而禁带宽度较小的区域(图中的 n 区)成为发光区。例如,对于 GaAs-GaSb 异质结,注入发光发生于 0.7eV,相当于 GaSb 的禁带宽度。很明显,图 10-30 中发光区(E_{g2} 较小)发射的光子,其能量 $\hbar\omega$ 小于 E_{g1},进入 p 区后不会引起本征吸收,即禁带宽度较大的 p 区对这些光子是透明的。因此,异质结发光二极管中禁带宽的部分(注入区)同时可以作为辐射光的透出窗。

*10.6 半导体激光[11-14]

"激光"(Laser)是"辐射受激发射光量子放大"的简称[①],是一种亮度极高、方向性和单色性很好的相干光辐射。除常见的固态红宝石激光器及 He-Ne 气体激光器外,目前,半导体激光器已成为激光器的重要组成部分,如常用的激光材料 GaAs 可发射红外激光,混合晶体 $GaAs_{1-x}P_x$ 可发射可见激光。下面简要讨论半导体激光的基本原理和物理过程。

*10.6.1 自发辐射和受激辐射

总体来说,半导体激光和一般发光过程相似,是与在特定条件下的电子跃迁过程相联系的。与激光发射有关的跃迁过程是:吸收、自发辐射和受激辐射。现用一简单系统来说明这些过程。考虑一个原子的两个能级 E_1 及 E_2,如图 10-31 所示,E_1 是基态,E_2 是激发态。电子在这些能级间的任何跃迁必定伴随着吸收或发射能量为 $\hbar\omega_{12}$ 的光子,而 $\hbar\omega_{12}=E_2-E_1$,这就是前面讨论过的吸收和辐射复合过程。在常温下,大部分原子都处于基态。如有能量为 $\hbar\omega_{12}=E_2-E_1$ 的光子与原子系统相互作用,则处于基态的原子吸收光子进入激发态 E_2,如图 10-31(a)所示。激发态是不稳定的,经过短时间后,原子必然跃迁回基态 E_1,同时发射能量为 $\hbar\omega_{12}$ 的光子,如图 10-31(b)所示。这种不受外界因素的作用,原子自发地从激发态回到基态引起光子发射的过程,称为自发辐射。半导体的自发辐射寿命(即原子在激发态的平均时间)变化很大,典型值为 $10^{-9} \sim 10^{-3}$ s,它取决于各种半导体参量,如禁带宽度 E_g(直接的或间接的)及复合中心浓度等。

当处于激发态 E_2 的原子受到另一个能量也是 $\hbar\omega_{12}$ 的光子作用时,受激原子立刻跃迁到基态 E_1,并

图 10-31 能级 E_2 与 E_1 间的基本跃迁过程

---

① "Light amplification by stimulated emission of radiation".

发射一个能量为 $\hbar\omega_{12}$ 的光子。这种在光辐射的刺激下受激原子从激发态向基态跃迁的辐射过程，称为受激辐射，如图 10-31(c) 所示。

自发辐射和受激辐射是两种不同的光子发射过程。自发辐射中各原子的跃迁都是随机的，所产生的光子虽然具有相等的能量 $\hbar\omega_{12}$，但这种光辐射的位相和传播方向等都各不相同。受激辐射却不同，它所发出的光辐射的全部特性（频率、相位、方向和偏振态等）同入射光辐射完全相同。另外，自发辐射过程中，原子从 E_2 态跃迁到 E_1 态，伴随着发射一个光子；而在受激辐射过程中，一个入射光子 $\hbar\omega_{12}$ 使激发态原子从 E_2 态跃迁到 E_1 态，同时发射两个同相位、同频率的 $\hbar\omega_{12}$ 光子。

*10.6.2 分布反转

当上述系统处于恒定的辐射场作用下，且注入一定角频率 ω_{12} 的光子流时，能级 E_1 及 E_2 间光的吸收和受激辐射是同时存在的，且两者的跃迁概率相等。但究竟哪种过程占主导地位，主要取决于能级 E_1 及 E_2 上的原子分布情况。如处在激发态 E_2 的原子数大于处在基态 E_1 的原子数，则在光子流 $\hbar\omega_{12}$ 的照射下，受激辐射将超过吸收过程。这样由系统发射的能量为 $\hbar\omega_{12}$ 的光子数将大于进入系统的同样能量的光子数，这种现象称为光量子放大。通常把处在激发态 E_2（高能级）的原子数大于处在基态 E_1（低能级）的原子数的这种反常情况，称为"分布反转"或"粒子数反转"。因此，要产生激光，必须在系统中形成分布反转状态。

下面进一步讨论半导体中形成分布反转的条件，先研究 $T=0\text{K}$ 时的情况。图 10-32 表示直接带隙半导体中状态密度 $N(E)$ 与能量 E 的关系。其中图 10-32(a) 表示 $T=0\text{K}$ 时的平衡态的情况，这时价带均被电子填满（用斜线表示电子填充态），而导带则全部是空的。如用能量大于禁带宽度 E_g 的光子来激发，使价带电子不断向导带底跃迁，则产生非平衡载流子。电子和空穴的准费米能级分别为 E_{Fn} 和 E_{Fp}。设这时价带中从 E_v 到 E_{Fp} 的状态全部空出，而导带中从 E_c 到 E_{Fn} 的全部状态被电子填满，如图 10-32(b) 所示，这样，在 E_{Fn} 到 E_{Fp} 的范围内，导带中占满电子，而价带却是空的。这是 $T=0\text{K}$ 时的分布反转，不难看出，在分布反转情况下，如注入光子能量 $\hbar\omega$ 满足以下关系，即

$$E_g \leqslant \hbar\omega < E_{Fn} - E_{Fp} \tag{10-63}$$

就会引起导带电子向价带跃迁，产生受激辐射。

图 10-32 状态密度与能量的关系（$T=0\text{K}$）

设在一定温度 T 时，系统处于非平衡态。应用电子和空穴的准费米能级 E_{Fn} 和 E_{Fp}，则电子占据导带或价带中某一能级 E 的概率 $f_c(E)$ 和 $f_v(E)$ 分别为

$$f_c(E) = \cfrac{1}{\exp\left(\cfrac{E-E_{Fn}}{k_0 T}\right)+1}, \qquad f_v(E) = \cfrac{1}{\exp\left(\cfrac{E-E_{Fp}}{k_0 T}\right)+1} \tag{10-64}$$

显然，未被电子占据的概率分别为 $[1-f_c(E)]$ 和 $[1-f_v(E)]$。

若用能量为 $\hbar\omega$、能流密度为 $I(\hbar\omega)$ 的光子束照射半导体系统，则必然同时引起光吸收和受激辐射过程。现分别讨论辐射率和吸收率，因为受激辐射是导带中能量为 E 的电子跃迁到价带中能量为 $E-\hbar\omega$ 的空能级的过程，因此，辐射率应与导带上能级密度 $N_c(E)$ 和电子占据

概率 $f_c(E)$ 的乘积成正比，而且还与价带上能级密度 $N_v(E-\hbar\omega)$ 和未被电子占据的概率 $[1-f_v(E-\hbar\omega)]$ 的乘积成正比。对全部能量范围积分，可求得总的辐射率 W_r 为

$$W_r \propto \int N_c(E) f_c(E) N_v(E-\hbar\omega)[1-f_v(E-\hbar\omega)] I(\hbar\omega) dE \tag{10-65}$$

与受激辐射相反，吸收是价带中能量为 $(E-\hbar\omega)$ 的电子跃迁到能量为 E 的导带空能级的过程，用相同的处理，求得总吸收率 W_a 为

$$W_a \propto \int N_v(E-\hbar\omega) f_v(E-\hbar\omega) N_c(E)[1-f_c(E)] I(\hbar\omega) dE \tag{10-66}$$

显然，要实现分布反转（光量子放大），必须是 $W_r > W_a$。从式(10-65)、式(10-66)得

$$f_c(E)[1-f_v(E-\hbar\omega)] > f_v(E-\hbar\omega)[1-f_c(E)] \tag{10-67}$$

因为

$$f_c(E) = \frac{1}{\exp\left(\dfrac{E-E_{Fn}}{k_0 T}\right)+1}, \quad f_v(E-\hbar\omega) = \frac{1}{\exp\left(\dfrac{E-\hbar\omega-E_{Fp}}{k_0 T}\right)+1} \tag{10-68}$$

代入后化简，得

$$(E_{Fn}-E_{Fp}) > \hbar\omega \tag{10-69}$$

式(10-69)是本征跃迁时受激辐射超过吸收的必要条件，也是达到分布反转的必要条件。这说明，要产生受激辐射，必须使电子和空穴的准费米能级之差大于入射光子能量 $\hbar\omega$。同时，受激辐射发生的光子，其能量 $\hbar\omega$ 必须是 $\hbar\omega \geqslant E_g$，所以式(10-69)变为

$$(E_{Fn}-E_{Fp}) > \hbar\omega \geqslant E_g \tag{10-70}$$

在分布反转状态下，如有能量为 $\hbar\omega$ 的光子束通过半导体，且 $\hbar\omega$ 满足式(10-70)，则受激辐射占主导地位，可以实现光量子放大。

*10.6.3 pn 结激光器原理

pn 结激光器也称激光二极管，现分析其产生激光的原理。

1. 注入机构

结型激光器结构如图 10-33 所示。为了实现分布反转，p 区及 n 区都必须重掺杂，一般掺杂浓度达 10^{18}cm^{-3}。平衡时，费米能级位于 p 区的价带及 n 区的导带内，如图 10-34(a)所示。当加正向偏压 V 时，pn 结势垒降低，n 区向 p 区注入电子，p 区向 n 区注入空穴，这时，pn 结处于非平衡态。准费米能级 E_{Fn} 和 E_{Fp} 之间的距离为 qV，如图 10-34(b)所示，因 pn 结是重掺杂的，平衡时势垒很高，即使正向偏压可加大到 $qV \geqslant E_g$，也还不足以使势垒消失。这时结面附近出现 $(E_{Fn}-E_{Fp}) > E_g$，成为分布反转区。在这特定的区域内，导带的电子浓度和价带的空穴浓度都很高。这一分布反转区很薄（$1\mu m$ 左右），却是激光器的核心部分，称为"激活区"。

可见，要实现分布反转，必须由外界输入能量，使电子不断激发到高能级，这种作用称为载流子的"抽运"或"泵"。在上述的 pn 结激光器中，利用正向电流输入能量，这是常用的注入式泵源。此外，电子束或激光等也可作为泵源，使半导体晶体中的电子受激发，实现分布反转。采用这种电子束泵及光泵的半导体激光器的优点是可以激发大体积的材料，这对于那些难于制成 pn 结的材料尤其适用。

图 10-33　结型激光器结构　　　　图 10-34　结型激光器的能带图

2. 激光的产生

图 10-35 是激活区内大量非平衡载流子辐射复合的示意图。开始时非平衡电子—空穴对自发地复合,引起自发辐射,发射一定能量的光子。但自发辐射所发射的光子的相位各不相同,并向各个方向传播。大部分光子一旦产生,就立刻穿出激活区;但也有一小部分光子严格地在 pn 结平面内传播,因而相继引起其他电子—空穴对的受激辐射,产生更多能量相同的光子。这样的受激辐射随着注入电流的增大而逐渐发展,并逐渐集中到 pn 结平面内,最后趋于压倒性优势。这时辐射的单色性较好,强度也较大,但其相位仍然是杂乱的,因而还不是相干光。

图 10-35　激活区辐射复合的示意图

要使受激辐射达到发射激光的要求,即达到强度更大的单色相干光,还必须依靠共振腔的作用,并使注入电流达到一定的数值——阈值电流。

(1) 共振腔

pn 结激光器中,垂直于结面的两个严格平行的晶体解理面形成所谓的法布里-珀罗(Fabry-Perot)共振腔,如图 10-35 所示。两个解理面就是共振腔的反射镜面。

一定频率的受激辐射在反射面间来回反射,形成两列相反方向传播的波并叠加,最后在共振腔内形成驻波。设共振腔的长度为 l,半导体的折射率为 n,λ/n 是辐射在半导体中的波长,则受激辐射在共振腔内振荡的结果是,只允许半波长整数倍正好等于共振腔长度的驻波存在,其条件是

$$m\left(\frac{\lambda}{2n}\right)=l \quad (m=\text{整数}) \tag{10-71}$$

不符合该条件的波逐渐损耗,而满足式(10-71)的一系列特定波长的受激辐射在共振腔内形成振荡。

(2) 增益和阈值电流密度

在注入电流的作用下,激活区内的受激辐射不断增强,称为增益;另外,辐射在共振腔内来

回反射时有能量损耗,主要包括载流子吸收、缺陷散射及端面透射损耗等。用 g 和 α 分别表示单位长度内辐射强度的增益和吸收损耗,用 I 表示辐射强度,则

$$\frac{dI}{dx}=gI,\quad -\frac{dI}{dx}=\alpha I \tag{10-72}$$

式中,g 为增益,α 为吸收损耗。显然 α 与激光材料的掺杂浓度等有关,而增益的大小却取决于注入电流。当电流较小时,增益很小;电流增大,增益也逐渐增大,直到电流增大到增益等于全部损耗时,才开始有激光发射。增益等于损耗时的注入电流密度称为阈值电流密度 J_t,这时的增益为阈值增益 g_t。

从式(10-72)可求得增益和吸收损耗各按指数规律增长或衰减:

增益情况 $\qquad\qquad\qquad I(x)=I_0 e^{gx}$
损耗情况 $\qquad\qquad\qquad I(x)=I_0 e^{-\alpha x}$ \qquad\qquad (10-73)

设共振腔的长度为 l,反射面的反射系数为 R,则不难证明,达到阈值情况(增益等于全部损耗)时

$$g_t l = \alpha l + \ln\frac{1}{R} \tag{10-74}$$

因而

$$g_t = \alpha + \frac{1}{l}\ln\frac{1}{R} \tag{10-75}$$

显然,式(10-74)中,$g_t l$ 代表增益,αl 代表吸收损耗,而 $\ln(1/R)$ 则代表端面透射损耗。可见,损耗越小,g_t 也越小,从而降低 J_t。

对于激光器,阈值电流密度 J_t 和阈值增益 g_t 是重要参数。要使激光器有效地工作,必须降低阈值,其主要途径是设法减小各种损耗。从式(10-75)可知,显然要降低阈值,必须使 α 小,而使反射系数增大。因此,作为激光材料,必须选择完整性好、掺杂浓度适当的晶体;同时反射面尽可能达到光学平面,并使结面平整,以减小损耗,提高激光发射效率。对广泛使用的 GaAs 激光器,一般掺杂浓度为 10^{18}cm^{-3},共振腔的长度 l 约为 10^{-2} cm。

(3) 激光的光谱分布

图 10-36 是 GaAs 激光器在 77K 时,对应于不同注入电流的光谱分布。低于阈值电流时,辐射主要是自发辐射,谱线相当宽,如图 10-36(c)所示。随着电流的增大,受激辐射逐渐增强,谱线变窄。当接近阈值电流时,谱线出现一系列峰值,如图 10-36(b)所示。这说明对应于这些峰值的特定波长,发生较集中的受激辐射。这些特定波长就是共振腔内形成的驻波波长,即满足公式 $l=m(\lambda/2n)$。电流进一步增大,直到等于或大于阈值电流时发生共振,对应于一特定的波长 λ_0(相应的光子能量 $\hbar\omega_0 \approx E_g$),出现谱线很窄且辐射强度骤增的谱线,如图 10-36(a)所示。这时激光器发射出强度很大、单色性好($\Delta\lambda \approx 0.1$ nm)的相干光,这就是激光。激光波长 λ_0 随温度的升高向长波方向移动,是因为禁带宽度 E_g 随温度的升高而减小。77K 时,GaAs

图 10-36 激光光谱分布曲线

激光的波长约为840nm,室温时约为900nm。

综上所述,激光的发射必须满足以下三个基本条件:

① 形成分布反转,使受激辐射占优势;

② 具有共振腔,以实现光量子放大;

③ 至少达到阈值电流密度,使增益至少等于损耗。

在实际应用中,GaAs激光器的阈值电流很大,室温时达$10^4 \sim 10^5 \text{A/cm}^2$,效率也很低,而且随着温度的上升,阈值电流迅速增大。一般只能用作用时间很短的脉冲电流来产生激光,以减少激光器发热。

*10.6.4 激光材料

GaAs是最早发现的半导体激光材料,已获得广泛研究和应用,其他Ⅲ-Ⅴ族化合物的激光性质都是与GaAs十分相似的。GaP与GaAs以不同的比例制成混合晶体$GaAs_{1-x}P_x$,可获得波长范围为0.64(40%GaP)~0.84μm(纯GaAs)的激光。InP的禁带宽度略小于GaAs,其激光波长相应向长波方向移动($\lambda_0 \approx 0.90 \mu m$)。GaSb、InAs和InSb的激光波长分别为1.56μm、3.11μm和5.18μm,进入更远的红外区。这样的激光器必须在很低的温度下工作。除Ⅲ-Ⅴ族化合物可用于注入式激光器外,其他如一些Ⅳ-Ⅵ族化合物,特别是铅盐PbS、PbSe和PbTe等也能制成pn结注入式激光器,目前已发展用如InGsAsP、AlGaAsSb等四元化合物制作激光器。注入式激光器材料的激光波长如表10-1所示。

适用于光激发和电子束激发的半导体激光材料不再一一列举,可参阅有关资料[11]。

表 10-1 注入式激光器材料的激光波长[11]

材 料	激光波长/μm	材 料	激光波长/μm
GaAs	0.84	InSb	5.18
Ga(As,P)	0.64~0.84	GaSb	1.56
(Ga,In)As	0.84~3.11	PbS	4.32
(Ga,Al)As	0.64~0.84	PbTe	6.5(12K)
InAs	3.11	PbSe	8.5(12K) 7.3(77K)
In(As,P)	0.90~3.11		
InP	0.90	(Pb,Sn)Te	6~28
In(As,Sb)	3.11~5.18	(Pb,Sn)Se	8~31

*10.7 半导体异质结在光电子器件中的应用

由于形成异质结的两种半导体单晶材料的禁带宽度、介电常数、折射率、吸收系数等物理参数不同,异质结将表现出许多不同于同质结的性质,因此,利用异质结制作电子元件受到很大重视,人们已经在理论上和实验上做了大量的研究工作。实际表明,利用异质结制作的激光器、电致发光二极管、光电探测器、应变传感器等,比用同质结制作的同类元件的性能优越。下面以异质结激光器为例进行简单介绍。

*10.7.1 单异质结激光器

这种激光器在1969年第一次制成[16],它是用液相外延的方法,在n型砷化镓衬底上外延生长铝镓砷($Al_xGa_{1-x}As$)的晶体而制成的。制作单异质结时,在一定配比的镓、砷、铝的熔体中,加进一定量的锌,在外延生长铝镓砷晶体层时,熔体中的锌向 n 型砷化镓中扩散形成 p 型砷化镓层,如图 10-37(a)所示。可见这种单异质结激光器的结构是在砷化镓 pn 结的 p 型砷化镓一侧上再生长一层 p 型铝镓砷半导体的三层结构。这三层半导体材料的禁带宽度、折射率并不相同,如图 10-37(b)、(c)所示。在热平衡状态及正向偏压情况下的能带图如图 10-37(d)、(e)所示。这种激光器的优点是阈值低,效率高,其原因是铝镓砷比砷化镓具有更宽的禁带宽度和更低的折射率。由于铝镓砷的禁带宽度比砷化镓的大,一方面在 p-pGaAs-$Al_xGa_{1-x}As$ 异质结处出现了较高的势垒,使从 n-GaAs 注入 p-GaAs 中的电子受到阻碍,不能继续扩散到 p 型铝镓砷中去,和没有这种势垒存在时比较,p-GaAs 层内的电子浓度增大,提高了增益。另一方面,p 型铝镓砷对来自 p 型 GaAs 的发光吸收系数小,损耗就小。而由于铝镓砷的折射率较砷化镓的低,因此限制了光子进入铝镓砷区,使光受反射而局限在 p 区内,从而减少了周围非受激区对光的吸收。单异质结激光器的阈值电流密度目前一般为 $(10\sim15)\times10^3 A/cm^2$,比砷化镓同质结激光器的阈值电流密度[为$(10\sim100)\times10^3 A/cm^2$]低。

图 10-37 单异质结激光器

*10.7.2 双异质结激光器

在 1970 年制成了双异质结激光器[16]。这种激光器为四层结构,即 n 型砷化镓衬底和三层外延生长层:n 型 $Al_xGa_{1-x}As$ 层,其 x 值范围为 0.1~0.5;p 型砷化镓(也可以是 n 型砷化镓);p 型 $Al_xGa_{1-x}As$,如图 10-38(a)所示。各层的禁带宽度和折射率如图 10-38(b)、(c)所示。在热平衡状态和正向偏压下的能带图如图 10-38(d)、(e)所示。

在这种双异质结激光器结构中,由 AlGaAs-GaAs 界面构成了波导的两个壁。由于 p 型 AlGaAs 层的折射率低于 p 型 GaAs 层,由此限制了光子进入 AlGaAs 层,降低了周围非受激区对光的吸收。另外由于 AlGaAs 层的禁带宽度较大,因此在 p-pGaAs-AlGaAs 及 n-pAlGaAs-GaAs 两个异质结的结面处形成了势垒,使从 n 型 AlGaAs 注入 p 型 GaAs 中的电子受到阻碍,不能进入 p 型 AlGaAs 层,从而增大了 p 型 GaAs 层中的电子浓度,提高了增益。由于在 n 型 AlGaAs 与 p 型 GaAs 间的势垒避免了单异质结激光器存在的空穴注入现象,因此

图 10-38 双异质结激光器

(a) 结构
(b) 各层禁带宽度
(c) 各层折射率
(d) 热平衡状态时的能带图
(e) 正向偏压下的能带图

双异质结激光器比单异质结激光器有更低的阈值电流密度（1000～3000A/cm²）和更高的效率，并将有更长的寿命。

*10.7.3 大光学腔激光器

这种激光器是在1971年时制成的[17]，其结构和各层禁带宽度如图 10-39 所示。这种激光器在室温下的阈值电流密度为 $1.7×10^3 A/cm^2$，与双异质结激光器一样，这种激光器的主要优点是能得到很高的峰值功率。

图 10-39 大光学腔激光器

习　题

1. 一棒状光电导体的长度为 l，截面积为 s。设在光照下光电导体内均匀产生的电子—空穴对数为 $Q(cm^3 \cdot s)^{-1}$，且电子迁移率 $\mu_n \gg \mu_p$。如在棒两端加以电压 V，试证光生电流 $\Delta I = qQs\tau_n \mu_n V/l$（$q$ 为电子电量）。

2. 一重掺杂 n 型半导体的平衡载流子浓度为 n_0 及 p_0。在恒定光照下产生的电子—空穴对数为

$Q(\text{cm}^3 \cdot \text{s})^{-1}$,复合系数为 r。现另加一闪光,产生附加光生载流子浓度为 $\Delta n = \Delta p (\ll n_0)$。试证明闪光 t 秒后,样品内的空穴浓度为

$$p(t) = p_0 + \Delta p e^{-rt} + \frac{Q}{rn_0}$$

3. 一个 n 型 CdS 正方形晶片,边长 1mm,厚 0.1mm,其长波吸收限为 510nm。现用强度为 1mW/cm^2 的紫色光($\lambda = 409.6\text{nm}$)照射正方形表面,量子产额 $\beta = 1$。设光生空穴全部被陷,光生电子寿命 $\tau_n = 10^{-3}\text{s}$,电子迁移率 $\mu_n = 100\text{cm}^2/(\text{V} \cdot \text{s})$,并设光照能量全部被晶片吸收,求下列各值。
① 样品中每秒产生的电子—空穴对数;
② 样品中增加的电子数;
③ 样品的电导增量 Δg;
④ 当样品上加以 50V 电压时的光生电流;
⑤ 光电导增益因子 G。

4. 上题中样品无光照时电导 $g_0 = 10^{-8}\text{S}$。如要样品的电导增大为原来的 2 倍($\Delta g = g_0$),所需光照强度为多少?

5. 用光子能量为 1.5eV、强度为 2mW 的光照射一硅光电池。已知反射系数为 25%,量子产额 $\beta = 1$,并设全部光生载流子都能到达电极。
① 求光生电流;
② 当反向饱和电流为 10^{-8}A 时,求 $T = 300\text{K}$ 时的开路电压。

6. 用光子流强度为 P_0、光子能量为 $\hbar\omega$ 的光照射一肖特基光电二极管(见题图 E10-1)。已知 $E_g > \hbar\omega > q\phi_B$($\phi_B$ 为接触势垒区高度),在金属层内产生的光生电子,有部分向半导体内发射。如金属中光的吸收系数为 α,金属厚度为 l,在离光照(金属)面 x 处,光生电子逸入半导体的概率为 $e^{-b(l-x)}$,设金属中光生电子的量子产额为 β。
① 试证:光电二极管的量子效率 η(进入半导体的光生电子数与入射光子数 P_0 之比)为

$$\eta = \beta \frac{\alpha}{b-\alpha}(e^{-\alpha l} - e^{-bl})$$

② 试证:当 $l = l_0 = \dfrac{\ln(b/\alpha)}{b-\alpha}$ 时,η 达最大值 η_m,且

$$\eta_m = \beta\left(\frac{\alpha}{b}\right)^{b/(b-\alpha)}$$

题图 E10-1

7. 设激光器共振腔长度为 l,端面反射系数为 R,激光材料对辐射的吸收系数为 α,试证激光器的阈值增益

$$g_t = \alpha + \frac{1}{l}\ln\frac{1}{R}$$

参 考 资 料

[1] 黄昆,谢希德. 半导体物理学. 北京:科学出版社,1958.
[2] Moss T S, Burrell G T, Euis B. Semiconductor Opto-electronics. London: Butterworths, 1973.

[3] Pankove J I. Optical Processes in Semiconductors. Englewood Clifts:Prentice-Hall,1971.
[4] [德]K·西格. 半导体物理学. 徐乐,钱建业,译. 北京:人民教育出版社,1980.
[5] Ishibashi T, Tarucha S, Okamoto H. Exciton Associated Optical Absorption Spectra of AlAs/GaAs Superlattices at 300K. Proc. Int. Symp. GaAs and Related Compounds,Japan,Oiso,1981,587.
[6] Bube R H. Photoconductivity of Solids. New York:John Wiley and Sons,1960.
[7] Рывкин С М. Фотоэлектрические. явления в полупроводниках. Москва:Физматгиз,1963.
[8] Sze S M. Physics of Semiconductor Devices. 2nd edition. New York:John Wiley and Sons,1981.
[9] Gooch C H. Injection Electroluminescent Devices. London:Wiley,1973.
[10] Pankove J I. Electroluminescence. New York:Springer,1977.
[11] Lengyel B A. Lasers. 2nd edition. New York:Wiley-Interscience,1971.
[12] Svelto O. Principle of Lasers. London:Heyden,1976.
[13] Nathan M I. Semiconductor Laser. Proc. IEEE.,1966,54:1 276.
[14] Burns G,Nathan M I. pn Junction Lasers. Proc. IEEE.,1964,52:770.
[15] Hayashi I,Panish M B. GaAs-Ga_xAl_{1-x}As heterostructure injection lasers which exhibit low thresholds at room temperature. J. Appl. Phys.,1970,41:150.
[16] Hayashi I,Panish M B,Reinhart F K. GaAs-Ga_xAl_{1-x}As double heterostructure injection lasers. J. Appl. Phys.,1971,42:1929.
[17] Kressel H,Lockwood H F,Hawrylo F Z. Low threshold LOC GaAs injection Laser. Appl. Phys. Lett.,1971,18:43.

第 11 章　半导体的热电性质

把热能(热量)转换为电能的所谓热电效应的发现已有一个半世纪的历史,这是与温度梯度的存在有关的现象,其中最重要的是温差电现象。但是,由于金属的温差电动势很小,因此只在用作测量温度的温差电偶方面得到了应用。半导体出现后,人们发现它能得到比金属大得多的温差电动势,在热能与电能的转换上可以有较高的效率,因此,半导体在温差发电、温差制冷方面获得了发展。

本章讨论在温度梯度及电流同时存在时的一些现象,主要是塞贝克效应、珀耳帖效应和汤姆逊效应。要严格讨论这些效应,需要在存在电场与温度梯度的情况下解玻耳兹曼方程,因数学计算过于烦琐,故从略。本章主要介绍产生这些现象的物理机理,进行简单的运算并给出一些重要结论,严格计算可参阅参考资料[1,2]。最后,对半导体的热导率进行简单叙述。

*11.1　热电效应的一般描述

*11.1.1　塞贝克效应

如图 11-1 所示,当两个不同的导体 a 和 b 两端相接组成一个闭合线路时,如两个接头 A 和 B 具有不同的温度,则线路中便有电流,这种电流称为温差电流,这个环路便组成所谓的温差电偶,产生电流的电动势称为温差电动势,其数值一般只与两个接头的温度有关。这一效应是于 1821 年由塞贝克发现的,故称为塞贝克效应,温差电动势亦称为塞贝克电动势。

在讨论温差电动势时常采用开路的情况,如图 11-1(a)所示,接头 A 和 B 的温度分别为 T_2 和 T_1,在温度为 T_0 处的开路两端,C 和 D 的电势差为温差电动势 Θ_{ab}。下标 ab 的次序表示如果 $T_2 > T_1$,则如图 11-1(b)所示的温差电偶中在温度为 T_2 的接头处,电流由导体 a 流向导体 b,这种情况 Θ_{ab} 为正的,反之为负的。

令 $T_2 = T_1 + \Delta T$,如 ΔT 很小,由温差 ΔT 产生的电动势为 $\Delta \Theta_{ab}$,则定义温差电动势率 $\alpha_{ab} = \Delta \Theta_{ab}/\Delta T$;当 $\Delta T \to 0$ 时,写为

$$\alpha_{ab} = \frac{d\Theta_{ab}}{dT} \tag{11-1}$$

图 11-1　塞贝克效应

(a) 开路　　(b) 闭路

α_{ab} 为单位温差时的温差电动势,亦称塞贝克系数,单位为 V/K。

*11.1.2　珀耳帖效应

如图 11-2 所示,两个不同的导体 a 和 b 连接后通以电流,在接头处便有吸热或放热现象。这一

效应是于1834年由珀耳帖首先发现的,故称为珀耳帖效应,这种热量称为珀耳帖热量。实验发现,吸收或放出的热量只与两种导体的性质及接头的温度有关,而与导体其他部分的情况无关。如电流由导体 a 流向导体 b,dH/dt 代表单位时间在接头的单位面积上吸收的热量,J 为电流密度,则

$$\frac{dH}{dt} = J\pi_{ab} \tag{11-2}$$

π_{ab} 称为珀耳帖系数。π_{ab} 为正值时,表示吸热,反之为放热。如两边均乘以接头面积 s,则单位时间接头处吸收的热量 dQ/dt 为

$$\frac{dQ}{dt} = I\pi_{ab} \tag{11-3}$$

I 为电流。珀耳帖效应是可逆的。如电流由导体 b 流向导体 a,则在接头处放出相同的热量,由珀耳帖系数的定义

$$\frac{dQ}{dt} = -I\pi_{ba}$$

因此

$$\pi_{ab} = -\pi_{ba} \tag{11-4}$$

图 11-2 珀耳帖效应

π_{ab} 的单位为 V。珀耳帖系数是温度的函数,所以温度不同的接头,吸收或放出的热量不同。

*11.1.3 汤姆逊效应

塞贝克效应发现后经过了30年,随着热力学的出现,汤姆逊用热力学方法分析了温差电和珀耳帖效应,并且发现了第三种与温度梯度有关的现象——汤姆逊效应。如图11-3所示,当存在温度梯度的均匀导体中通有电流时,导体中除产生和电阻有关的焦耳热外,还要吸收或放出热量。吸收或放出热量的这一效应称为汤姆逊效应,这部分热量称为汤姆逊热量。在单位时间和单位体积内吸收或放出的热量与电流密度和温度梯度成比例。如电流方向是由温度 T 处流到 $(T+dT)$ 处,则在单位时间和单位体积内所吸收的热量为

$$\frac{dH}{dt} = \sigma_{aT} J_x \frac{dT}{dx} \tag{11-5}$$

图 11-3 汤姆逊效应

σ_{aT} 称为导体 a 的汤姆逊系数,单位为 V/K,其值随导体与温度而异。汤姆逊效应也是可逆的,因此如电流方向由高温端流向低温端,则根据汤姆逊系数的定义,对于系数为正的导体,将有放热的现象;反之,如汤姆逊系数为负,则将吸热。

*11.1.4 塞贝克系数、珀耳帖系数和汤姆逊系数间的关系

由热力学定律可以求出三个系数 α_{ab}、π_{ab} 和 σ_{aT} 之间的关系。以两个不同的导体组成的闭合线路为例,如图 11-1(b) 所示,设两接头处的温度分别为 T_1 和 T_2,当有电流流过时,这是一个可逆循环过程。根据热力学定律,经过一个循环过程,系统吸收的热量全部转换为对外界做的功,而系统的内能不变,即

$$\sum \Delta U = \sum (Q + W) = 0 \tag{11-6}$$

式中,ΔU 代表在循环过程中每一段内能的改变,W 为外界所做的功,Q 为接头处的珀耳帖热量,以及在线路上所吸收或放出的汤姆逊热量。

第 11 章 半导体的热电性质

设想电荷 q 由导体 a 经过温度为 T_2 的接头到导体 b,再经过温度为 T_1 的接头回到导体 a,此时对外界做的功是 $q\Theta_{ab}$,或者说外界所做的功是 $-q\Theta_{ab}$。

式(11-2)的两侧都乘以接头的面积,则得到单位时间所吸收的珀耳帖热量等于珀耳帖系数乘上电流,因此当电荷 q 经过温度为 T_2 的接头时,所吸收的热量是

$$q\pi_{ab}(T_2) \tag{11-7}$$

设导体的截面积为 s,电流在导体 b 中流过 dx 距离后,单位时间在体积 sdx 中所吸收的汤姆逊热量为

$$\frac{dH}{dt}sdx = \sigma_{bT}J_x s \frac{dT}{dx}dx = \sigma_{bT}I_x dT$$

因此,当电荷 q 在导体 b 中自温度为 T_2 处流到温度为 T_1 处时,吸收的汤姆逊热量为

$$q\int_{T_2}^{T_1}\sigma_{bT}dT \tag{11-8}$$

同理,在温度为 T_1 的接头处,吸收的珀耳帖热量为

$$q\pi_{ba}(T_1) = -q\pi_{ab}(T_1) \tag{11-9}$$

在导体 a 中吸收的汤姆逊热量为

$$q\int_{T_1}^{T_2}\sigma_{aT}dT = -q\int_{T_2}^{T_1}\sigma_{aT}dT \tag{11-10}$$

因此,根据式(11-6),得

$$-q\Theta_{ab} + q\pi_{ab}(T_2) - q\pi_{ab}(T_1) + q\int_{T_2}^{T_1}(\sigma_{bT}-\sigma_{aT})dT = 0$$

即

$$\Theta_{ab} = \pi_{ab}(T_2) - \pi_{ab}(T_1) + \int_{T_2}^{T_1}(\sigma_{bT}-\sigma_{aT})dT \tag{11-11}$$

如令 T_1 保持不变,将式(11-11)对 T 求微商,得

$$\alpha_{ab} = \frac{d\Theta_{ab}}{dT} = \frac{d\pi_{ab}}{dT} + \sigma_{aT} - \sigma_{bT} \tag{11-12}$$

由热力学定律,在整个可逆过程中,熵的总变化应该为零,即

$$\sum \Delta S = \sum \frac{Q}{T} = 0 \tag{11-13}$$

所以

$$\frac{\pi_{ab}(T_2)}{T} - \frac{\pi_{ab}(T_1)}{T} + \int_{T_2}^{T_1}\frac{\sigma_{bT}-\sigma_{aT}}{T}dT = 0 \tag{11-14}$$

对 T 求微商,得

$$\frac{d}{dT}\left[\frac{\pi_{ab}(T_2)}{T}\right] + \frac{\sigma_{aT}-\sigma_{bT}}{T} = 0 \tag{11-15}$$

由式(11-12)和式(11-15)消去 $\sigma_{aT}-\sigma_{bT}$,得到

$$\pi_{ab} = T\frac{d\Theta_{ab}}{dT} = \alpha_{ab}T \tag{11-16}$$

代入式(11-15),得

$$\sigma_{aT} - \sigma_{bT} = -T\frac{d}{dT}\left(\frac{\pi_{ab}}{T}\right) = -T\frac{d\alpha_{ab}}{dT} = -T\frac{d^2\Theta_{ab}}{dT^2}$$

即

$$\frac{d\alpha_{ab}}{dT} = \frac{\sigma_{bT}-\sigma_{aT}}{T} \tag{11-17}$$

式(11-16)、式(11-17)称为开耳芬关系式。可以看到,只要知道 α_{ab},就可求出珀耳帖系数和汤姆逊系数。

以上介绍的三种效应在半导体中同样存在,而且数值比金属导体的相关数值大得多,下面

*11.2 半导体的温差电动势率

图 11-1 所示的两种导体若换成两种不同的半导体,则当两个接头处的温度不同时,也要产生温差电动势,温差电动势率为 α_{ab}。分别看半导体 a 和 b 时,则半导体 a 两端的温度分别为 T_2、T_1,而半导体 b 两端的温度分别为 T_1、T_2。由于每种半导体两端的温度不同,半导体内存在温度梯度,因此使半导体两端都引起电荷的积累,由此产生电场,形成温差电动势。若引入某种材料的热力学温度电动势 Θ,则每种材料的热力学温度电动势率为 $\alpha = d\Theta/dT$,而两种材料的温差电动势为它们的热力学温度电动势之差,所以,两种材料的温差电动势率 α_{ab} 为

$$\alpha_{ab} = \frac{d\Theta_{ab}}{dT} = \left(\frac{d\Theta}{dT}\right)_b - \left(\frac{d\Theta}{dT}\right)_a \tag{11-18}$$

下面先讨论材料的热力学温度电动势率,再讨论不同情况下两种材料的温差电动势率[3]。

*11.2.1 一种载流子的热力学温度电动势率

为简单起见,讨论一维情况,并以 p 型半导体为例。如图 11-4 所示,一块细长半导体片两端与金属以欧姆接触相接,一端温度为 T_0,另一端温度为 $T_0 + \Delta T$,在半导体内部形成均匀温度梯度。设样品为均匀掺杂的 p 型材料,T_0 和 $T_0 + \Delta T$ 附近的载流子浓度均随温度按指数增大(即未达到饱和),低温端附近载流子浓度比高温端附近低,因而,空穴便从高温端向低温端扩散,即自右向左扩散,在低温端积累了空穴,样品两端形成空间电荷,半导体内部形成电场,方向自低温端指向高温端,即由左指向右,如图 11-4 所示。电场作用使空穴沿电场方向漂移,当空穴的漂移与扩散运动相平衡时,达到稳定状态,这时在半导体内部具有一定的电场,两端形成一定的电势差,这一电势差就是由温度梯度引起的温差电动势 Θ_s。

图 11-4 为这时半导体的能带图,由于半导体内部有电场,因此能带是倾斜的。能带图表示电子的能量,对空穴来说,高温端能量低于低温端能量。假定半导体与金属接触处半导体的费米能级与金属费米能级等高,但是半导体内部的费米能级是倾斜的,两端费米能级之差除以电荷 q 就是温差电动势 Θ_s。但需注意,由于费米能级与温度有关,因此费米能级倾斜的程度与能带倾斜的程度不一致,如图 11-4 所示,即 $q\Theta_s$ 与 qV 不相等。E_F 的倾斜由两个因素造成,一个是电场,另一个是温度梯度,即

$$q\Theta_s = qV + \frac{dE_F}{dT}\Delta T \tag{11-19}$$

或者说

$$\Theta_s = V + \frac{1}{q}\frac{dE_F}{dT}\Delta T \tag{11-20}$$

图 11-4 塞贝克效应能带图

从高温区向低温区的扩散电流密度(用 h 表示高温区，c 表示低温区)为

$$(J_p)_{h \to c} = qD_p \frac{dp}{dx} \tag{11-21}$$

空间电荷电场引起的空穴漂移电流由低温区流向高温区，漂移电流密度为

$$(J_p)_{c \to h} = pq\mu_p \mathscr{E}_x \tag{11-22}$$

$\mathscr{E}_x$ 为由温差引起的电场。平衡时两种电流相等，即

$$pq\mu_p \mathscr{E}_x = qD_p \frac{dp}{dx} \tag{11-23}$$

利用爱因斯坦关系 $D_p/\mu_p = k_0 T/q$ 和 $\mathscr{E}_x = V/l$，上式为

$$\frac{dp}{dx} = p \frac{q}{k_0 T} \frac{V}{l} \tag{11-24}$$

式中，l 为样品长度。

因为

$$\frac{dp}{dx} = \frac{dp}{dT}\frac{dT}{dx} = \frac{dp}{dT}\frac{\Delta T}{l} \tag{11-25}$$

所以式(11-24)为

$$\frac{dp}{dT} = p \frac{q}{k_0 T} \frac{V}{\Delta T} \tag{11-26}$$

对非简并半导体，由式(3-24)得

$$p = N_v \exp\left[-\frac{(E_F - E_v)}{k_0 T}\right] = U_v T^{3/2} \exp\left[-\frac{(E_F - E_v)}{k_0 T}\right] \tag{11-27}$$

式中

$$U_v = \frac{(2\pi m_p^* k_0)^{3/2}}{4\pi^3 \hbar^3} \tag{11-28}$$

由式(11-27)求出 dp/dT，代入式(11-26)，得到

$$V = \left[-\frac{1}{q}\frac{dE_F}{dT} + \frac{E_F - E_v}{qT} + \frac{3}{2}\frac{k_0}{q}\right]\Delta T \tag{11-29}$$

将式(11-29)代入式(11-20)，得到

$$\Theta_s = \frac{k_0}{q}\left(\frac{3}{2} + \frac{E_F - E_v}{k_0 T}\right)\Delta T = \frac{k_0}{q}\left(\frac{3}{2} - \ln \frac{p}{N_v}\right)\Delta T \tag{11-30}$$

令 $\xi_p = \frac{E_F - E_v}{k_0 T} = -\ln \frac{p}{N_v}$，则上式为

$$\Theta_s = \frac{k_0}{q}\left(\frac{3}{2} + \xi_p\right)\Delta T \tag{11-31}$$

因而，热力学温度电动势率

$$\alpha_p = \frac{d\Theta_s}{dT} = \frac{\Theta_s}{\Delta T} \quad 即 \quad \alpha_p = \frac{k_0}{q}\left(\frac{3}{2} + \xi_p\right) \tag{11-32}$$

以同样方法，求得 n 型半导体的温差电动势率 α_n 为

$$\alpha_n = -\frac{k_0}{q}\left(\frac{3}{2} + \xi_n\right) \tag{11-33}$$

式中

$$\xi_n = \frac{E_c - E_F}{k_0 T} = -\ln \frac{n}{N_c} \tag{11-34}$$

但必须注意，在相同条件下，p 型半导体的温差电动势的方向与 n 型的相反。因为当温度升高时，载流子浓度和速度都增大，它们由热端扩散到冷端，如果载流子是空穴，则热端缺少空穴，冷端有过剩空穴，冷端的电势较高，形成由冷端指向热端的电场；如果载流子是电子，则热端缺少电子，冷端有过剩电子，产生由热端指向冷端的电场，热端电势高，冷端电势低。所以，根据半导体的温差电动势的正负可以判断半导体的导电类型。

图 11-5 为热探针法判断半导体导电类型的示意图。将半导体样品置于冷金属板上，烙铁的热端置于样品表面，在热端与冷端间连接一伏特计，由伏特计指针偏转的方向可判断出导电类型：如为 n 型样品，则温差电动势的正负如图 11-5 所示，如为 p 型样品则相反。

图 11-5 热探针法判断半导体导电类型

*11.2.2 两种载流子的温差电动势率

现在求存在电子和空穴两种载流子时的温差电动势率，用与上面类似的方法得到

扩散电流
$$J_{h \to c} = qD_p \frac{dp}{dx} - qD_n \frac{dn}{dx}$$

漂移电流
$$J_{c \to h} = nq\mu_n \frac{V}{l} + pq\mu_p \frac{V}{l}$$

稳定状态时
$$J_{h \to c} = J_{c \to h}$$

所以
$$D_p \frac{dp}{dx} - D_n \frac{dn}{dx} = (p\mu_p + n\mu_n) \frac{V}{l} \tag{11-35}$$

利用爱因斯坦关系 $\frac{D}{\mu} = \frac{k_0 T}{q}$，再由式(11-25)及类似方法写出 $\frac{dn}{dx}$，则式(11-35)为

$$\mu_p \frac{dp}{dT} - \mu_n \frac{dn}{dT} = \frac{q}{k_0 T}(p\mu_p + n\mu_n) \frac{V}{\Delta T} \tag{11-36}$$

而由式(11-27)和式(3-19)，得

$$\frac{dp}{dT} = \frac{p}{T}\left[\frac{3}{2} + \xi_p - \frac{1}{k_0}\frac{dE_F}{dT}\right], \qquad \frac{dn}{dT} = \frac{n}{T}\left[\frac{3}{2} + \xi_n + \frac{1}{k_0}\frac{dE_F}{dT}\right]$$

代入式(11-36)，得

$$V = \frac{k_0 \Delta T}{q(p\mu_p + n\mu_n)}\left[p\mu_p\left(\frac{3}{2} + \xi_p\right) - n\mu_n\left(\frac{3}{2} + \xi_n\right)\right] - \frac{1}{q}\frac{dE_F}{dT}\Delta T$$

所以
$$\Theta_s = V + \frac{1}{q}\frac{dE_F}{dT}\Delta T = \frac{k_0\left[p\mu_p\left(\frac{3}{2} + \xi_p\right) - n\mu_n\left(\frac{3}{2} + \xi_n\right)\right]}{q(p\mu_p + n\mu_n)}\Delta T \tag{11-37}$$

因而，热力学温度电动势率 $\alpha_s = \Theta_s / \Delta T$，即

$$\alpha_s = \frac{k_0\left[p\mu_p\left(\frac{3}{2} + \xi_p\right) - n\mu_n\left(\frac{3}{2} + \xi_n\right)\right]}{q(p\mu_p + n\mu_n)} \tag{11-38}$$

由式(11-32)、式(11-33)得

$$\alpha_s = \frac{\alpha_p \sigma_p + \alpha_n \sigma_n}{\sigma} \tag{11-39}$$

式中,σ_p、σ_n 分别为空穴和电子的电导率,$\sigma = \sigma_p + \sigma_n$。

以上用简单方法求得半导体的温差电动势率,但是,在有温度梯度时,载流子将由于扩散运动又产生电场,在温度梯度与电场作用之下载流子所产生的漂移运动将使分布函数发生变化,因此,严格计算必须求解玻耳兹曼方程。对非简并半导体,等能面为球面,而且平均自由时间与能量的关系为

$$\tau_p \propto (E_v - E)^\gamma, \quad \tau_n \propto (E - E_c)^\gamma \tag{11-40}$$

时,式(11-32)、式(11-33)应修正为

$$\alpha_p = \frac{k_0}{q}\left[\left(\frac{5}{2}+\gamma\right)+\xi_p\right], \quad \alpha_n = -\frac{k_0}{q}\left[\left(\frac{5}{2}+\gamma\right)+\xi_n\right] \tag{11-41}$$

对声学波散射,$\gamma = -1/2$,

$$\alpha_p = \frac{k_0}{q}[2+\xi_p], \quad \alpha_n = -\frac{k_0}{q}[2+\xi_n] \tag{11-42}$$

将式(11-42)代入式(11-39),得到声学波散射时两种载流子的温差电动势率为

$$\alpha_s = -\frac{k_0}{q(nb+p)}\left[2(nb-p) - nb\ln\frac{n}{N_c} + p\ln\frac{p}{N_v}\right] \tag{11-43}$$

式中,$b = \mu_n/\mu_p$。如设电子和空穴的有效质量相同,且导带与价带只有一个极值,则 $N_c = N_v$。在这种情况下,本征导电时,费米能级位于禁带中部,$n = p$,则温差电动势率为

$$\alpha_s = -\frac{k_0}{q}\frac{b-1}{b+1}\left[2+\frac{E_g}{2k_0T}\right] \tag{11-44}$$

一般情况下,半导体的温差电动势率约为几百 $\mu\text{V/K}$,例如,对于 E_F 与 E_v 重合的 p 型半导体,$\xi_p = 0$,由式(11-32)得

$$\alpha_p = \frac{k_0}{q} \times \frac{3}{2} \approx 129\mu\text{V/K} \tag{11-45}$$

*11.2.3　两种材料的温差电动势率

设样品 a 和 b 都是 n 型半导体,并由同一种材料作成,但具有不同的杂质浓度,因此,在同一温度下,载流子浓度分别为 n_a 和 n_b。由式(11-18),这两种材料的温差电动势率为

$$\alpha_{ab} = \alpha_b - \alpha_a \tag{11-46}$$

将式(11-42)、式(11-34)代入,得

$$\alpha_{ab} = \frac{k_0}{q}\ln\frac{n_b}{n_a} \tag{11-47}$$

如果样品 a 和 b 都由同一种材料制成,但它们是杂质浓度不同的 p 型半导体,则

$$\alpha_{ab} = \frac{k_0}{q}\ln\frac{p_a}{p_b} \tag{11-48}$$

如果样品 a 是金属,样品 b 是半导体,则温差电动势率为

$$\alpha_{ab} = \alpha_\text{半} - \alpha_\text{金} \tag{11-49}$$

对金属来说,载流子浓度不随温度而改变,由式(11-26)可以看出,因为金属的 $dn/dT = 0$,所以 $V = 0$。再由式(11-20)可以看出,因为金属的费米能级基本也不随温度而变化,所以

$dE_F/dT=0$,因而,在一级近似情况下,金属的热力学温度电动势率为零,必须计入较高级近似。由此也可看出金属的温差电动势率比半导体的小得多。可以证明,计入较高级近似之后,可以算出金属的温差电动势率为[1]

$$\alpha_{\text{金}} = -\frac{\pi^2 k_0^2 T}{qE_F} \tag{11-50}$$

一般金属的费米能级的数量级约为几电子伏特,所以,金属的温差电动势率的绝对值约在 0 与 $10\mu V/K$ 之间,而室温附近,半导体的温差电动势率有几百 $\mu V/K$,比金属的要高得多,因此在金属和半导体组成的温差电偶中可以略去前者。测量半导体与金属所组成的温差电偶的电动势率,就可以得到半导体的热力学温度电动势率。

以上的讨论能很好地描述常温下就半导体测量所得的数值,但是不能用来说明在极低温度下对某些纯材料所观测到的温差电动势率绝对值的巨大增加。图 11-6 为低温下观测的较纯的 p 型锗的 $\alpha_p T$-T 的关系曲线[4],可发现:当温度低于 100K 时,温差电动势率反而增大,40K 时可达极大,极大值为 5mV/K;当温度进一步降低时,温差电动势率又下降。低温时温差电动势率增大的原因是存在声子引曳效应[5]。当晶体中有温度梯度时,就有热能从高温端传向低温端,产生热流,热流的一部分是靠晶格振动传到冷端的,也就是说产生了声子流。声子引曳效应就是当晶体中有声子流时,声子流可以拖动电子,引起电子由一端流向另一端。由声子流引起的电子流也可以使电荷积累,产生电场,但在上面讨论时只考虑了由扩散引起的电场,没有包括由声子引曳引起的电场,所以,理论计算出的温差电动势率比实测值要小。

图 11-6 低温下 p 型锗的 $\alpha_p T$-T 的关系曲线

*11.3 半导体的珀耳帖效应

如图 11-2 所示,当两种不同的半导体或者半导体与金属相接触通以电流时,接触面处除产生焦耳热以外,还要吸热或放热,称为珀耳帖效应,而且这一效应是可逆的。与两个不同金属接触相比,半导体之间相接触产生的效应要大得多。

下面仍以 p 型半导体和金属相接触来说明珀耳帖效应。假定接触面处为非整流的欧姆接触,平衡时金属和半导体的费米能级应该等高。如图 11-7 所示,假定电流方向是自金属流向半导体,因为金属中的空穴是在 E_F 附近的,E_F 比价带顶高,所以空穴至少要吸收 $E_F - E_v$ 的能量才能通过接触面进入半导体(实际是价带电子自半导体流向金属)。进入半导体后,空穴要在半导体中流动还需要给予能量 E,因此,空穴要通过接触面必须吸收 $E_F - E_v + E$ 的能量,这就是珀耳帖效应产生的原因。反之,当空穴自半导体流向金属时,空穴必须放出 $E_F - E_v + E$ 的能量。

图 11-7 珀耳帖效应的能带图

对非简并半导体，$E_F - E_v > 2k_0 T$，半导体中空穴的平均能量为 $(3/2)k_0 T$，考虑到散射的因素，如 11.2 节所述，必须将 $3/2$ 修正为 $(5/2)+\gamma$，所以，半导体中空穴的平均能量 E 为

$$E = \left(\frac{5}{2}+\gamma\right)k_0 T \tag{11-51}$$

因而，一个空穴通过接触面自金属流向半导体时，必须吸收能量

$$E_F - E_v + \left(\frac{5}{2}+\gamma\right)k_0 T \tag{11-52}$$

这一能量来源于晶格的热振动，所以在接触面处产生吸热现象，使温度降低，形成冷却的效应。

反之，当空穴自半导体流向金属时，便放出由式(11-52)所给出的能量，使温度升高。

将式(11-3)与式(11-52)相比，得

$$q\pi_{ab} = \pm\left[(E_F - E_v) + \left(\frac{5}{2}+\gamma\right)k_0 T\right]$$

即金属 a 与半导体 b 的珀耳帖系数 π_{ab} 为

$$\pi_{ab} = \pm\frac{1}{q}\left[(E_F - E_v) + \left(\frac{5}{2}+\gamma\right)k_0 T\right] = \pm\left[\left(\frac{5}{2}+\gamma\right) - \ln\frac{p}{N_v}\right]\frac{k_0 T}{q}$$

$$= \pm\frac{k_0 T}{q}\left[\left(\frac{5}{2}+\gamma\right) + \xi_p\right] \tag{11-53}$$

当电流由金属流向半导体时，吸收热能，π_{ab} 为正；反之，π_{ab} 为负。

如果样品 a 和 b 是杂质含量不同的 p 型半导体，载流子浓度分别为 p_a 和 p_b，用类似方法可以得到

$$\pi_{ab} = \pm\frac{k_0 T}{q}\left\{\left[\left(\frac{5}{2}+\gamma\right) - \ln\frac{p_b}{N_v}\right] - \left[\left(\frac{5}{2}+\gamma\right) - \ln\frac{p_a}{N_v}\right]\right\}$$

即

$$\pi_{ab} = \pm\frac{k_0 T}{q}\ln\frac{p_a}{p_b} \tag{11-54}$$

以同样方法，当 a 和 b 都是 n 型半导体时，则

$$\pi_{ab} = \pm\frac{k_0 T}{q}\ln\frac{n_b}{n_a} \tag{11-55}$$

如果是本征半导体和金属相接触，则

$$\pi_{ab} = -\frac{k_0 T}{q} \cdot \frac{b-1}{b+1}\left[2 + \frac{E_g}{2k_0 T}\right] \tag{11-56}$$

*11.4 半导体的汤姆逊效应

当电流流过有温度梯度的半导体时，半导体中除产生焦耳热外，还要吸收或放出热能。如图 11-4 所示，具有图示的均匀温度梯度的 p 型半导体，如电流从低温端流向高温端时空穴运动距离为 l，这个过程中空穴一方面损失了 $-qV$ 的能量，另外获得了 $(3/2)k_0 \Delta T$ 的平均能量 $\left[\text{严格计算应修正为}\left(\frac{5}{2}+\gamma\right)k_0 \Delta T\right]$，两者的代数和为

$$-qV + \left(\frac{5}{2}+\gamma\right)k_0 \Delta T \tag{11-57}$$

这就是空穴自 T_0 端运动到 $T_0 + \Delta T$ 端时得到的净能量。净能量的正负视两者的大小而定。

如果净能量是正，就是从晶格中吸收这部分能量；反之，就是放出热量给晶格，这就是汤姆逊热量。

由式(11-8)可知，如果 ΔT 很小，则空穴吸收的汤姆逊热量为

$$q\sigma_{pT}\Delta T$$

与式(11-57)相比，得到 p 型半导体的汤姆逊系数为

$$\sigma_{pT}=\left(\frac{5}{2}+\gamma\right)\frac{k_0}{q}-\frac{V}{\Delta T} \tag{11-58}$$

将式(11-29)代入式(11-58)[将 3/2 修正为 (5/2)+γ]，得

$$\sigma_{pT}=\frac{1}{q}\frac{dE_F}{dT}-\frac{E_F-E_v}{qT} \tag{11-59}$$

当电流沿正温度梯度方向流动时，空穴吸收热量，汤姆逊系数为正；反之，汤姆逊系数为负。

同理可得

$$\sigma_{nT}=\frac{1}{q}\frac{dE_F}{dT}+\frac{E_c-E_F}{qT} \tag{11-60}$$

以上简单讨论了三种热电效应。由式(11-49)、式(11-54)和式(11-58)可以得到

$$\pi_{ab}=\alpha_{ab}T$$

$$\sigma_{aT}-\sigma_{bT}=-T\frac{d\alpha_{ab}}{dT}$$

它们的确遵守式(11-16)和式(11-17)所述的开耳芬关系。

*11.5　半导体的热导率

当晶体的某一部分温度升高时，热量将由晶体的高温端传到低温端，使整个晶体的温度趋于一致。以一维情况为例，在晶体中设想一个很小的面积 ds，dT/dx 为沿 x 方向的温度梯度，则在 dt 时间内通过面积 ds 的热量 Q 与面积 ds、温度梯度 dT/dx 及时间 dt 成正比，即

$$Q=-\kappa\frac{dT}{dx}dsdt \tag{11-61}$$

负号表示热量由高温端传向低温端；κ 称为晶体的热导率，单位为 W/(m·K)。

一般情况下，优良的电导体也是好的热导体，如铜、银、金等金属。在金属中负载电流的电子可以将热量由导体的高温端传到低温端。除电子的运动外，晶格的热振动对热导也有贡献。如果晶体的某部分有较高的温度，则该部分的原子或离子在各自的平衡位置附近做较强烈的振动，这些振动以格波的形式在晶体中以一定的速度传播，在传播的过程中就可以将热量从高温端传向低温端。所以晶体的热传导可以通过载流子，也可以通过晶格的热振动，即通过声子，把热量从高温端传向低温端。

金属导体的热传导主要通过电子的运动，而绝缘体的热传导主要依靠格波的传播，即声子的运动。对于半导体，由于电阻相当高，性质介于导体和绝缘体之间，因此热导率由上述两种机构决定。一般情况下，声子对热导率的贡献所占的比例要比载流子的贡献大得多，如用 κ_c 代表载流子对热导率的贡献，κ_p 代表声子对热导率的贡献，则半导体的热导率 κ 可以写成

$$\kappa=\kappa_c+\kappa_p \tag{11-62}$$

例如，室温时银的热导率为 433W/(m·K)，而硅的热导率为 144W/(m·K)，虽然硅的载流子浓度要比银低几个数量级，但热导率约为银的 1/3，这是因为声子的贡献。图 11-8 给出实测的锗、硅和砷化镓的热导率与温度的关系曲线[6]，图中也给出铜和 Ⅱ 型金刚石的热导率。在 pn 结器件中，铜是最常用的散热金属之一，Ⅱ 型金刚石是目前已知的室温下热导率最高的材料之一。

下面把这两种因素对热导率的贡献进行简单叙述，详细论述读者可参阅有关资料[7]。

图 11-8 几种材料的热导率与温度的关系曲线

*11.5.1 载流子对热导率的贡献

在半导体具有温度梯度而载流子由高温端向低温端运动过程中，便将热量从高温端传向低温端，形成热传导。当有温度梯度时，载流子分布函数要随空间坐标而变化，因此，在计算单位时间流过单位面积的热量以求载流子对热导率的贡献时，必须求解玻耳兹曼方程，对主要由一种载流子运动的非简并半导体，计算结果为

$$\kappa_c = \frac{n}{m_n^* T} \frac{\langle \tau v^2 \rangle \langle \frac{1}{2} m_n^* v^2 E^2 \tau v^2 \rangle - \langle \frac{1}{2} m_n^* v^2 \tau v^2 \rangle \langle E \tau v^2 \rangle}{\langle \tau v^2 \rangle \langle v^2 \rangle} \tag{11-63}$$

式中，κ_c 为电子的热导率；E 为电子能量；$(1/2)m_n^* v^2$ 为电子动能，与 E 的关系为 $E - E_c = \hbar^2 k^2 / 2m_n^* = (1/2) m_n^* v^2$；"〈 〉"表示对玻耳兹曼分布求平均，与式(4-102)的定义相同。

对于长声学波散射，设 l_n 为电子平均自由程，则

$$\tau = \frac{l_n}{v} = \sqrt{\frac{m_n^*}{2}} l_n (E - E_c)^{-1/2} \tag{11-64}$$

即

$$\tau \propto (E - E_c)^\gamma, \gamma = -\frac{1}{2}$$

计算可得

$$\kappa_c = \frac{8nl_n}{3} \frac{k_0^2 T}{\sqrt{2\pi m_n^* k_0 T}} \tag{11-65}$$

载流子具有电荷，所以在传输能量的同时也形成电流，因此，载流子的热导率与电导率之间应有一定的关系，理论与实验均证明

$$\frac{\kappa_c}{\sigma T} = L \tag{11-66}$$

式中，L 为一常数，称为洛伦兹数。

可以证明[1]

$$\frac{\kappa_c}{\sigma T} = \frac{\langle \tau v^2 \rangle \langle \frac{1}{2} m_n^* v^2 \tau v^2 \rangle - \langle E \tau v^2 \rangle \langle \frac{1}{2} m_n^* v^2 \tau v^2 \rangle}{q^2 T^2 \langle \tau v^2 \rangle^2} \tag{11-67}$$

当 $\tau \propto (E - E_c)^\gamma$ 时，可得

$$\frac{\kappa_c}{\sigma T} = \left(\frac{5}{2}+\gamma\right)\frac{k_0^2}{q^2} \tag{11-68}$$

对于长声学波散射，$\gamma=-1/2$，则

$$\frac{\kappa_c}{\sigma T} = 2\frac{k_0^2}{q^2} \tag{11-69}$$

式(11-66)就是熟知的维德曼－弗兰茨定律。

对于简并化情况，计入二级近似，可以得到[8]

$$\frac{\kappa_c}{\sigma T} = \frac{\pi^2}{3}\frac{k_0^2}{q^2} \tag{11-70}$$

当电子和空穴两种载流子同时存在时，如本征半导体，这时高温端电子和空穴浓度均大于低温端的浓度，所以具有与温度梯度相同方向的浓度梯度，电子和空穴便以不同的扩散速度都由高温端向低温端扩散。由于电子扩散得快，空穴扩散得慢，因此两者之间便产生电场，该电场使空穴运动加快，电子运动减慢，致使两者一同运动。有时称这种扩散为双极扩散。在高温端产生的电子和空穴通过双极扩散到低温端的过程中，电子和空穴不断复合，载流子数不断减小。在复合过程中，电子和空穴的高温端吸收的能量在低温端又放出，转换为晶格的能量。这样，通过双极扩散的机构，电子和空穴便将能量自高温端传向低温端。可以证明，通过求解玻耳兹曼方程，可得到[2,9]

$$\frac{\kappa_c}{\sigma T} = \left(\frac{5}{2}+\gamma\right)\frac{k_0^2}{q^2} + \frac{k_0^2}{q^2}\left[2\left(\frac{5}{2}+\gamma\right)+\frac{E_g}{k_0 T}\right]^2 \frac{\sigma_n \sigma_p}{(\sigma_n+\sigma_p)^2} \tag{11-71}$$

对于长声学波散射 $\gamma=-1/2$，得

$$\frac{\kappa_c}{\sigma T} = 2\frac{k_0^2}{q^2} + \left(4+\frac{E_g}{k_0 T}\right)^2 \frac{k_0^2}{q^2}\frac{\sigma_n \sigma_p}{(\sigma_n+\sigma_p)^2} \tag{11-72}$$

式中的第二项是混合导电的贡献。对于本征半导体，$n=p$，$\sigma_n\sigma_p/(\sigma_n+\sigma_p)^2=b/(1+b)^2$，其中 $b=\mu_n/\mu_p$。如果 $E_g=0$ 且 $\mu_n=\mu_p$，则 $\kappa_c/\sigma T$ 的值比一种载流子时要增加"$4k_0^2/q^2$"一项。对 $E_g \gg k_0 T$ 的本征半导体，这一项将会很大。

此外，还发现在混合导电机构中，载流子对热导率的贡献比式(11-71)所表明的要大，这是由于通过激子的扩散使热量由高温端传向低温端。第 10 章中已叙述过半导体中吸收小于 E_g 的能量的光子可以产生激子，它是由电子和空穴构成的，运动时不形成电流，但也要沿着浓度梯度方向扩散。禁带宽度小的半导体，除光照外，由于热运动也能产生激子，形成激子所需的能量小于电子跃迁到导带所需的能量。温度高的区域，电子吸收能量形成激子后，便从高温区向低温区扩散，到低温区后，激子复合后放出在高温区吸收的能量。这样，通过激子的产生、运动和复合，就将能量由高温端传向低温端。

*11.5.2 声子对热导率的贡献[1]

半导体中的热传导绝大部分是声子的贡献，即晶格振动对热传导的贡献。通过晶格振动的格波的传播将热量从高温端传到低温端时，热量并不沿直线由样品的一端传到样品的另一端，而是采取扩散的形式，在传播过程中会因碰撞而与直线方向有所偏离。或者说，通过格波之间的散射交换能量完成热传导。研究发现，如果晶格做严格的线性振动，则格波之间是互相独立的，它们之间没有相互作用；只有含有非线性振动，这些非线性振动才能使格波之间发生散射、交换能量，从而形成热传导。

定量分析格波的非线性振动对热导率的贡献是一个十分复杂的问题,限于篇幅不去讨论,读者可参阅参考资料[7]。

采用与德拜分析气体分子论中求热导率相似的方法,可求出声子对热导率的贡献为

$$\kappa_p = \frac{1}{3} C_V v l_p \tag{11-73}$$

式中,v 为声子速度,即弹性波在晶体中的传播速度;C_V 为单位体积的定容热容量;l_p 为声子的平均自由程。要研究平均自由程与温度的关系,必须详细地考虑碰撞过程。研究发现,高温时,平均自由程 l_p 与 $1/T$ 成比例;低温时,l_p 和 $e^{\theta/2T}$ 成比例,式中的 θ 为德拜温度,即 $\theta = \hbar\omega/k_0$,$\hbar\omega$ 为声子的最高能量。因此,高温时,声子对热导率的贡献 κ_p 随温度的升高而减小,即 $\kappa_p \propto 1/T$;低温时,随温度的降低,κ_p 呈指数上升。但是,热导率并不按指数无限增大,当温度继续降低时,其他散射过程(如声子在样品边界上及声子在杂质上的散射过程)起主要作用,而使 κ_p 又减小,这与图 11-8 所示的热导率随温度变化的曲线相一致。

图 11-9 纯硅的热阻率与温度的关系

$1/\kappa_p$ 表示晶体的热阻率,图 11-9 给出观测到的纯硅的热阻率与温度的关系[10]。在一级近似情况下,$1/\kappa_p \propto T$,即 $\kappa_p \propto \frac{1}{T}$,这表示主要为晶格导热的过程。

*11.6 半导体热电效应的应用

1. 温差发电器

利用金属的塞贝克效应可制成测量温度用的温差电偶。半导体的塞贝克系数很大,可用来制作把热能转换为电能的温差发电器,图 11-10 为这种装置的原理图。温差电偶的两臂由 p 型和 n 型半导体热电材料组成,一端用金属以欧姆接触的形式相接,温度为 T_1,另一端通过欧姆接触与电阻 R_L 相连,温度为 T_0。当 $T_1 > T_0$ 时,因塞贝克效应,电阻 R_L 中便有电流流过,构成温差发电器。

2. 制冷器

利用温差电现象,除可将热能转换为电能外,还可以用外电源产生电流,通过珀耳帖效应制造制冷器,使得一个接头不断吸热而产生低温。

图 11-11 为这种装置的原理图,p 型和 n 型半导体热电材料一端用金属通过欧姆接触相连,另一端接直流电源以产生电流。接电源的一端保持温度 T_0,由于珀耳帖效应,当电流由金属流向 p 型材料时,接触处将吸收热量;同样,当电流由 n 型材料流向金属时,接触处也将吸收热量,因而,用金属相连的一端不断从周围环境吸收热量使温度下降,构成制冷器。如果电流方向相反,便可构成发热器。图 11-11(b) 为串接的制冷器,可以得到较大的温差。

为了提高效率,制造温差发电器和制冷器必须选择塞贝克系数大的半导体材料。要使从高温到低温的热传导小及产生的焦耳热少,还必须选择热导率和电阻率小的材料。因此,一般

常用 Bi_2Te_3 和 Bi_2Sb_3 等Ⅴ-Ⅵ族化合物半导体作为热电材料。

图 11-10　温差发电器的原理图

图 11-11　制冷器的原理图

习　题

1. 求本征锗室温时的塞贝克系数。

2. 空穴浓度为 $10^{16}cm^{-3}$ 的 p 型锗，室温下与金属连接并通以 1A 的电流，求接头处吸收或放出的珀耳帖热（设为长声学波散射）。

3. 电导率为 $2000S·cm^{-1}$ 的 n 型 PbTe，电子迁移率为 $6000cm^2/(V·s)$，电子有效质量为 $0.2m_0$，设为长声学波散射，求室温时的温差电动势率和珀耳帖系数。

4. 锗的热导率为 $60W/(m·K)$，求电阻率为 $0.01\Omega·m$ 的 n 型锗单晶，300K 时载流子对热导率的贡献所占的百分比（设为长声学波散射）。

5. 碲化铋（Bi_2Te_3）的热导率为 $2.4W/(m·K)$，求电导率为 $10^5 S/m$ 的 n 型 Bi_2Te_3 在 300K 时载流子对热导率贡献所占的百分比（设为长声学波散射）。

参考资料

[1] 黄昆，谢希德. 半导体物理学. 北京：科学出版社，1958.
[2] [美]史密斯. 半导体. 高鼎三，译. 2 版. 北京：科学出版社，1987.
[3] 高桥清. 半导体工学，半导体物性の基础. 东京：森北出版株式会社，1975.
[4] Geballe T H, Hull G W. Seebeck Effect in Germanium. Phys. Rev.，1954，94：1134.
[5] Herring C. Theory of the Thermoelectric Power of Semiconductors. Phys. Rev.，1954，96：1163.
[6] Sze S M. Physics of Semiconductor Devices. New York：John Wiley and Sons，1969，43.
[7] Appel J. Progress in Semiconductors. London：Heywood，1960. 5：142.
[8] 王竹溪. 统计物理学导论. 北京：高等教育出版社，1956，312.
[9] Madelung O. Grundlagen der Halbleiter. Berlin：Springer，1970，117.
[10] Fulkerson W, Moore J P, Williams R K, et al. Thermal Conductivity, Electrical Resistivity, and Seebeck Coefficient of Silicon from 100 to 1300K. Phys. Rev.，1968，167：765.

第 12 章 半导体磁和压阻效应

从半导体基本研究和半导体的应用方面来看,半导体在磁场中发生的各种效应也是很重要的,这些效应包括:半导体在电场和磁场中表现出来的霍耳效应、磁阻效应,以及光照或存在温度梯度时所表现出来的磁光效应、光磁电效应、热磁效应等。本章对上述各种效应进行扼要的叙述。最后,简要介绍对半导体施加应力时产生的压阻效应。

12.1 霍耳效应

把通有电流的半导体放在均匀磁场中,设电场沿 x 方向,电场强度为 $\mathscr{E}_x$;磁场方向和电场垂直,沿 z 方向,磁感应强度为 B_z,则在垂直于电场和磁场的 $+y$ 或 $-y$ 方向将产生一个横向电场 $\mathscr{E}_y$,这种现象称为霍耳效应。霍耳电场 $\mathscr{E}_y$ 与电流密度 J_x 和磁感应强度 B_z 成正比,即

$$\mathscr{E}_y = R_H J_x B_z \tag{12-1}$$

比例系数 R_H 称为霍耳系数,即

$$R_H = \frac{\mathscr{E}_y}{J_x B_z} \tag{12-2}$$

下面分析霍耳效应产生的原因及霍耳系数的值。

12.1.1 一种载流子的霍耳效应

图 12-1(a)、(b)分别表示 p 型和 n 型半导体的霍耳效应。设样品的温度是均匀的,而且为简单起见,认为所有载流子都具有相同的速度,即不考虑速度的统计分布。

对 p 型半导体,当沿 $+x$ 方向加电场 $\mathscr{E}_x$ 时,空穴漂移速度为 v_x,电流密度 $J_x = pqv_x$。在垂直磁场 B_z 的作用下,空穴受到洛伦兹力 $q\boldsymbol{v} \times \boldsymbol{B}$,方向沿 $-y$ 方向,大小为 $qv_x B_z$。空穴在洛伦兹力的作用下向 $-y$ 方向偏转,如同附加一个横向电流,因而在样品两端引起电荷积累,A 面积累了空穴,如图 12-1(a)所示。这时,在 $+y$ 方向产生横向电场,当横向电场对空穴的作用与洛伦兹力作用相抵消时,达到稳定状态,即稳定时霍耳电场应满足

$$q\mathscr{E}_y - qv_x B_z = 0 \tag{12-3}$$

则

$$\mathscr{E}_y = v_x B_z = \frac{J_x}{pq} B_z \tag{12-4}$$

与式(12-2)相比,得

$$R_H = \frac{1}{pq} > 0 \tag{12-5}$$

单位为 m^3/C。

对 n 型半导体,电子漂移速度沿 $-x$ 方向,洛伦兹力为 $-q\boldsymbol{v} \times \boldsymbol{B}$,仍沿 $-y$ 方向,但 A 面积累了电子,霍耳电场沿 $-y$ 方向,如图 12-1(b)所示。稳定时,霍耳电场 $\mathscr{E}_y$ 满足

$$-q\mathscr{E}_y - qv_x B_z = 0 \tag{12-6}$$

图 12-1 霍耳效应

(a) p 型半导体　　(b) n 型半导体

则

$$\mathscr{E}_y = -v_x B_z = -\frac{J_x}{nq} B_z \tag{12-7}$$

与式(12-2)相比,得

$$R_H = -\frac{1}{nq} < 0 \tag{12-8}$$

由上面的讨论可以看出,n 型和 p 型半导体的霍耳电场方向相反,故霍耳系数的符号是相反的。

横向霍耳电场的存在说明,在有垂直磁场时,电场和电流不在同一个方向,两者之间的夹角 θ 称为霍耳角。稳定时,y 方向没有电流,电流仍沿 x 方向,但是合成电场不再沿 x 方向。对 p 型半导体,$\mathscr{E}$ 偏向 $+y$ 方向,霍耳角为正,用 θ_p 表示;对 n 型半导体,$\mathscr{E}$ 偏向 $-y$ 方向,霍耳角 θ_n 是负的。由图 12-1 可以看到

$$\tan\theta_p = \frac{\mathscr{E}_y}{\mathscr{E}_x}, \qquad \tan\theta_n = -\frac{\mathscr{E}_y}{\mathscr{E}_x} \tag{12-9}$$

将式(12-4)或式(12-7)代入式(12-9),并利用 $v_x = \mu \mathscr{E}_x$,得

$$\tan\theta_p = \mu_p B_z, \qquad \tan\theta_n = \mu_n B_z \tag{12-10}$$

霍耳角的符号和 R_H 一样,p 型为正,合成电场 $\mathscr{E}$ 转向 $+y$ 轴;n 型为负,$\mathscr{E}$ 转向 $-y$ 轴。

实验中通常通过测量霍耳电压 V_H 以求 R_H,采用厚度和宽度比长度小得多的矩形样品,如图 12-2 所示。设样品长度为 l,宽度为 b,厚度为 d,因为 $\mathscr{E}_y = V_H/b$,$J_x = I_x/bd$,代入式(12-1),得

$$V_H = R_H \frac{I_x B_z}{d} \tag{12-11}$$

即

$$R_H = \frac{V_H d}{I_x B_z} \tag{12-12}$$

图 12-2 测量霍耳系数的示意图

*12.1.2 载流子在电磁场中的运动

本节根据载流子在两次散射之间在电磁场作用下的自由运动,再由多次散射过程中的平均运动进一步分析霍耳效应。

设电子在电场强度为 $\mathscr{E}$、磁感应强度为 $\boldsymbol{B}$ 的电磁场中运动,电子的运动方程为

$$\dot{\boldsymbol{v}} = -\left[\frac{q}{m^*}\mathscr{E} + \frac{q}{m^*}(\boldsymbol{v}\times\boldsymbol{B})\right] \tag{12-13}$$

可以证明[1],电子的运动由两部分组成:一是初速度为 $\boldsymbol{v}_0$ 的只在 $\boldsymbol{B}$ 作用下的运动;二是在 $\mathscr{E}$、$\boldsymbol{B}$ 的共同作用下,但初速度为零的运动。第一部分是一个以 $\boldsymbol{B}$ 的方向为轴的螺旋运动,即沿着 $\boldsymbol{B}$ 方向的匀速运动和垂直于 $\boldsymbol{B}$ 方向的圆周运动的叠加。因为每次散射后的运动具有无规则性,所以这一部分运动的平均运动应为零。因此,只需分析第二种运动,即认为每两次散射之间初速度都为零。

设 $\mathscr{E} = (\mathscr{E}_x, \mathscr{E}_y, 0)$,$\boldsymbol{B} = (0, 0, B_z)$,则电子的运动方程[式(12-13)]为

$$\left.\begin{array}{l}\dfrac{\mathrm{d}v_x}{\mathrm{d}t} = -\dfrac{q}{m^*}(\mathscr{E}_x + v_y B_z)\\[2mm]\dfrac{\mathrm{d}v_y}{\mathrm{d}t} = -\dfrac{q}{m^*}(\mathscr{E}_y - v_x B_z)\end{array}\right\} \tag{12-14}$$

当 $t = 0$ 时,$v = 0$,可解得

$$\left.\begin{array}{l}v_x = -\left[\dfrac{\mathscr{E}_x}{B_z}\sin\omega t - \dfrac{\mathscr{E}_y}{B_z}(1-\cos\omega t)\right]\\[2mm]v_y = -\left[\dfrac{\mathscr{E}_x}{B_z}(1-\cos\omega t) + \dfrac{\mathscr{E}_y}{B_z}\sin\omega t\right]\end{array}\right\} \tag{12-15}$$

式中,$\omega = qB_z/m^*$。如选择 x'、y' 为轴,使 $\mathscr{E}$ 沿 $+x'$ 方向,即选 $\mathscr{E} = (\mathscr{E}_{x'}, 0, 0)$,则式(12-15)可简化为

$$\left.\begin{array}{l}v_x' = -\dfrac{\mathscr{E}_{x'}}{B_z}\sin\omega t\\[2mm]v_y' = -\dfrac{\mathscr{E}_{x'}}{B_z}(1-\cos\omega t)\end{array}\right\} \tag{12-16}$$

式(12-16)的运动轨迹为

$$\left.\begin{array}{l}x' = -\dfrac{\mathscr{E}_{x'}}{B_z}\dfrac{1}{\omega}(1-\cos\omega t)\\[2mm]y' = -\dfrac{\mathscr{E}_{x'}}{B_z}\left(t - \dfrac{1}{\omega}\sin\omega t\right)\end{array}\right\} \tag{12-17}$$

它表示的是以 x'、y' 为轴的旋轮线(Cycloid),如图 12-3 中的曲线 1 所示。

由式(4-38)可以计算多次散射后的平均速度为

$$\left.\begin{array}{l}\bar{v}_x = \dfrac{1}{N_0}\displaystyle\int_0^\infty v_x N_0 P \mathrm{e}^{-\mu}\mathrm{d}t = -\dfrac{q}{m^*}\left(\dfrac{\tau\mathscr{E}_x}{1+\omega^2\tau^2} - \dfrac{\omega\tau^2\mathscr{E}_y}{1+\omega^2\tau^2}\right)\\[3mm]\bar{v}_y = \dfrac{1}{N_0}\displaystyle\int_0^\infty v_y N_0 P \mathrm{e}^{-\mu}\mathrm{d}t = -\dfrac{q}{m^*}\left(\dfrac{\tau\mathscr{E}_y}{1+\omega^2\tau^2} + \dfrac{\omega\tau^2\mathscr{E}_x}{1+\omega^2\tau^2}\right)\end{array}\right\} \tag{12-18}$$

式中,N_0 为 $t=0$ 时未遭散射的电子数,$\tau = 1/P$ 为平均自由时间,其中假定 τ 是常数。

由式(4-9)得到在 $\mathscr{E}$、$\mathbf{B}$ 作用下的电流密度

$$J_x = -nq\bar{v}_x = \frac{nq^2}{m^*}\left(\frac{\tau\mathscr{E}_x}{1+\omega^2\tau^2} - \frac{\omega\tau^2\mathscr{E}_y}{1+\omega^2\tau^2}\right) \\ J_y = -nq\bar{v}_y = \frac{nq^2}{m^*}\left(\frac{\tau\mathscr{E}_y}{1+\omega^2\tau^2} + \frac{\omega\tau^2\mathscr{E}_x}{1+\omega^2\tau^2}\right) \quad (12\text{-}19)$$

引入 σ_{xx}、σ_{xy}、σ_{yx}、σ_{yy}、ρ_{xx}、ρ_{xy}、ρ_{yx}、ρ_{yy} 的概念,式(12-19)可写为

$$\left.\begin{array}{l}J_x = \sigma_{xx}\mathscr{E}_x + \sigma_{xy}\mathscr{E}_y \\ J_y = \sigma_{yx}\mathscr{E}_x + \sigma_{yy}\mathscr{E}_y\end{array}\right\} \quad \text{或} \quad \left.\begin{array}{l}\mathscr{E}_x = \rho_{xx}J_x + \rho_{xy}J_y \\ \mathscr{E}_y = \rho_{yx}J_x + \rho_{yy}J_y\end{array}\right\} \quad (12\text{-}20)$$

式中

$$\sigma_{xx} = \sigma_{yy} = \frac{nq^2}{m^*}\frac{\tau}{1+\omega^2\tau^2}, \quad \sigma_{xy} = -\sigma_{yx} = -\frac{nq^2}{m^*}\frac{\omega\tau^2}{1+\omega^2\tau^2} \quad (12\text{-}21)$$

并且

$$\rho_{xx} = \rho_{yy} = \frac{\sigma_{xx}}{\sigma_{xx}^2 + \sigma_{xy}^2}, \quad \rho_{xy} = -\rho_{yx} = -\frac{\sigma_{xy}}{\sigma_{xx}^2 + \sigma_{xy}^2} \quad (12\text{-}22)$$

有时分别称 σ_{xy} 和 ρ_{xy} 为霍耳电导率和霍耳电阻率。

稳态时 $J_y = 0$,由式(12-19)可求得 $\mathscr{E}_y$,代入 J_x 的表达式得

$$J_x = \frac{nq^2\tau}{m^*}\mathscr{E}_x = nq\mu_n\mathscr{E}_x \quad (12\text{-}23)$$

由式(12-2)和 $\omega = qB_z/m^*$,可得到

$$R_H = -\frac{1}{nq}$$

图 12-3 电子在 $\mathscr{E}$、$\mathbf{B}$ 作用下的运动

这时,电子的运动轨迹如图 12-3 中的曲线 2 所示,即沿着 $-x$ 方向边画弧边向前运动(但图中所示的并非电子的真实运动轨迹,因为分析中略去了每次散射后由初速度 v_0 引起的螺旋运动)。

以上分析没有考虑载流子速度的统计分布,如果计及载流子速度的统计分布,必须求解玻耳兹曼方程。限于篇幅,本书不予计算,只给出结果,读者可参阅参考资料[1,2]。

对 p 型半导体可得

$$\mathscr{E}_y = \frac{1}{pq}\frac{\langle\tau^2 v^2\rangle\langle v^2\rangle}{\langle\tau v^2\rangle^2}J_x B_z \quad (12\text{-}24)$$

因此

$$R_H = \frac{1}{pq}\frac{\langle\tau^2 v^2\rangle\langle v^2\rangle}{\langle\tau v^2\rangle^2} \quad (12\text{-}25)$$

同样可以证明,对 n 型半导体

$$R_H = -\frac{1}{nq}\frac{\langle\tau^2 v^2\rangle\langle v^2\rangle}{\langle\tau v^2\rangle^2} \quad (12\text{-}26)$$

式中,τ 为平均自由时间,v 为载流子速度,$\langle\tau^2 v^2\rangle$、$\langle v^2\rangle$、$\langle\tau v^2\rangle$ 分别表示统计平均值,与式(4-102)相同。

由式(4-16)、式(4-17)和式(4-103)

$$\sigma_p = pq\mu_p$$
$$\sigma_n = nq\mu_n$$

$$\mu_p = \frac{q}{m_p^*}\frac{\langle \tau v^2 \rangle}{\langle v^2 \rangle}, \qquad \mu_n = \frac{q}{m_n^*}\frac{\langle \tau v^2 \rangle}{\langle v^2 \rangle}$$

可以得到

$$\left.\begin{aligned} |R_H \sigma_p| &= \frac{q}{m_p^*}\frac{\langle \tau^2 v^2 \rangle}{\langle v^2 \rangle} = (\mu_H)_p \\ |R_H \sigma_n| &= \frac{q}{m_n^*}\frac{\langle \tau^2 v^2 \rangle}{\langle v^2 \rangle} = (\mu_H)_n \end{aligned}\right\} \qquad (12\text{-}27)$$

μ_H 称为霍耳迁移率。霍耳迁移率与迁移率之比为

$$\left(\frac{\mu_H}{\mu}\right)_p = \frac{\langle \tau_p^2 v^2 \rangle \langle v^2 \rangle}{\langle \tau_p v^2 \rangle^2}, \qquad \left(\frac{\mu_H}{\mu}\right)_n = \frac{\langle \tau_n^2 v^2 \rangle \langle v^2 \rangle}{\langle \tau_n v^2 \rangle^2} \qquad (12\text{-}28)$$

为进一步区别,电子和空穴的平均自由时间分别用 τ_n 和 τ_p 表示。引入 μ_H/μ 后,霍耳系数分别如下。

p 型半导体
$$R_H = \left(\frac{\mu_H}{\mu}\right)_p \frac{1}{pq} \qquad (12\text{-}29a)$$

n 型半导体
$$R_H = -\left(\frac{\mu_H}{\mu}\right)_n \frac{1}{pq} \qquad (12\text{-}29b)$$

霍耳角
$$\tan\theta = \mu_H B_z \qquad (12\text{-}30)$$

对于简单能带结构的半导体,$(\mu_H/\mu)_p$ 与 $(\mu_H/\mu)_n$ 没有什么区别。μ_H/μ 的值随散射过程而异,如果

$$\tau_n \propto (E-E_c)^\gamma, \qquad \tau_p \propto (E_v-E)^\gamma \qquad (12\text{-}31)$$

对球形等能面的非简并半导体来说,长声学波散射时,$\gamma=-1/2$,则 $\mu_H/\mu=3\pi/8\approx 1.18$;电离杂质散射时,$\gamma=3/2$,则 $\mu_H/\mu=315\pi/512\approx 1.93$。对高度简并化的半导体,$\mu_H/\mu=1$,霍耳系数的值与用简单理论所推出的式(12-5)和式(12-8)相同。

以上讨论的是磁场不太强的情况。当磁场非常强时,霍耳系数仍与式(12-5)和式(12-8)相同[2]。磁场的强弱可以用霍耳角的大小来区分:当 $\tan\theta \ll 1$ 即 $\mu_H B_z \ll 1$ 时,为弱磁场;当 $\tan\theta \gg 1$ 即 $\mu_H B_z \gg 1$ 时,为强磁场。室温时,n 型硅的 $\mu_n = 1450 \text{cm}^2/(\text{V}\cdot\text{s})$,当 $B_z < 1\text{T}$ 即 $B_z < 10^4 \text{G}$ 时,属于弱磁场范围。对锑化铟,$\mu_n = 7.8\text{m}^2/(\text{V}\cdot\text{s})$,当 $B_z > 0.1\text{T}$ 时已不再属于弱磁场范围了。

12.1.3 两种载流子的霍耳效应

当半导体中同时有两种载流子时,设 $(J_p)_y$、$(J_n)_y$ 分别表示 y 方向空穴和电子的电流密度,并设稳定时的横向电场 $\mathscr{E}_y$ 沿 $+y$ 方向。这时横向电流应为零,但空穴电流和电子电流并不为零。

空穴电流密度包含以下两部分:

由洛伦兹力引起的空穴电流密度沿 $-y$ 方向,其值为

$$-pq\mu_p (v_p)_x B_z = -pq\mu_p^2 \mathscr{E}_x B_z$$

由霍耳电场引起的空穴电流密度沿 $+y$ 方向,其值为

$$pq\mu_p \mathscr{E}_y$$

总空穴电流密度

$$(J_p)_y = pq\mu_p \mathscr{E}_y - pq\mu_p^2 \mathscr{E}_x B_z \tag{12-32}$$

同理,电子电流密度包含以下两部分:

由洛伦兹力引起的电子电流密度沿 $+y$ 方向,其值为

$$nq\mu_n (v_n)_x B_z = nq\mu_n^2 \mathscr{E}_x B_z$$

由霍耳电场引起的电子电流密度沿 $+y$ 方向,其值为

$$nq\mu_n \mathscr{E}_y$$

总电子电流密度

$$(J_n)_y = nq\mu_n \mathscr{E}_y + nq\mu_n^2 \mathscr{E}_x B_z \tag{12-33}$$

稳定时

$$J_y = (J_p)_y + (J_n)_y = 0$$

即

$$(nq\mu_n + pq\mu_p)\mathscr{E}_y + (nq\mu_n^2 - pq\mu_p^2)\mathscr{E}_x B_z = 0 \tag{12-34}$$

则

$$\mathscr{E}_y = \frac{p\mu_p^2 - n\mu_n^2}{(p\mu_p + n\mu_n)} \mathscr{E}_x B_z \tag{12-35}$$

因为

$$J_x = q(p\mu_p + n\mu_n)\mathscr{E}_x$$

代入式(12-35),得

$$\mathscr{E}_y = \frac{1}{q} \frac{(p\mu_p^2 - n\mu_n^2)}{(p\mu_p + n\mu_n)^2} J_x B_z \tag{12-36}$$

则

$$R_H = \frac{1}{q} \frac{p\mu_p^2 - n\mu_n^2}{(p\mu_p + n\mu_n)^2} \tag{12-37}$$

令 $b = \mu_n/\mu_p$,则

$$R_H = \frac{1}{q} \frac{(p - nb^2)}{(p + nb)^2} \tag{12-38}$$

如果计及载流子速度的统计分布,则[1]

$$R_H = \frac{\mu_H}{\mu} \frac{1}{q} \frac{(p - nb^2)}{(p + nb)^2} \tag{12-39}$$

当磁场很强时[2]

$$R_H = \frac{1}{q} \frac{1}{(p - n)}$$

由式(12-38),下面讨论纯净、n 型、p 型三种半导体在不同温度下霍耳系数的正负。对大多数半导体,$b>1$,故下面的讨论都设 $b>1$。

(1) 纯净半导体或温度在本征范围内的杂质半导体,$n=p$,由式(12-38)可看到,$R_H<0$,随着温度的升高,n 及 p 增大,R_H 的绝对值减小。

(2) p 型半导体,当温度在杂质导电范围内时,导带中的电子数很小,$p>nb^2$,因此 $R_H>0$。温度升高后,本征激发的载流子随之产生,n 逐渐增大,当 $p=nb^2$ 时,$R_H=0$;温度再升高,则 $p<nb^2$,于是 $R_H<0$。所以,p 型半导体当温度从杂质导电范围过渡到本征范围时,R_H 将改变符号。

(3) n 型半导体,不管在什么温度,空穴都不会比电子多,所以 $nb^2>p$,$R_H<0$,不会改变符号。

图 12-4 画出了不同的锑化铟的霍耳系数与温度的关系,所有 p 型样品的曲线都包含两条:右面曲线(低温范围)的霍耳系数是正的,左面曲线的霍耳系数是负的(图中表示的是绝对值)。正如上面指出的,霍耳系数要改变符号。

12.1.4 霍耳效应的应用

利用霍耳效应研究半导体物理性质是一种很重要的方法。

1. 测定载流子浓度和迁移率

n 型和 p 型半导体的霍耳系数符号相反,即霍耳电压 V_H 的正负相反,所以,从霍耳电压的正负可以判别半导体的导电类型。由式(12-12)可看到,已知 I_x、B_z、d,测出 V_H 就可以求 R_H;再由式(12-5)或式(12-8)可以求出载流子浓度 p 或 n;再测出电导率,由式(12-27)还可求出霍耳迁移率。测定霍耳系数的方法除采用如图 12-2 所示的矩形样品外,还可以做成任意形状的片状样品,用范德堡方法测量[3,4]。

图 12-4 锑化铟的霍耳系数与温度的关系
1—$n=5\times10^{13}\mathrm{cm}^{-3}$;2—$n=5\times10^{14}\mathrm{cm}^{-3}$;
3—$p=3\times10^{14}\mathrm{cm}^{-3}$;4—$p=4\times10^{15}\mathrm{cm}^{-3}$

2. 霍耳器件[5,6]

利用霍耳效应制成的电子器件称为霍耳器件。为了使霍耳效应比较明显,常选用迁移率高的半导体材料,因为在同样电场的作用下,迁移率高,漂移速度大,因而加磁场后载流子受到的洛伦兹力就大,霍耳效应就明显。实用上常选用锑化铟[$\mu_n=7.8\mathrm{m}^2/(\mathrm{V}\cdot\mathrm{s})$]①、砷化铟[$\mu_n=3\mathrm{m}^2/(\mathrm{V}\cdot\mathrm{s})$]等Ⅲ-Ⅴ族化合物半导体或锗[$\mu_n=3\,800\mathrm{cm}^2/(\mathrm{V}\cdot\mathrm{s})$]来做霍耳器件。

霍耳电压还与样品的形状有关。如图 12-2 所示的矩形样品,当相对于宽度 b 来说长度 l 较短时,霍耳电压较小。考虑到样品形状的影响,实际的霍耳电压 V_H 为

$$V_H = R_H \frac{I_x B_z}{d} f\left(\frac{l}{b}, \theta\right) \tag{12-40}$$

式中,$f(l/b,\theta)$ 是与样品长宽比及霍耳角有关的函数,图 12-5 画出了不同霍耳角时 $f(l/b,\theta)$ 与 l/b 的关系曲线,当 $l/b=4$ 时,$f(l/b,\theta)$ 趋近于 1,霍耳电压就由式(12-11)决定。

图 12-6 为锑化铟霍耳器件的输出特性,其中,图 12-6(a)是控制电流 I 一定时磁感应强度 B 和霍耳电压 V_H 的关系;图 12-6(b)是磁感应强度 B 一定时控制电流 I 和霍耳电压 V_H 的关系。其输出电压为 200~300mV。

霍耳器件有在静止状态下感受磁场的能力,而且构造简单、小型、坚固,同时由于其以多数载流子工作为主、频率响应宽(10GHz 时几乎显示出与直流相同的特性)、寿命长、可靠性高,因此目前在测量技术、自动化技术及信息处理等方面得到广泛的应用。

因为霍耳输出电压正比于控制电流和磁感应强度的乘积,使用时可使其中一个量保持不变,另一个作为变量,或者两者都作为变量,因而可有各种不同的用途,可参阅参考资料[5,6]。

---

① 最近数据 $\mu_n=52.5\mathrm{m}^2/(\mathrm{V}\cdot\mathrm{s})$。

图 12-5 $f(l/b,\theta)$ 与 l/b 的关系曲线

图 12-6 锑化铟霍耳器件的输出特性

(a) V_H-B（I一定）

(b) V_H-I（B一定）

*12.2 磁阻效应

在与电流垂直的方向加磁场后，通过进一步研究发现，沿外加电场方向的电流密度有所降低，即由于磁场的存在，半导体的电阻增大，这种现象称为磁阻效应。为简单起见，本节只限于讨论磁场与外加电场互相垂直时的横向磁阻效应，并仅介绍某些重要结论，至于磁阻效应中比较烦琐的理论计算，读者可参阅参考资料[2]。

磁阻效应分为物理磁阻效应和几何磁阻效应两种，下面分别说明。

*12.2.1 物理磁阻效应

以下所述的物理磁阻效应指的均是材料电阻率随磁场增大的效应，所以又称为磁电阻率效应。

(1) 如图 12-7 所示，如果 p 型半导体沿 x 方向加强度为 $\mathscr{E}_x$ 的电场，电流密度 J 与 $\mathscr{E}_x$ 同向，再加上如图所示的磁场 B_z 时，因为存在洛伦兹力，所以产生霍耳电场，合成电场与 J 的夹角为霍耳角 θ，如图 12-7(a)、(b)所示。与图 12-3 的曲线 2 类似，这时可以认为空穴做如图 12-7(c)所示的弧形运动，因而散射概率增大，平均自由时间缩短，迁移率下降，电导率减小，电阻率增大。但是，由这个因素引起的电阻率变化很小，可略而不计。对 n 型半导体，情况类似，电子做如图 12-7(d)所示的弧形运动。就是说，对只有一种载流子导电的半导体，如果不计速度的统计分布，即当平均自由时间 τ 与速度无关时，不显示横向磁阻效应。

(2) 如果计及载流子速度的统计分布，即 τ 与 v 有关，或者说 τ 与能量 E 有关，由式(12-3)可看出，对于某种速度的载流子，如果霍耳电场的作用与洛伦兹力的作用刚好抵消，那么小于此速度的载流子将沿霍耳电场所作用的方向偏转，而大于此速度的载流子则沿相反方向偏转，如图 12-8 所示。图中①为具有与霍耳电场相平衡的速度的载流子的运动；②表示速度较大的载流子的运动；③表示速度较小的载流子的运动。因而，沿外加电场方向运动的载流子数目减小，所以电阻率增大，表现出横向磁阻效应。通常用电阻率的相对改变来形容磁阻，即设 ρ_0 为无磁场时的电阻率，ρ_B 为加磁场 B_z 时的电阻率，则磁阻为 $(\rho_B-\rho_0)/\rho_0 = \Delta\rho/\rho_0$。如用电导率来表示，则

(a) $B_z = 0$ (b) $B_z \neq 0$ (c) 空穴的运动($B_z \neq 0$)   (d) 电子的运动($B_z \neq 0$)

图 12-7 载流子在磁场中运动示意图

$$\frac{\Delta\rho}{\rho_0}=\frac{\frac{1}{\sigma_B}-\frac{1}{\sigma_0}}{\frac{1}{\sigma_0}}=-\frac{\sigma_B-\sigma_0}{\sigma_B}\approx-\frac{\sigma_B-\sigma_0}{\sigma_0}=-\frac{\Delta\sigma}{\sigma_0} \tag{12-41}$$

理论计算表明,当磁场不太强,即 $\mu_H B_z \ll 1$ 时,对等能面为球面的非简并半导体,在一种载流子导电时,可以得到[2]

$$\frac{\Delta\rho}{\rho_0}=-\frac{\Delta\sigma}{\sigma_0}=\zeta R_{H0}^2 \sigma_0^2 B_z^2=\zeta \mu_H^2 B_z^2 \tag{12-42}$$

式中,R_{H0} 表示弱场霍耳系数,σ_0 为零场电导率,μ_H 为霍耳迁移率,ζ 称为横向磁阻系数,其值为

$$\zeta=\frac{\langle\tau^3 v^2\rangle\langle\tau v^2\rangle}{\langle\tau^2 v^2\rangle^2}-1 \tag{12-43}$$

由式(12-42)看到,$\Delta\rho/\rho_0$ 与 B_z^2 成正比。$\tau\propto(E-E_c)^\gamma$,对长声学波散射,$\gamma=-1/2$,计算可得 $\zeta=0.275$;对电离杂质散射,$\gamma=3/2$,则 $\zeta=0.57$;τ 为常数时,$\zeta=0$,不显示横向磁阻效应。

当磁场增强时,$\Delta\rho/\rho_0$ 大致与 B_z 成正比。当磁场再增强,达到 $\mu_H B_z \gg 1$ 时,电阻率可达饱和,令 ρ_∞ 代表强磁场时的电阻率,对声学波散射

$$\frac{\rho_\infty}{\rho_0}=\frac{32}{9\pi}\approx 1.13 \tag{12-44}$$

对电离杂质散射

$$\frac{\rho_\infty}{\rho_0}=\frac{32}{3\pi}\approx 3.4 \tag{12-45}$$

① 具有与霍耳电场相平衡的速度的载流子的运动;
② 速度较大的载流子的运动;
③ 速度较小的载流子的运动。

(3) 两种载流子均需计入时,即使不计载流子速度的统计分布,即当 τ 为常数时,也显示出横向磁阻效应。如图 12-9 所示,当 $B_z=0$ 时,$\boldsymbol{J}=\boldsymbol{J}_n+\boldsymbol{J}_p$;加以图示磁场 B_z 时,$\boldsymbol{J}_n$ 和 $\boldsymbol{J}_p$ 向相反方向偏转,合成电流为 $\boldsymbol{J}=\boldsymbol{J}_n+\boldsymbol{J}_p$。稳定时,电子和空穴沿 y 方向的电流均不为零,但是,合成电流 $\boldsymbol{J}$ 仍沿外加电场的方向,因而总的合成电流减小,相当于电导率减小,电阻率增大。对球形等能面的非简并半导体,当磁场不太强时,通过理论分析仍可得

(a) 空穴   (b) 电子

图 12-8 载流子偏转的示意图

(a) $B_z=0$ (b) $B_z\neq 0$

图 12-9 两种载流子的运动

$$\frac{\Delta\rho}{\rho_0}=\zeta R_{H0}^2\sigma_0^2 B_z^2$$

式中，ζ 为[2]

$$\zeta=\frac{npb(1+b)^2}{(nb^2-p)^2} \tag{12-46}$$

其中 $b=\mu_n/\mu_p$。由式(12-46)可见，当 $n=0$ 或 $p=0$ 时，$\zeta=0$，纯 n 型或 p 型材料不具有横向磁阻，但是，在混合导电的范围仍表现出横向磁阻效应。

如计入载流子速度的统计分布，即当 τ 与速度有关时，结果还要复杂，读者可参阅参考资料[2,7]。

*12.2.2 几何磁阻效应

磁阻效应还与样品的形状有关，不同几何形状的样品在同样大小的磁场作用下，其电阻不同，这一效应称为几何磁阻效应。如图 12-1(a)所示，如果样品 A、C 两面间开路，A 面积累空穴，y 方向产生霍耳电场，与洛伦兹力相平衡后，空穴不再偏转，产生如上所述的磁阻效应。但是，如果 A、C 间短路，A、C 两面上不能积累载流子，y 方向不产生电场，空穴便继续偏转，不产生霍耳效应，但使 x 方向的电流减小，电阻增大，因而磁阻效应加强。所以，可以看出，霍耳效应比较明显的样品，其磁阻效应就小；反之，霍耳电压比较小的样品，其磁阻效应就大。图 12-10

(a) 长方形样品 $l/b\gg 1$ (b) 长方形样品 $l/b\ll 1$ (c) 科比诺圆盘   (d) J 与 $\mathscr{E}$ 的方向关系

图 12-10 半导体内电流分布

画出了三种不同形状的样品,图 12-10(a)中上面的图(A)为不加磁场的情况,下面的图(B)为加磁场后的情况。不加磁场时,电流密度矢量与外加电场方向一致,即与样品边缘平行,与电极垂直。加磁场后,由于产生横向电场,电流密度与合成电场方向不一致,中间夹以霍耳角 θ。对图 12-10(a)所示的霍耳效应明显的长条形样品,内部电流密度仍与边缘平行,而合成电场强度 $\mathscr{E}$ 偏转 θ 角,如图 12-10(d)所示。但是,在金属电极处,$\mathscr{E}$ 应与金属电极表面垂直,所以电流密度偏转 θ 角,这样,在磁场的作用下,电流流通的路程变长,如图 12-10(b)所示。样品的电阻 $R=\rho l/s$,在磁场的作用下,样品电阻的增大除与 ρ 的增大有关外,还与 l 的增大有关,l 的增大与样品的形状有关。对长宽比 $l/b\gg 1$ 的长条形样品,l 的增大不明显;但是对 $l/b\ll 1$ 的扁条形样品,如图 12-10(b)所示,霍耳效应减弱,电流偏转得很厉害,l 明显增大,因而电阻就增大很多;特别是如图 12-10(c)所示的圆盘形样品,在圆盘中心施以辐射形外电场时,几何磁阻效应特别明显。在磁场的作用下,任何地方都不积累电荷,不产生霍耳电场,从圆盘中心流出的电流密度在达到周围的电极以前,总是形成与半径方向成霍耳角 θ 的弯曲,结果电流以螺旋形路径流通,l 大幅增大,电极间电阻显著增大,这一圆盘称为科比诺圆盘(Corbino disk)。图 12-11 画出不同形状样品的 R_B/R_0 与磁感应强度 B 的关系,R_B 代表磁感应强度 B 时的电阻,R_0 为零场电阻。

图 12-11 不同形状样品的 R_B/R_0 与磁感应强度的关系

对科比诺圆盘,通过理论分析可得

$$\frac{R_B}{R_0}=\frac{\rho_B}{\rho_0}(1+\tan^2\theta) \tag{12-47}$$

*12.2.3 磁阻效应的应用[8,9,10]

利用磁阻效应制作的半导体磁敏电阻已得到广泛的应用。由式(12-42)看到,物理磁阻效应与 $\mu_H B_z$(即 $\tan\theta$)有关,而由式(12-47)看到几何磁阻效应也与霍耳角有关。霍耳角越大,磁阻效应越显著。迁移率大的材料,霍耳角就大,n 形锑化铟的电子迁移率 $\mu_n=7.8\text{m}^2/(\text{V}\cdot\text{s})$,当 $B=1\text{T}$ 时,霍耳角大于 $80°$,因而常选用锑化铟、砷化铟等高迁移率的材料制造磁敏电阻。

由图 12-11 看到,当 $B=1\text{T}$ 时,科比诺圆盘的 R_B/R_0 可达 18,甚至可达 30,灵敏度很高;但圆盘零场电阻不易做得很大,最大为 $1\sim 2\Omega$,故实用价值不大。为使零场电阻较大,灵敏度 R_B/R_0 又很高,人们设计了如图 12-12(a)所示的栅格结构,在长方形锑化铟样品上规则地铺设与电流方向垂直的相距极近的金属电极,将样品分成许多小区域,每一小区域的宽度比长度大得

图 12-12 铺设金属栅格的高灵敏度磁阻器件示意图

图 12-13 锑化铟磁敏电阻特性
D—本征 InSb+NiSb;
L,M—掺杂 InSb+NiSb;
P,T—栅格 InSb

多,相当于许多长宽比很小的电阻串联,用这种方法可得到高灵敏度的器件。为提高 R_0,还可做成所谓的迷宫形结构,如图 12-12(b)所示,这种结构的 R_0 可达几百欧姆,在 $B=$ 1T 时,R_B/R_0 可高达 12 左右。还发展了用锑化铟和锑化镍共晶材料制成的磁敏电阻,灵敏度可进一步提高,达 18~20。但由于器件的最终厚度很小,约 $20\mu m$,因此给工艺带来一定的困难。磁敏电阻与霍耳器件相比,它的结构更简单,因霍耳器件是四端器件,磁敏电阻是两端器件,而且灵敏度高。

霍耳器件在 $B_z=0$ 时,$V_H=0$,加磁场后,V_H 与 B_z 呈线性变化;而磁阻器件在 $B_z=0$ 时,具有一定的电阻 R_0,所加磁场较弱时,R_B/R_0 与 B_z^2 成正比,磁场增大后,R_B/R_0 与 B_z 呈线性关系。图 12-13 给出锑化铟磁敏电阻 R_B/R_0 与 B_z 的变化曲线。

*12.3 磁光效应

本节介绍半导体中电子在强磁场中能量的量子化和磁光吸收现象。

*12.3.1 朗道(Landau)能级[11]

载流子在磁场中将做绕磁场回旋的螺旋运动,回旋频率 $\omega_c=qB/m^*$。当磁场很强、温度很低时,载流子的运动将呈现出量子化效应,在垂直于磁场方向的平面内的运动是量子化的,原来能带中的电子状态重新组合,形成了若干子带,称这些分立的子带为朗道能级。

设沿 z 方向的磁感应强度为 $\boldsymbol{B}$,引入矢势 $\boldsymbol{A}$,$\boldsymbol{B}$ 与 $\boldsymbol{A}$ 的关系为

$$\boldsymbol{B}=\mathrm{rot}\,\boldsymbol{A} \tag{12-48}$$

用有效质量近似,设电子具有各向同性有效质量 m^*,电子的准动量 $\boldsymbol{p}=m^*\dot{\boldsymbol{r}}$,则电子的广义动量 $\boldsymbol{P}=\boldsymbol{p}+q\boldsymbol{A}$,电子的动能 $E_k=p^2/2m^*=(\boldsymbol{P}-q\boldsymbol{A})^2/2m^*$。为简单起见,设电子的势能 $u(\boldsymbol{r})=0$,因为 $\boldsymbol{P}=-\mathrm{i}\hbar\nabla$,所以电子运动的哈米顿算符为

$$\hat{H}=\frac{1}{2m^*}(-\mathrm{i}\hbar\nabla-q\boldsymbol{A})^2 \tag{12-49}$$

在磁场中运动的电子的薛定谔方程为

$$\frac{1}{2m^*}(-\mathrm{i}\hbar\nabla-q\boldsymbol{A})^2\psi(\boldsymbol{r})=E\psi(\boldsymbol{r}) \tag{12-50}$$

设 $\boldsymbol{B}=(0,0,B)$ 为匀强磁场,矢势 $\boldsymbol{A}$ 取 $\boldsymbol{A}=(0,xB,0)$,则满足式(12-48)。将 $(\mathrm{i}\nabla+\boldsymbol{A})^2$ 经矢量运算,最后式(12-50)可展开为

$$-\frac{\hbar^2}{2m^*}\nabla^2\psi(\boldsymbol{r})+\frac{\mathrm{i}\hbar qB}{m^*}x\frac{\partial\psi(\boldsymbol{r})}{\partial y}+\frac{q^2B^2x^2}{2m^*}\psi(\boldsymbol{r})=E\psi(\boldsymbol{r}) \tag{12-51}$$

解出式(12-51)所表示的电子在磁场中的薛定谔方程可得电子的能量和波函数。式(12-51)具有如下形式的解

$$\psi(\boldsymbol{r})=\varphi(x)\exp(\mathrm{i}k_y y+\mathrm{i}k_z z) \tag{12-52}$$

将式(12-52)代入式(12-51)，得

$$-\frac{\hbar}{2m^*}\frac{\mathrm{d}^2\varphi(x)}{\mathrm{d}x^2}+\frac{\hbar^2 k_y^2}{2m^*}\varphi(x)+\frac{\hbar^2 k_z^2}{2m^*}\varphi(x)$$

$$-\frac{\hbar qB}{m^*}k_y x\varphi(x)+\frac{q^2 B^2 x^2}{2m^*}\varphi(x)=E\varphi(x) \tag{12-53}$$

令 $x=x'+x_0$，并选择 $x_0=\hbar k_y/qB$，则式(12-53)中含有 x' 的项为零。引入 $\omega_c=qB/m^*$，且令

$$E'=E-\frac{\hbar^2 k_z^2}{2m^*} \tag{12-54}$$

则式(12-53)可简化为

$$-\frac{\hbar}{2m^*}\frac{\mathrm{d}^2\varphi(x')}{\mathrm{d}x'^2}+\frac{m^*}{2}\omega_c^2 x'^2\varphi(x')=E'\varphi(x') \tag{12-55}$$

如令

$$\left.\begin{array}{l}\zeta=\dfrac{x'}{l}\\[4pt] l=\sqrt{\dfrac{\hbar}{m^*\omega_c}}=\sqrt{\dfrac{\hbar}{qB}}\\[4pt] \lambda=\dfrac{2E'}{\hbar\omega_c}\end{array}\right\} \tag{12-56}$$

则式(12-55)简化为

$$\frac{\mathrm{d}^2\varphi(\zeta)}{\mathrm{d}\zeta^2}+(\lambda-\zeta^2)\varphi(\zeta)=0 \tag{12-57}$$

式(12-57)是一个质量为 m^*、角频率为 ω_c 的谐振子方程。其能量本征值为

$$E'=\left(n+\frac{1}{2}\right)\hbar\omega_c \tag{12-58}$$

式中，n 可取正整数。

由式(12-54)得电子总能量为

$$E=\left(n+\frac{1}{2}\right)\hbar\omega_c+\frac{\hbar^2 k_z^2}{2m^*} \quad (n=0,1,2,\cdots) \tag{12-59}$$

由式(12-59)得知，无磁场时，电子能量 $E=(\hbar^2 k_x^2+\hbar^2 k_y^2+\hbar^2 k_z^2)/2m^*$，形成一系列由准连续能级构成的能带。在磁场的作用下，电子沿磁场方向运动的能量仍是准连续的，但是在与磁场垂直的 xOy 平面内的运动发生了量子化，原来能带中的电子状态发生了重新组合，分成了若干子带，如图 12-14 所示。这种在磁场中电子运动的量子化而形成的子能带称为朗道能级。

能级间距为 $\hbar\omega_c$，只有当 $\hbar\omega_c>k_0 T$ 时量子化效应才显著。将 $\omega_c=qB/m^*$ 代入，即当

$$B>\left(\frac{m^*}{m_0}\right)\frac{m_0 k_0 T}{q\hbar} \tag{12-60}$$

时量子化效应才显著。将 q、$\hbar$、k_0、m_0 代入，得到当 $B>0.75T(m^*/m_0)$ T 时才能观察到量子化效应。设

图 12-14 能带在磁场中的量子化

$m^*/m_0=1, T=4.2\text{K}$，则 $B>3.5\text{T}$。这就是说，即使在 $T=4.2\text{K}$，也需要几特斯拉的强磁场才能观察到朗道能级。

由式(12-59)可看到，在磁场中电子能量只与 n、k_z 有关。对给定的 n 和 k_z 值，k_y 可取不同的值，即对应于每个子带，与每个 k_z 相对应的能值都是简并的，可用如下的方法求得其简并度。

考虑边长为 L 的晶体，由周期性边界条件可知 k_y 的可能值为 $2\pi n_y/L, n_y=0,\pm 1, \pm 2,\cdots$，因而单位 k_y 范围内可有 $L/2\pi$ 个状态。

由量子力学谐振子方程的解可写出对应于 $n=0,1,2,\cdots$ 的波函数。以 $n=0$ 为例，由式(12-52)和式(12-57)的解可得出归一化波函数 $\psi_0(x,y,z)$ 为[11]

$$\psi_0(x,y,z)=\frac{1}{\sqrt{l}\sqrt{\pi}}\exp(ik_y y+ik_z z)\exp\left[-\frac{1}{2l^2}\left(x-\frac{\hbar k_y}{qB}\right)^2\right] \tag{12-61}$$

可以看到 ψ_0 集中在 $x=\hbar k_y/qB$ 附近。当 x 从 0 变化到 L 时，k_y 可从 0 变化到 $qBL/2\pi\hbar$，因而对某一给定的 n 和 k_z，k_y 共可取

$$\frac{qBL}{2\pi\hbar}\times L=L^2\frac{qB}{2\pi\hbar}=\frac{L^2}{2\pi l^2} \tag{12-62}$$

个值，即其简并度为 $L^2/2\pi l^2=L^2 qB/2\pi\hbar$，其与 n 和 k_z 无关，对任一 n 和 k_z，其简并度均相同。

★12.3.2 带间磁光吸收

在磁场的作用下，由于形成朗道子带，因此对光吸收产生影响。

随着磁感应强度的增大，本征吸收的长波限向短波方向移动，在 InSb 中首先观察到了这种现象。以导带和价带极值位于 $k=0$ 的球形等能面为例，由于受磁场的影响，导带底由 E_c 上升到 $E_c+\hbar\omega_{ce}/2$；同样地，价带顶由 E_v 下降到 $E_v-\hbar\omega_{ch}/2$，其中 ω_{ce} 和 ω_{ch} 分别为电子和空穴的回旋角频率。因而，入射光子的能量 $\hbar\omega$ 必须满足

$$\hbar\omega=E_g+\frac{1}{2}\hbar\omega_{ce}+\frac{1}{2}\hbar\omega_{ch} \tag{12-63}$$

才能发生本征吸收，所以直接跃迁的本征吸收限向高能量方向移动。图 12-15(a) 和 (b) 分别画出了无磁场和有磁场时的 E-k_z 曲线。

在磁场的作用下，光吸收时还要发生磁振荡现象。仍以导带和价带极值均位于 $k=0$ 的球形等能面为例，由于受磁场的作用，原来是准连续的导带和价带各分裂成若干分立的朗道子能带，导带第 n 个子能带的能量极小值为 $E_c+(n+1/2)\hbar\omega_{ce}$，价带第 n' 个子能带的能量极大值为 $E_v-(n'+1/2)\hbar\omega_{ch}$，它们之间的能量间距 $\hbar\omega_{n'n}$ 为

$$\hbar\omega_{n'n}=E_g+\left(n+\frac{1}{2}\right)\hbar\omega_{ce}+\left(n'+\frac{1}{2}\right)\hbar\omega_{ch} \tag{12-64}$$

考虑到跃迁时遵守 $\Delta n=n'-n=0$ 的选择定则，因此只有能量满足

$$\hbar\omega_n=E_g+\left(n+\frac{1}{2}\right)\hbar\omega_{cr} \tag{12-65}$$

的光子才能发生本征吸收。式中，$\omega_{cr}=qB/m_r$，m_r 为折合有效质量。图 12-15(c) 示意性地画出了磁振荡光吸收。因而，在无磁场时本征吸收限以上的连续光吸收在磁场的作用下，表现出振荡现象。

在间接跃迁和杂质跃迁中都会出现这种磁振荡光吸收现象。

(a) 零磁场下的 $E(k_z)$ 曲线
(b) 磁场中的 $E(k_z)$ 曲线
(c) 磁振荡光吸收

图 12-15 磁场中的朗道能级和光吸收

*12.4 量子化霍耳效应

二维电子气系统中的电子在电场与磁场作用下的霍耳效应表现出明显的量子化性质。1980 年冯克利奇（Von Klitzing）等人[12]首先从实验中观测到了量子化霍耳效应。他们测量了 Si MOSFET 反型层中二维电子气系统中的电子在 15T 强磁场和低于液氦温度下的霍耳电压 V_H、沿电流方向的电势差 V_P 与栅压 V_G 的关系。当磁场垂直于反型层，磁感应强度 B 与沿反型层流动的电流 I 保持不变时，改变栅压 V_G，可改变反型层中载流子的密度 n_s。若 $n_s \propto V_G$，则在正常霍耳效应中应有 $V_H \propto 1/V_G$，但是实验表明在某些 V_G 间隔内，V_H 曲线中出现平台，对应于平台时的 V_P 最小趋近于零。图 12-16 为他们的实验结果，由此得到的霍耳电阻 $\rho_{xy} = -V_H/I$ 是量子化的，其值为

图 12-16 V_H、V_P 与 V_G 关系的实验结果

$$\rho_{xy} = \frac{2\pi\hbar}{iq^2} \quad (i=1,2,3,\cdots) \tag{12-66}$$

它只与物理常数 $\hbar$、q 有关。他们首先用这种方法精确地测定出精细结构常数 α，其值应为

$$\alpha = \frac{q^2}{4\pi\varepsilon_0 \hbar c} \tag{12-67}$$

将 q、ε_0、$\hbar$、c 代入上式，求得 α 为 1/137。由式(12-66)和式(12-67)可得

$$\rho_{xy} = \alpha^{-1} \frac{\mu_0 c}{2i} \tag{12-68}$$

式中，μ_0 是真空磁导率。他们通过霍耳电阻与栅压 V_G 的关系精确地测定出 $\alpha^{-1} = 137.0353 \pm 0.004$。接着崔氏（Tsui）等在调制掺杂的 GaAs-GaAlAs 异质结构中也观测到了量子化霍耳效应[13]。

量子化霍耳效应可以通过二维电子气在磁场中发生的量子化效应得到初步的说明。MOS 反型层中的电子被局限在很窄的势阱中运动，所以反型层中的电子沿垂直于界面的 z 方向的运动是量子化的，形成一系列分立能级 $E_0, E_1, \cdots, E_j, \cdots$。在 xOy 平面内，即沿着界面方向其能量仍是准连续的，称这样的电子系统为二维电子气。由于垂直界面方向存在电量子化效应，因此对应于每个分立能级都存在一个二维子带。

二维电子气在 z 方向强磁场的作用下，如 12.3 节所述，沿界面方向电子的运动发生磁量子化，这些二维子带中的电子态要发生重新组合，又分成一系列分立的朗道能级。这样，二维电子气中电子能量在强磁场作用下便完全地量子化了，各能级的能量为

$$E_{jn} = E_j + \left(n + \frac{1}{2}\right)\hbar\omega_c \text{\textcircled{1}} \tag{12-69}$$

由式（12-62）知，单位面积内每个朗道能级的简并度为 $1/2\pi l^2 = qB/2\pi\hbar$。

由式（12-21），霍耳电导率 σ_{xy} 为

$$\sigma_{xy} = -\frac{nq}{B}\frac{\omega^2\tau^2}{1+\omega^2\tau^2} = -\frac{nq}{B} + \frac{1}{\omega\tau}\sigma_{xx} \tag{12-70}$$

可以写成

$$\left.\begin{array}{l} \sigma_{xy} = -\dfrac{nq}{B} + \Delta\sigma_{xy} \\ \Delta\sigma_{xy} = \dfrac{1}{\omega\tau}\sigma_{xx} \end{array}\right\} \tag{12-71}$$

对二维电子气来说，上式仍适用，只是 n 应是单位面积的电子数，用 n_s 表示。这时，σ_{xy} 为电导的量纲，称为霍耳电导，ρ_{xy} 为霍耳电阻，用 ρ_H 表示。霍耳电导 σ_{xy} 是由磁场作用引起的，而电导 σ_{xx} 是由散射引起的。

当磁场很强、温度很低，如费米能级 E_F 位于第 i 个和第 $i+1$ 个朗道能级之间时，i 和 i 以下的朗道子带全被占满，i 以上的各子带则全是空的，这时应不存在任何散射，因而 $\sigma_{xx} = 0$。由式（12-71）知，霍耳电导 σ_{xy} 为

$$\sigma_{xy} = -\frac{n_s q}{B} \tag{12-72}$$

单位面积电子数应为被占满的朗道子带数与每一朗道能级简并度的乘积，即

$$n_s = \frac{i}{2\pi l^2} = i\frac{qB}{2\pi\hbar} \tag{12-73}$$

---

① 严格地说还应计入自旋分裂。

因而

$$\sigma_{xy} = -i\frac{q^2}{2\pi\hbar} \quad (i=1,2,3,\cdots) \tag{12-74}$$

由式(12-22)知,当 $\sigma_{xx}=0$ 时, $\rho_{xy}=-1/\sigma_{xy}$,从而霍耳电阻 $\rho_H=-V_H/I$ 为

$$\rho_H = \rho_{xy} = \frac{2\pi\hbar}{iq^2} \quad (i=1,2,3,\cdots) \tag{12-75}$$

这就说明了霍耳电压出现平台的原因,且对应于霍耳平台,$\sigma_{xx}=0$,即 $V_p=0$。

随着 V_G 的增大,E_F 上移,当 E_F 穿越任一朗道子带时,该子带被部分占据,ρ_H 的值将由一个霍耳平台的值向另一个霍耳平台的值过渡。与此同时,由于该子带被部分占据,可以发生由一个电子态向另一个电子态的散射,σ_{xx} 将不再为零,这表现为图 12-16 中 V_p 的峰。

实验还进一步发现除与整数 i 相联系的霍耳平台外,在 1K 以下还观察到 i 为分数的平台,即分数量子化霍耳效应[14],限于篇幅,不再赘述。

*12.5 热磁效应

本节介绍在电场和温度梯度同时存在时,再加磁场后所引起的一些现象,统称为热磁效应。

*12.5.1 爱廷豪森效应

如图 12-17 所示,当沿 x 方向通电流时,如加有和样品表面垂直的磁场(沿 z 方向),则在样品 y 方向的两端便产生温度差。沿 y 方向的温度梯度与磁感应强度和电流密度成比例,即

$$\frac{\Delta T}{b} = PJ_x B_z \tag{12-76}$$

因为

$$J_x = \frac{I}{bd}$$

所以

$$\Delta T = P\frac{IB_z}{d} \tag{12-77}$$

图 12-17 爱廷豪森效应示意图

b 为样品的宽度,d 为厚度。式(12-76)也可写成

$$\frac{\partial T}{\partial y} = PJ_x B_z \tag{12-78}$$

这一效应称为爱廷豪森效应(Etinghausen effect),P 称为爱廷豪森系数,单位为 $m^3 \cdot K/J$。

这一效应与霍耳效应同时存在,12.1 节中所述的霍耳电压适用于等温条件,在这种条件下,$\partial T/\partial y=0$,相应于等温霍耳效应。在绝热条件下,便会建立起温度梯度 $\partial T/\partial y$,与此相应,y 方向要产生温差电动势,这一温差电动势便叠加在霍耳电压上,这时测得的霍耳电压称为绝热霍耳电压,称这时的效应为绝热霍耳效应。通常爱廷豪森效应引起的电势差与霍耳电压相比要小得多,因此,绝热霍耳效应和等温霍耳效应一般区别很小。

产生爱廷豪森效应的原因,可以认为是由载流子速度不同引起的,速度不同的载流子具有的能量也不同。速度大的载流子受到的洛伦兹力大,轨道偏转得厉害,所以,在电场与磁场的共同作用下,有一趋势把能量大的载流子赶到样品的一边,如 n 型样品,带负电的面温度高;p 型样品,带正电的面温度高,如图 12-18 所示。

图 12-18 p 型和 n 型材料的爱廷豪森效应

*12.5.2 能斯脱效应

当有热能流通过样品,加以与样品表面垂直的磁场时,发现在与热能流及磁场垂直的方向会产生电动势,如改变磁场或热能流的方向,电动势的方向也将改变,这种现象称为能斯脱效应(Nernst effect)。它与霍耳效应很相似,只是用热能流代替了霍耳效应中的电流密度。

如图 12-1 所示,把电流密度代以热能流,即设热能流沿 x 方向,就是说沿 x 方向有温度梯度$\partial T/\partial x$,磁场沿 z 方向,则 $\mathscr{E}_y$ 与$\partial T/\partial x$ 和 B_z 成正比,即

$$\mathscr{E}_y = -\eta \frac{\partial T}{\partial x} B_z \tag{12-79}$$

式中,η 称为能斯脱系数,单位为 $m^2/(K \cdot s)$。由于设 y 方向没有温度梯度,因此称这一效应为等温能斯脱效应,η 为等温能斯脱系数。

利用热力学第一定律可以证明[1],爱廷豪森系数 P 与能斯脱系数 η 及材料热导率κ 有如下的热力学关系

$$P_\kappa = \eta T \tag{12-80}$$

式中,T 为热力学温度。式(12-80)称为布里奇曼关系式。

*12.5.3 里吉—勒迪克效应

当有热能流通过样品时,与样品表面垂直的磁场可以使样品的两旁产生温度差,如改变磁场方向,则温度梯度方向也随着改变,这种现象称为里吉—勒迪克效应(Righi-Leduc effect)。如用$\partial T/\partial x$代表产生热能流的温度梯度,则$\partial T/\partial y$ 与 B_z 及$\partial T/\partial x$ 成正比,即

$$\frac{\partial T}{\partial y} = S \frac{\partial T}{\partial x} B_z \tag{12-81}$$

式中,S 称为里吉—勒迪克系数,单位为 $m^2/(V \cdot s)$。这一效应和爱廷豪森效应相似,只是前者的 y 方向的温度梯度是由 x 方向的热能流和 z 方向的磁场引起的,后者是由电流和磁场引起的。

以上三个系数的理论计算比较烦琐,限于篇幅不予讨论,读者可参阅参考资料[1]。

在测量霍耳效应时,上述三种效应都存在,其中对于能斯脱效应和里吉—勒迪克效应,通过使用适当的测量方法可以消除它们的影响,从而减小误差。

前两节所述的磁电效应和本节所述的热磁效应统称为热磁电效应，图 12-19 示意性地将这些效应进行比较。

图 12-19 热磁电效应示意图
(a) 霍耳效应 (b) 磁阻效应 (c) 爱廷豪森效应
(d) 能斯脱效应 (e) 里吉—勒迪克效应

*12.6 光磁电效应

*12.6.1 光扩散电势差

当适当频率的光照射到厚度为 d 的半导体样品表面，且吸收系数比 $1/d$ 大得多时，则在表面薄层内会产生非平衡载流子 $\Delta n = \Delta p$，沿光照方向形成扩散电流，如图 12-20 所示。取光照方向为 x 方向，电子和空穴扩散电流密度分别为

$$S_n = -D_n \frac{d\Delta n}{dx}, \quad S_p = -D_p \frac{d\Delta p}{dx} \quad (12-82)$$

由于电子和空穴的带电符号相反，形成的扩散电流是相反的，两种载流子的扩散系数不同，因此扩散电流不能完全抵消。如果 $D_n > D_p$，电子扩散得快，因而沿 x 方向的总扩散电流为负值。这样，引起电荷积累，使光照一面带正电，形成沿 x 方向的电场。这个电场引起沿 $+x$ 方向的电流，和总扩散电流相反，于是总电流为

图 12-20 光扩散电势差

$$J_x = (nq\mu_n + pq\mu_p)\mathscr{E}_x + q(D_n - D_p)\frac{d\Delta p}{dx} \quad (12-83)$$

达到稳定后，在各处形成的电场所引起的漂移电流恰好与扩散电流相抵消，即 $J_x = 0$，或者说，这时空穴总电流 $(J_p)_x$ 与电子总电流 $(J_n)_x$ 的关系为

$$(J_p)_x = pq\mu_p \mathscr{E}_x - qD_p \frac{d\Delta p}{dx} = -\left(nq\mu_n \mathscr{E}_x + qD_n \frac{d\Delta n}{dx}\right) = -(J_n)_x \quad (12-84)$$

因而

$$\mathscr{E}_x = -\frac{D_n - D_p}{n\mu_n + p\mu_p}\frac{\mathrm{d}\Delta p}{\mathrm{d}x} \tag{12-85}$$

利用爱因斯坦关系 $D/\mu = k_0 T/q$，得到

$$\mathscr{E}_x = -\frac{k_0 T}{q}\frac{\mu_n - \mu_p}{n\mu_n + p\mu_p}\frac{\mathrm{d}\Delta p}{\mathrm{d}x} \tag{12-86}$$

所以，光生非平衡载流子的扩散直接引起沿光照方向的电场，因而沿光照方向产生电势差，这一效应称为丹倍效应(Dember effect)，产生的电势差称为丹倍电势差。

对 n 型半导体 $n_0 \gg p_0$，小注入时 $n_0 \gg \Delta p (=\Delta n)$，在漂移电流中，$n = n_0 \gg \Delta p$，因而空穴的漂移运动和扩散运动相比可以忽略。因此，在小注入时，少数载流子的运动可以近似认为是单纯的扩散运动，这样

$$\Delta p = (\Delta p)_0 \mathrm{e}^{-\frac{x}{L_p}}$$

而且

$$q(n\mu_n + p\mu_p) \approx q n_0 \mu_n$$

所以

$$\mathscr{E}_x = \frac{k_0 T}{q}\frac{\mu_n - \mu_p}{n_0 \mu_n L_p}(\Delta p)_0 \mathrm{e}^{-\frac{x}{L_p}} \tag{12-87}$$

因而沿光照方向的电势差为

$$V_x = \int_0^d \mathscr{E}_x \mathrm{d}x = -\frac{k_0 T}{q}\frac{\mu_n - \mu_p}{n_0 \mu_n}\int_0^d \frac{\mathrm{d}\Delta p}{\mathrm{d}x}\mathrm{d}x$$

$$= \frac{k_0 T}{q}\frac{\mu_n - \mu_p}{n_0 \mu_n}[(\Delta p)_0 - (\Delta p)_d] \tag{12-88}$$

如果 $d \gg L_p$，非平衡载流子基本上不能达到底面，$(\Delta p)_d = 0$，则

$$V_x = \frac{k_0 T}{q}\frac{\mu_n - \mu_p}{\mu_n}\frac{(\Delta p)_0}{n_0} \tag{12-89}$$

*12.6.2　光磁电效应[15]

如图 12-21 所示，如果在垂直于光照的方向（z 方向）再加以磁场，由于受洛伦兹力的作用，电荷将发生偏转，引起与霍耳效应类似的效应，在横向（y 方向）引起电场，产生电势差。这一效应称为光磁电效应。

图 12-21　光磁电效应

与霍耳效应类似，y 方向的电流分为由洛伦兹力引起的电流和由电荷积累后形成 y 方向电场而引起的电流。稳定时，两种电流抵消，y 方向的总电流为零，样品内部产生横向电场 $\mathscr{E}_y$。

但是，它和两种载流子的霍耳效应有一个主要的区别：霍耳效应中的定向运动是由外加电场引起的，两种载流子的运动方向相反，电流方向相同，垂直磁场使两种载流子向同一方向偏转，效果是相互减弱的；而光磁电效应中，定向运动是由扩散引起的，两种载流子的扩散方向相同，电流方向相反，在垂直磁场的作用下，如图 12-21 所示，向相反方向偏转，效果是相互加强的。

设空穴沿 x 方向的运动速度为 $(v_p)_x$，则 $(v_p)_x = (J_p)_x/pq$；洛伦兹力 $q(v_p)_x B_z$ 沿 $-y$ 方向。由洛伦兹力引起的空穴电流密度沿 $-y$ 方向，其值为

$$-pq\mu_p (v_p)_x B_z = -\mu_p B_z (J_p)_x$$

由 $\mathscr{E}_y$ 引起的空穴光磁电流沿 $+y$ 方向，其值为

$$pq\mu_p \mathscr{E}_y$$

所以沿 y 方向引起的空穴电流密度为

$$(J_p)_y = pq\mu_p \mathscr{E}_y - \mu_p (J_p)_x B_z \tag{12-90}$$

同理，y 方向的电子电流密度为

$$(J_n)_y = nq\mu_n \mathscr{E}_y + \mu_n (J_n)_x B_z \tag{12-91}$$

将式(12-85)代入式(12-84)，可得 $(J_p)_x$ 和 $(J_n)_x$ 为

$$(J_p)_x = -(J_n)_x = -q\left(\frac{n\mu_n D_p + p\mu_p D_n}{n\mu_n + p\mu_p}\right)\frac{\mathrm{d}\Delta p}{\mathrm{d}x} \tag{12-92}$$

令

$$D = \frac{n\mu_n D_p + p\mu_p D_n}{n\mu_n + p\mu_p} = \frac{D_p \mu_n (n+p)}{n\mu_n + p\mu_p} \tag{12-93}$$

D 称为双极扩散系数，则

$$(J_p)_x = -(J_n)_x = -qD\frac{\mathrm{d}\Delta p}{\mathrm{d}x} \tag{12-94}$$

稳定时 y 方向的总电流应为零，但是与霍耳效应有区别。这时截面各处仍存在着电流，由于积累电荷在样品中形成的电场是均匀的，引起的漂移电流在截面各处是均匀的，但是光磁电流随深度而减弱，因此在截面上，靠近光照面，光磁电流大于反向漂移电流；更深处的情况相反。图 12-22 所示为通过截面的电流示意图。

图 12-22 通过截面的电流示意图

所以，稳定时 y 方向总电流为零的条件为

$$\int_0^d [(J_p)_y + (J_n)_y] b\,\mathrm{d}x = 0 \tag{12-95}$$

将式(12-90)、式(12-91)代入式(12-95)，并利用 $(J_p)_x = -(J_n)_x$ 得到

$$\int_0^d (nq\mu_n + pq\mu_p)\mathscr{E}_y b\,\mathrm{d}x - \int_0^d (\mu_n + \mu_p) B_z (J_p)_x b\,\mathrm{d}x = 0 \tag{12-96}$$

将式(12-94)代入式(12-96)得

$$\int_0^d (nq\mu_n + pq\mu_p)\mathcal{E}_y dx = -\int_0^d (\mu_n + \mu_p) B_z qD \frac{d\Delta p}{dx} dx$$

如 $n_0 \gg p_0, n_0 \gg \Delta p$，则由式(12-93)知 $D \approx D_p$，则

$$\mathcal{E}_y = \frac{B_z D_p (\mu_n + \mu_p)}{d n_0 \mu_n}[(\Delta p)_0 - (\Delta p)_d] \tag{12-97}$$

因而样品内的横向电势差 V_y 为

$$V_y = \mathcal{E}_y l = \frac{l}{d} \frac{B_z (\mu_n + \mu_p)}{n_0 \mu_n} D_p [(\Delta p)_0 - (\Delta p)_d] \tag{12-98}$$

如果 $d \gg L_p$，则 $(\Delta p)_d = 0$

$$V_y = \frac{l}{d} \frac{B_z (\mu_n + \mu_p)}{n_0 \mu_n} D_p (\Delta p)_0 \tag{12-99}$$

以上是横向开路的情况。如果样品横向两端短路相接，那么 y 方向没有电场，形成短路电流 I_s。令式(12-96)中的 $\mathcal{E}_y = 0$，则

$$I_s = \int_0^d [(J_p)_y + (J_n)_y] b dx = -B_z(\mu_n + \mu_p) b \int_0^d (J_p)_x dx$$

$$= B_z D(\mu_n + \mu_p) b \int_0^d \frac{d\Delta p}{dx} dx = -B_z D(\mu_n + \mu_p) b [(\Delta p)_0 - (\Delta p)_d] \tag{12-100}$$

如 $n_0 \gg p_0, n_0 \gg \Delta p_0, d \gg L_p$，则

$$I_s = -B_z D_p (\mu_n + \mu_p) b (\Delta p_0) \tag{12-101}$$

因为表面产生的非平衡载流子浓度 $(\Delta p)_0$ 与寿命 τ 有关，所以当 τ 太小不能用直接方法测量时，常利用光磁电效应来测量寿命 τ。利用光磁电效应还可制作半导体红外光探测器件。

*12.7 压阻效应

半导体除具有上述各章所介绍的性质外，还有一些独特的性质。例如，对半导体施加应力时，半导体的电阻率会发生改变，这种现象称为压阻效应。本节将对这种效应进行简要的叙述。

任何固体在外力的作用下都会变形，外力停止作用后，形变也消失，这种形变称为弹性形变。最简单的形变是沿某一方向进行纵向拉伸或压缩，称为单轴应力。如图 12-23(a)所示，将一块样品沿与表面垂直的方向施加拉力 f_n，则样品便伸长，如图中虚线所示；反之，如施加压力，则样品缩短。单位横截面所受的力称为应力 T，即

$$T = \frac{f_n}{s} \tag{12-102}$$

式中，s 为样品的截面积。

(a) 单轴应力   (b) 纵向应变

图 12-23 单轴应力和纵向应变示意图

样品形变时，样品内某点相对原来位置发生位移 S。S 为位置 x、y、z 的函数，它的三个分量用 u、v、w 来表示。在纵向拉伸或压缩时，任取 x 和 $x+\Delta x$ 两点[如图 12-23(b)所示]，形变时 x 点沿 x 方向的位移为 u，$x+\Delta x$ 点的位移为 $u+\Delta u$，则 $\Delta u/\Delta x$ 定义为沿 x 方向的应变，称

为纵向应变,用 e_{xx} 来表示。如 $\Delta x \to 0$,则

$$e_{xx} = \frac{\partial u}{\partial x} \tag{12-103}$$

在弹性限度内,应变与应力成正比,即

$$e = \lambda T \tag{12-104}$$

λ 称为弹性系数。引入 $c = 1/\lambda$,称为弹性模量,则

$$T = ce \tag{12-105}$$

对纵向拉伸,c 常称为杨氏模量,用 Y 表示。

如图 12-23(a) 所示,纵向伸长时,样品横向缩小;反之,纵向压缩时,样品横向增宽,则横向形变 $\partial v/\partial y$ 与纵向应力 T 的关系为

$$\frac{\partial v}{\partial y} = \beta T \tag{12-106}$$

式中,β 称为纵向伸长时的横向压缩系数。β 与 λ 之比称为泊松比 ν,即

$$\nu = \frac{\beta}{\lambda} \tag{12-107}$$

如沿样品切线方向施以力 f_t,则沿切向发生形变,称 f_t/s 为切应力,y 方向位移与 Δx 之比 $\partial v/\partial x$ 称为切应变,如图 12-24 所示。

对半导体施加应力时,除产生形变外,能带结构也要相应地发生变化,因而材料的电阻率(或电导率)就要改变。这种由于应力的作用使电阻率发生改变的现象称作压阻效应。实验中最容易实现的应力作用就是对半导体沿某一方向进行单向拉伸或压缩,或者将半导体置于某种液体中,加压力使它受到液体静压强的作用。例如,实验发现,将 n 型 Si 样品置于某种绝缘性液体中并施加液体静压强时,样品的电阻便随压强变化。如图 12-25 所示,当压强为 2×10^{10} Pa 以下时,样品电阻随压强的增大呈线性降低;到 2×10^{10} Pa 附近,电阻突然降低约 6 个数量级。这种突降可能是因为 Si 晶格发生了相变,不在本章讨论的范围内,本节主要讨论电阻随压强线性减小的情况。

图 12-24 切应力和切应变

图 12-25 n 型 Si 电阻与液体静压强的关系

*12.7.1 压阻系数

压阻效应具有明显的各向异性的性质。沿晶体的不同方向施以拉力或压力,再沿不同方向通以电流,测电阻率时,发现电阻率的变化随两者方向的不同而不同。严格讨论需用 4 级张

量才能完全地表达电阻系数,本书不予讨论,读者可参阅参考资料[16,17]。现仅定性介绍几种特殊情况。

如图 12-26 所示,以 T 表示应力,并规定拉力取正值,压力取负值。如沿晶体[100]方向通电流,测得电阻率为 ρ_0;再沿[100]方向施加应力 T,再测电阻率 ρ,如图 12-26(a)所示,则电阻率的相对变化 $(\rho-\rho_0)/\rho_0=\Delta\rho/\rho_0$ 与应力 T 成正比,写为

$$\frac{\Delta\rho}{\rho_0}=\pi_{11}T \tag{12-108}$$

π_{11} 称为压阻系数。如沿[100]方向加应力 T,而沿与之垂直的[010]方向通电流,如图12-26(b)所示,则 $\Delta\rho/\rho_0$ 仍与 T 成正比,但比例系数不同,常用 π_{12} 表示这一系数,即

$$\frac{\Delta\rho}{\rho_0}=\pi_{12}T \tag{12-109}$$

图 12-26 压阻系数与晶体方向的关系

π_{12} 也称压阻系数。如果应力与电流均沿[110]方向,如图 12-26(c)所示,则压阻系数为 $(\pi_{11}+\pi_{12}+\pi_{44})/2$;电流沿[1$\bar{1}$0],则压阻系数为 $(\pi_{11}+\pi_{12}-\pi_{44})/2$。对具有立方对称性的 Ge、Si 等半导体,只需要三个不同的压阻系数(即 π_{11}、π_{12}、π_{44}),就足以描述各种不同情况的压阻效应。例如,在施以液体静压强时,发现 $\Delta\rho/\rho_0$ 与 T 的关系为

$$\frac{\Delta\rho}{\rho_0}=-\frac{\Delta\sigma}{\sigma_0}=(\pi_{11}+2\pi_{12})T \tag{12-110}$$

表 12-1 给出几种不同情况的压阻系数。

表 12-1 压阻系数的分量

	应力方向	电流方向	$\Delta\rho/\rho_0 T$
纵向	[100]	[100]	π_{11}
	[110]	[110]	$(\pi_{11}+\pi_{12}+\pi_{44})/2$
	[111]	[111]	$(\pi_{11}+2\pi_{12}+2\pi_{44})/3$
横向	[100]	[010]	π_{12}
	[110]	[1$\bar{1}$0]	$(\pi_{11}+\pi_{12}-\pi_{44})/2$
液体静压强			$\pi_{11}+2\pi_{12}$

只要准备如图 12-26 所示的两个样品,进行任意三组实验,便可测出压阻系数 π_{11}、π_{12} 和 π_{44}。表 12-2 给出室温时 Ge 和 Si 的压阻系数[18]。

表 12-2 Ge 和 Si 的压阻系数(室温时)

材料	$\rho_0/$ ($\Omega\cdot$cm)	压阻系数/(10^{-11}Pa^{-1})					
		π_{11}	π_{12}	π_{44}	$(\pi_{11}+2\pi_{12}+2\pi_{44})/3$	$(\pi_{11}+\pi_{12}+\pi_{44})/2$	$-(\pi_{11}+2\pi_{12})$
n-Ge	16.6	−5.2	−5.5	−138.7	−96.6	−74.7	+14.7
p-Ge	15.0	−10.6	+5.0	+98.6	+65.5	+41.5	−2.7
n-Si	11.7	−102.2	+53.7	−13.6	−7.0	−31.1	−5.2
p-Si	7.8	+6.6	−1.1	+138.1	+93.5	+71.8	−4.4(77K)

从表 12-2 可看到,沿[100]方向的纵向效应可得出 π_{11},n 型 Si 的 π_{11} 很大,n 型 Ge 则很

小；沿[１１１]方向的纵向效应则相反，n-Si 很小，n-Ge 很大。这和 Ge、Si 的导带结构有关，它们与 Ge 的导带是具有极值在⟨１１１⟩方向的 4 个椭球、而 Si 是在⟨１００⟩方向的 6 个椭球分不开的。

*12.7.2　液体静压强作用下的效应

液体静压强对半导体电学性质的影响与单向应力相比要简单些。在液体静压强的作用下，材料四周受压，使晶格间距减小，但是并不破坏晶体的对称性，仅使能带极值发生相对的移动，就是说，使导带底 E_c 和价带顶 E_v 的间距发生变化，即禁带宽度发生改变。

对本征半导体，禁带宽度的变化使本征载流子浓度有较大变化，因而电导率发生改变。

令 $\mathscr{E}_c$ 和 $\mathscr{E}_v$ 分别为单位体变引起的 E_c 和 E_v 的变化，即

$$dE_c = \mathscr{E}_c \frac{dV}{V}, \qquad dE_v = \mathscr{E}_v \frac{dV}{V} \tag{12-111}$$

$\mathscr{E}_c$、$\mathscr{E}_v$ 即为第 2 章引入的形变势常数。因为 $E_g = E_c - E_v$，所以

$$dE_g = dE_c - dE_v = (\mathscr{E}_c - \mathscr{E}_v)\frac{dV}{V} \tag{12-112}$$

因而禁带宽度随压强的变化为

$$\frac{dE_g}{dP} = (\mathscr{E}_c - \mathscr{E}_v)\frac{dV}{V}\bigg/dP = -(\mathscr{E}_c - \mathscr{E}_v)\chi \tag{12-113}$$

式中，χ 为晶体的压缩系数，即

$$\chi = -\frac{dV}{V}\bigg/dP \tag{12-114}$$

对 Ge，其值为 1.285×10^{-11} (Pa)$^{-1}$；对 Si，其值为 1.02×10^{-11} (Pa)$^{-1}$；对 GaAs 为 1.326×10^{-11} (Pa)$^{-1}$；而 Ge 的 dE_g/dP 为 5×10^{-11} eV/Pa，GaAs 为 9×10^{-11} eV/Pa，随压强的增大，禁带宽度增大；而 Si 则相反，随压强的增大，E_g 反而减小，其值为 -2.4×10^{-11} eV/Pa。

由式(3-31)，本征载流子浓度为

$$n_i = \sqrt{N_c N_v}\exp\left(-\frac{E_g}{2k_0 T}\right)$$

而由式(4-18)，本征电导率为

$$\sigma_i = n_i q (\mu_n + \mu_p)$$

设迁移率不随压强改变，则

$$\frac{d\ln\sigma_i}{dP} = \frac{d\ln n_i}{dP} = -\frac{1}{2k_0 T}\frac{dE_g}{dP} = -\frac{\mathscr{E}_c - \mathscr{E}_v}{2k_0 T}\chi \tag{12-115}$$

图 12-27 为 p 型 InSb 在不同温度下测得的电导率与压强的关系[19]，压强直到 12×10^8 Pa，空穴浓度 $p = 10^{17}$ cm^{-3}。InSb 在室温下的本征载流子浓度 n_i 为 1.6×10^{16} cm^{-3}①，温度较低时，该样品表现为杂质导电，温度高于室温后即表现为本征导电。InSb 的 $dE_g/dP = 15.5 \times 10^{-11}$ eV/Pa，随压强的增大，E_g 增大，当 $P = 12 \times 10^8$ Pa 时，禁带宽度增大 0.186eV，所以，本征载流子浓度迅速降低，电导率迅速下降。当本征载流子浓度与空穴浓度相比小得多

---

① 最近数据 $n_i = 1.89 \times 10^{16}$ cm^{-3}。

时,样品为杂质导电,电导率不随压强变化。例如,在0℃而压强超过6×10^8Pa时,电导率保持不变;温度再低,在大气压下已经为杂质导电,因而电导率与压强无关。

但是,实验发现,对以杂质导电为主的材料,如n型Ge和Si等,在液体静压强的作用下,电阻率仍有改变。如表12-2所示,电阻率为16.6Ω·cm的n型Ge,$\Delta\rho/\rho_0 T=14.7\times10^{-11}(Pa)^{-1}$。其主要原因不是由载流子浓度的改变,而是由迁移率随压强的改变而引起的。

n型Ge是具有多个不同极值的半导体,图12-28为Ge的极值位置(参见图1-26),Ge除在[111]方向有最低的极小值L_1外,在$k=0$处也有一极值$\Gamma'_R 2$,在[100]方向也有一极值Δ_1,价带顶为$\Gamma'_R 25$。$\Gamma'_R 2$与Δ_1能值均比L_1高,$\Gamma'_R 2$比L_1高0.14eV,Δ_1比L_1高0.21eV,其值如图12-28所示。这些极值在液体静压强的作用下都要发生移动,随压强变化的情况如图12-28右边所示[20],可以看到,L_1随压强的增大,能值上移,$\Gamma'_R 25$随压强的增大,能值降低,因而禁带宽度增大。$dE_g/dP=5\times10^{-11}$eV/Pa,而$dE(\Gamma'_R 25)/dP=-4\times10^{-11}$eV/Pa,所以$dE(L_1)/dP$约为$1\times10^{-11}$eV/Pa,$\Gamma'_R 2$也随压强增大,但[100]方向的极值$\Delta_1$随压强的增大而降低,其降低速率为$dE(\Delta_1)/dP=-6\times10^{-11}$eV/Pa,比$L_1$的升高速率要大得多,因而,在$P$超过$30\times10^8$Pa后,极值$\Delta_1$反而低于$L_1$。所以,当没有加压强时,[100]能谷中只有极少数电子占据,在液体静压强增大到超过10×10^8Pa以后,[100]极值逐渐与[111]极值接近,电子便由[111]能谷向[100]能谷转移。在压强低于10×10^8Pa时,电阻率随压强的增大稍有增大,超过10×10^8Pa后,电阻率随压强迅速增大,这是由电子从[111]能谷向[100]能谷转移所造成的。因为[100]能谷中的电子迁移率比[111]能谷中的低,而且当电子由[111]能谷转移到[100]能谷时,引起能谷间的散射,使得[111]能谷中的电子迁移率也有所降低,所以电导率迅速减小,电阻率迅速增大。对具有两个不同极值的半导体,如GaAs、GaSb等,都会发生上述效应。

图12-27 InSb电导率与压强的关系   图12-28 Ge的能带极值随压强的变化

*12.7.3 单轴拉伸或压缩下的效应

当沿晶体的某一个方向拉伸或压缩时,压阻效应与外力方向、电流方向及材料的能带结构有关,表现出明显的各向异性的性质。它与液体静压强作用之间的主要不同之处是:在液体静压强作用下,晶体均匀受压,晶体的对称性不受影响,仅体积缩小,能带极值发生移动;而在单向应力作用下,除纵向伸长或缩短外,横向还要变窄或增宽,因而使晶体的对称性发生改变,使能带结构发生变化。特别对能带极值不在$k=0$处,具有多个极值、等能面为旋转椭球面的Ge、Si等半导体来说,在单向应力的作用下,能带变化特别显著,引起沿晶体某一个方向特别强烈的压阻效应。

下面以 n 型 Si 为例定性说明在单向应力作用下的压阻效应。

Si 导带等能面是极值沿⟨１００⟩方向的 6 个旋转椭球，如图 12-29 所示。设沿[１００]方向施加压缩应力 $T(T<0)$，则[１００]方向被压缩，晶格间距减小，同时，晶体的[０１０]、[００１]方向要发生膨胀，晶格间距反而增大。如上所述，Si 的禁带宽度随压强的增大而减小，所以，沿[１００]方向施以压缩应力时，[１００]方向的极值能量降低，而[０１０]和[００１]方向的极值能量反而升高。图 12-29 中的实线表示没受应力作用时某一定能量的椭球等能面，在[１００]方向的应力作用下，该等能面相对于[１００]方向的极值来说，能值差增大，相对于[０１０]和[００１]方向的极值来说，能值差减小，因此等能面如图中的虚线所示。

图 12-29 在应力作用下 Si 等能面变化的示意图

由于[１００]方向的极值降低，[０１０]和[００１]方向的极值升高，因此电子就要发生转移。在无应力作用时，电子浓度为 n，6 个能谷中的电子均为 $n/6$；在应力作用下，由于电子要占据能量低的状态，因此[０１０]和[００１]能谷中的电子就要向[１００]能谷转移。图 12-30 形象化地表示电子转移的情况。图 12-30(a)表示无应力时[１００]和[０１０]方向的两个能谷，两个能谷各容纳相等数量的电子。图 12-30(b)表示[１００]能谷降低了 ΔE，[０１０]升高了 ΔE，因而引起电子从[０１０]能谷向[１００]能谷转移，结果如图 12-30(c)所示，[１００]能谷中的电子增多，[０１０]能谷中的电子减少。电子的这种重新分布就要引起电导率的改变，下面定性说明为什么会引起电导率的变化。

设考虑 n 型、非简并半导体，杂质导电达到饱和，载流子浓度不随压强改变，而且迁移率也与应力无关的情况。由第 1 章知道，电子纵向有效质量 m_l 与横向有效质量 m_t 不等，而且 $m_l>m_t$，因而沿椭球主轴方向的纵向迁移率 μ_l 小于垂直于主轴方向的横向迁移率 μ_t，即 $\mu_l<\mu_t$。如果沿[１００]方向施加应力 T，并且沿[１００]方向通电流，即应力和电流方向相同，在这种情况下测电导率的改变，受应力的作用，电子将在能谷间转移，致使电导率发生改变。设由[０１０]和[００１]方向的 4 个能谷转移到[１００]方向的两个能谷的电子浓度为 Δn，这些电子在原来能谷中对[１００]方向电导率的贡献为 $\Delta n q \mu_t$，转移到[１００]能谷后，对电导率的贡献为 $\Delta n q \mu_l$，因而电导率改变了

$$(\Delta \sigma)_t = \Delta n q (\mu_l - \mu_t) \qquad (12-116)$$

因为 $\mu_l<\mu_t$，所以电导率减小，电阻率增大，这与表 12-2 给出的压阻系数是一致的。因为在这种情况

图 12-30 应力作用下电子在能谷中转移的示意图

下，$\Delta\rho/\rho_0=\pi_{11}T$，n 型 Si 的 $\pi_{11}=-102.2\times10^{-11}(\text{Pa})^{-1}$，对压缩应力有 $T<0$，所以 $\Delta\rho/\rho_0>0$，电阻率增大，电导率减小。

当应力沿[1 0 0]方向时，在与之垂直的[0 1 0]或[0 0 1]方向通过电流以测电导率，则电导率的改变为

$$(\Delta\sigma)_t=\Delta nq(\mu_t-\mu_l) \tag{12-117}$$

这时，电导率增大，电阻率减小，这与表 12-2 给出的 n 型 Si 的 π_{12} 是正值相一致。可以想象，如果应力与电流均沿[1 1 1]方向，电导率改变就不会很大，由表 12-2 看到，这时压阻系数只有 $-7\times10^{-11}(\text{Pa})^{-1}$。Ge 的导带等能面是沿⟨1 1 1⟩方向的 4 个椭球，因而当应力与电流均沿[1 1 1]方向时，压阻效应最显著，压阻系数为 $-96.6\times10^{-11}(\text{Pa})^{-1}$，而沿[1 0 0]方向则很小，只有 $-5.2\times10^{-11}(\text{Pa})^{-1}$。

事实上由于发生了电子在能谷间的转移，发生谷间散射效应，使迁移率也随应力而变，可以证明，由于迁移率的改变对电导率的影响，与上述原因引起电导率的改变是一致的，因此两者互相加强，不再赘述。

*12.7.4 压阻效应的应用

利用半导体的压阻效应已经制成各种器件，如半导体应变计、压敏二极管、压敏晶体管等，并得到了广泛的应用。本节主要对半导体应变计进行简要介绍。

利用半导体电阻随应力变化的这一现象可以制成半导体应变计。对于电阻率为 ρ_0、长度为 l_0、截面积为 s_0 的样品，其电阻为 $R_0=\rho_0 l_0/s_0$。在应力的作用下，样品的电阻率、长度和截面积均发生改变，所以电阻的相对变化为

$$\frac{\Delta R}{R_0}=\frac{\Delta\rho}{\rho_0}+\frac{\Delta l}{l_0}-\frac{\Delta s}{s_0}=\frac{\Delta\rho}{\rho_0}+\frac{\Delta l}{l_0}\left[1-\frac{\frac{\Delta s}{s_0}}{\frac{\Delta l}{l_0}}\right] \tag{12-118}$$

式中，$\Delta l/l_0$ 就是纵向应变 e，它与应力的关系为

$$T=Ye \tag{12-119}$$

Y 就是材料的杨氏模量。纵向压缩，横向增宽；纵向伸长，横向变窄。设横向线度为 r_0，则横向应变 $\Delta r/r_0=\Delta s/2s_0$，所以泊松比 ν 为

$$\nu=-\frac{\Delta s}{2s_0}\bigg/\frac{\Delta l}{l_0} \tag{12-120}$$

而

$$\frac{\Delta\rho}{\rho_0}=\pi T=\pi Ye \tag{12-121}$$

压阻系数 π 与 π_{11}、π_{12}、π_{44} 的关系视应力和电流方向而定。将式(12-119)、式(12-120)和式(12-121)代入式(12-118)，得到

$$\frac{\Delta R}{R_0}=(1+2\nu+\pi Y)e \tag{12-122}$$

常用应变计因子 G 来表示应变计的灵敏度，G 规定为单位应变下电阻的相对变化，即

$$G=\frac{\Delta R}{R_0}\bigg/\frac{\Delta l}{l_0}$$

由式(12-122)得到

$$G=1+2\nu+\pi Y \tag{12-123}$$

对金属来说,应力作用下电阻变化的主要原因是几何形状的变化。例如,将金属拉伸后,长度增大,截面积减小,因而电阻增大,能带结构不受应力的影响,即 $\pi=0$。一般来说,G 值为 2~3。

对半导体来说,沿某些特定的方向 π 值可以很大,表 12-3 给出 Ge、Si 和 InSb 的 π、Y 和 G 的数值,可以看到,在某些方向,G 值比金属大两个数量级。例如,n 型和 p 型 Ge 及 p 型 Si,沿 [111]方向的 G 值最大,而 n 型 Si,沿[100]方向的 G 值最大。

表 12-3 Ge、Si 和 InSb 的 π、Y 和 G 的数值

常 数		半 导 体					
		Ge(1Ω·cm)		Si(2Ω·cm)		InSb	
		n	p	n	p	n	p
π [10^{-11}(Pa)$^{-1}$]	[100]	−3	−6	−102	+65	−17	
	[110]	−72	+47	−32	+71		+98
	[111]	−95	+65	−8	+93		
Y (10^{11}Pa)	[100]	1.04		1.30		0.47	
	[110]	1.38		1.67		0.66	
	[111]	1.55		1.87		0.75	
G	[100]	−1	−5	−132	+10	−74.5	−45
	[110]	−97	+67	−52	+123		
	[111]	−147	+104	−13	+177		30

以上利用了半导体的体电阻随应力改变的现象。因为应力可改变禁带宽度,所以对 pn 结来说,它的伏安特性也将随应力变化。式(6-34)表明,pn 结的电流与少数载流子浓度有关,对杂质浓度一定的材料,多数载流子浓度不随应力而改变,但本征载流子浓度随压力的变化很大,因而少数载流子浓度要改变,所以,pn 结电流随应力有很大的改变。图 12-31 为 Si pn 结伏安特性与压力的关系,图中纵坐标每格为 0.01mA,横坐标正向时每格为 0.1V,反向时每格为 1.0V。图中曲线是对 pn 结结面处加 30μm 的细针加不同质量后测出的,图中的数字表示所加质量的克数。由图可见,它的伏安特性随压力的变化很大,利用 pn 结的这一压敏特性可制成压敏二极管和压敏三极管。

图 12-31 Si pn 结伏安特性与压力的关系

习 题

1. 如图 12-1 所示,设样品为长 8mm、宽 2mm、厚 0.2mm 的 Ge,在样品长度两端加 1.0V 的电压,得到 10mA 沿 x 方向的电流,再在样品的垂直方向($+z$)加 0.1T 的磁场,则在样品宽度两端测得电压 V_{AC} 为 −10mA,设材料主要是一种载流子导电,试求:

① 材料的导电类型；
② 霍耳系数；
③ 载流子浓度；
④ 载流子迁移率。

2. 求本征 Ge 和 Si 室温时的霍耳系数。

3. 室温时测得 Ge 和 Si 的霍耳系数为零，求电子浓度和空穴浓度。

4. 为判断 Ge 的导电类型，测得它的霍耳系数为负，而塞贝克系数为正，该材料的导电类型是什么？说明理由。

5. 对长 1cm、宽 2mm、厚 0.2mm 的 n 型 Ge，在长度两端加 1.5V 电压时得到 15mA 的电流；再在样品的垂直方向加 0.2T 的磁场，测得霍耳电压为 −30mV，求：
① 霍耳系数；
② 载流子浓度；
③ 零磁场时的电阻率；
④ 0.2T 时的电阻率（分别计算长声学波和电离杂质散射时的情况，设等能面为球面）。

6. InSb 的电子迁移率为 $7.8m^2/(V \cdot s)$，空穴迁移率为 $780cm^2/(V \cdot s)$，本征载流子浓度为 $1.6 \times 10^{16} cm^{-3}$，求 300K 时：
① 本征材料的霍耳系数；
② 室温时测得 $R_H = 0$，求载流子浓度；
③ 本征电阻率。

7. 对厚为 0.08cm 的 n 型 GaAs，沿长度 x 方向通以 5mA 的电流，沿样品的垂直方向加 0.5T 的磁场，得到 0.4mV 的霍耳电压，求：
① 霍耳系数；
② 载流子浓度；
③ 如材料电阻率为 $1.5 \times 10^{-3} \Omega \cdot cm$，求载流子迁移率。

8. 测霍耳系数时，由于霍耳电极不可能正好做在一个等势面上，因此在沿 x 方向通电流时，即使 z 方向不加磁场，在霍耳电极两端也能测出由不等势而引起的横向电压 V_0；加磁场后，这个电压叠加在霍耳电压上，因此它会影响测量的准确性，必须加以消除。试证明：在 $+B_z$ 时测一次横向电压，将磁场改变方向后，即 $-B_z$ 时再测一次横向电压，便能消除 V_0 的影响。

9. 试证明由于热磁效应和不等势电势 V_0 的影响，测霍耳系数时，分别改变磁场和电流的方向，共测 4 次横向电压，便能消除爱廷豪森效应以外的其他负效应。

参　考　资　料

[1] 黄昆，谢希德. 半导体物理学. 北京：科学出版社，1958.

[2] [美]史密斯. 半导体. 高鼎三，译. 2 版. 北京：科学出版社，1987.

[3] van der Pauw L J. A method of measuring the Resistivity and Hall coefficient on Lamellae of Arbitrary Shape. Philips Tech. Rev. ，1958，20：220.

[4] 冯锡淇，等. 用范德堡法测量碳化硅的电阻率和霍耳效应. 物理学报，1966，22：967.

[5] 片冈照荣. 磁电变换素子. 东京：日刊工业新闻社，1965.

[6] Weiss H. Structure and Application of Galvanomagnetic Devices. Oxford：Pergamon，1969.

[7] Anselem A. Introduction to Semiconductor Theory. Translated by Samokhvalov M. M. 2nd Russian ed. Moscow：MIR，1981.

[8] 增田昇. 半导体单结晶にょろ磁抵抗素子. 电子気材料,1971,12:50.
[9] 难波正治. 金属. 半导体混合结晶にょろ磁抵抗気素子. 电子材料,1971,12:57.
[10] Steidle H. Semiconductor Magnetoresistors. Siemens Review,1973,40:177.
[11] 布洛欣采夫. 量子力学原理. 叶蕴里,金星南,译. 北京:高等教育出版社,1956,46.
[12] Von Klitzing K,Dorda G,Pepper M. New Method for High-Accuracy Determination of the Fine-structure Constant Based on Quantized Hall Resistance. Phys Rev. Lett. ,1980,45:494.
[13] Tsui D C, Gossard A C. Resistance Standard Using Quantization of the Hall Resistance of GaAs-Al$_x$Ga$_{1-x}$As Heterostructures. Appl. Phys. Lett. ,1981,38:550.
[14] Tsui D C,Stormer H L,Gossard A C. Two-Dimensional Magnetotransport in the Extreme Quantum Limit. Phys. Rev. Lett. ,1982,48:1559.
[15] van Roosbroeck W. Theory of the Photomagnetoelectric Effect in Semiconductors. Phys. Rev. ,1956,101:1713.
[16] Smith C S. Macroscopic Symmetry and Properties of Crystals. Solid State Physics. Acad,1958,6:175.
[17] Paige E G S. The Electrical Conductivity of Germanium,5. Progress in Semiconductors. London:Temple,1964,8.
[18] Smith C S. Piezoresistance Effect in Germanium and Silicon. Phys. Rev. ,1954,94:42.
[19] Keyes R W. Effect of Pressure on the Electrical Conductivity of InSb. Phys. Rev. ,1995,99:490.
[20] Paul W. The Effect of Pressure on the Properties of Germanium and Silicon. J. Phys. Chem. Solid. ,1959,8:196.

第13章 非晶态半导体

晶体的特征是其中原子的排列具有周期性，这种性质称为长程有序。自然界还存在另一类固体，其中原子的排列不具有周期性，即不具有长程有序，这类物质统称为非晶态固体，人们也常用无定形体来称呼。例如，由快淬冷却形成的各种玻璃态固体，以及用蒸发、溅射和化学气相淀积(CVD)等方法制备的各种薄膜多属于非晶态。非晶态固体亦可分为金属、半导体和绝缘体三类。本章以讨论非晶态半导体为主。目前人们研究得最多的非晶态半导体为以下两类。

(1) 四面体结构非晶态半导体

这类非晶态半导体主要有Ⅳ族元素非晶态半导体，如非晶硅和非晶锗(以后分别表示为a-Si和a-Ge)及Ⅲ-Ⅴ族化合物非晶态半导体，如a-GaAs、a-GaP、a-InP、a-GaSb等。这类非晶态半导体的特点是它们的最近邻原子配位数为4，即每个原子周围都有4个最近邻原子。

(2) 硫系非晶态半导体

这类非晶态半导体中含有很大比例的硫系元素，如S、Se、Te等，它们往往以玻璃态形式出现。例如，S、Se、Te、As_2S_3、As_2Te_3、As_2Se_3、Sb_2S_3、Sb_2Te_3、Sb_2Se_3 及三元系 As_2Se_3-As_2Te_3 和四元系 Tl_2Se_3-As_2Te_3 等都属于此类，其范围是很广的。

除上述两大类外，目前已发现了多种多样的非晶态半导体，如氧化物非晶态半导体 GeO_2、BaO、SiO_2、TiO_2、SnO_2 及 Ta_2O_5 等，Ⅲ族元素和Ⅴ族元素非晶态半导体如 a-B 和 a-As 等，这里不一一枚举。

非晶态半导体有很大的实用价值和广阔的应用前景。无论从基础研究和应用研究考虑，非晶态半导体都是一个重要的有发展前途的研究领域。本章将以讨论非晶态半导体的基本特性(如结构、电子态和隙态、输运过程及光学性质等)为主。

*13.1 非晶态半导体的结构

根据衍射等大量的实验证明，非晶态半导体的结构虽然不具有长程序，但其中原子的排列也不是完全杂乱无章的，在一个原子或几个原子间距范围内，其排列仍遵守一定规律。例如，非晶体中每一原子周围的最近邻原子数与同质晶体中一样，仍是确定的，且这些最近邻原子的空间排列方式仍大体保留晶体中的特征。在非晶硅中每一硅原子周围仍是 4 个最近邻硅原子，而且它们的排列仍大体上保持单晶硅中的四面体结构配位形式，只是键角和键长发生了一些畸变。任意两个键之间的夹角不像单晶硅那样都是 109°28′，而是随机地分布在 109°28′±10°的范围内的。非晶态固体中的上述特征称为短程有序。

为了研究非晶态固体的结构，通常引入一个称作原子径向分布函数的量，简写为 RDF。其定义为：以非晶体中的每个原子为中心，求出距离该原子半径 r 至 $(r+dr)$ 的球壳内的原子数，然后将非晶体中以各个原子为中心求得的上述值进行平均，将其值写为 $4\pi r^2 \rho(r)dr$，则其中 $4\pi r^2 \rho(r)$ 称为原子径向分布函数。

非晶态固体的短程有序性可由 X 光衍射或电子衍射等实验直接证实。实验中使 X 光或电子束通过非晶态固体发生衍射,然后分析测得的衍射波强度分布,可求得上述的原子径向分布函数,从而得到有关非晶态固体结构的信息。图 13-1 表示用电子衍射法求得的 a-Si 和晶体硅的原子径向分布函数[1],图中峰值较高的曲线对应于晶体硅。曲线中第一峰和第二峰分别代表最近邻和次近邻原子分布的极大值,由此得到 a-Si 的最近邻原子分布峰值位于距离 2.35×10^{-10} m 处,次近邻原子分布峰值位于 3.86×10^{-10} m 处,与晶体硅的一致或相近。比较 a-Si 与晶体硅的原子径向分布函数,可看到它们的第一个峰比较吻合,且峰下的面积都是 4,这表明 a-Si 中每一原子周围的最近邻平均原子数仍是 4,且距离也与晶体硅中相同。a-Si 的第二峰下面的面积为 11.6 ± 0.5,它给出次近邻的平均原子数,与晶体硅的也基本一致。但 a-Si 的第二峰较晶体硅的低得多,且分布范围更宽,表明在 a-Si 中次近邻原子的距离分布比较分散,相对于晶体硅已发生了较大的偏离。从曲线中还看到,随着 r 的增大,a-Si 的原子径向分布函数的峰值变得越来越不显著,说明原子的分布已不具有晶体中的长程有序性了。可是从最近邻原子的分布看,仍保留着单晶的短程有序性。短程有序而长程无序,这就是非晶体结构的基本特征。非晶态半导体中的短程有序的发生与其键结构有关。许多半导体是以共价结合为主的,其中有些(如 Ge、Si 等)属于纯共价结合,另一些(如某些化合物半导体)是带有极性的共价结合。共价键(包括带有极性的)的一个主要特性是具有方向性,即一个原子只能沿几个确定方向与相邻原子形成共价键,因此从晶体到非晶体每个原子周围的键数没有改变,键结构也基本不变,这就导致了短程有序的发生。但非晶体中的键角与键长相对于晶体的值稍许有些改变,而且这种改变是随机的,这就破坏了整体的长程有序。大量研究工作证明,固体中的能带图像及许多电、磁、光特性取决于短程有序,取决于材料中原子间化学键的性质,这对于非晶态半导体亦然。

图 13-1 a-Si 和单晶硅的原子径向分布函数

非晶态固体结构的另一特征是其亚稳性。制备非晶态半导体有两类方法。①液相快淬冷却法。制备硫系非晶态半导体多采用这种方法,得到的往往是玻璃态。②用真空蒸发、溅射、辉光放电及 CVD 等方法,得到的是薄膜状非晶态半导体。这类方法适用于制备 a-Ge、a-Si 及其他四度配位的化合物非晶态半导体。不管用上述哪种方法,得到的非晶态固体并不处于平衡态,而处于非平衡状态,其自由能要比晶体(平衡态)的高,这种状态不是最稳定的,称为亚稳态。由于热激活或其他外来因素的作用,非晶态固体的结构也有可能发生某些局部变化。同时伴以自由能的降低,这就是退火能使非晶态固体性质发生某些变化的原因。从能量观点看,用上述第二类方法得到的非晶态薄膜处于自由能较高的亚稳状态,而玻璃态则对应于自由能较低的比较稳定的亚稳状态,晶态则是自由能最低的稳定状态。

对于一个由若干种原子组成的多元无序体系,若以 A,B,C,… 分别表示构成体系的各种原子,以 $x_1,x_2,x_3,\cdots$ 分别表示各种原子所占的百分数,则有 $x_1+x_2+x_3+\cdots=1$。各种不同原子的最近邻配位数不一定相同,分别以 $Z_A,Z_B,Z_C,\cdots$ 表示,则可得平均配位数为

$$\overline{Z}=x_1 Z_A+x_2 Z_B+x_3 Z_C+\cdots \tag{13-1}$$

另一方面，原子所受的约束来源是键长和键角的确定。因每个键被两个原子所共有，如一个原子有 $\overline{Z}$ 个键时，这个原子受到来自键长的约束为 $\overline{Z}/2$ 个。又 $\overline{Z}$ 个键可形成的键角数为 $\overline{Z}(\overline{Z}-1)/2$，它等于每个原子受到的来自键角的约束数。故这个无序体系中平均每个原子所受的约束数

$$N_\infty=\frac{\overline{Z}}{2}+\frac{\overline{Z}(\overline{Z}-1)}{2}=\frac{\overline{Z}^2}{2} \tag{13-2}$$

因三维空间有三个自由度，由 $\overline{Z}^2/2=3$，可得临界配位数

$$Z_C=\sqrt{6}\approx 2.45 \tag{13-3}$$

当体系的平均配位数 $\overline{Z}>2.45$ 时，称为过约束；当 $\overline{Z}<2.45$ 时，称为欠约束。如非晶体的平均配位数 $\overline{Z}$ 与 Z_C 较接近时，结合应比较稳定，故结合能较高，应容易形成玻璃态；在过约束及欠约束情况时，结合比较不稳定，不易形成玻璃态。对于非晶态半导体，当其平均配位数为 2~3 时，一般形成玻璃态，在此范围外时，形成一般的无定形态。

为了研究非晶态半导体的结构，人们提出了一些假设模型。这些理论模型是否正确主要视从它们得到的结论是否与实验结果符合而定。如果提出的模型能够适用于更多的非晶材料和说明更多的实验事实，则其可靠性就更高。最早提出的非晶结构模型是微晶模型，认为非晶体是由大小约为几纳米的微小晶粒构成的。每个微小晶粒都具有晶体的结构，成为构成非晶体的单元。在晶粒间界区域，由于取向不同的晶粒相接时互相不能很好地匹配，其结构是无序的，因此存在大量的断键。微晶模型有着明显的缺点，例如，由于微晶晶粒很小，而且取向是随机的，在晶界处相邻晶粒的晶向间夹角必然较大，因此使无序的晶粒间界区域占据很大比重，估计可达整个晶体的一半，因此悬挂键密度也是很大的。但实际测得的要小得多，与模型预测的不同。目前微晶模型已不为多数非晶工作者所接受。

连续无序网络（简写为 CRN）模型是一个更受人们重视的模型。这个模型认为非晶体中的原子排列是：在近邻原子间有着与同质晶体类似的短程有序，但一些短程有序的参数（如最近邻原子间距离、键角及二面角等）与晶体相比稍许有些畸变。这些畸变的积累效应，使连接成的网格中失去了长程有序。图 13-2 表示理想的 CRN 模型示意图。所谓理想模型，是指不存在断键，即网络内部每个键都是饱和的模型。大容量计算机的发展为非晶模型的研究提供了极有利的条件。利用计算机模型可对模型中的参数做各种各样的选择，研究其效果，并给出统计结果。图 13-3 中的虚线给出帕克（Polk）等用 519 原子的 CRN 模型对 a-Ge 的计算结果[2]，图中实线表示实验结果，可看到二者符合得较好。虽然 CRN 模型能够较好地反映非晶态半导体的短程有序及其结构特征，对于了解其中原子的配置情况起了相当大的作用，但是用它来处理非晶体中其他性质的问题，仍感到无能为力，非晶态半导体结构模型的研究还有待进一步改进和发展。

图 13-2 CRN 模型示意图

图 13-3　帕克等用 519 原子的 CRN 模型对 a-Ge 的结果

*13.2　非晶态半导体中的电子态[3]

在晶体中，由于晶格排列具有周期性，即平移对称性，可得到晶体中电子的波函数为布洛赫函数

$$\psi(r)=e^{i k \cdot r} u(r) \tag{13-4}$$

其状态可用简约波矢 k 标志。由布洛赫波表示的电子态可扩展到整个晶体范围，故称为扩展态。导带和价带中的电子态都是扩展态。非晶体中原子的排列不具有长程有序性，薛定谔方程中的势能函数不再是周期性分布的，因此非晶体中电子的波函数不再是布洛赫波，其状态不再能用简约波矢 k 标志。研究非晶态半导体中的电子态就需要首先研究在一个不具有长程有序的无序系统中其电子态的特征。

*13.2.1　无序体系中电子态的定域化

安德森于 1958 年[4]提出了在无序体系中由无序产生了电子定域态的概念。他考虑的无序系统是假定晶格格点的几何排列仍是周期性的，而各个格点处的势场是由一个无规则势场叠加到理想三维周期性势场上构成的。图 13-4(a) 和 (b) 分别给出一维理想周期势场及安德森势场的示意图。在没有叠加无规则势场时，电子波函数满足的薛定谔方程

$$\hat{H}\psi=\left[\frac{\hbar^{2}}{2m}\nabla^{2}+V(r)\right]\psi=E\psi \tag{13-5}$$

式中的势能函数

$$V(r)=\sum_{n}u(r-R_{n}) \tag{13-6}$$

(a) 一维理想周期势场　　　(b) 安德森势场

图 13-4　势场示意图

其中，$u(r-R_n)$ 表示仅有一个孤立原子位于 R_n 格点上时原子势场的势能函数。令 $\phi(r)$ 代表在一个原子的势场单独作用下电子的波函数，则 $\phi(r-R_n)$ 表示在格点 n 处的原子势场单独作用下电子的波函数。紧束缚近似中将 $\phi(r-R_n)$ 看成零级近似波函数，求得晶体中电子的波函数

$$\psi_k(r) = \sum_n \exp(i\mathbf{k}\cdot\mathbf{R}_n)\phi(r-\mathbf{R}_n) \tag{13-7}$$

即电子的布洛赫波函数等于在各个格点处原子轨道的线性叠加。对于简立方晶格且 $\phi(r)$ 为球对称的 s 态情形，如果只计入最近邻格点的交叠积分，可求得电子能量

$$E(\mathbf{k}) = E - 2V(\cos k_x a + \cos k_y a + \cos k_z a) \tag{13-8}$$

式中，a 为晶格常数，V 为最近邻格点的交叠积分，即

$$V = \int \phi^*(r-\mathbf{R}_n) \hat{H} \phi(r-\mathbf{R}_{n+1}) \mathrm{d}r \tag{13-9}$$

$\mathbf{R}_{n+1}$ 指格点 $\mathbf{R}_n$ 的最邻近格点。由式(13-8)可求得能带宽度

$$B = 2ZV \tag{13-10}$$

Z 为原子的配位数，对于简立方晶格，$Z=6$，可得能带宽度等于 $12V$。

在安德森势场情况下，格点的几何排列未变，但在每个格点上都叠加了一个无规势场，则不同格点上对应的电子轨道及能量将随格点 n 的不同而不同。设以 E_n 表示与各个格点上电子轨道对应的能量，显然，E_n 将分布在以某个能量 E_0 为中心的一个范围内，我们以 W 表示其宽度。若以 $|n\rangle$ 表示原子轨道 $\phi(r-\mathbf{R}_n)$，以 $|m\rangle$ 表示位于 $\mathbf{R}_m$ 格点处的原子轨道 $\phi(r-\mathbf{R}_m)$，安德森近似地假设其体系的哈密顿算符

$$\hat{H} = \sum_n E_n |n\rangle\langle n| + V \sum_n \sum_{m\neq n} |n\rangle\langle m| \tag{13-11}$$

式中，对 m 求和是指对 n 最邻近的格点求和，E_n 是随格点的不同而变的。在理想的周期势场中，即没有叠加无规则势场时，式(13-11)中第一项的 $E_n=E_0$，为一常数，可提到求和号外。安德森提出了一个区分扩展态和定域态的定义：假设一个电子在 $t=0$ 时处在 n 格点处的某个态中，由于式(13-11)中第二项微扰的作用，电子的波函数随时间变化。如 $t\to\infty$ 时在原来状态找到电子的概率为零，表明电子已扩散了，就是扩展态；如果 $t\to\infty$ 时概率为有限值，就是定域态。不难理解，相近邻格点间电子轨道的交叠积分 V 值越大，越易实现共有化运动而出现扩展态。相反，若以 E_n 和 E_m 分别表示 n 格点及与 n 格点最近邻的 m 格点的原子轨道能量，则能量差值越大，越难实现相邻格点间电子态的转移，亦即越易出现定域态。因此，定域态是否易于出现，将取决于比值 $(E_m-E_n)/V$，比值越大，越有利于定域态的形成。因此 W 越大，不同格点上电子态的能量分散程度越大，(E_m-E_n) 也越大，故可认为 (E_m-E_n) 正比于 W。由此可得比值 W/V 越大，对电子定域态的形成越有利。安德森证明，当 W/V 值达到某个临界值 $(W/V)_c$ 时，整个能带中的所有态都变为定域态。由式(13-10)可看到，带宽 B 正比于 V，故也可用比值 W/B 来代替 W/V，则安德森得到的定域化条件为 $(W/B)_c=5.5$，即当比值 W/B 大于或等于 5.5 时，整个能带中的态变为定域态。从有序向无序过渡时将增加能带中的定域态这一点可用半导体的杂质带理论定性地说明。由固体理论知晶体中每一单个缺陷的存在可引起一个态从能带边缘分裂出去而变为定域态。如缺陷数目增大，能带外的定域态数也增加，则缺陷能级合并成为带，而且可与原来的能带重叠而连接起来。

*13.2.2 迁移率边

莫特(Mott)的进一步研究指出，当无序程度没有达到临界值时，虽然能带中部的态仍保持为扩展态，但在带顶和带底等能带尾部的状态也可以发生定域化，产生一个由定域态组成的能带尾。图 13-5 中 E_c 与 E_c' 表示能带中部扩展态与尾部定域态交界处的临界能量。计算结果表明，随着无序程序的增加，定域态与扩展态的交界处向能带中部移动，E_c 与 E_c' 相互接近，最后相遇于

能带中部，整个能带中的态都变为定域态。莫特还提出，对于能量在定域态范围的电子态，在 $T=0K$ 时电子的迁移率为零，当能量改变通过 E_c 或 E_c' 进入扩展态时，电子迁移率突增至一个有限值。因此它把能带中扩展态与定域态的交界处 E_c 和 E_c' 称作迁移率边。以后将要讨论到，在 $T\neq 0K$ 时，定域态中的电子可以通过与非晶格子的相互作用而进行跳跃式导电，其迁移率并不为零，但与扩展态中电子的迁

图 13-5　定域态尾及临界能量示意图

移率相比要小得多。因而，当体系的费米能级 E_F 处于带尾定域态范围时，只有通过热激发使电子从定域态跃迁到迁移率边以上的能态才能产生导电性能，导电性表现为非金属型的。如果由于某种原因使费米能级进入扩展态区域，则处于扩展态中的电子将可像金属中电子那样导电，导电性表现为金属型的。这种当费米能级 E_F 通过迁移率边从定域态进入扩展态时发生的从非金属到金属型导电性的转变称作安德森转变。迁移率边是一个非常重要的概念，但是由实验来观察迁移率边的存在是很困难的，只是有些实验可以用迁移率边的假定来加以说明。莫特还进一步认为在迁移率边的金属一边，电导率并不连续地降为零，而降到一个有限的最小值，称作最小金属化电导率 σ_{min}。

*13.2.3　非晶态半导体的能带模型

在上述概念基础上形成了一个关于非晶态半导体的能带模型假说，称作莫特-CFO 模型[5]。这个模型认为，非晶态半导体的无序使导带底和价带顶分别产生由定域态组成的带尾，它们一直延伸到禁带中部并互相交叠，如图 13-6(a)所示。图中 E_c 和 E_v 分别对应导带底和价带顶处的迁移率边。在 $E_v<E<E_c$ 的区域，称作迁移率隙。因为由导带引入的定域态在未被填充时为中性，反之，由价带引入的则在被电子填充时为中性，因此在能带的交叠区域，处于能级较高处价带尾中的电子将填充较低的导带尾态，使费米能级以上的价带定域态带正电，费米能级以下的导带定域态带负电，故费米能级被钉扎在带隙的中央附近。

图 13-6　能带模型示意图

现在看来莫特-CFO 模型对于多数非晶态半导体是不适合的，因为这些材料对红外光甚至部分可见光都是透明的，表明仍应有明确的带隙存在。现在一般认为由图 13-6(b)所示的模型更为合理。这个模型认为，对于没有缺陷的无规网格，定域态只存在于导带底部和价带顶部附近，分别延伸至图中的 E_A 和 E_B 两点，在 E_c 和 E_A 间为导带定域态，在 E_v 和 E_B 间为价带定域态，统称为带尾定域态。

实际上在非晶材料中总是包含缺陷的，如杂质、点缺陷处的悬挂键及微空洞等。如晶体中

一样,这些缺陷可在带隙中引起能级。因此考虑到缺陷,能带模型中应包含带隙中的缺陷态,戴维斯(Davis)—莫特[6]提出了如图 13-6(c)所示的能带模型,其中 E_x 和 E_y 分别表示由悬挂键引起的深受主态和深施主态,它们互相交叠,而 E_F 则被钉扎在二者中间。但实际非晶体中的缺陷是很复杂的,而且还随着制备过程中的条件不同而改变,因此不能用这样简单的模型来说明带隙中的状态。

*13.2.4　非晶态半导体的化学键结构

　　重要的非晶态半导体中的原子都是靠共价键或带有极性的共价键相结合的。共价键就是靠两个原子中各贡献一个价电子而形成的结合。根据量子力学,在两个原子各贡献一个电子的体系中,电子可以处在两种状态:一种是能量较低的成键态;另一种是能量较高的反键态。在成键态时,电子云密集于两原子实之间,形成共价键。

　　众所周知,在单晶硅中,每个硅原子的 4 个价电子与 4 个最近邻硅原子的各一个价电子形成共价键。硅原子中 4 个价电子本来是两个处于 $3s$ 态,两个处于 $3p$ 态,当成键时,其中一个 $3s$ 态价电子转为 $3p$ 态,以 sp^3 杂化轨道形成共价结合。sp^3 杂化轨道的分布如图 13-7 所示。电子云集中在正四面体的 4 个顶角方向,因此在这 4 个方向的成键能力最强。故晶体硅中每个原子沿正四面体的顶角方向形成共价键,任意两个键之间的夹角都为 109°28′。在 a-Si 中同样形成 sp^3 杂化轨道的共价结合,因而它的近邻仍是四面体配置,保持近程有序,但键角与键长有不同程度

图 13-7　sp^3 杂化轨道的分布

的畸变,除 a-Si 外,a-Ge 及所有Ⅲ-Ⅴ族化合物非晶态半导体的化学键结构都与之类似。因共价键的电子可以有成键和反键两个态,对应成键和反键两个能级,在非晶态固体中,由于微扰的作用,成键态能级分裂为价带,与反键态对应的能级分裂为导带。

　　共价结合的特点是具有饱和性与方向性。所谓饱和性,就是指一种元素的原子只能形成一定数目的共价键,因而只能和一定数目的其他原子形成共价结合。因为共价键是由每个原子中各提供一个未配对电子而形成的,如果原子的价电子壳层中的电子不到半满,所有电子都可以是不配对的,故能够形成的共价键数目与价电子数相等。如果价电子壳层中的电子超过半满,壳层中部分量子态为自旋相反的电子所填充,这些电子是配对的,只有那些与壳层中未填充的量子态所对应的电子没有配对,因此能形成的共价键数目等于 8−N,称为 8−N 定则,N 为价电子数。例如,磷原子有 5 个价电子,其中两个处于 $3s$ 态,是配对的,三个处于 $3p$ 态,不配对,可参与成键,故形成了三个共价键。所谓方向性,是指原子只能在某些确定的方向形成共价键。

　　根据上述 8−N 定则,V 族元素原子中的 5 个价电子中只有三个 p 电子可以成键。因为 p 电子的电子云分布呈哑铃状,沿其对称轴方向的成键能力最强,故三个电子应分别沿与之对应的方向成键。故在V族元素 As、P、Sb 等非晶态半导体中,每个原子与最近邻的三个原子成键,任两键之间的夹角为 90°～100°。成键时,由原子组态 p 电子能级分裂成的成键态和反键态能级分别扩展为价带和导带,如图 13-8 所示。图 13-8(a)表示两个 s 电子与三个 p 电子的原子组态;图 13-8(b)表示成键时由 p 电子能级分裂的成键态能级 E_B 和反键态能级 E_A,成键的三个 p 电子占据能级 E_B;图 13-8(c)表示V族元素非晶体中的能带形成示意图,其中价带和

导带分别与成键态和反键态能级对应。

对于由Ⅵ族元素形成的硫系非晶态半导体,我们以 Se 为例来说明。Se 原子有 34 个电子,其中 6 个为外层价电子,2 个处于 $4s$ 态,4 个处于 $4p$ 态,根据 $8-N$ 定则,形成固体时每个原子都应具有两个键,可与周围两个 Se 原子结合。Se 原子中的两个 $4s$ 电子本身是配对的,4 个 $4p$ 电子中也有两个是配对的,称作孤对电子(以 LP 表示)。它们都不参与成键,成键的只是其余两个 $4p$ 电子。硫系元素的这两个孤对电子由于未成键,因此其能量处于其他两个电子的成键态 σ 和反键态 σ^* 之间,如图 13-9(b)所示。在形成非晶体时,图 13-9(b)中各能级扩展为能带。由图可看到,有效地起价带作用的是由孤对电子能级形成的带,而不是由成键态能级形成的带。

图 13-8　Ⅴ族元素非晶态半导体能带形成示意图　　图 13-9　硫系元素非晶态半导体能带形成示意图

除 sp^3 杂化轨道外,另一称作 sp^2 的杂化轨道对于研究非晶态电子结构也是很重要的。sp^2 杂化轨道是由一个 s 电子和两个 p 电子轨道杂化而成的。与 sp^2 三个杂化轨道对应的三个成键方向都在同一平面内,任两个键之间的夹角都为 $120°$。在非晶硅中最常有的一种缺陷是 T_3^0 缺陷,此种缺陷处的 Si 原子周围只有三个最近邻原子,共形成三个共价键,另一个未成键的价电子称为悬挂键。在 T_3^0 缺陷失去悬挂键电子后就带正电荷,称作 T_3^+ 缺陷。在 T_3^+ 缺陷中,三个价电子就是形成 sp^2 杂化轨道后分别与三个最近邻 Si 原子成键的。

*13.3　非晶态半导体中的缺陷、隙态与掺杂效应

在 13.2 节中已讲过,在非晶态半导体中,由于无规网络中化学键的畸变形成了定域的电子态,它们分布在迁移率隙中。但非晶材料中,不可避免地存在着种种缺陷,这些缺陷也可在带隙中形成电子态,简称为缺陷电子态,它们与制备材料时的工艺与条件密切相关。

首先,在非晶体中也和在晶体中一样,存在着热力学诱导缺陷,这种缺陷的浓度是

$$N_d = N_0 \exp\left(-\frac{\Delta E}{k_0 T_g}\right) \tag{13-12}$$

式中,T_g 对于液相快淬冷却形成的玻璃态固体是指玻璃点温度,对于用真空蒸发、溅射等方法形成的薄膜非晶体是指制备时的衬底温度;ΔE 指缺陷形成能。

除热力学诱导缺陷外,在材料制备过程中产生的应变可导致缺陷的形成,称为应变诱导缺陷。在 13.1 节中提到,当非晶体中平均每个原子所受的约束数大于 2.45 时,称为过约束。在过约束情况下,固体内要产生应变,如在固体中形成一定的缺陷,可释放应变能。以氢化非晶硅(以后记为 a-Si:H)为例,当掺入的 H 原子百分比为 x 时,则由式(13-1)可求得 a-Si$_{1-x}$H$_x$ 的

平均配位数为 $\bar{Z}=4-3x$。若 $x=12\%$，则可算得 $\bar{Z}=3.64$，大于 2.45，属于过约束状态。因此材料中存在大量的应变诱导缺陷，使材料的物理性能随制备条件的不同而有很大差异。对于硫系非晶态半导体，以 a-Se 为例，$\bar{Z}=2$，较临界值 2.45 小，属于欠约束，因此，若小心制备，则可使应变诱导缺陷浓度降至最低[7]。以下分别讨论四面体结构与硫系非晶态半导体中的缺陷和隙态。

*13.3.1　四面体结构非晶态半导体中的缺陷和隙态

为简便起见，以 a-Si 为例来说明。理想的 a-Si 无序网格是假定其中每个硅原子都与周围 4 个最近邻硅原子成键，只是键角和键长与晶体比较有不同程度的畸变。但对于实际的 a-Si 格子，由于制备过程中产生应变等原因，内部总是存在缺陷的。最通常的一种缺陷是一个硅原子周围只有三个最近邻硅原子，硅原子的 4 个电子中只有三个成键，另一个不成键。这个不成键的电子称为悬挂键，因而这种缺陷被称为悬挂键缺陷，通常以符号 T_3^0 表示。T 表示四面体结构的元素，下标 3 表示配位数为 3，上标 0 表示电中性。悬挂键中的电子是未配对的，存在自旋，因此，a-Si 中悬挂键缺陷的存在可由电子自旋共振实验得到证实。实验测得在蒸发和溅射法制备的 a-Si 中，其自旋态密度达 $10^{20}\,\text{cm}^{-3}$，表明悬挂键缺陷的浓度是相当高的，这在 a-Si 的带隙中形成很高的隙态密度，使得无法实现用掺杂法控制电导。1971 年，斯皮尔(Spear)等人[8]用辉光放电法分解硅烷(SiH_4)制得了 a-Si：H，H 原子中电子对悬挂键的饱和作用使其中悬挂键缺陷浓度及隙态密度大大降低。随后，在 1975 年，斯皮尔等又首次成功地实现了对 a-Si：H 的掺杂效应[9]，获得了 n 型和 p 型材料，为将 a-Si 用于器件制造打下了基础。

T_3^0 缺陷可以释放其悬挂键上的电子后成为带正电荷的电离施主，也可再接受一个电子成为带负电荷的电离受主，前者记为 T_3^+，后者以符号 T_3^- 表示，上标中的正、负号分别表示其所带电荷为正或负。前已讲过，T_3^+ 缺陷中的三个电子是以 sp^3 杂化轨道与最近邻三个硅原子中的各一个电子成键的，三个键大体在同一平面中，任两键间的夹角约为 120°。至于 T_3^- 缺陷，因共有 5 个电子，其中两个为 s 态，三个为 p 态，三个 p 电子成键，故形成的三个共价键的方向接近于互相垂直，任两键之间的夹角为 90°～100°。

为了研究上述缺陷中电子的能态，需要计及电子相关能，电子相关能就是出现在同一原子轨道上两个自旋相反的电子间的相互作用能，这在单电子近似中是没有考虑到的。同一轨道上两个自旋相反的电子间由库仑力引起的相关能应是正值。但在非晶体中，在某一原子轨道上再加一个自旋相反的电子与原有电子配对时，会引起附近网格的畸变，即产生了电子—声子的耦合作用，与之对应的能量为负值。因此，总的电子相关能应包括上述两部分能量，称为有效相关能，用 U_{eff} 表示。如果电子—声子耦合作用相当强，使网格畸变降低的能量超过电子间的库仑作用能，则 U_{eff} 可为负值，有一种意见认为在非晶硅中悬挂键上的 U_{eff} 为负值，但缺乏实验证据，目前就此下结论尚为时过早。

可以在带隙中引入上下两个能级来表示悬挂键缺陷的施主和受主作用。当 U_{eff} 为正值时，下能级应是类施主的，当悬挂键 T_3^0 给出电子而转变为 T_3^+ 时，下能级是空的；当该能级被电子填充时，缺陷变为 T_3^0 态，同时类受主能级出现。悬挂键由 T_3^0 转变为 T_3^- 对应于该类受主能级被填充。应当指出，这些能级在带隙中并不形成两个锐峰，由于各个缺陷周围环境的不尽相同及缺陷间的相互作用，可以设想它们在带隙中应形成能量连续分布的隙态。

在非晶硅中，除存在上述的悬挂键缺陷外，还有种种其他类型的缺陷及更复杂的复合缺陷。例如，有的硅原子周围只有两个最近邻硅原子，形成两个共价键，硅原子中另两个价电子未成键。这种缺陷以符号 T_2^0 表示，下标表示缺陷的配位数为 2，上标表示电中性。T_2^0 缺陷失去或接受电子后可形成带电荷的 T_2^+、T_2^-、T_2^{2+} 等缺陷态，T_2^{2+} 的上标表示由 T_2^0 失去两个电子后形成的带正电荷缺陷。由上述各种缺陷还可组合成更复杂的缺陷，例如，由 T_2^+ 和相近邻 T_3^- 缺陷相互束缚可组成 $T_2^+ - T_3^-$ 缺陷对；由带两个正电荷的 T_2^{2+} 与两个最近邻的 T_3^- 相互束缚可形成 $T_2^{2+} - 2T_3^-$ 复合缺陷，这里不一一枚举。

上述各种缺陷都有可能在带隙中形成深能级，称为隙态。在非晶硅的带隙中，隙态按能量如何分布还是一个正在研究的问题。不同作者、不同实验往往可得出不同的结果。图 13-10(a) 和 (b) 分别给出由场效应法和 DLTS(深能级瞬态谱)法测得的结果。从图中可看到，两者的分布情况是很不同的，其原因可能是所用的样品不同，也可能是测试方法的不完善。

(a) 场效应法测得的结果

(b) DLTS 法测得的结果

图 13-10 a-Si 中的隙态密度

*13.3.2 硫系非晶态半导体中的缺陷与缺陷定域态

在正常键结构情况下，硫系非晶态半导体各原子中的 4 个 p 电子有两个处于非键态，为孤对电子，另两个处于成键态。这种组态用符号 C_2^0 表示，C 表示硫系元素，下标 2 表示成键数，上标 0 表示电中性。如取 LP 态的能量为零，则 σ 态每个电子的能量为 $-E_p$，E_p 称作成键能；σ^* 态每个电子的能量为 $E_p + \Delta$，Δ 是反键能和成键能数值上的差额。因此组态 C_2^0 的总能量为 $-2E_p$。这种二度配位的共价键将硫系原子连接成链状结构，如图 13-11 中非晶 Se 的链结构所示。但是在硫系非晶态半导体中，也可形成三度配位的共价键，如图 13-11 中 X 和 Z 处所示。这种组态中每个 Se 原子与最近邻三个 Se 原子形成共价键结合，以 C_3^0 表示。C_3^0 组态的 4 个 p 电子中，有三个处于成键态，另一个处于反键态，故组态的总能量为 $-2E_p + \Delta$。C_3^0 失去反键态电子后成为 C_3^+，组态能量为 $-3E_p$；反之，C_3^0 得到一个电子成为 C_3^-，组态总能量为 $-E_p + 2\Delta + U_{\sigma^*}$，$U_{\sigma^*}$ 是 σ^* 态上的电子相关能。此外，在硫系非晶态半导体中还可能存在一度配位的组态 C_1^0 等。图 13-12 给出硫系非晶态半导体中各种缺陷的组态和能量。由图 13-12(b) 可看到，C_1^0 缺陷的能量为 $-E_p$，C_3^0 的能量为 $-2E_p + \Delta$，因成键能在数值上大于键能差 Δ，故硫系非晶态半导体中的最低能量中性缺陷是 C_3^0。C_1^0 组态中一个电子处于成键态，三个处于非键态，由于非键态上的电子是活泼的，C_1^0 可以与邻近的 C_2^0 相作用，转变成能量更低的 C_2^0 和 C_3^0，如图 13-13(b) 所示。也就是说，$C_1^0 + C_2^0 \rightarrow C_2^0 + C_3^0$ 为一放热反应。最低能量的中性缺陷 C_3^0 也不是材料中的最可几缺陷，从缺陷结构来说，C_3^0 及 C_3^- 中都含有反键态电子，是不稳定的，它们总是趋向于使原子组态向着能量更低的组态转变。因此，C_3^0 反键态上的电子可脱离原来的组态转移到另一个 C_3^0 上去，使原来的 C_3^0 转变成 C_3^+，后来的 C_3^0 转变成 C_3^-。但新的 C_3^- 更不稳定，很容易与邻近的 C_2^0 相作用，转变成能量更低的 C_2^0 及 C_1^-，如图 13-13(c) 所示。上述转变过程可概括如下：

$$\left.\begin{array}{l} 2C_3^0 \rightarrow C_3^+ + C_3^- \\ C_3^- + C_2^0 \rightarrow C_2^0 + C_1^- \end{array}\right\} 2C_3^0 \rightarrow C_3^+ + C_1^- \tag{13-13}$$

图 13-11 非晶 Se 的链结构　　图 13-12 硫系非晶态半导体中各种缺陷的组态和能量

图 13-13 硫系非晶态半导体的链结构与组态变化

(a) 链结构　(b) 组态变化　(c) 组态变化

由 C_3^+ 和 C_1^- 形成的缺陷对为硫系非晶态半导体中最稳定的缺陷，称作变价对，简写为 VAP。由于形成变价对可使整体的能量降低，因此在正常情况下，硫系非晶态半导体中存在较多的变价对。正、负电荷的库仑吸引作用可使变价对中的正、负电荷中心紧密靠近，这种紧密靠近的变价对被称为亲价对。变价对和亲价对不仅存在于硫系非晶态半导体中，而且也存在于硫系化合物半导体中。现以硫系化合物 As_2Se_3 为例来说明。在 As_2Se_3 中每个 As 原子在正常态时与三个近邻 Se 原子以共价键结合，每个 Se 原子有两个键与近邻 As 原子连接。

若以 P 表示 V 族原子，则 As_2Se_3 一类硫系非晶态半导体中的亲价对为 $P_4^+-C_1^-$，其结构如图 13-14 所示。因此，对于硫系非晶态半导体，不论是纯元素还是化合物，都存在着 D^+-D^- 变价对。这种缺陷模型已被一些实验所证实。例如，由于 D^+ 和 D^- 中都没有未配对电子，应不存在电子自旋信号，这与电子自旋共振实验结果一致。

图 13-14 As_2Se_3 中的亲价对 $P_4^+-C_1^-$

若一个变价对的形成能为 U，即电子相关能，一个亲价对的形成能应是 $U-M$，其中 M 是正、负电荷缺陷中心的库仑能，则变价对的浓度可由下式估算

$$N_V = N_0 \exp\left(-\frac{U}{2k_0 T_g}\right) \tag{13-14}$$

亲价对的浓度为

$$N_I = N_0 \exp\left(-\frac{U-M}{2k_0 T_g}\right) = N_V \exp\left(\frac{M}{2k_0 T_g}\right) \tag{13-15}$$

式中，T_g 为玻璃态转变温度；$M = e^2/2\varepsilon R$，ε 是材料的介电系数，R 是正、负电荷中心之间的距离。当 R 增大时，则由式(13-15)可知，亲价对的浓度按指数规律减小。在热平衡条件下，硫系非晶态半导体的 $U = U_{LP} = 0.55\text{eV}$，$M = 0.1\text{eV}$，$N_0$ 的数量级为 10^{23}cm^{-3}，若 T_g 在 600K 附近，则可算得 N_I 及 N_V 的数量级分别是 10^{19}cm^{-3} 及 10^{18}cm^{-3}。

莫特[10]等人分析了硫系非晶态半导体中的悬挂键，认为孤对电子与缺陷态上电子成键的重新组合产生了较大的网格畸变，因而电子有效相关能 U_{eff} 可能为负值。同时莫特等提出了硫系非晶态半导体中缺陷态的 MDS 模型，认为当 D^+、D^0 及 D^- 这些缺陷的键上的电子占有情况改变时，可引起足够大的局部原子弛豫，从而可能导致

$$2D^0 \rightarrow D^+ + D^- \tag{13-16}$$

为放热反应。如果这样，则在稳定情况下，只存在 D^+、D^- 缺陷，而 D^0 缺陷只有通过激发才能发生。因此，在硫系非晶态半导体中，缺陷的施主态能级高于受主态能级，高出的能量为 $|U_{\text{eff}}|$。为了简单，以带隙中两个能级分别表示处在不同荷电状态缺陷上的电子能量，上能级表示 D^+ 增加一个电子的能量，下能级表示 D^0 增加一个电子的能量（因 U_{eff} 为负值），它们的值分别为 E_1 和 E_2。对于上能级，若以 f_1 表示其被电子占据的概率，则可得到 D^0 和 D^+ 浓度的比值

$$\frac{N_{D^0}}{N_{D^+}} = \frac{f_1}{(1-f_1)} = \exp\left(-\frac{E_1 - E_F}{k_0 T}\right) \tag{13-17}$$

对于下能级，若以 f_2 表示其被电子占据的概率，则可得 D^- 与 D^0 浓度的比值

$$\frac{N_{D^-}}{N_{D^0}} = \frac{f_2}{(1-f_2)} = \exp\left(\frac{E_F - E_2}{k_0 T}\right) \tag{13-18}$$

由式(13-17)和式(13-18)可得

$$\frac{N_{D^-}}{N_{D^+}} = \exp\left[\frac{2E_F - (E_1 + E_2)}{k_0 T}\right] \tag{13-19}$$

考虑到 $E_1 = E_2 + |U_{\text{eff}}|$，可解出

$$E_F = E_1 - \frac{|U_{\text{eff}}|}{2} + \frac{k_0 T}{2} \ln \frac{N_{D^-}}{N_{D^+}} \tag{13-20}$$

电中性条件要求

$$N_{D^-} = N_{D^+} \tag{13-21}$$

当存在浓度为 N 的浅施主杂质提供电子时,电中性条件为

$$N_{D^-} - N_{D^+} = N \tag{13-22}$$

因 N_{D^0} 可略去,缺陷总数

$$N_D = N_{D^+} + N_{D^-} \tag{13-23}$$

由式(13-22)及式(13-23)可解得

$$N_{D^-} = \frac{N_D + N}{2}, N_{D^+} = \frac{N_D - N}{2} \tag{13-24}$$

代入式(13-20)中,则得

$$E_F = E_1 - \frac{|U_{eff}|}{2} + \frac{k_0 T}{2}\ln\frac{1+\gamma}{1-\gamma} \tag{13-25}$$

式中,γ 表示比值 N/N_D。因 $k_0T \ll |U_{eff}|$,缺陷浓度 N_D 很大,在掺杂浓度不太大时,$\gamma \ll 1$,故式(13-25)中等号右边第三项对 E_F 值的贡献很小,费米能级不会因掺杂而发生明显变化。于是得到,在负有效电子相关能情形下,费米能级是被"钉扎"的。硫系非晶态半导体就属于这种情况。

*13.3.3 Ⅳ族元素非晶态半导体的掺杂效应

1975年,斯皮尔等人成功地实现了对 a-Si:H 的掺杂,并制备得到 n 型和 p 型 a-Si:H。他们的实验结果如图13-15和图13-16所示。图中横坐标中部的虚线范围内表示未掺杂的情况。右侧自左向右表示在用辉光放电法制备样品时,磷烷对硅烷分子比的增长;左侧自右向左表示制备时硼烷对硅烷分子比的增长。图13-15的纵坐标表示掺杂样品室温电导率 σ_{RT} 的对数值。图13-16右边纵坐标表示掺磷样品中费米能级到导带迁移率边的能量间距,即 $E_c - E_F$;左边纵坐标表示掺硼样品中价带迁移率边到费米能级的间距,即 $E_F - E_v$。由图可看到,未掺杂样品是以电子导电为主的。室温电导率 σ_{RT} 约为 10^{-9} S/cm,电导激活能 $\Delta E = E_c - E_F = 0.6$ eV。当磷烷分子比由 10^{-6} 增至 10^{-2} 时,电导率由 10^{-9} 增至 10^{-2},即增长了7个数量级,费米能级由 E_c 以下 0.6 eV 升至 0.2 eV 处。当 σ_{RT} 增至最大值时,E_F 刚好进入导带的带尾态,因此 σ_{RT} 不再随磷烷分子比的增大而增大。计算指出[11],掺入非晶硅无序网格的磷原子,有30%处于施主态,其他处于 P_3^0 成键态。

对于掺硼情况,在硼烷对硅烷的分子比从 10^{-6} 增至 10^{-4} 的范围内,样品仍以电子导电为主,但电子电导率从 10^{-9} S/cm 下降到极小值 10^{-12} S/cm,费米能级从 E_c 以下 0.6 eV 处下降到 0.8 eV 附近。继续增大硼烷的分子比,制得的样品转为 p 型,以空穴导电为主。当硼烷分子比从 10^{-4} 继续增大时,空穴电导率先陡增5个数量级,然后逐渐增大至 10^{-2} S/cm,对应的电导激活能从价带以下 0.8 eV 降至 0.2 eV 附近。由此可见,控制掺杂浓度可以在很大范围内改变 a-Si:H 的费米能级位置及其导电性能。除上述方法外,也可用离子注入进行掺杂,或在含 H 气氛中溅射时进行气相掺杂。对于非晶锗,也可用辉光放电法由锗烷中制备并进行掺杂。

由于掺入的磷原子中有一部分在 a-Si 网格中不起施主作用,因此使掺杂效果不够好,马登(Madan)等人[12]在制备非晶硅时掺入了氢和氟,使制得的 a-Si:F:H 的隙态密度降低了一个数量级以上,从而改善了掺杂效果,使样品的室温电导率提高到接近 1S/cm。

图 13-15 非晶硅室温电导率随掺杂浓度的变化

图 13-16 电导激活能随掺杂浓度的变化

*13.4 非晶态半导体中的电学性质

本节主要讨论非晶态半导体中的导电机理,包括扩展态与定域态载流子的电导率及漂移迁移率等。此外还要介绍非晶态半导体中的弥散输运过程。

*13.4.1 非晶态半导体的导电机理

非晶态半导体的本征导电机理和晶态半导体的根本区别在于除扩展态的电导外,还有定域态电导。在温度较高时,电子可被激发到迁移率边 E_c 以上的能态而导电,形成扩展态电导。温度较低时,电子只能被激发到接近 E_c 的带尾态,然后通过声子的帮助从一个定域态跃迁到另一个定域态而导电,形成带尾态电导。在温度更低时,电子只能从费米能级 E_F 以下的能量状态通过声子的帮助跃迁到 E_F 以上的邻近空态，形成定域态的近程跳跃电导。在温度极低时，能量在 E_F 附近的电子只能在能量相近的能级之间做变程跳跃。现具体分述如下。

1. 扩展态电导

扩展态的电子浓度

$$n = N_c \exp\left(-\frac{E_c - E_F}{k_0 T}\right) \tag{13-26}$$

设 μ 为扩展态电子的迁移率，则扩展态电导率

$$\sigma = q\mu N_c \exp\left(-\frac{E_c - E_F}{k_0 T}\right) \quad \text{或} \quad \sigma = \sigma_{\min} \exp\left(-\frac{E_c - E_F}{k_0 T}\right) \tag{13-27}$$

式中，$\sigma_{\min}$ 是当 $E_F = E_c$ 时的电导率，也就是扩展态电导率的最低限，莫特称它为最小金属化电导率。由于非晶态半导体中的结构畸变和大量缺陷的存在，其扩展态迁移率的数值很低，在室温附近，迁移率的值为 $5\sim10\text{cm}^2/(\text{V}\cdot\text{s})$。

2. 定域态电导

在非晶态半导体的带隙中存在大量的定域态。莫特首先提出，借助于声子的参与，电子可以通过隧道穿透，从一个定域态跳到另一个相邻的定域态。在外电场的作用下，沿场强方向的跳跃概率与逆场强方向的不同，因而形成定域态电导。

设有两个相邻的定域态 a 和 b，相距为 R，其能量差为 ΔW。由于定域态波函数随距离按指数规律 $e^{-\alpha R}$ 变化，如近似地认为两个定域态的定域化参量 α 相同，则波函数的重叠因子可写成

$$e^{-\alpha R} e^{-\alpha R} = e^{-2\alpha R}$$

在 a 和 b 两态间的跳跃概率应正比于 $e^{-2\alpha R}$。另外，因两态间的能量差为 ΔW，电子从一个态跳到另一态时，必须吸收或放出一个能量等于 ΔW 的声子以满足能量守恒，所以，电子从一个态跳到另一态的概率还应正比于 $e^{-\frac{\Delta W}{k_0 T}}$。因此，单位时间的跳跃概率应为

$$P = \nu_{ph} \exp\left(-2\alpha R - \frac{\Delta W}{k_0 T}\right) \tag{13-28}$$

式中，ν_{ph} 为辅助声子的振动频率，也就是电子每秒内试图跳跃的次数，其数量为 10^{12}s^{-1}。因非晶体中存在大量的相邻定域态间的电子跳跃，式(13-28)中的 R 应为两定域态间的平均距离，ΔW 应为它们的平均能量差。

若将电子在定域态间的跳跃看作布朗运动，根据布朗运动的统计理论，可得电子的扩散系数

$$D = PR^2 \tag{13-29}$$

由爱因斯坦关系可得迁移率

$$\mu = \frac{q}{k_0 T} D$$

将式(13-28)和式(13-29)代入式(13-29)，则得定域态间电子跳跃迁移率

$$\mu = \frac{qR^2 \nu_{ph}}{k_0 T} \exp\left(-2\alpha R - \frac{\Delta W}{k_0 T}\right) \tag{13-30}$$

由此可求得定域态之间的近程和变程跳跃的电导率如下。

(1) 费米能级附近定域态间的近程跳跃电导率

在非晶态半导体的 E_F 处的定域态中，只有在其附近能量为 $k_0 T$ 范围内的电子才具有足够的跃迁概率。设 E_F 处的定域态密度为 $g(E_F)$，则在这个范围内的电子浓度近似为

$$n \approx g(E_F)k_0 T$$

将式(13-30)代入上式可得近程跳跃电导率为

$$\sigma = nq\mu = g(E_F)q^2 R^2 \nu_{ph} \exp\left(-2\alpha R - \frac{\Delta W_2}{k_0 T}\right) \tag{13-31}$$

式中，ΔW_2 为 E_F 附近定域态之间声子辅助跃迁所需的平均激活能。令 $\sigma_2 = g(E_F)q^2 R^2 \nu_{ph}$，则近程跳跃电导率可写为

$$\sigma = \sigma_2 \exp\left(-2\alpha R - \frac{\Delta W_2}{k_0 T}\right)$$

(2) 极低温度下的变程跳跃电导率

根据式(13-28)，电子在定域态之间的跳跃概率正比于 $e^{-\Delta W/k_0 T}$，在极低温度下，$k_0 T$ 值很小，因此相邻两个定域态间的能量差远大于 $k_0 T$，故电子在其间的跳跃概率很小。电子不能实现在近邻定域态间的跳跃，将会在更大范围内寻求能量上更为接近的状态发生跃迁。根据式(13-28)，可在跳跃间距 R 和激活能 ΔW 值间折中，使跃迁概率取最大值。莫特[13]将这种能量相近的定域态间的跳跃称作变程跳跃，变程跳跃的电导率可推导如下。

在 E_F 附近以任一个定域态为中心作半径为 R 的球体，在球体中存在另一个能量间隔在 ΔW 内的定域态的条件为在其间的状态数

$$\frac{4\pi}{3}R^3 g(E_F)\Delta W = 1$$

由此可解得

$$\Delta W = \frac{3}{4\pi R^3 g(E_F)} \tag{13-32}$$

式(13-28)中的 R 为平均间距，表示为 $\overline{R}$，可求得为

$$\overline{R} = \frac{\int_0^R r^3 \mathrm{d}r}{\int_0^R r^2 \mathrm{d}r} = \frac{3}{4}R \tag{13-33}$$

将式(13-32)和式(13-33)代入式(13-28)，则得

$$P = \nu_{ph} \exp\left\{-\frac{3}{2}\alpha R - \left[\frac{4\pi}{3}g(E_F)R^3 k_0 T\right]^{-1}\right\} \tag{13-34}$$

求式(13-34)中概率 P 的极大值，可得最可几间距

$$R = \left[\frac{3}{2\pi\alpha g(E_F)k_0 T}\right]^{1/4} \tag{13-35}$$

将式(13-35)代入式(13-34)，则得

$$P = \nu_{ph} \exp(-B/T^{1/4}) \tag{13-36}$$

式中

$$B = 1.663 \times \left[\frac{\alpha^3}{k_0 g(E_F)}\right]^{1/4}$$

因电导率正比于 P，故变程跳跃的电导率

$$\sigma = \sigma_3 \exp\left[-\left(\frac{T_0}{T}\right)^{1/4}\right] \tag{13-37}$$

式中，$T_0 = B^4$。式(13-37)就是莫特的 1/4 定律。在不少非晶态半导体中，在低温下都观察到了这种类型的温度依赖关系。

(3) 带尾定域态电导率

在带尾相邻定域态间电子的跳跃概率 P 及相应的迁移率正比于

$$\exp\left(-\frac{\Delta W_1}{k_0 T}\right)$$

式中，ΔW_1 是相邻两带尾定域态间跳跃的平均激活能，其数量级为 $10^{-2}\,\text{eV}$。带尾态的电子浓度 n 正比于

$$\exp\left(-\frac{E_A - E_F}{k_0 T}\right)$$

式中，E_A 是导带带边的能量。根据电导率 $\sigma = nq\mu$，可得带尾定域态电导率

$$\sigma = \sigma_1 \exp\left[-\frac{E_A - E_F + \Delta W_1}{k_0 T}\right] \tag{13-38}$$

3. 直流电导与温度的关系

综上所述，非晶态半导体中直流电导率与温度的关系为

$$\sigma = \sigma_{\min} \exp\left(-\frac{\Delta E}{k_0 T}\right) + \sigma_1 \exp\left(-\frac{\Delta E_1}{k_0 T}\right) + \sigma_2 \exp\left(-\frac{\Delta E_2}{k_0 T}\right) + \sigma_3 \exp\left[-\left(\frac{T_0}{T}\right)^{1/4}\right] \tag{13-39}$$

式中，第一项是扩展态电导率，其中 $\Delta E = E_c - E_F$；第二项是带尾态电导率，其中 $\Delta E_1 = E_A - E_F + \Delta W_1$；第三项是近程跳跃电导率，其中 $\Delta E_2 = 2\alpha R k_0 T + \Delta W_2$；第四项是极低温度下的定域态变程跳跃电导率。以 $\ln\sigma$ 对 $1/T$ 作图，由各段直线的斜率可分别求出 ΔE、ΔE_1 及 ΔE_2，如图 13-17 所示。但应注意的是上述电导不一定在一种材料中都表现出来。在硫系玻璃中通常不出现变程跳跃电导，这与它的特殊隙态性质有关。

*13.4.2 非晶态半导体的漂移迁移率

研究非晶态半导体中的漂移迁移率常采用渡越时间（Time of Flight）测试法，又简称 TOF 法，在这种测试方法中，将非晶态半导体薄层的两个面上附以金属电极形成欧姆接触，其中一个电极是半透明的。实验时，在样品两个电极间加一定电压，使样品内形成电场，然后以光脉冲通过半透明电极照射样品表层以注入载流子脉冲，并测量注入载流子在外加电场驱动下到达另一电极的时间 t_T（即渡越时间）。以 d 表示样品厚度，$\mathcal{E}$ 表示电场强度值，则由下式

$$\mu_D = \frac{d}{\mathcal{E} t_T} \tag{13-40}$$

可求得漂移迁移率。

μ_D 并不代表扩展态迁移率。电导率与温度关系示意图如图 13-17 所示。由于非晶态半导体带隙中存在大量的定域态，其中浅陷阱可以反复俘获和释放载流子，因此影响载流子的渡越时间。至于深陷阱，由于载流子被其俘获后的停留时间远大于 t_T，因此可不加考虑。设以 t_s 表示电子在浅陷阱中的平均停留时间，t_0 为电子在扩展态的自由运动时间，则 $t_D = t_s + t_0$。因扩展态迁移率 $\mu_0 = d/(\mathcal{E} t_0)$，由此求得 d 并代入式(13-40)中，则得

$$\mu_D = \mu_0 \frac{t_0}{t_0 + t_s} \tag{13-41}$$

图 13-17 电导率与温度关系示意图

考虑到电子的停留时间应与电子浓度成正比,故

$$\frac{t_0}{t_s}=\frac{n}{n_t} \tag{13-42}$$

式中,n 和 n_t 分别表示扩展态和带尾定域态中的电子浓度。根据载流子的玻耳兹曼分布规律,有

$$\frac{n}{n_t}=\frac{N_c\exp\left(-\dfrac{E_c-E_F}{k_0T}\right)}{N_A\exp\left(-\dfrac{E_A-E_F}{k_0T}\right)}=\frac{N_c}{N_A}\exp\left(\frac{E_c-E_A}{k_0T}\right) \tag{13-43}$$

式中,N_c 和 N_A 分别表示扩展态和带尾定域态的等效态密度。将式(13-42)代入式(13-41)中,可得

$$\mu_D=\mu_0\left(1+\frac{n_t}{n}\right)^{-1}=\mu_0\left[1+\frac{N_c}{N_A}\exp\left(-\frac{E_c-E_A}{k_0T}\right)\right]^{-1} \tag{13-44}$$

因式(13-44)中的 $(E_c-E_A)\gg k_0T$,式(13-44)中括号内的 1 可略去,则式(13-44)化简为

$$\mu_D=\mu_0\frac{N_c}{N_A}\exp\left(-\frac{E_c-E_A}{k_0T}\right) \tag{13-45}$$

测出 μ_D 与温度的关系,作 $\ln\mu_D$ 对 $1/T$ 的曲线,则由其斜率可算得 E_c-E_A 值。由曲线在纵坐标上的截距可求得扩展态的迁移率 μ_0。

图 13-18 表示对辉光放电法制备的样品所测得的 $\ln\mu_D$ 对 $1/T$ 的关系。由图可看出,在 $T_c=250\text{K}$ 左右,曲线分成两段。对应 $T>T_c$ 的部分,激活能为 0.19eV,它表示定域态带尾的宽度,即 $E_c-E_A=0.19\text{eV}$。对应 $T<T_c$ 的部分,激活能为 0.09eV。另外,对同一样品进行电导测量得到 $E_c-E_F=0.62\text{eV}$,$E_A-E_F+\Delta W_1=0.51\text{eV}$,二者相减得 $E_c-E_A-\Delta W_1=0.11\text{eV}$。与 $E_c-E_A=0.19\text{eV}$ 相比可得 $\Delta W_1=0.08\text{eV}$,与低温部分的激活能 0.09eV 十分相近。因此在 T 小于 T_c 段的激活能 0.09eV 应是带尾定域态的跳跃激活能。

图 13-18 a-Si 的电子漂移迁移率对温度的关系

*13.4.3 非晶态半导体的弥散输运过程

20 世纪 70 年代初,人们在用渡越时间法测量 a-As$_2$Se$_3$ 的电导性[14]时证实了非晶态半导体中存在着弥散输运过程,它是非晶态固体中普遍的现象。

设有两侧附着金属电极的薄层样品,其一侧的电极为半透明的,在电极间加以一定电压。当以脉冲激光照射半透明电极侧时,可在样品的近电极处因光注入形成极薄的载流子层。我们称它为光激电荷"片"。实验中观察激光脉冲停止后瞬态电流的时间响应。如果样品为晶态半导体,则样品中载流子的输运情况如图13-19(a)所示,在 $t=0$ 时,注入载流子片位于 $x=0$ 处。在漂移过程中,由于各个载流子的漂移速度不同,因此载流子的分布逐渐分散,变为高斯分布的载流子包,且其中宽度在漂移过程中逐渐增大,如图 13-19(a)中②所示。设以 φ 表示

高斯分布包的半宽度，l 表示从 $x=0$ 到高斯分布峰的距离，则按照高斯统计规律，$\varphi \propto t^{1/2}$，$l \propto t$，故 $\varphi/l \propto t^{-1/2}$。这种高斯输运过程的瞬态电流应满足：在高斯分布包的前沿未到达 d 处电极时，电流为常量；在高斯分布包的前沿到达 $x=d$ 处的电极后，电流开始按高斯规律随时间下降，如图 13-19(a)中③所示。

图 13-19　瞬态输运过程

在非晶态半导体情形下，由于体内存在着大量的定域态浅陷阱，它们对注入的载流子可起俘获或释放作用，因此载流子在漂移过程中不断被俘获或释放。在 $t=0$ 时，注入于 $x=0$ 处的载流子中有相当一部分要被该处附近的陷阱所俘获，它们不能立即向另一方漂移，只有那些未被俘获或由陷阱中释放出的载流子能够向另一方漂移。这和晶体中的情况不同，晶体中注入的载流子在 $t=0$ 后可同时向另一方漂移，故形成对称的高斯分布。而在非晶体中，由于注入载流子有相当一部分被 $x=0$ 处附近的陷阱俘获，在那里要停留一定时间，因此载流子的分布在靠近 $x=0$ 的电极处要大些，形成如图 13-19(b)中②所示的非对称分布。随着时间的推移，载流子要不断向另一方漂移，曲线逐渐变低变宽。由于浅陷阱的存在，载流子的漂移过程也不是"一帆风顺"的，而是一个不断被俘获和释放的漂移过程。这就是在非晶态半导体中发生非对称分布的弥散输运过程的原因。由实验[15,16]得到非高斯分布的半宽度 φ 与从 $x=0$ 到分布包中心的距离 l 间的关系为

$$\frac{\varphi}{l} = 常量 \tag{13-46}$$

弥散输运过程的电流 i 随时间 t 的变化关系为

$$i(t) \propto \begin{cases} t^{-(1-\alpha)} & t<t_T \\ t^{-(1+\alpha)} & t>t_T \end{cases} \tag{13-47}$$

式中，α 是大于零且小于 1 的纯数，叫作弥散参数。

图 13-20(a)给出硫系非晶态半导体 a-As_2Se_3 中的弥散输运瞬态空穴电流，所用样品厚度 $d=58\mu m$，温度 $T=296K$，电场强度 $|\mathscr{E}|=10V/\mu m$。图 13-20(b)是瞬态空穴电流的 lgi-lgt 图线，由图可得到，空穴渡越时间 $t_T=2.8ms$，空穴电流弥散参数 $\alpha \approx 0.42$。

(a) a-As₂Se₃中的瞬态空穴电流

(b) a-As₂Se₃的 lg$i$-lg$t$ 图

图 13-20 a-AS₂Se₃ 中弥散输运瞬态空穴电流的 lg$i$-lg$t$ 图线

*13.5 非晶态半导体中的光学性质

本节讨论光与非晶态半导体相互作用的各种光学过程，包括光吸收、光电导等。

*13.5.1 非晶态半导体的光吸收

非晶态半导体中的光吸收包括本征吸收、激子吸收、自由载流子吸收、声子吸收及杂质吸收等，它们分别发生在不同的光谱波段，以下分别叙述。

1. 本征吸收

当用光子能量足够大的光照射某种非晶态半导体时，可使其价带中的电子吸收光子后跃迁到导带，形成电子—空穴对，这种带间跃迁吸收是本征吸收。由于非晶态半导体不具有长程有序，简约波矢 k 不再是电子态的好量子数，因此电子的跃迁不受准动量守恒的限制。

由量子力学知，单位时间内，电子从价带能量为 E 的状态跃迁到导带能量为 $E'=E+\hbar\omega$ 状态的跃迁概率为

$$\omega_{E\to E'} = \frac{\pi^2 q^2 A_0^2}{2m^2 c^2} |M|^2$$

式中，M 为跃迁矩阵元，A_0 为振幅。单位时间、单位体积内电子吸收一定频率 ω 的光从价带跃迁到导带的总跃迁概率为

$$P(\omega) = \frac{\pi^2 q^2 A_0^2}{2m^2 c^2} \int |M|^2 g_c(E+\hbar\omega) g_v(E) dE \tag{13-48}$$

式中，$g_c(E)$ 和 $g_v(E)$ 为导带和价带的电子态密度函数，积分应包括所有可能的价带中始态，即所有吸收光子能量 $\hbar\omega$ 后可到达导带的价带中电子态。若将非晶态半导体中导带和价带中的电子态密度近似地表示为

$$g_c(E+\hbar\omega) = c_1(E+\hbar\omega - E'_c)^{1/2}$$
$$g_v(E) = c_2(E'_v - E)^{1/2}$$

式中，c_1 与 c_2 为与 E 无关的常数，又因 $|M|$ 为 E 的缓变函数，则式(13-48)可近似为

$$P(\omega) = c_3 |M|^2 \int \sqrt{[(E+\hbar\omega) - E'_c](E'_v - E)} dE$$
$$= c_3 |M|^2 \frac{\pi}{8} (\hbar\omega - E_{0p})^2 \tag{13-49}$$

式中，$E_{0p}=E'_{Rc}-E'_{Rv}$，称为光学能隙，$c_3=c_1c_2$。又吸收系数

$$\alpha=\frac{\hbar\omega p(\omega)}{S} \tag{13-50}$$

式中，S 为光的能流密度，其值正比于 $A_0^2\omega^2$。将式(13-49)代入式(13-50)，则得吸收系数

$$\alpha=\frac{c_4}{\hbar\omega}(\hbar\omega-E_{0p})^2$$

或

$$(\alpha\hbar\omega)^{1/2}=K(\hbar\omega-E_{0p})^2 \tag{13-51}$$

上两式中的 c_4 和 K 都是与光子能量无关的常数。由式(13-51)可看出以 $(\alpha\hbar\omega)^{1/2}$ 对 $\hbar\omega$ 作图，可得一近似直线，如图 13-21 所示，将此直线外推得到它的横轴上的截距，即可求得光学能隙 E_{0p}。用此方法求得的 a-Si：H 的光学能隙在 1.7eV 左右，其值的大小取决于氢含量及样品的制备工艺。注意，E'_c 和 E'_v 仅表示导带和价带态密度外推值为零的能值，故 $E_{0p}=E'_c-E'_{Rv}$ 不等于迁移率隙宽，故称为光学能隙。

非晶态半导体典型的吸收边如图 13-22 所示，可分为 A、B、C 三个区域。其中 A 区为吸收系数大于 10^4cm^{-1} 的高吸收区，对应于从非晶体价带到导带的本征吸收；B 区称为指数吸收区，吸收系数 α 与光学能量 $\hbar\omega$ 间呈指数关系，吸收系数 α 的范围为 $10^{-1}\sim10^4\text{cm}^{-1}$，对应于从价带扩展态至导带带尾态或从价带带尾态至导带扩展态间的跃迁；C 区为弱吸收区，有可能对应于带尾态之间的跃迁，目前尚不能充分肯定。

图 13-21 a-Si：H 的光学能隙测试 图 13-22 非晶态半导体典型的吸收边

2. 激子吸收

实验发现，在本征吸收的长波边缘有一系列吸收线，它们对应激子吸收线。这些吸收线不像本征吸收那样伴有光电导，说明受激电子并未进入导带形成自由电子，而是与留下的空穴束缚在一起形成电子—空穴对，即激子。这种光吸收叫作激子吸收。激子的能态与氢原子的相似，由一系列能级组成，位于导带带尾附近。激子可以从非晶态半导体中的一处运动到另一处，很易演变成亚稳态的 D^+ 与 D^- 对。

3. 自由载流子吸收

当入射光子能量不够高，不足以引起带间跃迁或激子吸收时，可以发生自由载流子在同一能带中的跃迁吸收，称作自由载流子吸收。其吸收谱位于红外和微波波段。当在一定范围内变化时，某些材料对同一光子能量的吸收系数与其直流电导率成正比，说明这种吸收是自由载流子吸收引起的。

4. 声子吸收

晶态半导体在红外波段具有由光子与晶格振动相互作用引起的吸收区域,被晶格吸收的光子能量转变为晶格原子的振动能。对非晶态半导体,在红外波段也存在着类似的光吸收。这是一种入射光子与非晶态半导体的网格相互作用,引起网格振动模式的光吸收。以 a-Si：H 为例,材料中存在着 SiH、SiH_2、SiH_3 及 $(SiH)_n$ 等各种组态,其红外吸收谱就是这些组态振动能量间的跃迁所引起的吸收光谱。图 13-23 所示为 a-Si：H 的典型红外吸收谱,可以从红外吸收谱的波数及其积分强度分析 a-Si：H 中硅—氢的键态组合及其含量。

图 13-23　a-Si：H 的典型红外吸收谱

5. 杂质吸收

除上述各种吸收外,在非晶态半导体中也存在电子(或空穴)从缺陷带隙态或杂质能级向导带(或价带)跃迁时的光吸收,称为缺陷或杂质吸收。

*13.5.2　非晶态半导体的光电导

1. 光电导是非晶态半导体的基本性质

由于光电导过程与载流子的复合机制有关,而复合过程又与带隙态密度分布有关,因此,研究光电导可获得有关材料中输运特性及隙态分布的许多信息。

由于光电导与带隙定域态的分布密切相关,而用不同制备方法和不同工艺条件制得的样品的隙态密度往往很不同,因此测得的光电导数据亦有很大差异。

由第 10 章可知,光电导有线性光电导和非线性光电导的区别,线性光电导与光强有线性关系,这种光电导的复合为单分子过程；非线性光电导与光强的平方根成正比,其复合为双分子过程。

实验观察的许多非晶态半导体的光电导与温度的关系为：在较低温度时,光电流 i_p 远大于暗电流 i_d,且光电流随温度的升高按指数规律增大；当温度升高到某个值 T_m 时,光电流达到极大值；当温度大于 T_m 时,$i_p \ll i_d$,且光电流随温度的升高按指数规律减小。温度大于 T_m 的范围称为高温区 A,温度小于 T_m 的范围又可分为较低温区 B 和低温区 C,其激活能不同,以 a-Si 为例,T_m 约为 550K,较低温区 B 为 $250K \leqslant T < T_m$,在这个区域,光电流随温度的升高按指数规律增大,其激活能为 $0.16 \sim 0.18 eV$。在 $T < 250K$ 的低温区 C,光电流随温度的升高仍按指数规律增大,但激活能较低,其值为 $0.06 \sim 0.1 eV$。

斯皮尔等人用图 13-6(c)的模型解释了上述三个温度范围的复合迁移特性。对于高温区 A,假设复合过程主要是在导带尾定域态中的电子和被陷于 E_y 附近的空穴之间发生的,则可得载流子产生率

$$G = c n_A p_y \tag{13-52}$$

式中,n_A 为热平衡时导带尾定域态中的电子浓度,而

$$p_y = N_y \exp\left(-\frac{E_F - E_y}{k_0 T}\right) \tag{13-53}$$

式中，N_y 是以 E_y 为中心的隙态密度，又导带扩展态中热平衡时的电子浓度 n 与 n_A 之比为

$$\frac{n}{n_A} = \frac{N_c}{N_A} \exp\left(-\frac{E_c - E_A}{k_0 T}\right) \tag{13-54}$$

由式(13-52)、式(13-53)及式(13-54)可得到 n，代入光电导率 $\sigma = nq\mu$ 中，则得

$$\sigma = \frac{qGN_c\mu}{cN_y N_A} \exp\left[\frac{(E_F - E_y) - (E_c - E_A)}{k_0 T}\right] \tag{13-55}$$

由式(13-55)得到的电导激活能与实验结果相符，表明由导带尾定域态的电子与 E_y 附近被陷空穴的复合可能为高温区 A 的主要复合过程。斯皮尔等假设在较低温区 B 的主要复合过程是在 E_A 处带尾定域态中的电子与平衡费米能级 E_F 附近的空穴之间发生的。在低温区 C，电导是由 E_A 处带尾定域态中的电子在声子参与下的跳跃产生的，用类似方法求得在较低温区 B 和低温区 C，a-Si 的电导激活能分别约为 0.2eV 和 0.09eV，都与实验结果相符。

非晶态半导体的光电导与掺杂程度及光照等有密切关系。在未掺杂或轻掺磷的 a-Si 中，样品的 $(E_c - E_F)$ 约为 0.65eV，当温度高于 250K 时，扩展态电子传导为主，在低于 250K 时，声子参与的电子跳跃传导为主。对于重掺磷的 a-Si：H 样品，一般 $(E_c - E_F)$ 约为 0.35eV，随着掺磷量的增大，E_F 向 E_c 接近，$(E_c - E_F)$ 值可达约 0.2eV。这时光电导有两种平行通道，即扩展态电子传导和位于施主能级中心 E_D 中电子的跳跃传导。

2. SW 效应

1977 年 Staebler D. L. 及 Wronski C. R. 在氢化非晶硅中发现一种重要现象[17]，即一些 a-Si：H 样品在长时间的光照后其光电导和暗电导都显著减小，将光照后的样品置于 150℃下退火 30min，再冷却到室温，样品又恢复到原来状态，这一现象称为 SW 效应。图 13-24 表示 SW 效应的典型实验结果。图 13-24(a)表示未掺杂 a-Si：H 样品的光电导率及暗电导率随光照时间变化的典型曲线。样品制得后在 200℃ 的温度下处理 30min，随后放在暗箱冷却到室温，这时样品所处的状态称为 A 态，其暗电导率如图 13-24(a)中开始段所示。然后将样品置

图 13-24 光电导率及暗电导率随光照时间的变化

于光照下,则其光电导率随时间的增加而略有降低,如图 13-24(a)中实线的中段所示。与此同时,用周期性停止光照的方法测定其暗电导率,结果如图中虚线所示,开始随时间迅速减小,以后减小率降低,最后达到极限状态,称作 B 态。此后若将样品放在 150℃的条件下退火,则又恢复到状态 A,上述状态可以重复地进行。图 13-24(b)是对掺磷样品光照时电导率的实验结果。实验证明,SW 效应是一种体效应,关于它的机理目前尚不清楚。人们提出了多种解释模型,大体可分为两类:一类是缺陷形成模型[18],认为光照在样品中产生了新的缺陷,这种新缺陷增大了隙态密度、带隙中央的吸收系数及自旋密度,同时降低了光电导率和暗电导率、载流子的扩散系数及 1.2eV 处的发光峰;另一类是电子陷阱模型,认为 SW 效应的起因是光照产生了亚稳态缺陷。这些模型都有其不完善处,因此,关于 a-Si∶H 中 SW 效应的机制还有一个有待进一步研究解决的问题。

*13.6　a-Si∶H 的 pn 结与金—半接触特性

1975 年,斯皮尔等人实现了对 a-Si∶H 的掺杂后,同时制备了由掺磷的 n 型 a-Si∶H 和掺硼的 p 型 a-Si∶H 构成的 pn 结,其 n 型区和 p 型区的费米能级分别为 $E_F \approx E_c - 0.28\text{eV}$ 和 $E_F \approx E_v + 0.22\text{eV}$。

非晶态半导体的 pn 结特性可以用类似于单晶半导体 pn 结的理论解释,故其电流—电压特性可写为

$$J = J_0 \exp\left(\frac{qV}{mk_0 T}\right) \tag{13-56}$$

式中,J_0 为饱和电流,m 为一常数。通过研究 J_0 和 m,可以确定 pn 结二极管的电流传输机理。实验得到,对于低掺杂的 a-Si∶H pn 结,J_0 的对数值(即 $\ln J_0$)正比于 $1/T$,表明 J_0 主要由借助于带隙态的产生—复合电流决定,这时有

$$J_0 = \frac{q(N_v N_c)^{1/2} X_D \exp(E_g/2k_0 T)}{2\tau} \tag{13-57}$$

式中,N_c 和 N_v 分别为导带和价带的有效状态密度,X_D 为势垒区宽度,τ 为势垒区内载流子的寿命,E_g 为迁移率隙宽度。由测量得到式(13-56)中 $m = 2.3 \pm 0.2$。对于掺杂浓度较高的情况,实验得到 $\ln J_0$ 正比于温度 T,表明 J_0 主要由借助于带隙态的通过势垒区的隧道电流决定,这时有

$$J_0 \propto \exp(\gamma T) \tag{13-58}$$

式中,γ 随温度仅有微小变化,随着掺杂量的增大,J_0 从主要由势垒区的产生—复合电流所决定转变为主要由隧道电流所决定,这是由势垒区随掺杂量的增大而变窄引起的。

a-Si∶H 的 pn 结和单晶 pn 结一样,在光照射下同样可以产生光生伏特效应。利用这一效应,目前已制备出效率达 8%、大面积低成本的 a-Si∶H 太阳能电池,并已实现了大规模连续生产。

不掺杂的 a-Si∶H 与多种金属(如 Pt、Au、Pd、Cr、Ni 和 Al 等)可形成肖特基结,在没有光照射的情况下,肖特基二极管的电流密度可表示为

$$J = J_0 \exp\left(\frac{qV}{nk_0 T}\right)$$

J_0 是饱和电流密度，n 是理想因子。n 的值一般为 1.0~1.2。

实验还发现金属 Mg 可与不掺杂的 a-Si：H 形成良好的欧姆接触，其原因是 Mg 具有较低的功函数。

参 考 资 料

[1] Zallen R. The Physics of Amorphous Solids. New York：John Wiley and Sons, Inc, 1983, 40-43.

[2] Polk D E, Boudreaux D S. Tetrahedrally Coordinated Random-Network Structure. Phys. Rev. Lett. , 1973, 31(2)：92-95.

[3] 罗晋生，戎霭伦. 非晶半导体. 西安：西安交通大学出版社, 1986, 27-37.

[4] Anderson P W. Absence of Diffusion in Certain Random Lattice. Phys. Rev. , 1958, 109(5)：1492-1505.

[5] Cohen M H, Fritzsche H, Ovshinsky S R. Simple Band Model for Amorphous Semiconducting Alloys. Phys. Rev. Lett. , 1969, 22(20)：1065-1068.

[6] Davis E A, Mott N F. Conductivity, Optical Absorption and Photoconductiviy in Amorpous Semiconductors. Phil. Mag. , 1970, 22(179)：903-922.

[7] Adler D. Normal Structural Bonding and Defects in Covalent Amorphous Solids. J. Solid State Chem. , 1982, 45(1)：40-50.

[8] Spear W E, LeComber P G. Investigation of the Localised State Distribution in Amorphous Si Films. J. Non-Cryst. Solids, 1972, 8-10：727-738.

[9] Spear W E, LeComber P G. Substitutional Doping of Amorphous Silicon. Solid State Commun. , 1975, 17(9)：1193-1196.

[10] Street R A, Mott N F. States in the Gap in Glassy Semiconductors. Phys. Rev. lett. , 1975, 35(19), 1293-1296.

[11] LeComber P G, Spear W E. Doped Amorphous Semiconductors. Amorphous Semiconductors. Berlin：Springer-Verlag, 1979, 251-285.

[12] Madan A, Ovshinsky S R. Properties of Amorphous Si：F：H Alloys. J. Non-Cryst. Solids. , 1980, 35-36, 171-181.

[13] Mott N F. Localized States in a Pseudogap and Near Extremities of Conduction and Valence Bands. Phil. Mag. , 1969, 19(160)：835-852.

[14] Pai D M, Scharfe M E. Charge Transport in Films of Amorphous Arsenic Triselenide. J. Non-Cryst. solids, 1972, 8-10：752-759.

[15] Pfister G, Scher H. Time-dependent Electrical Transport in Amorphous Solids As_2Se_3. Phys. Rev, B, , 1977, 15(4)：2062-2083.

[16] Scher H, Montroll E W. Anomalous Transti-Time Dispersion in Amorphous Solids. Phys. Rev. B. , 1975, 12(6)：2455-2477.

[17] Staebler D L, Wronski C R. Reversible Conductivity Changes in Discharge-Produced Amorphous Si. Appl. Phys. Lett. , 1977, 31(4)：292-294.

[18] Tanielian M H, Goodman N B, Fritzsche H. Photocreation of Defects in Plasma-deposited a-Si：H. J. Physique Colloque, 1981, C_4, 42：375-378.

附录 A 常用物理常数和能量表达变换表

表 A-1 常用物理常数表

名 称	数 值	名 称	数 值
电子电量 q	1.602×10^{-19} C	阿伏伽德罗常数 N	6.025×10^{23} mol^{-1}
电子静止质量 m_0	9.108×10^{-31} kg	玻尔半径 $a_0 = \hbar^2/(m_0 q)$	0.529×10^{-10} m
电子伏特 eV	1.602×10^{-19} J	真空介电常数 ε_0	8.854×10^{-12} F/m
真空中的光速 c	2.998×10^{8} m/s	真空磁导率 μ_0	$4\pi \times 10^{-7}$ H/m
普朗克常数 h	6.625×10^{-34} J·s	热力学零度 0K	-273.16 ℃
$\hbar = h/(2\pi)$	1.054×10^{-34} J·s	室温(300K)的 $k_0 T$ 值	0.026eV
玻耳兹曼常数 k_0	1.380×10^{-23} J/K		

表 A-2 能量表达变换表

名 称	数 值	名 称	数 值
能量 E	1eV	相应的电子速度 v ($m_0 v^2/2 = E$)	5.93×10^{5} m/s
相应的电磁波波长 λ ($hc/\lambda = E$)	1.24μm	相应的电磁波波数 $k = 2\pi/\lambda$ ($\hbar k c = E$)	5.07×10^{6} m^{-1}
相应的电磁波频率 ν ($h\nu = E$)	2.42×10^{14} Hz	相应的温度 T ($k_0 T = E$)	1.16×10^{4} K

附录 B 半导体材料物理性质表

表 B-1 IV族半导体材料的性质

性质		Si	Ge	SiC	
密度/(10^{-3} kg/cm³)		2.329	5.3234	3.166	3.211
晶体结构		金刚石	金刚石	闪锌矿	纤锌矿
晶格常数/nm		0.543102	0.565791	0.43596	a 0.308065 c 1.511738
熔点/K		1685	1210.4	3103	
热导率/[W/(cm·K)]		1.56	0.65	0.2	4.9
热膨胀系数/(10^{-6} K^{-1})		2.59	5.5	2.9	
折射率		3.4223(5.0μm)	4.0170(4.87μm)	2.48(0.6μm)	2.648(0.5895μm)
介电常数		11.9	16.2	9.72	10.32
本征载流子浓度/cm^{-3}		1.02×10^{10}	2.33×10^{13}		
本征电导率/(Ω^{-1}·cm^{-1})		3.16×10^{-6}	2.1×10^{-2}		
迁移率/[cm²/(V·s)]	电子	1450	3800	510	480
	空穴	500	1800	15～21	50
有效质量/m_0	电子	m_l 0.9163 m_t 0.1905	m_l 1.59 m_t 0.0823	m_l 0.677 m_t 0.247	m_l 1.5 m_t 0.25
	空穴	$(m_p)_l$ 0.153 $(m_p)_h$ 0.537	$(m_p)_l$ 0.044 $(m_p)_h$ 0.28		
态密度有效质量/m_0	电子	1.062	0.55		
	空穴	0.591	0.29		1.0
少数载流子寿命/μs		≈130	≈10^4	<1	
禁带宽度/eV,300K		1.1242	0.6643	2.2	2.86
电子亲和能/eV		4.05	4.13		
功函数/eV		4.6	4.80		

表 B-2　III-V族半导体材料的性质

性　质		材　料			
		AlN	AlP	AlAs	AlSb
密度/(10^{-3} kg/cm³)		3.255	2.40	3.760	4.26
晶体结构		纤锌矿	闪锌矿	闪锌矿	闪锌矿
晶格常数/nm		a 0.311 c 0.498	0.54635	0.566139	0.61355
熔点/K		3025	2823	2013	1338
热导率/[W/(cm·K)]		3.19	0.9	0.91	0.56
热膨胀系数/(10^{-6} K^{-1})		$\alpha_\perp$ 5.27 $\alpha_\parallel$ 4.15		5.2	4.88 4.88
折射率			3.0(0.5μm)	3.3(0.5μm)	3.4(0.78μm)
介电常数		9.14	9.8	10.1	12.04
本征载流子浓度/cm^{-3}					10^{17}
电导率/(Ω^{-1}·cm^{-1})		$10^{-3}\sim10^{-5}$ doped $10^{-11}\sim10^{-13}$ undoped	5×10^4 p 型 0.4～300 n 型	9.5	1.12×10^4
迁移率/[cm²/(V·s)]	电子		10～80	294～75	200
	空穴	14		105	400
有效质量/m_0	电子	m_l 0.33 m_t 0.25	m_l 3.67 m_t 0.212	m_l 1.1 m_t 0.19	m_l 1.8 m_t 0.259
	空穴		$(m_p)_h$ 0.513 ‖ [100] 1.372 ‖ [111] $(m_p)_l$ 0.211 ‖ [100] 0.145 ‖ [111]	$(m_p)_h$ 0.409 ‖ [100] 1.022 ‖ [111] $(m_p)_l$ 0.153 ‖ [100] 0.109 ‖ [111]	$(m_p)_h$ 0.336 ‖ [100] 0.872 ‖ [111] $(m_p)_l$ 0.123 ‖ [100] 0.096 ‖ [111]
态密度有效质量/m_0	电子			0.71	1.2
	空穴				
少数载流子寿命/μs					$\approx 2.6\times10^{-3}$
禁带宽度/eV, 300K		6.13	2.45	2.153(I)[①] 3.03(D)	1.615(I) 2.300(D)
电子亲和能/eV					
功函数/eV					

① I表示间接带隙，D表示直接带隙。

(续表)

性　质		材　料			
		GaN	GaP	GaAs	GaSb
密度/(10^{-3}kg/cm³)		6.07	4.138	5.3176	5.6137
晶体结构		纤锌矿	闪锌矿	闪锌矿	闪锌矿
晶格常数/nm		a 0.3190 c 0.5189	0.54506	0.565325	0.609593
熔点/K		2791	1749	1513	991
热导率/[W/(cm·K)]		1.3	0.77	0.455	0.35
热膨胀系数/(10^{-6}/K^{-1})		$\alpha_\perp$ 3.17 $\alpha_\parallel$ 5.59	4.65	5.75	7.75
折射率		2.29(0.5μm)	3.452(0.545μm)	4.025(0.546μm)	3.82(1.8μm)
介电常数		10.4	11.11	12.9	15.69
本征载流子浓度/cm^{-3}				2.1×10^6	10^{14}
电导率/(Ω^{-1}·cm^{-1})		6~12	0.15~0.9	2.38×10^{-9}	
迁移率/[cm²/(V·s)]	电子	900	160	8 000	3 760
	空穴	350	135	400	680
有效质量/m_0	电子	m_l 0.20 m_t 0.20	m_l 0.91 m_t 0.25	0.063	0.039
	空穴	1.1	$(m_p)_h$ 0.67 $(m_p)_l$ 0.17	$(m_p)_h$ 0.50 $(m_p)_l$ 0.076	$(m_p)_h$ 0.29 $(m_p)_l$ 0.042
态密度有效质量/m_0	电子		1.03		
	空穴		0.6	0.53	0.82
少数载流子寿命/μs			≈10^{-4}	≈10^{-3}	≈1
禁带宽度/eV,300K		3.44	2.272(I)	1.424(D)	0.75(D)
电子亲和能/eV			4.0	4.07	4.06
功函数/eV			1.31	4.71	4.76

附录B 半导体材料物理性质表

(续表)

性　　质		材　料			
		InN	InP	InAs	InSb
密度/(10^{-3} kg/cm³)		6.78	4.81	5.667	5.7747
晶体结构		纤锌矿	闪锌矿	闪锌矿	闪锌矿
晶格常数/nm		a 0.35446 c 0.57034	0.58687	0.60583	0.647937
熔点/K		1900	1327	1221	800
热导率/[W/(cm·K)]		38.4	0.7	0.26	0.18
热膨胀系数/(10^{-6} K^{-1})		$\alpha_\perp$ 2.6 $\alpha_\parallel$ 3.6	4.75	4.52	5.37
折射率		2.56(1.0 μm)	3.45(0.59 μm)	4.558(0.517 μm)	5.13(0.689 μm)
介电常数		9.3	12.56	15.15	17.3～18.0
本征载流子浓度/cm^{-3}			3.3×10^7	1.3×10^{15}	1.89×10^{16}
电导率/(Ω^{-1}·cm^{-1})		2～3×10²		50	220
迁移率/ [cm²/(V·s)]	电子	250	(4.2～5.4)×10³	(2～3.3)×10⁴	5.25×10⁵
	空穴		190	100～450	$(\mu_p)_h$ 850 $(\mu_p)_l$ 3×10⁴
有效质量/m_0	电子		0.073	0.023	0.0118
	空穴		$(m_p)_h$ 0.45 $(m_p)_l$ 0.12	$(m_p)_h$ 0.57 $(m_p)_l$ 0.026	$(m_p)_h$ 0.44 $(m_p)_l$ 0.016
态密度有效 质量/m_0	电子				
	空穴				
少数载流子寿命/μs				≈10^{-3}	2×10^{-2}
禁带宽度/eV,300K		1.95	1.344(D)	0.354(D)	0.18(D)
电子亲和能/eV			4.40	4.90	4.59
功函数/eV			4.65	4.55	4.77

表 B-3　II-VI族半导体材料的性质

性质 \ 材料	ZnO	ZnS	ZnSe	ZnTe	CdS	CdSe	CdTe	HgSe	HgTe
密度/(10^{-3} kg/cm³)	5.675	4.087 / 4.075	5.27	5.636	4.82	5.81	5.87	8.25	8.070
晶体结构	纤锌矿	纤锌矿 / 闪锌矿	纤锌矿 / 闪锌矿	闪锌矿	纤锌矿	纤锌矿 / 闪锌矿	闪锌矿	闪锌矿	闪锌矿
晶格常数/nm	a 0.3253 c 0.5213	a 0.3822 c 0.6260 / 0.5410	a 0.4403 c 0.6540 / 0.5668	0.6101	a 0.4136 c 0.6714 / 0.5825	a 0.4300 c 0.7011 / 0.6052	0.6482	0.6085	0.646
熔点/K	2300	2103	1793	1568	1750	1514	1365	1072	943
折射率	2.2	2.4	2.89	3.56	2.5		2.75		3.7
介电常数	7.9	9.6 / 8.0~8.9	7.6	9.67	8.9	10.6	10.2	25.6	21.0
迁移率 [cm²/(V·s)] 电子	200	165	400~600	330	300	450~900	60	≈1.5	35
迁移率 空穴	100~800	5	28	900	6~48	10~50			
迁移率 电子	0.24~0.28	0.28	0.13~0.17	0.13	0.20~0.25	0.12	0.070		0.03
迁移率 空穴	0.31(//c) 0.55(⊥c)	>1(//c) 0.5(⊥c)	0.57~0.75	0.6	5(//c) 0.7(⊥c)	2.5(//c) 0.4(⊥c)	0.44	0.78	0.42
有效质量/m_0		(m_p)h 1.76 (m_p)l 0.23					(m_p)h 0.72~0.84 (m_p)l 0.12		
禁带宽度/eV	3.4	3.78 / 3.68	2.834 / 2.70	2.28	2.485	2.50~2.55 / 1.751	1.49	−0.061	−0.14

表 B-4　Ⅳ-Ⅵ族半导体材料的性质

性　质			PbS	PbSe	PbTe
密度/(10^{-3}kg/cm³)			7.60	8.26	8.219
晶体结构			氯化钠型	氯化钠型	氯化钠型
晶体常数/nm			0.5936	0.6117	0.6462
熔点/K			1383	1355	1197
热导率/[W/(cm·K)]			0.03	0.017	0.017
折射率			4.19(6μm)	4.54(6μm)	5.48(6μm)
介电常数			169	210	414
迁移率/[cm²/(V·s)]	电子		700	300	1 730
	空穴		600	300	780
有效质量/m_0	电子	m_l	0.105	0.070	0.185
		m_t	0.080	0.040	0.0223
	空穴	m_l	0.105	0.068	0.236
		m_t	0.075	0.034	0.0246
态密度有效质量/m_0	电子		0.088	0.048	0.052
	空穴		0.084	0.043	0.053
禁带宽度/eV			0.41	0.278	0.310

附录 C　主要参数符号表

A	pn 结面积	$\mathcal{E}_y$	霍耳电场强度
A^*	有效里查逊常数	$\mathcal{E}_c$	(1)临界电场强度；(2)导带形变势常数
A_{MJ}	冶金结面积	$\mathcal{E}_v$	价带形变势常数
a	(1)晶格常数；(2)加速度	F	(1)自由能；(2)力
$\boldsymbol{B}$	磁感应强度	f	力
b	(1)宽度；(2)电子与空穴迁移率之比	$f(E)$	费米分布函数
C	微分电容	$f_B(E)$	玻耳兹曼分布函数
C_D	扩散电容	$f_0(E)$	平衡态分布函数
C_{FB}	表面平带电容	f_{SA}	受主界面态分布函数
C_o	氧化层电容	f_{SD}	施主界面态分布函数
C_s	表面微分电容	G	(1)载流子净产生率；(2)光电导增益因子；(3)应变计灵敏度
C_T	势垒电容		
c	(1)弹性模量；(2)真空中的光速	G_{FJ}	场感应结耗尽层单位体积载流子产生率
c_l	纵向弹性模量	G_{MJ}	冶金结耗尽层单位体积载流子产生率
c_t	横向弹性模量	G_S	氧化层与硅界面完全耗尽时单位面积载流子产生率
D	(1)电位移；(2)双极扩散系数		
D_n	电子扩散系数	g	(1)激光增益系数；(2)基态简并度
D_o	杂质在 SiO_2 中扩散系数	$g(E)$	状态密度
D_p	空穴扩散系数	$g_c(E)$	导带底部附近状态密度
d	厚度	g_t	阈值增益
E	电子能量	$g_v(E)$	价带顶部附近状态密度
E_A	受主能级	$\boldsymbol{H}$	磁场强度
E_a	SiO_2 中扩散杂质激活能	h	普朗克常数
E_c	(1)导带底能量；(2)非晶半导体导带底迁移率边	$\hbar$	$h/2\pi$
		I	(1)电流；(2)发光强度
E_D	施主能级	I_F	正向电流
E_F	费米能级	I_G	势垒区产生电流
E_{Fn}	电子准费米能级	I_{gF}	场感应结耗尽区产生电流
E_{Fp}	空穴准费米能级	I_{gM}	冶金结耗尽区产生电流
E_g	禁带宽度	I_L	光生电流
E_i	(1)本征费米能级；(2)禁带中部位置	I_p	峰值电流
E_{SA}	受主界面态	I_r	正向复合电流
E_{SD}	施主界面态	I_s	反向饱和电流
E_t	复合中心能级	I_{sc}	短路电流
E_v	(1)价带顶能量；(2)非晶半导体价带顶迁移率边	I_v	谷值电流
		J	电流密度
E_0	真空电子静止能量	J_F	正向电流密度
E_{op}	光学能隙	J_{FD}	正向扩散电流密度
$\mathcal{E}$	电场强度	J_G	势垒区产生电流密度

J_n	电子电流密度	N_{st}	单位表面积复合中心数
J_p	空穴电流密度	N_t	复合中心浓度
J_{RD}	反向扩散电流密度	N_V	变价对浓度
J_r	势垒区复合电流密度	N_v	价带有效状态密度
J_s	反向饱和电流密度	n	(1)电子浓度；(2)折射率
J_{sD}	扩散理论饱和电流密度	n_0	平衡电子浓度
J_{sT}	热电子发射理论饱和电流密度	Δn	非平衡电子浓度
J_t	阈值电流密度	n_D	中性施主浓度
j	能流密度	n_D^+	电离施主浓度
$\boldsymbol{k}$	波矢量	n_i	本征载流子浓度
k	消光系数	n_{n0}	n 型平衡电子浓度
k_0	玻耳兹曼常数	n_p	p 型电子浓度
L	样品线度	n_{p0}	p 型平衡电子浓度
L_D	德拜长度	$\overline{n_q}$	平均声子数
L_n	电子扩散长度	n_s	表面载流子浓度
L_p	空穴扩散长度	n_t	复合中心能级上电子浓度
$L_p(\mathscr{E})$	空穴牵引长度	n_{t0}	n_t 的平衡值
l	(1)长度；(2)平均自由程	n_1	E_F 与 E_i 重合时导带平衡电子浓度
l_n	电子平均自由程	P	(1)散射概率；(2)隧道概率；(3)爱廷豪森系数
l_o	光学声子平均自由程	P_a	吸收声子散射概率
m_0	电子惯性质量	P_e	发射声子散射概率
m_c	电导有效质量	P_i	电离杂质散射概率
m_{dn}	电子态密度有效质量	P_o	光学波散射概率
m_{dp}	空穴态密度有效质量	P_S	晶格散射概率
m_l	纵向有效质量	p	(1)空穴浓度；(2)动量
m_n^*	电子有效质量	p_0	平衡空穴浓度
m_p^*	空穴有效质量	Δp	非平衡空穴浓度
$(m_p)_h$	重空穴有效质量	p_A	中性受主浓度
$(m_p)_l$	轻空穴有效质量	p_A^-	电离受主浓度
m_t	横向有效质量	p_{n0}	n 型平衡空穴浓度
N	(1)原胞数；(2)复数折射率	p_p	p 型空穴浓度
N_A	受主浓度	p_{p0}	p 型平衡空穴浓度
N_c	导带有效状态密度	p_1	E_F 和 E_t 重合时价带平衡空穴浓度
N_D	施主浓度	Q	(1)光生载流子产生率；(2)吸收热量；(3)电荷面密度
N_{fc}	单位面积固定电荷数	Q_B	强反型时电离受主负电荷面密度
N_I	亲价对浓度	Q_{fc}	固定电荷面密度
N_i	电离杂质浓度	Q_M	表面金属栅电荷面密度
N_L	发光中心浓度	Q_n	反型层中电子积累的电荷面密度
N_{Na}	单位面积钠离子数	Q_{Na}	单位面积钠离子电荷
N_S	(1)单位面积界面态数；(2)两种材料交界面处键密度	Q_S	表面电荷面密度
ΔN_S	两种材料交界面处悬挂键密度	$\boldsymbol{q}$	格波波矢
N_{SS}	单位能量间隔界面态数		

符号	含义	符号	含义
q	电子电荷	v_T	热运动速度
qV_D	势垒高度	W	功函数
$q\phi_0$	距价带顶表面能级，电子填至 $q\phi_0$ 表面呈电中性	W_m	金属功函数
		W_s	半导体功函数
$q\phi_{ns}$	金属与 n 型半导体接触时金属势垒高度	X_C	临界势垒区宽度
$q\phi_{ps}$	金属与 p 型半导体接触时金属势垒高度	X_D	pn 结耗尽层宽度
R	(1)电阻；(2)反射系数；(3)复合率	x_d	表面耗尽层宽度
R_H	霍耳系数	x_{dm}	表面耗尽层宽度极大值
R_{H0}	弱场霍耳系数	x_j	pn 结结深
r	(1)复合概率；(2)俘获系数	Y	杨氏模量
r_n	电子俘获系数	$\bar{Z}$	平均配位数
r_p	空穴俘获系数	Z_C	临界配位数
S	里吉-勒迪克系数	α	(1)吸收系数；(2)衰减系数；(3)弥散系数
S_n	电子扩散流密度	α_j	杂质浓度梯度
S_p	空穴扩散流密度	α_n	n 型材料塞贝克系数
s	(1)截面积；(2)表面复合速度	α_p	p 型材料塞贝克系数
S_-	电子激发概率	β	(1)压缩系数；(2)量子产额
S_+	空穴激发概率	γ	(1)少子注入比；(2)泊松比；(3)$\tau \sim E^\gamma$
T	(1)透射概率；(2)应力；(3)热力学温度	δ(或 E_n)	$E_c - E_F$ 或 $E_F - E_v$
T_e	热电子温度	ε	介电常数
t	时间	ε_a	吸收一个声子的能量
U	非平衡载流子复合率	ε_e	发射一个声子的能量
U_d	直接净复合率	ε_r	相对介电常数
U_s	表面复合率	ε_{ro}	氧化层相对介电常数
u_{eff}	有效相关能	ε_{rs}	半导体相对介电常数
V	(1)电压；(2)电势；(3)体积	ε_0	真空介电常数
V_B	$(E_i - E_F)/q$	η	(1)能斯脱系数；(2)效率
V_{BR}	pn 结击穿电压	Θ	塞贝克电动势
$V_{(BR)FJ}$	场感应结击穿电压	θ	霍耳角
$V_{(BR)MJ}$	冶金结击穿电压	κ	热导率
V_D	pn 结接触电势差(内建电势差)	λ	(1)波长；(2)弹性系数
V_F	正向偏压	μ	(1)迁移率；(2)化学势；(3)磁导率
V_{FB}	平带电压	μ_0	(1)弱场迁移率；(2)真空磁导率
V_G	MOS 栅压	μ_H	霍耳迁移率
V_H	霍耳电压	μ_n	电子迁移率
V_J	势垒区压降	μ_{ns}	表面电子迁移率
V_m	金属表面处电势	μ_p	空穴迁移率
V_{ms}	金属-半导体接触电势差	μ_{ps}	表面空穴迁移率
V_p	扩散区压降	μ_r	相对磁导率
V_s	表面势	ν	频率
V_T	开启电压	Ξ	形变势
V_W	热击穿电压	ξ	横向磁阻系数
$\bar{v}_d$	平均漂移速度	π	(1)压阻系数；(2)珀耳帖系数

ρ	(1)电阻率;(2)电荷体密度;(3)体积电荷	σ_{xy}	(1)霍耳电导率;(2)霍耳电导
ρ_i	本征电阻率	τ	(1)平均自由时间;(2)寿命
ρ_n	n 型电阻率	τ_n	电子寿命
ρ_p	p 型电阻率	τ_p	空穴寿命
ρ_{xy}	(1)霍耳电阻率;(2)霍耳电阻	τ_s	表面复合寿命
ρ_H	霍耳电阻	τ_V	体内复合寿命
σ	(1)电导率;(2)俘获截面	χ	(1)电子亲和能;(2)压缩系数
σ_-	电子俘获截面	ω	(1)交变电磁场频率;(2)角频率
σ_+	空穴俘获截面	ω_l	格波的角频率
σ_i	本征电导率	ω_c	回旋角频率
σ_n	n 型电导率	ω_{ce}	电子回旋角频率
σ_p	p 型电导率	ω_{ch}	空穴回旋角频率
σ^T	汤姆逊系数	ω_D	扩散频率
$\sigma_\square$	表面电导	ω_e	纵光学波的角频率
σ_{min}	最小金属化电导率		

参 考 文 献

[1] Neuberger M. Group IV Semiconducting Materials. New York: IFI/Plenum, 1971. Handbook of Elecrtronic Materials Vol. 5.
[2] Neuberger M. III-V Semiconducting Compounds. New York: IFI/Plenum, 1971. Handbook of Electronic Materials. Vol. 2.
[3] [美]沃尔夫. 硅半导体工艺数据手册. 天津半导体器件厂, 译. 北京: 国防工业出版社, 1975.
[4] Wlof H F. Semiconductors. New York: John Wiley and Sons, 1971.
[5] Pankove J I. Optical Processes in Semiconductros. Englewood Cliffs, New Jersey: Prentice-Hall, 1971.
[6] Ehrenreich H, Seitz F, Turnbull D. Solid State Physics. Vol. 28. New York: Academic Press. 1973.
[7] Rabii S. Physics of IV-VI Conpurnds and Alloys. London: Gordon and Breach, 1974.
[8] Abrikosov N K, et al. Semiconducting II-VI, IV-VI and V-VI Compounds. Translated by Tybulewicz A. New York: Plenum Press, 1969. Monographs in Semiconductor Physics Vol. 3.
[9] Madelung O. Semiconductors: Data Handbook. 3rd ed. New York: Springer, 2004.
[10] Madelung O. Semiconductors-basic data. 2nd rev. ed. New York: Springer, 1996.